NOUVEAU COURS DE CHYMIE.

SUIVANT LES PRINCIPES
de Newton & de Sthall.

Avec un Discours Historique sur l'Origine & les progrez de la Chymie.

Non fingendum aut excogitandum, fed inveniendum quid Natura faciat aut ferat. *Bacon.*

A PARIS,
Chez JACQUES VINCENT, ruë & vis-à-vis l'Eglife S. Severin, à l'Ange.

___

M. DCC. XXIII.

AVEC APPROBATION ET PRIVILEGE DU ROI.

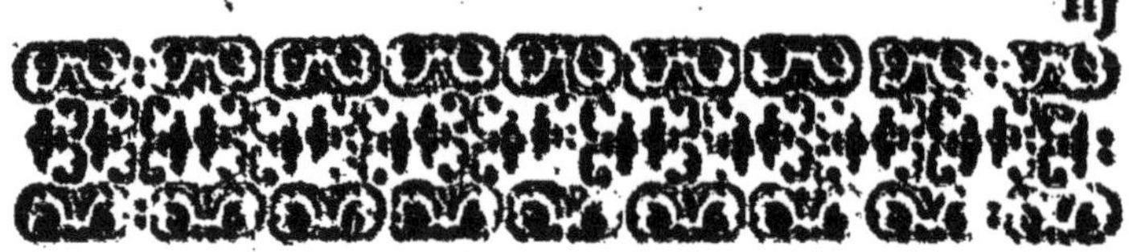

DISCOURS HISTORIQUE

SUR L'ORIGINE

ET LES PROGREZ

DE LA CHYMIE.

L regne des préjugez ridicules parmi les sçavans comme parmi les ignorans ; le peuple peu capable d'éxaminer, suit des opinions répanduës par l'ignorance, & reçûës par la crédulité : on trouve dans les sçavans les mêmes idées fortifiées par un long travail, confirmées par la honte de les desavoüer, soûtenuës enfin par l'entêtement ; on en voit des preuves dans l'origine qu'ils attribuent à la Chymie.

L'utilité, les connoissances curieuses & étenduës voilà le mérite d'une science, mais ce n'est pas assez pour les Chymistes : ils sont remontez dans les temps les plus reculez pour y chercher l'origine de la Chymie : jaloux, comme les autres sçavans, de leurs contemporains, ils diminuent toûjours la gloire qu'ils ne peuvent leur enlever : prodigues à l'égard des Anciens, ils leurs transportent l'invention & la perfection de leur science; ils seroient, ce semble, moins estimables, si des Anciens n'avoient pensé comme eux.

Dans ces idées ils ont foüillé dans les siécles qui ont précédé le Déluge. Moïse dit dans la Genèse que les enfans de Dieu s'allierent aux filles des hommes; là-dessus Zosime Panopolite parle ainsi: » Il est rapporté dans » les Livres saints qu'il y a des génies qui » ont eû commerce avec les femmes; Hermés en fait mention dans ses Livres sur la » Nature: il n'est presque pas de livre re- » connu ou apocryphe où l'on ne trouve » des vestiges de cette tradition. Ces génies » aveuglez d'amour pour les femmes, leur » découvrirent les merveilles de la nature, » pour avoir appris aux hommes le mal, & » ce qui étoit inutile aux ames; ils furent » bannis du Ciel: c'est de ces génies que sont » venus les géans; le livre où furent écrits » leurs secrets, fut intitulé *Kema*, & de-là est » sorti le nom de *Chymie*.

Voilà un des plus anciens Ecrivains Chymistes selon le témoignage de Conringius, ce qu'il avance est appuyé d'un Auteur beaucoup plus ancien: » Ajoûtons, dit Clement » d'Alexandrie dans ses Tapisseries, que les » Anges choisis pour habiter le Ciel, s'aban- » donnerent aux plaisirs de l'amour; alors » ils découvrirent aux femmes des secrets

qu'ils devoient cacher: c'est d'eux que nous «
vient la connoissance de l'avenir, & ce «
qu'il y a de plus relevé dans les sciences. «
Il ne manque à ce témoignage, ajoûte Borrichius, que le terme de Chymie ; mais la
Chymie n'est-elle pas comprise dans ce qu'il
y a de plus relevé dans les sciences ? Ce qui
embarasse cet Auteur c'est la source d'où
Clement & Zosime ont tiré ce qu'ils avancent; il décide cependant qu'il y a apparence
qu'ils ont lû ces faits dans les fragmens des
livres d'Enoch : comment doûter de cela ?
Les Anges, dit Enoch, au rapport de Sin- «
cel, apprirent aux femmes & aux hom- «
mes des enchantemens & les remedes pour «
leur maladie. Exaël le dixiéme des premiers «
Anges apprit aux hommes l'art de fabri- «
quer des épées, des cuirasses, les machi- «
nes de guerre, les ouvrages d'or & d'ar- «
gent qui peuvent plaire aux femmes, l'usa- «
ge des pierres précieuses & du fard. Sincel, «
selon Borrichius, est un Auteur très-digne
de foy; plusieurs faits historiques sont venus
jusqu'à lui de Manethon, de Jule Africain,
d'Eusebe: d'ailleurs le passage qu'on vient de
lire n'est-il pas soûtenu de l'autorité de Tertul-
lien ? » Les Anges qui ont péché, dit ce Pere,
découvrirent aux hommes l'or, l'argent, «
l'art de les travailler, d'orner les paupieres, «
de teindre la laine; c'est pour cela que Dieu «
les condamna, comme le rapporte Enoch. «

Borrichius regarde ces paſſages comme des témoignages authentiques ; il dit cependant qu'Enoch s'eſt trompé : ces Anges dont il parle ne ſont pas de véritables Anges, ce n'eſt que les deſcendans de Seth & de Tubal-caïn, peu dignes de leurs peres ils ſe livre-rent aux plaiſirs honteux avec les femmes qui deſcendoient de Caïn ; c'eſt parmi ces volup-tez qu'ils divulguerent les ſecrets que Dieu leur avoit confiez : après cette découverte Borrichius laiſſe paroître un remords, ce n'eſt pas ſans peine qu'il reconnoît que la Chymie ne vient pas des Anges, un paſſage de l'Exode le conſole : » Dieu dit à Moïſe, » J'ai choiſi Beſeleel de la tribu de Juda, je » l'ai rempli de l'Eſprit du Seigneur & de » ſageſſe, pour travailler ſur l'or, l'argent, » le cuivre, le marbre, les pierres précieu-» ſes, le bois. La Chymie, ſelon Enoch, vient des Anges, & ſelon Borrichius elle vient de Dieu même.

Il eſt ſurprenant que Borrichius n'ait pas étalé ſon érudition ſur le mot de Chymie, il y a peu de ſçavans que ce terme ne fit parler long-temps ; auſſi Bochart & d'autres Anti-quaires nous ont prodigué là-deſſus des ra-cines Hébraïques, Arabes, Grecques, enfin après ces recherches nous ſommes réduits à trois ou quatre ſignifications. Le terme Arabe qui a du rapport avec le mot de Chymie, ſignifie *être caché :* le terme Hébreu *ſoleil* ou chaleur ; le Grec *un suc* ou *une coquille*. On a donné divers autres noms à la Chymie : on l'a nommée la Philosophie Hermetique, à cause du Philosophe Hermés ; on l'appelle Spagyrique, parce qu'elle apprend à rassembler les principes : enfin Paracelse l'appelle Hyssopique, parce qu'elle purge les corps des matieres étrangeres ; il fait sérieusement allusion à ce passage des Pseaumes, *Asperges me hyssopo & mundabor, &c.*

On ne croiroit pas que des Philosophes sérieux, appliquez, toûjours enfoncez dans des laboratoires cherchassent dans l'amour l'origine de la Chymie ; ils sont allez plus loin : dans leurs travaux on ne voit que des allusions à l'amour, la couche nuptiale du Roy Philosophique, le reseau de Vulcain & de Venus, le mélange des semences, l'écoulement des menstruës, en un mot tout ce qui a du rapport à la generation de l'homme est appliqué au grand œuvre. Je ne sçai si l'histoire de la Chymie ne seroit pas venuë en partie des Docteurs Juifs : on trouve dans leurs livres le commerce des Anges avec les femmes, mais ils donnent à l'amour des suites bien funestes ; cette passion perd les Anges, & selon quelques Rabins ridicules le fruit défendu à nos peres n'étoit rien moins qu'une pomme.

La Chymie née de l'amour se renferma dans l'Egypte où toutes les sciences remontent comme à leur source : le païs est nom-

mé terre de *Cham* dans les Livres faints;
Plutarque l'appelle *Chemie* ou *Chamie* : les
Coptes même aujourd'hui dans leur langue
lui donnent le nom de *Chemi*; ce nom vient
de *Cham* qui étoit un des fils de Noë, & qui
peupla l'Egypte. Selon le rapport de Clement
dans fes Recognitions, c'étoit un Magicien
fameux pour fes enchantemens; il fit éprouver à fon pere de triftes effets de fon art : un
jour qu'il le trouva nud & endormi il étei-
gnit en lui par des vers magiques la fource
des plaifirs de l'amour; on voit dans cette
fable une altération de l'hiftoire de Noë.

Il eût été difficile que le rapport de ces
noms *Cham* & *Chymie* eût échappé aux
fçavans, il n'en falloit pas tant pour faire
tranfporter dans l'Egypte l'invention de la
Chymie; d'ailleurs le Dieu des Africains fe
nommoit Ammon , ce nom fignifie felon
Plutarque *être caché* : Bochart donne la même fignification au nom de Cham ; cela n'a-
t-il pas du rapport avec la Chymie qui étoit
une fcience cachée ? toutes ces circonftances
font d'un grand poids pour un antiquaire.

Les Chymiftes ne font pas contens de
trouver dans l'Egypte les commencemens de
leur fcience, ils ont pouffé leurs recherches
jufqu'aux villes devenuës célébres par la
Chymie : Thebes leur a paru digne de poffe-
der les premiers Chymiftes; c'eft dans cette
ville appellée *No-Ammon* dans les Livres fa-

erez que l'Astronomie a été cultivée, mais une raison convaincante oblige Borrichius de choisir Memphis pour le théâtre de la Chymie. »Chemmis huitiéme Roy des Egyptiens, selon le rapport de Diodore, regna « cinquante ans à Memphis, il fit bâtir la « plus grande des trois pyramides; un Roy « si célébre, ajoûte Borrichius, n'a-t-il pas dû faire fleurir dans Memphis une science dont il portoit le nom ? d'ailleurs c'est dans cette ville qu'on avoit élevé un Temple à Vulcain qui a donné l'art de travailler le fer; voilà un Dieu & un Roy qui ont établi la Chymie à Memphis.

Mais en qui peut-on fixer l'origine de la Chymie? »Les Egyptiens, dit Diodore de Sicile, révérent Hermés comme l'inventeur « des arts nécessaires à la vie de l'homme, « c'est lui qui a observé le premier le cours « des astres, qui a donné les regles de l'har- « monie, qui a inventé les nombres : Isis, « ajoûte le même Historien, découvrit beau- « coup de remedes; on voit près de son tom- « beau une colonne sur laquelle on lit ces « paroles: *Moi Isis j'ai ete instruite par Mer-* « *cure.* Voilà les femmes qui donnent les commencemens à la Medecine : ce n'est pas cette Reine seule qui a fait l'honneur à cette science de la cultiver; on trouve ailleurs » dit Borrichius, des femmes illustres qui s'y sont appliquées, »Cléopatre en Egypte, Ar-

» temise dans la Carie, Marie en Palestine;
» Isabelle Cortese en Italie, Madame d'Ai-
» guillon en France, la Comtesse de Kent en
» Angleterre, Berthe de Frise en Danemarck,
» Anne Wecker en Allemagne. Pour la
Chymie comment douter qu'Hermés n'en
soit l'inventeur après ce qu'on vient de lire ?
Cette science n'est-elle pas renfermée dans
la Medecine ? Ne porte-t-elle pas le nom de
Philosophie Hermetique ? D'ailleurs on a
trouvé près de Memphis cette inscription en
langue copte : » Il y a un ciel en haut, un
» ciel en bas ; des astres en haut, des astres
» en bas ; tout ce qui est en haut est en bas :
n'est-ce pas là le commencement de la Table
d'Hermés ? ne lit-on pas dans les Chroniques d'Alexandrie »que Faunus fils de Jupiter
» étoit Roy d'Italie & d'Occident, qu'on
» lui donna le nom de la Planete qu'on ap-
» pelle Mercure, qu'il avoit trouvé l'art de
» travailler l'or, qu'il s'enfuit en Egypte où
» il porta une grande quantité de ce mé-
» tal, qu'il fut bien reçû par Misraïm qui
» étoit un Roy de la race de Cham, qu'il
» succeda à ce Prince ? Ajoûtez à ces témoignages ce que dit Homere dans ses Hymnes :
on y voit Mercure qui trouve le regime du
feu, Apollon qui ouvre la caverne d'Her-
mez couverte d'or ; enfin dans l'Odissée on
lit que Venus est infidéle à Vulcain dans le
commerce adultere de cette Déesse avec Mars.

Ne voit-on pas l'amalgame du fer & du cuivre, ou une image du grand œuvre qu'on décide là-dessus qui raisonne plus juste, ou M. de Fontenelle qui compare la fidélité conjugale au grand œuvre, ou les Chymistes qui trouvent dans l'infidélité conjugale l'image du grand œuvre ?

Voilà une preuve des peines que se donnent quelquefois les sçavans, ou pour des recherches inutiles, ou pour obscurcir la vérité ; dans le commerce de la vie des raisons de cette nature seroient rebutées des esprits même les plus grossiers : dans un livre sçavant hérissé de grec & d'hébreu elles ont leur mérite ; pourquoi tant de citations sur l'origine de la Chymie ? Les hommes ont toûjours été exposez à la faim, aux insultes les uns des autres, à la ferocité des animaux ; la nécessité leur a donné de l'industrie, le hazard & leurs soins les ont conduits à des découvertes : ils ont perfectionné les métaux pour travailler la terre, pour se faire des armes, pour établir le commerce : en plusieurs contrées le hazard n'a répondu aux besoins des hommes, ni secondé leur industrie ; plusieurs peuples ignorent encore l'usage des métaux, ou le connoissent depuis peu de temps ; ils se servent de quelques matieres que la nature leur donne avec moins de peine, comme des pierres, des os de poisson, de bois fort dur ; parmi d'autres peuples l'usage des métaux est ancien. Tubalcain, selon le rapport de Moïse, est le premier qui a travaillé aux métaux : qu'on me permette ici de faire remarquer l'accord de l'histoire profane avec l'histoire sacrée. Tous les Ecrivains païens rapportent à Vulcain les premiers ouvrages métalliques, ils donnent à Apollon né du même pere l'invention de la musique ; le nom de Tubalcain & de Vulcain sont peu différens. Moïse dit que Jubal étoit frere de Tubalcain, il ajoûte qu'il nous a donné les instrumens de musique ; en tout cela Jubal ressemble entierement à Apollon : il n'est pas surprenant que la métallique & les instrumens de musique paroissent en même-temps ; des filets de métal ont pû donner par hazard l'idée des cordes des instrumens. Quoi qu'il en soit, la Chymie n'a été dans ses commencemens que l'art de travailler les métaux pour les commoditez de la vie : il paroît que Moïse étoit habile en cet art. Il est dit dans l'Exode » qu'il prit le Veau d'or , qu'il le » brûla, le réduisit en poudre, & le fit boire » aux Israëlites. Ceux qui travaillent aux métaux sçavent combien cette opération est difficile. Philon nous dit » que Moïse avoit » appris chez les Egyptiens l'arithmetique, » la géometrie, la musique , la philosophie » hyeroglifique ; il n'est pas surprenant qu'il n'ignorât pas la métallique.

L'Alchymie, selon quelques Auteurs, n'est

pas moins ancienne que la Chymie. Les hommes dès les premiers siécles choisirent l'or & l'argent pour être les liens de la société, pour procurer aux uns les biens qui manquent aux autres. On voit dans les Livres saints que ces métaux furent en usage peu de temps après le Déluge : l'ambition qui est aussi ancienne que les hommes, leur a inspiré sans doute que l'art pourroit former l'or de même que la nature ; les premieres tentatives qu'on a fait là-dessus sont fort anciennes, selon quelques sçavans.

Kirker qui a écrit contre les Alkymistes, nous dit »que la théorie de la pierre philosophale est renfermée dans la Table d'Hermès, il y a trouvé la production des animaux & des plantes ... quintessence merveilleuse, l'élyxir de vie, l'or potable : les Egyptiens, ajoûte-t-il, n'ont pas ignoré la théorie du grand œuvre, mais ils n'y ont pas travaillé ; ils tiroient de l'or de presque tous les corps, du limon du Nil, de toutes sortes de pierres. Il y avoit près de Thebes de même qu'en Ethiopie & en Arabie des mines d'où l'on tiroit de l'or, c'est Diodore de Sicile qui le rapporte. Je ne dis pas qu'on n'ait connu en Egypte l'art de fixer l'argent vif, & de le changer en or & en argent: mais on n'est pas venu à la pratique. Il y a eû parmi les premiers hommes des secrets pour retirer de l'or de

« tous les corps, pour tranſmuer les mé-
» taux ; il faut ignorer entierement l'hiſtoire
» pour douter de cela : ces ſecrets n'ont pas
» été écrits, ce n'étoit qu'une tradition qui
» paſſoit des peres aux enfans dans les Fa-
» milles Royales ; voilà le témoignage d'un
des plus ſçavans hommes que les derniers
ſiécles ayent produit. Il y a un Ecrivain plus
ancien qui trouve ces ſecrets dans la Fable de
la Toiſon d'or ; ce n'eſt, dit Suidas, qu'une
fiction poëtique qui nous découvre l'art
de faire de l'or. Un Alkymiſte ne ſçauroit
lire ſans regret ce qu'a écrit ailleurs le même Ecrivain : il dit que Diocletien fit brûler les livres des Egyptiens, que c'étoit dans
ces ouvrages qu'étoient renfermez les ſecrets
de la Chymie, ou l'art de préparer l'or &
l'argent. Conringius a voulu jetter des ſoup-
çons ſur cette hiſtoire : Suidas, dit-il, n'eſt
éloigné de nous que de cinq cens ans, d'où
a-t-il pris un fait arrivé huit cens ans avant
lui ? mais répond Borrichius, n'eſt-ce pas
d'Eudemus, de Helladius, de Zoſime de
Gaſe, de Pamphile que Suidas a pris ce qu'il
rapporte ? c'eſt lui-même qui nous le dit.

Les Romains n'ont cultivé que les arts
qui pouvoient établir ou affermir leur pouvoir ; de-là vient, dit Borrichius, qu'ils
ont négligé la Chymie : ils ont eû pourtant
des Philoſophes curieux qui s'y ſont attachez.
Caligula, ſelon Pline, fit travailler ſur l'orpi-

ment, il en retira un or très-pur, mais cet ouvrage demandoit des dépenses qu'il ne payoit pas : sans doute, ajoûte Borrichius, que ce Prince avoit lû les livres des Chymistes ; pouvoit-il ignorer cet oracle de la Sibylle, *j'ai neuf lettres, j'ai trois syllabes, reconnois-moi.* Emar Ranconet, Président au Parlement de Paris, voit dans ces paroles les mysteres de la Chymie ; il y est parlé, dit-il, de l'arsenic. Kirker s'oppose à ce sentiment, il applique l'oracle au Sauveur du monde.

Il est fait mention dans quelques Auteurs des lampes inextinguibles : mais je crains, dit Conringius, que ce secret qu'on donne à l'antiquité ne soit une fable. Il n'y a pas, dit Kirker, des lampes qui brûlent toûjours sans demander de nouvelle matiere. Dans les tombeaux les matieres grasses se mêlent avec l'air, elles s'y concentrent, & se subtilisent par le mouvement continuel des parties du feu : si les lieux qui les renferment ne leur permettent pas de s'échapper, elles se conservent durant plusieurs siécles ; mais si on y donne entrée à l'air extérieur, ces matieres s'enflammeront. On voit souvent dans les cimetieres des flammes qui voltigent de tous côtez. Sur les endroits où l'on enterre des animaux, j'ai vû des colonnes de feu qui s'élevoient assez haut ; ces feux qui s'allument quand les tombeaux s'ouvrent, ont donné l'idée des lampes des Anciens. Il y avoit en Egypte des lieux remplis de bitume. Les Philofophes, dit un Auteur Arabe, conduifoient le bitume par des canaux dans des lieux soûterrains, ils mettoient des lampes dans ces endroits, les méches dont ils se fervoient étoient de lin incombuftible ; ces méches allumées ne s'éteignoient jamais : la matiere huileufe qui les imbiboit fans cesse entretenoit la flamme; mais l'antiquité de l'Alkymie n'eft pas prouvée par ce fait.

Pline rapporte un fait qui tient des plus près à l'Alchymie : Il dit » que du temps de » Tibere on trouva le fecret de rendre le » verre malléable. Petronne entre dans un plus long détail : » Un ouvrier, dit-il, fit une » bouteille qui n'étoit pas fujette à fe cafler, » il la préfenta à Tibere, & la jetta contre » le plancher en préfence de ce Prince : la » bouteille fe froiffa comme un vaiffeau de » métal, l'ouvrier lui rendit à coups de mar- » teau la forme qu'elle avoit perduë en tom- » bant ; l'Empereur furpris lui demanda fi » que!qu'un fçavoit ce fecret : l'ouvrier ré- » pondit qu'il ne l'avoit communiqué à per- » fonne; là-deffus ce Prince lui fit trancher » la tête, il dit pour raifon que fi ce fecret » s'étoit divulgué, les métaux auroient per- » du leur prix. Pline donne ce fait comme un bruit generalement répandu, mais dont l'origine étoit incertaine : pour l'ouvrier cet

Ecrivain dit seulement qu’on lui ruina la boutique ; si l’on en croit les Alkymistes, c’est un secret devenu commun dans les derniers siécles, on a non-seulement rendu le verre ductile, on a encore donné au crystal la dureté & l’éclat des pierres précieuses. »Vous avez vû, Sire, dit Raymond Lulle au Roy « d’Angleterre, la projection merveilleuse « que j’ai faite à Londres : avec l’eau d’argent « vif que j’ai jettée sur le crystal dissout, j’ai « formé un diamant très-fin, Vous en fites « faire de petites colonnes pour un Taber- « nacle. Ce qu’on peut demander dans ce fait c’est la certitude, on ne sçauroit en nier la possibilité ; Borrichius la prouve par une expérience qui lui est particuliere, il a fait dissoudre du sel ammoniac dans un vaisseau de verre, il en a fait ensuite une masse ductile qui avoit du ressort : je ne parle pas du talc de Moscovie qui n’est qu’un verre fléxible ; il y a beaucoup d’autres matieres qui prouvent qu’on peut donner au verre la ductilité.

Les Anciens ne rapportent pas d’autres secrets qui ayent du rapport à l’Alchymie ; le nom de cette science ne remonte pas au de-là de Constantin. Le premier qui en parle c’est Julius Firmicus ; la Lune, dit-il, donne de l’inclination pour la Chymie à ceux qui naissent sous un certain aspect : pour trouver des Alkymistes, il faut descendre au sixiéme siécle parmi les Arabes, & au douziéme parmi nous.

On parle diverſement des Alkymiſtes : les uns les regardent comme des viſionnaires ; les autres les accuſent de fourberie : ces reproches ont quelque fondement. Il y a eû une infinité d'eſprits entêtez qui ont perdu le bon ſens parmi leurs fourneaux ; d'autres rebutez par l'inutilité de leurs tentatives, ont cherché un dédommagement dans la crédulité du public & dans l'avidité de quelque particulier : voyons s'il n'y a pas eû de véritables Alkymiſtes.

Le premier objet qui ſe préſente dans cette ſcience c'eſt une ſuite infinie de travaux : pour parvenir au grand œuvre il a fallu décompoſer les corps, purifier leurs principes, en faire divers mélanges. Les Alkymiſtes ſe ſont engagez dans des travaux qui demandent quelquefois des années entieres : les ſuccez peu heureux dont leurs peines ont été ſuivies, ne les ont pas rebutez : les moindres apparences de ce qu'ils cherchoient leur ont toûjours donné une nouvelle ardeur ; il n'y a pas d'expédiens dont ils ne ſe ſoient aviſez, la matiere a pris autant de forme entre leurs mains qu'il leur eſt venu des caprices dans l'eſprit.

A quoi ont abouti tous ces grands travaux ? on n'en ſçait rien. Il eſt vrai que les Chymiſtes nous vantent des ſecrets merveilleux :

les uns ont fait une teinture qui transmuoit les métaux; d'autres ont eû le secret d'augmenter l'or, mais ils n'ont pas communiqué ces secrets, ce qu'ils nous ont laissé est obscur ou contraire à la vérité; s'ils se font expliquez quelquefois c'est sur des matieres peu importantes : dans ces endroits même où ils parlent moins obscurément on trouve souvent des promesses que l'expérience dément; enfin on peut dire que les ouvrages des Alkymistes sont des monumens de leur travail, de leur peu de succès, & souvent de leur fourberie.

Les opérations des Alkymistes sont suspectes en general, mais, selon quelques Sçavans, on ne sçauroit nier qu'il n'y ait eû de véritables transmutations; nous avons, disent-ils, tant de témoignages, qu'il n'est pas permis d'en douter : si les procedez décrits dans les livres ne réussissent pas, c'est souvent la faute de ceux qui les suivent. Boile dit qu'on ne réussit pas dans certaines opérations, parce qu'on ignore le regime du feu; il l'a éprouvé lui-même : voici quelques faits qui prouvent les transmutations.

Borrichius rapporte qu'un Alkmiste vint trouver une personne illustre qui étoit à Bruxelles avec le Duc d'Anguien : Je sçai, lui dit-il, que vous êtes curieux, mais vous ne voyez que des Chymistes ignorans, voici une matiere qui vous fera voir qu'il y a de véritables tranfmutations ; faites-la diffoudre dans l'eau commune, il fe précipitera une poudre quelques heures après : verfez l'eau, faites fecher cette poudre précipitée, & rendez-la moi ; prenez enfuite du mercure, jettez-en quelques onces dans l'eau qui a fait la diffolution, vous verrez que l'argent vif fe changera en argent : l'évenement répondit parfaitement aux promeffes du Chymifte, l'expérience fut réiterée plufieurs fois avec le même fuccès ; plufieurs Seigneurs Anglois en furent témoins. Borrichius tient cette hiftoire de celui à qui elle eft arrivée. Un Envoyé de France rapporte ce fait dont il a été lui-même témoin oculaire.

Helvetius Medecin du Prince d'Orange raconte une hiftoire furprenante dans un Traité qui a pour titre *Vitulus aureus* : Un étranger vint, dit-il, chez moi ; il me dit qu'il y avoit long-temps qu'il fouhaitoit de me connoître, qu'il avoit lû quelques Traitez ou je paroiffois douter des tranfmutations, qu'il me feroit voir que mes doutes n'étoient pas fondez ; il me dit de prendre une goutiere de plomb qui étoit attachée à la muraille, je la fondis, & il jetta fur ce plomb fondu un peu de poudre jaune, il verfa la matiere fur le pavé, tout le plomb fe trouva changé en or. Quelque temps après il revint me voir, il me donna une matiere de la grandeur d'un grain de navé, il me

quitta, & me dit qu'il reviendroit le lendemain ; je l'attendis vainement : dans l'impatience de voir encore une transmutation je
jettai la matiere qu'il m'avoit laissée dans
six drachmes de plomb fondu, tout le plomb
fut changé en or.

Kunkel qui est un Chymiste très-sensé &
très-sçavant ne doutoit pas de l'existence de
la pierre philosophale ; je n'en rapporterai,
dit-il, qu'une preuve : L'Electeur de Saxe
avoit une teinture, son fils Chrétien I. l'a
euë aussi durant cinq ans après la mort de
son pere. Je suis surpris, dit Gaspard Bartho-
lin, qu'on doute si les métaux peuvent être
changez en or ; j'ai été témoin d'une telle
transmutation. Le témoignage de Becher
doit être de quelque poids: il y a, dit-il, tant
de preuves qu'on a fait des transmutations,
qu'il faut s'aveugler pour ne pas s'y rendre.
L'Empereur Ferdinand troisiéme du nom
changea lui-même trois livres d'argent vif
en deux livres & demie d'or très-pur , il
n'employa pour cela qu'un grain de teinture philosophique, cette transmutation se
fit à Prague: on y frappa une médaille faite
de cet or ; on voit d'un côté ces paroles,
*Métamorphose divine faite à Prague le 15 Jan-
vier 1648 en présence de l'Empereur Ferdinand III*: on lit ces mots sur le revers, *Cet
art connu de peu de personnes paroît peu souvent au jour, &c.* Je ne parle pas de Vanhel-

ment, on recuseroit son témoignage; je ne dis rien non plus de Delrio qui assûre qu'il connoît plusieurs personnes respectables qui possedent le secret du grand œuvre: si l'on veut d'autres témoignages, on peut lire la lettre que Morosius écrivit à Langelot, ony verra des faits qui, selon lui, ne sont guéres moins appuyez que les histoires les plus averées.

Je ne sçaurois donner plus de poids à ce que je viens de dire qu'en rapportant ce qu'a écrit là-dessus M. Boile; ses lumieres le mettent à couvert de tout soupçon: Un homme digne de foy, dit-il, m'a raconté qu'il avoit laissé quelques especes d'eau forte à un de ses amis; que cet ami lui écrivit qu'en faisant digerer l'or dans ces eaux, il avoit formé une teinture qui changeoit l'argent en or; qu'avec une once d'or on teignoit six onces d'argent: cela n'est pas incroyable, ajoûte Boile; l'expérience m'a appris qu'on peut enlever à l'or la teinture jaune.

Le P. Kirker a écrit contre l'Alchymie; je ne parle pas des raisonnemens qu'il porte contre les transmutations, la raison ne prouve jamais rien contre l'expérience: d'ailleurs les métaux ne différent que par l'arrangement; leurs parties, le feu artificiel peut changer leur forme de même que le feu naturel. Les procedez décrits par les Alkymistes ne réussissent pas: mais est-ce une preuve qu'ils soient faux? Des opérations

décrites par Vanhelmont ont été rebutées
comme fausses par plusieurs Artistes, mais
elles ont réussi à M. Boile ; il ne faut qu'une
circonstance pour déranger une opération :
pour revenir au P. Kirker que peut-il opposer à tant de témoins qui assûrent ce qu'ils
ont vû ?

Les livres des Adeptes sont fort obscurs.
Philalete qui a parlé plus clair que les autres,
n'a pas donné de grandes lumieres ; on ne
sçait ni les matieres dont ils se sont servis, ni
les voyes qu'ils ont suivies dans leurs opérations. Les uns ont voulu changer les métaux
par le feu ; les autres ont cherché dans l'antimoine la teinture de l'or. Quelques-uns ont
travaillé l'or pour lui enlever son soulphre ;
plusieurs ont tenté de fixer le mercure. Il y
en a eû enfin qui ont cherché le principe de
l'or dans la matiere de la transpiration, dans
l'urine, dans les matieres fœcales , dans le
sel marin, dans le soulphre , dans le mélange de certains mineraux. Si les Alkymistes
n'ont pas employé ces matieres, du moins
ces noms paroissent dans leurs ouvrages. Je
ne sçaurois donner une idée plus claire de
leurs principes & de leurs travaux qu'en rapportant ce qu'a dit un fameux Adepte, c'est
Riplée Chanoine de Brilingthon.

J'ai promis de donner divers procedez, «
mais il faut que j'explique les termes obs- «
curs. Les Philosophes se servent de divers «

» noms ; par-là ils cachent leur science à ceux
» qui en sont indignes. Notre pierre est une
» matiere unique. Il y a une substance qui
» porte le nom d'un des sept jours, elle pa-
» roît vile, mais on en retire une humeur
» vaporeuse qu'on nomme le sang de lion
» verd ; de ce sang on forme l'eau appellée
» blanc d'œuf, eau de vie, la rosée de may :
» cette eau donne une terre appellée soul-
» phre vif, chaux du corps du Soleil, ceque
» d'œuf, ceruse, arsenic. L'eau contient l'air,
» la terre renferme le feu, l'une & l'autre se
» pourrissent ensemble ; on en peut séparer
» les quatre élemens par la distillation &
» l'extraction : mais pour former le grand
» élyxir, il suffit de séparer l'eau de la terre,
» de calciner la terre, de rectifier l'eau en la
» faisant circuler, de la rejoindre ensuite à
» la terre. Quand vous lirez dans quelque
» Philosophe, prenez une telle matiere ; sou-
» venez-vous qu'il ne vous marque que la
» pierre, ou ses parties. L'arsenic, par éxem-
» ple, est le feu de la pierre, le soulphre l'air,
» l'huile le feu, l'ammoniac noir dissout la
» terre, le mercure l'eau, & quelquefois le
» mercure même, le mercure sublimé, l'eau
» éxaltée avec sa chaux qui se doit congeler
» en sel ; ce sel se nomme salpêtre, ou soul-
» phre de Bacon. Quand vous lirez, prenez
» du mercure, de l'arsenic, du Saturne, le
» lion verd ; ne prenez pas l'argent vif, l'arsenic

fénic du vulgaire, le vermillon, le cuivre
& le vitriol : je dis la même chose de l'or &
de l'argent, banniffez les fels, les eaux cor-
rofives qui ne font pas métalliques.

Le deffein des Philofophes c'eft d'imiter
la nature, ils ont voulu former en peu de
temps ce qu'elle en donne en plufieurs
années. Pour faire l'or & l'argent ils ont
pris une terre rouge & une terre blanche,
ils les joignent jufqu'à ce qu'elles foient
fixes & fufibles. L'or n'eft qu'une terre
rouge unie à un mercure rouge, l'argent
eft une terre blanche incorporée à un mercure blanc ; on doit fixer ces mercures dans
leurs terres jufqu'à ce qu'ils foûtiennent
toutes fortes d'épreuves : il faut qu'un
peu de cette compofition puiffe teindre
une grande quantité de quelque métal
que ce foit. Les Philofophes ne fe font pas
fervis d'or & d'argent pour cette teinture ;
c'eft pour cela qu'ils ont dit qu'elle ne demandoit pas des dépenfes. La plûpart de
ceux qui cherchent la pierre, travaillent
fur l'or, l'argent, ou le mercure vulgaire ;
ils fe trompent. L'or & l'argent des Philofophes font renfermez dans un même
corps que la nature n'a pas amené à fa
perfection : c'eft dans cette terre blanche
ou rouge que les Philofophes difent que la
pierre eft le lion verd, l'afa fœtida la fumée blanche ; ils fe font fervis de ces noms

» pour faire illusion aux ignorans. Par le
» lion verd on entend la semence de l'or :
» l'asa fœtida signifie l'odeur que donne la
» matiere impure dans la premiere distilla-
» tion ; le nom de fumée blanche vient des
» vapeurs blanches qui s'élevent au com-
» mencement. Plusieurs s'imaginent que la
» matiere de la pierre est dans les excrémens,
» ils se fondent sur les Philosophes qui di-
» sent qu'elle se présente sous une forme
» desagréable, qu'elle est en tout lieu, qu'elle
» prend naissance entre deux montagnes,
» qu'on la foule aux pieds, qu'elle vient de
» mâle, de femelle, mais ils se trompent :
» les Philosophes nous avertissent eux-mê-
» mes que ce n'est pas dans les matieres fœ-
» cales qu'il faut chercher la pierre.
»   Il se présente ici une difficulté, suivant
» ce que nous venons de dire : ce n'est pas
» dans l'or & l'argent qu'il faut chercher la
» pierre ; cependant les Philosophes nous di-
» sent ailleurs que la pierre n'est pas dans des
» matieres d'un genre différent, ils enten-
» dent par-là seulement qu'elle vient du pre-
» mier principe, c'est-à-dire, de la chaleur
» naturelle ou végétable : si l'on ne connoît
» pas cette chaleur qu'on a nommée ventre
» de cheval, feu humide, fumier, c'est en
» vain qu'on travaillera.

Voilà le style des Alkymistes ; Riplée qui
donne ici des instructions, ne donne pas plus

de lumieres que les autres. Philalete a parlé plus clairement, mais il est contraire à Riplée, car il employe les métaux; ils ont cela de commun que leurs procedez ne réuffiffent pas: je ne les rapporterai pas ici, cela me conduiroit trop loin; on peut confulter leurs ouvrages, mais je ferai remarquer que ce qu'avance Riplée eft conforme à ce qu'on ʒit dans les ouvrages de Clauderus. Il dit qu'il faut prendre une terre graffe, noirâtre, où tirant fur le rouge; c'eft elle, dit-il, qui a été décrite par les Alkymiftes: il faut, ajoûte-t-il, la mettre dans un creux affez profond: fix mois après on doit l'expofer à l'air dans un lieu couvert durant fix femaines: on diftille enfuite cette matiere: on fait plufieurs cohobations, il vient après toutes ces opéra-tions une matiere blanche comme du lait qui eft la femence de l'or philofophique; enfin par la digeftion cette matiere devient noire, blanche, rouge, de-là viennent tous ces noms qu'on trouve chez les Alkymiftes, tête de corbeau, l'arc-en-ciel, la queuë du pan, &c. On ne peut pas nier les faits, mais les expériences de M. Homberg nous appren-nent que le mercure & le foulphre font la bafe des métaux; ainfi il y a apparence que c'eft fur le mercure qu'il faudroit travailler. Plufieurs Chymiftes font de ce fentiment; en-fin ceux qui ont éxaminé l'Alchimie avec plus de lumieres, croyent que ce n'eft que dans

l'or, l'argent, ou l'antimoine qu'on doit chercher la pierre philofophale, *Hæc pafcunt va-*
cuas deliria mentes.

Ceux qui ont travaillé à retirer l'or qui fe
trouve dans les métaux, ont parlé avec plus
de clarté ; il eft certain que dans les fubftances
métalliques on trouve de l'or, ou une matiere dont l'or fe forme : M. Homberg nous
a donné là-deffus un procedé curieux, on
peut le voir dans les Mémoires de l'Academie
Royale. Le mercure travaillé d'une certaine
maniere donne $\frac{1}{200}$ d'or, mais le procedé le
moins fufpect eft celui de M. Becher, l'épreuve en fut faite par l'Ordre des Etats de Hollande ; les témoignages qu'ont donné les
Commiffaires prouvent que tout réuffit au
gré de Becher. Ce qu'on peut demander c'eft
d'où vient qu'on a négligé un tel fecret : là-
deffus on dit en general que les dépenfes ex-
cedent le profit ; cependant M. Sthall n'eft
pas de ce fentiment. Il avouë que le revenu
ne feroit pas affez confiderable pour un Etat,
mais il croit qu'un particulier y trouveroit
quelque avantage ; le procedé eft fimple, il ne
demande que peu de temps : on n'employe
que l'argent, le fable, & la litharge ; l'argent
ne diminuë pas dans l'opération, il devient
beaucoup plus pur.

Malgré tous les avantages que peuvent donner ces fecrets, je ne confeillerois à perfonne
de chercher des richeffes dans l'Alchymie ; on

se passionne dans ce travail plus que dans le jeu, on se donne bien des peines, on dépense son bien, enfin on meurt misérable; Penote, & bien d'autres que je pourrois nommer en font une preuve.

Aprés les éxemples malheureux qu'on a devant les yeux il est surprenant qu'il y ait encore des esprits qui ne soient pas desabusez, tel est le malheur des hommes; les expériences des peres se font à frais perdus pour les enfans: nous rejettons les conseils que nous trouvons dans les malheurs de ceux qui nous ont précedez : nous ne sommes jamais contens que nous n'ayons appris à nos dépens qu'on peut se tromper; je ne sçai par quelle illusion nous nous flattons toûjours que le malheur qui a suivi les tentatives des autres ne nous arrivera point.

Ce qu'il y a de plus surprenant c'est que les plus entêtez de la transmutation des métaux ne sont pas ceux qui ont le plus de lumieres. Un homme qui a vieilli parmi les fourneaux & dans la lecture des livres de l'art, peut tenter quelque chose ; une longue expérience lui découvre ce qui est caché aux yeux des autres : la plûpart des Alkymistes travaillent sans connoître même les premiers principes ; quelques procedez qu'ils trouvent dans les livres faits souvent par des fourbes, leur paroissent suffisans, leur expérience ne leur donne enfin des lumieres que pour leur ap

é iij

prendre qu'ils se sont trompez. Desabusez
de leurs idées chimeriques ils cherchent dans
l'avidité de quelques esprits crédules une ressource à leur misére. On peut leur appliquer
ce qu'une personne illustre a dit des Joüeurs:
Ils commencent par être dupes, ils finissent
par être fripons: on le voit dans ces vaga-
bonds qui après s'être trompez eux-mêmes,
s'appliquent à tromper les autres; ou ils en-
gagent dans des dépenses quelques imprudens
auxquels ils persuadent de travailler avec eux;
ou ils vendent des secrets imaginaires à des
ignorans qui se laissent tromper par des tours
adroits: pour derniere ressource ils alterent
les monnoyes jusqu'à ce qu'une mort hon-
teuse couronne leur vie.

On voit encore tous les jours des esprits
crédules qui se laissent tromper par ces misé-
rables Alkymistes; cependant leurs tours ne
sont pas inconnus, ils sont décrits dans tant
de livres, qu'il est surprenant que quelqu'un
les ignore. Dans leurs opérations ils ont toûjours de l'or ou pour teindre les métaux qu'ils
travaillent, ou pour faire voir qu'ils les changent en partie: si personne ne les observe, ils
jettent de l'or dans le creuset: si on a les yeux
sur eux, ils se servent de spatules creuses où
ils ont mis de l'or; la matiere qui bouchoit le
bout de la spatule étant fonduë, l'or tombe
dans le creuset, ils mettent de l'or dans des
charbons, dans des soufflets, dans le fond du

creufet qu'ils couvrent d'une couche fort mince de terre, ou de quelque autre matiere femblable; ils déguifent l'or par diverfes préparations, ils les préfentent fous cette forme étrangere comme un fecret qui augmente l'or, ou qui tranfmuë les métaux; ils réduifent l'argent en moindre volume par certaines opérations, ils le rendent indiffoluble à l'eau forte en l'imbibant d'huile de vitriol; ils donnent à des vaiffeaux d'or ou d'argent la couleur de fer ou de cuivre, ils y jettent du mercure qui fe charge de ces métaux, ils fixent le mercure & le teignent avec diverfes matieres, mais tout leur travail s'évanoüit à l'épreuve; ils font des cloux dont la moitié eft d'or, & ils donnent à cet or la couleur du fer. Je ne ferai pas un plus long détail des fourberies pes Alkymiftes; elles fe réduifent prefque toutes aux tours que je viens de rapporter. Le P. Kirker en a fait un détail fort long. Je n'ai que deux réfléxions à faire làdeffus, ou ceux qui veulent engager quelqu'un dans des dépenfes difent qu'ils cherchent la pierre philofophale, ou qu'ils l'ont trouvée. S'ils n'ont que des efperances, c'eft une folie de s'engager avec eux. S'ils difent qu'ils ont le fecret de la tranfmutation, ils ne difent pas la vérité: un homme qui peut faire de l'or ne fe découvre à perfonne, le danger eft trop grand.

C'eft peut-être toutes ces fourberies qui

ont donné lieu aux Jurisconsultes d'éxaminer s'il falloit donner des loix contre l'Alchymie. Quelques-uns ont avancé grave-
ment que c'étoit faire injure à la Divinité
que de changer ses Ouvrages. Les Alkymistes
font heureux que la Constitution du Pape
Jean XXII. ne soit pas reçûë. Il y est ordonné
que les Alkymistes feront emprisonnez, qu'ils
feront regardez comme infames, que les
Prêtres qui s'y appliqueront feront privez de
leurs Bénéfices ; on voit par-là ce qu'on doit
juger du livre intitulé, *l'Oeuvre transmuta-*
toire du Pape Jean XXII ; ce livre commence
ainsi : *Or commence le livre d'Alchymie que le*
Pape Jean fit ouvrir en Avignon, duquel ou-
vrage il en avoit 200 roolles, d'un chacun, pesant
un quintal. La Faculté de Paris n'a pas été
moins severe que Jean XXII. contre les Alkymistes. Les Medecins assemblez condam-
nerent *Palmarius* qui avoit écrit sur la pierre
philosophale ; ils lui ordonnerent d'abjurer
ses erreurs, de vivre & de mourir dans la
doctrine d'Hipocrate & de la Faculté ; ils
appliquerent enfin à l'Hôtel-Dieu les émo-
lumens qu'il retiroit des Ecoles : cet Arrêt de
la Faculté fut donné le 28. Janvier 1609.

Quoyqu'on ait écrit contre la Chymie, elle
n'a pas été tout-à-fait inutile ; nous lui de-
vons des secrets très-curieux qui peut-être
nous conduiront à l'utile : en voici quelques-uns.

On peut faire des eaux qui paſſent à travers les métaux ſans les diſſoudre: Verſez ſur une livre de chaux deux pintes de vinaigre, digerez le tout durant deux jours, remuez la matiere de temps-en-temps, ſéparez par inclination ce qui eſt clair, prenez une once de ſoulphre commun, deux onces de ſalpêtre raffiné, pilez le tout, rougiſſez au feu un creuſet aſſez grand, projettez-y par cuillerées votre matiere, remuez-la quand elle commencera à ſe fondre avec une verge de fer; continuez le feu juſqu'à ce que tout ſoit fondu comme d : l'eau: verſez la matiere ſur une baſſine de cuivre , verſez ſix parties de votre vinaigre préparé ſur une de cette matiere: faites fondre le tout, filtrez enſuite & évaporez entierement à feu doux, remettez-y de votre vinaigre, filtrez & évaporez juſqu'à pellicule; portez le tout à la cave, il ſe formera des cryſtaux qui étant fondus à grand feu dans un creuſet de fer paſſent à travers le fer, & le rendent plus malléable.

On fait une matiere bitumineuſe qui traverſe l'argent par ſes pores: Diſſolvez de l'argent fin dans l'eau forte, précipitez l'argent en chaux par le ſel commun; édulcorez cette chaux avec l'eau chaude, ſechez-la à une petite chaleur; prenez une partie de cette chaux, deux parties de ſublimé corroſif, trois parties d'antimoine crud; le tout pulveriſé & mêlé doit être diſtillé dans une cornuë au

É v.

feu de fable, vous aurez d'abord un beurre d'antimoine, & enfuite un mercure coulant; lorfqu'il ne fortira plus de mercure, pouffez le feu violemment pendant une heure, laif-fez refroidir la cornuë, caffez-la, vous trouverez au col une matiere noirâtre que vous détacherez, cette matiere fe fond à une chaleur moderée, elle ne rend pas les métaux aigres, elle perce l'argent de part en part fans altérer fa malléabilité.

Il y a plufieurs procedez pour augmenter l'or & l'argent. J'ai parlé du procedé de Becher que j'ai vû réuffir parfaitement; il y a une infinité d'autres opérations qui produifent le même effet: Prenez, par éxemple, du cuivre & de l'argent de coupelle en parties égales, mêlez-les, faites-les fondre, formez-en de petites verges, plongez ces verges dans du foulphre fondu, mettez le feu au foulphre, continuez jufqu'à ce que ces verges deviennent écailleufes, prenez des tuiles qui ne foient pas cuites & qui foient encore molles, mettez vos verges fur ces tuiles entre deux couches de fel commun, mettez ces tuiles dans le fourneau pour les cuire, vos verges mifes dans l'eau forte vous donneront de l'or, cela ne doit pas paroître furprenant. M. Homberg a démontré qu'il y avoit dans l'or & dans l'argent une matiere qui n'étoit pas encore bien métallifée, & que l'art pouvoit lui donner la perfection, mais on ne peut pas tirer de grands avantages de tous ces procedez, ils sont plus curieux qu'utiles.

On a trouvé divers procedez pour donner à des métaux imparfaits la couleur de l'or & de l'argent; on donne au plomb la couleur de l'argent avec un mélange d'arsenic blanc, de chaux, de tartre, de sel gemme, de sel ammoniac: on met ces matieres dans du vinaigre durant sept ou huit jours, on fait évaporer le vinaigre, on fait fondre du plomb, & on y jette ce mélange, le plomb devient très-blanc. On a encore des méthodes pour teindre le plomb de couleur d'or, je ne les rapporterai pas, parce qu'elles me conduiroient trop loin; un Chymiste parle d'une opération curieuse: on prend, par exemple, du vitriol de Mars, on le fait dissoudre dans l'urine, on filtre la dissolution, on distille jusqu'à siccité, on pousse ensuite le feu, & il monte du mercure; on voit par-là la mercurification des métaux, suivant quelques Chymistes.

Les opérations par lesquelles on imite les pierres précieuses, ne sont pas moins surprenantes: Prenez une livre de cailloux fort blancs, ou du crystal de roche, huit onces de nitre, quatre onces de borax, deux onces d'arsenic blanc, mettez le tout en fusion à un feu très-fort, vous aurez un crystal qui sera la base des autres pierres: faites fondre à un feu très-fort six onces de ce cryſtal, une once de ſaffran de Venus, deux grains d'or fulminant, vous aurez un rubis; quatre onces de ce cryſtal, douze onces de minium, un ſcrupule de ſaffran de Mars donneront une chryſolite. On imite les émeraudes par un mélange de ce cryſtal, de minium, de cuivre, de ſaffran de Mars, ou de chaux d'argent; on peut voir Kunkel, Neri, Mereti ſur cette matiere. Je ne m'étendrai pas davantage ſur les ſecrets Alchymiques, j'ai voulu ſeulement en donner une idée à ceux qui commencent à étudier la Chymie.

Les premiers Chymiſtes s'étoient bornez à travailler les métaux. On eſt allé plus loin dans les derniers ſiécles. Les mineraux, les plantes, les animaux ſont devenus l'objet de la Chymie. Les Philoſophes avoient donné aux corps pour principes, l'eau, l'air, la terre, & le feu. Les Chymiſtes par l'action du feu ont réduit toutes les ſubſtances à l'eau, à la terre, à l'eſprit, au ſoulphre, au ſel. Il n'eſt pas de corps, ſi on excepte l'or & l'argent, qui ne donne ces matieres. On a fait de ces principes la baſe de la Chymie; pluſieurs Philoſophes les ont rejettez: mais je ne ſçai s'ils leur ont ſubſtitué quelque choſe de plus ſolide. Les Chymiſtes ont toûjours cet avantage qu'ils ne reçoivent que ce que leur apprend l'expérience.

On a voulu ſoûtenir qu'on connoiſſoit

l'analyse chymique du temps des Anciens. Quelques-uns ont fait d'Hipocrate même un Chymiste raffiné : mais ce grand Medecin ne connoissoit pas mieux la Chymie que la circulation du sang ; cependant, selon le témoignage d'un ancien Auteur, il avoit voyagé en Égypte où les sciences étoient cultivées avec tant de soin. Dioscoride qui nous a marqué les vertus des plantes, qui a fait des recherches sur la Medecine, en Europe, en Asie, en Afrique, n'a jamais parlé de la Chymie ; on n'en voit pas de vestige dans Galien qui a ramassé les observations de ses prédécesseurs. Pline qui a écrit l'histoire naturelle, n'a rien dit sur cette matiere ; on trouve seulement dans Aristote au livre troisiéme des Météores que dans l'Ombrie on connoissoit les sels lixivieux. Varron dit encore qu'au voisinage du Rhin dans les Gaules on n'avoit pas l'usage du sel marin ; on se sert, dit-il, d'un sel tiré des plantes brûlées : voilà la seule analyse dont les Anciens ayent parlé. Borrichius dit que Galien & Dioscoride n'ont pas ignoré le secret de la distillation, mais c'est sans fondement. Pancirol dans son Traité des secrets perdus & trouvez, ne fait pas remonter si loin la distillation ; Il dit qu'un Medecin qui faisoit une décoction de quelque plante, fut appellé pour aller voir un malade, qu'il couvrit le pot d'un vaisseau, que l'humidité qu'il trouva au haut de ce

vaisseau lui donna l'idée de la distillation.
Les Chymistes n'ont pas eû pour leur science
autant de zéle que ceux qui se sont appliquez à l'Alchymie. Ceux-ci, pour donner de
l'antiquité à l'art des transmutations, n'ont
pas fait difficulté de supposer des livres ; ils
en ont attribué à la Sœur de Moïse, à Salomon : ces livres que personne n'entend, sont
aujourd'hui l'Evangile des Souffleurs.

La Medecine a été sujette dans tous les siécles à divers changemens, mais elle doit à la
Chymie une de ses plus grandes révolutions.
Hipocrate n'étoit asservi à aucune opinion,
l'expérience seule le conduisoit ; il nous dit
dans ses livres, non pas ce qu'il jugeoit des
maladies & de leurs causes, mais ce qui arri-
voit à ses malades. Cælius Aurelianus, Are-
tæus ont marché sur les traces de ce grand
homme ; leurs Ouvrages n'offrent que les
routes que suit la nature dans la production
& la guérison des maladies. Galien entêté
d'Aristote, dégénera de ses prédécesseurs ; les
Péripateticiens donnoient aux corps quatre
élemens : ce Medecin établit quatre humeurs
dans le corps, c'est sur le mélange & le combat de ces humeurs que roulerent toutes les
maladies. Les Arabes attachez à Galien por-
terent encore ces préjugez plus loin. Les livres de Medecine ne furent plus qu'un tissu
de disputes aussi embarassées que les questions
les plus métaphysiques ; c'est par rapport à

leurs quatre humeurs qu'ils nous ont donné les remedes *phlegmagogues, cholagogues, melanagogues :* enfin la France produisit des hommes d'un génie supérieur qui ramenerent la Medecine à l'expérience. Fernel, Hollier, Duret, Baillou, &c. rappellerent la Medecine d'Hipocrate ; pour juger de leurs livres on n'a qu'à lire les éloges que Baglivi & Mr Boerrhave leur ont donné. Les Medecins éclairez par les ouvrages de ces hommes illustres n'avoient qu'à continuer, on auroit trouvé bien-tôt des routes moins hazardeuses pour se conduire dans les maladies, mais la Chymie arrêta bien-tôt les progrez de la Medecine. Basile Valentin parut, on dit que c'étoit un Moine, cependant on n'a aucune preuve là-dessus ; quoyqu'il en soit, c'est lui qui a introduit la Chymie dans la Medecine, il a voulu qu'on n'employât que les remedes chymiques. Paracelse & Vanhelmont lui doivent tout ce qu'ils ont de plus curieux : cette nouveauté ne pouvoit que troubler la Medecine. Les Medecins les plus sensez ont reçû avec plaisir les compositions utiles qui nous viennent de la Chymie ; d'autres entêtez de leurs préjugez ont rejetté ce qu'ils auroient sans doute soûtenu, si le hazard leur en avoit donné la découverte : enfin après bien des disputes la Chymie n'a pas moins fourni de préparations que la Pharmacie Galenique. Paracelse, Vanhelmont, Boile, Tachenius, Glauber, ont donné de la vogue aux compositions qui paroissoient les plus suspectes : il y a deux remedes sur-tout qui ont fait du bruit, c'est le mercure & l'antimoine.

Les maux veneriens se répandirent en Europe en 1493. Quelques Medecins prétendent qu'il n'y étoit pas inconnu auparavant ; ils veulent même qu'Hipocrate en fait la description : en effet au troisiéme livre des maladies épidemiques, il parle d'une maladie dont tous les symptomes se trouvent renfermez dans la verole. Mais ce grand homme qui décrit les moindres maladies en tant d'endroits, n'auroit-il parlé qu'en passant d'une maladie si affreuse ? Les Medecins qui l'ont suivi jusqu'au quatorziéme siécle, auroient-ils gardé le silence là-dessus ? Le libertinage qui n'étoit pas moins commun qu'aujourd'hui, auroit-il produit des effets moins fréquens ? Quoy qu'il en soit, Lyster prétend qu'il y a en Amerique une espece de poisson, qui, lorsqu'on en mange, donne la verole ; il n'y a rien d'impossible en cela. Il y a en Sicile un poisson qui donne la gale. D'autres Medecins prétendent que cette maladie est particuliere à certaines nations de l'Afrique & de l'Amerique. Sydhenam rapporte que des Anglois dignes de foy lui ont dit que les Negres qu'on menoit aux Isles Caraïbes, avoient tous la verole dès qu'ils y avoient fait quelque séjour ; cependant, ajoûte-t-il, cela ne vient pas d'un commerce impur.

On a cherché divers remedes contre la verole ; dans les Païs Meridionaux les ſudorifi-
ques ſuffiſent : ici il faut des remedes violens
pour la déraciner. Carpi Medecin Italien eſt
le premier qui a employé les frictions mercurielles, mais Paracèlſe rejetta cette méthode ; il lui ſubſtitua l'uſage du turbith qui
lui réuſſit parfaitement.

Les meilleurs remedes ont quelquefois des
ſuccez peu heureux. Les préparations de mercure ont ſouvent cauſé des accidens fâcheux ;
on n'en ſera pas ſurpris, ſi l'on fait réfléxion
que le mercure eſt la matiere la plus peſante
après l'or. Les parties mercurielles ſont pouſ-
fées dans des vaiſſeaux que nos microſcopes
les plus parfaits ne ſçauroient découvrir ;
quels ravages ne peuvent-elles pas cauſer dans
ces petits tuyaux ? Il eſt certain que dans la
rate, le membre viril, les ſinus qui ſont à
côté de ſa ſelle, le ſang s'extravaſe ; peut-être
en eſt-il de même dans pluſieurs autres parties : mais ſi le mercure n'eſt pas repompé
éxactement par les vaiſſeaux veneux, quelles
ſuites fâcheuſes n'entraînera-t-il pas ? d'ailleurs il éteint l'action des nerfs ; que de paralyſies ne ſuccedent pas aux frictions ?

Ces ſuites fâcheuſes ont allarmé des Medecins prudens & ſçavans. Fernel qui étoit un
ſi grand Chymiſte, vouloit qu'on tentât d'autres voyes pour guérir la verole. Palmarius
qui ne connoiſſoit pas moins la Chymie, ne

se servoit du mercure qu'en tremblant ; il assûre même que de cent à peine y en avoit-il un qui fût guéri par le mercure. Voilà deux des plus fameux Medecins que la Faculté de Paris ait produit ; leur expérience & leurs lumieres justifient leur crainte : n'est-il pas surprenant, dit M. Harris célébre Medecin de Londres, que la méthode proposée par ces deux grands Medecins n'ait été tentée de personne ?

L'antimoine n'a pas moins occupé les Medecins que les Alkymistes : les uns y ont cherché la pierre philosophale ; les autres l'ont travaillé pour en tirer quelque remede. Basile Valentin a voulu en faire un remede universel. On dit que ce Chymiste ayant remarqué que l'antimoine engraissoit les cochons, voulut tenter s'il ne donneroit pas aux hommes de l'embonpoint : l'effet fut bien différent, car des Moines qui en userent moururent peu de temps après ; voilà l'origine du nom d'antimoine. Paracelse remit en vogue ce mineral ; plusieurs Medecins suivirent son exemple : d'autres se récrierent sur le danger qu'on couroit en prenant de l'antimoine. La Faculté de Paris fut divisée en deux partis qui se déchiroient au sujet de l'antimoine : les uns disoient que c'étoit un poison ; les autres assûroient que c'étoit un excellent remede. On fit un martyrologe de ceux qui étoient morts, à ce qu'on prétendoit, par un effet des pré-

parations antimoniales. La difpute fortit bien-
tôt de l'enceinte de la Faculté, elle fe répan-
dit dans Paris, & fut enfin portée au Parlement. On repréfenta qu'on abandonnoit la
doctrine d'Hipocrate & de Galien, qu'on
donnoit des remedes dangereux : la Sorbonne
fe mêla dans cette difpute, elle repréfenta
que c'étoit bleffer la Théologie que de con-
tredire Ariftote ; là-deffus le Parlement pro-
nonça contre les Chymiftes : l'ufage de l'antimoine fut profcrit. M. Befnier qui refufa
de fe foûmettre à cet ordre, fut dégradé par
un Arrêt de la Faculté, mais après ce revers
l'antimoine reparut fur la fcéne ; fes défen-
feurs opprimez foûtenus par les fuccez, defa-
buferent les efprits prévenus. L'Arrêt donné
par le Parlement fut annullé ; l'antimoine eh-
fin eut une place dans l'antidotaire de la Faculté : depuis ce temps-là il a été regardé
comme une fource d'excellens remedes ; cependant il refta encore des préjugez à com-
battre, on fut obligé quelquefois de déguifer
fous différens noms les préparations antimoniales.

La Chymie n'a pas moins porté de difputes
dans la théorie de la Medecine que dans la
pratique aux quatre humeurs ; au froid, à
l'humide, au chaud on fubftitua le fel acide
& le fel alkali. Les Chymiftes ont trouvé
dans ces deux fels la fource de tous les phénoménes qui paroiffent dans l'œconomie

animale ; en effet tout ce qui se passe dans le corps se peut réduire à la division, à la coagulation, à la chaleur. Le sel alkali divise, l'acide coagule ; & quand ces deux sels sont mêlez, ils produisent une effervescence. Ce sentiment soûtenu par Tachenius, appuyé par une infinité d'autres Medecins, s'est répandu par tout. La digestion a été attribuée à un menstruë acide qui se filtre dans l'estomach. Les maladies n'ont eû d'autre origine que le combat de l'acide du suc pancreatique & de l'alkali de la bile. Sylvius qui est l'auteur de ce dernier sentiment, nous a donné des Ouvrages où il entre dans un grand détail là-dessus. Willis rempli d'imaginations chymiques, a fait un alembic du corps humain, l'estomach est le fonds, la tête est le chapiteau où se subliment & se distillent les matieres qui se digerent. Les fiévres, selon lui, ne sont qu'un effet de la fermentation qui s'excite dans le sang ; les convulsions ne sont que les esprits animaux qui étant mêlez avec d'autres matieres produisent le même effet que la poudre à canon : on a donné à cet effet le nom de copule explosive ; ces sentimens ont été reçûs d'abord presque par tous les Medecins, les ignorans les ont trouvés fort commodes. S'agit-il d'expliquer une tumeur, voilà l'acide qui coagule ; s'agit-il d'expliquer l'ardeur de la fiévre, voilà l'alkali qui fait effervescence avec l'acide ; en un mot ces deux termes *alkali*

& *acide* rendent d'abord un homme Medecin & Philosophe. Enfin les Docteurs Anglois, Pidcarne, Baglivi, Boerhave se sont
récriez contre ces imaginations, ils ont ra-
mené la Medecine à des idées méchaniques :
les plus grands Chymistes comme M. Sthall
& M. Geoffroy qui peuvent juger mieux que
les autres de ce qui a du rapport à la Chymie,
se sont déclarez contre la théorie de la Medecine qui n'a d'autre appui que l'acide &
l'alkali; on peut demander à présent ce qu'on
doit penser d'une opinion chymique rejettée
par les plus grands Chymistes, & reçûë par
ceux qui ignorent la Chymie.

Si la Chymie a troublé la Medecine, elle
y a porté beaucoup de lumieres. Les Medecins ont donné trop d'étenduë aux principes
chymiques, lorsqu'ils en ont fait l'application
à la Medecine : mais les Méchanistes à leur
tour ont donné dans un autre excès; Ils ont
soûtenu sans aucun fondement que dans le
corps humain il n'y avoit rien qui eût du rapport avec la Chymie. Les matieres dont nous
nous nourrissons se décomposent ; le mouvement seul que le cœur leur imprime ne suffit
pas pour cela: les corps agissent les uns sur
les autres par leur magnétisme dans les opérations de Chymie ; cette action seroit-elle
interrompuë dans le corps humain ? le feu
qui est renfermé dans les alimens, & qui leur
donne la forme, n'auroit-il plus d'activité

dans les vaisseaux du sang? les matieres animales qui s'alkalisent par la chaleur du feu,
ne pourront-elles pas approcher de la nature
de l'alkali par la chaleur du sang? la mauvaise
odeur de l'urine, ou de la sueur dans certaines
crises, n'en est-elle pas une preuve? dans l'hydropisie la lymphe échauffée dans les lieux
qui la renferment, ne tend-elle pas à s'alkaliser? la fiévre qui survient, l'odeur des eaux
qu'on retire par la paracenteze le démontrent:
mais si la Chymie est utile à la Medecine, c'est
dans les remedes, les préparations mercurielles, les émetiques, les sels qui rafraîchis-
sent ou qui purgent, les sels volatiles huileux,
tant d'excellens remedes si sûrs & si doux;
enfin l'analyse des plantes sans laquelle on ne
sçauroit connoître leurs vertus éxactement,
tout cela prouve que la Medecine a de grandes obligations à la Chymie.

La Physique doit à la Chymie une partie
de ses découvertes; les raisonnemens ne nous
auroient jamais appris que les métaux avoient
pour base une matiere vitrifiable, que l'action
du feu les réduit en verre très-fragile, que
ce verre exposé au feu d'une matiere grasse
reprend sa premiere forme; la Chymie nous
a conduit à cette découverte: il y a une infinité de merveilles dont je ne parle pas, je
renvoye aux livres de Boile, les Ouvrages de
ce grand homme méritent seuls le nom de
Physique.

Une science inutile ne mérite pas qu’on s’y applique, la Chymie offre l’utile & l’agréable, on le voit par une infinité d’arts qui sans son secours ne seroient jamais arrivez à leur perfection.

Les peintures des Anciens ne se conservoient pas, elles ne résistoient pas long-temps aux impressions de l’air; la Chymie nous a donné des couleurs qu’une longue suite d’années n’affoiblit presque pas, elle nous en a donné de nouvelles qui sont très-curieuses, enfin elle nous fait connoître quelles sont les vapeurs qui peuvent les altérer.

L’art de teindre n’a été perfectionné que par les découvertes chymiques; nous ne sçaurions donner aux étoffes la couleur d’écarlate sans le secours de la Chymie. Drebel a trouvé le premier l’art de former cette belle couleur, il laissa sa découverte à sa fille, Cuffler qui l’épousa, mit ce secret en usage à Leiden; il s’enrichit bien-tôt, & donna son nom à cette couleur.

Le verre doit son origine au hazard, comme presque toutes les découvertes. Pline rapporte que des Marchands qui portoient du nitre, s’arrêterent près d’une riviere nommée Belus qui vient du mont Carmel; comme ils ne trouvoient pas des pierres pour appuyer leur marmite, ils prirent des mottes de nitre: l’action du feu qui mêla le nitre avec le sable, fit couler une matiere transparante qui n’étoit que du verre ; on travailla enfuite fuivant cette découverte. Pline dit qu'on travailla le verre au tour, qu'on le cifela , qu'on lui donna diverfes figures en foufflant ; on faifoit des ouvrages de verre d'un tel prix, qu'un Empereur achetta deux taffes environ fix cens livres de notre monnoye : l'art de faire le verre appartient à la Chymie qui lui a donné enfuite la perfection. Je ne parlerai pas ici des pierres précieufes , j'en ai déja dit quelque chofe : la Chymie nous apprend que la matiere qui leur fert de bafe eft le cryftal de roche, que leurs couleurs dépendent des mé-taux, qu'on peut les imiter par la teinture du verre. M. Boile nous a fait voir comment par la Chymie on peut connoître les pierres qui ne font qu'un verre auquel on a donné une couleur.

On étoit fort embaraffé autrefois quand il s'agiffoit de purifier les métaux. Un ancien Jurifconfulte dit que quand l'or étoit mêlé avec le cuivre, il étoit impoffible de l'en fé-parer. La Chymie a fait difparoître toutes ces difficultez: il n'eft pas de métal qu'on ne fépare de l'or ; on a recours pour cela à des matieres métalliques qui s'attachent à ces mé-taux plus étroitement qu'à l'or. Tel eft l'an-timoine qu'on a nommé pour cela le dévo-rant des métaux. On employe le plomb qui fe vitrifie avec les métaux joints à l'or, tandis que la matiere de l'or prend le fond

du

du vaisseau par sa pesanteur ; on se sert de l'eau forte & de l'eau régale : l'une dissout l'or, sans toucher à l'argent ; l'autre produit un effet tout contraire. On a voulu soûtenir que les Anciens avoient connu les eaux fortes, on a trouvé une preuve de cela dans ce qui est dit de Moïse dans l'Exode, mais je ferai voir ailleurs que c'est sans fondement qu'on a donné dans ce sentiment. Les eaux fortes ont été inventées vers l'an 1300 ; un Alkymiste dont les ouvrages se trouvent dans le théâtre chymique, en donne la description : les coupelles ne sont guéres plus anciennes. Il y a beaucoup de belles opérations métalliques qui sont venuës de la Chymie. Dans le Méxique, par exemple, & au Perou les mines sont sulphureuses ; quand on expose ces mines à un feu violent, le soulphre enleve l'or, mais avec un sel alkali & le fer on empêche que l'or ne s'échappe.

La Chymie n'a rien donné de plus curieux que la poudre à canon, on dit que c'est Berthold Schuvart Moine Cordelier à qui l'on doit cette invention ; il avoit mis un mélange dans un mortier, il tomba par hazard quelque étincelle sur cette matiere qui s'enflamma avec bruit, mais Roger Bacon avoit donné obscurément la description de la poudre. Il y a des Auteurs qui croyent que ce secret est venu de Marc Paul Venitien ; ce qu'on peut assûrer c'est qu'il y avoit très-long-temps

qu'il étoit en ufage à la Chine, quand il parut
en Europe. Thomas Aquirré Religieux Au-
guftin rapporte qu'on trouve à la Chine des
piéces d'artillerie faites 80 ans après JESUS-
CHRIST; c'eft, dit-on, l'Empereur Vitey
qui fut l'inventeur de ces machines, cela eft
confirmé par plufieurs relations. Quand la
poudre à canon fut connuë en Europe, la
Chymie la perfectionna de même que les
piéces d'artillerie qui étoient très-imparfai-
tes dans les commencemens: ce fecret fit ou-
blier le feu gregeois inventé par Callinicus
du temps de l'Empereur Conftantin Pogonat,
on s'en fervit avec fuccès pour brûler la flotte
des Sarrafins; on lançoit ce feu avec des machines à reffort, on le fouffloit par des
tuyaux faits exprès. L'eau qui éteint le feu
ordinaire donnoit à celui-ci plus d'ardeur,
le vinaigre pouvoit l'éteindre; la bafe de ce
feu étoit le naphte & le foulphre. La guerre
doit à la Chymie beaucoup d'autres inven-
tions curieufes. Des Villes affiegées on peut
lancer des feux aux environs, pour découvrir
les démarches des affiegeans. Si on préparoit
les grenades avec l'eau forte, ou avec de l'huile de vitriol, ceux qui feroient expofez à l'é-
clat feroient fuffoquez. Il eft rapporté dans
les Eloges des Academiciens de Paris qu'on
offrit au feu Roy un fecret pour tuer plufieurs
hommes d'un feul coup; ce grand Prince refufa ce fecret pernicieux, & fit promettre à

l'inventeur qu'il ne le découvriroit à personne : je ne parle pas des feux d'artifice, ils
sont reconnus de tout le monde pour un fruit
très-curieux de la Chymie.

Dans les temps d'ignorance on a accusé les
Chymistes d'être magiciens, nous en donnerons un éxemple dans l'histoire de Roger Bacon ; il eût été difficile que les secrets surpre-
nans que découvre la Chymie n'eussent pas
donné de tels soupçons : des ignorans qui
verroient dans les ténébres de la nuit des
caracteres formez par des traits de flamme, s'i-
magineroient qu'il y auroit quelque chose de
surnaturel ; cependant on ne se sert pour cela
que d'un phosphore. Je serois fort tenté de
penser que plusieurs de ceux qui passoient autrefois par l'épreuve du feu suivant les Loix
Ecclesiastiques, avoient quelque secret chymique ; on ne sera pas fâché de voir ici l'histoire d'une de ces épreuves : Emma mere de
saint Edoüard Roy d'Angleterre fut accusée
d'avoir eû un commerce d'impudicité avec
l'Evêque de Winchester ; le Roy crédule voulut qu'elle se justifiât par les épreuves ordonnées dans ces temps-là, c'est-à-dire, qu'elle
marchât sur des fers ardens. Il fut résolu
qu'Emma feroit neuf pas à pieds nuds sur
neuf coutres rougis au feu, & qu'ensuite
elle en feroit cinq pour l'Evêque de Winchester ; elle accepta ce parti, & passa en
prieres toute la nuit près du tombeau de saint

Suitin. Le jour venu, on fit toutes les cérémonies requifes; enfuite en préfence du Roy & de tous les Grands du Royaume, Emma marcha fur les neuf coutres au milieu de deux Evêques, elle étoit habillée comme une petite bourgeoife, nuë jufqu'aux genoux, les yeux tournez vers le ciel ; le feu lui fit fi peu de mal, que l'on marchoit déja hors de l'Eglife, qu'elle demanda quand feroit-ce qu'elle arriveroit au lieu où étoient les coutres ; alors le Roy fe mit à genoux devant fa mere, & voulut que les Evêques donnaffent la difcipline à lui Edoüard : pour cet effet on lui découvrit les épaules, & on le foüetta en Pénitent. Dieu fait quelquefois des miracles pour fauver l'innocence, mais je fuis perfuadé que des caufes naturelles l'ont fauvée fort fouvent; on pourroit peut-être couper court à cela, en niant les faits, mais il n'y a pas d'hiftoire plus averée : on peut voir l'hiftoire du Moine Pierre dans le treiziéme tome de l'Hiftoire Ecclefiaftique de M. Fleury, page 178 : on peut lire encore le Traité d'Agobar Evêque de Lyon qui vivoit vers l'an 950 fous Loüis le Debonnaire.

Durant fort long-temps la Chymie n'a été qu'empyrique ; on remarquoit que certains mélanges produifoient certains effets, on n'en cherchoit pas la raifon : de-là vient que les premiers livres chymiques ne renferment que des expériences vagues, c'eft peut-être pour cela qu'on n'a pas donné à la Chymie l'estime qu'elle méritoit ; on l'a regardée comme un art sans art où l'on ne voyoit jamais de point fixe pour se conduire : enfin on a tenté d'y porter les lumieres de la Physique, mais avec peu de succès. Guillelmini ne nous a donné que des suppositions ingénieuses qui ne sont d'aucun usage dans la pratique. Lemery ne nous parle que du combat de l'acide & de l'alkali. Un autre a cru rendre un grand service à la Chymie, en disant que la matiere subtile étoit la cause de tous les phénoménes ; il est inutile de rechercher les premieres causes, on n'y viendra jamais. La Chymie est une science expérimentale, on risque de voir toutes ses opinions démenties par l'expérience ; il faut suivre l'exemple des Astronomes, ils ont fait des observations qui sont la base de leur science ; là-dessus ils ont raisonné, sans craindre de se tromper. Voilà ce que M. le Chevalier Newton veut qu'on suive : Tous les corps agissent, selon ce grand Philosophe, par leur magnétisme ; il en trouve des preuves évidentes dans la Chymie. Un corps dissout par l'esprit de nitre se soûtient dans son dissolvant ; s'il en vient un autre qui ait plus d'affinité avec l'esprit de nitre, cet esprit s'y attache, & laisse tomber l'autre matiere qui y étoit suspenduë : l'esprit acide du sel marin résiste aux feux les plus violens, mais qu'on mêle du vitriol avec le sel marin, l'acide vitriolique

va s'attacher à la terre du sel marin, & chasse
l'acide de ce sel ; on voit la même chose dans
les métaux, ils se joignent, & suivant leur
magnétisme ils peuvent être séparez par des
corps qui s'attachent aux uns plûtôt qu'aux
autres. Cette découverte étant faite, on n'a
qu'à fixer par l'expérience le magnétisme de
tous les corps, on aura une théorie curieuse
qui abregera bien des travaux : l'or est-il mêlé
avec quelque autre métal, on n'aura qu'à
chercher une autre matiere qui s'attache à ce
métal, & qui chasse l'or ; tous les raisonnemens de nos Physiciens ne trouveront rien
de si beau, ni de si utile. Le célébre M. Sthall
qui est le réformateur de la Chymie, a travaillé suivant cette idée ; c'est par-là qu'il nous
a développé si heureusement les opérations
qu'on fait sur les métaux & sur d'autres matieres. M. Alberti son disciple nous a donné
ensuite un ouvrage merveilleux intitulé, *Fun-
damenta Chymiæ* ; on y voit un détail long &
éxact des affinitez des sels, des terres, du soulphre & des métaux ; du différent magnétisme de tous ces corps il tire la raison de toutes
les compositions & décompositions.

Les livres chymiques qu'on attribuë à des
Anciens sont tous supposez ; la Table des Emeraudes, quoyqu'en dise Borrichius, n'est qu'un
ouvrage de peu d'importance qui n'a rien
d'ancien que le nom d'Hermés, il n'est pas
d'Auteur qui en parle. Je ne parle pas des

livres d'Oftan, de Democrite, de Salomon, de Marie la Propheteffe; on leur donne une origine encore plus fauffe que les principes qu'ils renferment; pour trouver des ouvrages chymiques, il faut defcendre au premier fiécle qui fuit Mahomet.

Le premier Auteur qui fe préfente, c'eft Geber; plufieurs ont cru que c'étoit un Roy, mais on n'a rien d'affûré là-deffus. Leon l'Africain dit qu'il étoit Grec; felon cet Ecrivain, les ouvrages de ce Chymifte ont été traduits en Arabe: quoyqu'il en foit, il a écrit avec éxactitude fur les eaux fortes, fur les fels, fur les tranfmutations, fur la purification des métaux; il femble qu'il ait introduit la Chymie dans la Medecine, car on trouve quelquefois dans fes livres que certaines préparations guériffent la lépre. On a dit que fes écrits étoient énigmatiques, qu'il y paroiffoit charlatan, tous ces reproches font fans fondement; fi en parlant de la pierre philofophale il ne s'explique pas auffi clairement qu'on voudroit, cela ne doit pas retomber fur les autres ouvrages.

Geber fut fuivi de Zofime qui parut vers le huitiéme fiécle, on ne fçait pas de particularitez fur cet Auteur; il a fait plufieurss Ouvrages qui font en manufcrits dans la Bibliotheque Royale, voici les titres, *Ouvrage de Zofime fur la compofition des eaux; Livre du divin Zofime fur la vertu & l'interpretation;*

Ouvrage de Zosime sur l'art sacré & divin; Ouvrage de Zosime sur les instrumens & sur les fourneaux, &c.

Aux lumieres qu'avoient répandu ces Philosophes dans la Physique, succeda une ignorance grossiere ; on ne s'appliqua qu'à des questions scholastiques & à la Philosophie d'Aristote : il faut venir au douziéme siécle pour trouver quelqu'un qui se soit appliqué à la Chymie. Le premier & un des plus illustres c'est Roger Bacon Cordelier qui étoit Anglois de nation, il fit ses études à Paris où il se distingua par son esprit, par l'étenduë de ses connoissances sur les Mathématiques, la Philosophie & la Théologie ; il revint ensuite en Angleterre où il fut accusé de magie : on alla plus loin qu'aux accusations, cet homme illustre se vit exposé aux insultes & aux caprices de l'ignorance qui avoit la puissance en main. Condamné par le Pape, par ses supérieurs & par ses confreres, il fut mis en prison comme un homme qui avoit commerce avec les esprits malins ; il falloit un génie supérieur pour se faire jour à travers les ténébres que l'ignorance avoit répanduës dans le douziéme siécle : mais quels efforts ne falloit-il pas pour découvrir ce que la Physique, la Méchanique, la Chymie ont de plus relevé ? Il a inventé des machines pour faire marcher des bateaux par le secours d'un seul homme plus rapidement qu'avec une infinité

de rameurs; les chariots à voile, les telesco-
pes, les miroirs qui renversent les objets,
les miroirs ardens qui brûlent à une grande
distance, la poudre à canon, toutes ces merveilles ne lui étoient pas inconnuës. Il avoit
trouvé encore une machine dans laquelle un
homme pouvoit se soûtenir & s'élever dans
les airs; il parle du phosphore & de beaucoup
d'autres curiositez qu'on peut voir dans ses
livres. Nous avons de lui deux ouvrages
sur la Chymie, ils ont pour titre, *Les secrets
de l'art & des ouvrages de la nature; La nullité
de la magie.*

Albert le Grand connu par plus de vingt
volumes *in folio*, a donné quelque chose sur
la Chymie, mais on voit qu'un Moine qui a
donné tant d'ouvrages sur des matieres scholastiques, ne sçauroit être allé fort loin dans
la Chymie. On rapporte qu'en faisant ses études il avoit l'esprit si bouché, qu'il servoit de
joüet à ses confreres; enfin rebuté par le peu
de disposition qu'il se voyoit, il résolut d'esca-
lader le Convent pour s'enfuir. La Vierge
lui apparut sur la muraille, & lui donna l'esprit
& le sçavoir qui le rendirent si célébre; voilà
l'origine qu'on donne aux vingt-deux volumes que nous avons de lui.

Arnand de Ville-Neuve est bien plus esti-
mable qu'Albert le Grand, il s'appliqua à la
Medecine, & devint par la lecture des livres
Arabes un des Chymistes les plus fameux; il

y a encore près d'Avignon quelques familles qui portent son nom. Frederic Roy d'Arragon & ensuite Roy de Sicile, le choisit pour son Medecin. Ce Prince l'envoya au Pape Clemens V. qui étoit malade, mais ce grand Chymiste périt dans un naufrage en 1310. Il avoit, dit-on, instruit Raymond Lulle. Il ne s'étoit pas rendu moins célébre que son disciple par la pierre philosophale. Suivant le témoignage de Jean-André Ictus, il avoit fait des transmutations à la Cour de Rome. Vanhelmont rapporte que c'est lui qui a introduit la Chymie dans la Medecine; mais je ne sçai sur quel fondement. Nous avons plusieurs Ouvrages d'Arnaud de Ville-Neuve, *le Rosaire d'Arnaud*, *la Fleur des Fleurs*, *la Lettre Chymique au Roy de Naples*, *la nouvelle Lumiere*, *la Pratique d'Arnaud*, *le Miroir de l'Alchymie*, *les Questions du Pape Boniface VIII*, avec *les Réponses*. Il avouë dans son livre intitulé, *Nouvelle Lumiere*, qu'il doit à d'autres ses connoissances sur le grand élyxir.

Raymond Lulle est regardé comme un des principaux adeptes, mais son histoire est fort embroüillée. Vincentius Mutius qui a écrit l'histoire de Majorque, en parle ainsi : Le pere de Raymond Lulle qui étoit d'une famille illustre, se nommoit Ramon Lull ; sa mere sortoit de la maison des Comtes d'Eril. Il naquit dans l'Isle de Majorque l'an 1235. Il s'appliqua d'abord à l'étude, les armes eurent

enſuite plus d'attraits pour lui, dans cette pro-
feſſion l'amour l'occupa quelque temps. Une
Demoiſelle nomméeEleonor lui avoit plû; ûn
jour qu'il la regardoit avec des yeux languiſ-
ſans elle ſe découvrit le ſein, & fit voir à ſon
amant un cancer qui lui avoit rongé les mammelles. A cette vûë Raymond Lulle perdit
d'abord le ſentiment & la voix, il ſe livra à ſon
chagrin dans la ſolitude; lorſqu'il étoit dans la
triſteſſe & dans la douleur la plus amere,
Jesus-Christ lui apparut attaché à ſa croix,
cette viſion le conſola,&le deſabuſa des plaiſirs
du monde. A l'âge de trente ans il apprit
l'Arabe; il donnoit le temps qui lui reſtoit à
la priere & à la pénitence: dans ces éxercices
pieux il ſe conſacra à la converſion des Infidéles. Par ſes ſollicitations Jacques Roy d'Arragon fonda un Monaſtere à Majorque pour
y élever des Miſſionnaires. Après cela Raymond Lulle paſſa en France, en Angleterre,
en Allemagne, enfin il alla finir ſes jours en
Afrique; on le fit mourir pour avoir prêché
la Religion Chrétienne. Dans toute cette
hiſtoire on ne voit rien qui ſente la Chymie; Mutius dit même que cet homme
pieux ne s'appliqua jamais à cette ſcience:
on dit cependant qu'il offrit à Edoüard III
Roy d'Angleterre ſix millions pour porter la
guerre parmi les Infidéles, mais ce Prince
n'étoit âgé que de trois ans lorſque Raymond Lulle mourut; ce n'eſt pas la ſeule con-

tradiction chronologique qui prouve que les livres qu'on lui attribuë font fuppofez. On lui fait dire qu'il fit quelques expériences à Milan en 1333, tandis qu'il eft conftant qu'il eft mort en 1315. Borrichius rejette fur les Copiftes ces fautes chronologiques; il regarde les témoignages fuivans comme authenti-ques: » Raymond Lulle, dit Gregoire de Tou-» loufe, offrit fix millions au Roy Edoüard » pour faire la guerre aux Infidéles. J'ai fait » des recherches, dit Robert Conftantin, & » j'ai trouvé que Raymond Lulle a fait en » Angleterre ce qu'il dit dans fes livres, & » qu'il fit de véritable or dans la tour de » Londres par ordre du Roy. Quoyqu'il en foit, il paroît que l'Auteur des livres qui portent le nom de Raymond Lulle, avoit lû les principes de Geber. Nous avons fous le nom de Raymond Lulle *la théorie de la pierre phi-lofophale, la pratique, la tranfmutation de l'ame, le codicille, le vade mecum, le livre des expériences, l'éclairciffement fur fon tefta-ment, les abregez ou accurfations, la puiffance des richeffes*; il y a quelques manufcrits qui portent le nom de Raymond Lulle, je n'en parlerai pas.

Dans le quatorziéme fiécle Riplée Chanoi-ne de Brilingthon, publia fes *douze Portes*; il a fuivi les principes de Roger Bacon: fes ouvrages paroîtront fort clairs, fi on les compare avec les livres des autres Alkymiftes. Il

voyagea en Allemagne & en Italie pour s'in-
struire dans les secrets de l'Alchymie. Après
lui sont venus deux freres Isaac & Jean Hollandois de nation : c'est eux qui ont trouvé
les premiers le secret de peindre en émail,
de même que l'art de colorer le verre, en y
appliquant des lames métalliques. Isaac parle
des fermentations, des distillations, de la
putrefaction, & de leurs effets avec autant
d'éxactitude que les Chymistes les plus modernes : pour la pierre philosophale, il dit
qu'on peut la tirer de toutes sortes de matiere ; enfin est venu Basile Valentin Moine
d'Erford, à ce qu'on prétend : on ne sçait
rien d'assûré sur la vie de ce Chymiste. C'est
lui, comme nous l'avons dit, qui a introduit
la Chymie dans la Medecine : ses ouvrages
sont très-curieux : ses secrets sont si obscurs,
qu'on ne sçauroit les pénétrer ; le reste est
écrit fort clairement : plusieurs ont tenté les
procedez qu'il donne sur le vitriol, mais ils
ont travaillé sans succèz ; ses *douze Clefs* sont
fort estimées.

Après Basile Valentin est venu Paracelse ; la
fortune & le hazard lui ont acquis plus de
réputation que son mérite. Il naquit en
Suisse. Son pere qui s'étoit appliqué à la
Chymie, lui inspira du goût pour cette science. Son application, ses voyages, son esprit
vif lui donnerent d'abord une supériorité
qu'il soûtint par des apparences de magie ; on

croyoit communément qu'il avoit un démon
familier Il s'appliqua en Hongrie à travailler
les métaux ; dans peu de temps il connut aſſez
bien les ſecrets de la Chymie métallique : par
la Medecine & la Chirurgie il ſe vit bien-tôt
dans une réputation dont il avoit beſoin pour
raccommoder ſes affaires ; les biens qui lui
étoient venus de la naiſſance, étoient fort mé-
diocres: les maladies veneriennes qui regnoient
dans ce temps-là , lui donnerent des biens
conſidérables : les ſuccez ſurprenans qui ſui-
voient ſes entrepriſes, répandirent ſon nom
par tout : il n'entendoit preſque pas le latin ;
cependant on lui donna à Bâle une chaire de
Profeſſeur. A la premiere leçon il brûla Gal-
lien & Avicenne , il vouloit élever ſa réputation ſur le débris de celle des Anciens ;
Sçachez, diſoit-il, Medecins, que mon bonet
eſt plus ſçavant que vous ; ma barbe a plus
d'expérience que vos Academies ; Grecs, Latins, François, Italiens, je ſerai votre Roy. Soit
par ſes cures , ſoit par l'opinion qu'on avoit
de ſon ſçavoir prétendu , il attira une foule
d'auditeurs, mais il ſe vit bien-tôt ſeul dans
ſa claſſe, perſonne ne pouvoit entendre ſon
jargon ; il fut obligé enfin d'abandonner ſa
chaire : il regardoit la langue latine comme
indigne d'un Philoſophe; ce n'étoit, diſoit-il,
qu'en Allemand qu'on devoit prononcer les
oracles de la Chymie medecinale. Ses mœurs
étoient auſſi dérangées que ſon eſprit ; il ne

vivoit qu’avec des portefaix, il ne quittoit
cette compagnie qu’après avoir passé à boire
une partie de la nuit ; quand il avoit dormi
quelques heures, il se levoit en furie, il prenoit son épée, & poussoit des bottes contre
la muraille ; cent fois Oporinus qui étoit son
Secretaire crut voir le moment où il alloit être
percé : après que Paracelse avoit éveillé tout le
voisinage, il appelloit son Secretaire, & lui di-
ctoit les ouvrages qu’il nous a laissez. Ses folies
& ses déréglemens n’arrêterent pas le cours de
sa réputation. Il est le premier qui a introduit en Allemagne l’usage de l’opium. On
le fit venir auprès de l’Empereur qui étoit en
grand danger, selon le sentiment du fameux
Craton ; Paracelse tira une pillule de la poignée de son épée : ce remede réussit si bien,
que l’Empereur alla à la chasse le lendemain ;
il n’eut pas le même succès auprès du Chancelier qui étoit attaqué de la goutte. Il promit qu’il le guériroit dans quatre ou cinq
jours : on attendoit avec impatience l’évenement de ses remedes, mais les attaques furent
plus violentes ; quand il vit ce revers il dispa-
rut. On croit qu’il a eû la pierre philosophale,
mais cela est fort douteux. Il est mort à l’âge
de 47 ans, quoyqu’il se vantât d’avoir un
élyxir pour étendre la vie jusqu’à l’âge de
Mathusalem. Ses travaux n’ont pas avancé la
Chymie, mais son nom en a hâté les progrez.
Sur le bruit qu’il faisoit plusieurs travaille-

rent, & chercherent des remedes dans les métaux & les mineraux, dans l'analyse des plantes & des matieres animales; ſes Ouvrages ſont imprimez à Straſbourg & à Genève.

Vanhelmont ſuivit Paracelſe, il naquit en Flandres d'une famille illuſtre; ſon eſprit cultivé par les Mathématiques le fit bien-tôt diſtinguer. A l'âge de 21 ans il fut reçû Docteur en Medecine à Louvain. Il aima une fille de qualité qui lui donna la galle, il tenta vainement les remedes que lui preſcrivirent les Medecins; enfin il ſe délivra de cette incommodité par l'uſage du ſoulphre. Dans ce temps-là il fit connoiſſance avec un diſciple de Paracelſe. Sur les merveilles qu'on lui comptoit de ce Chymiſte il donna tous ſes ſoins à la Chymie; il crut qu'il n'y avoit que cette voye qui pût le conduire à la connoiſſance de la véritable Medecine. Les progrez qu'il fit dans cette ſcience furent ſi ſurprenans, que peu de temps après il écrivit contre Paracelſe. Il a raſſemblé en lui des qualitez qu'on voit rarement dans les Alkymiſtes, la naiſſance, le ſçavoir, la politeſſe du langage, la ſincerité; il a pouſſé trop loin ſes raiſonnemens, mais il eſt difficile dans les commencemens d'une ſcience de ne pas donner dans quelque excès.

Voilà les hommes illuſtres à qui la Chymie doit ſes commencemens & ſes progrez, il y en a eû d'autres que je n'ai pas citès; je me suis contenté de donner l'histoire des plus célébres. Depuis que ces Auteurs ont paru, les Ouvrages Chymiques se sont multipliez tous les jours. En 1653 Borel en avoit compté quatre mille qui n'avoient travaillé que sur les métaux, il pouvoit en ajoûter deux fois autant. Combien d'excellens Ouvrages n'ont pas paru depuis ce temps-là! En Allemagne, en France, en Angleterre, en Italie la Chymie a été cultivée comme une partie essentielle de la Physique: les uns l'ont réduite en corps; tels sont le Febvre qui a donné beaucoup de belles préparations, Glaser qui est fort clair, mais qui n'entre pas dans un assez grand détail, Lemery qui nous a donné un Livre où les opérations sont parfaitement décrites, Barchusen qui est plus estimable que tous les autres.

Il y en a qui ont seulement travaillé sur les métaux: Lazare Ercher Intendant des Mines en Hongrie, a connu parfaitement l'art de travailler les métaux; ses descriptions sont éxactes, ses raisonnemens sont solides: ceux qui sont venus après lui n'ont fait que le copier; il a écrit en Allemand. George Agricola ne cede en rien à Ercher dans ses descriptions, peut-être même doit-on le préférer, mais ses raisonnemens ne sont pas si justes. Il a écrit en Latin. L'Allemagne nous a encore donné Glauber; il y a plusieurs expériences qui sont particulieres à ce

Chymiste, & qui peuvent être d'une grande utilité. Enfin M. Homberg qui étoit Chymiste de Monsëigneur le Duc d'Orleans, peut aller de pair avec les plus illustres Philosophes Chymiques; il nous a donné sur les métaux & sur d'autres matieres des Mémoires qui rendront son nom immortel: je ne parle pas des Alkymistes, leurs livres demandent un temps qu'on perd souvent en les lisant, & qu'on donne plus utilement à d'autres choses.

D'autres Chymistes se sont appliquez à faire des expériences sur toutes sortes de matieres; Vanhelmont tient le premier rang, il a donné à la Chymie, selon Boile, une perfection qu'on n'auroit osé attendre: on l'a accusé d'être peu sincere, mais M. Boile l'a justifié parfaitement, il ne lui manquoit qu'un peu de modestie qui auroit relevé son mérite, en lui faisant reconnoître celui des autres. Kunkel qui est venu après, ne sçauroit être assez lû; il est clair dans ses idées, solide dans ses raisonnemens: toûjours attaché à l'expérience, il n'a d'autre regle que ce qu'elle lui apprend; ajoûtez à tout cela un long travail, des secours que lui ont donné des Princes, & un génie fort étendu. Becher peut être regardé comme un des plus grands Chymistes, c'est assez le loüer que de dire que M. Sthall a voulu être son Commentateur; son Ouvrage intitulé, *Physica subterranea*, est rempli de curiositez utiles qu'un Physicien ne peut ignorer fans honte. Boile Gentilhomme Anglois a joint à l'étude de la Chymie toutes les qualitez qu'on peut fouhaiter pour réuffir; efprit folide, cultivé par toutes fortes de fciences, appliqué, toûjours conduit par l'expérience, il nous a donné ce qu'on n'oferoit prefque attendre de plufieurs hommes enfemble. M. Sthal a fuccedé à tous ces grands hommes, il s'eft élevé au-deffus d'eux en donnant à la Chymie des regles qu'ils avoient cherché inutilement; Enfin M. Geoffroy a enrichi d'obfervations curieufes les Mémoires de l'Academie Royale: perfonne ne peut nous donner plus de lumieres que lui fur l'hiftoire naturelle; par fa feule Table des affinitez des corps il a rendu plus de fervice à la Chymie qu'une infinité d'Auteurs par des volumes remplis de raifonnemens phyfiques.

ERRATA.

IL s'eft gliffé quelques fautes dans l'Impreffion; on a mis en certains endroits *l'eau régale* au lieu de *l'eau forte*. A la page 325. on a mis *l'alun* pour *l'étain*. Il y en a quelques autres qu'on pourra corriger par ce qui précede ou ce qui fuit, comme par exemple à la page 192. *furpaffent*, au lieu de *furpaffe*, &c.

débiter par tout notre Roïaume, pendant le temps de *neuf années* consecutives, à compter du jour de la date desdites Présentes. Faisons défenses à toutes sortes de personnes de quelque qualité & condition qu'elles soient, d'en introduire d'impression étrangere dans aucun lieu de notre obéïssance ; comme aussi à tous Libraires-Imprimeurs & autres, d'imprimer, faire imprimer, vendre, faire vendre, débiter ni contrefaire ledit Livre, en tout ni en partie, ni d'en faire aucuns extraits sous quelque prétexte que ce soit d'augmentation, correction, changement de titre, ou autrement, sans la permission expresse & par écrit dudit Exposant, ou de ceux qui auront droit de lui, à peine de confiscation des exemplaires contrefaits, de quinze cent livres d'amende contre chacun des contrevenans, dont un tiers à Nous, un tiers à l'Hôtel-Dieu de Paris, l'autre tiers audit Exposant, & de tous dépens, dommages & interêts; à la charge que ces Présentes feront enregistrées tout au long sur le registre de la Communauté des Libraires & Imprimeurs de Paris, & ce dans trois mois de la datte d'icelles; que l'impression de ce Livre sera faite dans notre Royaume, & non ailleurs, en bon papier, & en beaux caracteres, conformément aux reglemens de la Librairie; & qu'avant que de l'exposer en vente le Manuscrit ou Imprimé qui aura servi de copie à l'impression dudit Livre sera remis dans le même état où l'Approbation y aura été donnée, ès mains de notre très-cher & féal Chevalier Garde des Sceaux de France le Sieur FLEURIAU D'ARMENONVILLE; & qu'il en sera ensuite remis deux exemplaires dans notre Bibliotheque publique, un dans celle de notre Château du Louvre, & un dans celle de notre très-cher & feal Chevalier, Garde des Sceaux de France le Sieur Fleuriau d'Armenonville : le tout à peine de nullité des Présentes. Du contenu desquelles vous mandons & enjoignons de faire joüir l'Exposant ou ses ayans-cause, pleinement & paisiblement, sans souffrir qu'il leur soit fait aucun trouble ou empêchement. Voulons que la copie defdites Préfentes, qui fera imprimée tout au long au commencement ou à la fin dudit Livre, foit tenue pour duement fignifiée, & qu'aux copies collationnées par l'un de nos amez & feaux Confeillers & Secretaires foi foit ajoutée comme à l'original. Commandons au premier notre Huiffier ou Sergent de faire pour l'exécution d'icelles tous actes requis & neceffaires, fans demander autre permif-fion, & nonobftant clameur de Haro, charte Nor-mande & lettres à ce contraires. CAR tel eft notre plaifir. DONNE' à Paris le onziéme jour du mois de Decembre, l'An de grace mil fept cens vingt-deux, & de notre Regne le huitiéme.

Par le Roy en fon Confeil, DE SAINT-HILAIRE.

Regiftré fur le Regiftre V. de la Communauté des Libraires & Imprimeurs de Paris, page 270. N° 406. conformément aux Reglemens, & notamment à l'Arrêt du Confeil du 13. Août 1703. A Paris le 29. Decem-bre 1722.

Signé; B A L L A R D, Syndic.

NOUVEAU

NOUVEAU COURS

DE

CHYMIE,

Suivant les Principes de Newton & de Sthall.

L A Chymie offre une matiere vaste, peu de lumieres, beaucoup de travaux; la Philosophie n'y a répandu encore aucune clarté; les principes qu'on a suivis sont obscurs ou incertains; les Livres ne présentent que des termes plus propres à cacher l'ignorance de leurs Auteurs qu'à éclairer l'esprit. A ces ténébres souvent les Chymistes joignent le fabuleux; enfin toûjours en dispute entr'eux, ils ne s'accordent ni avec eux-mêmes, ni avec la nature.

On peut dire cependant que les erreurs même des Chymistes n'ont pas été infructueuses: si elles les ont éloignez de

A

la vérité, elles ont donné lieu à des expériences qui peuvent y conduire. Souvent,
tandis qu'ils n'ont eû pour objet que des
tranſmutations chimeriques, leurs vaines
idées & le hazard nous ont donné des
compoſitions dont la Medecine éprouve l'utilité tous les jours. Nos vœux ſé-
roient enfin accomplis, ſi la raiſon nous
avoit dévoilé la Méchanique ſecrete qui
fait paſſer les corps par tant de formes
différentes.

Les cinq principes ordinaires, le choq
des pointes de l'acide qui heurte contre
l'alkali ; voilà l'aſile des Chymiſtes. Ceux
qui ont combattu ces hypothèſes, ne leur
ont oppoſé que de nouvelles ſuppoſitions,
moins attentifs aux loix de la nature qu'à
de vaines idées que le préjugé forme &
entretient ; ils n'ont donné aux corps que
des qualitez contraires à la Méchanique &
à elles-mêmes.

Boile ce grand Réformateur de la Phi-
loſophie, qui a tout réduit à l'expérience
avec tant de raiſon, eſt celui à qui la Chymie a le plus d'obligation ; cependant il a
moins travaillé à jetter les fondemens de
la véritable Chymie, qu'à détruire les erreurs qu'on y avoit répandu : Il nous a
donné des expériences qui peuvent nous
conduire dans la recherche des Loix qui

donnent à la Matiere la forme. Content de ce travail, il n'a pas voulu entrer dans l'explication des principes.

Keil eſt le premier qui a tenté de réduire aux loix de la Méchanique les opérations de Chymie: Il a pour cela eû recours aux principes de M. le Chevalier Newton. Suivant la même voie que ce grand Philoſophe, je tâcherai d'expliquer les phénoménes que préſente la Chymie. Pour ce qui regarde les opérations en particulier, je dois tout ce que j'en dirai au célébre M. Sthall, dont les travaux confirment parfaitement les principes de M. Newton.

La Chymie conſiſte à compoſer & décompoſer les corps: mais avant de travailler à cela, il faut connoître les choſes dont on veut voir la décompoſition & la compoſition; c'eſt pour cela que nous éxaminerons la nature de la Matiere, les corps qui en réſultent, les principes dont ils ſont formez, l'aſſemblage de ces principes, la cauſe qui les aſſemble ou les mêle, le rapport ou l'affinité des mixtes qui s'en forment; après cela nous verrons en général les opérations par leſquelles on raſſemble ou l'on ſépare les principes: nous donnerons la raiſon Phyſique des phénoménes qui s'y rencontrent; nous viendrons enſuite aux compoſitions & aux décompositions particulieres. Nous allons commencer par la Matiere.

La Matiere.

AVant d'examiner les Corps en particulier, il faut connoître la Matiere d'où ils tirent leur origine. Les Philosophes n'ont donné là-dessus que des imaginations : les uns sans égard aux preuves qui nous démontrent que la Matiere est divisible à l'infini, ont composé le monde d'atomes indivisibles ; les autres y ont trouvé des proprietez qui n'ont répandu que de nouvelles ténébres sur les obscuritez dont la nature a voilé ses ouvrages.

On trouve dans les livres des anciens Philosophes pour tout éclaircissement que l'essence de la Matiere est d'avoir des parties les unes hors des autres. Si l'on demande ce que c'est que ces parties, ils répliquent d'abord que l'essence de ces parties est d'avoir d'autres parties les unes hors des autres. Ceux qui répondent trouvent toûjours une ressource dans l'infini ; & ceux qui les consultent, las de les suivre dans cet infini, se contentent de paroles. Dans cette opinion & le sentiment de Descartes, il n'y a que les termes qui soient différens. Dire que la Matiere a essentiellement des parties, c'est dire qu'elle a nécessairement de la longueur, de la profondeur & de la largeur : Lui donner pour la caracteriser des parties les unes hors des autres, c'est lui donner de l'étenduë ; du moins les défenseurs de ces hypothèses ont cela de commun qu'ils ne contentent, ni n'éclairent l'esprit : toûjours demandera-t-on aux uns ce que c'est que ces parties, & aux autres ce que c'est que l'étenduë.

Les Cartesiens ne peuvent pas dire que nous connoissons clairement l'étenduë. Si l'on prend ce terme dans la signification qui lui est propre, on n'entend qu'une distance indéterminée qui est entre deux points. Quand on me dit, la Matiere est l'étenduë, on ne m'offre d'autre idée que celle que me présente le terme d'éloignement : Je demande toûjours après cela quel est cet être qui remplit cette distance ou cet espace dont on me parle ?

Quand on parle d'un Corps, & qu'on dit qu'il est rond, quarré ou triangulaire, ces figures ne m'apprennent rien sur la nature de ces Corps ; Je dois chercher quel est cet objet disposé en quarré, en cercle, en triangle : On peut raisonner de même sur ce qu'on appelle étenduë : la longueur, la profondeur, la largeur sont

auſſi extrinſeques à la nature d'un Corps
que la rondeur & la quatrure. Il eſt vrai
que l'étenduë ne change jamais, & que
la figure peut changer : mais comme je
regarde ſeulement la figure comme une
ſuite néceſſaire de l'éxiſtence d'un Corps,
je n'enviſage l'étenduë que comme une
choſe qui ſuit néceſſairement l'éxiſtence
de la Matiere.

Ces raiſons trouveront ſans doute beaucoup de préjugez qui leur ſeront contraires : mais ce qu'on ne pourra jamais con-
teſter, c'eſt qu'avant d'établir que l'étenduë eſt l'eſſence de la Matiere, il faut
ſuppoſer qu'il n'y a point d'étenduë qui
ne ſoit matiere. Les Philoſophes prêchent
continuellement cette doctrine ſans la
prouver : mais on ne ſçauroit démontrer
que l'eſprit n'a pas une certaine étenduë,
& qu'il n'y a point un eſpace étendu qui
contient tous les corps, & qui n'eſt pas
matériel.

Mais ce qui doit nous deſabuſer le
plus de ce ſentiment, c'eſt l'inquiétude
de notre eſprit. Quelques raiſons ébloüiſ-
ſantes qu'on nous oppoſe, on ſent que
l'évidence qui doit ſeule nous fixer, ne
ſe rencontre pas dans cette opinion : on
s'apperçoit qu'en nous diſant que l'étenduë
eſt l'eſſence de la matiere, on nous dit

seulement que la quantité, la grandeur
font la nature de la matiere. Ces idées
font les mêmes. Mais peuvent-elles contenter nôtre efprit ? Pour cela il faudroit
qu'en connoiffant l'étenduë, nous connuf-
fions les proprietez de la matiere ; Cependant a-t-on fait de grands progrès depuis
que ce fentiment eft en vogue ? je m'en
rapporte à ceux qui ont éxaminé la nature.

Qu'eft-ce donc que la Matiere ? Faut-il
defefperer de pouvoir jamais la connoître ? Pour moi je fuis perfuadé qu'on y
travaillera inutilement. La nature ne fe
montre à nous que par des fenfations : les
réfléxions qu'elles occafionnent dans notre efprit, ne pourront nous conduire
qu'à découvrir des rapports. Si la raifon
ne peut pas nous en convaincre, ren-
dons-nous à l'expérience qui ne nous
offre dans les livres des Philofophes que
de vaines tentatives qui le plus fouvent
n'ont produit que des chimeres.

Plus fages que ces Philofophes donnons
là-deffus à notre efprit les bornes que lui
prefcrivent nos fens. Ne cherchons dans
la Matiere que ce que les fenfations nous
en découvrent. Suivant ces principes,
difons qu'elle eft une fubftance étenduë, impénétrable, divifible, indifferen-

te pour le repos ou pour le mouvement.
Elle est étenduë, c'est-à-dire, qu'elle occupe un espace : Elle est impénétrable, c'est-
à-dire, qu'une autre Matiere ne la pénétre
point, & par-là elle est appellée solide ;
si l'espace ou des êtres immatériels la
pénétrent ? c'est-là une autre question. Elle
est indifférente pour le mouvement ou
pour le repos ; car nous ne voyons pas que
les corps tendent au mouvement ou au
repos. Elle est divisible à l'infini ; quelque
division qu'on fasse, il y aura toûjours une
partie qui regardera l'Orient, l'autre regardera l'Occident. Ces deux parties ne
sont point les mêmes, & pourront se séparer. La Géometrie démontre cette proprieté de la Matiere ; il n'est pas nécessaire
de nous y arrêter. On a dit sur les difficultez qu'on forme là-dessus tout ce qu'on
pouvoit dire ; je ne m'y arrêterai pas dans
ce Traité où je veux faire parler l'expérience plûtôt que la subtilité.

Les principes des Corps.

LEs Chymistes divisent toute la nature
en trois classes qu'ils nomment Regnes, les animaux, les vegetaux, & les
mineraux ; les Corps sont formez par

le mélange de certains principes qu'ils comptent diverſement.

Quelques-uns en veulent cinq, ſçavoir, le mercure, le ſoulphre, le ſel, le phlegme, & la tête-morte ou la terre. Les trois premiers ſont des principes actifs, & les deux derniers ſont paſſifs ; leur ſentiment ſe prouve par l'analyſe qu'ils font de divers Corps entr'autres du vin.

Il donnent le nom de Mercure ou d'eſprit à l'eau ardente qui monte la premiere dans la diſtillation : Ils appellent Phlegme l'eau inſipide qui vient après : ils appellent encore eſprit la liqueur acide qui paſſe à feu plus fort, lorſqu'ils ont mis la matiere viſqueuſe & groſſiere reſtée après les deux premieres ſubſtances dans une retorte ; l'humeur viſqueuſe, graſſe, huileuſe qui vient après l'eſprit acide, eſt le ſoulphre ou l'huile : on brûle ce qui reſte, on y ſurverſe de l'eau boüillante qu'on filtre & qu'on évapore, & on trouve le ſel ; les cendres ſont la tête-morte ou terre-damnée.

Preſque tous ces principes ſont imaginaires. L'eſprit eſt un ſel acide réſout dans du phlegme : tel eſt l'eſprit de nitre ou de vinaigre. L'eſprit volatile urineux n'eſt qu'un alkali volatil comme l'eſprit d'urine, de corne de cerf. L'eſprit ardent n'eſt autre choſe qu'une huile ætherée ou un ſoulphre attenué comme l'eſprit-de-vin & de therebentine. Le ſoulphre ſe réduit en eau & en terre. Les huiles fœtides ſont un ſel volatil réſout dans du phlegme, & quelque peu de terre-damnée. Les huiles ætherées ne ſont qu'une huile graſſe & épaiſſe, ſemblable à l'huile d'olives, attenuée par des ſels, étenduë dans du phlegme. On n'a qu'à mêler l'huile d'olives avec une liqueur qui fermente, elle ſe changera toute en eſprit ardent : Prenez deux livres d'eſprit-de-vin, étendez-les dans douze livres d'eau commune ; expoſez le tout à l'air, les ſels volatiles s'exhalent, les parties huileuſes ſe ramaſſent en forme de goutes qui ſurnagent, & qui reſſemblent en tout à l'huile d'olives ou d'amandes ; pour le ſel, il ſe réduit en eau & en terre. Le ſalpêtre diſtillé ſe réduit preſque tout en eſprit acide : ſi on le brûle avec du tartre ou de la poudre de charbon, il devient ſel alkali, qu'on nomme nitre fixé ou alkaliſé ; ſi on le laiſſe liquefier par lui-même, & qu'on le filtre par le papier, il laiſſera ſur le filtre beaucoup de terre ; la liqueur filtrée étant diſtillée par l'alembic juſqu'à ſiceité, il en vient une eau inſipide ; le ſel reſté étant deſſeché, ſe trouve diminué de beaucoup : réïterez ce travail jusqu'à la fin, presque tout le sel se changera en terre ; il est vraysemblable que la portion qui manque aura été changée en eau insipide.

On peut douter selon quelques Philosophes, si la terre est un principe. Vanhelmont fit sécher au four deux cent livres de terre qu'il enferma dans un vase couvert d'un couvercle de fer percé de quelques troux seulement : il mit dans cette terre une branche de saule qui au bout de cinq ans pesa cent soixante livres ; la terre cependant n'avoit diminué que de quelques onces ; il faut donc que l'eau de pluye dont on l'avoit arrosée ait fourni à cet arbre la matiere de l'accroissement.

Boile aiant mis des plantes dans l'eau limpide, trouva qu'elles étoient augmentées du poids de trois dragmes jusqu'à six onces ; dans la distillation elles donnerent les principes ordinaires.

De ces expériences de Boile & de Vanhelmont, on ne peut pas conclure que l'eau soit le principe de toutes choses : avant de tirer cette conséquence, il faudroit avoir prouvé que l'eau ne contient pas une terre qui forme la substance des plantes qui y naissent & qui y croissent ; bien loin qu'on puisse prouver une telle chofe, on a de grandes raifons qui font voir le contraire. L'eau dont fe font fervis Boile & Vanhelmont, étoit une eau de pluye, ou une eau de fource : fi c'étoit une eau de fource, elle n'a pas pû être purifiée de toute forte de terre ; les eaux des fontaines les plus pures fe chargent toûjours des matieres par lefquelles elles paffent : fi on les tient long-temps dans des vaiffeaux, elles dépofent un fédiment terreux. Je ne parle pas de l'analyfe des eaux ; tout le monde fçait qu'elles donnent une matiere terreufe. Pour ce qui regarde l'eau de pluye, il n'eft pas néceffaire que je m'y arrête, il eft clair que ce qui fort de la terre avec des matieres terreftes, doit toûjours en retenir quelque chofe.

Par toutes ces raifons on voit qu'on n'a pas des preuves pour dire que l'eau eft le principe de toutes chofes ; mais cela ne fuffit pas pour avancer le contraire. On ne peut pas faire voir que l'eau fe change en terre ; mais auffi on ne fçauroit montrer que la terre fe change en eau : pour fe déterminer donc là-deffus, il faut attendre des expériences ; en attendant voici ce qu'on peut dire.

L'eau n'eft qu'une matiere, il eft donc certain qu'elle ne différe de la terre que par l'arrangement de fes parties. Suivant cette idée, elle ne sera qu'une terre transparente qui cede facilement à tous les mouvemens qu'on lui imprime : si on pouvoit fixer ses parties, & leur donner une autre forme, on auroit une terre véritable.

Personne ne niera sans doute ces principes : mais on demandera si lorsque Dieu a créé la matiere, il l'a créée en forme d'eau, de telle maniere qu'ensuite tout soit venu de l'eau. A cela je réponds que les Philosophes qui ont soûtenu ce sentiment, ne nous ont laissé aucune preuve ; tout ce que l'on peut assûrer, c'est que tous les principes sensibles des corps peuvent se réduire à la terre, à l'eau, & au feu. La preuve en est que toutes les analyses ne donnent que ces trois matieres, & que toutes les compositions que nous pouvons faire, en dépendent. Commençons par donner une idée de la Terre.

Les Chymistes appellent terre ce qui reste après leurs opérations. C'est une substance friable, poreuse, insipide, sans odeur : ses parties n'ont ni figure réguliere, ni disposition au mouvement. Cette matiere est friable, parce qu'étant remplie de pores, ses parties ne se touchent que par leurs angles qui cedent facilement. Elle est insipide & sans odeur, parce que

ses parties sont trop grossieres pour ébranler les nerfs de la langue & du nez. Cette
terre paroît servir de base aux principes
secondaires qui s'insinüent dans ses pores,
& y prennent divers arrangemens : mais il
ne faut pas croire qu'on puisse la regarder comme principe dans l'état où elle se
trouve ; après les opérations de Chymie,
le feu l'a altérée, & lui a donné la forme
qu'elle nous présente.

Il y a plusieurs especes de terre qui
font les principes secondaires des corps.
M. Kunkel en a remarqué une qui vient
de l'eau, & qu'il regarde comme le principe de tous les mixtes. On n'a, dit-il,
qu'à nettoyer un réservoir, & y mettre
plusieurs couches de sable, on trouvera
dans l'eau qui s'y ramassera, une terre particuliere qui dépose au fond comme un
sédiment. Cette terre est capable de toutes
sortes de productions : elle peut se réduire
à une consistence si solide, que sa pesanteur égalera celle de certains métaux ; on
en retire une matiere qui forme des pierres ; qui produit des végétaux, & qui peut
se métalliser. Kunkel regarde cette terre
comme une semence universelle : les expériences qu'il a faites là-dessus sont très-
curieuses ; je me contente ici de rapporter en général les formes que ce sça-

vant Chymiste a vû prendre à cette terre.

M. Bécher est le seul qui ait éclairci la Théorie Chymique. Avant lui on n'a dit que des choses vagues sur l'origine des Corps. Les Anciens nous ont dit en général qu'il y avoit un certain nombre d'Elemens. Descartes nous en a donné trois: mais tout ce qu'on a dit là-dessus nous a-t-il appris quelle est par exemple la composition du fer, ou comment nous pouvons parvenir à le purifier? Si on s'étoit arrêté seulement à ces spéculations, on n'auroit aucune lumiere sur les choses les plus aisées.

Bécher ayant vû le défaut de cette Théorie, a eû recours à l'expérience. Par-là il a trouvé qu'il y avoit trois sortes de terre : la premiere est cette espece de chaux qu'on trouve parmi les mines, ou cette sorte de chaux, de limon, ou de sable, qui se met en fusion sur le feu. Voici les raisons qu'il apporte pour prouver que cette terre est un des principes des métaux. 1°. Il n'y a jamais de mine métallique sans cette matiere. 2°. Une mine n'est abondante qu'à proportion que cette matiere s'y trouve. 3°. Avec cette terre on forme des métaux. 4°. On retire cette terre des matieres qui se métallifent. 5°. Cette terre donne aux métaux la fufibilité.

La feconde terre qui fait un des principes fecondaires, eft la matiere graffe qui fe trouve dans les végétaux & dans les animaux. Cette matiere graffe contient le principe inflammable. Pour faire voir que ce principe eft un des principes des métaux, il n'y a qu'à fe fouvenir que les métaux calcinez & réduits en verre, reprennent leur forme métallique par le moyen de la matiere graffe.

Pour ce qui regarde la nature de ce principe, il eft très-difficile de l'expliquer : tout ce qui me paroît le plus vrayfemblable là-deffus, c'eft que c'eft une matiere qui a un reffort extraordinaire ; par ce reffort elle fe met en liberté, dès qu'elle ne trouve pas une réfiftance plus grande que fa force claftique.

Cette idée que je donne du principe inflammable, ne contentera pas certains efprits. On voudroit que j'entraffe dans un plus grand détail fur les effets qu'il produit : mais fi pour expliquer l'action du feu, je difois comme Defcartes que ce n'eft qu'un mouvement rapide, ou un tourbillon de la matiere ætherée, qu'avancerois-je par-là ? on pourroit me demander toûjours quelle eft la caufe qui détermine cette matiere ætherée à se mouvoir si rapidement, par exemple quand j'allume une chandelle ? les tourbillons ne peuvent se former que lorsqu'une matiere agitée ne trouve issuë d'aucun côté ; alors elle est obligée de se mouvoir autour d'un centre. Mais trouve-t-on autour d'une chandelle aucun obstacle qui empêche la matiere ætherée de s'échapper ? L'air qui a si peu de densité la peut-il arrêter ? La matiere subtile qui environne celle qui est en mouvement, ne peut-elle pas ceder ? D'ailleurs s'il y a un vuide entre les parties de la matiere qui nous environne, comme je le prouverai plus bas, cette matiere qui est agitée peut s'échapper à travers ces vuides.

Mais ce n'est pas là les seules difficultez ; je demanderai encore pourquoi l'air est-il nécessaire à certains feux, & pourquoi ne l'est-il pas à d'autres. Dans la machine du vuide il y a des corps enflammez qui ne s'éteignent pas ; mais la plûpart s'éteignent dès que l'air est pompé : jamais dans le sentiment de M. Descartes on n'expliquera ce phénomene. Suivant l'idée que j'ai proposée, on pourroit dire que l'air est nécessaire à la plûpart des corps pour brûler, parce que les parties clastiques qui forment la matiere du feu

quittent d'abord la matiere d'où elles fortent, dès qu'il n'y a point d'air autour qui
puisse les retenir un peu de temps. Comme elles s'échappent d'abord, elles ne
peuvent pas agir par leurs vibrations sur
la matiere d'où elles viennent : elles ne
pourront donc pas agir sur les parties de
feu qui font dans cette matiere ; par conféquent ces parties ne pourront pas se mettre en liberté. Mais lorsque l'air est répandu par éxemple autour d'une chandelle,
les parties de feu qui font dans la cire,
fortent des pores qui les renferment. Comme elles s'étendent beaucoup par leur ex-
panfion elaftique, l'air qui environne la
chandelle, est obligé de reculer : mais parce
qu'il réfifte, il retient quelque temps ces
parties ignées près de la chandelle. Alors
ces parties ignées par leurs vibrations en
mettent en liberté d'autres qui produifent
le même effet. Mais s'il se trouvoit des corps
qui fuffent compofez d'une matiere qui fe
rarefiât en même-temps que les parties
ignées qu'elle contient, & qui ne permît
pas cependant à ces parties de s'échapper,
on voit qu'alors les parties ignées ayant
été mifes en mouvement pourroient agiter leur voifines, & continuer long-temps
leurs vibrations : ainfi l'air ne leur feroit
pas néceffaire ; les parois des cellules qui

renferment le feu , leur tiendroient lieu d'air.

Pour ce qui regarde la chaleur que nous sentons en approchant du feu , voici ce qu'on peut dire : On allume par exemple du bois : le feu qu'on approche de cette matiere rompt les cellules qui renferment les parties ignées. Ces parties moins pressées se dilatent, & écartent les parois des pores qui les compriment. Ces parois poussées avec beaucoup de force , & jointes aux parties elastiques du feu , ébranlent par leurs secousses les fibres des corps qu'elles rencontrent. Si elles tombent sur la main , elles y exciteront un mouvement qui occasionne une sensation que nous appellons chaleur. Voilà ce que je trouve de plus vraysemblable ; mais ce n'est cependant que des conjectures. Voici quelques propositions appuyées sur l'expérience.

I.

Le principe du feu est contenu dans les corps même où il ne paroît être en aucune maniere. Une boule de verre agitée dans la machine du vuide , jette une quantité extraordinaire de corps lumineux dont on sent l'impulsion en y approchant la main.

II.

Ce que je viens de dire ne paroîtra pas extraordinaire, quand on fera réfléxion que les étincelles qui sortent des pierres par le frottement, ne sont que des petites boules de verre aussi-bien que celles qui sortent du fer. Ne se pourroit-il pas faire, comme le propose M. Newton, que le Soleil ne fût qu'un corps solide, qui répandît ses corpuscules dans un vuide immense par où ils viennent jusqu'à nous ?

III.

Ce principe est capable d'une expansion immense dans la machine du vuide : après que l'air a été pompé, les corps qui s'échauffent par la fermentation se rarefient avec tant de force, que le recipient casse quelquefois.

IV.

Après avoir concentré la matiere du feu, & lui avoir joint des corps propres à fermenter, j'ai trouvé qu'il y avoit une matiere qui occupoit toute l'étenduë du recipient, & qui avoit la même force que l'air extérieur.

V.

Cet élement n'est qu'une très-petite quantité dans les liqueurs spiritueuses & volatiles : il est si foible dans les corps

huileux, qu'on ne les apperçoit qu'en les
brûlant.

VI.

Ce principe est si subtil, que dans toutes les analyses il s'envole sans qu'on puisse
le retenir, s'il n'est lié avec l'eau & la terre
dans les sels & les soulphres ; on le con-
centre cependant dans la calcination du
plomb & d'autres corps.

VII.

M. Sthall croit que le siege de principe
est l'air. Voici ses raisons. 1°. Ce incipe s'éleve d'abord dans l'air, & s'y répand dès qu'il ne trouve aucun obstacle.
2°. Les corps les moins denses font ceux
auxquels il s'unit plus facilement. 3°. Les
végétaux qui viennent sur les sables, font
ceux qui contiennent plus de feu , ils
ne le reçoivent pas de la terre , puisqu'elle
n'en a point : ils ne le tirent pas de l'eau,
puisqu'elle ne peut presque pas s'associer
avec ce principe ; ainsi il faut qu'il vienne
de l'air. Ces raisons que Sthall a fort étenduës, ne me paroissent pas entierement
convaincantes.

Voilà la seconde matiere de Bécher : il
y en a une troisiéme qu'il explique obscurément, on peut même dire qu'elle est
la même que le second principe ; car selon lui elle donne la malléabilité & la

forme métallique aux métaux, & l'expérience nous apprend que le second principe produit cet effet, puisqu'il métallise
le verre des métaux : ce n'est pas cependant qu'il n'y ait véritablement une troisiéme terre ; mais c'est celle qui donne aux
métaux ou aux mineraux une forme particuliere, ou une teinture, comme parlent
les Alkymistes. Bécher en fournit un éxemple : Il dit qu'ayant mis du jaspe dans un
creuset pour le mettre en fusion, il trouva
une matiere couleur de lait au fond ; mais
le couvercle avoit pris la teinture du
jaspe, de telle maniere qu'il ne lui manquoit que la dureté pour être un véritable jaspe. Cette terre, selon ce sçavant
Chymiste, a du rapport avec l'alkaest, qui
est une liqueur très-pénétrante, & qui
teint certaines matieres.

Ces terres sont les principes des métaux & des mineraux. Les végétaux & les
animaux ont le second principe ; mais les
autres sont fort différens : comme ils dépendent du mélange de la terre & de l'eau,
il faut faire voir auparavant ce que c'est
que l'eau.

L'eau est une substance très-simple, liquide, transparente, sans odeur, ni saveur. Sa fluidité vient de ce que ses parties ne se touchent qu'en très-peu de

points; cela seul suffit pour rendre un corps fluide: le mouvement en tout sens par lequel on explique ordinairement la fluidité, est une chimere. 1°. Il n'est prouvé par aucune expérience. 2°. Il ne paroît pas possible; car dans le temps qu'une partie va d'un côté, il y en a une autre qui vient à elle avec autant de force. Ces parties ne pourront point revenir sur leurs pas, ni aller vers les côtez, puisqu'elles trouveront toûjours des parties qui viendront à elles avec une force égale; ainsi il faudra qu'elles demeurent immobiles. 3°. On ne sçauroit faire voir la cause de ce mouvement, 4°. Il est inutile pour expliquer les effets que nous voyons arriver dans les fluides; car on n'a eû recours à ce mouvement que pour expliquer comment les parties d'un corps fluide pouvoient ceder aisément: Or il est certain que lorsque je pousse quelque partie d'un corps fluide, le mouvement de fluidité me nuit autant qu'il m'aide, puisque s'il y a deux parties dont le mouvement concoure avec celui que je leur imprime, il y en a autant qui s'y opposent.

M. Sthall croit que le feu contribuë à la fluidité de l'eau par son agitation. Cet élement, dit-il, ne peut être joint aux parties aqueuses qu'il ne les agite & ne les

recule ; ainsi dès que le froid viendra à
enlever les parties ignées, l'eau deviendra une masse fixe : mais malgré le respect
que mérite tout ce qui vient d'un si grand
homme, je ne sçaurois m'imaginer que
cela puisse être ainsi. La matiere du feu
peut à la vérité contribuer à la fluidité
d'un corps ; mais il faut qu'il y ait une
cause qui rende les corps fluides indépen-
demment de l'action du feu. Car la matiere du feu est fluide elle-même ; ainsi on
ne feroit que transporter la difficulté : il
faudroit toûjours sçavoir d'où vient à la
substance ignée sa fluidité.

Pour ce qui regarde les parties aqueuses, il faut qu'elles soient très-déliées, puisqu'elles pénétrent par tout : mais dire comme quelques Physiciens, qu'elles sont polies, rondes, longues, cylindriques, c'est
deviner. Ces figures ne sont pas absolument nécessaires pour expliquer les phé-
nomenes que ce fluide présente : il suffit
que ces parties soient roides, elles pourront toûjours servir de coin, quelque
forme qu'elles ayent. Le cylindre & le
prisme paroissent, il est vrai, peu propres
à cela ; mais des parties qui auront cette
figure pourront toûjours déranger le tissu
d'un corps, quand elles seront poussées
dans ses pores qui pour la plûpart sont
irréguliers,

irréguliers, & elles pourront toûjours y entrer, quand elles feront affez fubtiles pour cela.

Je ne m'arrêterai pas ici à la figure angulaire qu'on a attribué aux parties de l'eau, ce n'eft qu'une imagination : j'en dis de même de la figure ovoïde qu'un grand Chymifte leur attribuë ; il faudroit quelque expérience pour fe déterminer là-deffus. La convenance qui fe trouve entre cette figure & les effets de l'eau ne fuffit pas. Si on raifonne fuivant ce principe, on pourra bien tomber dans l'imagination d'Hartfoëcher qui fait des parties aqueufes de petites boules creufes & percées de beaucoup de trous pour laiffer paffer la lumiere.

L'eau n'a ni faveur, ni odeur ; cela vient, dit-on, de ce que fes parties ne font pas pointuës, & qu'elles font trop fines pour ébranler les houpes nerveufes de la langue : mais c'eft une chofe qu'on ne peut pas déterminer ; nous ne fçavons encore ni la caufe du goût, ni celle de l'odeur. Si on ne regardoit que l'impreffion que pourroit faire fur la langue les parties de l'eau, on pourroit dire fans doute avec raifon que des parties qui pénétrent les corps les plus durs avec violence, pourroient caufer des ébranlemens aux nerfs

B

guſtatifs : mais l'expérience qui dément ce raiſonnement doit nous faire défier des autres, qui ſouvent ne ſont pas mieux fondez.

Il y a un diſciple de M. Newton qui prétend que les parties qui font impreſſion ſur la langue, ſont attirées par la langue même; mais c'eſt ne rien dire. Il faut ſe ſouvenir que les Philoſophes Anglois abuſent du terme d'attraction qu'ils employent en toutes choſes; j'avouë que l'attraction éxiſte : toute cette Chymie en ſera une preuve évidente : mais quand on ne la voit pas clairement, il ne faut pas la ſuppoſer, nous reviendrions aux qualitez occultes.

L'eau eſt tranſparante, cela ne vient pas, comme on l'a dit, de ce que ſes pores ſont droits. Tous les corps ont des pores diſpoſez en droite ligne, comme l'a fait voir un grand Philoſophe. La tranſparance de l'eau ne vient que de ce que l'eau eſt une ſubſtance homogene. De-là il arrive que les rayons qui y entrent, ne ſont pas obligez de ſe détourner d'un côté & d'autre; au lieu que s'il y avoit des matieres différentes, ils ſeroient plus attirez dans leur chemin par une matiere que par une autre. M. Newton a démontré cela. Voyez ſon traité ſur l'Optique.

L'eau peut devenir solide, comme on le voit par la glace : elle peut prendre une forme féche, comme le fel le fait voir. Glauber dans fes expériences en donne encore beaucoup d'éxemples. Il paroît même par quelques livres qu'il y a eû des Chymiftes qui pouvoient changer une groffe maffe d'eau en une fubftance cry-ftalline, fans y ajoûter que très-peu de chofe. Becher rapporte qu'il y avoit en Angleterre un homme qui promit au Roi de faire de la pierre de taille avec de l'eau pure pour bâtir un Port de Mer : mais tout cela eft fujet à caution.

Après avoir parlé de la terre & de l'eau, il faut éxaminer les matieres qui en réful-tent : les principales font les fels & les foulphres.

Le fel eft une concretion des trois éle-mens ; le feu, l'eau, & la terre, qui par leur arrangement forment un corps folide, roide, diffoluble dans l'eau, capable de fe mettre en fufion fur le feu. On trouve une preuve de tout cela dans les opéra-tions qui compofent ou décompofent les fels.

Les Chymiftes ont imaginé plufieurs combinaifons, pour donner à la terre au feu & à l'eau, une forme de fel : mais je ne vois aucune preuve dans tout ce qu'ils ont avancé là-deſſus ; ainſi je me fixerai à ce que l'expérience ſeule m'apprend.

La premiere choſe qui ſe préſente dans le ſel, c'eſt des ſurfaces larges & minces qui forment des lames couchées les unes ſur les autres. Une maſſe compoſée de ces lames ſe caſſe en petits morceaux & avec bruit, de même que le verre ; cela vient de ce que ſes parties ſont mêlées de peu de matiere graſſe.

La ſeconde choſe qu'on obſerve dans le ſel, c'eſt une ſubſtance mercurielle ou une diſpoſition à prendre la forme de mercure. J'ai retiré du ſel marin une grande quantité de très-beau mercure coulant. On peut voir là-deſſus ce qu'a dit Becher.

Il y a des ſels naturels & artificiels. Le ſel que nous donne la nature, eſt le ſel acide ; & l'alkali eſt celui que l'art nous produit. Comme de ces deux ſels dépend l'origine de tous les autres, je les décrirai ici : je parlerai ailleurs des autres.

Par le ſel acide on entend ordinairement un ſel qui fait efferveſcence avec le ſel alkali : mais comme il y a des acides qui boüillonnent avec des acides, on ne peut pas le caracteriſer par cet effet. Les couleurs qu'il donne à certaines liqueurs, ne ſont pas non plus des effets qui lui ſoient particuliers. Il y a des alkalis qui

donnent au ſyrop violat la couleur rouge
de même que l'acide ; il faut donc chercher d'autres marques qui faſſent connoître ce ſel. Voici ce qu'on peut dire là-
deſſus.

1°. En general l'alkali & l'acide peuvent être diſtinguez par ces marques
dont nous venons de parler ; & ſi elles ne
ſont pas toûjours conſtantes, on n'a qu'à
mêler les acides dont on doute avec divers alkalis, & on connoîtra bien-tôt s'ils
ſont véritablement acides.

2°. Par un ſel acide nous entendons un
ſel qui eſt de la nature de l'eſprit de ſel,
de l'eſprit de nitre, ou de l'eſprit de vitriol. On n'a qu'à comparer ces ſels avec
celui qu'on éxamine, & on pourra bien-
tôt ſe déterminer.

On dit ordinairement que le ſel acide
eſt un aſſemblage de parties roides, oblon-
gues, pointuës par les deux bouts. Mais
ſur quel fondement avance-t-on cela ? Le
voici. Le ſel acide diſſout les corps les
plus ſolides. Ses parties, dit-on, doivent
donc être roides. L'acide pique la langue
ſans la racler comme le ſel âcre. Ses parties ſont donc aiguës & piquantes. L'acide pénétre toûjours les corps avec facilité;
il faut donc que les deux bouts ſoient
pointus dans les parties de ce ſel : on a

raisonné de même sur la formation de ce sel. Quelques parties d'eau, a-t-on dit, colées les unes aux autres avec la terre & le feu, formoient les parties acides. On a arrangé diversement les parties aqueuses & les parties terrestres, pour mettre dans chaque partie deux pyramides qui se touchent par leur base : mais tout cela est sans preuve. Pour moi je ne donne aux parties acides que la figure que le microscope nous découvre, c'est-à-dire, de petites pointes.

Par le sel alkali on entend un sel qui fait effervescence avec les acides, & qui se joint avec eux. Le nom d'alkali vient d'une plante qu'on nomme kali, de laquelle on tire un sel dont on fait le verre. Voici ce qu'ont dit sur la forme des parties de ce sel la plûpart des Philosophes modernes.

L'alkali ou le sel âcre a une saveur brûlante & corrosive ; il faut donc que ses parties soient fort disposées au mouvement, & qu'elles soient armées de pointes, de même que la tête d'un chardon. Ces petites aiguilles qui sont plantées dans une petite boule, servent merveilleusement à les faire élever dans la distillation ; car elles sont comme autant de petits aîlerons qu'elles présentent aux parties de feu qui les poussent, & à l'air qui les éleve.

La formation de ce fel, fuivant ces Philofophes à imagination, ne vient que de
ce que les parties acides qui font de petites
aiguilles, enfilent les molecules terreufes;
ils en appellent à l'expérience qui fait voir
que le fel acide joint avec quelque terre,
forme un fel âcre. Après que ces parties
hériffées fe font formées, il y en a plufieurs qui s'uniffent. Comme leur figure
eft irreguliere, leurs interftices fe remplif-
fent de parties fulphureufes & terreufes;
de-là que s'enfuit-il ? C'eft qu'un fel alkali
n'eft jamais pur: fi les pores font remplis
de parties terreufes, le fel ne pourra point
s'élever, il fe fondra plûtôt; tel eft le fel
fixe de tartre & le fel lixiviel. Si ces interftices font remplis de parties fulphureufes,
le fel s'élevera facilement, & fera volatile; tel eft le fel d'urine & de corne de cerf.
Voilà des raifonnemens qui demande-
roient que quelque expérience les confir-
mât avant qu'on les expofât au public.

Nous ne caractériferons ce fel que par
les qualitez que nous lui avons donné:
nous dirons feulement que les fels âcres fe
fondent aifément expofez à l'air humide,
parce qu'ils imbibent l'humidité de l'air.
Lorfqu'ils font ainfi fondus, on les nomme improprement huile; telle eft l'huile
de tartre par défaillance : ces fels diffouts

& étendus dans le phlegme qui vient par la distillation, sont ce qu'on appelle esprits volatiles, comme l'esprit volatile de sang humain & de corne de cerf.

Lorsque l'on mêle un sel acide avec un sel âcre, il s'en forme un sel qu'on nomme salé. Versez, par éxemple, de l'esprit acide de nitre, ou de sel marin sur du sel de tartre, il s'en fait un sel salé qui tient du nitre ou du sel marin. L'analyse des sels essentiels des plantes prouve encore ce que j'avance ; car on sépare les sels acides des sels âcres, tant volatiles que fixes. Le goût de ces sels varie suivant la diversité d · ces sels ; ils piquent plus ou moins suivant qu'ils sont plus ou moins âcres ou acides. Si l'on vouloit suivre les imaginations des Philosophes Cartesiens, on diroit d'abord que les acides joints aux alkalis, forment des parties plus grossieres qui ne peuvent point pincer le tissu nerveux de la langue ; par conséquent le sentiment qu'elles excitent est plus obtus que celui qui suit le picotement des parties acides, ou acres : mais nous qui ignorons s'il n'arrive pas d'autres changemens aux sels par le mélange, nous ne prononcerons point là-dessus.

Voilà les sels que la Chymie découvre dans les corps : ils sont les principes secondaires des mixtes, ou du moins il y a par tout une matiere dont ils peuvent se former. M. Friend toûjours attaché aux loix de la Méchanique, parle de ces sels comme d'une chose qu'on ne sçauroit définir. Que signifient-ils, dit-il, ces termes l'acide & l'alkali ? L'acide est-ce un corps corrosif ? N'y a-t-il pas des alkalis qui le sont aussi ? L'acide est-ce une matiere qui teint en rouge le syrop violat ? Appelle-t-on alkali ce qui teint en verd cette même liqueur ? N'y a-t-il pas des acides & des alkalis qui ne produisent point ces changemens ? L'alkali est-ce un sel qui fermente avec les acides ? mais ne voit-on pas des acides qui fermentent avec des acides ? A entendre M. Friend on diroit qu'il n'y a ni acide, ni alkali dans la nature; cependant il y a des sels vitrioliques, des esprits nitreux & sulphureux : il y a des sels semblables à celui qu'on tire de la plante qu'on nomme soude. Nous appellons les premiers acides, & nous donnons aux derniers le nom d'alkali.

Toutes les matieres dont nous venons de parler, forment la varieté des ouvrages de la nature. Je les regarde comme des principes, parce que c'est d'elles que je vois naître tous les corps. Je suis en cela les traces des anciens Philosophes qui ont

attribué l'origine des mixtes aux élemens
sensibles. Je ne sçaurois mieux faire voir
la justesse de leur opinion qu'en rapportant ce qu'un * grand homme a dit là-
dessus. »On se moque (dit-il) d'Aristote,
» sur ce qu'il a donné pour élemens des
» corps, tantôt la matiere & la forme, tan-
» tôt la terre, l'eau, l'air, & le feu. On ne
» veut pas voir que ce Philosophe ne pou-
» voit parler plus éxactement. Il connois-
» soit le foible de tous les systêmes des
» Physiciens qui l'avoient précédé. Il crut
» donc que pour raisonner solidement, il
» falloit donner aux corps pour princi-
» pe quatre matieres, qu'on ne pouvoit
» pas décomposer. Il pénétra plus avant.
» Il vit que ces principes même, l'eau,
» l'air, la terre, & le feu ne différoient que
» par l'arrangement de leurs parties. Sui-
» vant cette idée il réduisit tous les éle-
» mens à la matiere & à la forme, c'est-à-
» dire la figure. Les nouveaux Philoso-
» phes qui se vantent d'être allez plus loin,
» n'ont fait précisément que le copier.
» On aura beau raisonner, après qu'on
» aura fait bien des systêmes, on n'aura
» pas plus de lumieres là-dessus. Jamais
» par les loix que suivent les corps dans

* Le P. Tournemine.

leurs mouvemens, nous ne découvri- «
rons la nature des principes qui forment «
les mixtes ; ce qui paroît le plus vrai- «
femblable, c'eſt que tout eſt organiſé «
dans la nature; Les parties des animaux, «
des végétaux, des mineraux ne font «
que des machines hydrauliques ou des «
moules remplis de liquides ou d'autres «
petits corps organiſez qui s'arrangent «
diverſement, ſuivant leur figure. La for- «
mation des corps animez & des plantes, «
la végétation des pierres, les obſerva- «
tions qu'on a fait là-deſſus par le mi- «
croſcope, conduiſent à cette idée ; en «
un mot, tout eſt machine, tout eſt or- «
gane, tout eſt l'ouvrage d'un Créa- «
teur.   «

Après avoir vû une des principales concrétions de la terre & de l'eau, il faut voir
le ſoulphre: c'eſt un compoſé de ſel & de
la ſeconde terre, qui varie les couleurs, le
tiſſu & les odeurs des corps. Je vais expliquer ſa nature, ſon origine, & ſes effets.

Le Soulphre ou l'Huile.

Nous plaçons avec raiſon le ſoulphre
parmi les principes ſecondaires ;
car on le tire des corps qu'on diſſout.
Quoiqu'il ſoit compoſé des autres prin-

cipes, sa décomposition ou résolution en élemens est assez difficile : d'ailleurs il est comme le receptacle & la nourriture de l'élement du feu, de-là vient qu'on lui attribuë plusieurs qualitez qu'on remarque dans les mixtes, comme l'inflammabilité, les couleurs & les odeurs, la ductilité & la malléabilité des métaux.

Le soulphre est composé d'un acide & du principe inflammable joints ensemble ; car prenez de l'acide vitriolique, un peu de nitre ou de sel de tartre, jettez le tout dans un creuset, & mettez la matiere en fusion avec des charbons, précipitez par un acide la matiere qui en résultera, & vous aurez de véritable soulphre.

Je dis premièrement que c'est de véritable soulphre ; il s'enflamme avec le nitre, & produit tous les effets du soulphre ordinaire : il dissout les métaux, il noircit l'argent, il laisse après la déflagration avec le salpêtre un sel amer.

Je dis en second lieu qu'il est composé d'un sel acide & du principe inflammable, car l'acide vitriolique dont on s'est servi, ou s'est changé en alkali, ou s'est évaporé, ou est resté dans le soulphre : Il ne s'est pas changé en alkali, puisque le poids de l'alkali ne se trouve pas fort différent de ce qu'il étoit avant le mélange; il ne s'est pas évaporé, puisqu'on le retire de ce nouveau composé ; d'ailleurs par la déflagration il produit un sel amer formé d'un acide & d'un alkali. Il ne manque à ce sel pour former du soulphre que la matiere inflammable; car si vous lui redonnez le phlogistique contenu dans les charbons, vous retrouverez la même matiere que vous aviez détruite avec la flamme. On dira peut-être que ce soulphre est tiré des charbons par l'alkali ; mais qu'on mêle des alkalis avec le charbon, qu'on travaille cette matiere comme on voudra, jamais on n'en retirera du soulphre : si avec les cendres gravelées on en forme, cela vient de l'acide, de ces cendres; car elles contiennent un sel moyen, comme l'expérience le confirme, & les raisonnemens de M. Kunkel le prouvent.

Après que ces matieres se sont jointes, elles forment de petits flocons liez ensemble par un grand nombre de filamens entortillez : ces filamens sont faits d'un composé de molecules aqueuses, terrenses, & ignées. Cette combinaison se fait dans la terre & dans les corps des végétaux par le moyen de la fermentation; les plantes aromatiques qui croissent dans l'eau, le prouvent : car jamais par la distillation on n'auroit tiré de cette eau l'huile que l'on tire de ces plantes. D'ailleurs les huiles se résolvent en terre & en eau, comme M. Kunkel l'a démontré ; & si on les mêle avec certaines terres, elles se réduisent en eau. Pour donner à ces matieres la forme d'huile, il faut nécessairement une fermentation.

Il ne faut pas croire que dans les interstices de ces flocons soit contenuë la matiere ignée, comme un Chymiste célébre l'a avancé. Le phlogistique est uni intimement avec le sel acide, & forme avec lui la substance du soulphre : d'ailleurs il est en si petite quantité par rapport au sel, qu'il n'est pas nécessaire de l'aller loger dans ces petites cellules qui sont parmi les flocons.

Pour les ruisseaux de matiere ætherée que ce Chymiste fait couler dans les pores du soulphre pour y entretenir une certaine souplesse, il n'en dit rien qui soit fondé. La cause qui rend les corps molasses, n'est pas une matiere infiniment fluide qui pénétre également & les corps qui cedent & ceux qui résistent par leur dureté ; il faut pour cela des parties longues liées foiblement les unes aux autres.

On ne trouvera pas plus de fondement dans ce qu'il avance sur la dissolution des soulphres par les alkalis. Il nous donne d'abord les parties alkalines en forme de chardon ; par-là, dit-il, elles ne peuvent se mouvoir entre les flocons, qu'elles ne rompent les filamens par lesquels ils sont unis. Pour les parties acides, il s'imagine qu'elles s'insinüent seulement dans ces interstices que laissent les flocons, & qu'elles ne font qu'affermir leur tissu ; & de la subtilité ou de la grossiereté de ces acides & des soulphres, il déduit les diverses especes de soulphres : il ne manque à ce sentiment que des preuves. Sans nous embarasser de ces possibilitez, venons aux diverses sortes de soulphres, & conduisons-nous par l'expérience.

I.

La concrétion sulphureuse qui dans le sein de la terre se forme par l'union du feu, du sel acide, de l'eau, & d'une terre fine, est ce que nous appellons terre de bitume.

II.

Cette terre bitumineuse étenduë dans une grande quantité d'eau, forme l'huile minerale appellée petrole.

III.

Si elle se mêle avec la terre & le sel, elle produit des bitumes plus solides, purs ou impurs suivant la grossiereté de la terre, ou selon les degrez de mixtion ; de-là vient le charbon foſſille, le gagat, l'ambre, les autres bitumes.

IV.

Si la terre s'y trouve en petite quantité, & que le ſel acide prédomine, il en réſulte le ſoulphre mineral ordinaire.

V.

Si ce bitume rencontre une terre fuſible ou vitreſcible, il lui donnera la forme métallique, c'eſt-à-dire, l'éclat, la ductilité, & la malléabilité. Voici des preuves de toutes ces propoſitions.

Prenez parties égales d'huile de vitriol & d'huile de thérébentine ; après une longue & douce digeſtion, diſtillez-les par la retorte, il en ſortira une liqueur jaunâtre qui approche fort de l'huile de petrole en odeur & en conſiſtance : ce qui reſte dans la retorte s'épaiſſit en bitume mol, & ſe durcit enfin en une maſſe noire, qui miſe à la flamme s'allume, & rend une odeur ſemblable à celle du charbon de terre.

Si on continuë à diſtiller la matiere reſtée, il en ſort une liqueur blanche & acide qui dépoſe une pouſſiere, & c'eſt le ſoulphre combuſtible ; outre cela il s'éleve au col de la retorte un ſoulphre jaune & inflammable qui ne différe en rien du vulgaire.

Enfin il reste au fond de la retorte une matiere foliacée, legere, talqueuse, brillante, dans laquelle l'aimant fait connoître qu'il y a du fer.

La décomposition des bitumes démontre les mêmes principes que la composition vient de montrer.

VI.

L'analyse des métaux fait voir qu'ils ne font autre chose que des bitumes cuits par une longue chaleur digestive, & amenée à un certain degré de fixité ; car on les dépoüille du principe sulphureux dont ils font chargez, & on les réduit en cendres & en verre. Quand on calcine les métaux imparfaits à un feu long-temps continué, ou aux rayons du Soleil par le moyen du miroir ardent, leur principe sulphureux s'envole, & ils se réduisent en chaux ou en cendres qui par — feu plus fort se vitrefient ; si l'on redonne à ce verre un principe sulphureux, ils reprennent la forme métallique qu'ils avoient.

VII.

Les substances inflammables qui se trouvent dans le regne animal, font composées du principe sulphureux & du sel acide mêlé par une nouvelle combinaison ; car dans ce regne comme dans le mineral le principe sulphureux ou l'huile tire son ori-

gine du mélange du sel acide, du feu élementaire, & d'un peu de terre.

VIII

Dans le regne végétal c'est les mêmes
principes différemment arrangez qui en
produisent toutes les varietez. L'huile
jointe à un sel âcre, fait les gommes &
les mucilages. Avec les acides subtilisez &
une nouvelle substance ignée elle produit
les huiles essentielles & les esprits ardens.
Avec des acides plus grossiers & une suffisante quantité de terre elle forme les résines : l'esprit-de-vin & l'esprit volatile
d'urine mêlez ensemble, forment une
gomme fixe & subtile ou un concret mucilagineux. L'huile d'olive & le sel fixe
de tartre fondu composent un savon ou
une espece de gomme épaisse. L'esprit-de-
vin & l'huile de vitriol broüillez ensemble & digerez à une longue chaleur, donnent par la distillation une huile inflammable, subtile, d'une odeur agréable, qui
ne différe pas des huiles essentielles des
plantes.

IX.

L'expérience prouve de même ce que
j'ai dit du principe inflammable qui se
trouve dans les animaux. L'axonge est
composé d'huile & de sels acides ; de même que la substance gelatineuse qui nour-

rit les parties des animaux : qu'on mêle avec de l'huile un esprit acide quelconque, & qu'on les digére, il en résultera un suif ou axonge semblable à la graisse des animaux.

Toutes ces huiles s'enflamment ; mais il ne faut pas s'imaginer que leur flamme soit le mouvement d'une matiere ætherée qui se trouve parmi les flocons : c'est notre phlogistique qui renfermé dans les parties huileuses rarefiées que l'air éleve, le dégage, & pousse de tous côtez une matiere vitrifiée & brillante.

X.

Parmi ces huiles ou concrets sulphureux on en trouve de fixes & de volatiles ; les fixes sont ou solides comme les axonges, les résines, les bitumes, ou ils sont fluides comme les huiles : les volatiles s'élevent à une chaleur très-douce, & conservent la consistance d'huile, comme l'huile essentielle de géniévre & de thym ; ou bien, ces matieres prennent la forme d'eau, & sont nommées esprits ardens, comme l'esprit-de-vin & les esprits ardens des fruits.

Nous venons d'expliquer la nature des élemens primitifs & secondairés, il faut à présent parler de leur mélange qui se fait par les loix du mouvement que le premier Moteur a donné à tout l'univers.

Le mélange des Elemens.

LE mouvement est l'agent universel qui produit toutes les varietez que nous voyons dans les corps. Sa nature est aussi inconnuë qu'elle est recherchée par les Philosophes. Les uns ont cru qu'il étoit impossible : les autres l'ont expliqué d'une maniere si obscure, qu'on doute s'ils se sont compris eux-mêmes ; d'autres enfin ont formé diverses hypothèses qui souffrent de grandes difficultez. M. Descartes a soûtenu que c'étoit une application active & successive d'un corps aux parties des corps qui l'environnent : mais de-là il s'ensuit que le mouvement est impossible dans le vuide. D'ailleurs toute la matiere de l'univers pourroit se mouvoir d'un mouvement circulaire, & cependant la derniere surface ne répondroit à aucun corps : ajoûtez à tout cela qu'on ne conçoit pas qu'il y ait une action dans les corps en mouvement ; au contraire ils sont purement passifs.

Il est venu un Philosophe qui a cru que le mouvement n'étoit qu'une chose relative. Suivant son idée une muraille vers laquelle je m'avance, est en mouvement aussi-bien que moi. Je ne m'arrête pas à éxaminer ce sentiment chimerique ; je demanderai seulement qu'on m'explique la différence qu'il y a entre moi qui m'avance vers la muraille & la muraille qui s'avance vers moi. Si quelqu'un se trouvoit sur mes pas, mon mouvement pourroit le renverser ; mais le mouvement de la muraille ne l'ébranlera jamais : d'ailleurs il faudra dire qu'un même corps & se meut & ne se meut point. Ces contradictions que quelque subtilité métaphysique pourroit sauver, feront toûjours quelque peine.

Le Pere C. épouvanté des difficultez que souffre cette matiere, a voulu l'enlever aux Physiciens, & la donner entierement aux Mathématiciens. Il a cru qu'une équation pouvoit exprimer parfaitement ce que c'est que le mouvement ; pour moi j'approuverois fort une réforme qui défendroit aux Physiciens de parler sur certaines matieres, & même sur la plûpart, sans le secours de la Géometrie & de l'Algebre : cependant je ne pourrois jamais être satisfait de ce que propose ce sçavant Jesuite. Je ne crois pas que l'équation dont il parle dans le Journal de Trévoux, explique les proprietez du mouvement. Un calcul peut nous apprendre le rapport de divers mouvemens; mais il ne sçauroit nous découvrir leur nature.

Mais qu'est-ce donc que le mouvement? Ne pourroit-on pas dire que c'est une matiere qui s'attache aux corps sublunaires, & qui les agite suivant la quantité qu'il s'y en trou e? J'ai connu un grand homme qui étoit dans cette id e: mais ce n'est que transporter les difficultez, ou les augmenter.

Si on veut connoitre le mouvement, il faut éxaminer la force mouvante, l'impression de cette force sur les corps, & l'état où cette impression met ces corps. Il paroit que Descartes n'a pas fait assez d'attention à ces trois choses qui concourent au mouvement. La définition qu'il nous a donné ne regarde presque que l'état où le corps mû se trouve par rapport à la matiere dont il est environné. De-là vient que beaucoup de ses partisans même n'ont pas été contents là-dessus. Un Métaphysicien dont nous avons parlé, a voulu encore le réformer. Il ne veut reconnoitre qu'un mouvement relatif. Il est surpris que l'Academie n'ait pas couronné son sentiment où se trouve la nouveauté. Il est vrai que son opinion est nouvelle. On ne s'étoit pas encore avisé de dire que l'effet du mouvement fût le mouvement même : malheureusement l'Academie n'a pas été sensible à ses preuves; d'où vient cela ? C'est, dit-il, qu'il regne aujourd'hui un goût de Géometrie qui ruine la Physique. On ne joint pas à l'étude de cette science un esprit Métaphysicien. De-là vient, ajoûte-t-il, que les Anglois ne sçavent que tirer des lignes & calculer, c'est-à-dire, qu'ils ignorent cette science qui conduit l'esprit dans les espaces imaginaires. Mais revenons à notre sujet.

Pour former un système plus éxact, cherchons en quoi consiste le mouvement : ce n'est pas dans la force mouvante prise séparement : ce n'est pas dans le corps mû : ce n'est pas non plus dans le changement de lieu, puisque ce n'est que l'effet du mouvement ; il faut donc que ce soit dans l'action de la force mouvante reçûë dans le corps mû. Mais dira-t-on, c'est ne rien éclaircir. Qu'est-ce que cette action reçûë dans la matiere ? La voici. C'est le mouvement. On n'en sçauroit donner une idée plus claire. Il est des choses qu'on obscurcit par les éclaircissemens qu'on y veut donner. Qu'on définisse la pensée, l'amour, la haine, les discours les plus éxacts n'en donneront pas une idée plus claire que le nom. Dans ce fentiment je fuis les traces du fameux Lok, dont les ouvrages pleins de raifon feront toûjours capables de defabufer les efprits prévenus pour les chicanes & pour les fubtilitez de la Métaphyfique.

Le mouvement, comme nous l'avons dit, mêle les principes, & leur donne une nouvelle forme; mais toute agitation n'eft pas propre à faire ces mélanges. Celle d'où réfultent les corps, s'appelle par les Chymiftes fermentation; & elle prend le nom de corruption, lorfqu'elle tend à détruire un mixte. Nous expliquerons la caufe Méchanique dans la feconde partie de cet Ouvrage. Voyons quels corps font fujets à ce mouvement, & ce qui en réfulte après le mélange des élemens.

On ne trouve que de la confufion dans les définitions qu'on a donné de la fermentation. Sans m'arrêter aux diverfes erreurs où l'on eft tombé là-deffus, je dirai qu'il faut éviter trois chofes. 1°. De donner à de fimples effervefcences le nom de fermentation. 2°. D'augmenter le nombre des corps qui fermentent, parce qu'il eft fort petit. 3°. De confondre avec la fermentation la putréfaction; cela pofé, je définis ainfi la fermentation.

La fermentation eft un mouvement produit par l'eau, lequel attenuë par un

choq

choq réiteré les molecules d'huile, de sel, & de terre jointes ensemble, & altere peu-à-peu le tissu des principes, de telle maniere que certaines parties qu'il a séparées se réunissent, sortent en partie du fluide, ou peuvent en sortir s'il arrive qu'elles y soient retenuës par quelque cause accidentale. On verra la justesse de cette définition par tout ce qui suit.

Toutes sortes de matieres ne fermentent point. Voici celles qui y sont le plus sujettes. 1°. Les fruits qui sont savoureux comme les poires, les pommes, les cerises, les prunes. 2°. Les sucs doux épaissis, comme le sucre, le miel, la manne. 3°. Les matieres farineuses, comme le froment, le seigle, l'avoine, l'orge. 4°. Les corps qui donnent de l'huile par l'expression. 5°. Les semences douces aromatiques, comme les bayes de génièvre, la semence d'anis, de fenoüil, de cumin. 6°. Les racines & les herbes douces aromatiques. 7°. Enfin des herbes d'assez peu d'odeur & de goût peuvent donner quelque fermentation aussi-bien qu'une infinité d'autres choses qui viennent des végétaux.

I. PROPOSITION.

Dans les corps qui fermentent véritablement, il y a un sel actuel acide. L:

goût acide qu'ils ont, en est une preuve convaincante aussi-bien que ce qu'on en retire par la distillation après qu'on les a fait sécher.

II. PROPOSITION.

Il y a des corps sujets à la putréfaction où on ne trouve presque aucun vestige de sel; telles sont les parties des animaux. Je démontrerai plus bas que les sels volatiles qui en sortent, sont la production du feu.

III. PROPOSITION.

Dans les corps fermentatifs il y a de la graisse; l'odeur & l'huile qu'on en retire le prouvent.

IV. PROPOSITION.

Dans les corps il y a de la terre, comme on le peut voir quand ils sont secs, aussi-bien que dans les fœces qu'ils déposent dans la fermentation.

Ces propositions contiennent les matieres qui se trouvent dans les corps qui fermentent; mais elles ne suffiroient pas seules: il faut qu'elles ayent une certaine liaison, c'est ce que nous allons voir dans les propositions suivantes où l'on découvrira la raison d'un phénoméne qui tourmente les Chymistes. Il y a certaines matieres balsamiques qui sont reconnuës incapables de fermenter. Les uns ont cru que c'étoit le défaut de l'acide; les autres ont attribué cela à d'autres choses, sans jamais penser à la liaison & au mélange qui en sont la véritable cause.

V. PROPOSITION.

Les acides qui se trouvent dans les corps fermentatifs, s'unissent assez difficilement avec les huiles : mais il y a des composez d'acide & de terre qui les imbibent aisément. Avec certaines terres l'acide forme un coagulum sec ; avec d'autres il prend une autre forme dans laquelle il attire l'eau & s'y attache fortement. Plus il est pur & subtil, plus il imbibe d'huile ; & après qu'il s'en est chargé, il ne s'unit plus si promptement ni si fortement à la terre.

VI. PROPOSITION.

De cette proposition il s'ensuit qu'afin que l'eau puisse s'insinüer dans un composé, exciter la fermentation, étendre les parties huileuses, il faut qu'il y ait un certain mélange & une certaine liaison ; car autrement ni l'huile ne se joindroit à l'acide, ni l'eau n'entreroit dans l'huile.

VII. PROPOSITION.

Dans les corps qui fermentent ensemble, le mélange est tel que les uns ni les autres n'y dominent, l'expérience nous l'apprend : outre cela ils prennent une consistance uniforme, & diaphane. Le sucre dissout dans l'eau forme une liqueur claire.

La farine de segle & de froment jettée
dans l'eau boüillante forme une matiere
gelatineuse & demi-transparante.

VIII. Proposition.

Lorsqu'il y a quelqu'un de nos principes
qui prédomine, & qui par conséquent à
raison de sa quantité ne peut pas s'attacher
si bien aux autres principes, la fermentation ne réussit pas; tels sont les sucs acides qui ne sont pas parvenus à leur maturité. On peut en voir d'autres éxemples
dans les aromates qui abondent en huile
& dans les fruits insipides qui ont beaucoup de terre.

Comme nous avons avancé que la matiere grasse étoit nécessaire dans la fermentation, il faut éxaminer s'il n'y en a
pas de plusieurs sortes, & déterminer laquelle fermente le mieux.

IX. Proposition.

Il y a deux sortes de matiere graisseuse:
l'une est subtile & volatile; l'autre crasse
& épaisse. La premiere est plus âcre que
l'autre, elle se trouve dans les semences,
les herbes, les bois, les racines, les fleurs,
les écorces balsamiques; on en retire une
huile volatile, âcre, caustique. La seconde se trouve dans les amers & dans les
animaux, desquels il sort une huile empyreumatique, épaisse, qui a cependant

plus d'activité que celle des amers. Les
graisses les plus temperées & les plus
épaisses, sont celles qui sortent des noyaux
& des semences moëleuses. Pour les réfines qui découlent des arbres, ou qui sont
extraites par des esprits ardens, ou qui
sont mêlées avec des gommes mucilagi-
neuses, elles sont de la premiere espece,
c'est-à-dire, qu'elles sont fort tenuës ; telles
sont la thérébentine, l'encens, le mastic,
la myrrhe, le galbanum. Il faut remarquer que dans les végétaux qui donnent
cette huile subtile, il y a aussi de cette matiere graisseuse épaisse presque en aussi
grande quantité.

X. Proposition.

Les matieres qui ont plus d'huile tenuë
que les autres, sont plus propres à fermenter : mais celles qui ont plus d'huile crasse,
sont plus disposées à la putréfaction.

Nous venons de déterminer les matieres qui fermentent le mieux, il faut
sçavoir quelle doit être leur consistance.

XI. Proposition.

Les matieres qui fermentent, peuvent
être conservées très-long-temps séches,
sans qu'elles perdent rien de leur disposition à fermenter, le sucre est une preuve de
cette proposition : de-là il s'ensuit que le
soulphre ne doit pas être regardé comme

le principe actif dans la fermentation ;
car plus il est privé d'eau, c'est-à-dire, plus
il est pur, moins la fermentation réussit ;
& d'ailleurs quelque quantité d'huile
qu'on ajoûte à un composé fermentatif,
la matiere n'en est pas agitée, au lieu que
si l'on y met de l'eau, elle fermente plûtôt, comme on le voit dans les fruits
qu'on conserve dans des lieux secs. Mais
après avoir éxaminé le composé que demande la fermentation, voyons quel est
l'instrument de ce mouvement intestin.

XII. PROPOSITION.

L'eau est l'instrument de la fermentation. 1°. Les corps secs ne fermentent
point ; & dès que l'eau les pénétre, la matiere se dispose à la fermentation. 2°. Les
corps fermentatifs ne perdent rien de
leur disposition à fermenter par la privation de l'humidité, il faut donc que l'eau
soit seulement un agent extrinseque à
leur égard. 3°. Si on enleve l'eau quand un
corps fermente, la fermentation cesse
presque d'abord ; donc il n'y a pas d'autre principe qui agisse. De ces raisons il
s'ensuit que la fermentation demande un
agent, 1°. fluide, pour qu'il puisse s'insinüer dans les pores de la matiere. 2°. humide, pour qu'il puisse toucher immédiatement le corps qu'on veut faire fermen-

ter, autrement il n'y entreroit point; il en feroit de même que de l'eau à l'égard des plumes qui n'en font point moüillées. 3°. La fermentation demande une matiere aqueufe, parce que le fel acide s'allie aifément avec l'eau : mais outre cela il faut que cette eau foit tiéde, afin qu'aidée par la chaleur elle puiffe mieux pénétrer les corps.

XIII. PROPOSITION.

Nous venons de voir que l'eau eft l'inftrument de la fermentation ; il faut voir fi l'air n'y eft pas néceffaire. Il femble d'abord que l'air extérieur y eft de quelque utilité ; car la fermentation fe fait plûtôt quand on ne renferme pas la matiere de telle façon qu'elle n'ait pas un libre commerce avec lui : cependant comme elle arrive malgré cela, il faut dire que l'air extérieur n'eft pas d'une néceffité abfoluë. D'ailleurs puifque la fermentation fe fait encore après qu'on a pompé l'air de la machine du vuide, on peut dire qu'il n'y contribuë point. Si un corps fermente plus aifément, quand il eft environné d'air, & qu'il n'eft pas dans un vafe entierement fermé & rempli, cela vient de ce qu'alors les parties peuvent s'exhaler plus facilement ; au lieu que lorfqu'elles font renfermées dans un vafe, elles compriment toute la matiere, & l'empêchent de se mouvoir, par cette compression ; ainsi le mouvement intestin ne peut pas s'exciter si facilement par l'eau : cette pression est prouvée évidemment par la biere qui fait sauter les bouchons les plus serrez des bouteilles.

XIV. Proposition.

Si l'on met des corps graisseux sur ces corps qui fermentent, ce qui en résulte est plus fort, parce que les corps gras clastiques qui en sortent, sont arrêtez par cette matiere, & réfléchis en partie ; ce qui se prouve par les vins qui sont plus violens, quand ces exhalaisons arrêtées par quelque matiere huileuse retombent dans la masse dont elles se sont échappées.

XV. Proposition.

Les matieres qui agissent étant déterminées, il faut parler des effets que produit le mouvement ; 1°. Il faut nécessairement que par cette agitation les parties en se choquant se brisent & s'attenüent, car elles deviennent plus subtiles.

XVI. Proposition.

2°. Il y a une production de nouveaux corps composez qui sont des sels. Nous avons prouvé que dans le regne végétal il y avoit un sel acide préexistant. Pour le regne animal on ne peut pas dire la même chose. Les parties des animaux dans leur premiere dissolution fermentative paroissent avoir un sel approchant du sel commun, & dans la suite elles donnent un sel volatile urineux qui vient de la combinaison du sel acide avec le principe huileux. On trouve aussi dans l'urine un sel approchant du sel de la cuisine, qui disparoît par la putréfaction; car il en vient un sel urineux.

XVII. PROPOSITION.

Les sels alkalis volatiles ou urineux qui doivent leur ébauche à la fermentation, & leur perfection à la putréfaction, ne viennent jamais dans aucun corps où il n'y a pas de matiere grasse. Les fœces du vin d'où l'on tire un sel volatile, contiennent une huile, comme la distillation nous l'apprend. On peut dire la même chose des parties des animaux : d'ailleurs les sels urineux se détruisent, quand on joint des matieres qui leur enlevent la matiere graisseuse.

XVIII. PROPOSITION.

Ces sels sont la production du feu ou de la putréfaction; car si les parties des animaux ou l'urine sont récentes, on n'en tire du sel volatile qu'en dernier lieu, c'est-à-dire, après que le phlegme & l'huile sont montez. Or si ce sel avoit été dans ces

matieres, il feroit monté le premier, puifque lorfqu'il eft formé jamais il ne monte
après ces matieres : cela eft fi vrai, que fi
on laiffe corrompre l'urine , le fel volatile vient le premier par la feule chaleur
du bain de vapeur.

XIX. Proposition.

Le fel acide qui étoit dans les végétaux, fe développe par la fermentation qui
écarte les parties qui l'arrêtoit ; car les rai-
fins qui ne font pas mûrs, ne donnent point
de graiffe. Après qu'ils font devenus doux,
ils en donnent beaucoup. La fermentation leur en enleve après cela une partie ;
car il s'en trouve beaucoup dans les fœces
du vin, & il s'en exhale continuellement.
De-là vient que les vins & les vinaigres
qui font clairs, font meilleurs & plus du-
rables que les autres. Les vins fe gâtent
fur-tout lorfqu'au printemps la chaleur
éleve les fœces, & les remêle avec les parties qu'elles avoient abandonné. Le vinaigre qui perd fon acidité dans un vafe
où l'on a mis des fœces, le prouve ma-
nifeftement, puifqu'il y acquiert un goût
approchant de ces vins.

XX. Proposition.

La fermentation produit non-feulement
des fels, elle produit encore les efprits
ardens ; car les bayes de géniévre qui n'ont

pas fermenté, ne donnent point d'esprit ardent, mais après la fermentation, elles en donnent en assez grande quantité. On peut dire la même chose du moût & de plusieurs autres matieres végétales. Il faut remarquer que cette substance phlogisti-que qui fait les esprits ardens, s'exhale si elle trouve un passage libre dans l'air; ainsi les vaisseaux qui ne donneront pas un grand passage à cette matiere, seront plus propres à faire des vins spiritueux, parce qu'elle sera obligée de revenir dans le vin après qu'elle se sera élevée, & qu'elle aura heurté contre les parois des vais-seaux. Il en est de même que de la distil-lation & de la déflagration des graisses: si le vase n'est pas ouvert, l'huile ne s'altére point; mais s'il est découvert, le feu en-leve toute la graisse dans l'air.

XXI. Proposition.

L'esprit ardent contient un sel acide.
1°. Les matieres qui ne peuvent point s'aigrir, ne donnent point de cet esprit.
2°. L'esprit ardent détruit les couleurs des fleurs, de même que l'esprit volatile de vitriol ou de soulphre. 3°. L'esprit-de-vin mêlé avec le sel alkali caustique, du tartre, ou des cendres gravelées, donne des crystaux qui ressemblent à ceux qu'on tire du sel de tartre & de l'esprit de soul-

phre ou de vitriol; le sel alkali devient
rouge, parce qu'il se charge de la matiere
huileuse. L'huile se joint donc avec l'acide,
quand on fait l'esprit ardent : M. Sthall a
donné un bel exemple de cette jonction
dans son soulphre artificiel; car la matiere
grasse des charbons s'unit à l'acide vitriolique.

XXII. PROPOSITION.

Cet esprit est joint avec l'acide du vinaigre; car si on soule de plomb le vinaigre distillé, l'eau peut s'en séparer, &
l'acide & l'esprit ardent demeurent attachez au sucre de saturne : on n'a qu'à exposer la matiere au feu, il en sort un esprit
inflammable; & l'acide qui vient enfin par
un feu plus violent, a presque la même
force que l'acide vitriolique.

XXIII. PROPOSITION.

Voilà les productions de la fermentation & de la putréfaction : lorsque la fermentation a produit un corps, le vin, par
exemple, il n'y a, pour le conserver, qu'à
empêcher que l'union de ses principes ne
s'altére; ce qui arrive au vin, quand on le
met dans quelque liqueur chaude, &
qu'on le laisse ensuite réfroidir, démontre
que le dérangement de ses élemens le détruit; car quoiqu'il ne s'en soit rien évaporé, (je suppose qu'on le met dans une

bouteille exactement fermée,) quoique,
dis-je, il ne soit rien sorti de ce vin qu'on
a échauffé, cependant il se change en vinaigre, cela vient de ce que l'esprit ardent
par cette chaleur s'est séparé de la matiere
grasse tartareuse qui temperoit sa fœce.
Qu'on prenne une partie d'esprit de nitre,
& trois parties d'esprit de vin, qu'on les
mêle & qu'on les laisse en digestion durant quelques heures, l'esprit ardent se
joint avec l'esprit de nitre, & donne un
véritable goût de vin, & si on les distille,
il n'y reste aucune marque d'acidité ; cela
prouve évidemment que l'esprit ardent
uni avec les autres matieres, donne au vin
ses proprietez, & en fait l'essence.

XXIV. Proposition.

Si l'union de l'esprit ardent fait le vin,
une trop grande quantité d'eau le détruit,
comme on le voit dans les années pluvieu-
ses: l'eau augmente la fermentation, & le
vin qui vient du moût trop aqueux, tend
à l'acidité, c'est la matiere grasse qui lui
manque, parce qu'elle ne vient pas dans un
temps pluvieux: Si on pouvoit concentrer le vin de telle maniere cependant
qu'il n'arrivât aucune altération à l'union
de l'esprit ardent avec la matiere grasse &
saline, on verroit sortir une grande quantité d'eau, & on auroit un vin bien plus

agréable & plus vigoureux. Par la concentration on pourroit encore avoir un vinaigre plus durable & plus acide, qui peut
souffrir la chaleur sans se gâter comme
l'autre, parce que l'instrument de la fermentation qui est l'eau, étant enlevé, l'huile
& l'acide s'unissent fortement; de-là vient
aussi que les matieres fort glutineuses, mu-
cilagineuses, épaisses, peuvent mieux sup-
porter la chaleur, on en voit un exemple
dans les bieres.

XXV. Proposition.

La concentration du vinaigre le plus
clair fait voir qu'il contient une matiere
terreuse, grasse, visqueuse; car après que
l'eau insipide est sortie, ce qui vient en
dernier lieu étant mis dans un lieu chaud,
se charge sur la superficie d'une matiere
gelatineuse qui est moins sujette à la putréfaction, car elle nage sans s'altérer sur
le vinaigre qui se corrompt.

XXVI. Proposition.

Nous venons de voir les effets de la fermentation, voyons le temps qu'il faut aux
matieres pour fermenter : pour cela il
faut remarquer que lorsqu'elles fermentent impétueusement, les parties les plus
tenuës s'attachent aux parties crasses, & se
précipitent avec elles, ainsi les matieres
ne doivent point fermenter tout à coup;

il leur faut donc un temps un peu long,
proportionné cependant à leur maſſe :
quand elles ont fermenté impétueuſe-
ſement, on peut réparer la perte des
parties graiſſeuſes ſubtiles par des aromates, mais les liqueurs en retiennent toûjours le goût.

XXVII. PROPOSITION.

Après que la fermentation a donné la
forme à une liqueur, elle laiſſe des fœces
qu'il faut éxaminer : dans le temps que le
vin fermente, le mouvement inteſtin di-
viſant les parties graſſes viſqueuſes, & leur
donnant plus de volume, elles s'élevent ;
après s'être unies aux autres qui viennent, elles forment enfin un volume plus
peſant qu'un pareil volume de vin, & elles
ſe précipitent : ces fœces ainſi ſéparées
retiennent l'humidité ; car ſi on les met
dans un ſac, il n'en découle rien : tandis
que la portion ſpiritueuſe qu'elles tirent
du vin y demeure, elles ont toûjours une
conſiſtance épaiſſe, mucilagineuſe, quoiqu'on les agite & qu'on les broüille ; mais
ſi on les fait cuire, elles déviennent liquides,
cela eſt de quelque utilité dans les opérations qu'on fait ſur le tartre.

XXVIII. PROPOSITION.

Comme il arrive une ébullition ou ſpu-
meſcence à des matieres fermentatives, il

faut faire quelques remarques là-deſſus.
1°. Elle n'arrive que dans des corps qui
ont une ſubſtance acide. 2°. La ſpumeſ-
cence ne vient que lorſque les parties ſalines ſont jointes à une matiere terreuſe
mucide. 3°. L'ébullition arrive ſur-tout
avec violence , lorſqu'il ſe trouve une
grande quantité de ſubſtance terreuſe ſur
la ſuperficie. 4°. Il eſt certain que les matieres graſſes qui n'ont pas aſſez de terre
& de ſel, ne boüillonnent & n'écument
point. Dans les vins d'Eſpagne, on ne
voit preſque point d'efferveſcence en comparaiſon des vins ſeptentrionaux ; & les
ſemences huileuſes n'écument jamais,
quelque fermentation qu'elles ſouffrent.
5°. Il eſt certain que les matieres graſſes ,
quelque chaleur qu'on leur donne, n'augmentent leur volume que très-peu, ainſi
on peut les mettre dans un vaſe fermé &
fort foible , au lieu que la fermentation
donne aux parties des matieres acides terreuſes une expanſion extraordinaire. 6°.
Cependant l'ébullition n'arrive pas, lorſqu'il n'y a pas de la graiſſe ſuffiſamment
dans un compoſé, la matiere devient alors
mucide. 7°. Les acides en forme fluide excitent d'abord l'ébullition, quand on les
mêle avec les matieres terreuſes ; mais avec
les matieres graſſes ils n'agiſſent que très-

foiblement, s'ils ne font bien concentrez.

XXIX. PROPOSITION.

On peut voir en partie par la derniere propofition, fi c'eft les foulphres qui agiffent, comme le difent tant de livres de Médecine ; on en a donné ailleurs quelques preuves. On a vû que les matieres féches ne fermentoient point, que l'huile la plus liquide, bien loin d'augmenter la fermentation, l'empêchoit ; on en peut faire l'épreuve en y mettant un corps fermentatif. On pourroit dire encore pour foûtenir qu'il y a une action fulphureufe ; que l'eau n'agit qu'en ramolliffant la matiere, pour donner au foulphre la liberté, mais cela eft faux ; car ramolliffez une matiere propre à fermenter, cela ne fuffira pas, il y faut une certaine quantité d'eau : on dira peut-être que la matiere n'avoit pas été affez ramolie ; mais faites diffoudre du fucre dans une fuffifante quantité d'eau, augmentez le mouvement inteftin par une chaleur violente, le foulphre ne fe fépare point, cependant il a plus de liberté pour fortir. Je ne touche pas les raifons de ceux qui combattent notre fentiment ; avant qu'on les écoute, il faut qu'ils répondent à l'expérience.

XXX. PROPOSITION.

Il ne refte à parler que des ferments ou

levains : on appelle ainſi ces matieres re-
ſtantes d'un compoſé fermenté, leſquelles
par leurs parties ténuës qui ſont en mouvement communiquent leur agitation aux
parties des corps qui ſont ſemblables à
elles ; je dis aux parties qui leur reſſemblent, car il eſt évident qu'un ferment
donne à un compoſé qui fermente ſon
goût particulier ; & quoique par la diviſi-
bilité de la matiere on puiſſe répondre à
cela, cependant il n'eſt pas vrayſemblable
que cette petite maſſe de ferment par elle
ſeule répande ſon goût par tout, puiſqu'il
y a une infinité plus de parties dans le
corps fermentatif, qui devroient entierement faire diſparoître ce goût : il faut
donc dire que par les regles de l'affinité ou
de l'attraction, les parties du compoſé
ſemblables aux parties du ferment, ſe détachent, & en mettent d'autres en liberté.
Suivant cette idée on peut réſoudre ce
problême qu'on a propoſé, ſçavoir, combien il faudroit de ferment pour faire fermenter une maſſe comme la terre, la plus
petite quantité ſuffiroit, de même qu'il
ne faudroit pour enflammer tout l'univers
qu'une étincelle de feu. Il ne me reſte
qu'à faire remarquer que les ferments
diſſous dans l'eau chaude, perdent leur
vertu, parce que les parties mucilagineu-

ses dont ils abondent venant à s'étendre & à se gonfler par la chaleur, embaraßent les parties tenuës, & forment avec elles un nouveau composé ; d'ailleurs il y a beaucoup de particules spiritueuses qui s'évaporent ; au lieu que si ce mucilage n'avoit pas été agité par la chaleur, il concentreroit les parties spiritueuses, & les empêcheroit de s'envoler, c'est par-là que les levains se conservent durant quelque temps.

XXXI. PROPOSITION.

Nous venons d'expliquer les phénoménes que produit la fermentation, nous avons porté quelque exemple des composez qu'elle forme ; pour mieux éclaircir la matiere, il faut à présent la suivre dans tout son cours : en prenant des matieres des trois regnes, commençons par la vigne.

Ses grappes encore vertes à peine noüées, ont un goût insipide ou herbacée ; à mesure qu'elles croissent, il s'y développe une certaine acidité qui donne d'abord un goût austére qui ensuite devient acerbe, & c'est alors qu'on le nomme verjus : dans la distillation ce feu donne beaucoup de phlegme, quelque peu de liqueur acide, une petite quantité de soulphre, & laisse beaucoup de terre dans le vaißeau.

Si l'on vouloit suivre la Philosophie de

quelques Chymistes, on diroit que les molecules terreuses chargées des ébauches
des sels, se font sentir d'abord par leur
goût austére; dans la suite le goût acerbe
fait appercevoir les extrémitez de pointes
salines acides qui percent les molecules
terreuses qui ne sont pas cependant tout-
à-fait dégagées de leurs enveloppes, mais
cela n'est fondé sur rien : d'ailleurs il y
auroit alors un sel alkali, puisque selon ces
Messieurs il se forme par les acides & les
parties terreuses.

Les grappes étant venuës à maturité,
il se répand par tout un goût doux, les
sels acides se joignent à l'élement du feu
qui les subtilise, & de la jonction des
parties aqueuses, ignées, salines & terrestres, il se forme des soulphres. Suivant
les Philosophes dont j'ai parlé, les acides
qui sont entre les flocons sulphureux, ont
des pointes taillantes dont ils picotent
doucement la langue. N'entrons pas dans
un détail si incertain, disons que lesprinci-
pes diversement arrangezforment le moût;
tout ce que nous sçavons d'assûré, c'est que
des acides comme le vinaigre, joints avec
des matieres même qui sont assez insipides,
le plomb, par éxemple, donnent un composé doux,tel est le sucre de saturne.

Le moût distillé donne beaucoup de

phlegme, assez de liqueur acide , un peu de sel volatile urineux , une huile épaisse plus abondante que dans l'autre distillation, la matiere restée donne un sel âcre fixe : dans ce suc les sels & les soulphres n'ont pas été assez subtilisez, mais si on les met fermenter , pour lors la matiere ignée se sépare, ce qu'il y a de crasse s'unit avec des acides subtils ; & après cette union étroite, les matieres élevées viennent à se précipiter , & laissent une liqueur qu'on appelle vin ; elle est vive , pénétrante, blanche ou rouge suivant les raisins, plus claire ou moins transparente suivant la fermentation & suivant la proportion des principes.

Cette liqueur dans la distillation donne d'abord de l'esprit ardent, ensuite du phlegme , après cela une liqueur acide avec quelque portion d'esprit huileux , enfin une huile épaisse ; il reste au fond du vaisseau un peu de tête-morte qui par la lotion donne un peu de sel âcre fixe : la distillation du vin donne moins de liqueur acide que le moût ; mais il donne de l'esprit ardent en récompense, ce que le moût ne fait pas.

Si on fait dessécher éxactement les fœces du vin & qu'on les distille, on en tire une grande quantité de sel âcre volatile ou urineux, parce que les sels acides se joignent intimement à la partie subtile de la matiere huileuse, & se volatilisent par son moyen, de même que dans le soulphre artificiel le sel acide se joint au phlogistique des charbons, & se subtilise; il ne faut pas s'imaginer qu'ils se changent en soulphre, comme l'a dit un Chymiste, car on peut ensuite les séparer du phlogistique.

On trouve dans le regne végétal d'autres matieres qui fournissent de semblables métamorphoses; lorsqu'on distille par la retorte des pois verds ou des féves, on en tire beaucoup d'esprit acide, beaucoup de phlegme, & un peu d'huile: mais si ces matieres fermentent, elles donnent beaucoup d'esprit, & on peut en retirer un sel urineux; pour ce qui est de l'acide, la fermentation n'en donne que peu ou point.

Le regne végétal donne un nombre infini de sels, on a fait l'énumeration des principaux; je remarquerai seulement que dans les végétaux on trouve le même genre d'acide que dans les mineraux. 1°. Le sel essentiel de parietaire est nitreux, car il fuse sur les charbons comme le nitre. 2°. Les sels fixes de chardon-benit de *Kali* de l'herbe nommée *Spongia*, sont semblables au sel marin. 3°. Les crystaux de tartre sont semblables à ceux du vitriol : pour se convaincre que cet acide est le même, il n'y a qu'à faire attention à l'odeur sulphureuse que donne le tartre calciné d'une certaine façon.

Les principes mêlez produisent encore divers composez dans les végétaux : on trouve les gommes qui sont une substance moyenne entre l'acide & l'huile, semblable aux concrets saponaires des Chymystes, tel que celui qui se fait avec l'huile d'olives, & la lessive de tartre, ou bien aux concrets mucilagineux, comme celui qui se fait avec l'esprit-de-vin & l'esprit volatile d'urine, aussi les semences qui dans la maturité sont remplies d'huile, n'étoient au commencement que des mucilages ou des huiles non mûres : pour les résines elles sont composées d'acide & d'huile, tel est le mélange d'huile de vitriol avec l'esprit de thérébentine, elles sont liquides ou solides, les dernieres ne différent des autres que par les parties terreuses qui y sont intervenuës ; les liqueurs mielleuses qui éxudent naturellement des plantes, ou qui s'en tirent par art, sont des sels essentiels composez de sel acide & de parties huileuses.

Le regne mineral fournit divers éxemples des manieres dont les principes s'unissent, soit par la nature ou par l'art :

quand la pierre de chaux & le plâtre font calcinez, les parties de feu ouvrent leurs pores & s'y logent, mais les parties d'eau long-temps retenuës dans ces interftices, fe changent en molecules nitreufes ; car on voit qu'aux vieilles murailles faites de chaux ou de plâtre il fe fait des efflorefcences de nitre, ou même l'on peut en tirer le nitre par art : ce nitre par la diftillation paffe prefque tout en efprit acide ; & fi on le calcine avec le charbon, il fe change en fel alkali prefque tout, & peut-être que le natrum des Anciens ou le fel alkali mineral qui fe tire de la terre en Egypte, ou que l'on tire de la plûpart des eaux des fontaines minerales, n'eft autre chofe que le nitre calciné par la chaleur de la terre, & changé en alkali fixe.

Le fel vitriolique joint aux métaux, produit des vitriols de diverfes fortes, avec une terre aftringente il fait l'alun, avec le principe du feu il fait le foulphre combuftible ordinaire ; auffi voyons-nous que le foulphre jaune après la déflagration fe convertit en liqueur acide vitriolique qui redevient vitriol, fi elle eft rejointe avec le principe du feu qui s'en étoit envolé dans la déflagration.

Le regne animal donne encore divers mélanges, le lait, le chile contiennent, ou

un

un sel acide occulte ou une disposition à l'acidité ; car ces liqueurs s'aigrissent aisément : mais après la trituration elles se disposent à un sel alkali volatile qui se tire abondamment des liqueurs qui forment le chyle, comme du sang, du serum, de la bile, & de l'urine.

J'ai dit que le chyle se dispose à l'alkali : car de croire que ces sels soient dans le sang humain, c'est ne pas connoître sa nature & les ressorts qui le forment : d'ailleurs on sçait qu'on ne retire de ces matieres aucun sel alkali que par la putréfaction ; je ne m'étendrai pas là-dessus : heureusement la Théorie des maladies que d'ignorans Medecins, encore plus ignorans Chymistes ont fondé là-dessus, tombe entierement ; il n'y a plus que quelque esprit préoccupé ou quelque écolier qui donne dans ces idées. M. Hequet que les observations ont toûjours guidé, comme on le voit par ses Ouvrages, a éteint presque entierement les disputes que ces sels produisoient. Uniquement attaché aux loix de la Méchanique, il ne cherche la source des maladies que dans les obstacles que trouve la circulation du sang dans les vaisseaux arteriels, veneux ou secretoires.

Nous avons parlé de la fermentation,

D

des regles qu'elle obferve, des principes fecondaires qu'elle produit, des compofez qui réfultent du mélange de ces élemens, il faut à préfent éxaminer les rapports qu'ont ces principes & les corps qu'ils compofent ; c'eft par-là qu'on trouvera la raifon de toutes les opérations de la Chymie, ainfi ce qui fuit en donnera les véritables élemens : mais comme les rapports ou l'affinité des corps dépend en partie de la difpofition qu'ils ont à s'unir, nous allons parler du Magnétifme qu'on remarque dans toute la nature.

Le Magnétifme des Corps.

LA difpofition que plufieurs parties divifées ont à fe réunir, s'appelle attraction dans les livres de M. le Chevalier Newton, ce terme choque les oreilles Cartefiennes, mais je ne fçai pourquoi : on ne s'en fert que pour marquer une caufe inconnuë qui rapproche les Corps : d'ailleurs le Philofophe dont je parle, fe fert du terme d'impulfion, & dit même que cela eft plus éxact : comme on parle diverfement là-deffus, qu'on me permette d'y faire quelques réfléxions.

Dans quelque fyftême que ce foit, il faut avoir recours à un premier Moteur :

M. Descartes a établi le mouvement circulaire imprimé à la matiere pour le principe de toutes choses ; de-là il fait naître les astres, les plantes, les animaux même ; plein d'un esprit géometrique, ce genie fécond a cherché dans un seul principe l'origine de cet enchaînement de phénoménes que la matiere présente à nos yeux.

M. Newton voyant les difficultez de cette Philosophie, a cherché un autre principe ; ou pour parler plus éxactement, au lieu d'appliquer la puissance motrice à mouvoir la matiere circulairement, il l'occupe à pousser les corps les uns contre les autres, & de ce principe il déduit tout ce qui se passe dans la nature : ceux qui ont attribué à ce grand homme les qualitez occultes, auroient dû envisager son principe de ce côté, & ils l'auroient trouvé au moins aussi raisonnable que celui de Descartes.

Mais M. Newton va encore plus loin, il croit ou il veut bien qu'on suppose que l'attraction est une impulsion, mais en même temps il nous dit que la maniere dont elle se fait nous est parfaitement inconnuë, en voyant même que les corps pesent suivant leur masse solide, & non pas suivant leur surface : il insinuë que la raison seroit

presque tentée de croire qu'aucune impulsion n'est capable de produire la pesanteur;
ce qu'on peut assûrer, c'est que si les corps
sont poussez par une autre matiere vers un
centre, ils sont poussez de même qu'un
liége vers la surface de l'eau, & c'est ce
qui ne convient à aucun des systêmes in-
ventez jusqu'ici.

Si Monsieur Newton dit qu'il n'est pas
content de la Philosophie Cartesienne,
on ne doit pas en être supris : il ne dit
rien en cela que ne disent tous ceux qui
ont éxaminé ; il n'y en a pas un seul qui
voulût assurer la vérité aux tourbillons,
au mouvement de fluidité, & aux autres
hypothèses de Descartes : lui-même
sans doute n'étoit pas si aveuglé par la
tendresse qu'il avoit pour ses productions
physiques, qu'il ne reconnût que ce qu'il
avançoit ne pouvoit tout au plus s'appeller que possibilité.

Quoi qu'il en soit, il est certain qu'il y
a dans la nature un magnétisme qui rapproche les corps ou leurs parties ; c'est à
cette force attractrice qu'il faut attribuer
la plûpart des phénoménes qui surpren-
nent le plus dans la composition ou la décomposition des corps : mais avant d'en
chercher la cause, établissons son éxistence par plusieurs éxemples, & éxaminons
ses effets.

I. PROPOSITION.

Il y a entre les parties de plusieurs corps une certaine affinité qui fait que ces parties s'approchent & se joignent. 1°. Si on approche deux goutes d'eau ou d'huile, elles se joignent promptement. 2°. Une goute d'huile entre deux plans de verre frotez de la même huile & disposez en angle, monte malgré sa pesanteur. 3°. Les parties des corps magnétiques & électriques ont une attraction manifeste.

II. PROPOSITION.

Si on donne le temps à ces parties de s'unir lentement, elles prennent un arrangement particulier à chaque cerps. 1°. L'eau congelée forme des aiguilles, la neige est composée aussi d'aiguilles rangées regulierement. 2°. Les parties de l'huile forment des boules. 3°. Le sel marin forme des cubes, le salpêtre des colomnes à six faces, le sel vitriolique des losanges, le tartre vitriolé une colomne à six pans terminée par une pyramide éxagone, les pyrites des polyédres l'antimoine des aiguilles.

III. PROPOSITION.

Cette affinité ou attraction n'est pas égale dans tous les corps. 1°. Si on mêle deux goutes d'huile & d'eau en les agitant, & qu'on les laisse ensuite reposer, elles se séparent peu-à-peu. 2°. Si on fait dissoudre dans la même eau du sel marin, du salpêtre, du vitriol, l'on trouve que le sel marin a moins d'affinité avec l'eau que le salpêtre, & le salpêtre moins que le vitriol, ce qui fait que dans la crystallisation qu'on en procure, le premier qui se crystallise est le sel marin, le second le salpêtre, le troisiéme le vitriol.

IV. PROPOSITION.

Si deux substances sont unies, & qu'il en survienne une troisiéme qui ait plus d'affinité avec une de ces deux substances que celle-ci n'en a avec l'autre, aussi-tôt elle l'abandonne, & vient se joindre à cette troisiéme, on en verra mille éxemples dans les opérations.

Nous venons de donner les affinitez en général, il faut à présent venir au particulier; comme les sels sont d'un grand usage dans la Chymie, c'est par-là que je commencerai, j'ai déja dit quelque chose sur leur nature, mais je n'ai donné que certains caractéres généraux qui les distinguent; leurs rapports les feront connoître mieux, & on verra par-là la raison d'une infinité d'opérations que le hazard semble plûtôt avoir produit qu'une connoissance éxacte des matieres qui y entrent. La plûpart de ceux qui se mêlent de Chymie, ignorent la raison qui a fait faire tant de mixtions pour certaines distillations, & on peut avancer encore qu'ils ne sçavent point ce qui en résulte. Lemeri lui-même qui a rendu la Chymie plus facile que ses prédécesseurs, est souvent dans le cas, on le verra dans la suite; en donnant les rapports des sels je parlerai aussi des rapports des autres élemens, & de plusieurs corps.

I. Proposition.

Les sels dans leur composition la plus simple ne sont qu'une partie aqueuse jointe à une terre subtile, & alors ils sont fluides : mais comme ils peuvent s'altérer par l'addition de la terre, ils prennent une consistence solide ; quand ces terres crasses qui leur donnent de la solidité sont différentes, ces sels le sont aussi, par éxemple, l'acide vitriolique joint avec un métail forme le vitriol ; avec une terre cretacée, il forme l'alun : avec une terre inflammable, il compose le soulphre ; quand les sels se dégagent de ces terres, ils reviennent à leur consistence aqueuse & vaporeuse.

II. Proposition.

Les sels ne s'unissent point avec la même force & avec la même promptitude avec toutes les terres, ils s'incorporent avec des terres alkalines d'une telle ma-

niere qu'il n'y a qu'un degré de feu fort
violent qui puisse les séparer : mais ce
qu'une chaleur très-grande ne peut faire ,
une matiere qui s'unira encore plus fortement avec le sel, le fera ; ainsi voyons-
nous que l'acide vitriolique qui résiste, a
des feux si violens, quitte assez aisément
la terre alkaline pour s'attacher à la terre
inflammable.

III. Proposition.

Non-seulement le sel s'unit plus facilement avec certaines terres qu'avec d'autres, mais encore avec les unes il prend
une consistence séche, avec d'autres une
for.ne contraire : l'esprit vitriolique s'unit
fortement avec le fer & le cuivre, il ne
fait pas la même chose avec d'autres matieres ; l'acide du nitre avec une terre alkaline fixe, avec le plomb, avec l'argent,
prend une consistence de crystal, il ne le
fait pas avec le mars & le cuivre , le sel
commun avec le plomb & l'argent prend
une consistence dure, il n'en est pas de même quand on le joint avec certaines terres,
il faut remarquer que plus un sel est-subtil,
plus il s'échappe facilement sur le feu de
la terre qui le retenoit.

IV. Proposition.

Comme les sels se joignent diversement avec les terres, il y a aussi diverses

manieres de les en féparer : la premiere
n'employe que le feu, mais ce procédé eſt
ennuyeux, & fait perdre beaucoup de
temps; on le voit dans l'acide vitriolique
joint avec des terres métalliques, dans l'a-
cide du nitre, du fel commun, du vitriol
même, joint avec les terres calcarées &
cretacées, quand quelqu'un de ces acides
fur-tout l'efprit de nitre eſt mêlé avec des
terres métalliques, le feu le fépare un peu
plus facilement, il arrive même dans certains compofez falins qui renferment
beaucoup d'eau, qu'une portion acide
n'eſt pas attachée à la terre, ainfi elle
fort dans la déphlegmation, on peut le
voir dans le phlegme vitriolique.

V. PROPOSITION.

Dans la feconde maniere on fe fert
d'un intermede, c'eſt-à-dire, qu'on ajoûte
certaines terres pour faciliter la féparation, comme on fe fert du feu pour féparer l'acide vitriolique de fa terre métallique : le fecond procédé regarde les
autres acides primitifs, & la féparation
fe fait de deux manieres, ou l'on y met
un acide plus puiffant qui fe joint avec la
terre, & en chaffe le premier qui eſt enfuite élevé par le feu, ou l'on y met une
terre qui l'attire plus fortement que l'autre; la premiere terre ainfi privée de fon

acide qui se joint à la seconde, n'a point d'union avec ce nouveau composé.

VI. PROPOSITION.

La troisiéme maniere est la déflagration, & elle regarde sur-tout le nitre qu'on joint avec une matiere inflammable, alors l'acide du nitre s'envole rapidement, le soulphre encore donne son acide de la même maniere quand on le brûle sous la campane ; le sel commun jetté dans le feu donne aussi des vapeurs, la même chose arrive avec le vitriol, mais la séparation n'est pas si prompte que dans le nitre.

VII. PROPOSITION.

Parmi les sels primitifs le sel vitriolique est le plus puissant, il n'y en a aucun qui puisse l'arrêter, il s'attache aux terres plus fortement que les autres, & les leur enleve, le nitre & le sel commun sont beaucoup plus foibles que lui, mais le nitre a plus de force que le sel commun.

VIII. PROPOSITION.

L'acide nitreux agit plus promptement que tous les autres acides ; l'acide de vitriol qui est plus puissant & qui l'arrête, est beaucoup plus lent : tous ces acides s'affoiblissent quand on y mêle trop d'eau ; ils agissent aussi moins promptement quand ils sont trop épaissis, parce qu'étant presfez les uns contre les autres ils ne peuvent pas agir librement & fe développer, on en a un éxemple dans l'huile de vitriol.

IX. PROPOSITION.

Un mouvement impétueux ne rend pas les acides fi fubtils qu'une chaleur moderée, parce que dans un feu violent les parties terreufes font enlevées avec les acides, de-là vient que ces fels deviennent plus fixes.

X. PROPOSITION.

Comme les acides fe joignent plus fortement avec certaines terres qu'avec d'autres, il faut parler de celles qui s'y joignent plus foiblement : l'acide vitriolique fe joint plus fortement à une terre alkaline fixe qu'à une terre volatile. On verra dans la Table que je donnerai comme il s'unit encore moins avec certains métaux qu'avec d'autres, par éxemple, il peut fe féparer très-aifément du mercure, comme le fait voir le turbith mineral dont Poterius a fait des anneaux d'une fi grande fixité ; au refte les acides attirent tellement les fubftances terreufes auxquelles ils fe joignent, qu'elles ne peuvent fondre qu'avec peine, la chaux d'argent & de plomb en eft un éxemple.

XI. PROPOSITION.

Pour ce qui regarde les terres dés animaux, les acides s'y joignent avec plus de facilité lorsqu'il n'y a pas de graisse ; car s'il y a du mucilage ou quelque portion huileuse, ils ne touchent pas à ces matieres, il n'y a que la terre sur laquelle ils agissent.

XII. Proposition.

Les sels acides fixes perdent leur activité si on les volatilise, ils ne dissolvent plus les terres, ils perdent même la causticité que la langue y trouve, ils ne reviennent pas facilement à leur premiere fixité ; si on les joint à quelque terre, on les en sépare aisément, l'esprit acide volatile ne devient pas fixe avec l'huile de vitriol, il s'en sépare sans peine ; quand on le joint avec le sel ammoniac, il reprend quelque fixité.

XIII. Proposition.

L'acide vitriolique joint aux terres alkalines fixes perd son goût & sa fluidité, il devient si fixe, qu'il résiste un feu violent ; quand il est joint avec des terres métalliques, les acides des végétaux altèrent son goût & sa coleur : c'est sans fondement qu'on a avancé que cet acide résistoit à la putréfaction ; s'il le fait quelquefois, c'est en incraffant, le nitre & le sel commun résistent beaucoup mieux à la pourriture.

XIV. PROPOSITION.

Cet acide vitriolique a sur-tout un grand rapport avec le principe phlogistique : si on le mêle avec le cinabre, il en tire la matiere inflammable, & forme du soulphre avec elle ; il reste une matiere métallique avec quelque portion d'acide : plus un corps participe de cette substance ignée, moins il le dissout ; quand il y a une juste proportion entre les principes, comme dans le mars, le cuivre, l'étain, le régule d'antimoine, il agit beaucoup mieux sur ces corps, mais s'il n'y a point de principe ignée dans les métaux, il n'y touche point.

XV. PROPOSITION.

L'activité des menstruës acides est aidée par la chaleur, car le mouvement intestin des parties ignées ouvre aux acides les pores des terres qu'ils pénétrent, mais il faut remarquer que moins il y aura de terre dans un corps, moins il faudra d'acide ; aussi voyons-nous qu'il ne faut pas tant de menstruë acide pour une once de mars que pour une dragme de cuivre : on verra par-là les divers rapports qu'ont les menstruës avec les corps terreux.

XVI. PROPOSITION.

Les sels acides se trouvent en plusieurs matieres, l'alun, les terres sablonneuses,

limoneufes, bolaires, contiennent un acide vitriolique : cet acide fe rencontre dans
le foulphre en grande quantité dans les
mines de cuivre, d'argent, de mercure,
de plomb, d'étain, de fer. Je ne parle
pas d'une infinité d'autres matieres où
l'on peut toûjours reconnoître ce fel par
le foulphre avec lequel elles font mêlées,
non-feulement les matieres minerales contiennent un acide, les végétaux en ont
auffi, il s'y fait fentir par l'amertume, l'a-
cidité, & la douceur.

XVII. PROPOSITION.

L'acide vitriolique joint à une terre cal-
carée forme un fel moyen qui n'eft ni acide, ni alkali fimple : tantôt ce fel eft amer,
terreux & fixe, tantôt il fe fond difficilement dans l'eau, on ne le met en fufion
fur le feu qu'avec beaucoup de peine, c'eft
fur-tout avec une terre fimplement alkaline que l'acide forme un fel moyen, qui
donne différentes figures fuivant la différence des terres qui le compofent, on peut
le voir dans l'union de cet acide avec la
terre du nitre & avec les autres.

XVIII. PROPOSITION.

Nous avons indiqué fans le prouver,
que l'acide du vitriol, du foulphre, de
l'alun, étoit le même, voici comme cela
fe peut démontrer : de l'acide de l'alun

on fait du vitriol & du soulphre; de l'acide
de vitriol on fait du soulphre & de l'alun,
& de l'acide sulphureux il vient de l'alun
& du vitriol.

XIX. PROPOSITION.

Cet acide peut devenir volatile, comme
M. Sthall l'a démontré; cela arrive dès que
la matiere inflammable y est jointe, comme on le peut voir quand dans la distillation de l'esprit de vitriol il se fait dans
le vaisseau une fente par laquelle le principe inflammable du charbon se joint à
l'acide.

XX. PROPOSITION.

Nous avons vû que cet acide se joignoit
plus promptement avec certains métaux
qu'avec d'autres, nous le voyons dans le
mars dont on ne peut retirer qu'avec
peine l'esprit vitriolique: il ne s'attache
pas si-tôt avec le mercure & avec l'argent;
cependant il s'y unit enfin, & de cette
union il arrive que ces métaux ayant été
dissouts avec des acides, sont cependant
précipitez par cet acide; il ne faudra donc
plus desormais qu'on se donne tant de
peine pour expliquer cette précipitation.

XXI. PROPOSITION.

Cet acide donne aux matieres la saveur,
joint avec une graisse subtile il forme l'a-
mertume, uni avec un mucilage il fait la

douceur : quand il domine il fait fentir fon goût primitif, je veux dire, l'acidité : cet acide contribuë encore aux couleurs ; s'il eft fubtil, & qu'on le jette fur quelque corps, il leur donne la blancheur ; s'il eft groffier, il fait paroître la couleur rouge : on voit auffi qu'il fe trouve en affez grande quantité dans les terres rougeâtres, on ne doit pas croire pour cela que les autres acides n'y contribuent.

XXII. Proposition.

Comme cet acide eft le plus pefant des acides, on voit qu'il doit avoir plus de terre, c'eft pour cela que Becher l'a appellé la Terre Chymique : cette pefanteur peut fervir pour diftinguer le bon acide de celui qui l'eft moins, il eft plus propre au refte pour incraffer que pour fubtilifer, & par-là on voit ce qu'on doit penfer des Chymiftes qui croyent qu'il faut s'en fervir pour fubtilifer les métaux ; s'il produit quelque chofe d'approchant, ce n'eft pas immédiatement, cela ne vient que de ce qu'il donne de la fubtilité aux autres menftruës.

XXIII. Proposition.

Comme nous venons d'éxaminer les rapports de l'acide vitriolique, il faut éxaminer les rapports du foulphre qui en eft la premiere production ; ce mixte a tant d'efficace, qu'il diſſout les métaux : les Anciens ont reconnu qu'il diſſolvoit l'or, & il ne fait cela que quand il eſt joint avec un ſel alkalin.

XXIV. PROPOSITION.

Le ſoulphre ſe joint ſur-tout aux huiles, & c'eſt pour cela qu'on peut ſe ſervir des matieres huileuſes pour le diſſoudre : cette diſſolution donne le beaume de ſoulphre qui eſt différent ſuivant les diverſes huiles dont on ſe ſert.

XXV. PROPOSITION.

Le ſoulphre a un grand rapport avec la terre mercurielle, car il s'unit fortement au mercure qu'il coagule, & empêche d'obéir ſi-tôt à l'action du feu ; le cinabre en eſt un éxemple, puiſqu'il eſt un compoſé de mercure & de ſoulphre.

XXVI. PROPOSITION.

Le ſoulphre a encore un plus grand rapport avec le mars, l'étain, le plomb, l'argent, le regule d'antimoine, car il quitte le mercure pour ſe joindre à eux ; ainſi on peut ſe ſervir de ces métaux pour dépurer le mercure.

XXVII. PROPOSITION.

Il faut obſerver que le ſoulphre avec les ſels alkalis ſe diſſout, comme quand on le cuit avec la chaux vive, avec le ſel de tartre, avec les cendres gravelées ; il faut remarquer que le ſoulphre ainſi diſſout peut ſe précipiter avec des acides, parce que les acides ont plus de rapport avec les alkalis que les ſoulphres.

XXVIII. Proposition.

Le ſoulphre peut être diviſé, c'eſt-à-dire, que ces deux principes l'acide & le phlogiſtique peuvent être ſéparez; dans la déflagration avec le nitre l'acide vitriolique ſe joint avec la terre du nitre, & la matiere inflammable ſe diſſipe.

XXIX. Proposition.

Le ſoulphre ſe trouve en grande quantité dans l'antimoine; quand on l'en ſépare il retient toûjours quelques parties régulines, de-là vient qu'il eſt émetique: ſuivant qu'on le dépure il eſt ou diaphoretique ou purgatif, ou ſédatif ou colliquatif; il prend encore diverſes couleurs ſuivant les divers procédez.

XXX. Proposition.

Le ſoulphre qui abonde ſi fort dans l'antimoine, peut en être ſéparé par la calcination, il reſte une poudre griſe qui tire cependant ſur le jaune quand elle eſt réduite en verre s'il y reſte du ſoulphre. La partie ſulphureuſe ſe ſépare auſſi par le moyen du nitre qui détonne avec l'antimoine; & ſuivant les diverſes proportions de ces deux matieres, & ſelon les additions qu'on y fait, on a le *crocus metal-lorum*, le tartre émetique.

XXXI. PROPOSITION.

Le soulphre se sépare de l'antimoine, quand on y ajoûte des métaux qui ont plus d'affinité avec ce soulphre que l'antimoine ; tels sont le mars & l'étain, & de-là vient le régule martial qui ne porte ce nom que parce que l'on s'est servi du fer pour la séparation de la matiere sulphureuse & métallique de l'antimoine ; car il n'y reste presque aucune partie du mars.

XXXII. PROPOSITION.

Dans la séparation du soulphre antimonial les diverses proportions du nitre & de l'antimoine forment des compositions fort différentes pour leurs effets : deux parties de nitre avec une partie d'antimoine, forment une chaux jaunâtre peu différente de l'antimoine diaphoretique ; une partie d'antimoine avec trois parties de nitre, donne l'antimoine diaphoretique ordinaire.

XXXIII. PROPOSITION.

Quand on sépare les soulphres antimoniaux avec le mercure sublimé, voici ce qui arrive : l'acide du sel commun joint au mercure se sépare de lui, & s'attache à la substance réguline, & voilà le beurre d'antimoine qui se forme : le soulphre

de l'antimoine prend le mercure délivré
de l'acide, & forme le cinabre appellé antimonial ; il arrive encore qu'il s'éleve
quelque partie de mercure avec quelque
partie d'acide, & c'est un mercure doux,
parce qu'il y a très-peu d'acide : quand
on prend cette substance réguline attachée à l'acide, & qu'on la précipite, c'est
le mercure de vie qui est plus ou moins
émetique suivant qu'il lui reste plus ou
moins d'acide.

XXXIV. Proposition.

Après avoir éxaminé les rapports de
l'acide vitriolique & d'un de ses composez,
il faut éxaminer les rapports de l'acide du
nitre avec les autres corps : le soulphre
présente un phénoméne qui le distingue
des autres sels, c'est la déflagration ; il
contient quatre principes, un acide, un
principe inflammable, un fluide aqueux,
& une terre alkaline fixe ; c'est le mélange de ces matieres qui le dispose à l'inflammation.

XXXV. Proposition.

Le nitre n'est point inflammable de
lui-même, il faut y ajoûter quelque matiere qui lui donne des fuliginositez ; tels
sont le charbon, le soulphre, le tartre, &
quelques métaux : de-là vient que le nitre

uni avec la corne de cerf, l'yvoire s'enflamme au moindre feu.

XXXVI. PROPOSITION.

Ce qui distingue le nitre des autres sels,
c'est son activité, il se joint beaucoup plus
promptement que les autres acides aux
substances métalliques, il a beaucoup de
disposition à se volatiliser, cela paroît par
les fumées qui sortent des métaux qu'il
dissout, & par les matieres qui sont propres à aider la volatilité : l'acide vitriolique concentré le subtilise extraordinairement ; avec l'huile de vitriol on prépare
l'esprit de nitre fumant, c'est au reste le
principe inflammable qui donne la volatilité à l'acide nitreux, comme nous l'a-
vons prouvé ailleurs.

XXXVII. PROPOSITION.

Ces deux principes, l'acide & le phlogistique peuvent être séparez du reste de
telle maniere qu'il ne restera que la partie
terreuse alkaline qui donne le corps à ce
sel : plus l'acide séparé du nitre est pur,
plus il est subtil & puissant ; c'est sur-tout
avec l'huile de vitriol que la séparation
peut se faire parfaitement, on en voit la
raison par les propositions précédentes.

XXXVIII. PROPOSITION.

L'acide nitreux a cela de particulier,
que lorsqu'il dissout les corps, les métaux,

par éxemple, il leur communique quelque chofe de fa nature ; car fi l'on précipite les parties métalliques fufpenduës dans l'efprit du nitre, elles produifent les mêmes effets, cemme l'or fulminant : les métaux ainfi diffouts & précipitez pefent plus ; & fi l'on pouvoit fixer cette addition faline fulphureufe qu'ils reçoivent, on auroit le moyen de les augmenter.

XXXIX. PROPOSITION.

Le nitre qui diffout le mars, fait qu'il fe peut diffoudre non pas par des principes acides, mais plûtôt avec des alkalis : on voit par-là la fauffeté de cet axiome qui dit que l'alkali ne touche pas à ce que l'acide altére, cela vient de ce que le nitre communique au mars fa partie inflammable qui fe joint facilement à l'alkali.

XL. PROPOSITION.

L'acide nitreux ne diffout que les métaux qui participent du principe inflammable, ainfi le mars, le zinch, l'étain, le cuivre fe diffolvent promptement par ce menftruë, mais il agit plus foiblement fur les autres qui ont moins de phlogiftique comme le plomb : pour les corps dans lefquels ce principe eft fuperflu, l'acide n'agit fur eux que lentement ; tels font les charbons, le foulphre, & les mines métalliques ; pour les matieres qui en font privées comme la chaux des métaux, cet acide n'y touche point.

XLI. PROPOSITION.

L'esprit de nitre diſſout promptement les métaux dans ſon état naturel, il perd ſa vertu corroſive dès qu'il eſt volatile, mais alors il fait efferveſcence avec des huiles ætherées.

XLII. PROPOSITION.

L'acide nitreux eſt plus puiſſant que l'acide du ſel commun, c'eſt pourquoi on peut s'en ſervir pour extraire l'eſprit de ſel, de même quand l'argent a été diſſout par l'eſprit de nitre ; le ſel marin le précipite, parce que l'acide nitreux ſe détache de l'argent, & va ſe joindre au ſel marin.

XLIII. PROPOSITION.

Outre la terre alkaline le nitre ſe joint à pluſieurs autres terres par ſon acide : il diſſout les métaux, quoique cependant il ne touche point à l'or : pour l'étain & l'antimoine il ne les diviſe que ſuperficiellement, il les réduit néanmoins en poudre, & prend quelque partie de leur principe inflammable ; de-là vient que la diſſolution d'étain & de régule rend cet acide meilleur, & que ces métaux deviennent plus brillans, & ſe fondent plus aiſément : cet acide s'échauffe avec le mars, le zinch, le cuivre, l'étain & le régule ; la chaleur est moindre avec le mercure, lo plomb, & l'argent.

XLIV. Proposition.

Il faut remarquer qu'il y a plusieurs variations dans l'action de l'acide nitreux, il se charge de beaucoup de terre alkaline fixe, & d'une assez grande quantité de mars, il prend moins d'argent, moins de mercure, moins de plomb : pour la promptitude avec laquelle il dissout les corps, elle varie, il dissout promptement l'alkali fixe, ensuite l'alkali volatile ; son action devient plus lente dans les métaux qui suivent selon leur ordre : le mars est celui sur lequel cette action est plus prompte, ensuite viennent le cuivre, le plomb, le mercure, & l'argent, la cohæsion de cet acide est encore différente en divers corps, il s'unit assez fortement avec l'alkali fixe, moins avec l'alkali volatile : il forme une concrétion assez dure avec le craye & la pierre calaminaire, il s'unit assez fortement avec le fer ; cette union est moindre avec le cuivre, le plomb, l'argent, & le mercure suivant l'ordre de ces métaux.

XLV. Proposition.

Cet acide ayant agi sur l'antimoine, laisse quelques-unes de ses parties dans le

nitre

nitre antimonial ; car si on le mêle avec
l'alun, il en sort des vapeurs nitreuses :
il se fait encore sentir un peu dans le
soulphre doré d'antimoine, parce que la
matiere réguline en a retenu quelque partie : quand cet acide nitreux est mêlé avec
des huiles distillées, comme l'huile de thérébentine, de géniévre, de succin, il prend
un goût amer, & perd sa qualité corrosive.

XLVI. Proposition.

Après avoir éxaminé les rapports du
salpêtre, il faut voir les rapports du sel
commun qui est différent des autres deux.
La premiere chose qu'il y faut remarquer, c'est que sa terre a quelque chose
de particulier, elle entre non-seulement
en effervescence avec les autres acides,
mais outre cela ce qui en résulte peut se
dissoudre dans l'eau, & se liquefie à l'air,
ce que ne fait pas l'acide vitriolique joint à
l'alkali commun : ce même acide vitriolique peut se fondre au feu quand il est
joint avec l'alkali du sel commun, donne
aux autres matieres la fusibilité, altére les
métaux, & les dissout ; cela fait voir que
cette terre alkaline est d'une espece différente des autres.

XLVII. Proposition.

Quand l'acide du sel marin est délivré

E

de sa terre, cette terre étant cuite & sé-
chée ne peut se fondre au feu, ni se dissoudre facilement.

XLVIII. PROPOSITION.

La dissolution du sel commun sur le
feu est assez aisée ; ses parties après
la division que la chaleur en a fait, sont
fort subtiles : ce sel aide la fusion des métaux, & il empêche que les corps ne s'évaporent quand ils sont fondus.

XLIX. PROPOSITION.

Le sel commun coule sur le feu en forme d'eau ; mais quand il lui reste quelque
humidité, il se dissipe avec bruit : la flamme qui paroît lorsque ce sel est sur le feu,
présente diverses couleurs.

L. PROPOSITION.

Si l'on rectifie l'esprit de sel avec la terre,
avec le sel de tartre, ou quelque autre alkali, on a un sel marin plus pur ; car ce
corps alkalin qui contient l'acide du sel
marin, est grossier : de-là vient que ce sel
commun qui est préparé avec un alkali
plus pur, est d'un plus grand usage dans
la Chymie.

LI. PROPOSITION.

L'acide du sel marin ne peut être séparé
de sa terre que par un acide plus puissant :
l'acide vitriolique est très-propre à faire
cette séparation ; mais l'inconvenient qui

s'y trouve, c'est que l'esprit de sel s'attache
à la terre vitriolique ; & quand le feu l'en
chasse, il enleve des parties métalliques ;
mais il ne faut pas se servir de vitriol simple, mais plûtôt de l'huile : l'alun brûlé
donne un esprit de sel moins concentré
que celui qui a été séparé par l'acide vitriolique ; mais si l'esprit de sel est trop
aqueux, il n'y a qu'à le mêler avec le mars
ou la cadmie, faire évaporer l'humidité,
& le séparer ensuite de ces matieres en
poussant le feu.

LII. PROPOSITION.

L'acide vitriolique joint à la terre du
sel marin, forme un sel moyen que Glauber appelle le sel admirable, qui à cause de
la terre du sel marin peut se dissoudre plus
facilement; pour cela il est un intermede
dans la fusion de plusieurs matieres qu'il
dispose à la dissolution; il est un bon ab-
sterfif dans l'usage interne qu'on en fait
dans la Medecine, à cause de la facilité
qu'il a à s'insinüer par tout après qu'il
s'est fondu.

LIII. PROPOSITION.

L'acide du sel marin peut être séparé
non-seulement par l'acide sulphureux ou
vitriolique, mais encore par l'acide nitreux qui a plus d'affinité avec la terre alkaline du sel marin que l'acide même du

fel marin ; cet acide nitreux joint à la terre
du fel marin prend une confiftence féche
& cryftalline, & s'humecte plus facilement, parce que la terre alkaline du fel
commun fe liquefie plus facilement.

LIV. Proposition.

On retire un efprit de fel extrêmement
fubtil, quand on le fépare de l'argent vif
par le moyen de l'étain : pour fçavoir comment cela fe fait, il faut fe fouvenir que
le fublime corrofif n'eft qu'un acide marin joint avec le mercure ; l'étain ayant
plus d'affinité avec l'acide marin que l'argent vif, cet acide fe fépare du mercure,
& par la chaleur il eft pouffé en haut dans
le temps qu'il fe fépare, quoyque cependant il y en a une partie qui s'unit avec
l'étain.

LV. Proposition.

L'acide du fel commun agit fur les fubftances métalliques, comme le cuivre & le
mars ; après qu'il a été retiré du cuivre,
il laiffe une matiere qui eft fufible, & qui
s'enflamme en quelque maniere, il laiffe
encore dans le mars un fédiment jaune,
il s'attache encore à l'étain & au régule
d'antimoine, mais il ne diffout ni l'argent, ni l'or, ni le plomb.

LVI. Proposition.

Après avoir parlé des rapports de l'aci-

de du sel marin, il faut venir aux sels volatiles: le premier qui se présente c'est le
sel ammoniac, sûr l'origine duquel on a
été fort incertain jusqu'ici; je marquerai
dans les opérations sa véritable composition: il faut observer que l'on s'en sert
pour subtiliser & pour dissoudre les subsi-
stances métalliques, & que quand on le
retire des matieres qu'il a dissout ou atté-
nué, il demeure chargé de quelqu'une de
leurs parties; on le voit par le changement de couleur qui arrive à l'or, quand
on le met dans le sel ammoniac qui a servi
à d'autres métaux.

LVII. PROPOSITION.

Le sel ammoniac peut être décomposé;
son sel acide se séparera de luy, dès que
l'on y joindra quelque terre qui aura plus
de rapport avec lui que la partie alkaline
du sel ammoniac; telles sont les terres alkalines fixes auxquelles on peut ajoûter le
mars, le zinch, l'argent, le régule d'antimoine, la pierre hématite.

LVIII. PROPOSITION.

Plus le sel alkali dont on se sert pour
séparer l'acide du sel ammoniac est concentré & caustique, plus le sel ammoniac
se volatilise; tel est l'alkali qu'on trouve
dans la chaux bien séche & bien cuite, qui
n'est point affoiblie par l'humidité, mais

il se rencontre deux inconveniens dans les opérations sur le sel ammoniac avec la chaux vive : la premiere est qu'une partie de la chaux se joint à ce sel , & l'empêche de prendre une consistence crystalline ; la seconde, que si l'on met trop de chaux , il reste dans la tête-morte beaucoup de sel ammoniac.

LIX. PROPOSITION.

Lorsqu'on mêle l'esprit de vitriol ou l'huile avec le sel ammoniac, l'esprit acide marin s'éleve, & l'acide vitriolique se joint avec le sel urineux ; cela forme un composé que Glauber employe pour les métaux, comme un grand secret.

LX. PROPOSITION.

Le sel volatile ammoniac se joint encore à l'esprit de nitre, à l'esprit de soulphre , & à d'autres matieres, avec lesquelles il donne toûjours quelque nouveau composé qui a diverses proprietez pour les métaux & pour d'autres choses.

LXI. PROPOSITION.

On peut voir par ces propositions ce qui doit arriver, quand on travaille le sel ammoniac avec le mars, le vitriol, & l'antimoine : l'acide marin se joint avec le mars, l'acide vitriolique prend le sel volatile , & chasse l'acide marin qui s'unit à la terre du vitriol ; la partie réguline de l'antimoine se joint avec le sel acide marin qui se trouve dans le sel ammoniac, cet acide ainsi joint au régule forme un beurre d'antimoine.

LXII. PROPOSITION.

Après avoir parlé du sel ammoniac, il faut parler des autres sels volatiles: nous avons démontré dans le traité de la fermentation comment ils se produisoient, je répéterai seulement en général qu'ils sont composez d'une terre saline & d'une matiere graisseuse, de-là vient qu'on les retire des corps gras; il faut remarquer cependant que les sels volatiles ne seront pas nitreux, parce que dans le nitre il y a moins une matiere graisseuse qu'un principe inflammable avec un acide fixe; ce qui produit néanmoins le nitre, produit les sels volatiles.

LXIII. PROPOSITION.

On tire des sels volatiles du regne animal non-seulement, mais encore du végétal. Langelot & Ludovic ont volatilisé le tartre: Starkey, Sylvins, le Baron d'Urbiger nous ont donné divers procédez; Wedelius nous a expliqué comment on pouvoit tirer un sel volatile des herbes qui ont fermenté.

LXIV. PROPOSITION.

Tous les procédez dont on se sert pour

tirer le sel volatile du regne animal , confirment la soixante-deuxiéme proposition,
car on employe toûjours des matieres
grasses : on peut dire la même chose de
la suye de la cheminée,où l'on trouve tous
les principes d'un sel volatile ; car l'on en
peut tirer de l'huile , de l'eau, & du sel
véritablement volatilisé.

LXV. Proposition.

Nous avons parlé de divers sels , il faut
dire quelque chose sur le tartre : cette matiere contient un acide actif qui dissout les
coquillages, la craye , le corail , le fer , &
qui se joint aux alkalis fixes & volatilisez ,
elle contient une portion de matiere
grasse avec laquelle cet acide est intimement mêlé ; enfin elle a une assez grande
quantité de substance terreuse , comme le
poids & la dureté le font voir.

LXVI. Proposition.

Quand on expose le tartre à l'action du
feu, il vient premierement une eau amere,
ensuite une huile empyreumatique ; il
reste après la distillation une espece de
matiere noirâtre dont on retire par la
lessive un sel alkali fixe : si l'on calcine
la matiere qui reste après cette lessive ,
toute l'odeur empyreumatique cesse, & il
ne reste qu'une poussiere blanche qui donne encore un sel alkali ; & en calcinant

toûjours cette matiere, on peut la réduire presque toute en sel : au reste ce sel se résout à l'air, & forme ce qu'on appelle huile de tartre par défaillance.

LXVII. PROPOSITION.

Quand on a dépuré le tartre, on l'appelle crême de tartre, crystal de tartre ; pour que la dissolution du tartre se fasse, il faut beaucoup d'eau, parce que la matiere grasse empêche l'action du menstruë aqueux, & outre cela il faut aider ce dissolvant par le feu.

LXVIII. PROPOSITION.

L'acide tartareux n'agit pas non-seulement sur les terres, il agit encore sur les substances métalliques ; car il dissout le fer & le cuivre, comme on peut le voir tous les jours.

LXIX. PROPOSITION.

Le tartre peut être séparé de son acide, comme nous l'avons déja indiqué par la seule action du feu ; car dans la distillation il sort un phlegme acide, & il reste un alkali fixe au fond du vaisseau.

LXX. PROPOSITION.

On peut séparer encore les principes du tartre, en le faisant brûler avec le nitre ; le principe inflammable s'exhale, l'esprit acide, nitreux & tartareux s'en vont ; car si on reçoit dans un vaisseau ce

qui s'évapore, on trouve un esprit tartareux & nitreux, il reste au fond une terre
qui est celle du nitre & du tartre.

LXXI. Proposition.

Le tartre peut se volatiliser suivant les
principes que nous avons établis au sujet
des sels volatiles; M. Sthall a une maniere
fort commode pour faire un sel volatile
de tartre, nous en parlerons ailleurs.

LXXII. Proposition.

Nous avons parlé de tous les sels, excepté du sel alkali, il faut établir là-dessus
quelques principes : ces sels tirent leur
nom, comme nous l'avons dit , d'une
plante nommée kali , ils font amers,
âcres, saponnaires, ils se fondent s'ils font
purs; mais quand ils font mêlez avec une
terre crasse, ils demeurent secs plus long-
temps, & ne se dissolvent pas si aisément, à moins que cette terre ne devienne alkaline, comme cela arrive par la calcination réiterée souvent.

LXXIII. Proposition.

Ces sels font actifs ou passifs : ils font
actifs, puisqu'ils dissolvent les soulphres &
les métaux même ; ils font passifs quand
on les joint avec des acides qui les lient;
ces sels préparez avec le régule font plus
caustiques de beaucoup, & ils font plus

paſſifs quand ils ſont joints à un acide puiſſant.

LXXIV. PROPOSITION.

Ces ſels ſont tirez des animaux ou des mineraux, ils ſe vitrifient par l'action du feu, après leur vitrification l'acide n'agit pas ſur eux comme auparavant ; par-là on voit que le ſel alkali eſt naturel ou artificiel : il s'en trouve de naturel dans le ſel commun, comme on le peut prouver, en y mettant de l'acide de vitriol, qui en chaſſant l'acide marin forme le ſel admirable. Pour l'artificiel, on peut voir qu'on en fait véritablement par une infinité d'opérations ; on en trouve ſur-tout un éxemple dans le nitre fixé par les charbons.

LXXV. PROPOSITION.

Il faut remarquer les différences qui ſe trouvent entre le ſel alkali naturel & artificiel ; ces ſels conviennent en ce qu'ils ſe fondent dans l'eau, ils ſe mettent en fuſion ſur le feu, ils diſſolvent le ſoulphre, ils ſe joignent avec les acides. Voici ce que le ſel alkali marin ou naturel a de particulier : il conſerve la même figure avec divers acides, il ſe liquefie plus aiſément, & ſe met en fuſion ſur le feu plus facilement quoyque mêlé avec l'acide même vitriolique, il n'a pas tant d'acrimonie que les autres; quand il est soulé de l'acide du vitriol, il forme un sel qui dissout les métaux, ce que les autres ne font pas.

LXXVI. Proposition.

On tire des sels alkalis artificiels, des matieres végétales brûlées & réduites en cendre; la matiere de ces sels se trouve dans les charbons, qui à cause de leur principe inflammable ne peuvent pas être dissouts par l'eau: mais quand on les brûle, le phlogistique s'envole, & la terre qui reste prend toutes les qualitez de l'alkali; ce sel alkali par le mélange de la chaux devient très-caustique, aussi-bien que quand on le passe souvent par les cendres, & qu'on l'en retire.

LXXVII. Proposition.

Ce sel agit par sa causticité sur les matieres ténuës qu'il change en mucilage, sur les graisses auxquelles il donne une consistence savonneuse, sur le soulphre qu'il transforme en une liqueur rouge; si ce sel n'est pas assez concentré, il faut l'aider par le feu.

LXXVIII. Proposition.

Le sel alkali dissout les métaux, comme le fer, le régule d'antimoine, le plomb, l'étain, le cuivre; le nitre en s'enflammant avec le régule, le ronge, & le réduit en scories.

M. Sthall a fait voir comment on pouvoit diſſoudre le fer avec l'alkali; nous en parlerons ailleurs: l'alkali réduit en conſiſtence ſéche les ſels volatiles urineux, en précipitant le mercure il le rend diſſoluble par le vinaigre, enfin le ſel alkali concentré prend dans un air libre la forme d'un ſel moyen.

LXXIX. PROPOSITION.

Les ſels alkalis aident la fuſion des métaux; ils prennent une conſiſtence dure & cryſtalline avec des acides, la marque d'un bon alkali eſt qu'il ſe liquefie, qu'il fluë facilement, & qu'il ſoit cauſtique: parmi les alkalis celui de tartre eſt des plus purs, & le nitre fixé produit ſur le verre des effets que les autres n'opérent point.

LXXX. PROPOSITION.

Après avoir parlé des ſels & du ſoulphre, il faut parler des métaux, & éxaminer leurs rapports: le premier rapport qu'on y voit en général, c'eſt leur affinité avec le ſoulphre, la trop grande quantité de matiere ſulphureuſe les rend impurs, mais cependant il y a un principe ſulphureux qui leur eſt abſolument néceſſaire, & c'eſt notre phlogiſtique.

LXXXI. PROPOSITION.

Non-ſeulement on peut enlever des métaux ce principe phlogiſtique, mais on

peut encore rendre aux métaux leur premiere forme en y remettant ce principe;
on le voit par le verre d'antimoine qui
reprend la forme métallique sur les charbons allumez.

LXXXII. PROPOSITION.

Comme les métaux s'uniffent avec le
foulphre, ou il faut faire brûler ce foulphre quand il eft trop abondant, ou il
faut y mettre des corps qui l'enlevent par
leur plus grande affinité; de-là vient qu'on
expofe les métaux au feu pour les purifier, qu'on y mêle le nitre, qu'on fe fert
du fer pour tirer les foulphres de l'antimoine.

LXXXIII. PROPOSITION.

Quand on a détruit les métaux par la
calcination, & qu'on veut leur rendre le
principe phlogiftique pour les revivifier,
on fe fert de divers procédez, ou on les
met fur les charbons, ou on fe fert de la
poudre de réduction trouvée par paracelfe,
ou on les travaille avec d'autres métaux;
dans tous ces procédez on n'a en vûë que
de rendre le principe inflammable aux
métaux.

LXXXIV. PROPOSITION.

Voilà en général le rapport des métaux avec d'autres matieres, venons au
détail: l'or a de l'affinité avec plufieurs

fortes de matieres, il fe joint aux fubftances antimoniales, mercurielles & falines,
il s'unit encore à l'étain & au fer, &
ces deux métaux rendent l'or plus difficile
à travailler.

LXXXV. PROPOSITION.

L'or ne fe vitrifie pas, comme M. Homberg l'a dit; ainfi les réductions ne peuvent pas fe faire fur ce métail comme fur
d'autres, quoyque cependant il ne faut
pas douter que le principe inflammable
ne lui donne la forme comme aux autres.

LXXXVI. PROPOSITION.

La dépuration de l'or doit fe faire avec
des matieres qui ayent plus d'affinité avec
lui qu'avec d'autres chofes, ou qui s'attachent plûtôt aux matieres avec lefquelles
il eft mêlé qu'à fa fubftance; on fe fert de
l'eau forte & du fublimé corrofif.

LXXXVII. PROPOSITION.

L'argent fe joint avec plufieurs matieres, il s'attache fortement au foulphre, à
l'arfenic, au régule d'antimoine, le foulphre fe fépare de l'argent par le feu, les
matieres arfenicales ne s'enlevent pas fi
aifément; pour les en bien féparer, il faut
fe fervir du plomb, autrement elles enlevent l'argent en s'évaporant; la matiere
antimoniale ne fe fépare pas fi facilement,
par l'uftion elle enleve en l'air l'argent, il

faut difpofer cette matiere à la vitrification par un feu leger, comme nous le
dirons dans les opérations.

LXXXVIII. PROPOSITION.

L'argent uni à l'étain élude l'action du
feu, ces deux matieres ne fe féparent pas
aifément : pour ce qui regarde le fer il fe
fépare plus facilement de l'argent que de
l'or, cela vient de ce que dans la mine il fe
trouve du foulphre joint à l'argent & non
pas à l'or ; or ce foulphre rend fufible la
fubftance du fer.

LXXXIX. PROPOSITION.

L'argent peut fe féparer des matieres antimoniales par le moyen du nitre ; on en
verra la raifon dans le traité fur l'antimoine.

XC. PROPOSITION.

L'eau forte eft le diffolvant de l'argent,
qui peut être précipité par d'autres fels ,
fuivant les affinitez que nous avons établies entre les fels & les métaux.

XCI. PROPOSITION.

L'argent diffout par l'eau forte & précipité par le fel commun ou par le fel ammoniac, devient volatile ; car il fume & il
s'évapore, comme Kunkel l'a fait voir.

XCII. PROPOSITION.

Quand on dépure l'argent avec le
plomb, le plomb fe change en verre avec

les autres métaux mêlez avec l'argent qui reste pur après l'opération , le plomb s'en va aussi en fumée, & entraîne les parties métalliques qui ne font pas argent ou or.

XCIII. PROPOSITION.

Nous venons de voir les rapports de l'or & de l'argent ; mais comme ces deux métaux font fort différens des autres, le foulphre n'y porte pas les mêmes altérations : il ne faut ni un long travail, ni un feu fort violent pour leur rendre leur pureté, lorfqu'ils ont été mêlez avec des matieres fulphureufes, mais les autres métaux s'attachent tellement au foulphre, qu'on ne peut les en féparer fans perdre quelque chofe de la matiere métallique.

XCIV. PROPOSITION.

Le foulphre ou le principe inflammable s'attache plus ou moins aux métaux, c'est pourquoi on fuit divers procédez quand on les dépure : tantôt on les brûle, tantôt on les calcine ; tantôt on fe fert d'un intermede comme du nitre. Quand on brûle le foulphre du plomb, de l'étain , du mars, du cuivre, le feu réduit ces métaux en des cendres qui fe vitrifient : plus le feu a de commerce avec l'air, plus il dépoüille les métaux de leurs foulphres, mais fi le feu ne pénétre pas entierement le tiffu des métaux, l'acide fulphureux y refte ; de-là vient qu’alors il se forme du vitriol dans le cuivre & le fer : pour séparer cet acide il faut avoir recours au feu, & brûler ces métaux de telle maniere qu’ils ont ensuite besoin de nouvelles additions pour reprendre la forme de métail.

XCV. PROPOSITION.

L’art de travailler les métaux est l’art de leur donner le principe inflammable dans une juste proportion : ce principe est l’ame des métaux ; le mars, par exemple, lui doit sa dureté, sa densité, sa forme métallique; quand il la perd, il devient une poudre fine, rougeâtre : le cuivre de même en reçoit sa ductilité ; si on l’en sépare, il se réduit en une substance friable : la même chose arrive au plomb, à l’étain, mais le plomb est tellement changé par la séparation du phlogistique, qu’il prend la consistence de verre plus aisément que les cendres des végétaux.

XCVI. PROPOSITION.

La matiere inflammable quitte certains métaux pour s’attacher à d’autres : qu’on fonde, par exemple, de l’argent avec l’antimoine, qu’on prenne l’argent attaché aux scories, & qu’on le mette en fusion avec du cuivre, alors le soulphre quittera l’argent, & s’attachera au cuivre : si vous exposez encore au feu ce cuivre avec du

fer, le ſoulphre s'en détachera de même,
& ſe joindra au fer ; par-là on peut revivifier les métaux calcinez, mais il faut obſerver que ces métaux qu'on a revivifiez
perdent toûjours quelque choſe de leur
poids, tandis que leurs cendres avant d'ê-
tre revivifiées peſoient plus que le métail
d'où elles étoient ſorties.

XCVII. Proposition.

Les métaux ne ſe mêlent pas tous avec
la même facilité ; le plomb ſe joint à tout,
excepté au mars avec lequel il prend dans
la fuſion la forme de ſcories qui ſe vitrifient : pour le fer il ſe mêle dans la fuſion
avec les autres métaux excepté l'or.

XCVIII. Proposition.

Les vapeurs même de l'étain altérent les
autres métaux, & empêchent qu'on ne
puiſſe les travailler : le plomb fait la même
choſe dans le cuivre, l'or & l'argent, il n'y
a que le fer qui ne reçoive aucune altération de l'étain, au contraire il en tire plus
de facilité à s'étendre ſous le marteau ;
quand on fond le cuivre avec l'étain, il en
réſulte une maſſe friable, mais plus ſonore ;
le régule d'antimoine altére encore les
métaux, il empêche qu'on ne puiſſe travailler ceux qui ſe travaillent le plus aiſément.

XCIX. PROPOSITION.

Le mercure pénétre & diſſout tous les métaux, excepté le fer & le régule d'anti-moine, la maſſe qu'il forme avec ces métaux dans leſquels il s'inſinüe, ſemble prendre une conſiſtence dure, mais cette dureté diſparoît facilement : le mélange de verdet de vitriol & de mercure, diſſout le cuivre ; la maſſe que forment ces matieres eſt aſſez dure, mais Boile s'eſt trompé, quand il a dit que cette dureté approchoit de celle de l'acier ; quand on laiſſe appoſer un mélange de cuivre & de biſmuth, le biſmuth monte vers la ſuperficie, & ſe ſépare du mercure.

C. PROPOSITION.

Pour ce qui regarde le plomb, le mercure & l'étain s'en ſéparent aiſément : le plomb & l'étain ſe réduiſent en fumée par le feu, comme nous l'avons déja dit, mais l'or & l'argent ne ſe ſéparent pas ſi aiſément du plomb ; cependant un feu violent enleve enfin au plomb ſon principe inflammable, & le vitrifie, la même choſe arrive au cuivre.

CI. PROPOSITION.

C'eſt ſur la derniere propoſition qu'eſt fondée la purification de l'or & de l'argent ; le plomb vitrifié dans cette opération étant revivifié, montre encore quelque vestige d'argent : mais si dans le temps qu'on travaille à vitrifier le plomb on y mêloit de l'étain, on n'y réussiroit pas, l'étain est un obstacle à la vitrification.

CII. PROPOSITION.

Le soulphre se mêle avec l'argent, le cuivre, le fer, l'étain, le plomb, le régule d'antimoine ; il se joint encore avec le mercure en assez grande quantité : quand le soulphre agit sur le plomb, il forme avec lui une masse qui peut se mettre aisément en fusion, il faut un temps assez long pour que le feu sépare ce soulphre.

CIII. PROPOSITION.

Le mars & l'étain s'attachent assez fortement au soulphre, mais l'étain s'y joint plus foiblement, & n'en prend, pour ainsi dire, que quelques couches.

CIV. PROPOSITION.

Le mercure ne s'allie pas avec le fer & le régule d'antimoine, mais il dissout l'or, l'argent, le plomb, l'étain, le cuivre ; ce rapport du mercure avec les métaux a donné lieu à beaucoup de compositions curieuses qu'on peut voir dans Paracelse, Becher, &c.

CV. PROPOSITION.

Voici en peu de mots les rapports des métaux : le soulphre attire le mars, le cui-

vre, le plomb, l'argent, le régule d'antimoine, le mercure, l'or ; le mercure attire l'or, l'argent, le plomb, le cuivre, le
zink. Le plomb attire l'argent & le cuivre;
le cuivre attire le mercure & la pierre calaminaire ; l'argent attire le plomb & le
cuivre. Le mars attire le régule, l'argent,
le plomb, le cuivre ; le régule attire le
mars, l'argent, le plomb, le cuivre. Ces
attractions sont plus ou moins fortes
dans tous ces-métaux : les substances métalliques que nous avons placées les premieres dans chaque classe, sont attirées
plus fortement que celles qui suivent;
ainsi dans la premiere classe le mars est
plus attiré par le soulphre que tous les
métaux suivans, & l'or est celui qui l'est
le moins.

De la cause du Magnétisme des Corps.

TOut ce que je viens de dire prouve
évidemment que les Corps n'agissent
les uns sur les autres que par leur magnétisme : il y a encore des expériences curieuses qui démontrent la même chose ;
je vais en rapporter une qui est plus surprenante que toutes celles que j'ai détail-
lées. Prenez une boule de verre percée selon la longueur de son diametre, passez

par ce trou un bâton qui lui serve d'axe, donnez à cet axe un appui aux deux extrémitez de telle maniere que la boule puisse se mouvoir sur son centre; prenez ensuite un demi-cercle que vous placerez perpendiculairement à l'axe sur le centre de la boule à telle hauteur qu'il vous plaira; attachez dans toute l'étenduë de sa circonference des filets qui soient de telle longueur qu'ils touchent presqu'à la boule, alors faites rouler cette boule sur son axe, & appliquez la main sur la circonference pour qu'elle s'échauffe, quelque temps après retirez la main, & vous verrez tous les fils se dresser, & se porter vers le centre comme des rayons.

Si vous voulez faire l'expérience d'une autre maniere, attachez les filets à l'axe au centre de la boule, & après que le verre aura été échauffé, vous verrez les filets s'élever vers la circonference, & former une étoile : si par dehors vous mettez le doigt sur la boule, le filet qui lui répond reçoit diverses secousses d'un côté & d'autre ; c'est M. Sgravesende qui a fait ces deux expériences.

Un cylindre de verre frotté avec quelque étoffe a encore une vertu magnétique, il fait sauter d'un côté & d'autre la suye d'Allemagne mise en poudre, mais cela n'arrive que lorsqu'il est présenté à cette suye dans une certaine situation.

S'il y a quelque chose qui prouve le magnétisme des Corps, c'est ces expériences, on ne sçauroit les attribuer à une autre cause : mais qu'est-ce que c'est que cette force qui rapproche ainsi les Corps ? sa cause est aussi obscure qu'elle est certaine; voyons cependant ce qu'on peut dire là-dessus.

Quelques disciples de M. Newton, entr'autres M. Klarke ne veulent pas qu'on cherche la cause du magnétisme, ils le regardent comme un effet des loix générales qu'a établi l'Auteur de la nature, mais on aura de la peine à entrer dans cette idée : il y a apparence que Dieu a imprimé à la matiere un mouvement général d'où suivent tous les phénoménes qui nous paroissent si difficiles ; en un mot, nous remarquons que les causes sensibles qui transmettent le mouvement, ne sont que des impulsions, il faut dire la même chose des causes mouvantes qui se dérobent à nos yeux.

Pour chercher la cause du magnétisme, il faut éxaminer les forces attractives qui agissent dans la nature : la plus remarquable est la pesanteur, on l'a attribuée à diverses causes, M. Descartes lui donne

pour

pour principe le mouvement circulaire de la matiere ætherée autour de la terre; mais 1°. on ne voit aucune cause qui puisse conserver, par exemple, le tourbillon de la terre, sa matiere doit s'echapper, & suivre célle du grand tourbillon. 2°. La pesanteur ne diminueroit pas selon la proportion que M. Newton a trouvée; car la force seroit plus grande dans la matiere qui s'éloigne du centre. 3°. Les corps seroient poussez vers l'axe sur les poles, & ils ne tomberoient que par des lignes spirales.

M. Varignon a eû recours au mouvement de fluidité, il dit que la matiere qui s'étend depuis la terre jusqu'aux bornes que le Créateur lui a données, a un mouvement en tout sens. Il y a donc, dit-il, des parties qui se meuvent vers la terre, & qui forment une colonne qui venant à heurter les corps, les précipite vers le centre: mais 1°. les colonnes laterales poussent les corps en haut avec plus de force que la colonne supérieure ne les pousse en bas, on en voit une preuve dans les corps qui sont poussez vers la surface de l'eau par les colonnes laterales. 2°. Les corps devroient peser suivant leur surface; car une surface large seroit poussée par un plus grand nombre de colonnes. 3°. Ce mouvement de fluidité n'est prouvé par aucune raison.

F

Il y a eû des Philosophes qui ont rapporté la pesanteur à l'élasticité de la matiere qui environne la terre, mais ce ressort doit mettre en équilibre les parties de la matiere qui est vers le centre avec celles qui en sont éloignées; ainsi un corps sera pressé également de tous côtez, par conséquent il ne descendra pas vers le centre : il n'y a qu'un cas où cela pourroit arriver, c'est si la matiere étoit moins dense à proportion qu'elle se trouve près du centre; il est évident qu'alors les corps seroient poussez vers la terre de même que le piston est poussé dans la machine du vuide, quand on a commencé à pomper l'air : mais comment prouver que la matiere a plus de densité, étant éloignée du centre ? Toutes les expériences semblent prouver le contraire.

Si le mouvement circulaire, le mouvement de fluidité, & l'élasticité de la matiere ne contribuent pas à la pesanteur, il s'ensuit que les corps ne sont portez au centre de la terre par aucune cause externe, il n'y en a pas d'autre qui puisse agir; il faut voir s'il n'y a rien dans la terre qui puisse être la cause de la pesanteur.

Pour que les corps soient portez vers le centre de la terre par une impulsion qui vient de ce centre même, il faut qu'il y ait une matiere qui fasse effort pour s'en éloigner : si l'on pouvoit prouver l'éxistence d'une telle force, on auroit une cause qui répondroit parfaitement à tous les phénoménes de la pesanteur. 1°. Les corps seroient poussez vers la terre, la matiere qui agiroit du centre à la circonference pousseroit la matiere qui environne la terre ; cette matiere ainsi pressée prendroit la place des corps qu'elle rencontreroit, de même que l'eau mise dans un vase où il y a du liége prend la place de ce liége, & le fait monter vers la surface. 2°. La pesanteur diminueroit à proportion qu'on s'éloigneroit de la terre ; car l'impulsion de cette matiere qui seroit dans le centre se partageroit en un plus grand volume de matiere.

Cette hypothèse pourroit se soûtenir comme une infinité d'autres qui n'ont pas plus de fondement, elle explique les phénoménes de la pesanteur : ce qui arrive au fer semble même la confirmer ; car la vertu magnétique ne lui vient que d'un principe actif qu'on y mêle, nous le prouverons dans les opérations ; on trouve encore quelque chose qui favorise cette opinion dans l'expérience de M. Sgravesende : la boule de verre n'attire les filets qu'on a mis autour d'elle qu'après qu'elle a été échauffée, beaucoup de corps électriques n'agiſſent qu'après qu'on a mis leurs parties en mouvement; mais ce ſentiment n'eſt enfin qu'une hypothèſe, elle ne mérite pas plus que les autres qu'on s'y arrête; l'eſprit de l'homme n'eſt pas fait pour s'appliquer à la ſcience des poſſibles, tout ce qui ne porte pas les caracteres de la vérité doit nous paroître mépriſable.

Si la peſanteur qui eſt une eſpece de magnétiſme eſt ſi difficile à expliquer, la force qui unit les parties des corps ne l'eſt pas moins; dans toutes les cauſes dont nous venons de parler on ne trouve rien qui y donne de l'éclairciſſement: on a prétendu que les parties des corps étoient unies par le fluide qui les environne, de même que deux tables de marbre ſont unies par l'air; mais de même que ces tables ſe ſéparent facilement quand on les fait gliſſer l'une ſur l'autre, les parties des corps devroient ſe ſéparer de même, il faut néceſſairement qu'il y ait des parties qui ſoient unies indépendamment du fluide qui eſt répandu autour d'elles, alors ce fluide pourra contribuer à les unir avec d'autres pour former des corps.

Le magnétisme qui rapproche les corps n'offre pas moins de difficultez : M. Descartes, pour expliquer l'attraction de l'aymant, a mis en frais toute la nature ; il y a apparence que ce phénoméne dépend de quelque loy plus simple : j'ai connu un grand Philosophe qui croyoit que l'aymant attiroit le fer, parce que les corpuscules qui sortent de l'aymant entrent dans les pores du fer : comme le fer, disoit-il, se remplit des parties qui forment un tourbillon autour de l'aymant, il s'ensuit que ces deux corps occupent moins d'espace par rapport à l'air, quand ils sont près l'un de l'autre ; il arrivera donc que l'air les rapprochera, mais cette opinion n'a rien qui le prouve, & elle n'explique qu'à demi l'attraction de l'aymant.

De tout ce que je viens de dire il s'ensuit qu'il est presque impossible de découvrir la cause du magnétisme des corps ; tout ce que nous pourrons faire c'est de découvrir les loix suivant lesquelles il agit. M. Newton a travaillé là-dessus ; il est le premier qui a expliqué la Physique & la Chymie même par le magnétisme ; comme lui cherchons les effets de cette cause attractrice, après cela nous pourrons venir à la cause.

Les Diſſolvans.

L'Action qui vient du magnétiſme des corps eſt l'inſtrument de la plûpart des diſſolutions : mais il y a trois matieres qui ſont les principaux diſſolvans, c'eſt le feu, l'air, & l'eau ; nous allons parler de l'action de chacun de ces corps en particulier.

Nous avons déja parlé du feu, nous n'en avons donné qu'une idée générale, Il faut marquer les corps qui le contiennent, & donner ſon uſage dans les opérations. M. Deſcartes a crû que le feu n'étoit que le mouvement des parties des corps agitez par l'æther : mais on ne pourra jamais concevoir comment une chandelle allumée qui n'a qu'un très-petit mouvement, pourroit produire les plus grands incendies ; la multiplication de ce mouvement a ſans doute une cauſe qui eſt intrinſéque aux corps qui brûlent, & ce ne peut être autre choſe qu'une matiere qui ſe met en liberté, dès qu'elle eſt aidée par quelque cauſe.

On a vû dans les principes que cette matiere eſt répanduë dans les corps où elle paroît le moins, on peut ajoûter qu'il n'y a preſque rien où elle ne ſe faſſe ſentir : on en trouve dans les végétaux qui ont du ſuc, & qui ſont parvenus à leur maturité. Le foin moüillé s'enflamme, quand il est ramaffé, c'eft la fermentation qui dégage les parties du feu, & leur permet d'agir ; les huiles quoyque froides font pénétrées de particules ignées : le nitre qu'on peut retirer des plantes, n'eft qu'un véritable feu ; enfin tout ce qu'on retire des corps animez eft rempli d'une matiere inflammable, le phofphore tiré de l'urine en eft une preuve.

Il y a apparence que dans la terre il y a par tout des réfervoirs de feu qui en fourniffent à tous les corps : les montagnes qui jettent des flammes depuis tant de fiécles, les tremblemens de terre, les nouvelles ifles qui fortent de la mer avec des matieres enflammées, la chaleur qui fe fait fentir dans les lieux foûterrains, tout cela prouve qu'il y a dans le fein de la terre un feu qui anime toute la nature ; c'eft à fon action qu'il faut attribuer l'origine des métaux, leur perfection, leur diverfité, la végétation des plantes & des pierres, & enfin tout ce qui fe forme par une chymie naturelle qui eft encore plus merveilleufe que celle qui dépend de l'art.

Le feu eft le diffolvant général de la nature, c'eft lui qui pénétre tous les corps, & qui en fépare les élemens : l'art de le donner aux matieres qu'on travaille, eft l'art d'opérer dans la Chymie ; on le considere dans quatre degrez : le premier est la chaleur naturelle qui fait la digestion, les fermentations aisées ; le second est celui qui cause quelque douleur, & qui ne détruit pas les parties, telle est la chaleur des pays méridionaux ; le troisiéme est celui qui fait boüillir l'eau, le quatriéme fond les métaux : les Chymistes ont encore divisé chacun de ces degrez en quatre, mais ces divisions ne peuvent se déterminer, ni être de quelque utilité.

On se sert de diverses matieres pour donner au feu tous ces degrez, c'est du choix qu'on en fait que dépend le succès des opérations. M. Boile fit venir des tourbes de Hollande pour travailler sur certains corps ; les meilleures matieres sont 1°. les huiles bien rectifiées dépurées des sels & des terres : 2°. le charbon des végétaux ; mais il a cela d'incommode qu'il jette une fumée qui suffoque, cela vient, dit-on, de son âcreté qui irrite le tissu des poulmons : il peut se faire qu'elle produise cet effet, l'irritation qu'elle cause dans les yeux en est une preuve, mais la legereté de cette fumée n'y contribuëroit-elle pas ? M. Pidcarn remarque qu'un homme suffoqué par la foudre avoit les poulmons affaissez : l'air qui avoit été rarefié tout à coup n'avoit

pû surmonter la pesanteur des vésicules
pulmonaires, ainsi les parois de ces vésicules étoient tombées les unes sur les autres ; la même chose pourroit arriver ici,
car la fumée est beaucoup plus legere que
l'air. 3°. Le charbon fossillé a quelque
avantage sur l'autre, il n'a pas une si grande âcreté, mais il contient des parties métalliques qui se mêlent aux matieres qu'on
travaille, par-là il doit être suspect dans
la dépuration des métaux. 4°. Les tourbes
sont composées d'une matiere qui donne
un feu ardent, & qui ne jette presque pas
de fumée, tout cela doit être connu de
ceux qui veulent travailler ; il y a beaucoup d'expériences que nous croyons fausses, parce que nous ignorons l'art de donner le feu.

L'action du feu poussée par ces matieres
est proportionnée à la quantité des corpuscules ignées qui y sont contenuës, elle
est plus ou moins forte dans les corps d'a-
lentour suivant leur distance : pour connoître sa force, il faut l'appliquer à des
corps où la chaleur augmente ; car si l'on
prenoit l'eau, par exemple, on ne pourroit
rien déterminer, sa chaleur ne monte que
jusqu'à un certain point, quelque violent
que soit le feu qu'on lui donne.

Le feu est sans doute un dissolvant

F v

très-pur qui sépare les parties des corps, &
nous en donne les élemens. Un grand
homme a voulu lui enlever cette qualité;
le feu, dit-il, loin de purifier les matieres, les augmente, mais ce n'est pas une
raison; d'ailleurs les matieres qui pesent
plus, après avoir passé par le feu, doivent
cette augmentation à la diminution de
leur volume, & non pas aux matieres que
le feu y a apportées; cela se prouve par la
diminution du poids qui se trouve dans
les substances métalliques, quand on les
expose à la flamme d'une matiere grasse
pour les rémétallifer.

Le feu après avoir dissout certaines matieres, leur donne un tel principe d'union,
qu'il ne peut plus les séparer; tel est le
mélange de l'argent & de l'or, du sel fixe
& du sable: pour séparer l'argent & l'or, il
faut avoir recours à l'eau régale, ou à d'autres opérations dont nous avons parlé;
pour le verre qui se forme par le sel fixe &
le sable, rien ne peut séparer les principes
qui le composent: par tous ces changemens que produit le feu dans les corps, on
peut juger si les principes qui résultent des
opérations sont contenus dans les matieres d'où ils sont sortis; de même que les
feux soûterrains font passer les parties de
la terre par mille formes, le feu des four-

neaux altére le tiſſu naturel aux corps
il fait des ſéparations & de nouvelles
unions qui donnent de nouveaux compoſez.

Nous avons déja parlé de la nature du
feu; nous avons inſinüé qu'il y avoit apparence que c'étoit une matiere fort élaſtique. Un grand homme dont j'ai parlé,
croit que ces parties ſont pointuës & tran-
chantes, & que par-là elles briſent tout
par leur mouvement, cela convient aſſez
avec les effets du feu, mais je me ſuis fait
une loy de n'adopter aucune ſuppoſition.

L'air eſt le ſecond diſſolvant, comme
nous le prouverons par ſes effets, dans ce
fluide que nous reſpirons, il faut conſi-
derer trois choſes, le feu, les exhalaiſons,
& cette matiere élaſtique qui s'appelle proprement air.

Les raiſons que M. Sthall a données
pour prouver que l'air étoit le ſiége du
feu, ne ſont pas convaincantes, mais toûjours font-elles voir qu'il faut qu'il y ait
un feu dans l'air : d'ailleurs la lumiere qui
s'y trouve répanduë, & les vapeurs ſulphureuſes qui s'élevent de la terre, en ſont
une preuve, auſſi voyons-nous que l'eau
qui eſt dans l'air ſe congele dès que le
principe igné lui manque, ſon élaſticité
diminuë encore ſuivant que le feu y dimi-

nuë, car nous voyons que l'air agit plus ou moins selon qu'il est plus ou moins échauffé.

Quoyque l'air contienne du feu, il ne s'échauffe que suivant certains mouvemens des parties-ignées, car les rayons du Soleil qui y tombent ne l'échauffent pas: nous voyons que l'air est très-froid sur le haut des montagnes, tandis qu'il est fort chaud dans les vallées; il faut que les rayons du Soleil soient réfléchis pour échauffer l'air, cela arrive lorsqu'ils tombent sur la terre, ou sur des nuages, ou dans un espace renfermé de tous côtez: si par le miroir ardent on échauffe un air qui ne peut pas s'échapper, cet air agit avec violence; le même effet arrive sans doute, lorsque l'air qui est dans les cavernes soûterraines vient à se rarefier, de-là viennent les tremblemens de terre & toutes leurs suites.

Les rayons du Soleil tombent sur l'air ou obliquement, ou perpendiculairement; suivant ces directions l'air est sec ou humide: il faut cependant remarquer que quand on dit que l'air est sec, on ne prétend pas qu'il y ait moins d'humidité, les vapeurs sont seulement plus élevées dans un temps sec, les jours les plus chauds qui sont suivis de nuits très-humides en font une preuve.

La seconde matiere qui se trouve dans l'air est ce qu'on appelle exhalaison, c'est un composé d'eau, & de parties terreuses, sulphureuses, salines & métalliques.

L'eau est en grande quantité dans l'air, elle y est portée par l'action du Soleil, ou des feux soûterrains, c'est-là l'origine de la rosée, de la pluye, de la neige, de la grêle : l'eau même qui forme les fontaines & les rivieres, découle de l'air, les calculs de Halley font voir qu'il s'y en trouve une assez grande quantité pour cela : je ne parle pas de plusieurs expériences qui prouvent la présence de l'eau dans l'air le plus serain, les sels qui prennent d'abord de l'humidité le prouvent assez.

Les autres matieres qui se trouvent dans l'air sont de diverses especes, il y a, comme nous l'avons dit, des parties terreuses, métalliques & sulphureuses, quoyque ces parties soient plus pesantes que l'air, elles peuvent devenir plus legeres, les matieres les plus dures peuvent prendre une telle consistence par la division que le feu en fait, qu'elles s'eleveront aisément dans l'air. L'or même qui est si pesant peut devenir aussi leger que la fumée, cela donne quelque vraysemblance à ce qu'ont dit des voyageurs qui rapportent qu'en certains pays on trouve de l'or sur l'écorce des arbres.

La diverſité des exhalaiſons dépend des lieux : il y a des pays dans la Chine où il ne tonne jamais, mais il y a des endroits où les matieres ſulphureuſes ſont ſi abondantes, qu'il y tonne continuellement. Les ſaiſons encore y apportent beaucoup de changement ; durant l'hyver, par éxemple, les feux ſoûterrains ſe concentrent, & deviennent plus violens. De-là vient que ſouvent après qu'il a dégelé, on entend le tonnerre : quand l'air eſt échauffé par la chaleur de l'été, les matieres qui contribuent à la fécondité de la terre, ſont portées en forme d'exhalaiſons d'un côté & d'autre, telle eſt cette eau qui fertiliſe les champs, & qu'on tire d'une terre rougeâtre ſelon Becher ; de-là vient que les Chymiſtes ont appellé l'air la matrice des ſemences.

Il nous reſte à éxaminer cette partie élaſtique qui fait l'air, on y remarque deux proprietez, la peſanteur & le reſſort. La peſanteur eſt ſi connuë, que je ne m'y arrêterai pas, mais ſon élaſticité eſt ſi prodigieuſe, qu'elle mérite qu'on y faſſe quelques réfléxions : on ſçait les expériences qu'on a fait là-deſſus : un pouce d'air renfermé dans la machine du vuide, & délivré de la preſſion de celui qui l'environne, occupe un eſpace immenſe en comparaiſon de celui qu'il occupoit ; cela a fait dire à M. Newton qu'il falloit qu'il y eût néceſſairement une force qui éloignât les parties de l'air les unes des autres ; on a beau ſe repréſenter l'air comme des oſiers entortillez, on ne pourra jamais concevoir par-là qu'il puiſſe s'étendre ſi loin.

Il y a un Philoſophe qui a prétendu qu'après avoir comprimé l'air dans un globe, & l'y avoir tenu durant quelque temps, il avoit perdu ſon élaſticité ; mais cette expérience eſt fort douteuſe, on ne dit pas qu'elle ait été réïterée ; d'ailleurs elle eſt contraire à l'expérience de Boile & de Huigens, qui ont aſſûré que l'air renfermé & comprimé durant pluſieurs mois ne perdoit rien de ſon reſſort.

De la peſanteur & de l'élaſticité de l'air il s'enſuit 1°. que ſon volume augmente ou diminuë ſuivant qu'il eſt plus ou moins peſant, ou plus ou moins comprimé. 2°. Que plus il eſt preſſé, plus ſon reſſort eſt grand, car la réaction eſt égale à l'action. 3°. Que ſi l'air ne contenoit ni vapeurs, ni exhalaiſons, il ſeroit aiſé de déterminer la hauteur des montagnes par le moyen du baromètre ; on pourroit encore ſçavoir juſqu'à quelle hauteur un animal pourroit reſpirer, mais les divers mélanges de vapeurs & d'exhalaiſons ne permettent pas de fixer quelque chofe là-deffus.

M. de la Hire , & plufieurs fçavans Etrangers ont fait diverfes expériences là-deffus, je ne les rapporterai pas, parce que cela me meneroit trop loin : les uns ont rarefié l'air qui eft fur le mercure dans le barometre ; les autres ont mêlé diverfes liqueurs avec cet air , voici les regles qu'on peut établir par ces expériences : 1°. La rarefaction de l'air par le moyen de l'eau chaude ne va que jufqu'à un certain degré. 2°. Qu'une petite quantité d'air eft à proportion plus capable d'expafion qu'une grande. 3°. Que certaines matieres, comme l'efprit-de-vin, donnent de l'élafticité à l'air.

Les matieres qui fe mêlent à l'air font caufe que le mercure dans le barometre ne fe trouve pas fur les montagnes dans une hauteur proportionnée à l'élevation de ces montagnes & à la compreffion de l'air , mais dans ces efpaces où il n'y a pas des vapeurs, la preffion de l'air diminuë proportionalement , comme un grand homme l'a prouvé ; la variation de la pefanteur de l'air par les exhalaifons & les vapeurs, paroît fur-tout dans un temps pluvieux, alors l'air pefe moins. M. de Leibnits dit que cela vient de ce que les parties d'eau qui ont été élevées dans l'air tombent continuellement : quand cette eau, dit-il, se précipite, l'air est obligé de monter, il doit donc moins presser la terre ; mais n'est-il pas vrai que ce que l'air perd de sa pression se retrouve dans la descente de l'eau ? Il ne monte qu'autant que l'eau le presse vers la terre ; je crois que les vents & le Soleil qui échauffe & rarefie l'air par la réfléxion des rayons sur les nuages, ont plus de part qu'autre chose à ce phénoméne : d'ailleurs l'air est plus pesant que les vapeurs, puisqu'il les soûtient, ainsi les colonnes qui seront composées d'air & de vapeurs seront plus legeres que celles qui ne sont formées que par l'air.

La pression de l'air est égale à celle de trente-deux pieds d'eau, c'est par elle que le sang est retenu dans les vaisseaux, autrement notre corps se gonfleroit, & laisseroit échapper les liqueurs qui l'animent; ainsi voyons-nous que les animaux dans la machine du vuide se gonflent, suënt, vomissent, salivent, lâchent l'urine & les autres excrémens, & qu'il arrive des hémorrogies à ceux qui montent sur le pic de Tenerife.

Que l'air soit composé ou de parties élastiques, ou de parties qui se repoussent d'une autre maniere, il s'insinuë

par tout; il y a apparence qu'il paſſe avec
les alimens dans les vaiſſeaux de notre
corps, de même qu'il s'inſinuë dans les
feüilles des plantes, mais il eſt difficile
qu'il entre dans le ſang par les poulmons:
les vaiſſeaux ne ſont pas dans les véſicules
bronchiales, ils ſont placez dans les véſicules vaginales formées par la membrane
propre du poulmon; quand on ſouffle par
la trachée artére, il faut rompre le tiſſu des
poulmons pour pouſſer l'air dans ces véſicules qui ſont entre les cellules bronchiales: d'ailleurs quand l'air y a été une fois
introduit, il les gonfle, & applatit les
veſicules trachéales, ainſi on ne pourroit
pas reſpirer; ajoûtez à tout cela que l'air
ayant pénétré dans ces interſtices, il faudroit encore qu'il s'inſinüât dans les vaiſſeaux capillaires, ce qui eſt fort difficile.

L'air eſt un diſſolvant, car par ſes parties élaſtiques il ébranle les fibres des corps,
& les déſunit, ſon action paroît dans la
machine de Papin où les os deviennent liquides, ce qui ne pourroit ſe faire ni par
le feu ſeul, ni par l'eau; ſon concours eſt
néceſſaire pour l'action des corps ſpiri-
tueux; ſur le pic de Tenerife les aromates
n'ont preſque ni goût, ni odeur: dans la
machine du vuide, les menſtruës les plus
puiſſans n'agiſſent qu'avec peine, un degré

de feu qui réduira les corps en poudre &
en fumée dans un air libre, ne les divisera
pas s'ils sont renfermez ; le soulphre, les
charbons, les parties des animaux ne se
détruisent pas quand on les renferme dans
un globe de fer : quoyqu'on les expose à
un feu violent ; la putréfaction demande encore le concours de l'air : dans la machine
du vuide les matieres les plus sujettes à la
corruption s'y conservent sans se corrompre ; dans la fusion & la dépuration des
métaux l'action de l'air est si nécessaire,
que si on ne sçait pas la ménager, l'opération ne réussit pas.

Le troisiéme agent est l'eau ; nous avons
déja parlé de sa nature, il faut dire quelque chose de son action qui depend du
magnétisme ou de l'action de l'air : on
sçait qu'elle pénétre les corps les plus durs
avec une force extraordinaire : quand on
veut rompre des piéces de marbre on y
fait un creux, on y introduit à force une
piéce de bois fort poreux ; on met ensuite
ce côté du marbre dans l'eau, les parties
aqueuses y entrent avec tant de violence,
que le marbre se fend, & se met en piéces : pour expliquer cette action de l'eau,
il faut nécessairement avoir recours au
vuide, alors on en verra clairement la raison, toute la force de l'admosphere de

l'air agira pour pousser l'eau dans les vuides de ce bois, cette force qui est sans doute supérieure à la résistance du marbre, sera capable de séparer les parties liées le plus fortement.

On aura de la peine à se persuader qu'il y ait un vuide : mais 1°. une plume tombe aussi vîte que l'or dans la machine du vuide ; il est évident que si tout étoit plein, la plume qui a plus de surface que l'or à proportion, devroit tomber plus lentement, comme cela arrive, quand l'air n'est pas pompé ; il faut donc qu'il n'y ait presque point de matiere qui résiste. 2°. Un pied de cubique de matieres devroit se mouvoir dans le mercure avec la même facilité que dans l'air, car il n'a pas plus de matiere à pousser dans le mercure ; or la résistance dépend de la quantité de matiere ; il faudroit donc qu'elle fût la même dans l'air & le mercure : on dira peut-être que la matiere ætherée cede sans peine, mais 1°. c'est de la matiere. 2°. Son mouvement est égal pour le moins à la pesanteur des corps, puisqu'on le donne pour cause à la pesanteur, ainsi elle résistera toûjours autant qu'un corps solide : toute la différence qu'il y aura c'est que toute la matiere d'un corps solide doit se mouvoir au même instant, au lieu

qu'une maſſe fluide ſe meut par parties ;
cependant le total du mouvement égalera enfin celui que demande une maſſe
ſolide égale à cette maſſe liquide ; mais
revenons à l'eau.

L'eau ſe trouve dans les corps même où
il ne paroît pas y en avoir, les briques paroiſſent une ſubſtance très-dure , elles
ont été expoſées à un feu violent, cependant ſi on les pulveriſe, & qu'on les
mette dans une retorte, il en ſort par la
diſtillation une quantité d'eau ſurprenan-
te : on voit par-là que les parties aqueuſes qui ne s'attachent pas aiſément les
unes aux autres, ſe lient fortement à des
matieres étrangeres ; on le voit encore
dans le ciment fait de chaux & de ſable :
le plomb, le fer, les pierres les plus dures,
le ſel marin, le nitre, le vitriol donnent
une eau très-pure : toutes ces matieres
deviennent plus friables, quand on leur
enleve l'eau : le ſel gemme perd ſa tranſparance avec l'eau ; la pierre dont on fait
la chaux ſe réduit en poudre , & prend
des parties ignées à la place des parties
aqueuſes, on en chaſſe le feu en lui ren-
dant l'humidité , & alors elle peut former encore une maſſe ſolide comme des
pierres.

L'eau, comme nous l'avons inſinué ailleurs, n'eſt jamais pure; quand elle eſt diſtillée un certain nombre de fois, elle donne $\frac{6}{8}$ de terre ſuivant l'expérience de Boile ; & dès qu'elle a paſſé par la diſtillation , elle ne donne plus d'accroiſſement aux plantes: on ne peut pas ſe promettre qu'on puiſſe avoir une eau ſans mélange, quoy-qu'on l'ait expoſée au feu , mais cependant voyons quelle eſt la plus pure.

L'eau que donne la diſtillation eſt ſans doute des plus pures, mais comme le feu du Soleil eſt plus pur que le feu ordinaire, il y a apparence que celle qui s'éleve dans l'air a encore moins de matiere heterogene, elle monte , ſelon le calcul de Halley, juſqu'à la hauteur de deux mille, dans un tel éloignement de la terre elle doit être fort rarefiée & dépoüillée de matiere craſſe, mais en deſcendant elle doit s'attacher aux exhalaiſons ; de-là vient que celle qui ſe congéle dans l'air à une certaine hauteur doit être encore moins chargée d'autres corps, ainſi la neige qui tombe ſur des lieux ſablonneux donnera une eau qui ſera aſſez dépurée, celle qui en approchera le plus ſera l'eau de pluye, enſuite l'eau de fontaine, & enfin l'eau des rivieres qui ont un lit ſablonneux, toutes ces diverſitez qui ſe trouvent dans les eaux produiſent une grande varieté dans les opérations ; par éxemple, certaines eaux sont plus propres pour teindre en noir ou en rouge, cela ne vient pas des eaux précisément, ce n'est que des mélanges qui s'y trouvent.

L'eau sert dans la Chymie comme un dissolvant, elle fond les sels & les crystallise, elle dissout les métaux les plus compactes, quand on les a préparez avec des sels à cette dissolution, elle produit le même effet sur le verre qui a été fondu avec le sel de tartre; enfin les gommes & toutes les matieres saponaires se dissolvent dans l'eau, c'est d'elle, comme nous l'avons prouvé, que dépendent les fermentations, la putréfaction, l'effervescence, on s'en sert pour séparer certains principes: si, par éxemple, on veut séparer d'un corps la partie résineuse mêlée avec une gomme, l'eau dissoudra la gomme, & ne touchera pas à la résine; elle est d'un grand usage dans les distillations, car c'est par elle que nous avons des huiles essentielles qui ne sentent point l'empyreume, elle donne même de la volatilité à des corps salins; on peut voir au commencement de ce livre les diverses manieres dont on s'en sert dans les opérations de Chymie.

Voilà les trois agens qu'on employe

dans la Chymie, mais ils ne suffisent pas
seuls, il faut d'autres dissolvans auxquels
ils servent de vehicule, on les appelle
menstruës, ce nom vient d'une imagination ridicule des Alkymistes; ils disent
qu'on se sert de deux matieres pour le
grand élixir, du soulphre & de la liqueur
mercurielle: le soulphre, selon eux, est le
mâle, & le mercure la femelle; cette femelle, ajoûtent-ils, doit fournir son menstruë dont la vertu est de dissoudre: on
voit dans cette idée bizarre qu'une im-
pertinente allusion aux écoulemens des
femmes a donné le nom de menstruë aux
dissolvans.

En parlant du magnétisme des corps
nous avons parlé des menstruës, parce que
leurs vertus ne dépendent le plus souvent
que d'une force attractrice, il faut les réduire en classes, & déterminer en peu de
mots leur objet.

Quelque grande que paroisse la diversité des menstruës, on peut les réduire aux
sels, il n'y a que les matieres salines qui
agissent avec les trois dissolvans dont nous
venons de parler: quand ils sont mêlez avec l'eau, ils forment des menstruës
aqueux; quand ils sont joints à la matiere
grasse, ils font des menstruës huileux: les
dissolvans sont différens suivant les sels,

les

les eaux & les huiles qui les forment, ils sont propres à dissoudre certaines matieres, selon l'affinité qu'ont avec elles leurs élemens; un sel ne peut-il pas dissoudre un corps ? donnez-lui une matiere qui ait ingrez dans ce corps, & il en fera la dissolution ; on peut connoître les rapports qui se trouvent entre les corps par ce que nous avons dit sur leur magnétisme.

Cette idée générale des menstruës pourroit suffire, nous allons cependant les partager en diverses classes pour donner plus de clarté à cette matiere : les premiers sont les menstruës aqueux, comme par éxemple, la rosée qui n'est pas une eau pure, mais un assemblage de parties huileuses & salines que la chaleur éleve dans l'air de même que l'eau ; les seconds sont les menstruës huileux composez d'un acide & d'une matiere grasse : c'est cet acide qui leur donne la force ; car si l'on enleve à l'huile de thérébentine & aux huiles essentielles leurs acides, elles n'ont plus de vertu dissolvante : ces huiles au reste sont plus ou moins actives suivant qu'elles contiennent plus ou moins de terre, d'eau & d'acide ; les sucs huileux qu'on retire des arbres sont ordinairement remplis

G

d'eau & de terre, cependant la thérében!
tine ne laisse pas de ronger le cuivre ; les
troisiémes menstruës sont les espr'ts alkalins & les esprits acides , les dissolvans alkalins sont ou des huiles, ou des eaux jointes à des sels alkalis, on les retire des plantes aromatiques ou âcres, des parties des
animaux, des végétaux pourris : les esprits
acides sont des sels acides étendus dans
l'eau, tel est l'esprit de vitriol & de soulphre, le verjus, le suc de limon ; on peut
composer divers esprits par le mélange du
sel acide & du sel alkali.

Il est évident que pour qu'un menstruë
dissolve un corps, il faut qu'il y ait de la
proportion entre les parties du menstruë
& les pores dans lesquels ils s'insinüent ;
de-là vient qu'un dissolvant qui peut dissoudre un corps très-dur, ne touchera pas
à un autre qui sera moins compacte : l'eau
forte pénétre l'or , & ne produit aucun
effet sur l'argent ; le pain de ségle qui ne
cause aucune irritation dans l'estomac,
donne par la distillation un esprit qui dissout les pierres : le vinaigre peut être avalé
sans danger, mais il dissout le corail ; les
menstruës les plus forts ne sçauroient donner une teinture de corail, mais si on
le fait cuire avec du lait, on a une tein-

ture très-rouge : le suc de limon ronge
le plomb qui élude la violence de l'eau
forte ; tout cela, comme je l'ai dit, peut
s'expliquer par la diversité des pores ;
mais aussi il faut avoüer qu'il y a quelque · autre cause ; car le vinaigre , par
exemple, peut forcer aisément par ses
pointes le tissu de l'estomac qui est très-
foible, cependant il n'y cause aucun dérangement , tandis qu'il ronge le corail
qui est mille fois plus dur ; le magnétisme
agit ici sans doute , il n'y a pas d'autre
cause qui puisse produire un tel phénoméne.

Après avoir réduit les menstruës en diverses classes, il faut parler de leurs objets. 1°. Les menstruës aqueux dissolvent
les sels , les gommes , les savons. 2°. Les
menstruës sulphureux dissolvent les matieres sulphureuses, on peut le voir dans
les huiles essentielles des animaux. 3°. Les
menstruës alkalins agissent sur les matieres salines , gommeuses , résineuses , sulphureuses, métalliques. 4°. Les menstruës
acides dissolvent les terres, les pierres, le
corail , les métaux.

Nous venons de voir les dissolvans
particuliers , il faut voir s'il n'y auroit point de dissolvant général ; les

livres des Chymistes en parlent souvent sous le nom d'alkaest : voici ce
qu'on en a dit.

L'Alkaest.

IL n'y a que Paracelse & Vanhelmont qui disent avoir trouvé l'alkaest ; l'Auteur du livre intitulé, *Les Secrets des Adeptes*, ne fait que rapporter les opinions de divers Auteurs. Philalete avouë qu'il n'y a que les deux
Chymistes dont j'ai parlé qui ayent pos-
sedé ce secret.

Le terme est fort obscur : on a douté
si Paracelse n'avoit pas renversé le véritable nom , c'est pour cela qu'on a fait
diverses combinaisons des lettres qui se
trouvent dans ce mot *Alkaest* : les uns
ont cru y trouver le sel de tartre, les autres plusieurs matieres que je ne rapporterai pas ; il y en a eû qui ont eû recours à des langues étrangeres , & qui
y ont attaché des significations mysté-
rieuses.

Paracelse n'a rien dit qui puisse donner quelque éclaircissement à ce terme ;
Vanhelmont a dit plus de choses là-
dessus , mais on n'y trouve pas plus de

lumieres : en certains endroits il lui donne le nom d'eau & de feu, en d'autres il le nomme le feu de la géhenne ; ailleurs il l'appelle le sel très-parfait, le sel circulé, l'eau pure, mais de tout cela on ne peut rien conclure.

Les proprietez que lui attribuë Vanhelmont, c'est de dissoudre tous les corps sublunaires, de transmüer toutes choses en eau, de donner de la volatilité à tout, de pouvoir être retiré par le feu de sable des corps qu'il a dissout, enfin d'être assujetti par son égal, ce sont ses termes.

Pour la matiere dont se fait l'alkaest, Philalete & Starkey soupçonnent qu'il est tiré de l'urine corrompuë ; ils se fondent sur ce passage de Vanhelmont : Je méprise ceux qui dédaignent de travailler l'urine corrompuë : d'autres ont cru que c'étoit le sel de tartre, ou le phosphore, mais leur sentiment n'est soûtenu que de très-petites raisons, il n'y a aucune expérience qui le confirme.

Enfin dans un Ouvrage de Paracelse qu'on a cru perdu durant long-temps, il paroît que la matiere de l'alkaest est le sel marin, cela est confirmé par quelques passages de Vanhelmont ; mais

après tout les expériences manquent ;
le procédé par lequel on change le sel
marin en huile est curieux, mais cette
huile ne fait pas ce que Paracelse attribuë
à son grand circulé.

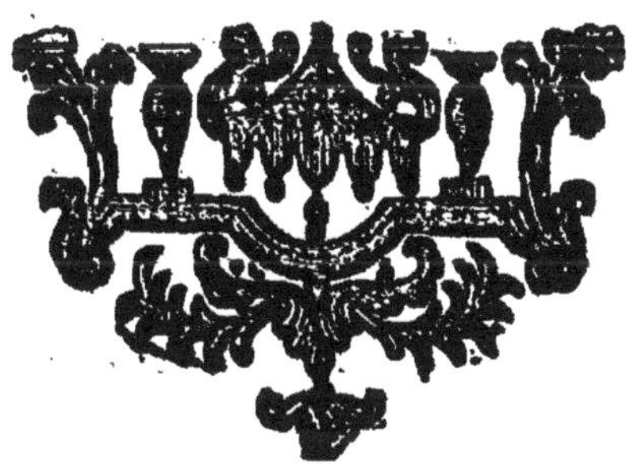

LES OPERATIONS
DE CHYMIE
EN GENERAL,

Avec l'explication Physique des Phénoménes qui les accompagnent.

NOus avons vû les principes qui forment les Corps, il faut venir aux opérations qui les féparent ou qui les raffemblent : plufieurs Chymiftes nous en ont laiffé des defcriptions, mais M. Lemeri les a données plus éxactement que tous ceux qui l'ont devancé ; il feroit à fouhaiter qu'il eût donné aux principes plus d'éclairciffement, & qu'il fe fût plus attaché aux loix Méchaniques, en expliquant leur action : mais un feul homme ne fçauroit fournir à tout ; il a défriché la Chymie, il l'a dépoüillée de cet air myftérieux & de ces termes obfcurs qui la rendoient prefque inacceffible, il a laiffé le refte à ceux qui viendroient après lui.

Pour suppléer à ce qui manque à l'Ouvrage de ce grand Chymiste, j'ai tâché d'éclaircir les principes qui entrent dans la composition des Corps; je vais parler des opérations qui les assemblent & qui les séparent; je les suivrai selon leur ordre naturel; je donnerai leur Méchanique, & leur usage; j'y ajoûterai quelques expériences particulieres que je ramenerai à la Théorie générale pour la confirmer. M. Freind a traité cette matiere selon les principes de M. Newton; Keil qui étoit dans les mêmes idées, lui avoit déja tracé le chemin, je suivrai la même voye que ces grands hommes, persuadé qu'on ne peut rien dire de plus juste : mais avant d'entrer en matiere, il faut supposer quelques principes qui sont démontrez par les Mathématiciens, ou par l'expérience.

I.

Tous les corps semblables sont en raison triplée de leurs côtez homologues ; ainsi les sphéres sont en raison triplée de leurs diametres.

I I.

De même le poids des corps semblables qui sont également denses, est en raison triplée des diametres ; les surfaces sont en raison doublée des diametres, ou comme les quarrés des diametres.

III.

La force des corps, ou la quantité du mouvement sont en raison composée de la quantité de la matiere mûë & de sa vîtesse.

IV.

Si la gravité spécifique d'un corps est plus grande que la gravité d'un liquide dans lequel il est plongé, la force avec laquelle ce corps descendra sera comme l'excez de la pesanteur de ce corps; mais s'il est plus leger que le fluide, la force avec laquelle il montera sera comme l'excez de la pesanteur qui se trouve dans ce corps fluide comparé au corps solide.

V.

Il y a une force magnétique dans la matiere, c'est-à-dire, que les parties de la matiere sont attirées les unes par les autres, soit que cela se fasse par impulsion, ou par quelque loy.

VI.

Cette force ne s'étend qu'à un espace fort petit, de sorte qu'elle s'évanoüit quand les corps sont éloignez l'un de l'autre, elle n'est sensible que lorsqu'ils s'approchent; elle est très-forte dans le contact; cette force attractrice diminuë

en raison des distances & plus qu'en raison doublée.

VII.

Cette force est différente suivant la figure & la densité des parties, au lieu que
la force de la pesanteur est toûjours la
même, quelque changement qu'il arrive
à la figure du corps.

VIII.

La force magnétique d'une partie peut
être plus grande dans un côté que dans
l'autre.

IX.

Plus les parties qui sont attirées sont
grandes, plus la velocité avec laquelle
elles s'approchent est petite.

X.

La force qui unit les parties des corps,
vient du magnétisme; & suivant la différence des surfaces qui se touchent, ces
parties sont plus ou moins attirées : je
repéte ici quelques principes dont javois
déja parlé; mais j'ai voulu rassembler tout
ce qui est supposé dans ce Traité.

La Calcination.

L A calcination est une séparation
des parties d'un corps par l'action
du feu qui fait qu'on peut les réduire

facilement en poudre, de-là vient qu'on
l'appelle pulverifation chymique : l'étain
fondu agité long-temps avec une efpatule,
fe réduit en poudre; les cailloux rougis
dans le feu & éteints dans l'eau, deviennent friables; il en eft de même du cryftal : le vitriol fondu en eau, & réduit
par la confomption de l'humidité, a une
maffe grife qu'on peut pulverifer: toutes
ces opérations qu'on nomme calcination,
font précédées prefque toûjours de la fufion ; ainfi nous parlerons de l'une & de
l'autre en même-temps.

On dit que les corps font mis en fufion quand ils deviennent fluides de folides qu'ils étoient auparavant; fi on con-
noiffoit donc la nature de la folidité &
de la fluidité, on fçauroit ce que c'eft que
la fufion.

La folidité ou la dureté, c'eft-à-dire,
la force qui fait que deux parties ne fe féparent que difficilement, vient du magnétifme qui les attache l'une à l'autre.

L'action magnétique n'eft jamais plus forte que dans le contact ; plus il y a de points
qui fe touchent dans deux parties, plus l'attraction de ces deux parties eft grande &
réfifte à la féparation ; mais fi les parties
des corps ne fe touchent que par un point,

comme les corps sphériques, les parties attirées foiblement l'une par l'autre cederont à la moindre impulsion, comme cela arrive dans l'eau & dans les autres corps fluides.

Les corps durs ne diffèrent donc des corps fluides qu'en ce que leurs parties se touchent par plus de surfaces, mais si on les expose au feu, les parties ignées en s'insinüant dans la matiere brisent les parties inégalement, ne laissent que des angles où il y avoit des surfaces planes, arrondissent les parties qui étoient quarrées ou cubiques; alors ces parties ne se touchent plus par tant de surfaces, l'action du magnétisme par conséquent est moins forte; enfin les parties pourront se toucher par si peu de points, qu'elles pourront couler aisément l'une sur l'autre, & prendre une forme liquide, comme les os dans la machine de Papin.

Que les parties se séparent & s'éloignent dans la fusion, cela se prouve évidemment par la rarefaction qui l'accompagne: si les parties du feu en s'insinüant dans la matiere n'éloignoient pas les parties, la masse n'occuperoit pas un plus grand espace, cependant une lame de fer rougie se grossit & s'allonge; dans le cuivre la même chose arrive: les viandes toties se gonflent , sur-tout si on y laisse l'épiderme ; la chaleur même de l'été augmente considérablement l'étenduë sensible des corps.

De la différence qui se trouve dans le contact des surfaces des parties des corps vient la diversité qui se trouve dans la fusion ; un corps a-t-il des parties qui se touchent par plus de points que celles d'un autre ? le feu l'ouvre plus difficilement : les végétaux cedent à une action moderée du feu ; les mineraux demandent une force plus grande : l'étain & le plomb se fondent d'abord ; il faut plus de temps pour mettre l'argent en fusion.

Si la force qui unit les parties des corps étoit proportionnée à la quantité de matiere , on pourroit déterminer aisément la facilité ou la difficulté de la fusion d'un corps par rapport à un autre : si je connoissois la pesanteur spécifique d'une matiere , je pourrois dire le temps qu'il faudroit pour la fondre ; mais la même quantité de matiere peut être tellement arrangée, que les parties se toucheront par plus ou moins de surfaces, quoy qu'elle ait la même pesanteur : après l'or le plomb est le plus pesant des métaux , cependant c'est celui qui se fond le plus aisément ; il faut donc que dans le fer , par exemple , les parties se touchent par plus de points que dans le plomb qui est plus dense ; la pesanteur ne peut donc pas nous servir de regle pour déterminer le contact ou l'union des parties d'un corps.

Si l'on cesse d'exposer un corps à l'action du feu après la fusion, les parties séparées se réunissent, parce que les forces du magnétisme ne sont plus combatuës par l'action des parties ignées : si le tissu du corps est composé de parties homogenes qui ne soient pas sujettes au changement, comme la terre, les gommes, les métaux purs, ces corps reviennent à leur premiere forme ; mais dans d'autres mixtes qui n'ont ni la même densité, ni le même tissu, les parties souffrent divers changemens, les unes sont enlevées par le feu, les autres sont altérées, reçoivent d'autres figures, prennent une autre situation ; elles ne pourroient donc point reprendre leur premiere forme, c'est ainsi que se détruisent les végétaux, les mineraux, & presque tous les métaux : les herbes se réduisent en cendre ; le vitriol privé de son humidité ne paroît plus la même matiere ; la bouë exposée au feu forme des tuiles & des briques ; le changement donc de surface fait la différence des corps après la fusion.

La calcination n'est que l'effet d'une

fufion long-temps foûtenuë : tandis que
le corps devenu fluide eft expofé à l'action
d'un feu continuel, les parties les plus fubtiles s'échappent ; la matiere eft pénétrée
des parties du feu qui s'infinüent de tous
côtez, & s'y attachent étroitement : de
l'union de ces nouveaux corps qui fuccè-
dent aux parties enlevées, fe forme un
compofé différent du premier ; il n'eft
plus fluide, il devient friable, il fe réduit
en poudre fans peine ; car les parties de
feu reçûës dans les pores empêchent que
la contact des furfaces ne foit le même :
les parties du corps ainfi féparées fe partagent en atomes qui forment une poudre
très-fine ; c'eft par cette Méchanique que
le mercure expofé au feu fort long-temps
fe convertit en chaux.

Le tiffu des corps eft tellement altéré
par l'action du feu, que fi on les y expofe
une feconde fois ils réfiftent plus foiblement, comme on l'éprouve dans la chaux
de plomb : c'eft les parties qui fe touchent en moins d'endroits qui les rendent
plus fufceptibles des impreffions du feu ;
l'argent même dont les parties pefantes
& unies étroitement demandent un feu
violent, cede à une flamme legere, fi on
le calcine avec le fublimé ; il fe fond encore auprès du feu comme de la cire dans

une composition faite de cryſtaux de Lune
& d'eſprit de ſel calciné.

Que le feu diviſe & rarefie les parties
des corps, cela ſe prouve par l'augmentation de poids qui s'y trouve après la calcination : l'étain & les autres métaux deviennent plus peſans ; une once de plomb
réduite en chaux à la flamme d'eſprit-de-
vin peſe plus qu'auparavant d'un ſcrupule : ſi l'on calcine quatre onces de régule d'antimoine, il s'en éleve beaucoup
de fumée ; cependant il reſte une poudre
griſe qui peſe deux drachmes & demie plus
que le régule : dans la diſtillation de l'eſprit de ſaturne, de ſix onces de ſel on retire ſix drachmes d'eſprit, il reſte dans la
cornuë ſix onces, ſix drachmes de matiere noirâtre & jaune, ces effets ſurprenans prouvent évidemment que c'eſt le
feu qui augmente le poids de ces corps
par ſes parties qui s'introduiſent dans les
pores ; car cette augmentation ne peut
pas venir des vaiſſeaux où l'on calcine
ces matieres, puiſqu'ils ne peſent pas
moins qu'auparavant : d'ailleurs les rayons
du Soleil ramaſſez au foyer d'un verre
portent de même une nouvelle matiere
dans les corps qu'on y expoſe pour les
calciner.

L'augmentation des corps calcinez

prouve que les parties se divisent & s'é-
loignent les unes des autres, mais il y a
une expérience qui le prouve encore
mieux : le plomb crud par sa pesanteur
est à l'égard de l'eau comme $11\frac{1}{2}$ à 1,
le plomb calciné comme 9 à 1, la raison
du cuivre est $8\frac{1}{2}$, celle du cuivre calciné est $5\frac{1}{11}$; la raison de la ceruse à
l'égard du plomb est encore plus peti-
te, puisqu'elle est subtriple.

Il s'ensuit de-là démonstrativement que
dans le temps que la gravité absolüe s'augmente, comme je l'ai prouvé, la gravité
spécifique dïminuë; cela vient de ce que
les parties du corps écartées par l'action
du feu forment un volume plus gros;
d'ailleurs les parties ignées plus legeres
que celles de la matiere calcinée, se répan-
dant dans leurs pores, diminüent par leur
legereté la gravité spécifique, & augmentent la pesanteur absolüe.

Quelque changement qu'apporte la division & l'éloignement au tissu des parties d'un corps; la plûpart des métaux & quelques mineraux dont les parties sont homogenes, ne changent presque qu'en apparence : l'or, l'argent, le
mercure après la calcination reviennent
facilement à leur premiere forme; on retire de l'étain du sel de Jupiter : le

plomb le plus impur des métaux se revivifie après avoir été réduit en chaux : du verre & de la chaux d'antimoine on retire un régule & un véritable antimoine ; le feu qui déguise un peu ces matieres les altére si peu, que si on les dégage des parties étrangeres qui s'y sont introduites, elles reparoissent sous la même forme.

Il ne faut pas croire cependant que les matieres métalliques se revivifient précisément dès qu'elles se trouveront délivrées des corps étrangers que le feu y a porté ; il faut leur redonner un soulphre à la place de celui que la calcination, par exemple, a élevé en fumée : il est vrai que le verre d'antimoine se revivifie si on l'expose immédiatement au feu des charbons, mais les fuliginositez sulphureuses des charbons produisent cet effet, cela est si vrai qu'on peut toûjours rendre au verre d'antimoine sa premiere forme, c'est-à-dire, le réduire en métail en y ajoûtant des matieres sulphureuses.

Il faut donc dire qu'outre que les parties reçoivent du feu des impressions qui les changent, il arrive encore que durant la fusion la matiere qui sert, pour ainsi dire, de colle, par la force de son magnétisme, se résout en vapeurs ; si l'évaporation en enleve une quantité trop grande, les parties qu'elle lioit ensemble forment un composé différent, ainsi les fumées épaisses que le feu fait sortir du plomb ne laissent qu'une chaux où l'on ne peut plus reconnoître ce métail : mais l'or & l'argent dont le tissu solide est à l'épreuve des fourneaux les plus ardens, ne perdent rien dans la calcination, ainsi on les retrouve toûjours, quelque déguisement qu'on leur donne : pour les matieres évaporées qui unissoient les parties métalliques de l'antimoine ; par éxemple, il faut que leur surface soit très-large, leur pesanteur très-petite ; les parties du mercure, qui ont une conformation bien différente, ne peuvent pas facilement se changer en chaux ; d'ailleurs desunies & faciles à élever, elles ne peuvent pas subir les changemens que souffrent des corps compactes par la violence du feu.

La division & la desunion en quoi nous faisons consister la calcination, se prouvent encore par les secours que nous donnons à l'action du feu ; pour que la calcination réussisse, on agite la matiere avec une espatule, ou on fait quelque mélange, par-là les parties se séparent & s'ouvrent pour que la chaleur les pénétre plus aisément.

Par ce que j'ay dit de l'argent & du cuivre on voit combien la fusion se facilite par le mélange du sublimé : le mercure, comme tout le monde sçait, s'amalgame d'abord avec presque tous les corps ; la force donc de son magnétisme est très-grande, mêlé avec le cuivre & l'argent il attire leurs parties, qui par conséquent s'attirent moins les unes les autres, car un poids tiré par des cordes de plusieurs côtez opposez est moins tiré que s'il n'y avoit qu'une seule force qui le poussât quelque part, la force attractrice des parties du cuivre est donc balancée par l'attraction des parties du mercure, le feu par conséquent qui trouvera les parties de ces métaux moins attirées, les séparera plus aisément.

Ce qu'on vient de dire du mercure on l'éprouve dans le soulphre qui est rempli de sels dont le magnétisme est très-fort, l'effet qu'il produit dans la calcination du cuivre en est une preuve ; on en trouve encore un exemple dans le saffran de mars, les parties du soulphre donnent de la force au feu, & le tissu du fer s'ouvre & tombe en gouttes, cette calcination du fer a reçû des Chymistes un nom particulier, on l'appelle Granullation.

A ces deux metaux qui s'ouvrent par

le soulphre on pourroit en ajoûter d'autres, le verre d'antimoine, le crocus metallorum se calcinent plus aisément si on
y ajoûte du sel marin ou du sel commun,
sans le mercure ou des esprits salins l'or
& l'argent ne pourroient se réduire en
chaux, c'est pour cela que ceux qui travaillent aux métaux se servent du borax
& d'autres sels dans les fusions.

L'usage de la calcination répond parfaitement aux principes que nous avons
établis : on calcine un corps pour qu'on
puisse mieux s'en servir en d'autres opérations ; nous calcinons le vitriol pour
en mieux retirer l'huile & l'esprit : le
fer se calcine avec le soulphre, afin
qu'on puisse mieux s'en servir pour les
remedes qu'on en tire ; dans les métaux
& les mineraux cruds les parties liées
étroitement ne sçauroient agir & se mêler avec d'autres corps, mais après la calcination les chaînes qui les unissent s'é-
tant rompuës, elles s'insinüent par tout,
elles obéïssent à la moindre impulsion.

La vitrification suit la calcination ;
comme l'effet suit sa cause, on appelle
un corps vitrifié lorsqu'après qu'on l'a
calciné il est poli & luisant comme la
glace : cette opération demande un feu
plus long & plus violent que la calcina-

tion: pour faire le verre d'antimoine, il faut avoir calciné le régule; par l'action du feu les corps heterogenes qui y étoient mêlez, se dissipent, il ne reste que les parties fixes de la même espece qui se réunissent en une masse, alors les rayons de lumiere ne se trouvent pas plus attirez d'un côté que d'autre dans le tissu de ce corps; au lieu qu'auparavant attirez par les parties étrangeres & par l'antimoine avec inégalité, il se trouvoit qu'un rayon entré perpendiculairement étoit obligé de se détourner d'un coté & d'autre ; ils ne pouvoient donc point passer en droite ligne , par conséquent le corps n'étoit point diaphane : mais dans le verre dépuré de tout corps heterogene un rayon qui entre dans un pore droit, n'est pas plus poussé vers une parois de ce pore que vers l'autre , parce que la force du magnétisme est la même par tout ; il sortira donc de ce pore, & par-là le corps sera transparent.

On sera surpris que je dise que les rayons sont attirez par les corps qu'ils pénétrent , mais M. Newton le plus grand de tous les Philosophes que la nature ait produit, a si bien démontré cela, qu'on n'a qu'à jetter les yeux sur son Ouvrage pour s'en convaincre ; je ne rapporterai pas, pour le prouver, l'expérience de Grimaldi, qui ayant placé une lame de couteau perpendiculairement sur un rayon reçû par le trou d'une fenêtre, remarque que les rayons de lumiere ne suivent plus la même direction, mais qu'ils s'élevent & forment avec la lame sous laquelle ils passent un angle aigu ; il y a un fait qui prouve encore mieux cette attraction: si on fait tomber sur la machine du vuide des rayons d'une certaine couleur avec une certaine inclinaison, ils entrent ; & si on en fait tomber d'autres par la même ligne, ils sont réfléchis, il faut nécessairement que ces rayons trouvent quelque force qui attire les uns & qui rejette les autres à la même inclinaison, mais qui les laisse entrer quand ils tombent en ligne perpendiculaire.

Pour revenir à la vitrification, la maniere dont on fait le verre commun confirme notre sentiment, puisqu'on enleve par le feu les parties legeres & impures : l'expérience encore nous favorise ; car si vous éxaminez la pesanteur, le verre commun pese plus que la matiere dont on le retire : pour le verre d'antimoine les expériences qu'on a fait sur la gravité spécifique, démontrent qu'il est plus pesant que l'antimoine, & cela parce que ce qu'il y a de plus leger s'évapore par la calcination.

La décrépitation & la détonation se rapportent à la calcination, mais c'est inutilement qu'on a voulu distinguer ces deux opérations: quand on fait rougir un pot entre les charbons ardens, & qu'on y jette du sel commun, on entend d'abord un petillement, & ce bruit s'appelle décrépitation; lorsqu'on fixe le salpêtre en sel alkali, on le jette dans un pot rougi avec quelque cuillerée de charbon, alors on entend un grand bruit qui s'appelle détonation: on ne voit dans ces opérations que plus ou moins de force dans l'air que le feu rarefie violemment dans les pores du sel; pourquoi donc multiplier les termes?

La Distillation.

Lorsqu'on met une liqueur dans un vase sur le feu, & que les vapeurs que la chaleur éleve sortent & tombent en gouttes, on appelle cette opération distillation.

Les vapeurs montent ou parce qu'elles sont plus legeres que l'air qui les environne, ou parce qu'elles sont poussées en haut par quelqu'autre cause; nous trouvons

vons ces deux caufes dans la fumée qui s'é-
leve par fa legereté, & dans la pouffiere que
le vent éleve dans les chemins en été.

Par une des propofitions que nous avons
mifes à la tête de ce Traité les parties des
corps qui nagent dans un fluide, s'élevent, fi
elles font plus legeres ; ces liqueurs qu'on
diftille s'élevent dans l'air, il faut donc voir
comment leurs parties deviennent moins
pefantes que celles du fluide qui les environne.

Un fluide fera plus leger qu'un autre, fi
dans un volume égal il a moins de matiere,
par éxemple, fi demie livre d'huile occupe
fenfiblement plus d'efpace qu'une demie
livre d'eau; l'huile fera plus legere que l'eau,
ou pour m'exprimer plus éxactement, l'eau
dans un vafe occupera la partie inférieure,
& l'huile fera portée vers la partie fupé-
rieure : voyons comment cela arrive dans
les liqueurs qu'on diftille.

Tout le monde fçait que l'air eft renfermé dans tous les corps en grande quantité,
& fur-tout dans les fluides; dès qu'on les
préfente au feu, cet air fe rarefie avec beaucoup de force : le thermometre, les ven-
toufes, l'eau boüillante ou renfermée dans
la machine du vuide, en font des preuves
convaincantes.

La rarefaction n'eft autre chofe que l'ex-
panfion des parties de la matiere, la même

maſſe s'y trouve, mais l'eſpace qu'elle occupe eſt plus grand, le poids abſolu ne diminuë en rien, il n'y a que le volume qui augmente, c'eſt-à-dire, que les pores deviennent plus grands ſeulement', & multiplient les vuides qui ſont dans l'intervalle des parties, cela paroît ſur-tout dans l'air qui ſe raréfie d'une maniere preſque incroyable.

Il reſte à faire voir juſqu'à quel degré doit s'étendre la rerefaction qui rend les corps plus legers ſpécifiquement , prenons pour exemple les vapeurs qui s'élevent dans l'air.

On ſçait par le calcul que la raiſon qui ſe trouve entre la peſanteur de l'air & la peſanteur de l'eau, eſt comme 850 à 1.

Par les principes que nous avons mis au commencement , les ſphéres ou les ſolides ſemblables ſont comme les cubes des diametres.

Suivant ces mêmes principes la peſanteur ſpécifique diminuë réciproquement dans la même raiſon que les cubes des diametres augmentent.

Cela poſé, pour qu'une particule d'eau devienne plus legere qu'une particule d'air , il faut ſeulement que ſon diametre devienne dix fois plus long, car le cube du diametre aínſi augmenté eſt 1000 : le cube du diametre devenu onze fois plus long eſt 1331 : le cube du diametre douze fois plus long eſt 1728, ainſi l'eau étenduë douze fois plus par la rarefaction deviendra deux fois plus legere que l'air : que si l'expansion s'augmente encore, on verra par la progreffion des nombres que les vapeurs peuvent devenir infiniment moins pefantes que le corps fluide qui les environne.

De-là il s'enfuit qu'un corps qui eft plus facile à rarefier s'éleve plûtôt dans l'air dès qu'il eft expofé à l'action du feu, mais fi le feu ne trouve pas plus de difficulté à rarefier une matiere qu'une autre, la différence qui paroît dans l'élevation ou la fublimation dépend de la gravité fpécifique : pour déterminer donc le temps qu'il faudra à la chaleur pour élever deux matieres différentes, il faut avoir égard à la difficulté que le feu trouve à les ouvrir & à leur pefanteur fpécifique; ou pour m'exprimer comme les Géometres, les temps de l'élevation de deux liqueurs font en raifon compofée de la rarefaction & de la gravité fpécifique.

L'expérience, fans laquelle la Théorie eft inutile & incertaine, confirme ce que je viens d'avancer: par le même degré de feu l'efprit de vin, l'efprit de fel ammoniac préparé avec la chaux vive, les eaux diftillées qui pefent moins que l'eau commune, & fe rarefient plus aifément, s'élevent dans la retorte beaucoup plûtôt, mais l'efprit acide de fel, de nitre, de vitriol, quoyque la diftillation commence plûtôt, vien-

nent plus lentement que l'eau dans le récipient, car si la rarefaction de l'eau est moindre, elle n'est pas en raison réciproque avec
la pesanteur de ces matieres; de même les
parties des végétaux & des animaux dont le
tissu est plus rare & la masse plus legere,
s'élevent plus aisément que les corps qu'on
tire des mineraux ou des métaux.

Il faut observer que la matiere que la distillation nous donne a les parties plus divisées &
plus subtilesque le corps duquel le feu l'a tirée,
ainsi l'eau-rose est plus subtile & moins pesante que le suc de roses; les esprits rectifiez
sont toûjours plus legers que ceux qui n'ont
été exposez qu'une fois à l'action du feu;
mais lorsqu'en distillant on fait quelque extraction, c'est-à-dire, qu'on sépare, par
exemple, le phlegme de la liqueur qu'on
veut retirer, le contraire arrive: le vinaigre
distillé pese plus que le vinaigre crud; dans
cette opération le phlegme qui est moins
pesant que le reste, laisse en se séparant une
liqueur remplie de parties de sel, on peut
dire la même chose de la déphlegmation de
tous les esprits acides.

Ce n'est pas seulement la legereté spécifique qui éleve les corps, une impulsion
étrangere y contribuë : c'est un de nos principes, que la force avec laquelle un corps est
poussé contre un autre, se mesure par la vîtesse & la quantité de matiere qui compose

ce corps; il peut donc arriver qu'une maffe très-petite ait cent fois plus de force qu'un corps mille fois plus grand , il fuffit pour cela que l'augmentation de la viteffe puiffe monter à l'infini; ceux qui feront réfléxion à la rapidité des aftres dans leurs révolutions, ne trouveront pas de difficulté là-deffus.

Mais que s'enfuit-il de ce raifonnement? c'eft que les parties de feu élancées avec rapidité , peuvent, quoyque fort petites, enlever les vapeurs & les parties des métaux qui ont beaucoup plus de maffe & de pefanteur ; ainfi dans la diftillation des efprits acides, leurs parties plus pefantes que les parties de l'air montent par l'impulfion des corps qui compofent le feu; la largeur des furfaces qui les expofe à l'action d'un plus grand nombre de corpufcules ignez, n'y eft pas inutile, mais l'air fur-tout rarefié & pouffé par la violence du feu, les entraîne avec lui.

Tout ce que je viens de dire fe trouve confirmé par l'expérience , rien ne prouve mieux la force des parties de feu dans un petit volume que la poudre à canon qui ne trouve prefque point d'obftacle qu'elle ne furmonte: la raifon prife de la largeur des furfaces paroît dans tout fon jour , lorfqu'on jette d'un lieu élevé une lame de plomb fort large , & que le vent l'emporte malgré la force qui la lance contre la terre ; la preuve tirée du mouvement de l'air rarefié

se confirme par la fumée, le feu donne à
l'air de la cheminée une grande expansion,
par-là il devient plus leger spécifiquement;
il est donc obligé de monter, & d'entraîner
en s'élevant la fumée qui se trouve sur son
chemin : pour ce qui regarde la force des
corps qui sont en rarefaction, on en trouvera plusieurs éxemples; l'eau exposée au
feu ne porte sa chaleur que jusqu'à un certain degré, mais si on la jette dans la machine de Papin, elle s'échauffe d'une maniere surprenante : un fer rougi si on le
plonge dans l'eau, y excite un bruit presque
semblable à l'explosion de la poudre, mais
rien ne démontre mieux l'action de l'air rarefié que la machine inventée par Saveri ; j'en
parlerai ailleurs.

Il n'est pas besoin de nous arrêter davantage aux différences qui se trouvent dans la
distillation de diverses liqueurs: qu'on fasse
attention à la legereté spécifique, à la force
du feu qui éleve les vapeurs, à l'étenduë de
leurs surfaces, aux changemens qui peuvent
y arriver, on verra d'un coup d'œil toutes
les varietez qui peuvent diversifier cette opération.

Il faut cependant se souvenir que la legereté spécifique ou la rarefaction n'élevent
pas seules les liqueurs qu'on distille, l'impulsion des parties ignées y a aussi quelque
part ; il n'est pas donc nécessaire que l'expan-

fion des corps , pour qu'ils montent dans l'air, s'étende aussi loin que nous l'avons marqué ; souvent même elle n'est pas nécessaire, dans certaines opérations il n'y a que l'impression qui agisse : si c'est en se rarefiant que les corps s'élevent dans l'alembic ou dans la cornuë, on le connoîtra par le degré de chaleur ; si le feu est leger, il agit par la rarefaction ; s'il est violent, il agit par l'impulsion.

On distille sur-tout de deux manieres ; ou on se sert de la cornuë, ou on employe l'alembic : voici la seule différence que donnent ces instrumens à ces deux sortes de distillations.

Quand on se sert de l'alembic , ce qui distille vient en forme de pluye : comme les vapeurs sorties de la terre & de l'eau rarefiées par la chaleur du Soleil, s'élevent par leur legereté spécifique, se rassemblent, forment des nuages, se précipitent enfin par leur pesanteur augmentée par la condensation ; de même dans l'alembic les vapeurs exprimées du corps qu'on distille , rarefiées & poussées par le feu, portées au chapiteau, repoussées par les parois ou condensées par le réfrigerant , se rapprochent, acquierent plus de pesanteur spécifique , se glissent dans le bec , & tombent enfin en gouttes : la distillation de l'esprit de soulphre par la campane s'explique de même ; on attache souvent au bec de l'alembic, pour diſtiller les huiles & les eſprits, un long canal qui forme pluſieurs circonvolutions, de même que le ſerpentin, on le fait paſſer dans un tonneau rempli d'eau, afin que ſes vapeurs ne viennent pas à s'échapper, & qu'elles ſe réuniſſent plûtôt pour former des gouttes.

Il y a une autre maniere de diſtiller qu'on appelle *per deſcenſum :* pour mieux faire entendre comment ſe fait cette opération, prenons la diſtillation de l'huile de girofle ; on prend un grand verre, on le couvre d'une toile qu'on lie autour de la circonference de ce vuide, on met ſur cette toile des girofles en poudre, ſur cette poudre on met une terrine qui ferme éxactement l'entrée du verre ; on remplit la terrine de cendres chaudes, les girofles s'échauffent, & on voit diſtiller au fond du verre du phlegme & de l'huile.

Voilà ce qu'on appelle huile de girofle *per deſcenſum* ; comme cette maniere de diſtiller eſt preſque entierement bannie des laboratoires, nous la renvoyons ailleurs.

Pour ce qui regarde les deux premieres manieres de diſtiller, l'une s'appelle droite & l'autre oblique ; je ne ſçai quelle différence on met entre ces deux termes, ce qui eſt oblique eſt droit, & ce qui eſt droit eſt ſouvent oblique ; j'aimerois mieux appeller aſcendante la diſtillation qui ſe fait par l'a-

fembic, & defcendante celle qui fe fait par
la retorte.

Si l'on demande quand eft-ce qu'il faut fe
fervir de l'une de ces manieres de diftiller
plûtôt que de l'autre, on n'a qu'à jetter les
yeux fur les corps qu'on veut expofer à
l'action du feu : fi les parties qui compofent leur tiffu font defunies, faciles à rarefier, peu pefantes, comme celles des végétaux, on fe fert de l'alembic ; mais fi les
parties d'un corps ont beaucoup de pefanteur, fi le feu ne peut pas leur donner d'ex-
panfion, s'il n'y a enfin que l'impulfion feule
qui puiffe les élever, comme il arrive dans
les métaux & les mineraux, alors la retorte
eft l'inftrument dont il faut fe fervir en l'ex-
pofant au feu de reverbere qui ne convient
qu'à cette forte de diftillation : mais venons
à la différence qu'on voit entre les corps
calcinez & les corps diftillez.

Nous avons remarqué que les corps qui
ont fouffert la calcination, reprennent fouvent leur premiere forme ; leurs parties
étroitement réunies forment un tiffu folide, mais les matieres diftillées, quoyqu'exprimées d'un corps dur, comme les os, le
vitriol, la corne de cerf, confervent toûjours la fluidité qu'elles ont reçûë de l'action
du feu : dans la calcination les parties qui
ont des furfaces larges, s'éloignent un peu
les unes des autres ; la matiere graffe ou

sulphureuse qui leur reste peut lier les plans que
les figures inégales & irrégulieres empêchent
de se toucher dans toutes leurs dimensions;
mais dans les distillations les parties les
plus subtiles & les plus legeres, dont les surfaces ne se touchent qu'en quelques points,
sont enlevées & séparées des autres qui pourroient les fixer; il faut donc que ces liqueurs
distillées qui ne sont qu'un assemblage de
parties fluides conservent leur facilité à couler les unes sur les autres, c'est-à-dire, leur
fluidité.

Toutes les difficultez qui se présentent
dans cette opération se peuvent résoudre
par les principes que nous avons établis en
parlant de la calcination; mais avant de finir
il faut expliquer un phénoméne : dans certaines distillations l'esprit monte après le
phlegme; en d'autres le phlegme s'éleve après
l'esprit, on en trouve des éxemples dans les
esprits acides de nitre, de sel, de vitriol,
dans l'esprit de vin & de sel ammoniac,
cette différence ne vient que de la gravité
spécifique qui varie dans les matieres; l'expérience nous apprend que le phlegme est
beaucoup moins pesant que les esprits acides, & qu'il a moins de legereté que les
esprits ardens & urineux ; il faut donc
nécessairement qu'il monte avant l'esprit
de vitriol, & qu'il s'éleve après l'esprit
de vin.

Mais si le phlegme s'éleve après l'esprit urineux de sel ammoniac, parce qu'il est plus pesant, il s'éleveroit après l'esprit, quand on distille la corne de cerf, la vipere, le crane humain; à cela je réponds que les sels & les esprits sur-tout dans les os & les cornes sont renfermez dans des cellules; avant qu'ils puissent s'élever, il faut que le feu rompe le tissu fibreux qui les enveloppe, mais le phlegme qui est répandu par tout, même sur la superficie des corps, ne trouve point d'obstacle qui s'oppose à son mouvement; il pourra donc sortir plûtôt que l'esprit, quoyqu'il soit moins leger, l'expérience confirme ce que j'avance; car dans la rectification de ces esprits le phlegme ne vient qu'après eux.

Pour les huiles, elles sont plus legeres que l'eau, elles se rarefient même plûtôt, cependant dans la retorte il leur faut plus de temps pour s'élever; la raison s'en trouve dans le tissu de ces deux matieres: les globules qui composent l'eau, ne se touchent qu'en peu de parties, il ne faudra donc qu'une petite impulsion pour les séparer; mais les huiles qui ont des parties rameuses entrelassées les unes dans les autres, demandent pour se quitter un feu plus violent ou plus long, aussi voyons-nous que les liqueurs huileuses dégagées d'une partie de leur huile, s'élevent plus facilement; l'esprit de vin &

de thérébentine en fourniſſent des éxemples.

Je ne dirai rien de l'uſage de la diſtillation, on voit aſſez à quoi elle eſt deſtinée; on ſépare par cette opération les parties liquides de celles qui ſont ſolides ou groſſieres : nous verrons ailleurs pourquoi on mêle ſouvent une matiere étrangere à un corps qu'on veut diſtiller.

La Sublimation.

SI on expoſe un corps à l'action du feu dans un alembic, & que la matiere monte en forme ſéche, c'eſt ce qu'on appelle ſublimation; on voit par-là qu'il y a beaucoup de rapport entre la diſtillation & cette opération : dans l'une on cherche un corps fluide; dans l'autre une matiere réduite en poudre ſubtile & portée au chapiteau par l'impulſion des parties ignées : on peut dire que la ſublimation n'eſt qu'une diſtillation ſéche.

Il faut cependant remarquer que ce qui contribuë le plus à élever en vapeurs les liqueurs diſtillées, n'agit preſque pas dans l'opération que nous traitons : quand on diſtille un corps, l'expanſion de ſes parties raréfiées le rend moins peſant que l'air; mais les corps qu'on ſublime ſont fort compáctes; s'ils ſe diviſent en atomes qui forment une

poudre fine, les corpuscules qui composent
ces parties subtiles sont unis si étroitement,
que l'action du feu ne peut y porter qu'une
legere rarefaction ; il n'y a donc presque que
l'impulsion qui pousse les parties des corps
qu'on sublime vers le chapiteau de l'alembic.

Mais d'où vient que l'impulsion des parties ignées qui éleve d'abord certaines matieres, ne sçauroit faire monter les parties
de beaucoup de corps qui ne paroissent pas
plus solides ? c'est ce que nous allons expliquer en parlant de la fixité & de la volatilité,
termes dont les Chymistes ont rempli leurs
écrits, & qu'ils n'ont jamais éclaircis.

Si un corps exposé au feu est divisé & élevé en poussiere, il est volatile, mais s'il est
si compacte que le feu ne puisse séparer ni
faire monter ses parties, il est fixe : nous allons parler de la cause qui éleve ces matieres
& des varietez qu'on remarque dans la sublimation des corps qui paroissent être de la
même nature.

Ce n'est pas seulement l'impulsion qui sépare & qui fait monter les matieres qu'on
sublime, le feu qui pénétre les corps rompt
les liens qui unissoient leurs parties ; s'il ne
pousse pas la séparation jusqu'à la derniere
division, il les partage en atomes insensibles;
ces corpuscules ainsi divisez perdent beaucoup de leur pesanteur ; car supposons un

corps dont le diametre soit 12, & la pesanteur 12; retranchons 1 du diametre, comme
la pesanteur diminuë en raison des cubes des
diametres, elle se réduira à $9\frac{1}{4}$, car 1728
cube du premier diametre est à 12, pesanteur du corps comme 1331 cube du dia-
metre réduit à onze, est à l'égard de $9\frac{1}{4}$; si
on réduit le diametre à 10, la pesanteur
n'ira pas au de-là de 6; si on retranche 6 du
diametre, la pesanteur ne montera pas à
deux; mais comme dans les corpuscules les
plus subtils le diametre est infiniment petit,
ils se trouveront presque sans pesanteur; ils
pourront donc s'élever aisément, quand le
feu les aura séparez.

La surface favorise beaucoup la sublimation, elle diminuë toûjours en raison des
quarrez des diametres; ainsi si la pesanteur,
dans le cas que nous avons proposé, diminuë, comme les nombres 1728, 1331, 1000,
la diminution de la surface se trouve en même raison que les nombres 144 121, 100:
qu'on réduise à 6 le diametre, tandis que
la pesanteur n'ira pas jusqu'à deux, la surface montera à 36, il restera donc une assez
grande surface à un corps qui aura perdu
presque toute sa pesanteur.

L'expérience confirme ce que la raison &
le calcul démontrent; car lorsque sur la limaille de fer on jette de l'eau & quelques
gouttes d'huile de vitriol, il s'excite d'abord

un fermentation : l'air renfermé dans les pores de ces liqueurs se dégage ; en montant à la superficie de l'eau il entraîne avec lui des particules de fer, d'où vient que ces petits corps ferrugineux qui sont plus pesans que l'eau ne sont pas retenus au fond du vaisseau ? il faut nécessairement que la surface soit fort grande par rapport avec la pesanteur, autrement le fer ne monteroit jamais dans un fluide qui a plus de legereté spécifique ; en voici d'autres exemples.

Le camphre, l'arsenic, le benzoin dont le tissu peu serré forme une surface fort large, sont élevez plus facilement que la part des autres matieres : les huiles sont des corps liquides, leurs parties sont desunies ou moins liées que celles des corps solides, cependant elles montent toûjours après les fleurs du soulphre qui sont une poudre séche ; il y a des corps dont la pesanteur est la même, cependant il faut aux uns un temps plus long, aux autres plus court pour s'élever : on trouve des matieres pesantes, il ne paroît pas qu'elles puissent devenir plus legeres que l'air, cependant un feu assez leger les sépare & les enleve facilement ; le sel de corne de cerf, de vipere, de sang humain, les sels des végétaux dont le tissu est assez compacte, les mineraux même & les métaux dont la pesanteur n'empêche pas qu'ils ne cedent au feu, tous ces

corps font voir qu'il faut avoir recours à la
furface pour expliquer comment ils fe fu-
bliment : dans les uns la furface fera en raifon réciproque avec la pefanteur des autres,
& ceux-là, quoyque différens par leur gravité, monteront dans le même temps ; d'autres feront également pefans, mais les furfaces ne feront pas en même raifon que les
pefanteurs, il arrivera donc néceffairement
que les uns fe fublimeront avant les autres ;
il n'eft pas néceffaire que je parcoure les autres différences qui peuvent fe trouver dans
les matieres qu'on expofe au feu pour les volatilifer, il n'y a qu'à fe fouvenir toûjours
que la diminution de la pefanteur eft en raifon triplée, & la diminution des furfaces en
raifon doublée de la diminution des diametres : de ce principe fuivent tous les phénoménes que nous préfente la volatilifation,
mais avant de finir il faut parler des mélanges qui volatilifent fi diverfement les mêmes matieres ; nous prendrons pour éxemple
le mercure.

Les parties de l'argent vif ont une maffe
fort petite, une furface peu large, une pefanteur fort grande, il ne s'éleve donc que
difficilement, quoyqu'en difent la plûpart
des Chymiftes qui lui attribuent beaucoup
de volatilité ; mais fi on y joint un peu de
plomb, il fe fublime plus aifément : le cinabre qu'on fait d'antimoine & de mercure,

s'éleve avec moins de peine ; le mercure doux où il y a une certaine quantité de sel acide, monte encore plus vîte : le sublimé corrosif où il entre trois parties de sel sur une partie de mercure, est encore poussé plus rapidement, cela ne vient que du changement qui arrive par ce mélange aux parties mercurielles ; à proportion que leur pesanteur relative diminuë par l'addition d'un corps étranger, la surface augmente, & se trouve plus soûtenuë par l'air : on voit par-là pourquoi les Chymistes volatilisent ce qui est fixe, & figent ce qui est volatile ; à un corps qui se sublime aisément, ils ajoûtent un corps fixe qui résiste à l'action du feu, ils joignent les sels acides aux urineux, afin qu'unis les uns aux autres, ils forment un corps plus pesant qui ne cede pas si facilement à l'impulsion des parties ignées : dans la même vûë ils mêlent les sels fixes avec les esprits acides volatiles : par l'union même des corps qui se subliment sans beaucoup de peine, ils forment un composé dont les parties sont tellement unies qu'elles résistent à un feu violent, le besoard & le turbith mineral, & beaucoup d'autres mélanges le confirment, mais quand les Chymistes veulent sublimer des corps fixes, ils y joignent des matieres volatiles : avec le fer & le cuivre ils mêlent du sel armoniac ; pour avoir le sel de vitriol, on y ajoûte le borax suivant

l'opération de M. Homberg : la pesanteur qui
diminuë dans ce composé, facilite la sublimation.

Suivant cette idée on pourroit dire que les
corps volatiles ne différent des corps fixes,
qu'en ce qu'ils sont composez de parties
beaucoup plus petites : tout ce qu'on peut
opposer, c'est que les parties des corps fixes
pourroient enfin s'élever comme les volatiles ; l'action du feu se peut pousser jusqu'à
un tel degré, qu'elle pourra suppléer à ce qui
manque à ces matieres du côté des surfaces ;
si cela étoit vrai, il n'y auroit pas de corps
véritablement fixes, puisqu'ils pourroient se
volatiliser.

On peut répondre qu'il n'y a en cela rien
de contraire à l'expérience : le sel alkali
calciné, est le sel le plus fixe, mais si on le
renferme dans une bouteille durant un temps
assez long, il se forme autour du bouchon
une croute de crystaux, alors il peut s'élever
dans la retorte, comme M. Boile l'a éprouvé
dans une opération particuliere ; c'est pourquoi ce grand Philosophe regarde la volatilité & la fixité comme des qualitez relatives
& non pas absoluës.

Tout ce que je viens de dire sur les mélanges se confirme par la distillation : pour
distiller l'esprit de nitre, on prend deux ou
trois parties de bol sur une partie de salpêtre, cet intermede sépare les corpus-

eules salins, & leur permet de suivre l'impulsion du feu ; on peut retirer de la même maniere l'esprit & l'huile de carabé, quoyque cependant on pourroit distiller ces matieres sans y rien mêler, comme je le ferai voir ailleurs : pour le sel commun, si on y ajoûte du bol comme au salpêtre, il ne donne son esprit qu'au feu de reverbere, mais si on le mêle avec l'eau & l'huile de vitriol ses parties terrestres divisées & mises en mouvement, se séparent de l'esprit acide qui s'échappe en gouttes au feu de sable; l'eau mêlée avec le sel armoniac en desunit tellement les parties, que l'esprit se détache beaucoup plûtôt : quand on dulcifie l'esprit de nitre ou l'esprit de sel, on y joint l'esprit de vin, par-là ces liqueurs salines deviennent plus legeres, elles peuvent se raresser plus promptement, & les parties de sel plus divisées résistent moins à l'impulsion du feu qui les éleve par-là beaucoup plus promptement.

Voilà trois opérations que les Chymistes rapportent à la division ; mais sans nous amuser à partager en classes ces opérations, nous passerons à ce qui nous reste : toutes ces divisions ne sont que le fruit de la Scholastique que les Arabes introduisirent dans les sciences ; laissons-la dans les Cloîtres où elle s'est refugiée : les matieres sont assez divisées par leur ordre naturel, elles n'ont besoin que d'un esprit clair qui les développe; mais avant de passer aux opérations que plusieurs ont rangées sous une classe appellée *composition*, il faut remarquer en général, que quoyqu'il paroisse qu'on veut plûtôt unir les corps que les séparer, parce qu'on mêle presque toûjours une matiere avec l'autre, cependant le but de l'Artiste est de séparer quelques parties de celles qui leur étoient unies auparavant: pour juger donc d'une opération, il faut avoir égard à ce qui résulte, & non pas aux préparations.

La Fermentation.

LA fermentation que nous allons expliquer, est, selon M. Freind, ce mouvement intestin qui agite les parties d'un corps solide lorsqu'il se dissout dans quelque menstruë: ce mouvement, dit-il, est sensible ou insensible suivant les matieres qu'on mêle pour les faire fermenter; s'il se fait sentir, la fermentation se nomme ébullition ou effervescence; si on ne l'apperçoit pas, elle s'appelle dissolution: on voit par ce que nous avons dit que cette définition n'est pas juste.

Pour entendre ce qui se passe dans cette opération, prenons la dissolution des sels, qui est la plus simple de toutes; si on peut y donner quelque jour, les autres qui dépendent sans doute de la même cause, s'expliqueront aisément: pour cela recherchons la force qui donne le mouvement au sel & à

l'eau ; expliquons ensuite comment se fait la
dissolution par ce mouvement.

On peut d'abord donner une cause toute
méchanique de la dissolution : il y a des espaces vuides parmi les parties de la matiere ;
car, comme nous l'avons dit, la résistance que
trouve un corps qui est en mouvement, est
proportionnée à la densité ; donc si tout est
plein, un pied cubique trouve autant d'obstacle dans l'air que dans le mercure : il n'y
a pas plus de matiere à mouvoir dans l'un
que dans l'autre, par conséquent il ne faudra
pas plus de mouvement ; d'ailleurs dans la
machine du vuide une plume tombe aussi
vîte qu'une goutte de mercure : or la plume
a un tissu infiniment moins dense que l'argent vif ; il faudroit donc que s'il y avoit
un milieu qui résistât à la descente de ces
corps, il y eût une différence considérable
dans le temps qu'ils employeroient à tomber au fond du récipient ; ceux qui ont éxaminé la pesanteur des corps plongez dans les
liqueurs, en conviendront d'abord : je ré-
péte ici ces preuves pour mieux appuyer mon
sentiment sur la dissolution.

Non-seulement il y a du vuide dans les
intervalles insensibles qui sont entre les parties de la matiere, il y a encore des espaces
sensibles où l'air ne peut entrer ; les tuyaux
capillaires où l'eau monte quelquefois si
haut, le prouvent évidemment ; car si les cavites de ces petits canaux étoient remplis d'air,

jamais l'eau n'y monteroit au-deſſus du ni-
veau: d'ailleurs ſi l'on prend un de ces tuyaux
fort long placé perpendiculairement , &
qu'on y faſſe entrer deux pouces d'eau par
la partie ſupérieure, l'eau deſcend avec rapidité juſqu'à ce qu'elle touche l'air , mais
alors elle s'arrête ; il faut donc néceſſairement que l'air réſiſte à la ſortie, ce qui ne
ſçauroit ſe faire , ſi le tuyau étoit rempli
d'air.

Cela poſé, prenons une maſſe ſolide de ſel
qu'on diſſout dans l'eau; dès qu'il y eſt plongé,
l'eau s'inſinuë dans les pores, & monte aſſez
haut dans les parties du ſel qui eſt au-deſſus ;
il faut donc néceſſairement qu'il n'y ait
point d'air dans les eſpaces où elle pénétre.

De-là il s'enſuit que le ſel doit ſe diſſoudre ; car s'il y a un vuide entre deux parties
de ſel , l'air extérieur pouſſera les parties
aqueuſes avec une grande force : les parties
aqueuſes pouſſées avec violence, écarteront
néceſſairement ces deux parties , ſi elles ne
leur donnent pas un paſſage libre, & c'eſt
ce qui arrive dans la diſſolution.

La diſſolution des corps les plus durs peut
s'expliquer de la même maniere , car pour
que l'or ſoit diſſout dans l'eau régale, il faut
que les parties de cette eau puiſſent s'inſinüer
dans ce métail, & qu'elles ſoient pouſſées
avec une force plus grande que celle qui
unit les parties de l'or : pour être convaincu

que cela se trouve ainsi, on n'a qu'à faire réfléxion que l'or qui est si compacte, a cependant un nombre infini de pores, que son tissu même est si rare que les laines qu'on enleve sont transparantes , que ces parties qui forment les pores ne peuvent être unies que par des filets infiniment petits ; cela posé, prenons deux de ces parties unies par deux filamens très-subtils, s'il se trouve un vuide entre-deux , les parties de l'eau régale y seront poussées par toute la force de l'athmosphere de l'air : or ces deux filamens extrêmement minces ne seront jamais en état de résister à toute la pesanteur de l'air qui pousse l'eau régale ; il faudra donc qu'ils se rompent, s'ils ne permettent pas aux parties de cette eau un passage libre.

L'expérience confirme ce que j'avance ; car qu'on prenne une bouteille, & qu'on la bouche avec du liége, si on vient à jetter dans la mer cette bouteille à trente brasses de profondeur (ce qui peut se faire aisément en y attachant une certaine quantité de plomb) le bouchon, quoyque engagé avec force, s'enfonce dans la bouteille ; cela ne peut venir que de la pesanteur de l'eau qui se trouve supérieure au ressort de l'air enfermé dans la bouteille, & qui oblige par-là le bouchon à ceder.

Les différences qui se trouvent dans les dissolutions s'expliqueront parfaitement dans ce sentiment : une liqueur dissoudra un corps, & n'en dissoudra point un autre, parce qu'elles sont trop grossieres ou trop subtiles; si elles sont trop grossieres, elles ne pourront jamais s'insinüer dans les pores : il en sera de même que d'un pied cubique de matiere qu'on appliqueroit sur un trou qui n'a que quatre pouces de diametre, jamais ce pied cubique n'écarteroit les parois de ce trou, puisqu'il ne pourroit pas s'y insinüer, sa pression ne feroit que serrer leur tissu.

Si les parties d'une liqueur sont trop fixes, elles ne dissoudront pas les corps, car par leur subtilité elles s'insinüeront dans les pores sans forcer les parois; & quand le corps en sera tellement imbibé, qu'il ne restera plus d'espaces vuides, il se trouvera encore plus solide qu'auparavant ; de-là vient que certaines liqueurs donnent de la dureté & du ressort aux matieres qu'on y plonge.

On voit par-là pourquoi certaines liqueurs conservent les corps qu'elles environnent ; si elles n'y peuvent entrer, elles empêchent par leur contact que d'autres corps étrangers qui viennent de l'air ne s'y insinüent, & empêchent par leur pression que les parties élastiques d'air qui se trouvent dans le tissu de ce corps, n'en ébranlent les parties par leurs secousses.

Si ces liqueurs sont fort subtiles, elles s'insinüent dans les pores de ces corps ; & après
avoir

avoir rempli tous les vuides, elles empêchent que d'autres corps ne s'y introduifent.

L'ébullition arrivera dans certaines diffolutions, fi les corps qu'on diffout contiennent beaucoup d'air, car les parties d'air plus
legeres que le menftruë & le corps divifé
s'échapperont & éleveront la liqueur en
bulles ; c'eft pour cette raifon qu'une pomme mife dans la machine du vuide, après
que l'air a été pompé, préfente les mêmes
phénoménes que lorfqu'elle eft expofée au
feu : mais l'eau met la chofe hors de doute,
puifqu'elle boüillonne dans cette machine de
même que fi elle étoit placée dans un fourneau bien allumé.

Mais d'où vient qu'il y a des fermentations fans chaleur & même avec froid, comme quand on mêle les fels volatiles des animaux avec des acides ? & pourquoi y a-t-il
des diffolutions qui font accompagnées d'u-
ne chaleur violente ? Il y a plufieurs raifons
que je donnerai dans la fuite ; je me contenterai de dire ici qu'il y a des corps où il y
a beaucoup de particules ignées, & qu'en
d'autres il y en a peu : lorfqu'il s'en trouve
une grande quantité, & que les menftruës
qui s'introduifent dans les corps qu'on diffout, les chaffent & les mettent en liberté,
elles échauffent pour lors la matiere ; pour
les fermentations à froid, elles arriveront

I

toûjours lorsque le composé qui résultera
de la dissolution, aura des parties plus denses, moins aisées à mouvoir, & moins chargées de parties de feu.

Cette explication méchanique de la fermentation pourroit suffire, mais il y a encore une autre cause qui y contribuë, & qui
peut-être agit seule en une infinité d'occasions; c'est le magnétisme qu'on doit regarder
comme l'agent universel dont les loix reglent toute la nature : prenons, par éxemple, les sels, leurs parties forment en s'u-
nissant de petites masses remplies de pores, elles sont des corps fort simples,
c'est-à-dire, homogenes, fort subtils &
très-solides ; de-là vient que les particules
d'eau peu liées ensemble sont plus attirées
par les parties de sel qu'elles ne s'attirent
elles-mêmes, il faudra donc qu'elles se quittent, & qu'elles s'attachent aux corpuscules
salins ; celles qui seront plus éloignées, s'approcheront plus lentement; celles qui sont
plus près s'avanceront plus vîte, car selon
les démonstrations des Mathématiciens l'attraction est très-forte sur le point du contact;
ainsi quand on jette du sel au milieu d'un
vase rempli d'eau, les parties aqueuses qui
l'environnent sont fort salées, mais celles
qui sont aux bords sont presque insipides,
si on ne les agite point.

Les parties aqueuses attirées agissent con-

tre le sel suivant leur vîtesse & leur pesanteur, elles s'ouvrent un passage dans les pores formez par les corpuscules salins, elles
en rompent les parois qui s'opposent à leurs
mouvemens, enfin ces parties de sel séparées par des petits coins s'éloignent en
flotant dans l'eau, & voilà la dissolution
achevée.

Que ce soit l'attraction qui produit la
dissolution, cela se prouve par plusieurs
éxemples : qu'on plonge à demi un pain
de sucre dans l'eau, les parties aqueuses
montent jusqu'au bout, les huiles par défaillance attirent l'humidité de l'air qui les
dissout peu-à-peu ; quand on fait l'huile de
soulphre, on met de la chaux de cristal dans
le fond de la terrine où l'on doit le brûler,
afin qu'elle absorbe tout le phlegme, & que
l'huile soit plus concentrée.

Quoyque le menstruë qui dissout les sels
soit le même toûjours, cependant les dissolutions ne se font pas toutes en même-temps :
le nitre, le sel armoniac se dissolvent plûtôt
que le sel commun & le vitriol ; il y a encore
une autre différence : une livre d'eau, par
éxemple, fondra une plus grande quantité
d'une espece de sel que d'un autre ; une livre
de sel commun demande deux livres d'eau,
une livre d'alun ou de sel *enixe* de Paracelse une partie égale, une livre de sucre la
moitié ; cette diversité ne vient pas du dissol-

vant qui eſt toûjours le même, ce n'eſt que l'union plus ou moins étroite des parties des ſels qui en avance ou retarde la diſſolution; ceux qui ont un tiſſu peu ſerré, comme le ſucre, cedent plus facilement au mouvement inteſtin qui agite les parties de l'eau, & ſe fondent en plus grande quantité.

Il y a une autre maniere de diſſoudre les ſels, qu'on appelle diſſolution par défaillance, mais elle n'a rien de particulier, & dépend des mêmes principes; on expoſe les ſels à l'air qui par l'eau qu'il contient les réſout en liqueur, cela ſe prouve évidemment par l'humidité du temps & du lieu qui avancent beaucoup la diſſolution, il n'y a que deux choſes à remarquer: 1°. Que les parties aqueuſes qui s'inſinüent dans les ſels augmentent conſidérablement leur peſanteur; d'une once de ſel de tartre, on retire deux onces d'huile, on trouve auſſi de l'augmentation dans l'huile de vitriol. 2°. Il faut obſerver que ſi on réduit les ſels en criſtaux, ils ne ſe réſoudront que difficilement, quand on les expoſera à l'air; c'eſt leur tiſſu ſerré qui empêche que les parties de l'eau ne s'y introduiſent, on en trouve un exemple dans les ſels alkaliſez qu'on retire des cendres des végétaux; s'ils viennent à ſe criſtalliſer, ce ne ſera qu'avec peine qu'on les ramollira, mais ſi on les expoſe à l'air dans une autre forme, ils se fondront tres-facilement.

Si les dissolutions arrivent, comme nous avons dit, par le mouvement des parties d'un menstruë qui s'insinüent dans la matiere qu'on veut dissoudre, il s'ensüit que s'il se trouvoit avec le dissolvant une autre cause qui détachât les particules de sel, par éxemple; la dissolution devroit se faire plûtôt, & le sel se fondroit en plus grande quantité; aussi cela est-il confirmé par l'expérience, quand on met sur le feu le sel & le dissolvant, les parties ignées desunissent non-seulement les corpuscules salins, mais en agitant l'eau elles lui donnent de la force.

C'est un sentiment communément reçû que l'eau qui s'est chargée d'une espece de sel autant qu'elle a pû, s'en charge encore, si on y en met d'une autre espece; pour le prouver, on jette dans cette eau déja salée un nouveau sel qui se fond après un certain temps; mais cette expérience suppose l'opinion dont nous parlons plûtôt qu'elle ne la prouve, car le sel dissous se précipite en cristaux, alors les parties aqueuses délivrées du fardeau qu'elles soûtenoient, peuvent s'insinüer dans un sel non-seulement différent du premier, mais aussi de la même espece.

Quoyque cette opinion ne soit pas vraye en général, il faut cependant avoüer qu'il y a des occasions où l'expérience la confir-

I iij

me : une livre d'eau qui aura diſſout autant de ſel qu'elle aura pû, ſe charge encore de ſucre, mais cela n'offre rien de contraire à la raiſon : les parties de tous les ſels ne ſont pas également dures ; l'eau qui ne peut point pénétrer des corps d'une certaine ſolidité, s'inſinuëra en d'autres dont le tiſſu ſera plus lâche ; ce qu'on peut nier avec raiſon, c'eſt que cela arrive dans des ſels qui ont des parties unies & arrangées de la même maniere.

Pour mieux appuyer notre ſentiment, cherchons la cauſe qui fait que les ſels ne peuvent ſe diſſoudre dans l'eau que juſques à une certaine quantité ; lorſque la maſſe du ſel a été imbibée, les corpuſcules qui ſe trouvent diſſouts attirent de tous côtez les parties aqueuſes, par cette attraction les particules d'eau elles-mêmes s'attirent davantage, car deux parties qui ſont attirées par une partie de ſel, ſe preſſeront mutuellement pour s'approcher du point d'où part l'attraction ; de là il s'enſuit que, lorſque la diſſolution aura détaché aſſez de parties de ſel pour attirer toutes les parties aqueuſes, toutes ces particules d'eau demeureront immobiles autour des corpuſcules qui les tirent, elles ne feront donc plus d'effort pour entrer dans ce qui reſte à diſſoudre, puiſque cette maſſe ne les attire pas plus fortement que les corpuſcules ſalins auxquels elles ſe ſont attachées ; s'il y en a eſt en quelques-unes qui ait commencé à ébranler le tiſſu du ſel qui ne ſe diſſout point, leur mouvement languiſſant, parce qu'il n'eſt pas ſecondé par le reſte de l'eau, ne produira aucune diſſolution; par cette raiſon on verra pourquoi on ne détermine point la quantité de foye d'antimoine qu'il faut prendre pour faire le vin émetique : quand on mettroit dans l'infuſion trente fois plus de ce crocus métallique qu'on n'en met ordinairement, le vin n'en diſſoudroit pas davantage ; quand il s'agira donc de faire vomir, la doſe du vin émetique ne doit pas ſe déterminer par la quantité de l'antimoine, mais par la quantité du vin.

Pour que les ſels ſe fondent plus aiſément, on a accoûtumé de les réduire en poudre ; par-là on deſunit leurs parties, & on augmente leur attraction, ou plûtôt on lui donne occaſion d'agir avec plus de force, car il ſe trouve alors qu'il y a plus de parties expoſées au diſſolvant ; les parties aqueuſes qui n'auroient été attirées que par un côté d'un corpuſcule ſalin, ſont attirées par toutes les ſurfaces, elles s'inſinüent donc avec plus de force dans les pores des parties de ſel, par conſéquent la diſſolution ſe fait beaucoup plus promptement : c'eſt pour la même raiſon qu'on ſépare en lames les corps durs qu'on veut diſſoudre ; lorſqu'ils ont été ainſi diviſez, les acides les corrodent avec plus de facilité.

La diffolution des autres corps dépend des mêmes principes : pour mieux comprendre ce qui s'y paffe, il faut connoître l'adhérence des parties & les pores du corps qu'on veut diffoudre ; pour le menftruë il faut fçavoir s'il eft facile ou difficile de mouvoir fes parties, & jufqu'à quel degré monte leur force, mais dans le diffolvant & la matiere qu'on diffout, il faut avoir égard au reffort de leurs parties : fi on peut déterminer tout cela, la partie des varietez qu'on remarque dans les diffolutions fe développera aifément.

Prenons pour éxemple l'eau & l'efprit de vin : dans l'eau le fel fe fond aifément, parce que les particules aqueufes font attirées plus fortement par les parties de fel que par elles-mêmes ; mais dans l'efprit de vin qui eft plus leger que l'eau & plus chargé de parties falines, les fels ne fouffrent aucun changement, ni aucune divifion ; les parties de l'efprit de vin ayant moins de maffe s'attirent plus que le fel ne les attire, elles ne peuvent donc pas s'y infinüer, & en écarter les corpufcules qui forment fon tiffu ; par la même raifon les plumes & les matieres graiffeufes ne fe moüillent point, quoyqu'on y répande de l'eau, quoyque peut-être on pourroit dire que les corpufcules qui fortent de la plume & de la graiffe empêchent l'eau de toucher ces matieres immédiatement, on ne doit pas regarder cela comme une fimple fuppofition. M. Boile a démontré l'éxiftence de ces écoulemens ; & s'il fort de l'ayman une fi grande quantité de corpufcules & avec une fi grande force, que la limaille d'acier en fuit les impulfions, la même chofe ne peut-elle pas fe trouver dans tous les corps ? D'ailleurs M. le Chevalier Newton a prouvé qu'il y avoit dans la nature une force qui attiroit les corps à une certaine diftance, & qui les repouffe à une autre ; cela pofé, le phéno- méne dont nous venons de parler, viendra de la répulfion , quelle qu'en puiffe être la caufe.

Ponr ce qui regarde les réfines, l'efprit de vin eft leur diffolvant, & l'eau n'y touche point ; leurs parties paroiffent unies de telle maniere, qu'elles ne laiffent entre-elles que des efpaces fort petits ; les parties de l'eau qui font plus grandes que ces pores, n'y fçau- roient pénétrer, mais les parties de l'efprit de vin qui ont moins de maffe, s'y infinüent facilement.

L'amalgame des métaux s'explique de mê- me : l'or, par éxemple, eft compofé de par- ties qui s'attirent fortement les unes les au- tres ; les parties de l'argent vif qui font très- fubtiles, s'y introduifent fans peine : comme elles s'attirent moins qu'elles ne font attirées par l'or, elles s'y attachent étroitement.

Après l'or il n'y a point de métail dont les parties ayent une attraction fi forte que

I v

celles de l'argent, aussi n'y en a t-il point qui
se ramollisse plûtôt par le mélange du mercure : le fer est composé de parties qui n'ont
guéres plus de force attractrice que les parties
de l'argent vif ; ce ne sera donc que difficilement que le mercure s'amalgamera avec ce
métail, il faudra pour cela y mêler quelque
autre corps qui diminuë l'attraction des parties du mercure.

La corrosion est la dissolution des corps
qui se fait par des acides, ou par des menstruës salins ; on peut l'expliquer en partie par les principes que nous venons
d'établir, mais ce qui lui est particulier,
c'est qu'elle n'est destinée qu'à la division
des parties des corps les plus compactes, comme les os & les métaux, de sorte qu'il semble que les menstruës salins ayent une vertu
particuliere pour les dissoudre ; cherchons-en
la cause.

Les menstruës acides ou urineux ne sont
que des sels dissouts dans le phlegme, leurs
parties sont solides, elles renferment une
quantité de matiere fort considérable dans
leur petite masse, par-là leur attraction mu-
tuelle est plus forte, & elles sont aussi plus
attirées par le corps qu'on veut dissoudre ;
c'est une des loix qui s'observent dans l'attraction, que la force qui agit pour approcher deux matieres qui sont à la même distance, est proportionnée à la quantité de

matiere que contiennent les parties attractrices : quand on expofe donc à ces menftruës
falins des corps fort compactes, il y aura une
attraction plus forte & un mouvement plus
violent ; les parties de fels pourront donc
s'infinüer dans leurs pores, comme de petits
coins, & les ouvrir, quelque compacte que
foit leur tiffu.

Il faut encore obferver que plus les parties du diffolvant font divifées, mieux elles
pénétrent les corps ; l'attraction fait fentir
fa force fur-tout dans les plus petits corpufcules, elle ne donne que de foibles fecouf-
fes à ceux qui ont un volume un peu plus
grand, une petite partie peut fuivre toute la
vîteffe du mouvement de la force qui tire,
mais un corps d'une certaine maffe qui a une
large furface, eft arrêté par le fluide qui
l'environne ; d'ailleurs la quantité de matiere
qu'il contient demende un plus grand mouvement pour s'approcher du point d'où vient
l'attraction.

La divifion des parties du diffolvant donne
encore un autre avantage, ces corpufcules
ainfi féparez peuvent s'approcher du corps
qu'on veut diffoudre, & s'appliquer immédiatement à fes furfaces ; l'attraction qui ne
feroit que très-foible, s'il y avoit un certain
efpace entre ce corps & les particules du diffolvant, agira alors avec force : les Chymiftes
ont donc eû raifon de dire que les fels

n'agiſſoient que lorſqu'ils étoient diſſous.

Suivant ces principes, les ſels fondus dans l'eau entreront mieux dans les corps ſolides que lorſqu'ils étoient pulveriſez ſimplement, mais ſi par la diſtillation on les change en eſprits acides, ils s'y inſinuëront avec plus de force ; la diſtillation enleve non-ſeulement les parties aqueuſes qui pourroient trop éloigner le corps à diſſoudre & le diſſolvant, mais encore elle diviſe & ſubtiliſe les corpuſcules ſalins, & les rend par-là plus ſuſceptibles des impreſſions de la force attractrice.

Si les parties qui attirent & qui ſont attirées, ont du reſſort, on y verra tous les phénoménes qui accompagnent la fermentation, les corps parfaitement élaſtiques ſe repouſſent avec la même force qu'ils avoient avant le choq ; les parties du diſſolvant ayant heurté ſuivant la force de l'attraction contre les parties du corps à diſſoudre, ſont repouſſées par la réaction avec le même degré de mouvement qu'elles avoient acquis : l'attraction des corpuſcules qu'elles ont quitté, & la répulſion de ceux qui les environnent, les font revenir ſur leur pas encore avec plus de force ; cette action & cette réaction continüées augmentent l'impétuoſité de ces parties menſtruelles qui ébranlent enfin les particules des méraux les plus durs, & les ſéparent entierement.

Les parties du corps qu'on diſſout & celles

du menſtruë agitées toûjours davantage par des repercuſſions réïterées, compriment l'air qu'elles renferment dans leurs pores, lui communiquent leurs vibrations, l'expriment de leurs interſtices, l'air rarefié par ces mouvemens ſe trouve plus leger que la matiere qui le contient ; il s'éleve donc & entraîne avec lui les cellules aqueuſes où il étoit renfermé, & les dilate en forme de bulles ſur la ſuperficie.

Nous avons rapporté une expérience qui confirme ce ſentiment, car lorſque dans la machine du vuide on met de la limaille de fer avec de l'eau & de l'huile de vitriol, il ſe forme, dès qu'on pompe l'air, une écume ſur la ſurface, & la liqueur ſe répand par-deſſus les bords du vaſe ; c'eſt les parties de l'air renfermé dans ces matieres qui ne ſe trouvant plus en équilibre avec l'air qui les environne, s'échappent avec violence.

Si le mouvement cauſé par l'attraction & augmenté par des réfléxions fréquentes, monte juſqu'à un certain degré, il y aura une efferveſcence & une chaleur proportionnée à ce mouvement, car la chaleur ne dépend que des vibrations fréquemment réïterées des parties inſenſibles de la matiere ; or ces vibrations arrivent toûjours, dès que les particules dont les corps ſont compoſez heurtent durant quelque temps les unes contre les autres : pour mieux comprendre cela, cherchons dans l'eau & dans l'huile de vitriol l'origine de l'effervefcence qui s'excite par leur mélange.

Les parties de fel qui compofent l'huile de vitriol, font très-preffées les unes contre les autres, & ne forment prefque qu'une maffe continuë, la pefanteur en eft une preuve, car s'il y avoit du phlegme qui les féparât, il en réfulteroit une maffe beaucoup plus legere; de la proximité de ces particules falines il s'enfuit que l'attraction s'étend avec égalité par tout, & qu'elles doivent fe trouver dans un parfait équilique.

Mais lorfqu'on y mêle de l'eau, les parties falines font féparées, & l'attraction devient inégale; après cette féparation elles font effort pour fe rapprocher : & comme elles font compofées d'une grande quantité de matiere dans leur petit volume, elles s'attirent avec plus de force qu'elles n'attirent l'eau; de-là il s'enfuit que les parties aqueufes doivent être chaffées des interftices des corpufcules falins, & que ce combat doit durer jufqu'à ce que la diffolution foit entierement achevée; alors les parties de l'huile également féparées, portées par l'eau hors de la fphére de l'attraction, figurées autrement par les diverfes impulfions qui ont dérangé leur tiffu, ces parties, dis-je, fe trouveront dans un parfait équilibre qui finira l'effervefcence.

Si les sels sont élastiques, comme la vray-
semblance nous l'insinuë; puisqu'il n'y a presque aucun corps qui soit absolument sans
ressort, non-seulement leurs parties s'élanceront les unes sur les autres par leur attraction, mais après leur choq elles seront
repoussées avec impétuosité; ces impulsions
& ces répulsions produiront ces flots & ces
mouvemens réciproques qu'on remarque
dans l'eau mêlée avec l'huile de vitriol; &
par les vibrations qui les suivront, la matiere
se trouvera échauffée: suivant cette explication méchanique on voit qu'on n'a pas besoin de l'antipathie imaginaire, ou mal dé-
veloppée de l'acide & de l'alkali.

Que l'élasticité des matieres contribuë à
l'effervescence, il y a plusieurs raisons qui le
confirment, la fermentation vient plûtard
dans les corps privez de l'air qui est peut-
être la matiere la plus élastique; pour que
la biere fermente suffisamment, on y mêle
un levain rempli d'air: dans les liqueurs dont
on use non-seulement le vent de midy y
excite les premiers boüillonnemens, mais
encore il les rarefie long-temps après qu'ils
ont fermenté; d'ailleurs dans la fermentation les parties de la matiere reçoivent une
grande expansion qui ne vient que difficilement & avec beaucoup de lenteur dans les
corps privez d'air, mais qui paroît d'abord
dans ceux qui en sont remplis, comme les
matieres fluides.

Rien ne favorise plus cette opinion que ce qui arrive dans la préparation du fel de mars : le fer, comme tout le monde le sçait, a beaucoup de reffort, aussi le mélange qu'on fait de fa limaille avec l'huile de vitriol, eft suivi d'effervefcence ; si on y jette de l'eau, la chaleur devient plus grande , & le fer fe diffout plûtôt ; l'efprit de vitriol mêlé avec l'huile avance de même la diffolution, parce qu'il contient beaucoup de phlegme, & en voici la raifon.

Dans l'huile de vitriol le fel n'eft prefque pas diffout, fes parties qui fe trouvent preffées les unes contre les autres, ne peuvent pas fe détacher aifément pour s'élancer fur le fer, mais lorfqu'elles nagent dans l'eau, qu'elles ont été encore plus fubtilifées par le feu durant la diftillation, elles font attirées plus fortement par les particules de fer que par elles-mêmes, elles vont donc les joindre avec plus de rapidité.

C'eft pour cette raifon que les Chymiftes affoibliffent les menftruës en préparant les diffolutions : l'eau forte où il y a plus de phlegme agit avec plus de force fur l'argent que celle où il y en a moins ; l'efprit de vin bien déphlegmé donne des teintures moins fortes que celui qui n'eft pas fi rectifié : il ne paroît prefque point d'agitation dans l'huile de vitriol mêlée avec le mercure & le cuivre, tandis que ces mêmes métaux ferment-

tent & s'échauffent avec l'esprit de nitre qui
est un menstruë bien plus foible.

Il faut remarquer cependant que le phlegme trop abondant est un obstacle à la fermentation ; si l'esprit de vitriol est trop foible, il n'excite pas d'effervescence, quand on
le joint avec le fer ; de même si on mêle
trop d'eau avec l'huile, la force de ce dissolvant devient beaucoup plus foible à cause du
phlegme qui y domine, en voici la raison.

Lorsque le sel de l'huile de vitriol forme
une masse où les parties sont fort pressées
les unes contre les autres, il s'applique sur
le corps à dissoudre, sans lui donner aucun
mouvement, comme nous l'avons remarqué ; mais aussi lorsqu'il est joint à une
grande quantité d'eau, les parties salines se
trouvent fort éloignées, & hors de la sphére
de l'attraction.

Par tout ce que nous venons d'établir, il
est évident que le ressort & l'attraction sont
les causes de la fermentation ; les varietez
qui se rencontrent dans les opérations suiv-
vent nécessairement de ces principes : un
corps fermente plûtôt, l'autre fermente plûtard, suivant les divers degrez de force qui
se trouvent dans ces deux agens ; après leur
action il résulte souvent un nouveau composé : parce que le premier tissu de ces matieres a été altéré par le choq de leurs parties, une liqueur dissoudra ce qu'une autre

ne diſſoudra point, parce que leur force attractrice & la réſiſtance des corps à diſſoudre ne feront pas en même raiſon.

Tout cela pourroit ſuffire pour expliquer les différences qui ſe rencontrent dans les menſtruës ; mais comme on ne trouve que des hypothèſes ſur cette matiere dans les écrits des Chymiſtes & des Phyſiciens, donnons-y encore quelque jour.

Il eſt difficile d'expliquer pourquoi les métaux demandent des menſtruës ſalins, les réſines des diſſolvans ſulphureux, les ſels des fluides aqueux ; mais l'eau régale qui diſſout l'or, & l'eau forte qui ne diſſout que l'argent, préſentent une difficulté plus embaraſſante ; tous les raiſonnemens qu'on a fait pour l'éclaircir, ſont pleins de ſuppoſitions mal fondées, ou ridicules : voyons ſi les loix de la Méchanique ne pourroient pas l'éclaircir ; & pour rendre la matiere plus intelligible, ſervons-nous du calcul.

I.

L'or eſt plus peſant que l'argent, il faut donc que les cavites que forment ſes parties par leurs inégalitez, ſoient plus petites.

I I.

Suppoſons que les diametres des pores de ces deux matieres ſoient comme 2 à 1, de telle maniere que les corpuſcules qui pénétrent l'or ſoient plus petites huit fois que ceux qui peuvent s'inſinüer dans les pores de l'argent.

III.

L'or a un tissu plus ferme que l'argent ; il faut donc que les parties de l'or s'attirent plus fortement.

IV.

Supposons que l'attraction de l'or soit à l'attraction de l'argent comme 2 à 1, ou comme 40 à 20.

V.

Les parties de l'eau forte n'entrent point dans la substance de l'or, supposons donc que les diametres des pores de ce métail soient deux fois plus petits que les diametres des parties de l'eau forte.

VI.

Supposons que la force qui dans l'argent attire l'eau forte soit à la force attractrice qui joint les parties du menstruë, comme 20 à 12.

VII.

Supposons que l'adhérence des parties de l'argent soit à la force avec laquelle les parties de l'eau forte s'élancent sur ce métail comme 8 à 3.

VIII.

Supposons enfin que la force qui unit les parties de l'or soit à la force qui unit les parties de l'argent, soit comme 3 à 2.

1°. Lorsqu'on dissout le sel armoniac dans l'eau forte, la fermentation est si violente, que si on ne fait le mélange peu-à-peu, le vaisseau se met en piéces ; par ce mouvement qui agite les deux matieres, on peut dire

que les parties se brisent en heurtant les unes
contre les autres, & que leur volume diminuë
de telle maniere qu'elles peuvent entrer dans
l'or.

2°. Il faut remarquer qu'après la dissolution du sel armoniac, la force attractrice du
dissolvant augmente beaucoup, parce qu'on
y ajoûte une grande quantité de corpuscules
dont l'attraction est très-forte.

3°. La force du menstruë, suivant notre
supposition, étoit 12; mais comme elle vient
d'augmenter, supposons qu'elle monte jusqu'à 16; par cette augmentation la raison
des forces attractrices sera comme 20 à 16,
& la velocité avec laquelle les corpuscules de
l'eau régale s'élanceront sur l'argent, sera
comme la différence de l'attraction, c'est-à-
dire, comme 4.

Si les parties de l'eau régale étoient égales
à celles de l'eau forte, il se trouveroit que
leur force seroit à la force qui unit les parties de l'argent, comme 4 à 3; mais par la
supposition elles deviennent 8 fois plus
petites, il faut donc que cette force soit réduite à la huitiéme partie, ainsi la force avec
laquelle les corpuscules de l'eau régale s'élancent sur l'argent, sera à l'égard de la force
qui unit les parties de ce métail comme $\frac{4}{8}$
ou $\frac{1}{2}$ à 3; par-là il est évident que l'eau
régale ne pourra jamais dissoudre l'argent.

Pour l'or sa force attractrice sera à l'égard

de l'eau régale comme 40 à 16 ; la velocité des parties de cette eau attirée par ce métail, sera donc comme la différence, c'est-à-dire, comme 24 : or si ce nombre se multiplie par $\frac{1}{8}$ (grandeur des parties) il en exprimera la force qui se trouvera égale à $\frac{24}{8}$ ou à 3, ce qui suffira pour dissoudre l'or dont les parties sont unies par une attraction, comme 2.

Si l'attraction de l'or étoit plus forte trois fois que l'attraction de l'argent qui est comme 20, celle de l'or monteroit à 60 : or de la différence qui est entre l'or & l'eau régale par leur force attractrice, c'est-à-dire, 44 × $\frac{1}{8}$ grandeur des parties de l'eau régale, il s'ensuit qu'il y aura une force égale à $\frac{44}{8}$ ou $\frac{11}{2}$; & parce que la résistance est comme 2, la force dont nous venons de parler sera comme $\frac{11}{2}$ à 2, ou comme 11 à 4, c'est-à-dire, qu'elle sera triple.

Ce que nous venons d'établir peut s'expliquer de plusieurs autres manieres ; & de toutes les explications les mêmes effets suivront toûjours : voici comme on pourroit prouver la même chose en général.

Soit l'attraction de l'or à l'attraction de l'argent, comme a est à b ; celle de l'argent à celle de l'eau forte, comme b est à d ; celle de l'eau forte à celle de l'eau régale, comme d est à e ; soit f la grandeur des parties de l'eau forte, r celle des parties de l'eau régale, soit g la force attractrice qui unit les parties de l'argent, e celle qui unit les parties de l'or.

Si les diametres des parties f sont plus longs que les diametres des pores de l'or, ces parties ne pourront jamais dissoudre ce métail; mais si $\overline{b\ldots d\times f}$ surpassent g, l'argent cedera au menstruë dont les parties plus petites que ses pores sont f; & si $\overline{b\ldots e\times r}$ ne montent pas jusqu'à g, l'argent ne se fondra jamais dans le menstruë dont les parties sont r, & la force attractrice e : mais si $\overline{a\ldots e\times r}$ surpassent e, le menstruë dont les parties sont r, & l'attraction e, suffira pour dissoudre l'or; dans ce cas comme les lettres indéterminées sont en plus grand nombre que les conditions qu'on demande, il est évident que le problême peut se résoudre en une infinité de manieres.

Pour ce qui regarde les pores & l'attraction de l'or & de l'argent, on ne peut rien déterminer; la force attractrice qui doit se trouver dans les métaux & le menstruë pour faire la dissolution, n'est pas non plus mieux connuë, peut-être que l'expérience d en opérera un jour les ténébres qui dérobent à notre curiosité les principes nécessaires pour la satisfaire; il suffit pour le sujet que nous traitons, d'avoir trouvé en général les loix méchaniques qui reglent & qui diversifient les phénoménes de cette opération; le calcul en conduifant l'efprit à cette connoiffance, nous a découvert la voye que nous devions fuivre pour mieux éclaircir la matiere.

La Digeftion.

SI on met un corps dans un menftruë, & quon aide la diffolution avec le feu, cela s'appelle digeftion.

La digeftion ne différe de la diffolution qu'en ce que le feu agit avec le diffolvant dans la digeftion, & que le menftruë agit feul dans la diffolution.

L'action du feu fur les corps qu'on diffout a été expliquée dans l'article de la diftillation, il ne refte qu'à faire voir comment les parties d'une matiere plus pefante peuvent fe répandre & fe foûtenir dans un menftruë plus leger qu'elles; pour les corps qui ont la même pefanteur que leurs diffolvans, ils ne préfentent pas de difficulté, puifque fuivant les loix de l'Hydioftatique, un corps qui n'eft pas plus pouffé vers le centre de la terre par fa gravité qu'une maffe égale de quelque liqueur, doit demeurer immobile à quelque hauteur qu'on le place dans ce fluide.

Les parties d'un corps fluide cedent à la plus legere impulfion, cependant malgré cette facilité qu'on trouve à les féparer, elles font attachées les unes aux autres par des liens qni demandent une certaine force;

quand on veut les rompre, quelque foibles qu'ils foient, leur réfiftance eft affez confidérable pour produire des phénoménes contraires à ceux qui arriveroient dans un corps parfaitement fluide : felon les loix de l'Hydroftatique, un corps plongé dans un liquide plus leger, defcend au fond, cependant l'or qui eft un métail fi pefant, furnage l'efprit de vin, fi on le divife en lames.

I.

La réfiftance qu'un corps folide rencontre dans une matiere liquide, eft proportionnée à la force qui s'oppofe à la divifion des parties, à la furface de ce corps folide, & à la denfité du fluide.

II.

La furface peut augmenter, tandis que la pefanteur fera dans le même degré; ainfi la réfiftance qui vient de la furface pourra égaler ou exceder la pefanteur.

III.

De ces deux principes il s'enfuit que fi un cylindre dont la bafe a un diametre d'un doigt de longueur, & dont la pefanteur eft à l'égard de la réfiftance qu'il trouve dans un fluide, comme 100 à 1, il s'enfuit, dis-je, que fi le diametre de ce cylindre eft augmenté de dix doigts, fa furface fera cent fois plus large, par conféquent la pefanteur fe trouvéra égale à la réfiftance du corps liquide.

IV.

IV.

Par ce principe on peut déterminer quelle est la force qui s'oppose à la féparation des parties d'un fluide dans un efpace donné; car qu'on prenne une once de plomb, & qu'on prolonge fa bafe jufqu'à dix doigts, fi après cette augmentation le plomb demeure fufpendu, un cercle dont le diametre eft de dix doigts donnera dans ce fluide un efpace ou une furface dont la réfiftance fera égale à celle d'une once.

V.

Comme la furface réfifte à la defcente d'un corps pefant dans une matiere fluide, il s'enfuit que fi en divifant un corps la pefanteur diminuë à proportion plus que la furface, on pourra pouffer la divifion jufqu'à un tel point, que la réfiftance qui viendra de cette furface fera égale à la pefanteur.

VI.

Il a été démontré que la furface & la pefanteur ne diminüent pas en même raifon, & qu'il refte à un corps une furface affez large, quand la pefanteur eft réduite prefqu'à rien.

VII.

Suivant ce principe, qu'on fuppofe une fphére de plomb dont la pefanteur foit à l'égard de la réfiftance qu'elle trouve dans un fluide, comme 100 à 1; je dis que fi l'on divife cette fphére en deux, dont le diametre foit la moitié du premier, la pefanteur de chacun sera $\frac{1}{8}$, & la surface sera $\frac{1}{4}$; car la diminution de la pesanteur est en raison triplée de la diminution des diametres, & la diminution des surfaces en raison doublée.

VIII.

La résistance ayant été réduite à $\frac{1}{4}$, & la pesanteur à $\frac{1}{8}$, le poids de chaque sphére sera à l'égard de la résistance comme $\frac{100}{8}$ à $\frac{1}{4}$, ou comme $\frac{50}{3}$ à $\frac{1}{4}$, ou comme 50 à 1.

IX.

Il s'ensuit de ce calcul que la pesanteur a diminüé par cette seule division de la moitié plus à proportion que la surface, & par conséquent de la moitié plus que la résistance qui se trouve dans le fluide.

X.

Si l'on divise encore ce corps de telle maniere que le diametre de chacune des petites sphéres soit la dixiéme partie du diametre de la premiere sphére, la diminution de la pesanteur sera $\frac{1}{1000}$, & la diminution de la surface ou de la résistance sera $\frac{1}{100}$; ainsi la raison qui sera entre la pesanteur & cette résistance, sera comme $\frac{100}{1000}$ à $\frac{1}{100}$, ou comme 10 à 1.

XI.

Si le diametre de chaque sphére se réduit à $\frac{1}{100}$, la pesanteur sera $\frac{1}{1000000}$, mais la surface ou la résistance sera $\frac{1}{10000}$; ainsi la pesanteur comparée avec la résistance sera comme $\frac{1000}{1000000}$ à $\frac{1}{10000}$: ces deux fractions font voir que la pesanteur & la résistance seront égales ; ainsi ces petites sphéres ne pourront pas descendre, quand elles seront plongées dans quelque fluide.

XII.

Il s'ensuit de-là que dans toute dissolution ou digestion, si la pesanteur est à la résistance qu'elle trouve dans l'union des parties du fluide, comme p à 1, & qu'après que le corps aura été divisé, les diametres des parties sont au diametre du tout, comme 1 à p ; il s'ensuit, dis-je, que la résistance des parties sera égale à la pesanteur ; car la pesanteur étant $\frac{1}{p^3}$, & la surface $\frac{1}{p^2}$, la pesanteur sera à la résistance, comme $\frac{p}{p^3}$ à $\frac{1}{p^2}$, ou comme 1 à 1.

Par ce que nous venons de dire, on voit pourquoi les métaux sont soûtenus dans des menstruës spécifiquement plus legers, comme l'or dans l'esprit de nitre bésoartique qui est quinze fois moins pesant ; il n'y a qu'à considerer en général que lorsque les métaux ont été divisez, leurs surfaces n'ont pas diminüé comme leur pesanteur, & qu'ainsi la résistance s'est conservée, tandisque la force qui la pouvoit surmonter a diminüé : on peut appliquer cela à beaucoup d'autres matieres qui ont donné occasion à plusieurs hypothèses ; M. Bayle Professeur à Toulouse s'étoit imaginé que les vapeurs étoient soutenues dans l'air, parce que la matiere subtile formoit des tourbillons autour des parties aqueuses: mais quelle est la cause de ces tourbillons, & comment une matiere trèsdense en peut-elle rendre une autre plus legere ?)

Après avoir donné quelque clarté à cette matiere par le calcul, il faut l'expliquer d'une maniere qui puisse être entenduë de tout le monde ; prenons pour éxemple un quarré de bois ou d'une autre matiere placée sur l'eau selon sa surface la plus large, il est évident qu'afin que ce quarré descende, il faut que l'eau qui répond au centre du quarré parcoure le demi-diametre de ce quarré, c'est-à-dire, qu'elle se porte depuis le centre vers les bords ; ainsi tandis que ce quarré parcourra en descendant un doigt, il faudra que si son diametre a 50 doigts de longueur, l'eau parcoure 25 doigts de chaque côté : or on peut voir que si on donne à ce quarré une grande étenduë, jamais la pesanteur n'aura assez de force pour faire parcourir à l'eau un si grand espace ; c'est ainsi qu'un corps de cent livres attaché à un rayon d'un pied, n'auroit jamais assez de force pour élever un corps d'une livre joint à un rayon de 100 pieds; pour appliquer cela à la matiere que nous traitons, on n'a qu'à s'imaginer que les parties des métaux sont divisées en

petites lames, & on verra qu'elles se soûtien-
dront nécessairement dans leurs menstruës.

La même force qui empêche qu'un corps
ne descende dans un fluide, empêchera aussi
qu'il ne monte ; car si la pesanteur n'est
pas capable de précipiter , par exemple ,
une lame d'or à cause de la résistance de la
surface , il se pourra faire que cette surface
soit si large, que la pesanteur du liquide ne
sera pas assez forte pour pousser vers la superficie un corps quoyque fort leger , ainsi
les parties des plantes, comme du chêne , du
sapin, du saffran , qui sont beaucoup plus
legers que l'eau , s'y soûtiennent à quelque
hauteur que ce soit ; le camphre encore qui
est le corps presque le plus leger , se soûtient dans l'huile de vitriol ou dans l'eau
forte sans pouvoir s'élever jusqu'à la surface , après sa dissolution.

On peut connoître l'usage de la digestion
par la définition : on ne met un corps dans
quelque liqueur sur le feu qu'afin de dégager les parties fluides des parties terrestres ,
& de les mêler avec les parties du menstruë ;
on ne donne à la matiere en digestion qu'un
feu leger , parce qu'une chaleur trop violente éleveroit les fœces qui peut-être ne di-
minuëroient rien de l'efficace du remede ,
mais qui troubleroit toûjours la liqueur ,
comme on peut le voir dans les teintures ;
d'ailleurs un feu trop poussé communique

toûjours à la matiere quelque empyreume.

Pour les diverses préparations qui précédent la digestion, ce que nous avons dit en
a prouvé l'utilité : quand on dissout le sel
de tartre, & qu'on réduit le soulphre en
fleurs, pour en tirer la teinture, on n'a d'autre vûë que de diviser les parties, afin que
le menstruë puisse plus aisément les séparer
& s'en charger ; le saffran, l'opium, le casto-
reum, dont le tissu est fort lâche, cedent facilement au dissolvant ; la myrrhe & le succin qui approchent davantage de la nature
des résines, résistent beaucoup plus à la digestion ; mais si on y mêle du sel ammoniac,
non-seulement la teinture paroît plûtôt,
mais elle est beaucoup plus chargée & plus
efficace. Vigan raisonne donc juste, quand
il assûre que dans les élixirs vulgaires la
myrrhe ne souffre presque aucun changement ; c'est pour cela qu'il l'enferme dans
un sac avec du sel de tartre qu'il plonge
dans le dissolvant jusqu'à ce qu'elle mollisse,
par-là elle se dissout beaucoup mieux dans
l'esprit de vin ; au reste cette maniere de
faire les élixirs vient de Paracelse qui aiguise
l'esprit de vin par l'huile de soulphre.

Rien n'a plus occupé les Chymistes que la
teinture de mars ; pour ouvrir ce métail ils
ont eû recours à divers menstruës : les uns
se sont servis de l'urine, du cidre, des sucs
acides ; les autres du vinaigre & de l'esprit

de roüille : par mille procédez ils ont défiguré ce métail qui leur a coûté un travail fort long suivi de peu d'utilité ; des préparations que la simplicité leur a fait rebuter, leur auroit épargné bien des peines ; le feu & le sel ammoniac auroient assez divisé le fer pour que l'esprit de vin en eût pris une teinture assez chargée, car on peut assûrer que le sel ammoniac & l'esprit de vin sont des menstruës plus convenables à la nature du fer que les autres dont nous venons de parler ; d'ailleurs non-seulement on retire avec ce dissolvant la substance du fer, mais encore on lui donne un véhicule qui favorise son opération. Le premier qui a donné cette teinture de fer est Mynsichtus ; voici la maniere de la faire selon cet Auteur.

Prenez deux parties de sel ammoniac sur une partie de limaille de fer, mêlez les matieres & les distillez dans la cornuë, donnez-y premierement un feu lent, ensuite poussez-le davantage, l'essence de mars restera au fond, retirez-la & l'édulcorez pour lui enlever l'âcreté que lui a donné le sel ammoniac ; prenez la matiere édulcorée & mettez-la dans une cucurbite, tirez-en la teinture avec l'esprit de vin ; quand l'esprit de vin se sera chargé de cette matiere, mettez-le dans un alembic, & le distillez jusqu'à ce qu'il soit réduit à la moitié, filtrez avec ce qui est reſté l'eſſence que vous avez retirée, & vous aurez la véritable eſſence de mars.

. Cette opération longue, ennuyeuſe, embaraſſante, n'ajoûte rien, ſelon quelques-uns, à l'efficacité de la teinture par ſes divers degrez de feu, par l'édulcoration, par la diſtillation réïterée. 1°. La diſtillation ne diviſe pas le fer comme la calcination, puiſque la force du feu n'eſt pas la même. 2°. La lotion par laquelle on enleve le ſel ammoniac, eſt ſans fondement, puiſque ce ſel hâte la teinture, & en augmente les forces. 3°. L'extraction de l'eſprit par l'alembic affoiblit la teinture, puiſqu'il entraîne avec lui les parties les plus volatiles, & par conſéquent les plus efficaces; ſi par-là on avoit en vûë de donner de la force à la teinture, on pourroit y mieux réuſſir en permettant aux corpuſcules de fer de s'imbiber davantage par une digeſtion plus longue.

L'Extraction.

L'Extraction en général n'eſt autre choſe que la diſſolution qui ſe fait par quelque menſtruë, ſi ce n'eſt peut-être qu'on veüille dire que ces deux opérations différent en ce que dans la diſſolution le menſtruë abſorbe toute la matiere d'un corps, & que dans l'extraction il ne ſe charge que de quelques parties; ainſi l'eſprit de vin qui diſſout le camphre, ne donne qu'une extraction du jalap, parce qu'il n'y a dans cette racine que la matiere résineuse qui cede à l'esprit de vin.

Mais l'extraction dont il s'agit n'est qu'un épaississement de la matiere qu'on a dissout ; après que l'esprit de vin, par exemple, a pris la teinture de saffran jusqu'à saturation, on le réduit à la moitié par la distillation, ensuite on fait évaporer ce qui reste d'humidité en le mettant sur le sable dans un vase découvert ; les parties du saffran divisées & subtilisées formoient une teinture liquide mêlée avec l'esprit de vin, mais ayant perdu leur véhicule par la distillation, il faut qu'elles se rapprochent & s'épaississent, le feu de sable leur enleve encore ce qui leur restoit de liquide, elles seront donc réduites nécessairement à une masse plus épaisse encore, on donne d'ordinaire à ces matieres dont on fait évaporer l'humidité la consistance de miel, & c'est alors qu'on leur donne le nom d'extrait.

On tire aussi un extrait du suc des plantes, par exemple, après avoir pilé une certaine quantité de mélisse, on la fait distiller avec une décoction de la même plante, on prend ce qui reste dans l'alembic après la distillation on l'exprime par un linge, on filtre l'expression, on la fait évaporer jusqu'à ce qu'il reste un extrait en consistance de miel. Dans ce que nous venons de dire il n'y a rien de particulier, tout se peut rapporter à la dissolution ; il n'est donc pas nécessaire que nous nous arrêtions à expliquer cette opération.

C'est sur-tout des plantes qu'on fait des extraits, suivant qu'elles sont composées de divers principes elles demandent des menstruës différens : la gomme Arabique, la gomme adragant qui sont des corps mucilagineux, ne peuvent se dissoudre que dans l'eau, mais les sucs résineux, comme le galbanum & la scammonée ne cedent presqu'à l'esprit de vin ou à d'autres liqueurs semblables; les végétaux qui sont resineux & mucilagineux, se peuvent dissoudre dans des menstruës aqueux & sulphureux, cependant la dissolution ne réussit pas également dans les uns & dans les autres : l'aloës & la rhubarbe qui ont quelque chose de résineux, donnent leur extrait plus facilement, quand on se sert de l'esprit de vin ; mais pour les plantes qui ont moins de résine, comme l'hellébore & la scorsonerre, elles demandent l'eau plûtôt que l'esprit de vin : pour bien faire un extrait, il faut donc prendre des menstruës qui approchent de la nature des corps dont on en veut retirer quelque partie.

Les Chymistes se sont donné plus de soins pour extraire l'opium que pour toutes les autres matieres : aprés avoir disputé long-temps sur cet admirable remede qui est un

des préfens les plus précieux que la nature aye fait à la fragilité humaine, ils ne
s'accordent pas encore fur le menftruë qui
lui convient ; les procédez qu'on trouve
dans les livres font infinis, en voici un ou
deux.

Quelques Chymiftes après avoir fait évaporer l'opium fur les charbons ardens, ou
l'avoir expofé à la vapeur du foulphre allumé, en tirent l'extrait avec des liqueurs acides ; ils veulent par-là, difent-ils, figer &
corriger fa vertu narcotique : mais pourquoi
torrefier l'opium ? veut-on faire évaporer
ce qu'il y a de plus fubtil pour extraire feulement une terre ou une tête-morte à la place
du fel volatile ? pour les acides à quel deffein
les employe-t-on ? L'opium fubtilife le fang,
pouffe par les fueurs ; les acides coagulent,
concentrent les humeurs ; veut-on oppofer
un rafraîchiffant à un remede chaud, &
épaiffir le fang quand on veut le divifer ?
c'eft comme fi un Chirurgien qui va couper une jambe fe donnoit beaucoup de
peine pour émouffer fon couteau : quoyque
l'opium fermente avec les fucs des végétaux qui ont quelque acidité, on n'a pas
plus de raifon d'en faire un mélange ; on ne
fera qu'anéantir la vertu de l'opium, ou lui
donner quelque qualité nuifible, car nous
voyons qu'en le mêlant avec le vinaigre, il
caufe des fuppreffions d'urine.

K vj

D'autres Chymistes joignent l'opium au sel de tartre ; & si on les croit, ce sel en est le vrai correctif, mais comme on ne voit pas qu'il y porte rien de mauvais, on ne connoît pas aussi quelle est la vertu qu'il lui communique : on n'a pas besoin du tartre pour extraire l'opium, puisqu'il se dissout assez promptement dans son menstruë ; & ce remede destiné à calmer nos douleurs, n'agit pas avec une violence qui demande d'être corrigée.

Le correctif prétendu des Anciens qui mêloit aux opiates des matieres chaudes & aromatiques, étoit peut-être mieux fondé ; au lieu de retrancher quelque chose de la vertu de l'opium, ils lui donnoient par hazard de nouvelles forces qui le rendoient plus efficace dans la Medecine; par les drogues échauffantes qu'ils y joignoient, ils hâtoient son effet, & par les végétaux aromatiques ils augmentoient sa vertu assoupissante, car les plantes huileuses sont narcotiques, comme le carthame, la noix muscquée, le musc & l'ambre ; c'est aussi suivant les vûës des Anciens que le fameux Sydhenam a joint à son laudanum le saffran, la canelle & les girofles.

Les autres menstruës dont les Chymistes se servent, sont l'esprit de vin, le vin & l'eau qui ont chacun leurs partisans, mais je crois que le vin mérite la préférence, car l'esprit de vin dont la violence ne convient pas à tout le monde, se charge trop de la partie résineuse de l'opium, attaque la tête, cause des délires, des insomnies, des nausées, des tranchées, des coagulations qui s'opposent à l'action narcotique.

Il est vrai qu'avec l'eau on peut tirer très-bien l'extrait de l'opium, mais des estomachs foibles ne s'en accommodent pas ; il faut donc avoir recours au vin qui n'est sujet à aucun de ces inconveniens, il se charge du sel volatile qui fait la vertu de ce remede, il est stomachique, il dispose au sommeil, il donne enfin à l'opium un véhicule qui le porte bien-tôt dans la masse du sang.

Un menstruë durant la digestion prend une teinture toûjours fort chargée, les parties du corps dissout lui enlevent sa couleur naturelle, mais il la reprend si on le distille; le feu plus violent dans la distillation que dans la digestion, donne aux particules fluides une grande expansion; cette rarefaction qui les rend plus legeres, les éleve d'abord: l'esprit de vin en est un éxemple, il se rarefie beaucoup plus promptement que presque tous les autres fluides; lorsqu'il monte, les parties solides dont il s'est chargé durant la dissolution, sont encore à peine ébranlées par l'action du feu, leur pesanteur les retient au fond de l'alembic ; s'il y en a quelques-unes que l'impulfion des parties ignées ait enlevé, leur poids les fait retomber fur les autres avant qu'elles puiffent s'échapper; les parties fluides du diffolvant étant donc dégagées de la matiere hétérogene qu'elles avoient prife, reviennent à leur premiere tranfparance & à leur couleur, il y a toûjours cependant quelques corpufcules plus legers que les autres qui fortent avec la liqueur, comme le goût & l'odeur le prouvent.

L'extraction, dit M. Freind, peut être de quelque ufage dans la Chymie, mais on peut douter fi la Medecine peut en tirer quelque avantage; les parties les plus fubtiles fe diffipent, ou quand on retire le menftruë par la diftillation, ou quand on le fait évaporer à découvert fur le feu; il ne refte donc que des parties groffieres qui ont réfifté à l'action des parties ignées, on peut juger par-là de la vertu de tous ces extraits qu'on vante parmi les Chymiftes; toute la grace qu'on peut leur faire, c'eft de les regarder non pas comme des remedes, mais comme des efpeces de véhicules qu'on peut remplacer par des chofes fort fimples qui ne demandent nulle préparation. Tout cela n'eft pas fondé.

La Précipitation.

SI les parties d'un corps folide nagent dans quelque fluide, & qu'elles viennent

à tomber au fond du vase, ou d'elles-mêmes, ou quand on y mêle quelque liqueur,
cela s'appelle précipitation.

Il seroit inutile de rapporter ici toutes les
fables qu'on a débité sérieusement sur cette
matiere. M. Lemeri est un de ceux qui a le
plus rêvé là-dessus, rien de plus merveilleux
que l'explication qu'il donne à la précipitation du mercure par le sel marin : il donne premierement des pointes fort subtiles
aux parties de l'esprit de nitre, ensuite au
bout de ces pointes il attache des globules de
mercure ; qu'arrive-t-il quand on jette là-
dessus du sel marin ? d'abord les parties de ce
sel qui sont fort pesantes tombent sur les petites aiguilles nitreuses, leur choq violent les
rompt, & les parties du mercure toûjours enfi-
lées par les pointes subtiles de nitre qui y sont
restées, sont obligées de se précipiter ; une
telle explication se réfute assez d'elle-même ; pourquoi toutes ces imaginations, tandis qu'il n'y a pas de phénoméne qui puisse
se réduire si facilement aux loix de la Méchanique.

Par ce qu'on vient de dire sur la digestion,
on peut comprendre comment des corps
solides peuvent se soûtenir dans des liqueurs,
quoyqu'ils soient beaucoup plus pesans, cela
doit toûjours arriver, lorsque la résistance
qui vient de la cohésion des parties du liquide est en raison réciproque avec la pe-

santeur des parties du corps solide, ou ce qui
revient au même, lorsque la surface se trouve
fort considérable, après que la pesanteur a
été réduite presqu'à rien dans les parties de
la matiere qu'on a dissout; il faut donc pour
que ces particules ne puissent plus nager dans
leur menstruë que le contraire arrive, c'est-à-
dire, si je puis m'exprimer ainsi, que la tena-
cité & la résistence des parties du dissolvant ne
répondent pas à la pesanteur des corpuscules
solides, cela peut arriver en deux manieres.

Premierement la précipitation arrive lorsque sur un menstruë chargé des parties de
quelque corps dissout, on jette une liqueur
spécifiquement plus legere, par cette addition on diminuë dans le dissolvant la pesanteur, car après le mélange elle est toûjours
proportionnée à la gravité de l'un & de
l'autre fluide; quand les parties du menstruë ont été jointes à celles d'une autre liqueur, il faut nécessairement que leur cohésion ne soit plus si étroite, elles ne pourront donc plus résister, comme auparavant,
à la descente des corpuscules solides qu'elles
soûtenoient dans cette inégalité de force,
ces corpuscules tomberont au fond du vase,
suivant les loix de la Statique; il en est de
même que des hydrometres qui se soûtiennent dans l'eau très-facilement, mais qui se
précipitent si on y mêle des esprits ardens en
trop grande quantité.

Ce n'eſt pas ſeulement ces raiſons méchaniques qui prouvent notre ſentiment, l'expérience le confirme : l'eſprit de ſel ammoniac jetté dans des menſtruës acides, précipite les parties des métaux en très-grande quantité, quoyque beaucoup plus leger ; l'eſprit de vin qui eſt preſque le moins peſant des corps fluides, produit le même effet beaucoup plus promptement, il précipite tous les ſels ſuſpendus dans l'eau, ces ſels forment enſuite des criſtaux.

Si on jette en gouttes du vinaigre diſtillé ſur les ſcories d'antimoine, le ſoulphre doré ſe ſépare d'abord : les acides où l'on mêle de l'eau ou du vinaigre, lâchent de même les corpuſcules qu'ils retenoient, mais en moins grande quantité ; ces mêmes acides joints avec d'autres plus peſans, précipitent tout ce qui y nage ; jettez de l'eſprit de ſel ſur une diſſolution de plomb, de cuivre, d'étain faite avec l'huile de vitriol, ces métaux quitteront d'abord leur menſtruë, & ſe précipiteront ; on peut voir par-là s'il eſt abſolument néceſſaire d'avoir recours à l'alkali, comme les Chymiſtes le prêchent dans tous leurs livres.

Secondement la précipitation réuſſit de même, ſi on mêle avec le menſtruë une liqueur plus peſante, car ces parties qui ont plus de peſanteur, entraînent en deſcendant les corpuſcules ſolides répandus dans le menſtruë ; ces corpuſcules précipitez & arrêtez

au fond du vafe par la matiere dont le poids
les a détachez du fluide, ne peuvent plus
s'élever; voici des exemples qui prouvent
ce raifonnement : non-feulement les efprits
acides, mais encore l'eau des végétaux précipite les teintures que l'efprit de vin a tiré;
l'eau & le vin lâchent les corps qu'ils ont
diffous; fi on y jette des efprits acides qui ont
plus de pefanteur, les particules métalliques
fe détachent de l'efprit de fel ammoniac par
le mélange de l'efprit de nitre ou de l huile
de vitriol; la même chofe arrive, quand les
métaux ont été diffouts dans l'eau forte :
cette même huile de vitriol mêlée avec un
fel volatile huileux, ou avec une diffolution
fort chargée de quelque autre fel que ce puiffe
être, entraîne non-feulement vers le fond
des corpufcules, mais elle convertit prefque toute la liqueur en fel ; lorfqu'on fait
ce mélange, les parties de fel s'approchent
par leur force attractrice ; comme elles font
fort preffées, parce qu'elles font en grande
quantité, elles ne peuvent pas fe repouffer
après le choq ; le peu de phlegme qui s'y
trouve mêlé, ou s'éleve fur la fuperficie, ou
divifé en parties infenfibles, forme avec ce
fel un corps folide : la même chofe arrive
encore avec le tartre vitriolé ; d'ailleurs par
le mouvement inteftin & par l'effervefcence qui arrive à ces mélanges, l'humidité qui donnoit au fel une efpece de flui-

dité, s'évapore, les corpuscules salins n'ayant donc plus de véhicules, tomberont les uns sur les autres, & s'uniront.

C'est de-là que dépend la coagulation qui fait en partie la précipitation : l'huile de tartre ne précipite en partie les corps dissouts dans les acides que parce qu'elle forme avec ces corps un coagulum qui étant plus pesant que le menstruë, l'oblige à lui céder la partie inférieure du vase.

Ce n'est pas seulement par le mélange de quelque liqueur plus pesante qu'arrive cette coagulation ; lorsque la pesanteur du menstruë & celle du fluide qu'on y mêle approchent l'une de l'autre, les matieres forment de même un coagulum qui facilite encore davantage la précipitation, on trouve une preuve de cela sur-tout dans les sels ; l'esprit de sel ammoniac, l'esprit de corne de cerf & de sang humain, les sels volatiles huileux qui différent peu de l'eau commune par leur pesanteur, ces sels, dis-je, précipitent en grande quantité la dissolution de sublimé corrosif ; le précipité blanc de mercure en est un exemple : on trouve toûjours la matiere précipitée plus pesante que le sublimé, il faut donc nécessairement que cette augmentation vienne de l'union des sels qui se trouvent dans les liqueurs qu'on mêle avec le mercure, de même les magisteres qu'on tire des végétaux par la précipitation, pesent plus que les poudres de ces mêmes végétaux, l'augmentation ne peut s'attribuer qu'aux parties de la matiere qui fait la précipitation.

Il n'est pas difficile de comprendre comment se fait cette coagulation, des parties solides jointes à d'autres parties solides peuvent former une masse qui n'aura aucune des proprietez qu'on voit dans les corps fluides, mais on ne comprend pas si facilement comment des corps liquides peuvent se coaguler & former un corps dur.

La premiere chose qui arrête dans cette matiere, c'est l'ignorance où l'on est sur la nature de la fluidité; Descartes nous dit que les parties d'un corps fluide se meuvent en tout sens, mais un tel mouvement est-il possible ; tandis qu'une de ces parties se meut d'un côté, elle en rencontre une autre qui vient à elle avec la même force : après le choq ces deux parties ne pourront pas être réfléchies, parce qu'il en vient d'autres après elles avec la même rapidité ; il faudra donc qu'elles demeurent immobiles, on peut dire la même chose des autres.

On peut dire encore contre ce sentiment que ce mouvement ne donnera jamais plus de facilité à la force qui meut quelque corps dans un fluide, car autant qu'il se trouve de parties qui la favorise, autant y en a-t-il qui sont un obstacle à son mouvement, pendant c'est en partie pour cela qu'on a imaginé ce mouvement en tout sens ; voyons si l'on ne peut pas expliquer les phénoménes des corps fluides d'une autre maniere.

I.

Les corps fluides cedent à la plus legere impulsion ; ou il faut donc que leurs parties ne soient pas attachées les unes aux autres, ou qu'elles ne soient unies que par des liens fort foibles.

II.

Les parties d'un corps fluide ne seront attachées les unes aux autres que très-foiblement, lorsqu'elles ne se toucheront qu'en peu de parties ; voyez les premieres propositions de ce Traité.

III.

Ces parties détachées les unes des autres pourront ceder aisément, si elles sont en équilibre de tous côtez ; c'est par-là que deux corps égaux sur une balance ne demandent qu'une legere impulsion pour se mouvoir, or toutes ces parties sont en équilibre suivant les principes que nous allons établir.

IV.

Soit un corps fluide dans un vase, je dis que si on le presse par tout également, cette pression ne donnera aucun mouvement à ses parties ; pour mieux comprendre cela,

il faut prendre un fluide comme l'eau qui
ne peut pas se resserer de par la compression.

V.

Prenons la partie *a* qui soit à deux doigts
du centre du vase, si la pression meut cette
partie, toutes les autres auront le même
mouvement, puisque la pression est suppo-
sée égale de tous côtez ; toutes ces parties ne peuvent pas s'approcher du centre,
si celles qui les en séparent ne s'en approchent ; or cela est contraire à la supposition :
puisqu'elles ne peuvent pas s'approcher, elles
ne peuvent pas non plus s'en éloigner, puisque celles qui sont près des bords ne peuvent pas se resserrer par la supposition, elles
seront dans un parfait repos.

VI.

Je dis que toutes les parties sont également pressées de tous côtez ; car si une partie n'est pas également pressée de tous côtez, qu'on augmente la pression dans cette
partie jusqu'à ce qu'elle soit égale par tout,
alors la partie demeurera en repos ; or elle
étoit en repos avant la pression nouvelle
par la *5.* donc par cette nouvelle pression
elle quittera sa place par la définition du
fluide, *propos. 1.* ce qui est contradictoire.

VII.

Deux parties sphériques qui ne se touchent pas immédiatement, sont pressées éga-

lement; car par la *6* une partie sphérique
est également pressée dans tous les points
de sa circonference qui touchent les parties
voisines; ces parties voisines sont pressées
par cette partie sphérique avec la même
force, puisque l'action est égale de la réaction, ces parties ainsi repoussées presseront
les parties suivantes avec la même force, &
en seront repoussées de même, par conséquent la proposition est démontrée.

VIII.

Ce que nous venons de dire de deux parties peut se dire de toutes, par conséquent
toutes les parties d'un fluide sont pressées
également, & ne se meuvent point.

IX.

De-là il s'ensuit que la cause de la pesanteur pressant également la surface d'un fluide, toutes les parties de ce fluide doivent se
trouver dans un parfait équilibre; par cette
pression il n'y aura donc pas de mouvement
intestin, comme les Philosophes l'ont cru;
s'il y en avoit quelqu'un, il viendroit de quelque cause qui presseroit inégalement: or les
agents de la nature agissent par tout de la
même maniere, s'ils sont universels; car pour
les agents particuliers ils peuvent agir dans
un endroit, & ne pas agir dans un autre,
ainsi la fermentation & la chaleur pourront

exciter quelque mouvement dans un fluide, mais alors cela ne viendra point de la cause générale de la fluidité.

Après avoir trouvé les proprietez des fluides, il faut voir comment ils peuvent devenir solides; cela arrivera lorsque leurs parties qui ne se touchent qu'en très-peu de points, se toucheront suivant une grande partie de leur surface, pour cela il faudra ou une plus grande pression, ou un corps étranger qui remplisse les intervalles qui se trouvent entre les parties du fluide: il ne paroît pas que les corps qui se condensent soient beaucoup plus pressez qu'auparavant, il faudra donc un corps étranger, cela est d'autant plus vrai-semblable, qu'un tel mélange forme souvent un corps solide de deux corps fluides; voici une expérience qui paroît confirmer ce sentiment: prenez un plat rempli de neige, placez-le sur le feu, & mettez sur la neige une phiole remplie d'eau, à proportion que la neige se fond l'eau se congéle, or cela ne peut venir que de ce que les corpuscules qui sortent de la neige, entrent dans l'eau; suivant cette idée l'eau se gelera en hyver, parce que les corpuscules dont l'air est rempli n'étant plus rarefiez par le Soleil, se resserrent, & deviennent par-là plus pesans; par leur pesanteur ils s'insinüent dans l'eau, & par leur attraction ils unissent les parties aqueuses qui n'étoient point atta-

chées

chées les unes aux autres, parce qu'elles ne
se touchoient que par quelque point.

La Cryſtalliſation.

ON diſſout le ſel dans l'eau, on filtre
la diſſolution, on laiſſe évaporer la
liqueur juſqu'à pellicule ; après l'évaporation les parties ſalines ſe réuniſſent, & forment des corps de diverſes figures qui reſſemblent au cryſtal, c'eſt ce qu'on appelle
cryſtalliſation.

Dans la diſſolution & la filtration on n'a
d'autre vûë que de dépurer le ſel ; s'il s'y
trouvoit quelque mélange étranger, les cryſtaux n'auroient ni le même éclat, ni la même figure.

Après qu'on a dépuré le ſel, on fait évaporer l'eau, afin que les cryſtaux puiſſent ſe
former plus facilement & en plus grande
quantité ; ſi les parties ſalines étoient répanduës dans la liqueur, & fort éloignées les
unes des autres, elles ne pourroient pas ſe
rapprocher ſi aiſément pour former ces petits corps cryſtallins, il faut donc diminüer
cette liqueur par l'évaporation ; en voici
la raiſon.

Les parties ſalines ne ſe raſſemblent en
cryſtaux que par l'attraction qui n'a que
très-peu de force, ſi ces corps qui s'attirent
ne ſe touchent, il faut donc que les parties
pour ſe cryſtalliſer ſoient les unes près des

L

autres, autrement elles demeureroient à leurs places ; or par l'évaporation celles qui étoient éloignées s'approchent, par conséquent elles s'attirent plus fortement.

On pourroit dire contre ce que je viens d'avancer qu'il s'ensuivroit qu'une dissolution fort chargée n'auroit pas besoin d'évaporation : à cela on répond, qu'il est vrai aussi qu'une dissolution fort chargée se cry-stallise plûtôt, cependant l'évaporation est nécessaire, parce que le feu dissout les sels beaucoup mieux que l'eau seule ; or il est né-cessaire que les parties salines soient bien divisées pour qu'elles puissent se crystalliser, parce que quand elles ont un gros volume, l'attraction n'a pas assez de force pour les faire avancer l'une vers l'autre ; d'ailleurs l'irrégula-rité de leur figure empêche qu'elles ne se tou-chent par des surfaces assez larges, il faut donc que le feu les rende plus regulieres en les sub-tilisant pour qu'elles puissent s'ajuster, cepen-dant une dissolution de sel laissée long-temps dans un vase donneroit des crystaux ; quoique l'on n'ait pas employé le feu, l'eau s'exhale d'elle-même, & les parties salines se dévelop-pent par le long séjour qu'elles font dans l'eau.

Les sels dissouts dans l'eau chaude s'y soû-tiennent jusqu'à ce qu'elle aye perdu sa cha-leur, parce que le mouvement des parties ignées qui l'agite empêche que les parties salines ne s'attirent & ne s'unissent ; mais dès

que l'agitation cesse dans l'eau, l'attraction
ne trouvant plus d'obstacle unit les corpuscules salins, & en forme des crystaux.

Il n'y a point de sel soit fixe soit volatile
qui ne se réduise en crystaux, mais les sels
fixes alkalisez se crystallisent plus difficilement que les autres ; pour les sels volatiles
il faut les fixer auparavant, autrement ils se
dissiperoient durant l'évaporation.

Les parties des métaux qu'on a dissouts
dans des esprits salins, se réduisent aussi en
crystaux, c'est pour cela qu'on a fait des recherches pour sçavoir s'il n'y a pas des sels
métalliques ; ces crystaux que donnent les
dissolutions des métaux, ont persuadé à plusieurs qu'il y en avoit , mais cette opinion
est sans fondement : le sel de Jupiter & de
Saturne n'est autre chose qu'un assemblage
des parties métalliques unies si étroitement
aux corpuscules salins, qu'elles forment des
crystaux avec eux, car si on expose ces sels
à la calcination, les métaux se revivifient;
le sel de mars ne prouve pas mieux ce sentiment, tout ce qu'on peut dire c'est qu'il
y a quelques parties de fer , mais parce qu'il
s'y trouve quelque chose qui a du rapport
avec les crystaux de vitriol ; il ne s'ensuit pas
qu'il y ait du sel dans le fer, on devroit
plûtôt dire à cause de l'affinité qui se trouve
entre ces deux matieres, qu'il y a des parties ferrugineuses dans le vitriol naturel ,

cela eſt confirmé par l'expérience, car la chaux de vitriol attire l'aymant, & ceux qui travaillent au vitriol artificiel y mêlent beaucoup de fer.

Il y a des Chymiſtes qui croyent non-ſeulement qu'il y a des ſels dans les métaux, il y en a encore qui ſe ſont perſuadés qu'on pouvoit les en retirer; Borrichius aſſûre que des parties métalliques mêlées & agitées avec le mercure, il a retiré un ſel cryſtallin, mais lui ſeul a eû ce bonheur, c'eſt pour cela qu'on s'eſt mocqué de lui avec raiſon; pour ce qui regarde les ſels des perles & du corail, il faut en juger de même que des ſels métalliques.

Les figures de ces cryſtaux ſont admirables par leur varieté & leur régularité: le ſel commun donne des pyramides quadrilataires dont la baſe eſt quarrée; dans le ſucre on en voit qui ſont ſoûtenuës d'une baſe oblongue & rectangulaire; dans l'alun elles ont ſix côtez & une baſe éxagone; les cryſtaux vitrioliques ſont canelez; parmi beaucoup de varietez qu'ils préſentent on découvre des polygones dans leurs interſtices; le ſel armoniac ſe cryſtalliſe en forme d'arbre: la corne de cerf donne des cryſtaux qui reſſemblent à des fléches renfermées dans un carquois: le ſel admirable de Glauber compoſé de ſel commun & de vitriol, prend des figures communes à l'un & à l'autre; le nitre se transforme en colonnes prismatiques qui ressemblent à de petits fagots de bois, on y trouve encore des figures rhomboïdes ou pentagones, qui approchent des crystaux du sel commun. On voit par-là que Lemeri a dit avec raison qu'on ne dépuroit jamais si bien le nitre qu'il n'y restât du sel gemme fossille, mais le sel de Jupiter surpasse tous les autres par la beauté de ses crystaux qui sont composez de petites aiguilles réunies par une de leurs extrémitez dans un centre : ces aiguilles qui sont comme autant de rayons, forment une étoile comme celle qu'on voit sur le regule martial.

Ce qu'il y a de singulier dans ces sels, c'est que de quelque maniere qu'on les divise ou qu'on les dissolve, ils prennent toûjours la même forme dans la crystallisation, il est aussi difficile de leur enlever leur figure que leur nature saline ; la loy qui leur donne cet arrangement, étant invariable, on pourra peut-être en connoissant la figure des crystaux, connoître la forme des parties qui les composent, de même qu'en connoissant ces parties on pourroit dire qu'elle est la figure des crystaux ; car comme les parties les plus simples ont toûjours la même figure, il faut que la forme qu'elles prennent en s'assemblant, soit aussi la même : d'ailleurs parce que l'attraction est plus forte d'un côté que d'un autre, il faut que les parties salines se joignent par les côtez dont l'attraction est plus forte, & par-là on peut démontrer que ces corpuscules qui forment les cryſtaux, ont une figure fort différente des concrétions pyramidales, priſmatiques, que produit la cryſtalliſation, mais laiſſons cela aux Mathématiciens.

On ſera peut-être ſurpris que je diſe ſi peu de choſe ſur la formation de ces figures diverſes que prennent les corpuſcules ſalins, mais on ne peut qu'indiquer la cauſe générale qui eſt l'attraction : il eſt évident que ſuivant qu'une partie ſaline attirera plus d'un côté que d'un autre, la figure formée par les parties qui s'y joindront, ſera différente ; un quarré qui attire également par toutes ſes ſurfaces, ne prendra pas la même forme qu'un pentagone irrégulier : pour déterminer ces figures, il faudroit ſçavoir les dimenſions de ces petites parties qui s'uniſſent, nos yeux, ni nos microſcopes ne ſont pas aſſez ſubtils pour cela, attendons de nouvelles découvertes, il vaut mieux ſe taire que de faire des raiſonnemens fondez ſur de ſimples conjectures ; ce n'eſt pas la ſcience des poſſibles qu'on doit chercher, il n'y a que la réalité qui doive appuyer nos jugemens, ſouvenons-nous toujours du précepte d'un des plus grands génies que l'Angleterre ait produit ; *Non fingendum aut excogitandum, ſed inveniendum quid natura faciat aut ferat.*

SUITE

DU NOUVEAU COURS

DE

CHYMIE.

LES OPERATIONS
DE CHYMIE
EN PARTICULIER.

APrès avoir établi des principes de Chymie, il faut venir à la pratique, nous prendrons les mineraux, les végétaux & les animaux, nous ferons l'analyfe des principales matieres qui font renfermées dans ces trois claffes, & enfin nous ferons des remarques pour appliquer la Théorie à chaque opération. Les Chymiftes qui ont écrit, ont travaillé très-fouvent fans avoir des principes pour fe conduire, c'eft pour cela qu'ils ont été obligez de chercher des explications particulieres prefque dans chaque phénoméne, cela a étendu leurs remarques: comme nous avons pofé des principes généraux prouvez par l'expérience, nous n'aurons qu'à les rappeller dans le détail des procédez: pour juger de ce qui doit arriver dans un mélange de diverfes matieres; il faudra feulement examiner leur magnétifme, on verra par-là l'action des unes sur les autres, & ce qui en doit résulter : avant d'entrer dans le détail, nous allons donner une idée générale des métaux.

Les Métaux.

Es matieres qui ne sont pas organisées, comme les animaux & les végétaux, & qui se retirent de la terre, se nomment mineraux ; on les divise en plusieurs classes, parce qu'elles contiennent des corps fort différens les uns des autres; elles se réduisent aux métaux, aux demi-métaux, aux sels, aux soulphres, aux bitumes, aux pierres, & aux terres.

I.

Les métaux sont la partie des mineraux qui est la plus pesante, qui ne se brûle point, qui est compacte, se met en fusion, s'étend sous le marteau; on en compte sept, l'or, l'argent, le fer, l'étain, le cuivre, le plomb, le mercure, le dernier n'est pas malléable, mais comme on l'a cru la source de tous les métaux, on le regarde comme un métal.

II.

Les métaux se trouvent ordinairement dans les montagnes, mais on ne sçauroit en donner la raison, il y a même apparence que dans les campagnes on en trouveroit tout de même, si l'on faisoit des creux assez profonds; mais comme on cultive les terres, & que les rivieres qui s'y répandent ne permettroient pas de creuser si facilement, on a recherché toûjours les métaux dans les montagnes: d'ailleurs les veines métalliques sont situées horisontalement ou obliquement, ainsi elles s'apperçoivent plus aisément sur les côtez des lieux élevez.

III.

Les veines métalliques sont enveloppées d'une pierre particuliere aux mines, elles sont accompagnées de plusieurs couches de différentes matieres, on y trouve des rangs de rocher, d'argille, de sable; ceux qui travaillent aux mines, connoissent par la grosseur des pierres & par leur couleur, s'ils approchent de la matiere métallique.

IV.

On connoît qu'il y a une mine dans une montagne par les marcassites qui s'en détachent, par le goût mineral des eaux, par les vapeurs qui s'en élevent, par la différence qui se trouve entre la terre qui couvre les mines & celle des lieux voisins dans les temps froids de l'automne & du printemps, car la gelée couvre les environs, & se fond en eau sur les mines, enfin une terre qui ne produit que quelque peu d'herbe pâle & sans couleur, marque qu'il y a des mines; cependant il se trouve souvent que des montagnes fertiles en contiennent, mais ou les veines font peu riches, ou font fort profondes, & ainfi les vapeurs métalliques ne peuvent pas rendre la terre ftérile.

V.

Il y a des mines où les métaux encore imparfaits fe perfectionnent; enfin, fouvent on ferme les creux où l'on avoit trouvé des matieres métalliques qui n'étoient pas formées entierement; dans la fuite des temps on y a trouvé des mines trés-riches. Alonf. Barba rapporte que dans le Potofe on avoit fouvent laiffé des pierres qui ne contenoient que peu de matiere métallique, mais qu'a-près plufieurs années on y en avoit trouvé une grande quantité; des terres qui ne donnent aucun métail, deviennent quelquefois des veines abondantes fuivant Cæfalpin : dans une ifle de la mer Tyrrhéne on épuife des mines de fer, & dans l'efpace de dix ans il s'y forme encore une quantité furprenante de fer. Le Chevalier Dygby parle d'une terre qui étant expofée à l'air & arrofée d'eau de pluye durant quelques mois, produit divers mineraux. Il y a une mine en Allemagne qui communique à l'eau un goût vitriolique, quand l'air l'a pénétrée quelque temps, mais avant cela elle ne lui donne aucune propriété; on trouve beaucoup d'éxemples semblables dans les écrits d'Agricola, de Mathesius, de Kirker, de Barba.

VI.

Les veines suivent toûjours la même direction ; si elles sont tournées vers le midy, elles ne se détournent ni vers l'Orient, ni vers l'Occident ; si elles se trouvent interrompuës par quelque riviere, elles se continüent de la même maniere dans les endroits qui leur répondent au bord opposé : il en est de même si la terre s'est éboulée ou affaissée quelque part ; il arrive quelquefois mais très-rarement qu'elles se détournent, & alors elles suivent cette nouvelle direction dans des espaces fort longs ; de-là il s'ensuit que le Créateur a ainsi arrangé ces veines, ou que les divers changemens qui sont arrivez à la terre par les inondations, les ont disposées de cette maniere : s'il falloit se déterminer pour l'une de ces deux opinions, j'aimerois mieux dire que les inondations ont plus de part qu'autre chose à l'arrangement de ces veines ; les animaux & les plantes qu'on y trouve, en sont une preuve presque évidente.

VII.

M. Descartes a cru que les métaux avoient été formez dès le commencement du monde, suivant les regles, dit-il, des corps mûs circulairement, ils ont dû se ranger vers le centre, puisqu'ils sont plus pesans que les

autres matieres; dans la suite des temps les
substances salines les ont rongés, & en ont
enlevé beaucoup de parties ; ces sels su-
blimés par la chaleur des corps soûterrains
ont enlevé avec eux la substance métallique à laquelle ils s'étoient attachez , &
l'ont déposée en plusieurs endroits dans
toute l'étenduë de la terre. Avant d'établir
cette hypothèse il auroit fallu prouver que
les métaux ne peuvent pas se former par le
mélange de certaines matieres dans lesquelles
ils n'étoient pas renfermez ; mais bien loin
qu'on puisse établir un tel sentiment, plusieurs expériences nous prouvent le contraire : personne ne pourra prouver que le fer
éxiste dans les plantes, cependant on trouve
dans leurs cendres une matiere ferrugineuse
qui est attirée par l'ayman ; on ne découvre
dans l'argille aucun vestige de fer, de quelque
niere qu'on la travaille sans mélange ; mais
quand on la joint à l'huile de lin , on en
forme par le moyen du feu un métal qui
n'est autre chose que de véritable fer. Il y a
d'autres matieres où il ne paroît rien qui
soit métallique, & qui cependant donnent
une matiere pesante à laquelle le feu donne enfin toutes les proprietez du fer; on
a donc plus de raison de penser qu'il ne se
fait qu'une liaison de diverses matieres, de
même que dans le soulphre qu'on fait avec
le principe inflammable & le sel vitriolique :

toute la terre est remplie de ces matieres qui circulent continuellement par ses canaux & par ses pores ; lorsqu'elles rencontrent une terre qui a de l'affinité avec elles, elles s'y attachent, de-là il s'ensuit que si l'on met dans les mines diverses especes de pierre, il s'y doit former divers métaux, aussi Albert le Grand a-t-il remarqué que la même fibre d'or entrant en des pierres différentes avoit dégénéré en argent : plusieurs Auteurs assûrent de même que quand on change la pierre des mines, on y trouve des métaux différens ; on peut encore conclure de ce sentiment que les mines peuvent perdre leur matiere métallique, il ne faut pour cela qu'un feu qui les enleve, ou qu'elles soient retenuës foiblement par les matieres qui les enveloppent. Il y a plusieurs autres phénoménes qu'on peut expliquer avec la même facilité : on a observé que les mines sont plus riches à mesure qu'elles sont plus profondes ; il est certain que les exhalaisons doivent se partager à plus de matiere à proportion qu'elles s'éloignent du centre ; d'ailleurs comme la pesanteur augmente à proportion que les corps sont plus proches du centre, les matieres salines & sulphureuses doivent être plus concentrées à une certaine profondeur.

VIII.

M. de Tournefort a prétendu qu'il y avoit

des femences métalliques comme des femences animales & végétales ; tout, fuivant
ce grand Botanifte, a fes œufs : il ne fe fait
dans la fuite qu'un développement de parties ; les rochers les plus étendus n'ont été
que de grains de fable qui fe font gonflez
par une matiere qui circule dans fes pores ;
cela ne doit pas furprendre , puifque ces
poiffons monftrueux qui fe trouvent dans la
mer doivent leur origine à des œufs qui ont
été infenfibles ; d'ailleurs il y a apparence
que la nature eft uniforme par tout , elle a
donné des œufs aux animaux & aux végétaux, pourquoi n'auroit-elle pas donné la
même origine aux mineraux ? voilà les raifons de M. Tournefort , je crois que je ne
les ai pas affoiblies ; mais font-elles convaincantes ? Les parties des métaux ne font qu'u-
ne terre dont les pores font remplis d'un
fluide particulier ; elles fe forment par la
chaleur des feux foûterrains, de même que
le foulphre fe forme par l'union de l'acide
vitriolique & de la matiere inflammable ; ces
parties mifes en mouvement font portées
d'un côté & d'autre, & s'attachent à certaines matieres : celles qui viennent après, augmentent le volume des premieres. Cela ne
fuffit-il pas pour la génération des métaux ?
Les loix que fuit la nature dans les végétaux
qui n'ont aucun rapport avec les mineraux ,
doivent-elles nous faire attribuer aux uns

& aux autres la même origine ? La raison prise de l'uniformité de la nature dans ses opérations, peut-elle avoir quelque poids ? Connoissons-nous assez les loix que suit la puissance motrice pour assûrer qu'elle agit toûjours suivant les mêmes principes? D'ailleurs quand elle paroîtroit donner l'origine par les mêmes voyes à la plûpart de ses productions sensibles, pourrions-nous dire qu'elle ne s'en écarte pas dans une infinité d'occasions ? Le R. P. Malebranche cet esprit si juste, a souvent donné trop d'étenduë à cette preuve; de là vient que ses systêmes sont fondez quelquefois sur de si petites raisons, qu'il n'y a qu'un esprit prévenu pour les subtilitez métaphysiques qui puissent s'en contenter.

IX.

Quand on retire les métaux des mines, ils sont mêlez de pierres ; on les dépure premierement par la lotion, ensuite on les expose au feu pour les délivrer des matieres étrangeres qui les enveloppent ; enfin pour les purifier entierement, & pour leur donner une forme métallique, on les fait fondre ; après qu'ils ont été mis en fusion, la substance métallique comme plus pesante occupe la partie inférieure du lieu où on les travaille, & les autres matieres s'élevent en scories sur la surface.

On a cru que c'étoit la force du feu qui

mettoit les metaux en fufion, & leur donnoit la forme métallique, mais on n'a qu'à
mettre dans un creufet quelque métal qui
n'ait pas été purifié, on verra que quelque
violent que foit le feu, il ne fondra la matiere qu'avec peine, & ne donnera jamais
un parfait métail ; on en trouve un éxemple
dans le cuivre, car quand on le met dans un
creufet avant qu'il foit bien féparé de fa
mine, les matieres étrangeres forment des
fcories & fe vitrifient ; on trouve au fond
un régule noir qui contient la fubftance métallique, mais jamais ce régule ne fera un
véritable cuivre, fi on ne le fond avec quelque addition.

Les principes que nous avons établis font
voir clairement la raifon pour laquelle on fe
fert de divers mélanges pour faciliter la fufion des métaux, on a vû qu'il n'y a que le
principe inflammable qui leur puiffe donner une forme coulante fur le feu : dans
la mine ce principe eft mêlé & enchaîné,
pour ainfi dire, par la matiere étrangere à
laquelle il eft joint, il faut donc ajoûter des
charbons ou des pierres qui fe mettent aifément en fufion, ou des fcories qui font remplies de la matiere inflammable, alors le
feu venant à agiter ces corps, il les rend
coulans, dès que les métaux font féparez des
mélanges dans lefquels ils étoient cachez ;
le phlogiftique leur donne une forme par-

faire de métal, & ils se précipitent au fond.

Après avoir vû comment les métaux se séparent des mines, il faut éxaminer comment ils se séparent les uns des autres ; on n'a qu'a voir les principes que nous avons établis, & on verra la raison de tous les procédez dont on se sert pour cela : ou le principe inflammable peut se séparer des métaux qu'on travaille, ou il résiste à l'action du feu ; si le feu ne peut pas l'enlever, comme cela arrive dans l'or & l'argent, les autres métaux qui seront mêlez avec eux, perdront leur phlogistique & changeront de forme, tandis que l'or & l'argent ne souffriront aucune altération ; ainsi on pourra les séparer aisément : lorsque parmi les substances métalliques qui sont mêlées, il s'en trouve qui s'évaporent aisément, alors on ne se sert que de l'action du feu ; mais quand elles sont fixes, il faut avoir recours à divers mélanges. Nous avons établi dans la quatriéme proposition que quand deux corps sont unis, ils peuvent être séparez par un troisiéme corps qui aura plus d'affinité avec l'un des deux qu'avec l'autre : nous avons confirmé cela par plusieurs éxemples, en prouvant le magnétisme ; il faut appliquer cette regle à la séparation des métaux. Veut-on séparer un métal d'un autre, on n'a qu'à chercher un troisiéme métal qui ait plus d'affinité que l'autre avec celui que nous voulons séparer ? dès qu'ils seront exposez au feu, les matieres métalliques qui auront plus de rapport, se joindront, & les autres ne s'y mêleront pas, mais c'est sur-tout à l'affinité du soulphre qu'il faut avoir égard ; la matiere sulphureuse quitte certains métaux pour se joindre à d'autres, elle s'attache aux uns plûtôt, aux autres plûtard, il y en a auxquels elle se joint plus fortement qu'aux autres, tout cela sert dans la séparation des substances métalliques.

C'est suivant ces principes que se fait la séparation des métaux, je n'en donne pas des exemples, parce que les principes que j'ai établis suffisent ; d'ailleurs en parlant des métaux en particulier j'en dirai quelque chose, il faut voir à présent la réduction des métaux, afin de connoître leurs principes, & de pouvoir donner une définition éxacte de la matiere qui les compose.

Les métaux sont enveloppez de soulphre dans leurs mines, on les expose au feu pour les dépurer, & pour leur donner la forme métallique : mais quand on pousse trop l'action du feu, toute la matiere inflammable se brûle, & ne laisse que des cendres qui se vitrifient ; ces cendres & ce verre ne paroissent retenir aucune proprieté du composé qu'ils formoient auparavant, cependant ils peuvent être ramenez à leur premiere forme, il ne faut pour cela que les exposer au feu d'une matiere grasse ; on en peut voir un exemple dans le verre d'antimoine, lorsque le vaisseau dont on se sert pour le faire vient à casser, la matiere vitrisible tombe sur les charbons & se rémétallise ; les autres métaux calcinez ou vitrifiez se révivifient de même.

Suivant ce que nous venons de dire, on peut établir que les métaux sont composez d'une terre qui se vitrifie & d'un principe inflammable ; l'or & l'argent ne peuvent pas souffrir les mêmes altérations que les autres matieres métalliques, mais on peut leur attribuer la même origine, ils n'en différent que par le poids, & par la fixité qui se trouve plus grande dans leur tissu.

On peut voir encore sur quel fondement les Chymistes ont avancé que les soulphres des métaux différoient des soulphres des autres matieres, il est évident que le soulphre de l'antimoine, par exemple, a les mêmes proprietez que le soulphre commun ; d'ailleurs la matiere grasse qui est dans les autres mixtes, donne aux métaux leur forme, on n'a qu'à juger là-dessus des procédez que les Chymistes ont inventés pour dépoüiller de leur soulphre les substances métalliques, ces soulphres n'ont pas de vertu particuliere, si ce n'est peut-être qu'un mélange étranger leur donne quelque force , comme cela se voit dans le lilium de Paracelse.

X.

Willis dans son Traité sur la fermentation, de même que plusieurs Chymistes, semble avoir regardé les métaux comme des substances salines, mais je ne sçai sur quel fondement il y a du soulphre dans les métaux, il faut par conséquent qu'il y ait un sel acide; la substance qui se vitrifie peut avoir été formée par le concours de certains sels & de certaines terres, on doit avoüer cependant que les matieres salines sont tellement changées, qu'elles n'ont plus les proprietez du sel.

XI.

Après avoir vû la matiere des métaux, il faut rechercher les effets qu'ils produisent sur le corps humain; M. Boile a prouvé par plusieurs expériences que les corps les plus durs envoyoient des corpuscules de tous côtez, & qu'ils étoient tous environnez d'une admosphere formée par les matieres qui en émanent; la raison confirme ce que l'expérience nous apprend : il y a dans tous les corps un feu qui fait effort de toutes parts; d'ailleurs le principe qui unit les parties solides, doit, en poussant les unes contre les autres, en exprimer ce qu'il y a de plus fluide & de plus subtil; voyons les effets que produisent les corpuscules qui s'échappent de divers métaux.

XII.

Les écoulemens du mercure caufent des fueurs froides, des foibleffes, des convul-fions, des tremblemens. Fernel rapporte que les vapeurs du mercure avoient ôté à un Orfévre l'ufage des fens; il étoit continuel-lement affoupi, il ne parloit pas; s'il lâchoit l'urine ou les autres excrémens, il ne le fen-toit point; enfin fix mois après il lui prit une fiévre qui lui laiffa prefque les mêmes incommoditez avec des troubles d'efprit qui revenoient de temps en temps. On remarque à Venife que ceux qui travaillent aux miroirs font fujets à des attaques d'apoplexie. Stiffer a écrit qu'une femme qui avoit paffé par les remedes mercuriels, étoit devenue épilepti-que, qu'il lui étoit arrivé une extinction de voix & une falivation extraordinaire. Fal-lope a obfervé que ceux qui travaillent aux mines de mercure deviennent paralytiques, qu'ils font fujets aux convulfions, & qu'enfin ils font fuffoquez; tous ces funeftes effets peuvent s'expliquer par la pefanteur des par-ties mercurielles; comme elles font très-fub-tiles, elles s'infinüent dans les vaiffeaux les plus petits; fi elles n'y trouvent que des ob-ftacles legers, elles les enlevent, & facilitent par-là le cours des liqueurs : mais quand elles rencontrent des matieres qu'elles ne peuvent pas enlever, alors elles augmentent les obftructions; fi cela arrive dans les os, il

y survient des caries ; si c'est les vaisseaux des
parties charnuës ou membraneuses qui sont
bouchés, les liqueurs privées de leur mouvement y apporteront les dérangemens qu'elles
causent ordinairement quand elles s'arrêtent ;
on voit par-là que le mercure peut produire de bons & de mauvais effets, mais les
suites ne peuvent être que funestes dans ceux
qui sont toûjours exposez à ses vapeurs ; en
heurtant continuellement contre les parois
des vaisseaux, il faut qu'il les relâche : les
tuyaux qui servent aux secretions, se trouveront par-là plus foibles & plus dilatez ;
d'ailleurs il est impossible que les parties
mercurielles ne s'arrêtent quelque part, on
voit par-là qu'il arrivera mille dérangemens
dans la circulation, le sang arrêté ou retardé
dans certains endroits, n'aura plus ce cours
égal qui entretient l'équilibre dans le corps
humain, il ne marchera, pour ainsi dire, que
par bonds, & causera par-là des tremblemens & d'autres mouvemens irréguliers.

XIII.

L'antimoine jette des vapeurs qui sont
très-nuisibles ; ceux qui le tirent des mines,
sont sujets à l'apopléxie, à la paralysie, à des
vomissemens, à la salivation, & à des foiblesses de membres, de même que ceux qui
travaillent aux mines de mercure ; les exhalaisons du plomb ne font pas des impressions

moins fâcheuses, les coliques, les sueurs froides, les vomissemens, les fièvres lentes, les convulsions, les tremblemens qui arrivent aux plombiers, en sont une preuve ; le cuivre n'exhale pas des matieres qui produisent des effets si fâcheux, mais il laisse des taches bleuâtres dans les mains de ceux qui le travaillent ; pour les émanations de l'étain, bien loin qu'elles dérangent le corps humain, elles lui conservent sa vigueur ; suivant le rapport de Boile, ceux qui travaillent l'étain d'Angleterre, sont rarement malades, & les lieux où se trouvent les mines sont très-fertiles.

XIV.

Si les exhalaisons qui sortent des métaux sont nuisibles, les remedes qu'on en retire ne le sont pas moins quelquefois : l'or fulminant, selon quelques Chymistes, est un bon remede, cependant Hoffinan observe que des enfans, des hypochondriaques & des scorbutiques n'en ont éprouvé que de tristes effets ; les coliques, les convulsions, les sueurs froides, la mort même ont souvent suivi ces remedes. Rivinus dit qu'un enfant mort après avoir pris de l'or fulminant, avoit un intestin percé de plusieurs trous.

On se sert quelquefois des crystaux de lune dans les hydropisies, mais ils corrodent souvent les intestins, le sang qu'on rend dans les selles après avoir pris de ces crystaux, en est une preuve fort fréquente, tout ce qui vient du plomb est encore plus suspect, on en employe souvent des préparations pour arrêter divers écoulemens, mais les effets sont les coliques, les convulsions, les vomissemens, l'asthme, la paralysie, on n'en trouve que trop d'exemples dans plusieurs Auteurs. Celse regarde la ceruse comme un poison, Cæsalpin pense de même de la lytharge, Scribonius Largus dit que la ceruse cause des vertiges & des attaques d'asthme, enfin les maux qu'éprouvent ceux qui travaillent le plomb, doivent nous faire juger des impressions qu'il laisse dans le corps, quand on le prend intérieurement.

Les remedes tirez du mercure sont suivis très-souvent de mauvais effets. Beyer rapporte qu'un homme qui avoit pris du mercure vif, avoit été fort affoibli, qu'il avoit eû une inflammation à la gorge. Hoffman a remarqué que l'usage du précipité blanc ou rouge, du turbith mineral, de l'arcane corallin avoient occasionné des cours de ventre, des vomissemens, des salivations, des affoiblissemens extraordinaires. Helwigius dit la même chose du turbith mineral. M. Naboth célébre Médecin de Leipsic a observé qu'une femme à qui un empyrique avoit fait prendre six grains d'un précipité de mercure, étoit morte avec des convulsions terribles, on lui trouva le ventricule gonflé,

gonflé, une partie du jejunum étroitement
reſſerrée, le duodenum couvert de taches rouges. Lentilius & Glauber ont remarqué que
le mercure doux donné aux enfans contre
les vers, avoit excité des inflammations, des
dégoûts, des vomiſſemens, des foibleſſes
dans les membres ; les remedes antimoniaux
produiſent de même des effets très-fâcheux,
la poudre de régule tuë les chiens, & leur
laiſſe des taches noirâtres dans le ventricule ;
ceux qui travaillent aux mines d'antimoine, ſont ſujets à des vomiſſemens & à la ſalivation. Il eſt rapporté dans les journaux
d'Allemagne qu'une femme qui avoit pris
des fleurs d'antimoine, eut une attaque d'a-
poplexie accompagnée d'un flux de bouche
extraordinaire ; on lui trouva les poulmons,
l'éſtomach & la tête remplis de phlegme. Je
ne parlerai pas des mauvaiſes ſuites des remedes tirez du plomb ; je dirai ſeulement
que Fernel a obſervé qu'un homme qui
avoit la goutte ayant pris une préparation
de plomb, eut une diſſenterie des plus dan-
gereuſes : les autres métaux ont encore cauſé
très-ſouvent de grands maux ; ceux qui en
uſent ſans de grandes précautions, en éprouvent tous les jours des effets funeſtes, je
ne prétends pas cependant en condamner
l'uſage ; on en tire des remedes très-utiles,
pourvû qu'ils ſoient préparez & donnez par
une main habile. Je n'ai ramaſſé tous les

M

mauvais effets que je viens de détailler que
pour faire voir combien il importe à un
Médecin de bien connoître les préparations
des métaux & les maladies dans lesquelles il
faut les donner ; on voit par tout des charlatans qui ne connoissent ni les métaux, ni
les remedes qu'on en forme , cependant ils
s'en servent hardiment, le hazard leur donne quelque succès, c'est assez pour qu'ils
ayent une réputation extraordinaire.

XV.

Voilà l'origine des métaux, leur nature, &
leurs effets en général; il faut venir au détail, & donner les préparations de chaque
substance métallique en particulier : je ne
crois pas qu'il soit nécessaire de marquer
qu'un tel remede est propre pour la fiévre,
la petite vérole, ou d'autres maladies, cela
ne sert qu'à entretenir l'ignorance des empyriques qui se reposent sur le témoignage
de ceux qui ont attribué aux remedes quelques proprietez.

L'Or.

I. LA premiere chose qu'on remarque
dans l'or, c'est sa pesanteur que l'art
des Philosophes hermétiques n'a pû encore
imiter par aucun mélange; par tout où l'on
trouve des matieres plus pesantes que le
mercure, on peut assûrer qu'il y a de l'or.
Le Chancelier Bacon rapporte qu'il avoit

trouvé l'art de faire pénétrer le mercure dans l'or de telle maniere que la pesanteur augmentoit considérablement, tandis que le volume étoit le même : les dépenses que demande le procédé de Bacon, ne permettent pas de s'assûrer de la vérité de cette expérience, il ne paroît pas cependant qu'il y ait en cela rien de contraire aux principes que nous avons établis ; l'or est fort poreux, il laisse passer l'eau par les interstices qui sont entre ses parties ; pourquoi d'autres matieres ne pourroient-elles pas s'y introduire?

II. La ductilité est une proprieté qui distingue l'or des autres métaux; quand on le file on prend, par exemple, un cylindre de 48 onces d'argent, on l'entoure d'une lame d'or qui pese une once, on file ensuite la masse, & cette petite quantité d'or suffit pour couvrir tous les filets qu'on forme de cet argent. M. Halley prit un grain de ce fil où il n'y avoit que $\frac{1}{40}$ d'or, & l'étendit extraordinairement ; il observa ensuite avec le microscope que l'or formoit par tout un canal continu qui renfermoit l'argent, il prit un peu de ce fil, & il l'exposa à l'eau forte qui enleva l'argent ; la lame du petit tuyau d'or, quoyqu'elle fût extrêmement mince, ne paroissoit pas diaphane.

III. La 3e proprieté qu'on observe dans l'or, c'est sa fixité ; quand on l'expose au feu, il ne jette point de fumée, il ne laisse point de fœces, il ne perd rien de sa substance. Boile a laissé dans un fourneau une once d'or en fusion durant deux mois, & il n'y remarqua aucune diminution ; il est vrai que si l'on mêle l'or avec des corps volatiles, il s'évapore, mais ce sont ces corps qui l'entraînent par leur volatilité ; il n'y a que le feu du miroir ardent qui puisse le réduire en fumée , & de-là il s'ensuit qu'il n'y a presque pas de corps qu'on puisse appeller absolument fixe.

IV. L'or contient plus de feu qu'aucun corps, avant qu'il se mette en fusion ; car avant qu'il soit fondu il rougit comme le fer, & jette de la lumiere ; il faut donc que toutes ses parties soient pénétrées de corpuscules ignées ; or comme ses parties sont plus nombreuses que celles des autres corps, il faut que les parties de feu qui les accompagnent soient en plus grande quantité que dans les autres matieres : l'or au reste demande un feu assez violent pour se mettre en fusion ; il est vrai qu'il est rapporté dans l'histoire de Madagascar qu'il se trouve dans cette isle une espece d'or qui se fond aussi aisément que le plomb, mais nous ne sçavons pas si c'est de véritable or.

V. Il n'y a que l'eau régale qui puisse dissoudre l'or : nous avons dit dans le Traité des Opérations en général la maniere dont se faisoit cette dissolution ; nous expliquerons ailleurs la nature de l'eau régale & sa force.

Si l'or réfiste à prefque tous les diffolvans,
il réfifte auffi à tous les métaux: l'antimoine que les Chymiftes appellent le dévorant
des métaux, n'y touche pas; le plomb n'y a
non plus aucun ingrez, de-là vient qu'on
fe fert de ces deux métaux dans la purification de l'or, ils s'attachent aux autres fubftances métalliques & les enlevent, tandis
que l'or refte au fond du vaiffeau fans mélange, fi ce n'eft peut-être qu'il foit joint à
l'argent, alors l'antimoine eft le feul metal
qui puiffe le purifier.

VI. L'or eft le plus pefant des métaux, cependant fes pores font plus grands que dans
l'argent, il femble par-là qu'il devroit contenir moins de matiere, mais on peut dire
que fi les molecules qui forment les pores
fenfibles, ne font pas fi ferrées que celles qui
font dans l'argent, elles font compofées de
parties plus denfes que celles d'où réfultent
les intervalles fenfibles qui font entre les
parties de l'argent; d'ailleurs un corps dont
les vuides font multipliez, occupera toûjours
plus d'efpace qu'un autre qui aura la même
quantité de matiere avec moins de pores, par
conféquent fi on prend ces deux corps en
volume égal, l'un fera toûjours plus leger
& moins denfe que l'autre : les raifons qui
prouvent que la plus petite partie d'un
corps peut couvrir toute la furface de l'univers, démontrent fenfiblement ce que je

viens de dire, car on voit qu'en diminüant les interſtices & le volume des parties, on fait occuper aux corps un plus grand eſpace ; M. Keil a rendu cela ſi ſenſible, qu'il n'eſt pas néceſſaire que je m'y arrête.

VII. On a cru juſqu'ici que le ſoulphre ne pouvoit pas pénétrer l'or pour le diſſoudre ; ſouvent ce métal eſt mêlé avec d'autres qui ont plus d'affinité avec le ſoulphre, par conſéquent le ſoulphre s'attachera à ces métaux, & ne touchera pas à l'or : d'ailleurs le tiſſu de l'or eſt fort ſerré, il ne permet pas aiſément aux matieres étrangeres de s'inſinüer dans ſes pores, ainſi le ſoulphre qui cede aux impulſions les plus legeres du feu, s'échappera & n'agira point ſur les parties de l'or ; mais ſi l'or eſt dégagé des autres métaux qui attirent le ſoulphre plus fortement, & ſi le ſoulphre eſt fixé de telle maniere qu'il ne puiſſe pas s'envoler ſi facilement, l'or ſera pénétré par la matiere ſulphureuſe, ſur-tout ſi elle eſt mêlée avec quelque corps qui ait de l'affinité avec l'or ; pour trouver tout cela, on n'a qu'à former un hépar ſulphuris avec un ſel alkali & le ſoulphre, & on aura un diſſolvant qui agira d'abord. Glauber a cru que ſon ſel admirable diſſolvoit l'or, mais il eſt évident que ce n'eſt qu'au ſoulphre qu'il faut attribuer cet effet : quand on ajoûte des charbons à ce ſel, la diſſolution de l'or ſe fait promptement; or il est certain que la matiere grasse des charbons forme du soulphre avec le sel admirable, on n'a qu'à se souvenir des principes que nous avons établis sur l'origine du soulphre, & on sera convaincu que cela doit être ainsi.

VIII. Le mercure a beaucoup d'affinité avec l'or, il se joint avec lui plûtôt qu'avec les autres substances métalliques ; l'antimoine a encore quelque rapport avec l'or, il a cela de commun avec ce métal qu'il ne se dissout bien que dans l'eau régale : pour le soulphre on voit par l'article précédent qu'il faut qu'il y ait beaucoup d'affinité entre les substances sulphureuses & la matiere orifique il n'est pas nécessaire que je fasse remarquer le rapport de l'esprit de nitre avec l'or dont il est le dissolvant.

IX. L'or mêlé avec divers métaux prend diverses qualitez, le moindre mélange d'étain le rend très-difficile à fondre; on peut juger des effets que produit l'étain qu'on fond avec l'or par la poudre solaire de Poterius. Je ne m'étendrai pas ici sur la maniere dont on le purifie quand il sort des mines; on l'expose au feu de reverbere : on le met dans l'eau sur un grand feu, on le pulverise, on fait passer cette poudre mêlée avec de l'eau par des instrumens qui séparent la substance de l'or des autres matieres; on calcine l'or séparé, on le joint avec le mercure; si l'on a bien examiné les principes que nous avons établis sur le magnétisme des métaux, on verra aisément la raison de tout ce procédé.

X. L'or exposé au feu du miroir ardent sur la coupelle, fume, diminuë peu-à-peu, laisse une couleur rouge autour du vaisseau, c'est apparemment la terre de l'or qui donne cette rougeur, car on ne peut point tirer d'or de cette surface rouge qui est dans l'intérieur du vaisseau, ainsi il faut que ce soit une matiere venuë de la décomposition de ce métal, cela pourroit peut-être faire soupçonner que la terre de l'or est rouge.

Si on expose l'or au foyer du verre ardent sur un charbon, il diminuë peu-à-peu, mais à mesure que l'or paroît se perdre, il forme de petites gouttes de verre qui ont une couleur verte; ces gouttes de verre grossissent à proportion que l'or diminuë.

M. Homberg a cru démontrer par-là que l'or se pouvoit vitrifier, mais c'est la cendre des charbons qui s'amalgame avec l'or & se vitrifie ensuite, car si on fait évaporer l'or sur des matieres qui ne contiennent pas de cendres, on ne trouve pas de verre; d'ailleurs on n'a qu'à fondre ce verre en y joignant des matieres grasses, il n'en revient point d'or contre l'ordinaire de tous les métaux qui se vitrifient.

XI. Il y a apparence que l'or est composé d'une terre vitrifiable, d'un principe inflam-

mable, & d'un sel; les loix de la métallisa-
tion sont sans doute generales : nous voyons
que les autres métaux sont ainsi composez,
il n'y doit pas avoir d'exception pour celui-
ci & pour l'argent; d'ailleurs l'or se convertit en une terre cendrée qui s'en va en fumée, & qui est fort volatile : si on ne peut
pas faire sur cette matiere les mêmes opérations que sur les autres, cela ne vient que
du différent degré de fixité.

XII. Les Alkymistes ont prétendu trouver
un dissolvant pour dissoudre l'or sans le corroder ; après bien des expériences on n'a pas
plus avancé que le premier jour qu'on fit ces
recherches ; ce merveilleux menstruë qui est
encore à naître, ne donne que beaucoup de
peine à ceux qui croyent les Alkymistes sur
les belles promesses qu'ils font dans leurs
Ouvrages impénétrables.

Le dissolvant le plus curieux qu'on ait,
c'est celui qu'a trouvé un sçavant Allemand, ce menstruë est très-simple & n'a
rien de corrosif; voici le procédé : Prenez
un mortier de verre, mettez-y de l'or en
poudre, broyez cet or avec un pilon de
verre, arrosez avec de l'eau commune votre
matiere de temps en temps, continüez ainsi
jusqu'à ce que tout l'or paroisse dissout, l'eau
sera dorée; filtrez cette eau, évaporez-la jusqu'à la consistence de syrop; desséchez ensuite cette matiere & la mettez en fonte, il

n'y en aura que très-peu qui se réduise en
or, le reste se vitrifiera.

XIII. Les anciens Medecins n'ont rien dit
dans leurs écrits de la vertu de l'or pour la Medecine, les Arabes ont commencé à en parler;
Avicenne lui donne des vertus extraordinaires, mais il a plûtôt parlé sur des conjectures
que sur des expériences; on peut cependant
assûrer que l'or a produit quelque effet : Une
personne ayant pris en bol une livre de limaille d'or, en fut très-bien purgée, cela
ne vient certainement que de la pesanteur
des parties métalliques qui allant heurter
contre les glandes intestinales, les fit entrer
en contraction, & fit exprimer par des vibrations réitérées la liqueur qui se filtre dans les
organes secretoires des intestins.

Malgré le petit nombre d'expériences qui
prouvent la vertu medecinale de l'or, les
Alkymistes ont prétendu trouver dans ce metal le baume radical de la vie qui peut réta-
blir la santé & la conserver long-temps : l'or,
selon eux, contient un soulphre ami de la
nature, semblable à celui du Soleil qui anime tout l'univers; sur ces idées ils ont formé mille projets que l'expérience a toûjours
démenti; les Medecins leur disputent toutes
ces belles vertus qu'ils attribuent à l'or, &
leurs raisons sont fort plausibles.

La premiere chose qu'on peut dire c'est
que les Arabes & les Alkymistes n'ont donné

rant de vertus à l'or que parce qu'ils y ont
vû certaines qualitez qu'ils ont cru devoir
paſſer dans les corps ; par éxemple, l'or ne
peut pas ſe détruire : là-deſſus ils ont cru
que l'or étoit très-propre à conſerver les
matieres animales & à les préſerver de la putréfaction ; ces Chymiſtes ont raiſonné à-peu-
près comme ces Medecins ſuperſtitieux qui
ont été chercher dans le ſang de l'oreille
de l'âne un remede calmant, parce que
l'âne eſt un animal fort tranquille. Je ne
parle pas d'une infinité d'autres remedes
ſemblables, comme du bézoard animal ſur
lequel les Allemands nous ont débité mille
fables ; enfin après qu'on a éxaminé ce remede, on a découvert que ce n'étoit que le
poil que les animaux enlevent avec la langue
en léchant quelque partie de leur corps, ce
poil rencontrant dans l'eſtomach une matiere viſqueuſe, s'y durcit, & forme une boule
noirâtre.

La ſeconde choſe qu'on peut dire contre
les Alkymiſtes, c'eſt que les ſoulphres des
métaux n'ont rien de particulier, la revivification des ſubſtances métalliques, par des
matieres graſſes, ſoit animales, ſoit végétales, prouve démonſtrativement ; ainſi il
ne faut rien attendre de toutes ces opérations qui n'ont d'autre objet que l'extraction des ſoulphres métalliques : le lilium ſi
vanté de Paracelſe, ne tire pas ſes vertus du

foulphre, ce n’eſt que des ſels & des parties métalliques.

L’or eſt ſouvent mêlé avec des parties heterogenes, peut-être même n’en a-t-on jamais vû de parfaitement pur ; celui qui ne diminuë pas dans les purifications, s’appelle or de vingt-quatre carrats ; celui qui diminuë de $\frac{1}{24}$, eſt appellé or de vingt-trois carrats ; celui enfin qui diminuë de $\frac{2}{24}$, eſt l’or de vingt-deux carrats : ce qu’on appelle proprement carrat, eſt le poids d’un ſcrupule ; ainſi vingt-quatre carrats font une once.

Purification de l’Or.

METTEZ telle quantité d’or qu’il vous plaira dans un creuſet, donnez-y un grand feu pour le rougir ; quand il ſe diſpoſera à la fuſion, jettez-y quatre fois autant d’antimoine en poudre, auſſi-tôt l’or ſe mettra en fuſion, continüez un feu violent juſqu’à ce que vous voyïez ſortir des étincelles, retirez alors le creuſet, jettez la matiere fonduë dans un mortier de fer fait en culot chauffé & graiſſé avec du ſuif, frappez autour du mortier avec des pincettes juſqu’à ce que la matiere ſoit en maſſe, laiſſez refroidir votre matiere, ſéparez le régule des ſcories en y donnant un coup de marteau, prenez ce régule, peſez-le, mettez-le dans un creuſet, donnez un grand feu ; quand

le régule sera en fusion, jettez peu-à-peu
dans votre creuset trois fois autant de salpêtre, continüez un feu violent; quand votre matiere sera claire & nette, jettez-la dans
un mortier de fer, & séparez le régule des
scories, comme devant; vous aurez un or
pur.

REMARQUES.

Tout dépend dans cette opération des
affinitez que nous avons établies entre les
métaux, ici l'or est joint avec des matieres
métalliques; pour les en séparer, il faut prendre un métal qui attire plus fortement ces
parties métalliques que ne fait la substance
de l'or, tel est l'antimoine; ainsi quand il
sera en fusion avec l'or, les métaux qui sont
mêlez avec les parties orifiques, les quitteront
& s'attacheront à lui: mais comme il y peut
encore rester quelque chose de ces matieres
étrangeres avec du soulphre antimonial, on
a recours au salpêtre qui par son action &
son affinité avec ces matieres, s'en charge
& en dégage l'or; quand les matieres se sont
ainsi attachées, elles prennent la partie supérieure dans le mortier de fer, parce qu'elles
font plus legeres que l'or.

Voilà la maniere dont on purifie l'or,
quand il est mêlé avec les autres métaux;
mais quand il est mêlé avec l'antimoine, il
faut avoir recours aux métaux qui ont plus
d'affinité avec l'antimoine qu'avec l'or; tel

est le plomb qui réduit en verre avec lui les matieres métalliques qui sont jointes à l'or.

Quand l'or est joint à l'argent, la coupelle ne suffit pas pour les séparer, il faut venir à une opération qu'on nomme départ; voici ce que c'est: On fait fondre dans un creuset trois parties d'argent sur une partie d'or; la matiere étant en fusion, on la jette dans l'eau froide où l'or & l'argent se réduisent en grenaille; on dissout cette grenaille dans l'eau forte qui se charge de l'argent, tandis que l'or demeure au fond en poudre.

On a trouvé une autre maniere de purifier l'or, & on appelle cette maniere Cémentation: On met dans un creuset des couches d'or en petites lames avec des couches d'un cément fait avec le sel gemmé & avec le sel ammoniac, on place une couche d'or sur une couche de cément, on couvre le creuset, on l'entoure de feu, on calcine la matiere à feu violent durant douze heures; mais malgré les éloges qu'on a donné à cette opération, on peut dire que l'or reste souvent chargé de beaucoup de matieres heterogenes: le moyen le plus sûr est l'antimoine qui s'attache fortement à l'argent, de même que le soulphre, & qui laisse l'or au fond en régule très-pur, tandis qu'il surnage en scories avec l'argent; il n'y a que l'or seul

qui réſiſte à l'antimoine, quelquefois même
il y en a une partie qui eſt entraînée.

L'or ſe met en fuſion avec l'antimoine,
parce que le phlogiſtique de l'antimoine s'inſinuë dans la ſubſtance de l'or ; le principe
inflammable eſt plus ou moins propre à pénétrer un corps ſuivant les matieres qui le
contiennent : ce principe phlogiſtique agit
avec tant de force dans cette fuſion, qu'une
partie de l'antimoine s'en va en fumée, les
étincelles ne ſont que des parties rougies
qui ſont pouſſées par la rarefaction du phlogiſtique ; il faut ſe ſouvenir au reſte qu'il
faut mettre un tuilot ſous le creuſet, de
peur que l'air qui vient par le cendrier ne
réfroidiſſe le fond.

Pour ce qui regarde l'amalgame de l'or,
on réduit l'or en petites lames, on le met
dans un creuſet, on le fait rougir à grand
feu, on verſe une once de mercure ſur une
drachme d'or, on remüe la matiere avec
une verge de fer, il ſe leve enſuite une fumée, alors on jette tout le mélange dans
un vaiſſeau rempli d'eau, la matiere ſe condenſe & devient màniable, on la lave pour
lui ôter la noirceur, on la preſſe dans un linge
entre les doigts pour en exprimer le mercure qui n'eſt pas lié avec l'or, qui retient
ordinairement environ trois fois ſon peſant
d'argent vif ; pour réduire l'or en poudre
impalpable, il n'y a qu'à expoſer l'amalga-

me dans un creuſet ſur un feu leger, le mercure s'élevera en l'air, & laiſſera l'or en poudre.

Je ne parlerai pas ici des couleurs qu'on peut donner à l'or par diverſes matieres, je dirai ſeulement que le mercure le teint en blanc, comme on le verra dans le Traité de l'Argent vif; cette couleur blanche diſparoît, ſi l'on expoſe l'or au feu, mais alors l'or ſe noircit, & l'huile de tartre faite par défaillance lui enleve cette noirceur : nous avons déja dit dans nos Elemens que les Doreurs ſe ſervoient de l'amalgame, il n'eſt pas néceſſaire que nous nous étendions davantage là-deſſus.

Teinture d'Or.

PRenez demie drachme d'or diſſout par deux onces d'eau régale, mettez cette diſſolution dans un matras, ſurverſez-y une once d'huile eſſentielle de genievre, cette huile prendra une couleur jaune, on ſépare le menſtruë décoloré par l'entonnoir, on verſe enſuite ſur cette huile de l'eſprit de vin qui l'étend, on laiſſe ces deux matieres dans une phiole durant un mois ou deux, & durant ce temps-là l'eſprit de vin ſe teint en jaune, & puis il devient rouge.

Cette teinture n'eſt qu'un mélange d'aci-de, d'or, & d'huile ; comme il y a du ſel ammoniac qui reſte dans l'or, il n'eſt pas

furprenant que la teinture foit fudorifique,
elle fe donne depuis fix jufqu'à vingt gouttes.

Or Fulminant.

FAites diffoudre la quantité d'or qu'il
vous plaira dans l'eau régale , jettez-y
peu-à-peu de l'efprit volatile de fel ammoniac, ou de l'huile de tartre faite par défaillance, l'or fe précipitera au fond du vaiffeau ,
laiffez repofer long-temps cette matiere, décantez l'eau furnageante , lavez votre poudre avec l'eau tiede jufqu'à ce qu'elle foit
infipide , faites-la fecher fur un papier à une
chaleur très-lente , afin qu'elle ne détonne
pas; c'eft l'or fuminant.

REMARQUES.

L'eau régale diffout l'or , nous avons expliqué la maniere dont fe faifoit cette diffolution & l'ébullition qui y arrive , l'on précipite enfuite l'or par un fel alkali qui détache l'acide joint à l'or, & s'incorpore avec
lui; l'or privé de cet acide avec lequel il fe
foûtenoit fufpendu dans la liqueur, fe précipite au fond du vaiffeau.

L'or ne fe précipite pas pur, car fi vous
avez mis dans l'opération une drachme d'or,
vous retirerez quatre fcrupules d'or fulminant bien fec; il faut donc qu'il retienne
quelque chofe de l'acide nitreux & du fel

ammoniac, il peut même s'y mêler un peu
de sel de tartre; mais ce qui reste sur-tout
dans l'or, c'est le principe inflammable qui
étoit dans le sel ammoniac, on peut le prouver, parce que les acides qu'on retire de l'or
n'ont plus les vertus qu'ils avoient auparavant, & qu'ils approchent plus d'un acide
pur, d'ailleurs le sel ammoniac laisse une
couleur aux matieres qu'il dissout, ce qui ne
peut venir que d'une matiere grasse qui contient toûjours le principe inflammable.

Quand on jette le sel ammoniac ou le
tartre dans la dissolution de l'or, il se fait
une effervescence, cela doit arriver, puisque
l'acide incorporé avec l'or s'insinuë dans le
sel alkali qui résiste à la division, & qui
contient des parties ignées dans sa matiere
grasse; nous avons donné des regles là-dessus,
on n'a qu'à les consulter.

Après avoir parlé de la composition de
l'or fulminant, voyons ce qui lui donne la
proprieté de faire un si grand bruit, quand
on l'expose au feu; pour faire du bruit, il
faut nécessairement une matiere qui se rarefie subitement, & un corps qui résiste à
cette rarefaction, ces deux choses se trouvent
dans l'or fulminant. 1°. Il y a un principe
inflammable, comme nous avons dit. 2°. Il
y a une matiere qui résiste à la séparation,
puisque la matiere de l'or est très-compacte,
& qu'il peut y avoir outre cela un peu de

tartre, le principe inflammable venant à s'échauffer, se dilatera, cette dilatation écartera les parties de l'or, les parties de l'or écarteront l'air, & y causeront des vibrations, & voilà le bruit ; la poudre fulminante faite avec trois parties de nitre ; deux parties de sel de tartre, une partie de soulphre, fait un grand bruit par la même raison.

Quand on fait chauffer la poudre fulminante à un grand feu, elle fulmine en peu de temps, sans beaucoup de bruit ; mais lorsque on la fait chauffer peu-à-peu, elle détonne après un quart d'heure avec violence : ce phénoméne dépend du plus ou du moins de liaison des principes ; de même que la poudre quand elle n'est pas bien liée, ne détonne qu'avec très-peu de bruit ; la poudre fulminante avant qu'elle soit bien liée, ne cause que de legeres vibrations dans l'air, mais dès qu'elle s'est fonduë par une chaleur moderée, alors les parties qui la composent, s'approchent davantage ; ainsi le principe inflammable venant à se rarefier, il faudra que l'air soit poussé avec plus de violence.

M. Lemery rapporte une expérience qu'il a fait souvent : l'or fulminant, à ce qu'il dit, broyé dans un mortier de marbre fulmine, ce qui n'arrive pas dans un mortier de métal : il prétend en donner l'explication, mais ce qu'il dit ne peut nullement contenter, car pour toute raison il dit que

dans le mortier de marbre la matiere s'é-
chauffe, & les esprits se rarefient ; mais on
demande pourquoi cela arrive ? & d'où vient
que le marbre est plus favorable que le
bronze pour la fulmination ? Pour moi je
n'ai rien de plausible à dire là-dessus, ainsi
je n'en parlerai pas.

L'or fulminant n'est pas sudorifique, comme on l'a assûré, il n'est que purgatif, mais
purgatif très-violent, ainsi il faut user de
précaution dans l'usage qu'on en fait ; Lemery le recommande à ceux qui ont pris
trop de mercure, mais je ne sçai pourquoi,
ce n'est pas sûrement l'expérience qui l'a fait
parler ; la raison qu'il apporte est ridicule,
car il dit que le mercure s'amalgamant avec
l'or dans les corps, réprime sa violence,
mais le mercure aussi uni à l'or pourroit
causer des obstructions dans les vaisseaux.

Il y a eû des Medecins qui ont apprehendé
que l'or fulminant ne détonnât dans le
corps, mais ils devoient se souvenir que quand
il est humide, il ne détonne pas ; or il se
trouve de l'humidité dans le corps, & cette
humidité séparant les parties de l'or fulminant, la matiere inflammable pourra se rarefier sans effort.

On lit dans tous les cours de Physique
que l'or fulminant ne fait son effet qu'en
bas ; mais on n'a qu'à l'enfermer entre deux
cueilleres, & l'on verra le contraire : ce n'est

pas la premiere fable qu'on a débitée parmi
les Physiciens, on pourroit y ajoûter ce qu'ils
ont dit sur la pesanteur du corps qu'ils assu-
rent être plus grande quand on est à jeun
que quand on a mangé; Sanctorius leur ap-
prendra le contraire.

Voilà ce que l'on peut dire sur l'or fulminant, il faut se souvenir que pour bien faire
cette opération, il faut mettre le vaisseau sur
le sable un peu chaud, & l'y laisser jusqu'à
ce que les ébullitions cessent; s'il reste de l'or
qui ne soit pas dissout, il faut le dissoudre
dans de nouvelle eau régale, il faut ensuite
mêler ces dissolutions, & y verser cinq ou six
fois autant d'eau commune, on y met après
le sel ammoniac. La doze est depuis deux
grains jusqu'à six.

L'Or potable de M. Sthall.

PRenez trois parties de sel de tartre,
deux parties de soulphre que vous ferez
fondre dans un creuset, jettez-y une partie
d'or qui s'y fondra parfaitement; après la
fusion retirez la matiere du feu, vous trouverez un hépar sulphuris qui se pulverisera;
mettez cet hépar pulverisé dans l'eau, il s'y
fondra facilement; filtrez l'eau, elle est rouge & chargée d'or, c'est un or potable qui
est d'un mauvais goût approchant de celui
du magistere de soulphre.

REMARQUES.

M. Sthall nous a donné cette préparation à l'occasion du Veau d'or dont il est parlé dans le trente-deuxiéme chapitre de l'Exode, où il est rapporté que Moyse prit le Veau d'or, qu'il le brûla, qu'il le réduisit en poudre, qu'il mit cette poudre dans l'eau , & qu'il la fit boire aux Israëlites ; les Commentateurs ont été fort partagez sur cet article : les uns ont cru que c'étoit un miracle ; les autres n'y ont trouvé rien qui demandât une puissance surnaturelle : mais quand il a fallu expliquer la maniere dont Moyse avoit brûlé le Veau d'or, ils n'ont donné que des conjectures qui n'avoient rien de vray-semblance. Moyse n'a pû employer la calcination simple, ni l'amalgame, ni l'antimoine, ni l'étain, ni la cémentation ; ceux qui sçavent ce que c'est que les opérations qu'on fait sur l'or avec ces intermedes, en conviendront aisément : d'ailleurs parmi ces procédez il y en a qui ne quadrent pas avec le texte de Moyse ; M. Sthall a levé toutes les difficultez qu'on trouve là-dessus ; le moyen dont il croit que Moyse s'est servi est très-simple : à la place du tartre que nous employons dans notre procédé, le Legislateur des Juifs a pû se servir du natron qui est assez commun dans l'Orient, & près du Nil, Je ne parlerai pas ici de l'or potable des

Alkymistes, j'en ai assez parlé dans la Préface ; venons à l'argent.

L'Argent.

I. L'Argent est un métal blanc, poli, ductile, qui pese moins que l'or, & plus que les autres métaux, excepté le plomb. Les Chymistes l'ont appellé *Lune*, parce qu'ils se sont imaginez que cette Planette avoit quelque rapport avec lui, mais la Lune n'a de commun avec ce métal que la blancheur. Il y a long-temps que les matieres métalliques portent le nom des corps célestes. Celse qui a écrit contre les Chrétiens, dit qu'il a trouvé ces noms dans des livres fort anciens. Il y a des Ecrivains, comme Agathias, qui prétendent que c'est Zoroastre qui a ainsi nommé les métaux ; d'autres disent que les Anciens ont cru que les Planettes étoient à l'égard du Ciel ce que les métaux étoient par rapport à la terre ; de-là vient que dans la Table des Emeraudes il est dit que les métaux inférieurs sont comme les supérieurs. Il y a apparence que les couleurs des Planettes, ou les vaines idées qu'on s'en étoit formé, ont donné lieu à tous ces noms.

II. Après l'or l'argent est le métal qui a le plus de ductilité ; l'expérience de Halley fait voir jusqu'à quel point il peut s'étendre, sa fixité approche encore de celle de

l'or: si on le tient en fusion dans un fourneau très-ardent, il ne perd rien de sa substance; si par quelques expériences il paroît
que le poids a un peu diminué après une
longue fusion, cela ne vient que des matieres étrangeres qui s'étoient mêlées, car apres
que cette diminution est arrivée, on n'a
qu'à le mettre dans un fourneau encore
plus ardent, on trouvera après des années
entieres que le poids n'y change en rien.

III. L'eau forte est le dissolvant de l'argent
qui étant divisé en parties très-petites, se
répand dans toute l'étenduë de son menstruë & s'y soûtient; nous avons expliqué
dans les principes la cause méchanique qui
suspend les parties métalliques dans un fluide moins pesant, il faut se souvenir toûjours
que le magnétisme y contribuë: d'ailleurs
un corps n'est souvent plus pesant qu'un
autre, que parce que les molecules forment
des pores moins grands; il se peut faire que
quand elles sont séparées, elles se trouvent
en équilibre avec des parties qui forment
un tout plus leger. 1°. Soient six parties
d'eau: 2°. Soit la densité de chacune comme 4,
& chaque interstice qu'elles laissent entr'elles
comme 2. 3°. Soient six parties de sel dont la
densité soit 4, & les pores 1, il est évident
que les parties de sel formeront un tout plus
pesant que l'eau; mais quand les parties salines seront séparées, elles pourront être

en

en équilibre avec les parties aqueuses.

IV. L'argent diffout, peut être précipité par le sel marin ou par le cuivre : nous avons dit que les précipitations arrivoient souvent, parce que les matieres qu'on jette dans une diffolution changent la denfité du milieu, ou les furfaces des parties du corps diffout : fuppofons donc, par éxemple, que le mélange de fel ou de cuivre fe range de telle maniere dans le menftruë qui a diffout l'argent, que fes parties occupent à proportion plus d'efpace qu'avant qu'on y eût jetté le fel marin ou le cuivre, il eft certain qu'alors les particules d'argent peferont plus refpectivement ; la même chofe arriveroit, fi les parties du fel ou du cuivre fe joignoient à l'argent ou augmentoient la maffe de fes parties plus que leurs furfaces : mais quoyque les précipitations puiffent arriver par cette méchanique, le magnétifme y a fouvent plus de part qu'aucune autre caufe.

V. L'argent fouffre plus d'altérations que l'or, le foulphre s'y infinuë & s'y attache promptement, l'arfenic & le régule d'anti-moine s'y joignent & l'enlevent en l'air ; les matieres fulphureufes s'en détachent par l'action du feu, mais les fubftances arfeni-cales réfiftent davantage ; fi elles demeurent unies à l'argent jufqu'à la fufion, elles l'en-traînent en s'évaporant : la matiere du ré-gule ne s'exhale pas fi facilement, mais cependant quand elle eſt en fuſion, & qu'on lui donne beaucoup d'air, elle s'envole avec l'argent; c'eſt pourquoi on la diſpoſe peu-à-peu à la vitrification, afin qu'elle s'attache aux ſcories du plomb avec lequel on en mêle l'argent pour le purifier, comme nous dirons dans la ſuite.

VI. L'étain empêche la fuſion de l'or, quand il s'eſt mêlé en forme de chaux avec ce métail, il porte le même obſtacle dans l'argent, il ſe change même ſouvent en des ſcories qui ne ſe fondent pas ſans de nouveaux mélanges, on les fond avec de la tête-morte qui reſte quand on fait l'eau forte; la raiſon n'eſt pas difficile à trouver, quand on ſçait nos principes; on n'a qu'à faire réfléxion à la matiere ferrugineuſe qui ſe trouve dans ce qui laiſſe l'eau forte, les réductions qu'on fait avec le fer, ſon affinité avec le ſoulphre & avec les autres métaux feront d'abord connoître quelle eſt ſon action.

VII. Nous avons déja dit que le fer ſe ſéparoit de l'argent plus aiſément que l'or, & nous avons fait voir que cela venoit de ce que les mines d'argent contiennent du ſoulphre, ce qu'on ne peut pas dire ordinairement de l'or, tout cela dépend, comme le reſte, des rapports du ſoulphre & des métaux: le ſoulphre a du rapport avec le fer, le cuivre, le plomb, l'argent, le régule, le mercure, l'or; l'eau forte a de l'affinité avec le fer, le cuivre, le plomb, le mercure, l'argent ; le rapport de ces matieres avec le foulphre & l'eau forte diminuë fuivant le rang dans lequel nous les avons placées ; je repéte tout cela, afin qu'on voye d'un coup d'œil la raifon des opérations par lefquelles on dépure l'argent.

VIII. L'argent réfifte au plomb demême que l'or, les autres métaux fe joignent au plomb, & fe changent en fcories, mais l'argent refte très-pur : on prend, par éxemple, une mine d'argent, on brûle la matiere fulphureufe qui y eft attachée ; pour en féparer enfin tout ce qui a réfifté au feu, on a recours au plomb qui fe vitrifie, comme nous avons dit, & laiffe l'argent dans toute fa pureté, en enlevant les matieres heterogenes.

IX. On peut retirer de l'argent du plomb, & d'autres métaux, on n'a qu'à voir ce qu'ont dit là-deffus Kirker & Becher ; le dernier propofe dans fon Supplément un procédé très-aifé dont le fuccès n'eft pas douteux, puifque les Etats de Hollande en ont fait l'épreuve, & qu'on a les témoignages de ceux qui ont travaillé à cela : fi l'argent & l'or qu'on retire de plufieurs matieres, n'y font pas contenus, c'eft ce qu'on ne fçauroit décider ; nous ne voyons pas qu'il y ait de fer dans les plantes, cependant dans leurs cendres il fe trouve des corpufcules que l'ayman attire ; toutes les apparences prouvent que

c'eſt le feu qui les forme, de même que
dans l'opération que propoſe Becher , &
dont nous parlerons dans le Traité du Fer,
il ſe pourroit auſſi qu'en diverſes matieres
il ſe trouvât des corps diſpoſez à prendre la
forme d'or ou d'argent, & que le feu les
perfectionnât.

X. Le Perou eſt l'endroit qui nous fournit le plus d'argent, les mines y ſont très-
riches ; ſi on ſouhaite de ſçavoir comment
on en retire l'argent, on n'a qu'à lire les Auteurs qui ont écrit là-deſſus ; je ſortirois de
mon ſujet, ſi je m'étendois ſur cette matiere.
Je me contenterai de dire que l'argent n'eſt
guéres jamais ſans mélange dans les mines :
on le trouve avec le plomb en pierre noirâtre , avec le cuivre en pierre blanche ; on
en rencontre auſſi avec l'or, quelquefois
on retire des mines des morceaux d'argent
pur ; on en voit de ſi durs, qu'il n'eſt pas
poſſible de les faire fondre ſans y mêler beaucoup d'autre argent.

XI. L'argent ſur la coupelle expoſé au feu
du verre ardent, fume long-temps, ſe couvre d'une cendre griſe, ſe diſſipe enfin ; ſi on
l'a paſſé par l'antimoine , & qu'on l'expoſe
auſſi au feu du Soleil, il ſe couvre d'une cendre jaune. Il y a apparence que l'argent eſt
compoſé comme les autres métaux d'une
terre vitreſcible & d'un principe inflammable ; peut-être pourroit-on croire que ſa

terre tient du cryſtal de roche, car il eſt blanc comme l'étain qui certainement, comme nous le prouverons, eſt compoſé d'une terre qui a beaucoup de rapport avec le cryſtal de roche.

Pour ce qui regarde les vertus de l'argent pour la Medecine, j'en parlerai ailleurs, voyons la maniere dont on purifie ce métail.

Purification de l'Argent.

PRenez quatre fois autant de plomb que vous avez d'argent à purifier, mettez-le dans une coupelle faite de cendre d'os ou de cornes, mais avant d'y mettre le plomb vous la ferez chauffer entre les charbons peu-à-peu juſqu'à ce qu'elle ſoit rouge; quand votre plomb ſera fondu, jettez-y l'argent au milieu, entourez la coupelle de bois, & faites reverberer la flamme ſur la matiere, les matieres heterogenes de l'argent ſe mêleront avec le plomb qui ſe ramaſſera vers les côtez comme une eſpece d'écume, continüez juſqu'à ce qu'il ne ſorte plus de fumée.

REMARQUES.

La premiere choſe qui ſe préſente dans cette opération c'eſt la ſéparation des matieres heterogenes qui ſe trouvent dans l'argent, cette ſéparation ne ſe fait que par le plus ou le moins d'affinité que ces matieres ont avec le plomb ou avec l'argent ; nous avons traité la féparation des métaux dans nos élemens, on n'a qu'à appliquer ces principes à cette opération, il feroit inutile de repéter.

La feconde chofe qu'on remarque dans cette opération c'eft l'écume qui n'eft qu'un compofé de plomb & des fcories de l'argent; cette écume fe nomme litharge, elle eft rouge ou blanche fuivant le degré de calcination que la matiere a reçû: on la nomme litharge d'or, quand elle eft rouge ; elle fe nomme litharge d'argent, quand elle eft blanche : on peut retirer la litharge avec une cuillere, ou la laiffer dans la coupelle, qui étant faite d'une matiere fort poreufe, lui permet de paffer.

Nous avons dit qu'on avoit recours à diverfes méthodes pour féparer l'or de l'argent, on peut verfer de l'eau forte fur ces deux métaux qui font amalgamez, l'or demeure au fond, tandis que l'argent eft divifé par fon menftruë; nous avons expliqué ailleurs cette diffolution.

Pour retirer l'or de fon menftruë qui le tient fufpendu, il faut prendre une matiere qui ait plus de rapport avec le fel du menftruë qu'avec l'or, on en trouvera dans nos élemens; mais pour retirer l'argent qui eft répandu & diffout dans l'eau forte, on prend une terrine, & l'on met au fond une plaque de cuivre, on y verse la diſſolution d'argent, on y met enſuite dix parties d'eau commune ſur une partie de diſſolution, on laiſſe la matiere en repos durant quelques heures, l'eau devient bleuë, parce qu'elle ſe charge de cuivre ; on filtre cette eau, & elle ſe nomme l'eau ſeconde : mais tandis que cette eau ſe charge de cuivre, l'argent ſe précipite, on en peut voir la raiſon dans nos Elemens, on y peut voir auſſi pourquoi ce cuivre peut ſe précipiter par le fer, pourquoi ce fer ſe précipite par la pierre calaminaire qui eſt enfin précipitée à ſon tour par la liqueur de nitre fixe, qui avec l'eſprit acide de nitre dont l'eau forte eſt compoſée, forme un nouveau ſalpêtre qui brûle de même que le ſalpêtre ordinaire ; au reſte on fait ſecher la poudre d'argent qui ſe trouve ſur le cuivre, & on la réduit en lingot en la mettant en fuſion dans un creuſet avec un peu de ſalpêtre.

L'argent parfaitement purifié, & qui ne diminuë point au feu, eſt appellé argent de douze deniers ; s'il diminuë d'un douziéme, c'eſt de l'argent d'onze deniers, on ne trouve pas d'argent de douze deniers, quelque purification qu'on y porte.

Pour bien faire cette opération, il faut laiſſer fondre le plomb auparavant, l'argent alors ſe met bien plûtôt en fuſion, le phlogiſtique contenu dans le plomb s'inſinuë fa-

cilement dans l'argent, & en divise les
parties.

Cryſtaux de Lune.

PRenez une petite cucurbite de verre,
mettez-y trois parties d'eſprit de nitre,
& une partie d'argent; quand l'argent ſera
diſſout, placez votre cucurbite ſur les cendres à un feu fort lent; quand la quatriéme
partie de l'humidité ſera évaporée, laiſſez
refroidir le reſte, il ſe formera des cryſtaux
que vous ſéparerez de l'humidité & que vous
ferez ſecher, vous les conſerverez dans une
phiole ien bouchée, réïterez l'évaporation,
comme devant, juſqu'à ce que la liqueur ne
donne plus de cryſtaux; il faut ſeulement
obſerver que comme l'argent diminuë dans
l'eſprit de nitre à chaque cryſtalliſation, il
faut faire évaporer plus d'humidité que la
premiere fois.

REMARQUES.

Ces cryſtaux ne ſont que l'acide nitreux
cryſtalliſé avec les parties métalliques de l'argent, voyons ce qui arrive dans cette opération : la premiere choſe qu'on fait, c'eſt de
poſer le vaiſſeau ſur les cendres, afin que les
parties ignées aident la ſéparation des parties de l'argent, il ne faut pas que ce feu ſoit
trop violent par la raiſon que nous avons
dit ailleurs; ſi le feu étoit trop fort, le mouvement d'attraction qui fait pénétrer l'argent

par les parties nitreuses, seroit troublé, ainsi
la dissolution ne réussiroit pas si bien; la seconde chose qui arrive c'est l'ébullition, nous
en avons encore donné la raison dans les
Elemens, cela ne vient que de la force avec
laquelle les acides s'insinüent dans l'argent,
& des vibrations réïterées qui dégagent les
parties du principe inflammable : ce principe inflammable en se dégageant éleve des
fumées rouges qui viennent de l'esprit de
nitre ; la troisiéme chose qu'il faut observer
dans cette opération, c'est la transparance
de la liqueur après la dissolution , cela vient
de ce que les matieres sont homogenes, comme je l'ai fait voir , & de ce que les matieres
se dépurent par la fumée des soulphres qui
pourroient y être ; on remarque cependant
une couleur bleuâtre dans cette-dissolution ,
cela vient du cuivre qui est joint avec l'argent; plus l'argent est purifié , moins la dissolution est bleuâtre , on voit par-là d'où
vient que l'argent de vaisselle est plus bleu
dans la dissolution que l'argent monnoyé ,
il contient une partie de cuivre sur vingt-
quatre parties d'argent ; la quatriéme chose
qu'on observe dans cette opération, c'est les
crystallisations, de même que les acides joints
à des terres se crystallisent, ils font la même
chose quand ils sont joints à des métaux ;
nous avons expliqué ailleurs la méchanique
de la crystallisation , il n'est pas nécessaire de

nous y arrêter, cependant j'ajoûterai qu'il y a grande apparence que les parties qui forment les cryſtaux, s'attirent par certains endroits, & ſe rejettent par d'autres, de même que les aymans, les diſtances égales qui ſont entre les cryſtaux ſemblent le prouver, mais laiſſons les conjectures, & voyons les effets que ces cryſtaux peuvent produire.

Les cryſtaux ſont, comme nous avons dit, des parties métalliques jointes à des acides, comme une pointe de fer agiroit avec plus de force, ſi elle étoit attachée à une matiere bien peſante, on peut dire la même choſe de l'eſprit de nitre joint aux parties de l'argent : il s'enſuit de-là que les molecules de l'argent étant pouſſées avec force, les acides feront eſcarre ſur les parties qu'elles rencontreront.

L'eau diſſout ces cryſtaux, comme s'ils étoient un véritable ſel, de-là il paroît qu'on peut en donner intérieurement, l'humidité ſtomachale venant à diſſoudre en partie ces cryſtaux, les empêchera de faire eſcarre dans l'eſtomach & les inteſtins, cependant comme il reſte toûjours des acides incorporez avec l'argent, ils doivent piquoter les glandes, & en exprimer les liqueurs qui y ſont contenuës; ils doivent donc être purgatifs & adſtringens, & c'eſt ce que l'expérience confirme.

M. Boile ſe ſervoit des cryſtaux de Lune, il en

donnoit deux ou trois grains chaque fois, il les incorporoit dans une mie de pain, & en formoit de petites pillules qui ne piquoient plus la gorge; M. Hovius aſſûre que ces cryſtaux ne purgent que la premiere ou la ſeconde fois, & qu'enſuite ils aſtreignent; de-là vient qu'il conſeilloit ce remede pour un glaucome qui, ſelon lui, n'eſt qu'un relâchement de fibres dans le cryſtallin; quoi qu'il en ſoit de ce remede, j'apprehenderois toûjours de le donner. M. Boile le recommande dans les hydropiſies; il y en a eû qui en ont ſenti de bons effets pour la paralyſie, mais encore une fois c'eſt un cauſtique qui demande plus d'une expérience pour qu'un Medecin ſage oſe s'en ſervir.

Si on vouloit malgré tout cela s'en ſervir, il vaudroit mieux fondre ces cryſtaux avec une partie de ſalpêtre, & évaporer la liqueur juſqu'à pellicule, les pointes acides ſe trouveroient alors enveloppées dans le nitre, & par conſéquent il y auroit moins de cauſticité, il faut toûjours au moins ſe ſouvenir de laiſſer digerer quelque temps ces cryſtaux avec l'eſprit de vin, & d'y mettre le feu avant de s'en ſervir.

Les cryſtaux blancs ſont ceux que recommande M. Boile qui ne veut pas que pour l'uſage interne il y ait aucun mélange de cuivre, ces cryſtaux au reſte peuvent ſe réduire en argent en les jettant dans l'eau tiede.

N vj

& en mettant une plaque de cuivre au fond du vaisseau, les cryſtaux ſe fondent, & l'argent ſe précipite en poudre blanche qu'on ſépare & qu'on fait ſecher pour la réduire en lingot, comme nous avons dit.

Pierre Infernale.

FAites diſſoudre autant d'argent qu'il vous plaira dans trois fois autant d'eſprit de nitre, mettez la matiere ſur le feu de ſable, faites évaporer les deux tiers de l'humidité, jettez ce qui vous reſte dans un creuſet d'Allemagne qui ſoit grand, placez votre creuſet ſur un feu leger, laiſſez-l'y juſqu'à ce que la matiere s'abbaiſſe après s'être gonflée, donnez alors un feu plus fort, votre matiere deviendra comme de l'huile, verſez cette huile dans une lingotiere chauffée & graiſſée, cette matiere ſe coagulera, vous pourrez alors la mettre dans une phiole bien bouchée, c'eſt la Pierre Infernale.

REMARQUES.

Il n'y a d'autre différence entre la Pierre Infernale & les Cryſtaux de Lune, ſi ce n'eſt que dans l'un les acides ſont mêlez avec de l'humidité, & que dans l'autre les acides ſont plus concentrez; auſſi peut-on faire la Pierre Infernale avec les cryſtaux de Lune, on n'a qu'à les mettre dans un creuſet, & les réduire

en huile de même que la diſſolution dont
nous avons parlé dans cette opération.

Comme il paroît par cette opération que
la pierre infernale n'eſt autre choſe que l'acide nitreux concentré & lié à des parties métalliques, il s'enſuit qu'on peut faire cette
pierre avec d'autres matieres; dès que l'on
incorpore l'acide nitreux au cuivre, le même
effet ſans doute s'y trouvera, mais elle ne ſe
gardera pas ſi long temps.

On peut demander ici ſi les parties métalliques contribuent à la cauſticité de la
pierre infernale, à cela je réponds qu'à proprement parler elles n'y contribuent pas, le
cauſtique eſt l'acide nitreux, l'argent ne fait
que ramaſſer les parties acides qui ſeroient
diſperſées, ſi elles étoient dans une liqueur,
comme l'eſprit de nitre & l'eau forte; l'argent encore applique plus long-temps les
acides ſur la peau; & comme ce métail eſt
peſant, il eſt pouſſé avec force par l'air extérieur dans les pores de la peau, les ſels acides
s'en détachent enſuite par l'humidité qu'ils
rencontrent, & rongent les fibres d'un côté
& d'autre.

On peut voir d'abord que la pierre infernale a un grand rapport avec l'huile glaciale
d'antimoine, puiſque dans les deux compoſitions il n'y a qu'un acide qui eſt joint à
une matiere métallique.

Mais d'où vient cette fumée qui ſort de

la pierre infernale ? Pour le concevoir on n'a qu'à faire réfléxion que le nitre contient un phlogistique uni à son acide, c'est de ce phlogistique que dépend la différence de tous les acides, peut-être qu'un jour je donnerai la maniere de les réduire tous à la même espece, je suis déja venu à bout de le faire depuis deux ans; pour revenir donc à la pierre infernale, je dis que cette fumée ne vient que du phlogistique que l'acide a incorporé avec l'argent.

La pierre infernale se conserve assez long-tems, pourvû qu'elle ne soit pas exposée à l'air, mais dès qu'elle est exposée aux atteintes des corpuscules aëriens, elle s'évapore ; ce n'est pas que l'air extérieur contienne un dissolvant que l'air qui est dans une phiole ne contient pas, mais les corpuscules qui sortent de la pierre renfermée dans une phiole ne pouvant pas s'échapper, ils empêchent qu'il ne s'en sépare d'autres; d'ailleurs l'air enfermé dans la phiole ne pouvant pas prendre la place de ces corpuscules, parce qu'il ne peut pénétrer l'argent qui a un tissu fort compacte, il s'ensuit qu'il doit s'opposer à leur sortie par son ressort.

Nous avons marqué dans l'opération qu'il falloit donner un feu modéré, la raison de cela c'est que la matiere s'éleve sur les bords & se répand, ajoûtez à cela qu'un feu poussé la fait rejaillir sur les artistes, il

faut fe fouvenir d'avoir l'œil fur le creufet ,
afin d'en retirer la matiere dès que l'on la
verra couler en forme d'huile, autrement on
auroit une pierre beaucoup moins rongeante,
cela viendroit de ce qu'il fe feroit fait une
évaporation des acides par un trop long fé-
jour fur le feu.

On remarque que fi on a employé une
once d'argent , on retire une once cinq
drachmes de pierre infernale ; mais fi l'on
s'eft fervi d'argent de vaiffelle , on n'en retire pas tant : M. Lemeri pour expliquer
cette différence d'augmentation , remarque
que l'argent de coupelle ayant les pores plus
étroits, il retient mieux l'acide , mais il s'en-
fuivroit de-là que les pores étant plus larges
dans l'argent de vaiffelle , il doit y entrer
plus d'acide , par conféquent il doit y avoir
plus d'augmentation ; la raifon de ce phénoméne eft que l'argent a moins d'affinité avec
l'acide nitréux que le cuivre , l'acide doit
donc s'unir au cuivre plûtôt qu'à l'argent ;
or il s'évapore du cuivre dans la fufion avec
l'acide , ainfi il refte moins de matiere dans
la pierre infernale faite avec l'argent de vaiffelle.

Teinture de Lune.

PRenez deux parties d'argent diffout dans
fix parties d'efprit de nitre, verfez cette
diffolution dans un vaiffeau de verre, jettez-y

une pinte d'eau falée que vous aurez filtrée,
l'argent fe précipitera en poudre blanche,
laiffez repofer le tout, enfuite verfez l'eau
furnageante, lavez votre poudre plufieurs
fois avec de l'eau bien claire ; quand vous
aurez ôté l'acrimonie par des lotions, faites-
la fécher fur le papier, mettez-la dans un
matras, verfez fur-deux parties d'argent que
vous aurez pris une partie de fel volatile
d'urine & vingt-quatre parties d'efprit de
vin rectifié fur le fel de tartre, faites un
vaiffeau de rencontre, luttez les jointures
avec de la veffie moüillée, faites enfuite di-
geter la matiere au fumier de cheval ou à
quelque chaleur approchante, quand l'efprit
de vin aüra pris une couleur célefte, filtrez-
le par le papier gris, & gardez-le dans une
phiole bien bouchée.

REMARQUES.

C'eft fans raifon qu'on appelle cette préparation Teinture de Lune, l'argent ne fçauroit fe décompofer, il ne peut donc s'en féparer aucune matiere qui donne une couleur
bleuë ; M. Kunkel s'eft plaint il y a long-
temps de l'ignorance des Chymiftes qui ont
toûjours foûtenu avec obftination que l'argent donnoit cette teinture à l'efprit de vin,
enfin il a démontré fi clairement la fauffeté
de cette opinion, qu'il faut n'avoir pas d'yeux
pour la foûtenir.

Ce grand Chymiste prit donc de l'argent coupellé, il le calcina avec le soulphre, il y jetta ensuite de l'esprit d'urine, & il eut une teinture bleuë ; ayant pris l'argent resté au fond, il le revivifia avec le nitre, & le calcina derechef avec le soulphre, mais il ne put jamais avoir une teinture bleuë : pour mieux éxaminer la chose, il remit cet argent revivifié à la coupelle, & il trouva qu'après cela cet argent donnoit une teinture pâle ; de-là il conclud que l'argent prend quelque impureté du plomb, il remarque néanmoins que toute sorte de plomb ne produit pas cet effet, mais seulement le plomb qui se trouve dans quelque mine de cuivre.

Enfin pour mettre la chose dans un plus grand jour, M. Kunkel exposa encore cet argent à la coupelle, & en tira une teinture bleuë, enfin il le fondit avec du nitre & du borax, & il trouva des scories verdâtres ; il remit encore l'argent en fusion avec les mêmes intermedes, & il vint des scories en forme de crystal ; l'argent qui étoit sous ces scories ayant été calciné avec le soulphre, ne donna jamais de teinture ; de-là il s'ensuit évidemment que l'argent ne sçauroit teindre aucune liqueur par la décomposition de ses principes,

Mais d'où vient donc cette teinture marquée dans l'opération ? je réponds qu'elle vient du cuivre ; car 1°. Le cuivre teint en bleu l'esprit volatile d'urine. 2°. Le plomb tiré des mines où il y a du cuivre, rend à l'argent, comme nous avons vû, la proprieté de teindre. 3°. Le cuivre tient très-fortement à l'argent, & on ne peut jamais l'en bien dépurer ; de ces trois raisons, on peut conclure que cette teinture n'est qu'une teinture de cuivre.

M. Lemeri dit que cette teinture vient de l'argent & du cuivre, mais comme nous venons de voir, on n'y doit mettre l'argent pour rien, il ne raisonne pas juste, quand il prouve qu'il n'y a que quelques parties d'argent & de cuivre qui se soient répandues dans la liqueur ; si l'on retire, dit-il, par la distillation l'esprit de vin, il sera clair comme quand on le jette dans le vaisseau de rencontre, mais il s'ensuivroit de-là que l'on n'auroit pas une vraie dissolution de certains végétaux, parce qu'on peut retirer le menstruë dont on s'est servi, presque sans aucun mélange : Qui ne voit que c'est un raisonnement très-faux ? Mais sans aller chercher des comparaisons, il faudroit que M. Lemeri prouvât que la teinture ne vient que de quelques corpuscules d'argent & de cuivre, parce que le menstruë se peut séparer & revenir à son état naturel.

Après avoir vû ce qui donne la teinture, voyons ce qui se passe dans l'opération : Quand le nitre a dissout l'argent, on précipite ce métal par le sel marin ; Lemeri dit

que le sel marin ébranle les pointes de l'esprit
de nitre, & leur fait abandonner l'argent,
mais il se trompe en cela, il faut dire que
l'acide nitreux se sépare, & va se joindre à
la terre du sel marin, parce qu'il a plus d'affinité avec cette terre qu'avec l'argent; on peut
précipiter l'argent avec le cuivre par la même raison.

Nous venons de dire que l'acide nitreux
chasse l'acide de la terre du sel marin, cet
acide doit se joindre nécessairement à l'argent, aussi voyons-nous que l'argent précipité
est très-fusible; or cette fusibilité ne vient que
du sel marin, nous avons dit quelque chose
là-dessus dans nos Elemens.

On verse ensuite de l'esprit de vin & du
sel urineux dans le vaisseau, l'esprit de vin
se charge des sels, & le sel volatile éxalte le
cuivre qui prend avec lui une couleur bleuë;
il faut remarquer ici qu'une très-petite partie de cuivre suffit pour teindre une grande
quantité de sel ammoniac.

On vient de voir ce qui se passe dans l'o-
pération, voyons ce qu'on peut faire de la
teinture; nous avons déja dit qu'on en pouvoit retirer l'esprit de vin fort clair par la
distillation, mais si après avoir retiré une
partie de cet esprit de vin, on met l'alembic
dans un lieu frais, vous trouverez des crystaux aux côtez, vous n'avez qu'à verser doucement la liqueur pour les ramasser, contie

nüez ensuite l'évaporation & la cryftallifation jufqu'à ce que vous ayez retiré tout
l'argent ; faites fecher vos cryftaux à l'ombre,
vous pourrez les revivifier en prenant la
quantité qu'il faudra de la matiere que nous
marquerons pour revivifier la chaux de l'argent, vous mettrez ce mélange dans un creufet, vous le couvrirez d'un tuileau, vous
l'entourerez d'un grand feu, la matiere ayant
été mife en fufion, vous la retirerez du feu,
& la laifferez refroidir, vous cafferez le creufet, & vous trouverez au fond l'argent que
vous pourrez employer dans les opérations ;
il arrive ici que les acides joints à l'argent
s'attachent aux matieres qu'on y mêle, ainfi
l'argent refte dans fa pureté.

Après que l'efprit de vin a pris la teinture,
il refte une chaux d'argent au fond du matras ; cette chaux n'eft que l'argent réduit en
poudre qui s'eft détachée de l'acide que le fel
urineux & l'efprit de vin ont féparé, on peut
la revivifier ; voici la poudre de réduction
qu'il faut pour cela : Prenez huit onces de
nitre, deux onces de cryftal réduit en poudre, deux onces de tartre, demie once de
charbon, réduifez ces matieres en poudre,
mettez-les peu-à-peu dans un creufet rougi
au feu, après la détonation vous trouverez
votre matiere en fufion, mettez-la dans un
mortier chaud, & laiffez-la refroidir, vous
aurez une maffe dont vous pourrez vous fer-

vir pour la réduction de la chaux d'argent; car prenez de cette matiere autant que vous aurez de chaux, mettez ce mélange en fusion à grand feu dans un creuset, la chaux se revivifiera; cassez le creuset, quand il sera froid, & séparez l'argent de la masse saline.

On se servoit fort autrefois de cette teinture, mais aujourd'hui on ne s'en sert guéres, cependant ce remede ne laisse pas d'avoir son mérite; Kunkel en a vû des effets merveilleux dans la mélancolie & le mal de tête : je ne compte pas fort sur les grandes proprietez que lui donne Lemeri, ce Chymiste entendoit mieux la composition des remedes que leur usage, la dose est depuis six jusqu'à quinze gouttes.

Arbres qui se forment de l'Argent.

PRenez une partie d'argent coupellé dissout dans trois parties d'eau forte, mettez-les dans un vaisseau de verre, placez ce vaisseau sur le sable, donnez-y un petit feu, faites évaporer la moitié de l humidité, faites chauffer dans un vaisseau trois parties de vinaigre distillé, versez ce vinaigre chaud sur l'autre matiere, remüez le mélange, laissez-le reposer durant un mois, il se formera un arbre qui montera jusqu'à la superficie de la liqueur.

On peut faire un arbre d'une autre façon ; après qu'on a fait évaporer la moitié de la diſſolution, on verſe ce qui reſte dans un matras où il y aura deux parties de mercure ſur une partie d'argent, & vingt parties d'eau commune bien tranſparante, on laiſſe repoſer la matiere quarante ou cinquante jours, & l'on a un arbre qui a de petites boules au bout de ſes petites branches.

REMARQUES.

Il eſt très-difficile d'expliquer comment cet arbre ſe forme, car pour cela il faut que la premiere partie qui fait la baſe du corps de l'arbre, attire les autres parties; non-ſeulement elle doit les attirer, mais il faut qu'elle les pouſſe d'un côté plus que de l'autre, car autrement les parties qui ſe joignent à elle pourroient s'arranger en boule, au lieu qu'elles forment un cylindre.

Je dis en premier lieu qu'il faut que cette partie attire les autres, car ſi cela n'étoit pas, pourquoi les autres parties répanduës confuſément d'un côté & d'autre ne demeureroient-elles pas dans la place qu'elles occupent; pourquoi ſeroient-elles rangées auprès de cette partie ſuivant des proportions éxactes ?

Je dis en ſecond lieu qu'il faut néceſſairement que cette partie attire les autres beaucoup plus par un côté que par l'autre; ſi cela n'étoit pas, pourquoi les autres parties ſeroient-elles arrangées d'un côté plûtôt que d'un autre ? pourquoi ne se joindroient-elles pas comme elles se rencontrent ?

J'ajoûte en troisiéme lieu qu'il faut ou que cette partie rejette les autres par ses parties laterales, ou qu'elle ne les attire point par ces parties ; ou que si elle les attire, il arrive que ces autres parties s'arrangent de telle maniere sur ces parties laterales, qu'elles présentent des faces non attirantes ou repoussantes ; pour preuve de cela on n'a qu'à considerer que si les faces laterales attiroient les autres, ces parties viendroient s'y attacher de même qu'aux autres.

Si ce terme d'attraction choque, on n'a qu'à y substituer celui d'impulsion, je n'entends par ce terme qu'une impulsion inconnuë, il est sans doute évident que ces arrangemens ne se forment que par des impulsions, suivant certaines loix ; il ne faut pas croire qu'il y ait une action immédiate de la puissance motrice.

Ces principes posez, voyons comment ces parties peuvent s'arranger de cette maniere. 1°. Ce n'est pas l'eau qui les pousse, car toutes les parties aqueuses reçoivent indifféremment ces matieres qui forment l'arbre, ainsi l'eau ne les poussera pas vers un lieu plûtôt que vers l'autre. 2°. La matiere qui est entre les parties aqueuses n'arrange pas l'argent en arbre, car il est indifférent à cette matiere que les parties de l'argent s'arrangent d'une maniere plûtôt que de l'autre. 3°. Il ne reste donc que les parties de l'argent qui en agissant les unes sur les autres, prennent cet arrangement : mais d'où dépend cette action ? Y a-t-il des tourbillons dans chaque partie de l'argent ? & par l'impression de ces tourbillons ces parties de l'argent ne peuvent-elles pas s'approcher ? Pour dire ce que je pense là-dessus, tous ces tourbillons n'ont pas, je crois, la vertu de faire approcher deux parties ; car pour ce qui regarde les tourbillons de l'ayman, on peut prouver qu'ils ne feront jamais que deux aymans s'attirent ; les aymans s'approchent l'un de l'autre par une ligne droite, & s'ils suivoient l'impulsion du tourbillon, ils viendroient l'un à l'autre par une ligne spirale ; il faut donc qu'il y ait quelque autre cause qui agisse dans cette occasion.

Mais quelle est donc cette cause ? En voyant les tourbillons qui sortent de l'ayman & de plusieurs autres matieres, il m'a toûjours paru évident qu'il y avoit une force qui poussoit cette matiere du centre du corps à la circonference ; or s'il y a une telle matiere autour d'un corps, il s'ensuivra que si l'on y plonge un petit corpuscule plus grossier, cette matiere plus déliée poussera le corpuscule vers la surface du corps, & elle s'en éloignera en prenant la place

de

de ce corpuscule ; c'est par cette raison que
l'eau qu'on met dans un vase éleve un morceau de liége qu'on a mis au fond, la pesanteur pousse l'eau, & l'eau poussée enleve le
corps : mais il ne suffit pas que cette matiere
pousse le corpuscule, il faut qu'elle le pousse
d'un certain côté plûtôt que de l'autre, aussi
de même que dans les aymans la matiere
sort des poles, cela arrivera sans doute
dans tous les corps, ainsi les corpuscules
s'approcheront toûjours du côté des poles,
par-là on voit que les parties des corps
doivent toûjours s'arranger d'une certaine
maniere.

Voilà des conjectures, dira-t-on, & cela
est vrai ; mais il n'y a que cette voye pour
expliquer l'approche des corps électriques &
des autres, à moins qu'on ne prouve que les
tourbillons qui environnent les corps occupent moins d'espace, quand il y en a plusieurs joints ensemble ; si cela étoit, il est
évident que l'air extérieur fera approcher
ces corps, les tourbillons venant à diminüer occuperont moins d'espace, ainsi l'air
pourra s'étendre davantage, mais on ne voit
rien que d'incertain en tout cela, & je rapporte ces conjectures plûtôt pour faire voir
le peu de solidité de la Philosophie ordinaire, que pour faire recevoir les conjectures
que je propose.

Je ne dis rien sur cette opération ; comme elle n'est d'aucune utilité, elle ne mérite pas qu'on s'y arrête, notre esprit ne doit suivre que la raison & la raison ne nous conduit jamais qu'à l'utile, ainsi retranchons tout ce qui ne servira qu'à satisfaire des curieux qui sont parfaitement inutiles à la société humaine, ce n'est pas qu'il n'y ait quelquefois des choses curieuses qu'on doit apprendre, quoyqu'elles ne présentent d'abord rien d'utile; si elles ne servent pas à nous rendre heureux, elles apprennent aux hommes que leur esprit est renfermé dans des bornes fort étroites; il seroit très-utile que l'on fût convaincu de cette vérité, les hommes s'épargneroient par-là bien des peines & bien des égaremens; se connoissant euxmêmes, ils connoîtroient mieux l'Etre suprême qui les a formez & qui les gouverne, au lieu que leurs vaines recherches leur cachent encore davantage ce qu'ils veulent sçavoir.

L'Etain.

I. L'Etain est un métal blanc, sonore, pliant: il est composé 1°. d'une matiere huileuse, car si on joint l'étain avec du salpêtre, & qu'on le jette dans un creuset, il se fait une détonation, & il s'éleve une flamme bleuâtre. 2°. D'une matiere arsenicale, car si on jette de la limaille d'étain à travers la flamme d'une chandelle, elle donne une fumée épaisse qui a une odeur d'ail. 3°. D'une terre vitrifiable qui est plus fixe que celle des autres métaux, comme on peut le prouver en l'exposant au feu du miroir ardent, cette terre reprend sa forme métallique par un mélange de matiere grasse, de même que les autres métaux.

II. L'étain coule aisément sur le feu où il jette une fumée incommode ; moins il fond aisément, plus il est pur ; ce n'est qu'avec peine qu'il est dissout par les acides violens, mais ceux qui ont moins de force le pénétrent & le divisent plus facilement ; c'est la matiere sulphureuse qu'il contient en grande quantité qui fait que les acides n'ont pas un ingrez facile dans son tissu, car si par la calcination on dégage du soulphre ses parties métalliques, il se dissout avec facilité dans les acides, & forme des crystaux qui font un excellent remede dans plusieurs maladies.

III. Il paroît d'abord que l'étain & le plomb ont beaucoup de rapport, mais s'ils ont quelque proprieté commune, il s'y trouve de grandes différences quand on les éxamine de près ; je ne dirai pas, comme d'autres, que l'étain est un plomb moins cuit, c'est ne rien avancer, puisqu'on ne donne que des conjectures qu'aucune expérience ne confirme.

IV. Le plomb se réduit facilement en chaux

& en cendres, cependant on fait plus promptement cette réduction dans l'étain ; la chaux
de plomb se fond assez aisément, & forme un
verre brun, mais l'étain quoiqu'il se réduise
encendres sans beaucoup de peine, résiste tellement à la fusion, qu'il n'est pas facile de le
vitrifier par le feu seul ; si on le fond avec
le verre de plomb, on y remarque une espece
de poussiere, qui lui donne une couleur de
lait.

V. Le plomb & l'étain s'allient facil-
lement, si on les mêle par un feu leger,
cependant quand on leur donne un feu
violent, & que l'air extérieur a une libre entrée dans le vaisseau qui les contient, il s'excite d'abord un combat entre ces deux substances métalliques qui ensuite se réduisent en
cendres : le plomb perd d'abord sa forme de
métal & sa fusibilité, il n'y a qu'un feu très-
violent qui puisse le réduire en verre : enfin
une différence très-considérable qui se trouve
entre le plomb & l'étain, c'est que le plomb
est plus pesant, plus dense & plus tenace ;
l'étain se revivifie aisément, mais le plomb
demande beaucoup de travail pour sa revivification ; & quand il revient à sa forme
métallique, il s'en faut de beaucoup qu'il ne
soit le même qu'auparavant, il a une consistence bien différente de la premiere.

VI. Le plomb altére l'or, le cuivre, &
l'argent, mais l'étain, comme nous l'avons

dit, rend presque tous les métaux incapables d'être travaillez, il n'y a que le fer qui
reçoive quelque avantage du mélange de
l'étain, car il en devient plus malléable ;
pour ce qui regarde le cuivre, l'étain le rend
plus sonore, de-là vient qu'on en mêle dans
la matiere dont on fait les cloches, mais il
faut prendre garde que cette matiere ne soit
trop cassante par un tel mélange.

VII. L'étain n'est pas composé d'une matiere homogene, cela se prouve par l'eau forte qui en dissout une partie, & ne touche
point à l'autre ; de-là on peut conclure qu'il
y a dans l'étain une matiere qui doit avoir
quelque affinité avec les parties de l'argent,
puisque ces deux métaux cedent à un même
dissolvant. Boile & les anciens Chymistes
ont cru que l'argent & l'étain ne differoient
que par leur soulphre, parce qu'il est difficile
de les séparer ; cette séparation se fait par la
calcination, & par le moyen du plomb, suivant la méchanique que nous avons déja
expliquée.

VIII. L'étain est composé d'une terre
blanche qui a beaucoup de rapport avec le
crystal de roche, cela pourroit faire croire
que l'argent qui a quelque affinité avec
l'étain, est composé d'une terre semblable ;
c'est d'Angleterre que nous vient l'étain le
plus pur, & c'est de ce métal, suivant ce
que dit Bochart dans son Phaleg, que cette

Isle tire son nom, on le trouve dans des pierres assez pesantes dont on le sépare par les lotions & par les autres opérations dont nous avons parlé.

Calcination de l'Etain.

PRenez de l'étain, mettez-le dans un vaisseau plat de terre qui ne soit pas vernissé, posez-le sur un feu assez violent; après que l'étain sera en fusion, remüez-le long-temps avec une espatule, donnez un feu toûjours violent durant quarante heures, remüez de temps en temps votre matiere, retirez-la du feu pour qu'elle se refroidisse, vous aurez une chaux d'étain.

REMARQUES.

La partie sulphureuse ou phlogistique d'où dépend la forme métallique, se dissipe par l'action des parties ignées, il faudra donc que les parties métalliques ne soient plus liées comme auparavant, car leur union dépend de la matiere huileuse.

L'étain calciné pese plus qu'avant la calcination : nous avons dit que les parties ignées qui s'introduisent dans la substance, faisoient cette augmentation, il se peut qu'elles y contribuent, mais comme la matiere molle est enlevée par le feu, les corpuscules métalliques se resserrent; il arrivera donc que si l'étain perd quelque matiere, il

occupera moins d'espace, par conséquent il
n'y aura pas de diminution dans la pesanteur, le tissu du métal ne se ramolliroit pas,
ses parties ne se resserreroient qu'à proportion que les parties sulphureuses s'évaporeroient ; mais parce que le métal cede plus
aisément, l'approche de ses parties n'est pas
proportionnée au volume des corpuscules
qui s'exhalent, il faut donc que le poids
augmente.

M. Lemeri rapporte que si après que l'é-
tain est réduit en poudre, on le mêle avec
partie égale d'argent dissout précipité par
l'eau salée & encore un peu humide, le mélange s'échauffe & prend feu ; pour expliquer
ce phénoméne il faut remarquer que l'acide
du sel marin a une grande affinité avec l'é-
tain, que le soulphre se joint à l'argent plûtôt qu'à l'étain, que le soulphre n'a pas d'affinité avec les acides ; de-là il s'ensuit que
l'acide marin joint à l'argent précipité en-
trera avec force dans l'étain ; mais comme
le soulphre qui est dans ce métal résistera, il
s'excitera entre ces matieres un combat qui
mettra en liberté les parties de feu qui sont
contenuës dans le soulphre, par-là on voit
que si l'on avoit calciné l'étain, le mélange
ne prendroit pas feu ; ce qui se passe dans
l'inflammation de ces deux métaux a du rapport avec une expérience de M. Homberg,
dans laquelle des huiles aetherées mêlées avec

des acides s'enflamment : il y a dans les métaux une matiere grasse comme celle des
charbons, cette matiere contient une huile,
ainsi les phénoménes qui arrivent dans le
mélange de l'argent précipité & du plomb
réduit en poudre, dépendent du même principe.

Quand on veut pulverifer l'étain ou le
faire fondre, on le met dans une boëte de
bois ronde & frotée en dedans avec de la
craye, on ferme cette boëte, & on l'agite jufqu'à ce que l'étain foit refroidi, on trouve
ce métal réduit en poudre grife ; comme
l'étain eft fondu, fes parties qui font agitées
par le mouvement de la boëte, s'écartent
d'un côté & d'autre & fe refroidiffent, par
conféquent elles ne peuvent pas fe rejoindre, c'eft pour cela qu'il faut mettre peu
d'étain dans la boëte, alors les parties peuvent mieux s'écarter.

Sel de Jupiter.

PRenez de l'étain calciné, mettez-le dans
un vaiffeau de verre, jettez-y du vinaigre diftillé qui furnage de quatre doigts, faites digerer ces matieres fur le fable durant
deux jours, broüillez-les de temps en temps
en agitant le vaiffeau, verfez la liqueur par
inclination, jettez-y encore du vinaigre,
laiffez digerer le tout, comme devant, verfez
enfuite la liqueur, continüez ainfi trois ou

quatre fois, prenez alors toutes vos impregnations, filtrez-les, mettez-les dans une
cucurbite de verre, faites évaporer la troisiéme partie de l'humidité sur le feu de sable,
mettez ce qui vous reste dans un lieu frais
pendant quatre ou cinq jours, il se formera
des crystaux que vous séparerez, faites évaporer encore une partie de l'humidité, &
portez ce qui vous restera dans un lieu frais,
il se formera de nouveaux crystaux que vous
séparerez, continüez de même jusqu à ce que
vous ayez tout votre sel de Jupiter que vous
ferez secher.

REMARQUES.

L'étain a beaucoup d'affinité avec l'acide, par conséquent il s'y joindra dans le vinaigre & se dissoudra, pourvû qu'il ait été
privé d'une partie de son soulphre par la calcination, autrement il ne pourroit pas donner ingrez à l'acide qui n'a pas d'affinité avec
le soulphre.

Pour précipiter l'étain on n'a qu'à verser sur la dissolution un sel alkali qui ait
plus d'affinité que l'étain avec l'acide du vinaigre, c'est de ces principes que dépendent
tous les magisteres d'étain qui ne sont autre
chose qu'un étain dissout par un sel & précipité par un autre.

O v

Sublimation de l'Etain.

Faites un mélange de deux parties de sel ammoniac pulverisé avec une partie d'étain, mettez-le dans une cucurbite de terre dont vous remplirez seulement le tiers, donnez-lui un chapiteau aveugle, luttez les jointures, enfoncez un tiers & demi de la cucurbite dans un fourneau à grille, bouchez tellement ce fourneau, qu'il ne puisse transpirer que par les regiſtres, commencez par donner un feu leger, pouſſez-le juſqu'à ce que le chapiteau se refroidiſſe, faites refroidir le vaiſſeau, & retirez les fleurs d'étain qui seront attachées au chapiteau & au haut de la cucurbite.

REMARQUES.

On peut encore ſublimer l'étain avec le ſalpêtre ſuivant une autre methode, on prend une cucurbite de terre qui ait un tuyau à côté, ou bien un trou ſimplement, enfoncez-la juſqu'à ce trou dans un fourneau proportionné, placez trois aludels ſur cette cucurbite, luttez les jointures, adaptez-y un chapiteau avec un recipient, faites rougir le fond du vaiſſeau, prenez une partie d'étain & deux parties de ſalpêtre, mêlez ces deux matieres, jettez-en une cueillerée dans la cucurbite par le tuyau que vous boucherez auſſi-tôt aprés ; quand vous aurez entendu la

détonation, jettez-y encore une cuillerée
du mélange, continüez de même qu'auparavant jusqu'à ce que vous n'ayez plus de
matiere, vous aurez des fleurs très-blanches
autour des aludels, séparez-les, & les lavez
dans de l'eau claire, faites-les secher à l'ombre, & gardez-les.

Dans ces deux opérations le sel volatile s'attache à l'étain qui a beaucoup d'affinité avec lui, il faut cependant remarquer
deux différences dans le rapport de ces deux
sels. 1°. Que le sel ammoniac qui est composé
d'un sel urineux & de l'acide du sel marin,
ne détonne pas avec l'étain, mais que le
salpêtre detonne quelque temps après qu'on
l'a jetté dans le pot. 2°. Que le salpêtre est le dissolvant dans l'étain, car l'eau
forte qui en sort dissout ce métal de même
que l'argent, quoyque cependant il faut remarquer qu'elle ne touche pas à la chaux
d'étain.

Il se fait une détonation quand l'étain & le
salpêtre ont été quelque temps dans le pot ;
nous avons fait voir ailleurs la cause de ce
phénoméne, mais il faut remarquer ici que
cette matiere s'enflamme, de-là il s'ensuit
qu'il faut nécessairement qu'elle reçoive des
fuliginositez de l'étain, il n'arrive jamais
que le nitre prenne feu sans un mélange de
matiere grasse ; au reste pour que cette opération réussisse, il ne faut ni trop ni trop peu

de salpêtre, une petite quantité ne sçauroit élever assez de fleurs, & s'il y en avoit trop, le soulphre ne pourroit point le mettre en mouvement.

Ces sublimations ne sont pas d'un grand usage dans la Medecine, elles servent à préparer l'étain pour le fard ; le blanc qu'on fait en mêlant les fleurs dans les pommades, est très-beau, mais il ne faut pas qu'elles ayent été sechées au Soleil, parce qu'elles se noircissent en perdant une partie du sel volatile.

Huile d'Etain.

PRenez une partie d'étain que vous couperez en morceaux, mettez-la dans un vaisseau de verre, versez-y trois parties d'eau régale, donnez à votre matiere un feu de digestion ; après que l'étain sera dissout, versez la liqueur dans un vaisseau de grès, faites évaporer l'humidité au feu de sable, exposez dans un lieu frais la matiere blanche qui vous restera, & quand vous la verrez réduite en une graisse blanche épaisse, mettez-la dans une bouteille pour la garder.

REMARQUES.

Les acides de l'eau régale divisent l'étain & s'y joignent, il doit donc se former par-là un escarrotique, car l'acide étant joint à une substance pesante, il s'ensuit que quand il fera pouſſé dans quelque matiere, il y fera une grande impreſſion ; un corps peſant agit avec plus de force qu'un corps leger.

La matiere qu'on retire de cette opéra-tion étant portée à la cave, ſe réſout en une maſſe glüante, l'humidité de l'air ſe joint à l'acide, qui ayant alors plus de li-berté pour ſe mouvoir, ſépare les parties de l'étain & les parties viſqueuſes de la matiere graſſe, de tout cela réſulte cette maſſe épaiſſe & glüante.

Quand l'étain ſe diſſout, il arrive une pe-tite ébullition, c'eſt les acides qui s'intro-duiſent dans l'étain, & mettent des parties d'air & de feu en liberté, on peut voir ce que nous avons dit là-deſſus ; cette diſſolu-tion peut ſe précipiter par un ſel alkali qui ſe joindra à l'acide, & laiſſera tomber l'étain. Schroder remarque qu'ayant diſſout de l'é-tain calciné au feu de reverbere dans du vinaigre diſtillé, il précipita la diſſolution avec l'eſprit de vitriol, mais qu'ayant tenté la même choſe avec de l'étain calciné qu'il avoit achetté, il fallut avoir recours à l'urine pour faire la précipitation.

Diaphorétique Jovial.

FAites fondre de l'alun & du régule d'an-timoine parties égales, verſez la matiere dans un mortier chauffé & graissé ; quand elle sera refroidie, pulverisez-la, mêlez-y trois fois autant de salpêtre, jettez-en deux cueillerées dans un creuset rougi ; après la détonation mettez encore deux cueillerées du mélange dans le creuset, continüez de même après la détonation jusqu'à ce qu'il ne reste plus rien, calcinez ensuite votre matiere à un grand feu durant une heure, mais agitez-la de temps en temps avec une espatule de fer ; quand elle sera refroidie, jettez-la dans de l'eau boüillante, laissez-l'y six heures, versez l'eau par inclination, remettez-en encore d'autre, continüez ainsi jusqu'à ce que l'eau que vous verserez n'ait plus de goût, faites secher votre matiere & la gardez.

REMARQUES.

Le salpêtre s'enflamme dans cette opération & brûle le soulphre des métaux qui se réduisent par-là en une chaux blanche, il produit ici les mêmes effets que dans l'antimoine diaphorétique, aussi voyons-nous qu'il nous produit icy un remede qui a à-peu-près les mêmes vertus, mais il pousse par la transpiration avec plus de force.

On attribuë de grandes vertus à cette préparation qui est l'*antihectique de Poterius* ; on croit que c'est de l'étain qu'elles viennent en partie, ce qu'on peut assûrer c'est qu'avec l'étain & le mercure sublimé on prépare un bon diaphorétique, comme Beguin & d'autres l'ont fait voir.

L'antimoine est émetique, mais les acides mineraux lui enlevent l'émeticité, ici on employe le salpêtre, ainsi l'antimoine ne fera pas vomir, pourvû qu'il ne soit pas en trop grande quantité par rapport à ce sel.

Si on fait évaporer l'eau qui a servi à laver l'antihectique, on en tirera un sel âcre qui s'enflammera, ce sel est alkali par la même raison que le nitre fixé par les charbons, mais il faut qu'il y en ait une partie qui n'a pas brûlé, car le nitre fixé par les charbons ne s'enflamme pas, le charbon qu'on y met dessus ne brûle que comme s'il étoit seul, on peut appeller ce nitre, *Nitrum antimoniatum.*

Si on verse du vinaigre distillé sur la lessive, il se fait une précipitation qui est une céruse recommandée par quelques Chymistes, elle differe peu de l'antimoine diaphorétique; l'antihectique qu'on retire per les lotions, est bleu, si l'étain y reste; autrement il est blanc: pour empêcher que l'étain ne se sépare de l'antimoine, il faut jetter la matiere dans l'eau, lorsqu'elle est en fusion; l'antihectique se donne dans la phthysie jusqu'à dix, douze, quinze on vingt grains. Hofman vent qu'on commence par quatre grains, & qu'on augmente tous les jours d'un grain jusqu'à ce que le malade sente des nausées, il faut alors diminüer fuivant la même proportion ; quoi qu'on dife de ce remede , je n'en ai pas éprouvé de bon effet , je préfererois l'antimoine diaphorétique ; cependant fi on veut en ufer , il faut prendre garde de ne pas le donner avec des acides, alors il deviendroit émetique ; on fe fert encore de ce remede dans le fcorbut, les fcrophules, la cachexie. l'émoptyfie, & enfin dans les maladies qui demandent de la tranfpiration , on le donne dans quelque liqueur appropriée ou dans quelque conferve.

Le Plomb.

LE plomb eft un métal pefant , livide , molaffe, compofé d'une terre vitrifiable, & d'une huile qui eft mediocrement unie avec les autres fubftances , & qui s'envole aifément fur le feu.

II. Si on calcine le plomb, & qu'on pouffe le feu, il fe forme une maffe de couleur rouge qu'on nomme *minium* ; elle fe fond comme de l'huile ; & fi on y met une verge de fer, elle l'enduit comme fi c'étoit du verre fondu qui s'attachât à quelque matiere : fi on laiffe refroidir cette maffe fonduë comme l'huile , elle paroît comme une efpece de verre talqueux, cette terre au refte fe vitrifie par un fel qui fait que le plomb diffout les métaux, & les emporte avec lui ; fi on rend la matiere graſſe à cette terre vitrifiée, elle reprend ſa forme métallique.

III. Le plomb a reçû des Chymiſtes divers noms qui ont du rapport avec ſes effets; ils l'ont appellé Juge, parce qu'il lie les métaux, on lui a donné encore des ſignes myſtiques qui expriment ſes proprietez.

IV. Le plomb eſt le plus peſant de tous les métaux après l'or & le mercure; de-là vient que quand on le fait fondre avec des ſubſtances métalliques auxquellesil ne s'unit pas, il prend le fond du vaſe ſuivant les loix de l'Hydroſtatique.

V. Il n'y a pas de métal qui ſe fonde ſi aiſément que le plomb; ſi on le tient quelque temps en fuſion, il paſſe à travers les pores de la coupelle, & il ſe réduit en ſcories qui ſe diſſipent aiſément; dès qu'il eſt fondu, il a une ſurface brillante comme le mercure, mais enſuite il s'obſcurcit; ſi on l'agite avec une eſpatule, tandis qu'il eſt en fuſion & qu'on le calcine, il ſe réduit en une poudre rougeâtre qu'on appelle, *minium*; cette poudre eſt plus peſante que le plomb.

VI. Le plomb réduit en ſcories prend diverſes couleurs ſelon les divers degrez de calcination qu'on lui donne; on les nomme auſſi ſuivant leur couleur, lytharge d'or ou d'argent: ces ſcories étant vitrifiées, ne ſe revivifient que difficilement.

VII. Le plomb eſt un corps fort molasse, ductile, sans élasticité ; les acides le dissolvent, & lui donnent un goût de sucre, ses mines sont noires & parsemées de pointes & de facettes brillantes, on le fait fondre dans des fourneaux faits exprès ; le plomb se sépare par un canal, tandis que la terre reste avec le charbon.

VIII. Le soulphre se joint promptement au plomb, & le rend friable, l'arsenic le volatilise ; & s'il se trouve quelque mélange d'étain, il se réduit avec ces deux métaux en une espece de cendre de laquelle l'arsenic ne peut se séparer que difficilement.

IX. Quand le plomb est mêlé avec la pierre qui se trouve dans sa mine, il se change en verre assez aisément, avec l'or & l'argent il se réduit en cendre ou en verre, mais il ne se mêle pas avec le fer qui n'est pas réduit en chaux ; M. Sthall croit que la legereté du fer est une des causes qui empêchent qu'il ne s'allie avec le plomb.

X. Le plomb fondu a d'abord une consistence assez épaisse qui ne lui permet pas plus qu'aux autres métaux de s'insinüer dans les pores des corps ; mais quand il se réduit en scories avec le soulphre, ou qu'il se change en verre, il y entre promptement ; cela ne paroîtra pas surprenant, si l'on fait réfléxion que ses parties peuvent tellement être subtilisées, qu'elles passent à travers le cuir avec le mercure.

La calcination du Plomb.

PRenez du plomb, faites-le fondre dans un vaisseau plat de terre non vernissée, agitez-le avec une espatule, il se réduira en une poudre qui par une plus forte calcination prendra une couleur rouge.

REMARQUES.

On voit par cette opération qu'on n'a en vûë que de dépoüiller le blomb de sa matiere inflammable, on fait cette calcination de diverses manieres qui donnent au plomb diverses formes & des noms différens; le minium n'est que la poudre dont nous venons de donner la préparation, calcinez-le durant quatre heures au feu de reverbere, le plomb brûlé n'est que ce qui reste d'un mélange de plomb & de soulphre auquel on a mis le feu, la litharge n'est aussi qu'une calcination de plomb, mais la ceruse n'est que sa roüillure, car on fait recevoir à des plaques de plomb la vapeur de vinaigre qui les blanchit, & les réduit en une poudre dont on forme de petits pains.

Le plomb calciné augmente de plus de $\frac{1}{10}$, cela est surprenant, puisqu'il en est sorti beaucoup de matiere qui s'est dissipée dans l'air, cela ne peut venir que de ce que les parties métalliques occupent moins d'es-

pace, les parties du feu peuvent y contribuer, mais il est difficile que tout ce poids
puisse venir d'elles; M. Newton croit qu'elles
donnent au plomb la couleur rouge.

Le plomb calciné sert dans la Chirurgie, les préparations qu'on en retire dessé-
chent; elles produisent cet effet, selon plusieurs Auteurs, en absorbant les serositez,
mais la pesanteur & l'action des parties de
plomb animées par les corpuscules ignées, y
contribuent davantage; on en fait quelquefois des emplâtres pour les douleurs de la
goutte, quelque soulagement suit toûjours
l'application de ce remede, mais les suites en
sont très-fâcheuses.

Dissolution du Plomb dans le vinaigre.

PRenez du plomb calciné & pulverisé,
mettez-le dans un matras, versez-y du
vinaigre distillé jusqu'à la hauteur de quatre doigts, mettez votre matiere en digestion sur le sable chaud, agitez-le de temps
en temps; quand le vinaigre aura perdu son
acidité, versez-le par inclination, jettez sur
la matiere restante de nouvel esprit de vinaigre, donnez une digestion comme auparavant, versez ensuite la liqueur, & continüez
à jetter de nouveau vinaigre jusqu'à ce que
la moitié du plomb ait été dissout, filtrez
vos impregnations par le papier gris, vous

aurez une liqueur qu'on nomme liqueur de Saturne.

REMARQUES.

Le vinaigre diffout le plomb, fes parties acides en s'introduifant dans les pores du plomb, y caufent une effervefcence, mais on n'y remarque pas de chaleur qui fe faffe fentir, cependant il faut qu'il ait une matiere moins froide qu'auparavant, car elle fait monter la liqueur qui eft dans le thermometre.

Le vinaigre perd fon acidité, & devient doux comme le fucre, on voit qu'il n'y a que l'union des parties du plomb qui produife cet effet, de même que la matiere huileufe des vins d'Efpagne donne à ces vins un goût fort doux, la matiere du plomb, c'eft-à-dire, fon métal, fon foulphre, fon huile, fes parties ignées, donnent avec le vinaigre un compofé qui cauf .ne fenfation agréable.

Quand on verfe la liqueur de Saturne fur la teinture bleuë de fleurs de mauves, elle y produit une couleur verte, on voit par-là qu'elle a quelque affinité avec les alkalis.

Qu'on faffe évaporer la liqueur de Saturne jufqu'à confiftence de miel, qu'on y verfe de nouveau vinaigre, qu'on le faffe évaporer, qu'on continuë de même plufieurs fois, on aura l'huile de Saturne qui eft fort

pefante, & qui ne peut être fechée que difficilement, ce n'eft autre chofe que le plomb
tenu en diffolution par les acides du vinaigre.

On fe fert de la liqueur de Saturne extérieurement, pour les démangeaifons, les
dartres, les inflammations, on s'en eft fervi
quelquefois dans l'éréfipéle, mais on doit fe
fouvenir qu'on arrête la tranfpiration par-là,
& que cette liqueur a produit fouvent de
très-mauvais effets.

Si on verfe une grande quantité d'eau fur
l'impregnation de Saturne, il fe forme d'a-
bord une liqueur de couleur de lait, & le
plomb fe précipite.

Le Sucre de Saturne.

PRenez l'impregnation de Saturne faite
par l'opération précedente, mettez-la
dans un vaiffeau de grès, faites évaporer
l'humidité jufqu'à pellicule par une chaleur
lente au feu de fable, portez votre vaiffeau
dans un lieu frais, il fe formera des cryftaux
blancs, féparez-les, & faites évaporer encore
le tiers de l'humidité, reportez votre vaiffeau
dans un lieu frais, & continüez les évaporations & les cryftallifations jufqu'à ce que
vous ayez retiré tout votre fel que vous faites fecher au Soleil, gardez-le dans un vaiffeau de verre.

REMARQUES.

Le sel qu'on retire par cette opération n'est pas un sel qui soit dans le plomb, ce n'est que le sel acide du vinaigre joint aux parties du plomb ; si l'on veut avoir un sel plus blanc, il faut le faire fondre dans l'esprit de vinaigre & dans une égale quantité d'eau commune, on le filtre ensuite, & on fait crystalliser la liqueur, cette purification doit se réïterer plusieurs fois.

Nous avons dit qu'on faisoit l'huile de Saturne en versant plusieurs fois du vinaigre distillé sur le sel ; il faut remarquer que si on fait secher cette huile à une chaleur lente, il reste une masse spongieuse qui a beaucoup de rapport avec l'argent ; c'est sur ce fondement qu'un fameux Chymiste a cru qu'on pouvoit trouver dans le plomb une matiere propre à être changée en argent.

Le sucre de Saturne est regardé comme un bon remede interne par plusieurs Medecins, mais des observations éxactes nous apprennent que c'est plûtôt un poison ; les pesanteurs d'estomach, le dégoût, la phthysie suivent l'usage de ce sel ; un fameux Medecin Italien a observé qu'il n'y avoit pas de remede qui eût plus de succez que celui-ci pour éteindre les feux de l'amour.

Avec l'huile de thérébentine & le sel de

de Saturne on fait un baume auquel Basile-Valentin attribuë beaucoup de proprietez, mais je doute si ce Chymiste a éprouvé tout ce qu'il en dit; on met du sel de Saturne dans un vaisseau de verre, on y verse de l'huile de thérébentine qui surnage de quatre doigts, on fait digerer le tout sur un feu de sable durant un jour, on verse la liqueur, on remet dans le vaisseau de nouvelle huile, & on la met encore en digestion comme auparavant avec la matiere restante; on prend une cornuë de verre, on y met les dissolutions, on place la cornuë sur le sable, on y adapte un récipient, on donne un feu médiocre, on fait distiller les deux tiers de la liqueur; ce qui reste est le baume de Saturne, qui sera plus ou moins épais suivant qu'on aura fait distiller plus ou moins d'esprit. Il y a des Artistes qui font distiller la liqueur jusqu'à siccité, & alors ils retiennent la derniere huile; mais si l'on veut un mélange de plomb & d'huile de thérébentine, il ne faut pas suivre cette méthode, la substance du plomb ne monte pas dans la distillation, on pourroit former une masse fort épaisse en faisant dissoudre le minium ou la ceruse dans l'huile de thérébentine.

V. On peut dissoudre le plomb réduit en chaux avec l'eau forte jointe à une certaine quantité d'eau commune, il en vient une liqueur d'un goût doux; & si on fait évaporer

ser l'humidité, on aura des cryſtaux ; par cette opération on peut voir 1°. Que l'eau forte affoiblie diſſout mieux certaines matieres que ſi elle étoit ſans mélange, car la diſſolution ue réuſſit pas bien, quand on ne ſe ſert pas de l'eau commune mêlée avec l'eſprit de nitre. 2°. Que les acides joints à une matiere inſipide forment un compoſé qui eſt doux comme le ſucre. 3°. Que les cryſtaux doivent être différens de ceux qui ſont faits de l'acide du vinaigre.

La doſe du ſucre de Saturne eſt depuis deux grains juſqu'à quatre dans quelque eau appropriée.

Séparation du Plomb & du Diſſolvant.

PRenez du ſel de Saturne, diſſolvez-le dans une ſuffiſante quantité d'eau & de vinaigre diſtillé, jettez-y de l'huile de tartre faite par défaillance, la liqueur ſe troublera, & il ſe formera un précipité blanc; continüez à verſer de l'huile de tartre juſqu'à ce que la liqueur ſurnageante reſte claire, broyez pour lors le tout, & filtrez-le par un entonnoir garni de papier gris, & il vous reſtera ſur le filtre une poudre blanche que vous laverez dans l'eau commune juſqu'à ce qu'elle ſoit inſipide.

Prenez de la diſſolution de Saturne, jettez-y de l'eſprit de vitriol ou de nitre, il ſe fera d'abord un précipité.

Prenez une cornuë de grès ou de verre,
mettez-y du fel de Saturne de telle maniere
que le tiers demeure vuide, pofez ce vaiffeau dans un fourneau, ajuftez-y un recipient, luttez les jointures, commencez par
un petit feu que vous poufferez enfuite par
degrez, faites rougir la cornuë à la fin, les
vaiffeaux étant refroidis déluttez-les, & confervez la liqueur qui eft dans le recipient.

REMARQUES.

Les acides du vinaigre ont beaucoup plus
d'affinité avec l'huile de tartre faite par défaillance qu'avec le plomb, ils doivent donc
abandonner ce métal pour s'aller joindre au
fel alkali, mais il ne fe fait pas d'effervefcence non plus que lorfqu'on joint des alkalis aux diffolutions de corail, cela fait voir
que les alkalis ne peuvent pas être cara-
éterifez par leur boüillonnement avec les
acides.

La raifon pour laquelle les acides du vinaigre qui ont diffout le plomb, ne boüillonnent pas avec des alkalis, eft difficile à
trouver ; Lemery pour expliquer ce phénoméne, a recours aux pointes des acides qui,
felon lui, fe brifent dans la diffolution, après
cela ne peuvent plus enfiler les pores du fel
de tartre, outre que cela n'a d'autre fondement qu'une opinion ridicule, il s'y trouve
une fauffeté, les acides qui quittent le plomb,

se joignent au sel alkali, & le pénétrent : si nous pouvions découvrir tout ce qui se passe dans ces petits corpuscules, nous verrions sans doute ou que le magnétisme est changé par quelque addition, ou que le principe phlogistique est enlevé ou lié de telle maniere qu'il ne peut pas se développer.

L'eau qu'on verse sur une dissolution de Saturne forme une liqueur laiteuse qu'on nomme lait virginal ; après qu'elle est devenuë claire, on trouve au fond d'un vaisseau un précipité qui est le même que celui que nous avons décrit, mais il n'est pas en aussi grande quantité, parce que l'eau ne peut pas détacher l'acide du plomb comme l'huile de tartre.

Le précipité est mêlé avec quelques parties salines, c'est pour cela qu'on est obligé de l édulcorer en le lavant, il ne faut pas croire cependant qu'on lui enleve entierement le sel qu'il a reçû du vinaigre ; comme il n'est qu'une ceruse fort subtilisée, il sert aux mêmes usages que cette préparation.

Le plomb se précipite aussi par l'acide vitriolique, cela vient de ce que cet acide a plus d'affinité avec ce métal que l'acide du vinaigre, il doit donc s'y joindre, & en chasser l'autre ; & c'est durant cette séparation que les molecules de plomb se précipitent : on voit par cette opération si l'on peut dire qu'il faut un alkali pour précipiter ce qu'un acide a diffout, il faut remarquer qu'il ne s'excite pas d'effervefcence par ce mélange non plus que par l'autre.

Si l'on diftille par un alembic de verre fur un petit feu de fable la liqueur que donne la diftillation du fel de Saturne par la cornuë, on a un efprit inflammable d'un goût acerbe ; on peut en voir la raifon par ce que nous avons dit fur les efprits ardens, on fait diftiller ordinairement la liqueur juf-qu'à moitié, ce qui refte dans l'alembic eft appellé huile de Saturne.

Il refte dans la cornuë une matiere noi-râtre & jaune qu'on peut revivifier en la mettant dans un creufet entre les charbons ardens, ou en ouvrant la cornuë tandis qu'elle eft chaude, alors la matiere s'enflamme en prenant l'air, & le phlogiftique qui s'unit au plomb le remetallife.

L'efprit ardent de Saturne verfé fur la teinture de fleurs de mauve & fur le papier bleu, leur donne un rouge vif, il fermente avec l'efprit de fel ammoniac & d'urine, avec le fel volatile du fang humain, avec l'huile de tartre faite par défaillance, il monte après le phlegme, il perd fon inflammabilité quand il a été expofé quelque temps à l'air ; les ef-prits de karabé & de thérébentine mêlez avec le minium & diftillez par la cornuë, don-nent un efprit femblable à celui dont nous parlons, c'eft M. Boile qui en a fait l'expé-rience.

La dose de l'esprit ardent est depuis huit jusqu'à seize gouttes.

Le Nutritum de Saturne.

PRenez la liqueur de Saturne, mettez-la dans un mortier de verre, versez-y de l'huile commune goutte à goutte, agitez continuellement la matiere avec un pilon de verre jusqu'à ce qu'elle soit réduite en consistence de beurre, c'est le nutritum de Saturne.

REMARQUES.

Il se fait un mélange de parties huileuses & de parties acides, de-là il résulte une liqueur blanche, comme quand on mêle les sels essentiels avec les huiles ; M. Deidier Professeur de Chymie à Montpellier, croit que les acides ne forment pas dans ce procédé une coagulation des soulphres, il dit qu'ayant jetté du nutritum dans l'huile de tartre & dans l'esprit de nitre, il n'y arriva aucun changement, quoyque l'esprit de nitre fermentât avec l'huile de tartre ; d'ailleurs il ne suffit pas, dit-il, de verser l'huile sur la liqueur de Saturne, il faut les agiter pour qu'il y survienne un épaississement, mais tout cela ne prouve pas que les acides ne donnent pas aux soulphres une consistence de beurre, on peut seulement conclure de-là qu'il faut mêler les matieres jusqu'à un certain point, & que la coagulation étant parvenuë à un certain degré, les acides ne l'augmentent pas; on se sert du nutritum pour les dartres & pour les démangeaisons.

Le Cuivre.

I. LE cuivre est un métal assez ductile, qui se fond sur le feu plus lentement que l'or ou l'argent, mais il est plus fixe que le fer, l'étain & le plomb, sa pesanteur est à l'égard de celle de l'or, comme $46\frac{1}{2}$ à 100; & à l'égard de celle du fer, comme $46\frac{1}{2}$ à 41, ses parties sont pliables, & ont beaucoup de ressort, de-là vient qu'on en fait des cordes pour les instrumens.

II. La Suede, le Danemarck, la Hongrie abondent en cuivre, les mines sont de diverses especes, les unes sont mêlées avec des pyrites & beaucoup de soulphre, il se trouve dans les autres des mélanges de plomb & de fer, elles différent encore par les pierres qui les renferment, par la terre qu'elles contiennent, par leur couleur qui est tantôt verte, tantôt bleuë ou jaune, il y a des eaux dont on retire beaucoup de cuivre par la précipitation, c'est sans doute en passant par des mines qu'elles se chargent de ce métal, & de-là est venuë cette fable qu'il y avoit des fontaines qui changeoient le fer en cuivre; ces prétenduës transmutations ne sont autre chose que des parties cuivreuses qui s'attachent à la substance du fer, cela se prouve par la dissolution du cuivre dans l'eau forte; si on la mêle avec de l'eau commune, & qu'on y plonge du fer, il se forme une croute autour de ce fer; la même chose arrive dans plusieurs autres expériences, on doit porter le même jugement des changemens du bois, des os, des champignons en pierre; Seneque & Pline qui en parlent, auroient trouvé cela moins merveilleux, s'ils avoient examiné les eaux qui produisoient ces métamorphoses.

III. On purifie les mines de cuivre par le feu, on les fait fondre, on les brûle, on les lave, on les joint à diverses matieres, suivant les mélanges qui s'y trouvent; tout cela dépend des affinitez des matieres sulphureuses & métalliques, le soulphre se joint au cuivre étroitement, il est difficile de l'en séparer tout-à-fait; mais quand il en est sorti, les parties métalliques résistent à la fusion, & pesent davantage, il n'y a que le principe inflammable qui fasse fondre les métaux; & quand les molecules ne sont plus séparées par le soulphre, elles se rapprochent, & sont par-là plus pesantes.

IV. Le cuivre ne se vitrifie pas aisément, mais il n'est pas difficile de le calciner, & d'en former le saffran de Venus; par les opérations chymiques on trouve qu'il est composé d'un soulphre abondant, de quelque portion de sel vitriolique & d'une terre vitrifiable, sa décomposition fait voir qu'il approche du fer, mais il faut remarquer que son soulphre étant beaucoup moins ouvert, le feu n'y a point un ingrès si facile; qu'il s'unit à l'or & à l'argent sans altérer leur ductilité, que l'antimoine ne le sépare jamais tout-à-fait de l'argent, que le plomb s'y joint, & le rend moins propre à être changé en léton, parce qu'il lui donne moins de malléabilité, que les sels volatiles urineux sont teints d'une couleur bleuâtre par les matieres cuivreuses.

V. Le nom de *Venus* a été donné au cuivre à cause de quelque rapport qu'on a cru voir entre ce métal & la planette qui porte ce nom; comme il se joint aux sels acides & aux alkalis, cela a donné occasion à d'autres noms bizarres; & selon quelques Chymistes, le cuivre est représenté dans les figures hyerophiques comme une femme prostituée, parce que ces sels de diverses especes l'ouvrent & la dissolvent.

VI. Le mélange de cuivre & de pierre calaminaire forme un métal jaune qu'on appelle léton, les vaisseaux qu'on en fait donnent moins d'odeur aux liqueurs que ceux qui sont faits de cuivre rouge, on fait encore un métal plus coloré par un mélange de zink; on n'en sera pas surpris, si on fait réfléxion à l'origine de la cadmie & de la pierre calaminaire.

VII. La falive ronge le cuivre & le roüille;
fi l'on met fur le feu la matiere roüillée jufqu'à ce que l'humidité foit évaporée entierement, il reftera une efpece de chaux; le fucre
liquefié ronge auffi le cuivre, & devient
émetique s'il y demeure joint l'efpace d'une
nuit.

VIII. M. Lemery demande pourquoi l'eau
qu'on fait boüillir dans un vaiffeau de cuivre, n'emporte pas l'odeur de ce métal, comme l'eau chaude qu'on y laiffe repofer? cela
vient, felon lui, de ce que les parties du feu
élevent l'eau du fond continuellement, & ne
lui permettent pas de s'attacher au cuivre:
mais il fe fait lui-même une objection qu'il
ne réfout pas; les bords qui ne reçoivent
pas la matiere du feu comme le fond, n'éloi-
gneront pas les corpufcules aqueux; je crois
qu'on pourroit dire avec plus de vrai-fem-
blance que les parties du cuivre étant mifes
en mouvement par le feu s'oppofent à l'action
des parties aqueufes.

IX. Il y a des Medecins qui ont introduit
dans la Medecine l'ufage du cuivre; quelques
Alkymiftes ont attribué à ce métal tant de
proprietez, qu'ils ont avancé que c'étoit
ignorer la fource des remedes que de ne pas
les chercher dans le mars & le cuivre; mais
Angelus Sala qui a raifoné fur la Chymie
plus jufte que fes prédeceffeurs, dit qu'il n'o-
feroit donner des préparations tirées du cui-

vre. Fallope aſſûre que tout ce qui en vient, a une vertu corroſive : Ettmuller enregarde l'uſage comme téméraire ; Verdriés dit qu'il bouleverſe l'eſtomach ; comme il eſt aſtringent & qu'il corrode, il peut ſervir dans la Chirurgie. Kœning en recommande la limaille pour la rage & pour la morſure des animaux enragez ; je ne ſçai s'il parle par expérience ou par conjecture.

Purification du Cuivre.

PRenez un grand creuſet, mettez-y une couche de ſoulphre pulveriſé, placez une lamine de cuivre ſur cette couche, jettez un autre lit de ſoulphre ſur cette lamine, ajoûtez une autre lamine ſur ce lit, continüez ainſi juſqu'à ce que le creuſet ſoit rempli, de telle maniere cependant que la derniere couche ſoit de ſoulphre, couvrez le creuſet d'un couvercle percé au milieu, placez-le dans un fourneau à vent, pouſſez le feu violemment ; quand vous ne verrez plus de fumées, retirez vos lamines, mettez-les rougir dans un creuſet entre les charbons ardens ; quand il ſera rougi, jettez-le dans l'huile de lin dans un pot, couvrez ce pot ; & quand la matiere ſera refroidie, reprenez les lamines, faites-les rougir encore, & jettez-les dans l'huile, comme devant ; continüez ainſi juſqu'à dix fois, vous aurez un cuivre très-pur.

REMARQUES.

Le feu confume le foulphre du cuivre, & par conféquent doit le rendre friable, auffi voyons-nous qu'après la calcination il eft moins ductile, & qu'on peut le pulverifer dans un mortier ou fur le porphire, au lieu qu'on ne peut pas le faire de la même maniere avant qu'il ait paffé par le feu.

La purification du cuivre n'eft fondée qv' fur ce que le principe inflammable contenu dans l'huile donne parfaitement la forme métallique aux parties cuivreufes; cette opération eft à-peu-près la même que celle qu'on employe pour réduire le fer en acier, ou pour le perfectionner; on fait rougir ce métal, on le met enfuite avec des matieres graffes qui donnent la perfection aux parties qui n'étoient pas bien métallifées, la même chofe arrive dans le procédé par lequel Becher retire du fer de l'argille, on expofe cette matiere au feu avec de l'huile, & on y trouve enfuite une fubftance ferrugineufe, c'eft encore par la même méchanique que fe forme le fer qu'on trouve dans les cendres des plantes qui ont été brûlées.

Le cuivre calciné, comme nous l'avons dit, forme ce qu'on appelle *as uftum*, il eft propre à déterger quand on l'a mis en poudre; le cuivre purifié & calciné a auffi la même proprieté, on n'a qu'à le pulveriser pour s'en servir, il forme alors un beau *crocus Veneris*, on peut pousser la calcination plus loin, & réduire le cuivre en chaux & en verre ; ce changement n'est pas fort aisé, mais il est encore plus difficile de ramener le cuivre calciné & vitrifié à sa forme métallique, il faut avoir recours pour cela au verre de plomb.

Dissolution du Cuivre.

PRenez de la limaille de cuivre ou du verdet, mettez-le dans un vaisseau de verre, versez-y du vinaigre distillé qui surnage de quatre doigts, faites digerer votre matiere sur le sable chaud durant vingt-quatre heures, décantez la liqueur, jettez de nouveau vinaigre sur le cuivre restant, mettez le tout en digestion, comme devant, continüez ainsi jusqu'à ce qu'il ne vous reste plus qu'une matiere terrestre, vous aurez une dissolution de cuivre.

REMARQUES.

On peut se servir de l'esprit de sel ammoniac à la place du vinaigre, mais la teinture est d'une couleur différente, & produit des effets fort différens, car la teinture faite avec le vinaigre est vomitive, & l'autre est sudorifique & diuretique. Un homme âgé

attaqué d'une hydropisie se trouva guéri
après en avoir pris avec de l'hydromel deux
ou trois fois par jour durant quelque temps,
il rendit par les voyes urinaires une quantité
prodigieuse d'eau.

Le cuivre peut se dissoudre avec divers
sels alkalis qui en tirent une teinture bleuâtre, caustique & émetique, mais les acides en
forment une teinture verte qui ronge aussi &
fait vomir; les sels volatiles huileux en donnent une dissolution qui a les mêmes vertus
que celle qu'on fait avec le sel ammoniac:
on voit par toutes ces matieres salines qui
dissolvent le cuivre que l'eau forte & l'eau
régale sont également les menstruës de ce
métal.

Quand on verse de l'esprit de nitre sur
le cuivre, il se fait une ébullition violente, il sort des fumées rouges formées par
les parties nitreuses, & le vaisseau s'échauffe
beaucoup, cette chaleur dure jusqu'à ce que
l'effervescence soit finie; si l'on sépare ensuite les acides du cuivre, il reprendra sa
couleur rouge.

On peut précipiter la dissolution de
cuivre en y jettant des matieres qui ayent
plus d'affinité avec les dissolvans que les
parties cuivreuses; ces précipitez ne répondent pas aux grandes vertus que leur ont
attribué certains Chymistes, ce n'est, selon
Langius, que le caprice & la crédulité qui

leur ont fait donner ces grands éloges qu'on trouve dans Horſtius & Vanhelmont; Rivinus & Ettmuller diſent la même choſe contre ces précipitez.

Criſtalliſation du Cuivre diſſout.

PRenez la diſſolution de cuivre faite par l'opération précédente, filtrez-la, faites-en évaporer les deux tiers de l'humidité dans une cucurbite de verre au feu de ſable, portez enſuite le vaiſſeau dans un lieu frais durant quatre ou cinq jours, il ſe formera des cryſtaux que vous ſéparerez; faites encore évaporer le tiers de l'humidité, reportez le vaiſſeau dans un lieu frais, continüez les cryſtalliſations & les évaporations juſqu'à ce que vous ayez retiré tous vos cryſtaux que vous ferez ſecher.

REMARQUES.

Les acides du vinaigre ſe chargent des parties cuivreuſes, & avec elles ils forment enſuite des cryſtaux de même que l'étain & le plomb; les Peintres appellent ces cryſtaux verdet diſtillé, ils s'en ſervent dans leurs ouvrages; tout le monde ſçait que le cuivre eſt très-propre à colorer certaines matières; par quelques mélanges il donne une couleur d'or, par d'autres il forme une couleur d'argent, on en fait auſſi une teinture pour le verre & pour d'autres matières.

On peut faire cryſtalliſer le cuivre diſſout par l'eſprit de nitre; & ces cryſtaux, ſi on les laiſſe à la cave dans un vaiſſeau découvert, ſe réduiſent en une liqueur qui a la même vertu; cette diſſolution cryſtalliſée ſe nomme vitriol de Venus, de même que celle qui ſe fait par le vinaigre, ces ſels agiſſent de la même maniere; comme ils ſont attachez à des parties métalliques peſantes, ils ſont pouſſez avec force dans le tiſſu des matieres qu'elles touchent, ainſi ils en deſuniront les parties.

Comme j'ai dit qu'on pouvoit ſe ſervir de verdet, il faut dire ce que c'eſt: On prend le marc des raiſins dont on a exprimé le moût, on en fait des ſtratifications avec des plaques de cuivre, & après quelque temps de macération on trouve une partie de cuivre réduite en verdet qu'on enleve avec un couteau; on remet encore les plaques dans le marc, & il s'y forme de nouveau verdet qu'on ſépare comme devant, on continuë ainſi juſqu'à ce qu'il ne reſte plus de cuivre; on voit par-là que le verdet n'eſt qu'une roüillure formée par le ſel tartareux qui diſſout le métal; plus les raiſins contiendront de tartre, mieux ils feront cette diſſolution. On ſe ſert de cryſtaux faits avec l'eſprit de nitre ou avec le vinaigre pour déterger.

Séparation du Vinaigre qui a disson le Cuivre.

PRenez des crystaux préparez avec le vinaigre, remplissez-en les deux tiers d'une
cornuë vuide, placez cette cornuë sur le
sable, adaptez-y un recipient ample, luttez
les jointures, donnez un petit feu, vous
aurez d'abord une eau insipide ; il distillera
ensuite un esprit volatile, poussez alors le
feu par degrez jusqu'à ce qu'il ne sorte plus
rien, laissez refroidir les vaisseaux, prenez ce
qui sera dans le recipient, & le distillez sur
le sable jusqu'à siccité dans un alembic de
verre.

REMARQUES.

Je ne sçai pourquoi on appelle cette liqueur que donne la dissolution esprit de
Venus, elle ne retient rien du cuivre, &
n'est composée que des parties les plus subtiles du vinaigre, ces acides ne s'affoiblissent
pas dans le cuivre comme dans les autres
métaux ; Lemery attribuë cela au soulphre
de ce métal qui, selon lui, lie & conserve
l'acide dans ses parties molasses, mais je ne
croi pas que ce soit la cause de ce phénoméne, ou il faut que les acides agissent
moins dans le cuivre que dans les autres
métaux, ou qu'ils en sortent par la distillation en plus grande quantité ; s'ils agissent

moins, ils ne se décomposeront pas, & ils conserveront leur activité ; s'ils en sortent en plus grande quantité, ils auront beaucoup plus de force ; tout cela peut s'expliquer par la différence qui se trouve entre les tissus des métaux & les rapports des matieres qui les composent.

Cet esprit a produit souvent de grands effets dans les apopléxies & les attaques d'épilepsie ; le Docteur Michaël composoit une liqueur très-subtile avec un mélange de verdet, de gomme ammoniac & de soulphre crud qu'il distilloit au feu de sable ; il donne à cette préparation de grands éloges, il n'y a pas de remede selon lui qui incise mieux les matieres visqueuses, c'est pour cela qu'il lui a donné le nom de *spiritus asthmaticus*.

Le vinaigre séparé du cuivre par la distillation, dissout les perles & les coraux ; comme il est très-pur, il s'insinuë avec plus de force que le vinaigre distillé dans les pores de ces matieres ; on pourroit retirer du verdet un esprit, car le tartre est mêlé avec des parties spiritueuses qui doivent s'élever avec des corpuscules salins dans la distillation : la masse qui reste dans la cornuë peut être revivifiée, si on la met dans un creuset au feu de fusion avec quelque mélange de salpêtre & de tartre. La dose de l'esprit de Venus est de sept à huit gouttes dans une liqueur convenable.

Il y a beaucoup d'autres préparations de cuivre, je ne les rapporterai pas, parce qu'elles font inutiles ou nuifibles dans la Medecine; la teinture de Helvetius celebre Praticien de Hollande, a fait beaucoup de bruit, elle a été fecrete durant long-temps, mais Ettmuller avoüe qu'elle fait des impref- fions fâcheufes dans l'eftomach, il confeille qu'on ne s'en ferve jamais, on compofe cette teinture avec le vitriol de Venus & le fel ammoniac qu'on fait digerer avec l'efprit de vin alkoolifé & avec de l'efprit de fel ammoniac; je ne parle pas des fleurs de ver- det qu'on trouve dans Schroder, elles ne peuvent être d'ufage que dans la Chirurgie.

La plûpart des remedes dont nous venons de parler, doivent leur origine à l'Alkymie, ceux qui en font les inventeurs n'ont eû en vûë que la Pierre Philofophale, on les a en- fuite introduits dans la Medecine, & on leur a donné de grandes proprietez, il feroit à fouhaiter que l'expérience ne démentît pas les promeffes des Chymiftes; fi les prépara- tions métalliques qu'ils nous ont donné, avoient les vertus qu'ils leur attribuent, nous n'aurions qu'à les donner pour faire difpa- roître d'abord les maladies, je n'en donnerai pour éxemple qu'une teinture de Jean Agri- cola qui a écrit en Allemand; felon ce Chy- mifte elle préferve de l'apopléxie, elle forti- fie la mémoire, un homme qui en avoit ufé

n'oublioit jamais rien, les hypochondriaques
y trouvent une prompte guérifon de même
que les maniaques, enfin cette teinture rafraîchit & échauffe fuivant que cela eft néceffaire, & produit des effets miraculeux
dans les catharres : comme Agricola étoit un
grand Chymifte, on ne fera peut-être pas
fâché de voir ici cette compofition : on prend
deux livres d'argent de coupelle, on le réduit en lames, on les ftratifie avec du tartre
vitriolé, on y donne un feu de cémentation durant douze heures, on retire le fel,
on fait de nouvelles ftratifications, & on
pouffe le feu, comme devant ; tout étant
changé en un fel bleuâtre, on y verfe de
l'eau de pluye diftillée, on filtre le fel diffout,
on fait évaporer l'eau jufqu'à la moitié, on
fait cryftallifer le refte ; les cryftaux étant fecs,
on prend deux fois autant de petits cailloux
blancs à feu, on diftille le tout dans une
retorte de verre, on rectifie l'efprit qui vient,
& on le garde, on prend enfuite des cryftaux de Lune, on les mêle avec trois fois
autant de fel ammoniac, & on les fait fublimer, on lave la matiere fublimée deux ou
trois fois, & on la fait fecher, on verfe fur
cette matiere fechée l'efprit dont nous venons de donner la defcription, on laiffe le
tout en digeftion, l'efprit prend une teinture,
on décante cette liqueur, on verfe d'autre
efprit, & on remet la matiere en digeftion,

on continuë ainsi jusqu'à ce que l'esprit ne
se colore plus, on distille cet esprit jusqu'à
ce qu'il reste une matiere en consistance
d'huile, on verse de bon esprit de vin sur cette
huile, jusqu'à ce qu'elle y passe toute, & qu'il
ne reste plus que quelques fœces au fond du
vaisseau, on sépare l'esprit de vin de la teinture au bain de vapeur , & on aura une
essence très-belle qu'Agricola estime plus
que tous les autres remedes; je ne sçai s'il a
éprouvé tout ce qu'il en dit, il est à craindre qu'il n'ait pas eû plus de sincerité que
ses confreres les Alkymistes.

Le Fer.

I. LE fer est un métal très-dur, d'un blanc
livide, il est sonore & difficile à fondre,
il rougit avant la fusion, il est malléable, il se
roüille, il brûle au feu.

Ce métal nous vient de plusieurs endroits
de l'Europe, il a des mines abondantes en
Norwege, en Pologne, & en plusieurs Provinces d'Allemagne où on le travaille parfaitement; on en trouveroit sans doute en
plusieurs autres lieux, mais on ne se donne
pas la peine de le chercher.

II. Il est rare de trouver du fer pur dans les
mines, on dit cependant que sur quelques
montagnes de Silesie on en trouv des grains
qui s'étendent sous le marteau; dans quel-

ques autres lieux on en trouve de même, comme M. Sthall le rapporte, mais ordinairement le fer se retire des mines en pierre ou marcassite.

III. Cette pierre a beaucoup de rapport avec la pierre d'ayman ; aussi retire-t-on du véritable fer de la pierre magnétique ; je parlerai ailleurs de la conformité de leurs proprietez & du principe qui donne l'impulsion au fer & à l'ayman, quand ils s'approchent l'un de l'autre.

IV. La bonté d'une mine ferrugineuse se connoît à la pesanteur & au tissu compact, il se trouve rarement que le fer soit mêlé avec le soulphre pur, il n'y a presque qu'une mine en Allemagne où l'on trouve une substance vrayement sulphureuse avec la matiere du fer.

V. Quand on a tiré cette pierre des mines, on la fond, on se sert pour cela de grands fourneaux où la matiere ayant été exposée quelque temps à l'action du feu, se purifie des terrestreitez superfluës, & prend une forme approchante d'un corail de diverses couleurs, nous verrons plus bas la raison de ces changemens.

VI. Après avoir éxaminé l'origine du fer, il faut voir quelle est sa composition, nous ne pourrions mieux y réussir qu'en prenant quelques expériences pour nous guider dans cette recherche.

VII. Le fils de Vanhelmont faifoit du fer avec le limon & le foulphre, Becher ne put jamais fçavoir de lui comment il s'y prenoit pour cela, enfin le hazard le conduifit à une opération qui découvre encore mieux l'origine du fer que le procédé de Vanhelmont, la voici en peu de mots comme il l'a décrit lui-même : Prenez de l'argille, formez-en de petites boules avec l'huile de lin, mettez-les dans une retorte, donnez-y un feu violent, il vous reftera après la diftillation de petits globules noirâtres, broyez-les, & les lavez, vous aurez une matiere pefante que l'ayman attirera.

VIII. M. Herman qui étoit autrefois Profeffeur à Erford, voulant faire tirer l'efprit de fel par le moyen de l'alun, mit l'alun & le fel commun dans une cornuë, il fe trouva qu'une partie du limon dont il s'étoit fervi pour boucher le trou qu'il avoit fait à la cornuë, tomba en partie fur la tête-morte de l'alun & du fel, ce morceau de terre fe trouva parfemé après l'évaporation de beaucoup de parties de fer.

IX. M. Sthall pour préparer l'efprit volatile de vitriol, prit une maffe qu'il crut être de véritable vitriol ; ayant remarqué dans l'opération des effets que le vitriol ne produit point, il vit qu'il s'étoit trompé, & qu'il avoit pris pour du vitriol une maffe d'alun & de fel commun ; ayant continüé néanmoins cette opération, il trouva après dans la retorte, qui s'étoit fenduë, une masse noirâtre, il la lava; & comme il vit une matiere brillante qui pesoit beaucoup, il y présenta un ayman, mais inutilement: l'ayant enfin exposée au feu du miroir ardent, il reconnut après qu'elle eut été fonduë que c'étoit de véritable fer qui s'attachoit d'abord à l'ayman, & qui par le mélange de l'esprit vitriolique formoit un vitriol véritable.

X. Avant de rien conclure de ces expériences, il faut voir si le fer qu'on trouve après ces opérations n'étoit pas dans les matieres dont on s'est servi; pour ce qui regarde l'expérience de Becher, on n'a qu'à travailler la terre dont il se sert de quelque maniere que ce soit, jamais on n'en retirera du fer, si on n'y ajoûte de l'huile de lin: or le fer n'est pas assûrément dans l'huile, il faut donc qu'il soit formé par le concours de ces deux matieres: pour l'expérience d'Herman si les fuliginositez des charbons ne pouvoient pas s'introduire dans le vaisseau, on ne trouveroit non plus aucun vestige de fer; la derniere opération confirme la même chose, car M. Sthall assûre qu'ayant exposé la masse rouge dont il s'étoit servi au feu du miroir ardent, il n'en étoit point venu du fer, & qu'ayant versé dessus de l'esprit vitriolique, il ne s'en étoit point formé du vitriol, cela prouve démonstrativement qu'il n'y avoit pas de fer, car la terre martiale donne toûjours du vitriol, quand on l'a joint à un acide vitriolique.

XI. Après avoir vû que le fer n'eſt point dans cette terre avant l'opération, il faut expliquer comment il ſe forme, pour cela on doit rappeller que nous avons prouvé dans les Elemens qu'il y avoit une terre vitrifiable qui étoit la baſe des métaux ; cette terre ſe trouve dans le limon dont on ſe ſert dans cette expérience ; tandis qu'on échauffe cette terre ſans y ajoûter le principe inflammable, elle ne ſe métalliſe jamais, de même que le verre antimonial ne reprendroit jamais la forme de régule, ſi on ne faiſoit que le calciner ; mais dès que l'on donne à cette terre une matiere graſſe, telle que l'huile de lin, ou les fuliginoſitez des charbons, d'abord elle paroît métallique.

XII. Il n'y a pas de doute que la matiere qui fait la baſe du fer ne ſoit une matiere vitrifiable, mille éxemples le prouvent ; pour ce qui regarde le principe inflammable il y a beaucoup de raiſons qui prouvent qu'il s'y trouve. 1°. Il donne la forme à tous les autres métaux imparfaits. 2°. On prépare le fer avec les charbons qui métalliſent les terres vitrifiées du cuivre, de l'antimoine, de l'étain. 3°. Si on enleve par l'uſtion les parties ignées du fer, il perd ſa forme métallique. 4°. Le fer s'échauffe avec le ſoulphre, ce qui

ne

ne peut venir que du principe inflammable,
car le foulphre ne touche pas aux métaux
réduits en chaux par la calcination qui les
prive de leur feu. 5°. Le fer boüillonne avec
l'eau forte, ce qu'il ne feroit point fi on le
brûloit auparavant.

XIII. Après que le phlogiftique s'eft incorporé avec la terre, il fe forme autour du métal
une autre matiere qui n'eft autre chofe qu'u-
ne croute fulphuroacide, car en brûlant la
matiere d'où nous tirons le fer, il en fort
une vapeur qui frappe l'odorat comme le
foulphre ; d'ailleurs le nitre agit fur elle , &
forme enfuite une efpece de tartre vitriolé,
cette matiere fulphuroacide jointe à une
terre métallique, ne s'en fépare que difficilement , de là vient qu'elle demande un feu
violent comme celui du miroir ardent.

XIV. La terre dont fe fait le fer eft une terre
rougeâtre , nous le prouvons , parce que dans
les expériences que nous avons porté on
employe une terre rougeâtre ; d'ailleurs fi on
met au feu de reverbere la limaille de fer ,
le feu enleve toute l'huile , & il refte une
terre rouge qui n'eft que la terre du mars.

XV. Les expériences qu'on fait fur cette terre
reftée , prouvent que le fer eft compofé d'une
terre vitrifiable & du principe inflammable ,
comme nous l'avons dit , car elle fe réduit
en verre , & fe revivifie fur les charbons.

XVI. Nous venons de voir l'origine du fer, il

Q

faut expliquer sa purification ou sa réduction en acier; plusieurs ont prétendu que l'acier n'étoit qu'un fer dont les parties avoient été rapprochées & dégagées de leur acide; mais sans m'arrêter à cette opinion, je ferai remarquer seulement, 1°. Que dans le fer il y a des matieres les unes plus fines que les autres, car nous voyons que le feu en sépare des scories grossieres. 2°. Que l'on ne prépare bien l'acier qu'avec des matieres où le principe phlogistique se trouve abondamment, telles sont les cornes, les ongles; delà il paroît que le feu purifie le fer des parties grossieres, & qu'il y incorpore le principe inflammable qui métallise ce qui n'étoit qu'un métal imparfait, le fer ayant ce principe du feu, est plus ductile; & quand on vient ensuite à le plonger dans l'eau, ses parties se rapprochent & forment un corps plus compacte.

XVII. Voilà la nature & la purification du fer, voici quelques phénoménes. 1°. Le fer calciné & exposé au feu du miroir ardent dans un creuset, se met dans une fonte paisible; mais sur le charbon à mesure qu'il s'y imbibe d'huile, il saute en étincelles qui étant reçûes sur le papier paroissent de petites boules creuses & crevées. 2°. Si on prend de la limaille avec une suffisante quantité d'eau, & qu'on en fasse une pâte, la matiere s'échauffe & se gonfle, cela vient de la fermentation

qui s'y excite, & par-là on voit le principe
de la roüille : il se trouve dans le fer un
acide, une terre, une matiere grasse, ces
trois substances y sont unies assez foiblement, il ne faut donc que de l'eau pour y
exciter une fermentation suivant nos principes ; après que la fermentation sera finie,
ces matieres se trouveront séparées ou arrangées d'une autre maniere, & voilà la
roüille.

XVIII. Mais un des grands phénoménes du
fer, c'est sa vertu magnétique, ce n'est pas ici le
lieu de m'étendre là-dessus, je me contenterai
de remarquer que cela ne vient que du principe inflammable, car le fer réduit en chaux
ou en verre n'est point attiré par l'ayman ;
mais dès qu'on a remis le principe inflammable dans cette matiere, l'ayman l'attire
aussi-tôt : M. Descartes a composé une fable
fort ingenieuse là-dessus ; les physiciens disputent encore sur les difficultez qui s'y trouvent ;
laissons-les dans cette digne occupation, &
souvenons-nous toûjours que les suppositions
ne méritent pas qu'un homme raisonnable y
donne un moment d'attention, il n'y a que
l'expérience qui doive lui servir de guide.

Saffran de Mars.

PRenez de la limaille de fer, mettez-la
dans une terrine de grès, exposez-la
pendant les trois mois du printemps à l'air

durant la nuit, remüez-la chaque jour pour préfenter fucceſſivement toutes les furfaces à l'air, le fer fe diſſoudra; de cette diſſolution il réfultera une poudre fine, rouge, orangée que vous féparerez par le tamis, vous expoferez encore à l'air le reſte qui n'eſt pas réduit en roüille juſqu'à ce que vous trouviez une nouvelle poudre que vous féparerez encore par le tamis, vous continüerez ainfi juſqu'à ce que toute la limaille foit changée en roüille, c'eſt ce qu'on appelle Saffran de Mars préparé à la roſée.

Autre Saffran de Mars.

PRenez de la limaille de fer & des fleurs de foulphre égales parties, faites une pâte de ces matieres avec une fuffifante quantité d'eau, mettez le tout dans un vaiſſeau, la maſſe s'échauffera & fermentera; la fermentation paſſée, calcinez votre matiere, vous aurez un faffran moins abforbant que l'autre.

Autre Saffran de Mars.

AU lieu de prendre du foulphre, prenez feulement de la limaille que vous expoferez à la pluye juſqu'à ce qu'elle forme une pâte, vous la laiſſerez roüiller à l'ombre dans un lieu fec, vous la pulveriferez enfuite, & vous la remettrez à la pluye juſqu'à ce qu'elle fe réduife encore en pâte, vous la laifferez roüiller comme devant, & vous la pulveriferez; vous continüerez à l'expofer à la pluye, à la laiffer roüiller, à la pulverifer comme devant jufqu'à dix ou douze fois, alors pulverifez le tout, vous aurez un faffran de Mars comme le premier.

Autre Saffran de Mars.

PRenez du faffran fait avec le foulphre tant que vous voudrez, lavez-le fix ou fept fois dans le vinaigre, enfuite calcinez-le dans un plat à grand feu durant fix heures, laiffez refroidir la matiere & la gardez.

Autre Saffran de Mars.

PRenez de la limaille de fer, imbibez-la de vinaigre diftillé, enfuite laiffez-la fecher, imbibez-la de nouveau & la deffechez, après cela vous la calcinerez.

REMARQUES.

J'ai voulu donner tous les faffrans de Mars à la fois pour ne pas être obligé de répéter dans les remarques où je ne veux dire que ce qui eft néceffaire pour faire entendre les opérations.

Le faffran de Mars n'eft autre chofe qu'une réduction de fer en poudre, cette réduction fe fait ou par la calcination, ou par la fermentation; on calcine le fer par le moyen du foulphre, fuivant la methode que nous avons

vû, ou on le calcine tout seul pour le réduire en une poudre qui agit sur la langue
comme un astringent assez fort : on prépare
le saffran de mars par la fermentation, ainsi
que nous l'avons décrit dans les opérations
dans lesquelles on employe l'eau ; comme le
feu & la fermentation sont deux agens différens, il faut dire quelque chose de leur action
sur le fer.

Le feu agit sur le fer de même que sur les autres métaux, c'est-à-dire, qu'il brûle l'huile
qui lui donne la forme métallique ; cette huile
brûlée ne laisse qu'une terre rougeâtre qui
est un *crocus*, cette terre mise sur le charbon se revivifie, ainsi que les autres terres
métalliques.

La fermentation met en mouvement les
parties du fer & les sépare, ce mouvement
échauffe la matiere, & par conséquent il faut
que les parties phlogistiques s'envolent ; il y
aura donc cette différence seulement entre
l'action du feu & de la fermentation, que
l'un n'enlevera pas tant de matiere inflammable que l'autre, parce que la force n'est
pas la même dans les deux agens, mais cependant la fermentation ouvrira davantage
le fer, parce que le feu venant d'abord à
chasser toute l'humidité du fer, ses parties se
rapprochent, & deviennent plus difficiles à
séparer.

Le mélange du soulphre ne peut produire

que l'effet que je vais dire : les matieres sulphureuses sont remplies d'un acide vitriolique, cet acide détaché du soulphre s'unit au
mars & le dissout, mais aussi après la calcination il se trouvera plus d'acide dans le fer
que lorsqu'on le prépare sans soulphre, ainsi
les proprietez en seront un peu différentes.

Il y a un grand homme qui a avancé que
la rosée dissolvoit le mars, parce que les sels
qu'elle a agissent sur les sels du fer, & que ces
sels ainsi détachez en dissolvent d'autres &
forment la roüille, mais il n'y a que la fermentation qui agisse ici, & l'eau comme nous
l'avons dit, est le premier instrument de la
fermentation.

Il s'agit de sçavoir à présent lequel de ces
mars est le meilleur, & comment ils opérent,
on préfere ordinairement le saffran fait à la
rosée du mois de May, tout ce qu'il y a de
particulier c'est que l'opération étant fort
longue, le mars s'ouvre fort bien ; d'ailleurs
comme il y a quelques sels que la chaleur
commence alors à élever, & que ces sels retombent avec la rosée, la dissolution se fait
mieux qu'avec l'eau simple; quoi qu'il en soit,
je donnerois toûjours la préférence à ce saffran, si je voulois avoir un fer pur, car le
crocus préparé avec le soulphre est toûjours
plus impregné de parties heterogenes.

Je ne sçaurois mieux faire voir de quel
saffran on doit se servir qu'en rapportant le

sentiment du célébre M. Sthall ; ce fameux Medecin dit, que les mars préparez avec des acides, comme le vinaigre, l'esprit de soulphre, sont aperitifs & abstersifs , mais que les préparations faites avec l'esprit de sel, sont adstringentes, de même que celles qui sont seches, comme le saffran qu'on a fait par la calcination seule sans y ajoûter des sels ; suivant ces regles on n'a qu'à choisir parmi les crocus que nous avons décrits.

Après avoir expliqué la maniere dont le saffran de Mars se prépare, il faut parler de l'action du fer sur le corps humain : on a dit que le fer agissoit en absorbant, & que lorsqu'il avoit imbibé l'humeur qu'il rencontroit, les parties solides dessechées par-là, se rapprochoient, mais je suis assûré que les Medecins qui ont avancé ce sentiment n'y ont pas bien réfléchi, car lorsqu'il se fera une colliquation dans les intestins par éxemple, se pourra-t-il bien faire qu'une petite quantité de fer prenne toute cette humidité & desseche les parties ? il est évident que cela ne sçauroit arriver, & qu'ainsi il faut avoir recours à quelque autre cause.

Il est assez difficile d'expliquer les effets des remedes adstringens ; mais sans nous aller embarasser de ces difficultez, allons à l'expérience : nous remarquons que les drogues adstringentes mises sur la langue la piquotent & y causent des crispations ; tel est le

saffran de Mars, sur-tout quand il est préparé
par la calcination : or ce que les adstringens
font sur la langue, ils le feront dans les autres parties du corps ; il arrivera donc que
les intestins & les vaisseaux par où le fer
passera, en seront picquotez ; ces vaisseaux
picquotez se mettront en contraction , &
par conséquent leurs fibres se rapprocheront,
car les fibres ne peuvent pas entrer en contraction qu'elles n'expriment les liqueurs
qu'elles contiennent par leur ressort.

Je croi que cette explication est la plus
raisonnable qu'on puisse donner , parce
qu'elle est conforme à la méchanique & à
la pesanteur du métal, car le fer divisé agit
par ces parties métalliques raboteuses , ces
parties hérissées & pesantes agissent sur les
parois des vaisseaux flasques & gonflez de
liqueurs; ces vaisseaux flasques picquotez par
le fer, seront agitez par diverses secousses qui
chasseront les liqueurs accumulées; ces liqueurs étant chassées, les parties des vaisseaux
rapprochent par leur ressort & leur tension
naturelle.

Par-là on voit dans quelles occasions on
peut se servir du mars; lorsque les visceres
sont embarassez, il s'y trouve des matieres
qui n'en peuvent être chassées par le mouvement des vaisseaux ; le fer en agitant ces
vaisseaux, & en divisant la matiere visqueuse, débarassera donc les visceres, de même

dans les pertes de sang, quand les parties relâchées ne sont pas en équilibre avec les autres, le fer divisera le sang qui ne circule pas librement dans ces parties flasques, & donnant du mouvement aux fibres, il les rapprochera: quand les regles sont supprimées par l'épaississement du sang, le mars par sa pesanteur divisera ce sang épais, alors les parois des vaisseaux gonflez se rapprocheront, & n'empêcheront plus par leur gonflement que le sang ne s'échappe par les vaisseaux secrétoires; si le fer produit de bons effets étant donné à propos, il peut aussi faire de grands desordres dans les inflammations, dans de grandes tensions, dans un grand embaras des visceres, dans le dessechement des parties, on peut en voir la raison par les principes que nous avons établis.

Avant de finir, il faut éxaminer si le fer est préférable à l'acier; quelques-uns ont plûtôt employé l'acier, parce qu'ils le croyoient un métal plus pur, mais l'acier ne se divise pas si aisément; d'ailleurs comme il a plus de phlogistique que le fer, il sera plus aperitif, & le fer sera plus styptique, c'est-là le sentiment de M. Sthall.

On donne les saffrans que nous venons de décrire depuis six jusqu'à quinze grains, je ne parle pas de la maniere, les uns le donnent d'une façon, les autres d'une autre.

Sel de Mars.

CE sel de Mars n'est que le fer em-preint de l'acide vitriolique.

Mettez huit onces de limaille de fer, dans un matras où vous aurez mis une pinte d'eau, prenez ensuite de l'esprit ou de l'huile de vitriol, versez-en peu-à-peu sur la limaille jusqu'à une agréable acidité, il se fera une effervescence, & c'est pour cela qu'il faut que le matras soit assez ample, alors re-müez le tout, & placez votre vaisseau sur le sable chaud, laissez digerer la matiere durant vingt-quatre heures, décantez la liqueur, rejettez la partie qui se trouvera au fond, filtrez la liqueur décantée qui n'est autre chose que la dissolution du mars, faites éva-porer cette dissolution dans un vaisseau de verre au feu de sable, continüez cette éva-poration jusqu'à pellicule, mettez votre ma-tiere dans un lieu frais, vous trouverez quel-que temps après des crystaux verdâtres que vous retirerez en versant l'eau qui surnage, évaporez ensuite cette eau jusqu'à pellicule comme devant, & exposez encore le vaisseau dans un lieu frais pour qu'il s'y forme de nouveaux crystaux, vous continüerez ainsi jusqu'à ce que vous ayez retiré tout ce qui peut se cryscalliser ; vous secherez ces cryscaux que vous garderez dans une bouteille de verre.

REMARQUES.

Dans cette opération l'acide vitriolique se joint au mars, par conséquent il se forme un vitriol, car le vitriol n'est autre chose que l'acide vitriolique joint à une terre martiale ; on voit par-là que ce sel doit avoir les vertus du vitriol, voici la différence qui s'y trouve.

Le vitriol est composé de l'acide vitriolique, de la terre martiale, de la partie bitumineuse & de beaucoup de terrestreïtez, mais ici on ne trouvera pas la matiere bitumineuse au moins en si grande quantité, car elle est demeurée en partie dans l'eau qui reste après la cryftallifation ; on ne trouvera pas non plus tant de terre, puifqu'il en refte au fond du matras après la diffolution, on a donc fur-tout des parties métalliques jointes à l'acide vitriolique.

L'eau qui refte après qu'on a retiré les cryftaux, eft une eau amere qui ne fe cryftallife plus, il s'y trouve une matiere bitumineufe fortie du fer avec quelques acides qui fe font alkalifez avec la terre du fer, car cela fait une efpece de favon ; d'ailleurs cette eau deffechée donne une chaux jaune & graffe qui s'humecte aifément à l'air, tout cela prouve l'éxiftence de la matiere bitumineufe & 'un alkali qui s'eft formé de l'acide qui s'eft uni avec une terre abforbante.

Nous avons prouvé dans le Traité des Opérations que les sels n'agiffent point quand leurs parties font trop preffées les unes contre les autres, par-là on peut voir la raifon pourquoi on met de l'eau avec la limaille & avec l'huile de vitriol; cette addition eft abfolument néceffaire, parce que l'huile vitriolique fe corporifieroit avec la fubftance du mars & demeureroit dans l'inaction, ainfi il ne fe feroit pas de diffolution, il faut donc étendre l'acide vitriolique dans l'eau.

Nous avons dit qu'il y avoit quelque différence entre le vitriol & le fel de Mars, cependant dans la calcination ce fel paffera par les mêmes couleurs que le vitriol commun; après la déphlegmation il deviendra une maffe blanche qui pourra enfin fe réduire en colkotar en pouffant la calcination, ce fel cryftallifé a la couleur, le goût & la figure du vitriol d'Angleterre, mais cependant il laiffe fur la langue une impreffion femblable à celle qu'y laiffe le fer, enfin on peut retirer de ce vitriol factice un efprit vitriolique comme celui que nous décrirons en parlant du vitriol.

Ce vitriol de Mars eft aperitif & adftringent, la dofe eft depuis trois jufqu'à douze grains, il excite des naufées, ou il eft émetique au de-là de vingt grains.

Sel de Mars de M. Riviere.

Prenez une poële de fer neuve & bien nettoyée, mettez y égales parties d'huile de vitriol & d'esprit de vin, exposez-les au Soleil durant deux ou trois jours, portez-les ensuite en un lieu frais, il se formera un sel en forme de crystaux verds, bruns ou noirâtres, vous séparerez ce sel, vous le ferez secher, & vous le conserverez dans une bouteille bien bouchée.

REMARQUES.

Il faut voir ici quelle est l'action de ces matieres les unes sur les autres ; en premier lieu l'acide vitriolique agit sur la terre absorbante du mars & sur les parties métalliques, par cette action qui est accompagnée d'ebulition & de chaleur il divise la substance du fer, & s'attache enfin aux molecules ferrugineuses.

En second lieu le fer contient, comme nous avons dit, une terre bitumineuse ; & pour seconde preuve nous pouvons dire que lorsqu'on dissout le mars dans l'huile de vitriol étenduë dans l'eau, il s'éleve des fumées sulphureuses qui s'allument à la flamme, & qui sont capables de casser le vaisseau s'il est étroit : or l'esprit de vin dans l'Opération de Riviere se joint à l'acide vitriolique, & le rend plus propre à diviſer les huiles, car il en fait un eſprit de vitriol dulcifié & un menſtruë ſalin huileux, les principes du mars ſe trouveront donc parfaitement attenuez dans cette opération.

Outre que l'eſprit de vin donne à l'huile vitriolique la force de diviſer les ſoulphres, il l'étend encore, & cela fait que les parties acides de cette huile peuvent agir ; l'eſprit de vin en étendant les parties vitrioliques, les diviſe auſſi en molecules plus petites, car il fait une ébullition avec chaleur quand on le mêle enſemble ; cette ébullition & cette chaleur ne peuvent point arriver que la diviſion des parties ne ſe faſſe.

Quand on fait cette opération, la chaleur qui ſurvient aux matieres éleve des fumées aſſez agréables, c'eſt les vapeurs ſulphureuſes des matieres qui boüillonnent, les aſthmatiques ſe trouvent fort ſoulagez par cette vapeur, mais ce n'eſt pas ceux qui ſont attaquez d'un aſthme convulſif ; lorſque l'aſthme eſt humoral, les parties viſcides qui bouchent les paſſages ſont attenuées par les vapeurs ſulphureuſes, ainſi les aſthmatiques en doivent recevoir quelque ſoulagement.

L'opération eſt plus ou moins longue ſuivant la ſaiſon & la qualité du vitriol & du fer ; l'été eſt plus favorable, parce que la chaleur aide les matieres à ſe pénétrer : l'huile de vitriol qui a plus de force, agit auſſi moins lentement ; le fer qui est le plus poreux & qui a le plus de terre, est celui qui est pénétré plus facilement ; il arrive quelquefois en hyver que l'opération demande une semaine, mais elle réussit toûjours.

Pour ce qui regarde l'espece du vitriol, M. Lemery croit qu'on doit choisir le vitriol d'Angleterre, parce qu'il est, dit-il, moins âcre, & qu'il participe plus du fer, mais on ne doit avoir égard qu'à l'acide qu'on en retire ; ainsi je croi que tous les vitriols dont on pourra séparer l'acide éxactement, sont fort indifferens.

On a dit dans l'opération qu'il falloit se servir d'une poële neuve, la raison est que si elle avoit servi, il y auroit des matieres étrangeres qui s'y seroient mêlées, ce qui donneroit un sel moins pur : nous avons dit encore qu'il falloit se servir d'une poële, parce que comme le fond en est fort large, les matieres peuvent mieux s'étendre.

On peut donner ce sel dans les ulceres des reins & de la vessie, car les sels resserrent les orifices des vaisseaux, & les parties balsamiques détergent les parties ulcerées ; on s'en sert encore dans les cachexies, dans les maladies chroniques ; la maniere de le donner est d'en mettre deux, trois, quatre grains dans des boüillons altérans, dans des aposemes, dans deux ou trois pintes de petit lait ; Riviere en donnoit tous les jours trois ou quatre grains.

Teinture de Mars tartarisée.

PRenez une partie de limaille de fer roüillée, & environ trois parties de tartre de
Montpellier, mettez-les dans douze livres
d'eau, faites-les boüillir dans un vaisseau de
fer, remettez d'autre eau boüillante à mesure
que celle qui est dans le vaisseau s'évaporera,
continuez l'ébullition durant douze heures,
remuez bien la matiere avec une espatule
de fer, parce que le mars tombe au fond,
laissez ensuite reposer le tout, décantez la
liqueur noire, & la filtrez, faites-la évaporer
au feu de sable dans une terrine de grès, continuez l'évaporation jusqu'à ce que vous ayez
une matiere en consistence de syrop, c'est la
teinture de Mars tartarisée.

REMARQUES.

Le fer quand il commence à être divisé, se
réduit en une espece de boüillie, mais quand
la partie bitumineuse est pénétrée par le tartre, il paroît une matiere laiteuse qui se suspend dessus la boüillie, la liqueur au bout de
douze heures devient noirâtre; & quand on
la filtre, il passe une liqueur rouge, il reste
sur le filtre une boüe blanche qui se noircit si
on la fait dessecher; on n'a qu'à en faire des
boules avant que l'on la fasse secher, & on
aura un Mars potable.

On réduit le Mars en consistence de syrop, mais il faut remarquer que les parties martiales se précipitent à la longue; pour prévenir cela, jettez dans votre teinture une once ou deux d'esprit de vin dont les parties huileuses puissent soûtenir les corpuscules du Mars; on pourroit évaporer la liqueur jusqu'à consistence saline, mais jamais la teinture ne vous paroîtra en forme de sel parfait, cependant vous n'aurez qu'à dissoudre quatre onces de sel vegetal dans une livre de teinture de Mars, par-là vous aurez votre teinture en forme saline, elle pourra se donner depuis demie drachme jusqu'à deux.

Le tartre est ouvert dans cette opération par un menstruë salin sulphureux, car le tartre est composé du sel & de l'huile; on peut aussi dissoudre le fer avec l'esprit de vin : vous n'avez qu'à faire infuser une once de clous dans huit onces d'esprit de vin durant vingt-quatre heures, vous aurez une liqueur purgative dont on met une cuillerée dans la boisson; mais quand la purgation n'arrivera plus, il faudra cesser d'en donner, on peut se servir de cette liqueur pour donner de l'appetit & pour provoquer les regles, on pourra même la joindre avec la teinture que nous venons de donner, & avec les boüillons aperitifs.

Cette teinture de Mars doit contenir, 1°. une matiere sulphureuse, car la limaille jettée dans l'efprit de fel donne une fumée qui s'allume à la chandelle, il faut donc qu'il y ait une matiere qui tienne du foulphre dans le fer qui eft diffout par le tartre. 2°. Elle contient un efprit vitriolique, car un morceau de fer tenu fur la langue y laiffe un goût vitriolique, auffi-bien que l'eau où l'on a fait tremper quelque matiere ferrugineufe. 3°. Cette teinture contient une terre vitrefcible, puifque la terre du fer fe change en verre. 4°. Elle contient de véritables parties métalliques, puifqu'outre la terre qui n'eft pas métallifée il y a dans le fer des parties métalliques que le tartre fépare dans cette opération.

On doit prendre garde que le feu ne foit pas trop violent, quand la matiere fe réduit en boüillie ; car il feroit trop gonfler cette matiere qui par-là s'extravaferoit.

M. Lemery dit que dans cette teinture il n'arrive qu'une groffiere diffolution du Mars, il prétend que fi le fer étoit bien diffout, il ne paroîtroit non plus de teinture dans la diffolution qu'il en paroît quand on fe fert de l'efprit de vitriol, mais il devoit prendre garde que le fel de tartre diffoudra des chofes que l'acide vitriolique ne diffout pas, ainfi la diffolution pourroit être auffi éxacte, & avoir cependant quelque couleur ; mais il ne s'agit pas ici s'il y a une éxacte diffolution, paffons à d'autres chofes.

De douze onces de roüillure & trente-deux onces de tartre blanc on tire quarante-quatre onces de syrop, la dose est depuis une drachme & demie once dans quelque liqueur appropriée ou dans un boüillon ; on peut rendre cette teinture laxative en y faisant infuser quelques drachmes de séné & de gratiola avant qu'elle soit réduite en syrop ; on peut mettre trois drachmes de séné sur six onces de roüillure & seize onces de tartre : pour le gratiola il en faut une drachme & demie ; si on réduit la teinture en consistence de miel épais, la dose ne doit pas être plus grande ni plus petite que celle du syrop.

Teinture Martiale de Ludovic.

Prenez une livre de vitriol de Mars calciné à blancheur, une livre de crême de tartre en poudre, faites-les boüillir dans trois pintes d'eau jusqu'à consistence d'extrait mielleux, mettez le tout dans un matras avec de l'esprit de vin qui se teindra ; si cet esprit de vin ne paroît pas assez teint, évaporez-en une partie, c'est un excellent aperitif, la dose est depuis dix jusqu'à vingt gouttes.

Teinture alkaline Martiale de M. Sthall.

Aites diſſoudre la limaille de fer dans l'eſprit de nitre, projettant la limaille peu-à-peu juſqu'à ce qu'elle ne ſe diſſolve plus, la diſſolution ſera rougeâtre ; prenez une partie de cette diſſolution, projettez-la goutte-à-goutte ſur trois parties d'huile de tartre, il ſe fera une efferveſcence, & le ſel ſe ſéparera : verſez une nouvelle goutte de diſſolution, il ſe précipitera un ſel ; continuez juſqu'à ce que la liqueur paroiſſe teinte ſuffiſamment.

REMARQUES.

Dans cette opération la partie bitumineuſe du fer tient à l'alkali, & par ſon moyen la partie terreuſe s'y attache auſſi ; il ſurnage une huile rougeâtre dans le temps qu'on fait la projection, & cette huile n'eſt autre choſe que l'huile ou la partie graſſe des matieres qui ſe diſſolvent.

On trouve au fond de la liqueur un ſel qui n'eſt autre choſe que l'acide du nitre joint avec l'alkali du ſel de tartre, ce qui fait un ſalpêtre régénéré.

On ſe ſert de cette teinture dans les hémorragies & les dévoyemens, la doſe eſt depuis quatre gouttes juſqu'à douze.

Mars potable de Willis.

CEtte préparation est un fer ouvert, & rendu soluble.

Prenez égales parties de tartre & d e limaille de fer, mêlez-les, & les pulverisez, incorporez-les dans l'eau de vie & formez-en une pâte, faites surnager l'eau de vie d'un pouce, laissez digerer la matiere au Soleil; au bout de vingt-quatre heures laissez dessecher la pâte, pulverisez-la ensuite , imbibez-la d'eau de vie nouvelle, & la digerez, comme devant ; continuez ainsi jusqu'à ce que les parties du fer soient tellement subtilisées qu'elles puissent passer par le tamis : prenez alors cette poudre , & faites-en une pâte avec de l'eau de vie ; laissez-la secher, & gardez-la , cette pâte se dissoudra dans l'eau.

REMARQUES.

Nous avons dit qu'il falloit imbiber toûjours la pâte sechée jusqu'à ce que l'on pût réduire la masse sechée en poudre qui passât par le tamis; mais la regle generale qu'il faut suivre, c'est d'imbiber cette pâte jusqu'à ce qu'elle ne prenne plus d'eau de vie, & qu'elle soit comme une résine: quand on veut se servir des boules qu'on a fait de cette pâte, on en met une dans l'eau ; & quand l'eau est devenuë jaune, on la retire : on fait par-là

une efpece d'eau minerale martiale qui convient dans les occafions où l'on employe le
fer; on s'en fert encore pour arrêter le fang
des playes, en appliquant des plumaceaux
trempez dans l'eau de vie où l'on a râpé un
peu de ces boules.

On peut faire un Mars potable qui foit
meilleur que le précédent; voici le procédé:
Prenez de la limaille de fer & de la pierre
ématite en poudre de chacune fix onces,
faites du tout une pâte avec le vin que vous
ferez furnager d'un pouce, laiffez digerer la
matiere quelque temps à l'air; la matiere
étant deffechée & réduite en poudre, mettez-y de nouveau vin, comme devant, jufqu'à
ce que le tout devienne une poudre fixe;
le tout étant réduit en poudre fixe, ajoûtez-y
du maftic en larme & du faffran pulverifé
de chacun demie once, mêlez & incorporez
le tout, enfuite diffolvez dans le vin une once
d'aloës & de myrrhe, verfez ce vin fur les
poudres précédentes, laiffez le tout en digeftion, remuant de temps en temps jufqu'à
déficcation, après formez-en des boules.

Ce Mars potable eft bon intérieurement
pour provoquer les mois, pour arrêter le
flux immoderé des hémorroïdes; on s'en
fert extérieurement pour confolider les
playes.

Extraits de Mars.

PRenez de la roüillure de fer , versez-y des sucs aperitifs, si vous voulez avoir un extrait aperitif ; jettez le tout dans un pot de fer que vous boucherez, mettez votre matiere en digestion durant un temps convenable , faites-la boüillir ensuite autant qu'il faudra pour faire soindre les liqueurs, agitez-la de temps en temps avec une espatule , prenez garde qu'il ne s'évapore pas trop d'humidité, & pour cela tenez le vaisseau couvert, passez la liqueur chaude par un blanchet ; quand elle se sera reposée , faites évaporer l'eau jusqu'à consistence d'extrait.

Prenez de la roüillure de fer bien pulverisée, mettez-la dans un pot de fer, versez-y cinq ou six fois autant pesant de gros vin, faites boüillir le mélange , remuez-le de temps en temps ; quand la moitié du vin sera consommé, passez ce qui restera par un blanchet, faites évaporer l'humidité jusqu'à consistence d'extrait ; c'est l'extrait de Mars adstringent.

REMARQUES.

Ces extraits ne sont que des dissolutions du mars dont on fait évaporer l'humidité, mais il faut prendre garde que les matieres qu'on y mêle peuvent souvent produire un

composé

composé qui aura des vertus bien différentes, on en verra beaucoup d'éxemples dans
les opérations qu'on a fait sur les sels, sur
l'antimoine & sur le mercure ; il y a long-
temps que M. Boile s'est plaint que les Medecins chargeoient souvent leurs ordonnan-
ces d'une infinité de drogues qui étant mêlées ensemble, n'avoient plus les mêmes
vertus.

L'extrait de Mars avec le vin est un très-
bon remede, il ouvre les obstructions, il
pousse par les urines, il arrête les diarrhées,
le flux immoderé des menstruës & des hémorroïdes, mais la dissolution seule du mars
avec le vin a produit des effets merveilleux
dans les maladies où il y a un relâchement,
& où les humeurs sont sans mouvement à
cause de quelque épaississement; un fameux
Medecin Hollandois en donnoit deux ou
trois fois par jour demie once, plus ou moins
suivant les forces du malade.

M. le Fevre donne une composition adstringente de Mars à laquelle il donne de grands
éloges : Mettez quatre onces de limaille dans
une cucurbite de verre, versez dessus de l'esprit de Venus qui surpasse la matiere d'un
doigt, adaptez un chapiteau à la cucurbite,
donnez un feu lent, faites distiller l'humidité
jusqu'à siccité, cohobez ce qui viendra par
la distillation jusqu'à ce que le Mars forme
un crocus rouge ; broyez ce crocus, mettez-

le dans une cucurbite, versez-y de nouvel esprit de Venus jusqu'à l'éminence de quatre
doigts, bouchez la cucurbite en faisant un
vaisseau de rencontre que vous mettrez au
bain-marie jusqu'à ce que l'esprit soit devenu
très-rouge, séparez la teinture, versez sur
ce qui reste de l'esprit de Venus, séparez-le
quand il sera coloré, continuez ainsi jusqu'à
ce qu'il ne prenne plus de couleur, filtrez
toutes ces teintures, faites évaporer l'esprit
de Venus jusqu'à consistence de syrop épais,
versez-y de l'esprit de vin jusqu'à la hauteur
de trois doigts, laissez digerer le tout au bain-
marie, faites distiller la liqueur, & filtrez-la,
jettez de nouvel esprit de vin sur ce qui reste;
faites digerer, distillez, filtrez, comme devant;
continuez jusqu'à ce que l'esprit de vin se soit
chargé de toute la matiere, mêlez les teintures, & faites-en évaporer les deux tiers,
vous aurez une teinture adstringente qui peut
se donner depuis quatre gouttes jusqu'à quinze dans l'eau de plantin.

Il y a encore une teinture aperitive qui est
décrite dans la Chymie de le Fevre : On
prend deux onces de vitriol de Mars, on le
pulverise, on y mêle du tartre de Sennert
en parties égales, il se forme une masse rouge qu'il faut laisser résoudre à l'air; faites
distiller au bain-marie l'humidité venuë de
l'air, versez-y autant d'esprit de Venus que
vous en avez retiré d'eau, mettez le tout en

digestion au bain de vapeur dans un vaisseau
de rencontre durant vingt-quatre heures,
faites ensuite distiller l'esprit jusqu'à ce qu'il
reste une matiere en consistence de syrop,
versez-y de l'esprit de vin tartarisé jusqu'à
l'éminence de quatre doigts, faites digerer
le tout durant trois jours dans un vaisseau de
rencontre, retirez les deux tiers de la liqueur
par une chaleur lente du bain-marie; selon
M. le Fevre la Medecine n'a pas de remede
semblable, on peut le donner depuis cinq
gouttes jusqu'à vingt dans des liqueurs ap-
propriées.

Sublimation du Mars.

PRenez égales parties de roüillûre de fer
& de sel ammoniac, pulverisez-les bien,
& les mêlez, mettez le tout dans une cucurbite de verre ou de grès, posez ce vaisseau
sur le feu de sable, adaptez-y un chapiteau
avec un recipient, luttez les jointures, laissez digerer les matieres durant trente heures,
donnez un feu gradué, il sortira une liqueur, & ensuite des fleurs qui s'attacheront
au chapiteau.

REMARQUES.

Le sel ammoniac volatilise les matieres
les plus fixes, j'ai déja expliqué dans les Elemens comment se faisoit cette volatilisation,
elle ne dépend que de la surface qui s'aug-

mente dans les corps qui se volatilisent ; cette augmentation de surface vient ou de l'addition de certaines matieres, ou de la rarefaction, ou de la division.

Dans cette opération il s'éleve 1°. un esprit ammoniacal ; car le fer qui se rouille prend les qualitez de l'alkali, ainsi l'acide marin doit se détacher de l'alkali volatil du sel ammoniac, & lui permettre de s'élever avec le phlegme. 2°. Un sel volatile sec qui entraîne quelques parties ferrugineuses. 3°. Une matiere urineuse qui vient du Mars rouillé, cela se prouve par des operations où l'on n'employe que la rouillure ; ce sel est très-pesant, on le donne depuis six grains jusqu'à vingt dans quelque liqueur appropriée.

Il reste au fond une masse qui n'est autre chose que le fer pénétré & gonflé par le sel ammoniac, on peut s'en servir comme d'une matiere aperitive depuis un scrupule jusqu'à deux : je ne parle pas de la teinture qu'on pourroit en tirer, il est presque inutile de la préparer, puisque le mars sublimé mêlé dans quelque liqueur convenable est meilleur ; si on souhaitoit cette préparation, il faudroit pulveriser cette matiere, la mettre dans un vaisseau de rencontre avec de l'esprit de vin qui surnage de trois ou quatre doigts, & laisser le tout en digestion sur un petit feu durant trois jours, on décante la liqueur, on la filtre, elle est sudorifique & aperitive, on peut

la donner depuis quatre gouttes jusqu'à quinze ou vingt.

Voilà les préparations du Mars qui sont en
usage dans la Medecine, elles peuvent être
d'une grande utilité, si l'on sçait les donner
à propos, mais les maux qu'elles peuvent
produire sont innombrables ; j'ai toûjours
été surpris que d'habiles Praticiens dont les
Ouvrages servent de regle aux jeunes Medecins, les ayent ordonnées avec si peu de précaution : S'agit-il d'un écoulement qui n'est
pas naturel, ils ne manquent pas de prescrire
le fer, sans marquer les occasions où il peut
ne pas convenir ? Le célébre M. Sthall a fait
voir quels étoient les dérangemens que le
fer peut causer : il n'y a personne qui aye
déterminé comme lui les cas où il convient ;
si tous les Medecins s'appliquoient comme
ce grand homme aux observations & à la
connoissance des remedes, nous aurions bien-
tôt une Medecine qu'on pourroit suivre sans
craindre de s'égarer.

Le Mercure.

I. LE mercure ou le vif argent, est une
substance fluide, métallique, d'un brillant argentin, elle est volatile, ne moüille
pas les mains, mais les métaux seulement :
les Latins lui ont donné le nom d'*Hydragy-
rus*, à cause de sa fluidité ; & les Alkymistes

l'ont appellé Mercure, à caufe des rapports qu'ils ont cru trouver entre ce métal fluide, & la Planette nommée Mercure.

II. Plufieurs mines d'Europe nous donnent de l'argent vif, on en trouve en Efpagne, en Hongrie, en France, ordinairement c'eft dans les montagnes qu'il vient, il eft couvert de pierres blanches qui approchent de la chaux ; les arbres qui font au voifinage produifent rarement des fleurs, mais ceux qui font éloignez des mines fur ces montagnes font plus grands & plus verds qu'ailleurs.

III. On trouve beaucoup d'eau autour des mines d'argent vif, & c'eft peut-être pour cela que vers le mois d'Avril & de May il s'en éleve beaucoup de vapeurs qui ne montent pas fort haut à caufe de la pefanteur des matieres qui y font mêlées ; ces brouïllards font la marque à laquelle on reconnoît les mines de mercure ; & fi l'endroit d'où ils fortent eft fitué à l'oppofite du vent Septentrional, on juge que la mine eft fort abondante.

IV. Si le mercure fe trouve fluide dans les minieres, c'eft le mercure vierge ; s'il eft joint avec des foulphres, c'eft du cinabre : tantôt on le trouve fous la forme d'une pierre rouge, grife, brune, tantôt fous la forme de pyrite ; celui qui fe trouve coulant, n'a befoin que d'être lavé, mais l'autre doit fe diftiller pour être féparé des foulphres avec lesquels il est mêlé; si le soulphre y est en trop grande quantité, les intermedes dont on se sert sont la chaux, les cendres, ou la limaille de fer.

V. Quoyque nous ayons dit que le mercure vierge ne demande que la lotion, cependant il s'y trouve quelquefois des matieres arsenicales qui obligent de le passer : il y a encore souvent des terres mêlées qui demandent la même chose; & si elles sont liées à l'argent vif, il faut avoir recours à la distillation.

VI. Il y a des Marchands qui mêlent du plomb avec le mercure, mais on peut découvrir cette tromperie en mettant l'argent vif sur la main, alors les globules ne seront pas bien ronds : d'ailleurs le mercure aura un œil livide; & si on le passe par le cuir, les parties du plomb ou de bismuth dont on s'est servi pour le falsifier, ne passeront point.

VII. Apres avoir parlé du mercure tel qu'on le trouve il faut parler de sa nature : il est composé d'une terre vitrifiable, d'une huile, d'un sel, comme les autres métaux; ce qui fait voir l'erreur des Alkymistes qui le regardent comme le principe des autres substances métalliques : il est vrai que des autres métaux on retire de l'argent vif, mais le métal dont on le retire reste le même; cela n'arriveroit pas, si l'argent vif y étoit comme principe : ce n'est donc qu'une substance étrangere qui se dévelope par l'agent qu'on employe pour la

retirer des métaux, auxquels elle s'est attachée.

VI. Si on échauffe le mercure de maniere
qu'il ne se sublime pas, le soulphre ou l'huile
qui métallisoit la terre mercurielle, s'envole;
le mercure se convertit en poudre grise, puis
jaune, ensuite rouge, il ne reste enfin que
la terre seule du mercure qui est volatile &
s'en va en fumée; cette terre exposée au feu
du Soleil sur une coupelle, fume & forme
sur sa superficie une espece de glacis qui s'envole à la fin; le mercure ainsi calciné s'exhale,
si on le met sur le charbon, mais les parties
mercurielles paroissent se ressusciter avant de
s'élever, l'huile du charbon lui rend comme
aux autres métaux la forme métallique que le
feu lui avoit enlevé.

VII. Le mercure a de l'affinité avec
l'or, l'argent, le cuivre, le plomb, le zinch,
il s'attache très-aisément à l'or, mais difficil-
lement à l'antimoine & au mars; si on le met
en petite quantité avec les métaux, il les rend
friables & cassans; si on y en met beaucoup,
il s'en fait un amalgame.

VIII. Il paroît que l'argent vif est composé
de petits globules qui se divisent en d'autres, les derniers globules doivent être
d'une finesse extraordinaire, comme on le
peut juger, puisqu'ils pénétrent les métaux;
on n'a pas bien expliqué jusqu'ici comment
cette substance métallique qui est si pesante,

pouvoit s'introduire dans des corps qui paroiſſent ſi compaĉtes, mais on n'a qu'à faire
réfléxion que les métaux ſont compoſez de
parties en forme de polyèdre, par-là on
verra que le mercure peut trouver un paſſage dans les interſtices de ces parties ; pour
ce qui regarde la cauſe qui le pouſſe dans ces
pores, c'eſt ou la cauſe attraĉtrice, ou l'air
extérieur.

Réduĉtion du Mercure en Cinabre.

LE cinabre n'eſt que le ſoulphre mêlé
avec le mercure.

Prenez une partie de fleurs de ſoulphre
que vous ferez fondre dans une terrine non-
verniſſée ; prenez enſuite trois parties de
mercure que vous ferez tomber goutte à
goutte à travers le chamois dans le ſoulphre
fondu, mêlez avec une eſpatule de fer les
gouttes tombées juſqu'à ce qu'elles paroiſſent éteintes ; continuez ainſi à faire tomber tout votre mercure, le tout deviendra
un régule qui noircit à l'air, mettez enſuite
ſublimer cette matiere dans des pots à feu
gradué & ouvert, vous aurez une maſſe
qui eſt le cinabre.

REMARQUES.

Le mercure eſt arrêté par les acides ſulphureux avec leſquels il a de l'affinité ; s'il
n'étoit pas lié par ces corpuſcules ſalins, il

ne se sublimeroit pas , mais il s'évaporeroit
tout-à-fait : le cinabre qui vient de cette fixation du mercure, est en forme d'aiguilles &
de couleur rouge , ces aiguilles ne viennent
que des acides, & le rouge vient des soulphres rarefiez : cette couleur est si éclatante,
quand le cinabre a été broyé long-temps sur
le marbre, qu'on a appellé vermillon la poudre qu'on fait par ce broyement ; il y a des
femmes qui s'en frottent les joües , mais cela
peut exciter le flux de bouche.

On fait ordinairement le cinabre dans les
lieux d'où on a retiré le mercure, parce que
la fluidité de l'argent vif est un obstacle au
transport, il est employé dans la Peinture &
dans la Medecine , la dose est depuis deux
grains jusqu'à douze , on ne doit jamais le
donner qu'en bolus ou en pillule , de peur
qu'il n'ébranle les dents ; on en fait recevoir
la fumée pour exciter le flux de bouche.

Revivification du Mercure.

DAns cette opération on sépare le mercure des soulphres.

Prenez une partie de cinabre pulverisé ,
mêlez-le éxactement avec trois parties de
chaux éteinte à l'air , ou avec deux parties de
limaille de fer , mettez le mélange dans une
cornuë au fourneau de reverbere, adaptez-y un
recipient rempli d'eau , après quoi vous donnerez un feu lent jusqu'à ce que vous voyïez

fortir les fumées blanches par le bec de la cornuë, puis donnez un feu fort juſqu'à rougir la matiere; & quand il ne ſortira plus rien, jettez l'eau du recipient, & y en verſez d'autre pour laver le mercure ; vous continuerez ainſi juſqu'à ce que l'eau ſoit claire.

REMARQUES.

Pour ſéparer le mercure du ſoulphre, il faut chercher dans nos Elemens une matiere qui ait plus d'affinité avec l'acide ſulphureux que le mercure; la chaux eſt de cette eſpece, ainſi elle détachera l'acide du mercure par ſon ſel alkali: mais comme ce ſel alkali y eſt en petite quantité, il faudra trois parties de chaux ſur une partie de cinabre; ſi on ſe ſert du tartre ou d'autre ſel alkali, il n'en faut que parties égales: comme le mars ſe charge du ſoulphre abondamment, on pourroit s'en ſervir à la place de ces matieres.

Cette revivification du mercure eſt la meilleure; s'il y avoit quelques parties arſénicales, elles reſteroient avec les parties alkalines, ou avec la limaille de fer , cependant on doit paſſer le mercure ainſi revivifié par le chamois, ou le laver dans le vinaigre.

Si vous prenez ſeize onces de cinabre.& ſeize onces de mars, vous trouverez dix-neuf onces moins deux gros de matiere dans la cornuë, il ne s'eſt donc évaporé que deux gros de ſoulphre dans cette diſtillation, au lieu qu'avec la chaux il s'en évapore deux onces & demie, cela vient de ce que le soulphre ayant une grande affinité avec le mars, s'y joint presque tout entier, au lieu que cette affinité étant moindre avec la chaux, il s'en échappe dans le recipient où l'on trouve en effet du soulphre qui furnage.

Quand on commence l'opération, il est bon que les jointures soient luttées pour laisser passer les fumées qui s'élevent, car elles se pourroient lier avec le mercure dans le recipient.

Après qu'on a retiré le mercure du mélange du soulphre, on le seche avec des linges ou avec la mie de pain, ensuite on le met dans des vaisseaux de verre ; je ne parle pas ici des usages du mercure, on doit l'apprendre autre part : c'est mettre une épée entre les mains d'un fou que de dire, comme fait M. Lemery, que le cinabre est bon pour l'asthme, pour les maladies du poulmon, pour l'épilepsie, il devoit se souvenir que son Livre tomberoit entre les mains d'une infinité d'ignorans qui pourroient donner ce remede sans le connoître assez ; la dose est depuis quatre grains jusqu'à demi scrupule.

Dissolution du Mercure.

PRenez parties égales d'esprit de nitre & de mercure passé par le chamois, faites-les di-

gerer ensemble dans un matras sur le sable,
il se formera des bulles qui s'échapperont
du mercure qui diminuëra peu-à-peu; votre
dissolution étant achevée, faites évaporer
doucement l'humidité au feu de sable jusqu'à
ce qu'il ne vous reste qu'une masse blanche.

REMARQUES.

La dissolution est la réduction d'un corps
en parties assez fines pour échapper à la vûë,
& pour nager dans le menstruë; ici l'eau
forte dissout le mercure, & se charge de ses
parties, sans qu'elles troublent sa transparance: il reste quelquefois au fond une partie
de l'argent vif, & alors il faut y mettre de
nouvelle eau forte, parce que celle qu'on y
a mise ne suffit pas pour achever la dissolution.

Les menstruës ou liqueurs dissolvantes
sont de quatre sortes, il y en a d'aqueux, de
sulphureux, de salins, de mercuriels, & on
peut en ajoûter une cinquiéme espece: je
veux dire ceux qui sont composez de ceux
que je viens de nommer, les menstruës mercuriels & les salins conviennent pour les métaux; les sulphureux pour les substances résineuses, les aqueux pour les gommes & les
sels.

Il faut trois conditions dans un menstruë.
1°. Il doit avoir une certaine convenance
avec les corps à dissoudre. 2°. Il ne doit être

ni trop fort ni trop foible: l'eau forte trop foible n'agit point fur l'argent ; & fi elle eft trop concentrée, elle n'y touche pas non plus. 3°. Il doit y avoir une quantité fuffifante de diffolvant ; l'eau forte ne diffout qu'un tiers d'argent, & diffout parties égales de mercure.

La difficulté que trouve le menftruë à entrer dans un corps, & le mouvement qu'il excite dans les parties fur lefquelles il agit, caufent le bruit qu'on entend dans les diffolutions ; l'air encore qui fe dilate, peut y contribuer un peu en fortant impétueufement, comme nous l'avons expliqué ailleurs.

Il faut regarder tous les corps comme autant d'aymans plus ou moins forts : il eft certain qu'on obferve dans la plûpart une attraction, comme je l'ai déja dit, ainfi une molecule d'argent attirera une molecule d'eau forte ; & s'il vient un ayman plus fort comme le cuivre, il enlevera à l'argent cette molecule d'eau forte, par-là on expliquera la précipitation de l'argent par le cuivre.

Sublimé corrofif.

CEtte préparation n'eft que le mercure uni avec l'acide du fel marin.

Prenez la maffe blanche reftée après l'évaporation dans l'opération précedente, pulverifez-la, & mêlez-y deux tiers de vitriol calciné à blancheur, & autant de sel marin décrépité, mettez ce mélange dans un vaisseau sublimatoire dont les deux tiers demeureront vuides, placez-le sur le sable, & donnez-lui un petit feu durant trois heures, poussez ensuite le feu violemment, il se fera un sublimé au haut du vaisseau que vous casserez après qu'il sera refroidi, vous y trouverez dix-huit onces de très-beau sublimé corrosif.

REMARQUES.

Nous trouvons deux substances métalliques dans cette opération, sçavoir, le mercure & la terre martiale qui est la base du vitriol; on y trouve outre cela une terre absorbante, qui est la terre du sel marin.

Tous les acides ont plus d'affinité avec les terres absorbantes qu'avec les terres métalliques, c'est pourquoi l'acide vitriolique qui est le plus puissant, se joindra avec la terre du sel marin plûtôt qu'au mercure & à la terre martiale, il faudra donc nécessairement que l'acide du sel marin ou se joigne au mercure, ou à la terre du vitriol; il ne se joindra pas à la terre vitriolique, s'il se trouve un autre acide plus puissant qui ait de l'affinité avec cette terre: or il y a un tel acide dans ces trois matieres qu'on a mêlé, & c'est l'acide nitreux; il arrivera donc que l'acide du salpêtre se séparera du mercure, & s'ira joindre à la terre martiale, car il a plus d'affinité avec elle qu'avec la matiere mercurielle ; de-là il réfulte qu'il ne reftera à l'acide marin que le mercure, & que par conféquent il s'y joindra ; on peut voir dans nos Principes l'affinité qu'a l'acide du fel commun avec les fubftances métalliques.

Mais on peut me faire ici une objection contre ce que j'avance fur l'union du fel acide nitreux avec la terre martiale : il eft certain qu'avant que la matiere foit fur le feu, on fent une odeur d'eau forte, & que fur le feu les vapeurs font jaunes ou rougeâtres, cela eft une marque évidente que l'acide nitreux s'exhale, mais cette difficulté prouve feulement qu'il s'évapore un peu d'acide nitreux ; il ne s'enfuit pas de-là qu'il n'y en ait une grande partie qui s'unit avec la terre du mars, il arrive ici ce qu'on voit arriver lorfque l'on fépare l'acide du fel commun de la fubftance mercurielle par le moyen de l'étain, alors une partie de cet acide qui fe détache pour s'aller joindre à l'étain, eft emporté par la chaleur en partie, on peut le voir en faifant l'opération dans le procédé dont il s'agit ; tout l'acide nitreux ne peut pas entrer dans la terre métallique, parce que le feu rend cette terre moins propre à recevoir les corps qu'elle attire.

La matiere qui refte eft l'acide vitriolique joint à la terre du fel marin, & une partie de l'acide nitreux joint avec la terre martiale ; on peut séparer ces matieres par la lesſive : la terre du mars reſtera ſur le filtre, tandis que celle du ſel marin paſſera ; comme l'acide vitriolique s'eſt uni avec la terre de l'acide du ſel commun, cela forme une eſpece de ſel de Glauber.

Si l'on vouloit faire le ſublimé corroſif ſans vitriol, on n'auroit qu'à prendre le mercure diſſout dans l'eſprit de nitre, & y jetter du ſel marin ; l'acide nitreux qui eſt plus puiſſant que l'acide du ſel marin, prendra la terre de ce ſel marin, & en chaſſera l'acide ; cet acide chaſſé s'ira joindre au mercure, par-là on aura deux productions : la premiere ſera le ſublimé, & la ſeconde un vrai nitre ; on en verra la raiſon par ce que nous avons dit ailleurs ſur l'affinité des terres.

Comme je dis que l'acide nitreux eſt plus puiſſant que l'acide du ſel marin, on me demandera pourquoi l'eſprit de ſel précipite le mercure diſſout dans l'eſprit de nitre ? A cela je réponds que la précipitation ne réuſſit pas comme avec les matieres alkalines ; que le peu de précipité qu'on retire vient ou de quelque reſte de terre marine, ou bien du combat des deux acides qui ont tous les deux de l'affinité avec le mercure ; cela peut encore venir de la raiſon generale que nous avons marquée ailleurs, je veux dire du changement qui arrive à la peſanteur du liquide qui ſoûtient les matieres diſſou-

res; on peut voir ce Traité pour mieux comprendre la chose.

Mais, me dira-t-on, ne peut-il pas se faire
que le mercure ait plus d'affinité avec l'acide
du sel marin qu'avec l'acide nitreux, quoyqu'en general l'acide du nitre soit plus puissant ? J'avoüe que cela se pourroit ; nous
voyons même que l'acide nitreux se joint
moins étroitement avec le mercure qu'avec
les autres métaux, si on excepte l'argent ; au
lieu que l'acide marin forme une concretion
assez dure avec le mercure, peut-être à cause
de son principe coagulant ; ainsi il se pourra
que l'acide marin tombant sur des molecules mercurielles, arrête leur agilité, & leur
donne quelque fixation : ces parties ainsi fixées se précipiteront, parce qu'elles devien-
dront plus pesantes à proportion. Pour l'acide nitreux qui est plus propre à se volatiliser, comme je l'ai fait remarquer ailleurs,
& qui rend même plus propres à la fusion
les substances métalliques, cet acide nitreux,
dis-je, ne coagule point les parties mercurielles ; de-là il paroît que je n'ai rien avancé
contre la vérité, quand j'ai dit que l'acide
nitreux est plus puissant que le sel marin ;
la différence qu'il y aura seulement, c'est que
l'un divise extraordinairement les parties
mercurielles par son mouvement violent,
au lieu que l'autre qui est moins actif donne
lieu à ces parties mercurielles de se rappro-

thir, & voilà ce qui fait la précipitation.

La pratique des Hollandois est un peu différente de la nôtre : ils suppriment la dissolution du mercure, ils le triturent seulement
dans un mélange de sel marin & de vitriol ;
il arrive dans ce procédé que l'acide vitriolique s'attache à la terre du sel marin, & en
bannit l'acide qui va s'attacher au mercure ;
cet acide marin pourroit à la vérité s'attacher à la terre vitriolique, mais le feu qui le
pousse & qui calcine la terre du vitriol, l'en
empêche.

Dans la dissolution du mercure par l'esprit de nitre on remarque un grand bouïl-
lonnement & une grande chaleur ; nous
avons donné ailleurs la raison de ce phénoméne. Pour ce qui regarde les vapeurs
rouges qui s'élevent, elles ne viennent que
de l'esprit de nitre, elles cessent dès que la
matiere est entierement dissoute, parce qu'a-
lors il n'y a plus de combat entre les parties
nitreuses & les parties mercurielles, après la
dissolution on fait le sublimé corrosif plus
aisément, & par-là on n'est point obligé à
employer un temps fort long pour incorporer le mercure & le sel comme dans l'opération des Hollandois qui mêlent seulement
le vitriol, le sel & le mercure ; leur procédé
outre cela a cette incommodité qu'il s'éleve
une poussiere très-desagréable à l'odo

M. Lemery prétend que les pointes acides

qui s'enguainent dans le mercure, font interrompuës dans leur mouvement; il le prouve, parce que fi l'on diftille l'humidité, on
ne retire qu'un acide très-foible. Je ne fçai
ce qu'il veut prouver par-là; il ne peut en
tirer d'autre conféquence, fi ce n'eft que les
acides fe font incorporez avec la maffe blanche qui refte, & que l'humidité qu'on en fépare n'en contient que très-peu; pour dire
cela, à quoy bon un long raifonnement fur
les pointes acides?

Pour ce qui regarde l'opération, le matras
ne doit pas avoir le col long, afin que les
premieres vapeurs puiffent s'évaporer aifément; la fublimation ne fe fait pas que les
fumées rouges ne foient paffées, le matras
doit auffi être enterré dans le fable jufqu'au
col; & lorfque dans cette fituation il aura
été échauffé, & que les vapeurs rouges feront montées, vous verrez un fel en nége
qui formera une croute cryftalline un peu
tranfparante qui s'attachera au haut du vaiffeau, c'eft-à-dire, à deux ou trois doigts au
deffus du *caput mortuum*; on prend cette
partie faline blanche, on la met en poudre,
& on la fublime de nouveau feule, ou avec
le fel marin; on réitere cette fublimation
jufqu'à trois fois, il faut avoir foin à chaque
fublimation d'ôter la farine folle qui fe trouve au col.

Cette nége qui fort dans cette opération,

n'eſt que l'acide marin joint au mercure ;
pour la maſſe reſtée au fond, nous avons dit ce
que c'étoit, elle doit peſer plus que la moitié
des matieres mélées. La nége dont nous venons de parler, eſt un puiſſant eſcarrotique,
elle mange les chairs baveuſes, elle compoſe
avec la chaux l'eau phagedenique, c'eſt-à-dire,
l'eau qui ronge les glandes. Cette nége ou ſublimé corroſif eſt ſouvent falſifiée par l'arſenic ; pour le reconnoître, frotez-la avec un peu
de ſel de tartre ; ſi elle noircit, ſoiez aſſûré qu'il
y a de l'arſenic ; mais ſi elle jaunit, elle eſt
bonne.

Avant de finir mes remarques ſur cette
opération, il faut dire un mot ſur ce qui
embaraſſe ſi fort M. Lemery au ſujet de l'u-
nion des acides avec le mercure : les acides,
dit-il, devroient s'unir dans le corps humain
au mercure, & en faire un ſublimé corroſif,
mais il faut prouver avant tout cela qu'il y
a des acides dans nôtre corps. M. Vieuſſens
avoit prétendu en tirer avec le bol, mais ce
fameux Anatomiſte peu verſé dans les matieres Chymiques, n'avoit pas pris garde que
le bol contient un acide vitriolique ; la
petite quantité qu'il en avoit retiré de cin-
quante-deux livres de ſang ou environ, devoit lui rendre ſon acide ſuſpect : d'ailleurs
quand même il y auroit dans notre corps
un eſprit acide, eſt-ce que l'union ſe feroit
comme dans un vaiſſeau ſublimatoire ? Je ne

m'arrête pas là-deſſus plus long-temps : l'acide & l'alkali ſont devenus aujourd'hui l'aſile
de l'ignorance & des charlatans, qui ne ſça-
chant rien, ne parlent que de ces ſels
qu'ils ne connoiſſent pas ; j'en ai un éxemple dans la perſonne d'un Medecin qui s'eſt
fait recevoir je ne ſçai comment. Comme il
faiſoit quelque bruit pour les maux Veneriens à Paris, je l'allai voir ſans me faire
connoître ; c'eſt une choſe plaiſante que la
maniere dont il me parla des cauſes de ces
maux : D'abord l'acide fut mis en jeu. Il lui
faiſoit faire des coagulations, des diſſolutions, des précipitations. Je lui fis quelques
objections là-deſſus pour le ſonder : Il commença à ſe tenir ſur ſes gardes, & me dit
qu'il ſouhaiteroit de ſçavoir à qui il parloit.
Enfin je le jettai dans le plus grand des embaras, lorſque je lui apportai les expériences
d'un fameux Anglois qui a démontré que
dans les tumeurs Veneriennes il n'y a pas une
ombre d'acide ; on peut dire que cet homme a de l'eſprit, mais qu'il eſt un parfait
ignorant.

Pour ce qui regarde l'effet du ſublimé corroſif ſur le corps humain, il n'eſt pas difficile à expliquer ; comme le mercure eſt armé
d'un cauſtique, il fera de grandes eſcarres
par tout où il ſera pouſſé, ainſi les inflammations, les gangrénes doivent ſuivre ſes
impreſſions. M. Sidhenam ne donna que de

l'eau à un homme qui avoit pris du sublimé, & il le délivra des suites fâcheuses qu'on devoit attendre d'un tel poison. Dès que le malade avoit rendu par le vomissement la premiere eau, il lui en faisoit donner d'autre, & la derniere qu'il rendoit étoit toûjours moins âcre que la premiere : quand il sentoit des tranchées, on lui faisoit donner des lavemens avec de l'eau chaude.

Sublimé doux.

LE sublimé doux n'est que le sublimé corrosif ajoûté à de nouveau mercure, qui en étendant l'acide marin, l'empêche d'agir aussi fortement.

Prenez un mortier de marbre ou de verre dans lequel vous pulveriserez quatre parties de sublimé corrosif, mêlez-y trois parties de mercure revivifié de cinabre, broyez le tout jusqu'à ce que le vif argent soit imperceptible, il se fera un amalgame en forme de poudre brune & plombée, mettez cette poudre dans un matras dont la poudre ne remplisse que le tiers, placez-le sur un feu qui doit être doux durant deux heures, afin que les acides ayent le temps de s'attacher au mercure nouveau, il sortira des fumées blanches qui sont quelques parties acides, puis augmentez le feu jusqu'au troisiéme degré, continuez-le dans cette volence durant cinq heures, & la matiere se sublimera ; laissez refroidir vos vaisseaux, cassez-les, rejettez la terre qui se trouvera au fond, séparez ce qui sera attaché au col du matras, pour en faire des onguens ; ramassez la matiere blanche qui est au milieu, pulverisez-la, faites-la sublimer encore ; après la sublimation séparez toûjours ce qui se trouve au haut du matras, ramassez la matiere qui se trouve au milieu, pulverisez-la, & la sublimez jusqu'à trois fois de la même maniere ; séparez enfin les terrestreitez du fond, & la folle farine du col du matras, & vous aurez du sublimé doux.

REMARQUES.

Les boules de mercure contiennent dans leurs pores une huile qui les rend lisses & polies ; c'est dans ces pores que s'insinuent les acides, quand ils pénétrent l'argent vif ; ou bien, après que ces boules ont été séparées par de petits coins salins, ces parties salines s'attachent aux parties mercurielles par la force qui unit les corps.

Il y a des Philosophes qui croyent que les boules de mercure s'hérissent des pointes des acides, & que quand on fait le sublimé doux, les extrémitez des pointes qui sont à la circonference des boules mercurielles qui composent le sublimé, arrêtent les parties du nouveau mercure qu'on y mêle, mais c'est entrer dans un détail qu'on ne sçauroit prouver ;

il

il vaut mieux dire que les parties du sel acide se partagent & se distribuent également par toute la masse du mercure, de même que si l'on jette deux livres d'eau sur une livre d'eau salée, le sel se répand par tout.

Il arrive quelquefois qu'on met trop de mercure pour que l'acide puisse se répandre par tout, alors on trouve des gouttes mercurielles, & l'on n'y sent point de goût acide; dans ce cas il faut y remettre de nouveau mercure corrosif, jusqu'à ce que le tout se sublime en masse crystalline; il peut arriver encore qu'on donne le feu trop doux, & que le mercure s'éleve en fleurs tendres; comme le mercure alors n'est pas assez engagé avec les acides, il faut recommencer, & donner un feu plus fort.

Si l'on trouve des parties mercurielles qui ne soient point coagulées, & qui soient en petites boules après la premiere sublimation, & que cependant la masse du sublimé doux soit ferme & solide, on pourra s'en servir après la troisiéme sublimation, & le sublimé sera bien fait; le haut de la masse est brun ou noirâtre très-souvent, mais cela n'est rien.

Il y en a qui mettent parties égales de sublimé corrosif & de mercure revivifié de cinabre, on ne peut pas blâmer cette proportion, au contraire je croi qu'il est plus sûr d'en user ainsi, parce qu'il vaut mieux qu'il

S

y ait trop de mercure que s'il n'y en avoit
point aſſez; le ſublimé corroſif n'en prend
jamais que ce qu'il faut, au lieu que s'il y
avoit trop d'acide, ce ne ſeroit point un ſublimé doux qu'on feroit, mais un ſublimé
très-âcre.

Comme les ſublimez corroſifs ſont chargez plus ou moins de ſel acide, voici ce
qu'on peut faire pour déterminer la proportion du mercure : prenez par éxemple douze
onces de mercure crud, & triturez-le avec
le ſublimé corroſif; s'il eſt tout abſorbé, ajoû-
tez-y-en encore une once, & continuez ainſi
tandis que le mercure crud s'éteindra.

Le ſublimé doux doit paſſer par la ſublimation juſques à trois fois, afin qu'on enleve les acides qui ne ſeront pas bien engagez dans le mercure, car il faut que le ſublimé doux ne cauſe point d'éroſion ſur la
langue, il ne faut pas néanmoins le ſublimer
trop, parce qu'il ſe trouveroit enfin trop
adouci, comme on le voit par la panacée
mercurielle; il eſt neceſſaire cependant de le
ſublimer au moins trois fois, vous connoîtrez
qu'il le ſera aſſez, ſi après l'avoir tenu long-
temps ſur la langue, les ſels ne ſe développent point & ne picquotent pas.

Le feu éleve le ſublimé doux avec moins
de peine que le ſublimé corroſif, cela doit
être ainſi, puiſque le mercure n'eſt pas ſi lié
par les acides dans l'un que dans l'autre, il

ne feroit befoin que de trois heures de feu;
mais comme il faut que les acides puiffent
bien pénétrer les parties mercurielles & s'é-
tendre par tout, il faut une opération plus
longue.

Quand le col du matras eft long, les fuli-
ginofitez âcres qui s'élevent retombent fur la
matiere, ainfi il faudra couper le col du vaiffeau à la moitié, alors on aura un fublimé
fans âcreté, pourvû que les proportions
foient juftes ; comme la matiere s'échauffe
& fe rarefie dans le vaiffeau, il ne faut en
remplir que le tiers, car la rarefaction le feroit caffer : après que la matiere s'eft fublimée, on la trouve en forme de pierre dure,
parce que l'acide a lié les parties mercurielles, mais quand le feu eft doux, on en
trouve une grande partie rarefiée très-blanche & fans dureté; pourvû qu'elle ne laiffe
pas fur la langue quelque âcreté, elle fera
également bonne, mais très-fouvent le mercure & l'acide ne font pas bien mêlez, quand
le feux a été doux, comme nous l'avons infi-
nué plus haut.

Nous avons dit qu'il fe trouvoit au col
du matras une matiere qu'il falloit féparer,
c'eft une maffe faline mercurielle fort âcre
qu'il faut conferver pour faire des onguens
pour la galle ou pour les dartres, on la
trouve en forme de farine.

Quand on fait l'opération dans des phioles, il se dissipe plus de matiere, parce qu'il y a plus d'ouvertures, puisqu'on se sert de plusieurs phioles ; mais quoyqu'on se serve d'un matras, il y aura toûjours environ $\frac{1}{24}$ de diminution, car chaque sublimation en enleve ordinairement $\frac{1}{24}$; il reste au fond quelque peu de scories & de terre legere.

Le sublimé doux est un excellent purgatif pour fondre la lymphe, les tumeurs schirreuses, pour débarasser les parties glanduleuses, rarement il provoque la salivation ; si cela arrive, ce n'est que lorsqu'il se trouve mal cuit ; la dose est depuis six grains jusqu'à trente, dans un bol, ou avec quelque purgatif ; si on le donnoit dans un boüillon, il resteroit au fond ; si l'on le donne en poudre, il peut s'arrêter dans les dents, & y causer du desordre. Mayerne Turquet faisoit son calomelas en mettant quelque peu de sel ammoniac dans le mortier où lon broye le mercure qui alors est un peu noirci par la matiere urineuse volatile de ce sel.

Les Grecs, & entr'autres Dioscoride, regardoient le mercure comme corrosif, parce qu'il paroît ronger les vaisseaux où on le met, ce qui pourtant ne se fait pas par quelque vertu corrosive qui soit dans le mercure, mais seulement parce que le mercure s'amalgame avec les parties métalliques, c'est pour cela qu'il faut éviter de pulveriser le sublimé corrosif dans un mortier de métal, car outre

qu'il est composé de mercure, il est véritablement corrosif, ainsi il emporteroit toûjours
quelque matiere métallique qui le rendroit
impur.

Galien dit la même chose que Dioscoride,
mais ce n'est pas par expérience qu'il parle,
comme il le dit lui-même, ce n'est que sur
le témoignage des Medecins de son temps.
Avicenne est le premier qui dit qu'il y avoit
des gens qui avoient avalé du mercure, sans
en avoir reçû aucune incommodité, & sans
que le mercure se fût altéré, mais il regarde
cela comme une chose merveilleuse; on ne
s'en servoit qu'extérieurement, & il n'y a pas
plus de deux cens ans qu'on a commencé à le
mettre en vogue. Mathiole rapporte que de
son temps il y avoit des filles qui en avoient
pris pour se faire avorter, mais inutilement;
il marque aussi que les ouvriers avaloient du
mercure pour le voler à ceux qui les faisoient
travailler, & qu'ils le rendoient par les selles,
sans s'incommoder.

L'usage interne du mercure a commencé
par les Bergers qui l'ont d'abord fait prendre aux moutons pour les vers & pour la
galle, de-là on a pris occasion de s'en servir
pour les hommes, & le succez a été le même
que dans les animaux. Brassavolus & Carolus
Musitanus marquent l'avoir fait; Musitanus
faisoit incorporer le mercure avec le sucre &
l'huile d'amendes douces, & le donnoit aux

enfans dans la boüillie pour tuer les vers.

Ceux qui travaillent aux mines, ne paſſent guéres trois ou quatre ans ſans incommoditez, au bout de ce temps-là ils ſont ſujets à des tremblemens, à des paralyſies; ceux
qui dorent, ceux qui travaillent à l'étain &
au plomb, ſont ſujets à des coliques violentes; ces coliques ſont traitées parfaitement
à la Charité à Paris par deux célébres Mé-
decins.

Le mercure pris intérieurement ou appliqué extérieurement, pénétre juſqu'à la lymphe qu'il diviſe, & la fait ſortir par les glandes ſalivaires; voici quelques regles generales qu'il faut obſerver dans l'uſage qu'on
fait de ce mineral dans les maladies.

I. Il faut ſeigner le malade avant de lui
donner le mercure, parce que la ſeignée met
les humeurs en mouvement, & facilite par-
là l'effet du remede; il arrive encore que
l'argent vif rarefie les fluides du corps, ainſi
il eſt à propos de ménager un plus grand
éſpace pour que les mouvemens ſoient plus
aiſez.

II. On doit humecter les malades extérieurement par les bains, & intérieurement par des
dilayans, afin que les parties devenuës plus
ſouples ne ſoient pas un obſtacle aux mouvemens du mercure.

III. Il eſt beſoin de purger le malade de tems
en tems, afin de prévenir le flux de bouche,

& afin de précipiter par le bas les humeurs fonduës.

IV. Ce remede demande que le malade se tienne dans un lieu modérément chaud, parce que la transpiration qui s'arrêteroit par le froid, causeroit des accidens fâcheux.

V. Le malade doit agir un peu, parce que l'action facilite la transpiration, & aide à broyer les matieres viscides sur lesquelles le mercure agit.

Six ou huit grains de mercure incorporez dans le sucre, suffisent pour les enfans qui sont attaquez des vers: il faut se servir d'un mortier de verre pour broyer le sucre avec le mercure, il faut y ajoûter encore quelque huile pour faciliter l'amalgame, on pourra ensuite déguiser cette poudre dans quelque confiture; si on veut donner le mercure d'une autre maniere, on n'a qu'à en faire boüillir une livre dans l'eau commune, cette eau est très-bonne contre les vers. M. Bate prend deux onces d'eau de chiendant, deux onces d'eau de pourpier, une once de mercure crud, il fait agiter ces matieres ensemble durant deux heures, il fait décanter & passer cette liqueur, & selon lui il n'y a pas de meilleur remede contre les vers, il faut au reste donner quelque bol tous les trois jours durant l'usage de cette eau.

La dose du sublimé doux en general est de six jusqu'à trente grains en pillules.

Æthiops mineral.

PRenez trois parties de soulphre en fleurs & quatre parties de mercure, mettez le soulphre en poudre menuë, mêlez-y le mercure peu-à-peu en triturant les matieres; continuez jusqu'à ce que le mercure paroisse éteint, & même durant trois heures, afin que l'incorporation se fasse comme il faut, vous aurez une masse plombée & noire comme de l'antimoine, c'est l'Æthiops mineral.

REMARQUES.

On peut faire l'Æthiops mineral de plusieurs manieres: on peut mettre en fusion le soulphre dans un pot de terre non vernissé qui puisse résister au feu, on y mêle ensuire le mercure en égale quantité peu-à-peu avec une espatule de fer, on met le feu au mélange; & quand le soulphre est brûlé, il reste une masse noire qui est l'Æthiops mineral; pour ce qui regarde les proportions, elles peuvent varier; on peut, par éxemple, mettre deux parties de soulphre & une partie d'argent vif, & proceder comme nous venons de dire.

On peut voir qu'il doit y avoir quelque différence entre les deux préparations que nous venons de donner, car dans la premiere le soulphre ne brûle point, & dans

celle-ci on le confume en partie ; il doit
donc refter dans la premiere un acide joint à
la terre bitumineufe & le mercure, au lieu que
dans la derniere la matiere bitumineufe fe confume & laiffe fans doute une partie de fon acide joint avec le mercure qui a de l'affinité avec
lui ; non-feulement les effets doivent être un
peu différens dans ces deux préparations, mais
encore on peut donner la premiere en plus
grande quantité que la feconde ; on peut la
faire prendre depuis fix jufqu'à dix-huit
grains, au lieu que l'Æthiops fait de la feconde maniere fe prend depuis deux jufqu'à
douze grains dans quelque conferve.

La raifon pourquoi j'ai dit qu'il ne falloit
pas de pot verniffé, c'eft que le vernis tomberoit & s'uniroit avec le mercure ; il faut
encore prendre garde que le vaiffeau dont on
fe fert ne foit pas profond, afin que le mercure puiffe s'unir plus aifément avec tout le
foulphre, autrement il fe précipiteroit au
fond, & le mouvement de l'efpatule ne le
feroit pas monter : afin que ce mélange fe
faffe plus éxactement, il faut faire tomber
le mercure fur le foulphre fondu, comme de
la pluye, en l'exprimant par le chamois, &
agiter toûjours la matiere jufqu'à ce qu'il n'y
paroiffe plus de mercure coulant, alors on y
met le feu avec une allumette ; s'il arrive
quelque détonation de temps-en-temps, cela
vient de l'écartement fubit des parties mercurielles.   S. V.

On a appellé Æthiops mineral cette composition à cause de la noirceur que la partie sulphureuse donne au mercure, on la trouve en masse au fond du vaisseau ; & suivant que le feu a été violent, la quantité de cette matiere est plus ou moins grande, la nature même du vaisseau dont on se sert, fait qu'on en trouve plus ou moins ; si le pot est neuf, il se dissipe plus de matiere, parce que la terre s'imbibe de la substance mercurielle qui forme une espece de vernis au fond : quand on s'est servi plusieurs fois du même vaisseau, ce vernis empêche que le mercure & le soulphre ne s'introduisent dans les pores de la terre de ce vaisseau.

Comme on falsifie souvent le mercure, il faut le dépurer avant de faire l'æthiops, de la maniere dont nous l'avons marqué ailleurs ; on pourroit même après avoir fait l'æthiops, le mêler avec autant de chaux pulverisée, & distiller cette matiere par la cornuë, on auroit un mercure très-pur, & l'opération seroit des plus courtes.

Si on me demande laquelle des deux opérations que j'ai proposée est préférable, je réponds que j'aimerois mieux la premiere, parce qu'on sçait au juste la quantité de mercure qui se trouve dans l'æthiops ; au lieu qu'on ne le sçait pas dans la seconde préparation à cause de l'action du feu.

Il arrive souvent qu'on n'a pas bien mêlé

le mercure, & alors on en trouve une partie
qui découle dans la maffe noire ; on donne
toûjours avec plus de fûreté l'æthiops qui ne
contient pas de mercure coulant.

Cette opération donne un mercure lié
par la partie acide du foulphre & par la matiere bitumineufe qui eft jointe à l'acide ; il
faut fe fouvenir qu'on ne doit pas détacher
cette maffe noire formée par le foulphre &
le mercure, avant qu'elle foit refroidie ; le
mercure chaud ne peut être touché fans quelque danger, d'ailleurs on peut en recevoir
une vapeur qui pourroit incommoder.

L'æthiops eft un remede qui eft très-
bon, quand il s'agit de fondre les matieres
vifqueufes ; il eft d'un grand ufage dans les
maladies veneriennes, dans la goutte, dans
la paralyfie, les rhumatifmes, les vers, les
fcrophules, les maladies de la peau, comme
la gale. M. Barchuyfen mêle l'antimoine &
l'æthiops en parties égales, & le donne ainfi
pour la gale.

Il y a des Medecins qui réïterent la dofe
dans le même jour ; les Anglois donnent
jufqu'à un gros d'æthiops, & on ne remarque pas que cela produife de mauvais effets,
mais il faut toûjours avoir égard au païs,
pour la dofe & pour le remede ; les Hollandois prennent des remedes violens que nous
n'oferions donner, foit à caufe de la dofe,
foit à caufe de la qualité ; l'émetique ni le

kinkina ne produifent pas à Rome tous les
bons effets que nous leur voyons opérer
tous les jours à Paris.

Il eft rare que l'æthiops excite la falivation ; en ayant donné long-temps demi gros
le matin & autant le foir à un malade, je re-
marquai à la fin qu'il furvenoit une fort legere falivation que j'arrêtai d'abord par un
purgatif.

Panacée mercurielle.

PRenez telle quantité que vous voudrez
de fublimé doux bien préparé, réïterez
la fublimation jufqu'à neuf fois, en comptant
la premiere qu'on a faite, pour former le fublimé doux, alors la matiere ne fera plus
d'impreffion fur la langue.

Après cette préparation prenez un efprit
chargé des huiles effentielles de canelle, de
girofle, de marum, de macis, de citron, de
muguet, verfez cet efprit aromatique fur le
mercure doux fublimé neuf fois, faites digerer durant huit jours ces matieres dans un
vaiffeau de rencontre, décantez l'efprit qui
fera chargé de quelques parties falines détachées du mercure, il reftera de l'huile aromatique dans le fublimé ou panacée mercurielle qui eft la maffe que vous trouverez
au fond, après avoir décanté l'efprit aromatique.

REMARQUES.

Un nommé Labrune donna au Public une composition qui est connuë sous le nom de Panacée Mercurielle, on vient d'en lire la préparation ; ce n'est, comme l'on voit, qu'un sublimé corrosif dulcifié par l'addition de nouveau mercure, & par plusieurs sublimations réïterées qui ôtent à la matiere saline mercurielle toute son acreté.

L'Auteur demande plusieurs circonstances. 1°. Il veut du mercure très-pur revivifié du sublimé corrosif. 2°. Il en fait la dissolution dans l'esprit de nitre. 3°. Il en compose un nouveau sublimé corrosif. 4°. Il remet en poudre ce sublimé, & il le resublime avec parties égales de vitriol & de sel marin. 5°. Il réïtere la sublimation jusqu'à cinq fois avec le sel marin seul. 6°. Il réïtere une autre fois la sublimation avec le sublimé seul, qui se fond à-peu-près comme de la cire, & ne s'éleve que par un feu très-violent, qui enfin se sublime en pain solide en forme de crystal. 7°. L'Auteur fait son mercure revivifié avec ce sublimé & le beurre d'antimoine, il pulverise ces deux matieres à part, il les distille, & en retire le mercure qui se sépare du beurre. 8°. Il se sert de ce mercure revivifié pour en faire le sublimé doux, qu'il sublime jusqu'à neuf fois, alors ce sublimé ne fait plus d'impression sur la langue. 9°. Il le mêle avec un esprit aromatique, comme nous avons dit.

On voit par ces circonstances que demande Labrune, qu'il faut ignorer la Chymie pour faire tant d'opérations, puisqu'elles sont parfaitement inutiles ; ceux qui ont fait quelque attention sur nos Principes, en conviendront d'abord, il suffit qu'on ait un mercure pur qu'on réduise en sublimé corrosif, qu'on dulcifie, & qu'on sublime neuf fois.

Le mercure est le seul remede qu'on ait trouvé jusqu'ici pour la verole, quoyqu'en disent les Charlatans ; il guérit par la salivation qu'on procure en plusieurs manieres.

1°. On fait saliver par des suffumigations, on enferme le malade dans une petite étuve, on met dans un réchaut successivement jusqu'à deux gros de cinabre, le malade suë, on le transporte dans son lit, on réitere le lendemain la suffumigation, & enfin jusqu'à ce qu'on s'apperçoive que la bouche commence à s'échauffer.

2°. On se sert de frictions, pour cela on prépare le malade par des seignées, des purgations & des bains, après cela on approche du feu les parties qu'on veut frotter ; après qu'elles sont échauffées, on les frotte, on commence par les pieds & les genoux, le lendemain on frotte les bras, le flux commence quelquefois dès la premiere friction, d'autres fois il tarde plus long-temps.

Toutes les préparations de mercure où le sel abonde, sont dangereuses à cause de la corrosion, ainsi il faut ou qu'il n'y ait pas de sel qui puisse corroder, ou bien qu'il soit fort adouci.

La panacée, comme on le voit par l'opération, est une préparation mercurielle fort douce, aussi s'en sert-on dans les maux veneriens, quelques-uns la donnent en pillules avec la gomme adragant; mais comme les pillules sont pesantes, & que la gomme est long-temps à se dissoudre, il arrive que la panacée passe par les intestins sans se dissoudre, & par conséquent sans entrer dans le corps; il vaut donc mieux donner ce remede en poudre dans quelque conserve, qui se dilaye aisément dans l'estomach, & avec quelque ptisane qu'on y ajoûte : voici ce qu'on doit faire auparavant.

On doit séigner le malade une ou deux fois, ensuite il faut le baigner six ou sept fois plusieurs jours de suite sans l'affoiblir, on doit après cela donner dix grains de panacée le matin & six le soir, on augmentera chaque jour de cinq ou six grains, jusqu'à ce que la bouche commence à s'échauffer, & que le flux paroisse; il faut que ce flux donne trois ou quatre livres de matiere en vingt-quatre heures.

Alors on cesse la panacée jusqu'à ce que le flux diminuë, on recommence par la quantité qu'on a donné la derniere fois ; si le flux étoit trop fort, il faudroit donner quelque ptisanne laxative qui précipiteroit par le bas : on continuë l'usage de cette ptisane, si on veut arrêter le flux ; on finit enfin par la purgation, dès qu'on veut que le malade ne salive plus, c'est à la prudence du Medecin de juger si le flux est suffisant ou non, ordinairement on l'entretient jusqu'à ce que les principaux accidens veroliques soient passez.

Quoyqu'on se serve de la panacée, on ne doit pas rejetter la suffumigation, car dès la premiere fois elle fond les humeurs ; il est vrai que cette fonte subite peut causer du danger, les matieres mises en mouvement se jettent sur la gorge, & causent des symptomes fâcheux ; mais quand il y a des duretez & des tumeurs, il faut y avoir recours : pour ce qui regarde les frictions, elles sont destinées pour les gales, quelques-uns même, pendant l'usage de la panacée, donnent une friction pour hâter le flux.

Pour expliquer les effets du mercure, on avoit recours autrefois à l'acide qu'on supposoit être la cause du virus venerien ; on regardoit le mercure comme un absorbant qui enlevoit ces acides qui causoient dans les humeurs une coagulation.

Il est vrai que les acides se lient au mercure, le sublimé corrosif en est un exemple.

mais cette opinion suppose qu'il y a un acide
dans les humeurs arrêtées par le virus venerien ; presque tous les Medecins ont reçû ce
sentiment, sans chercher des preuves pour
l'appuyer, enfin un fameux Anglois peu content de leurs raisonnemens, en a appellé à
l'expérience ; il n'a trouvé dans les tumeurs
veneriennes rien qui approchât de l'acide,
ce qui sort des corps infectez du virus vero-
lique, approche plûtôt de l'alkali que d'autre
chose, il faut donc avoir recours à un autre systême pour expliquer les effets du mercure.

On a encore supposé dans cette opinion
que le mercure agit comme un absorbant,
mais cela est contraire à l'expérience, car il
est pénétré d'acides ; d'ailleurs il y a des ab-
sorbans plus forts qui ne font qu'irriter le
mal, tels sont les alkalis fixes & les volatiles :
pour ce qui regarde le bois de gayac, tout le
monde sçait combien il est utile contre les
maux veneriens, cependant il a beaucoup
d'acide, & il ne donne que peu d'alkali ;
suivant le systême dont nous venons de parler, ce bois ne devroit point être un remede
pour la verole.

Il y a plus d'apparence que les effets du
mercure ne viennent que de sa pesanteur &
de sa subtilité, ses parties qui se divisent en
molecules très-fines, s'introduisent dans les
vaisseaux ; ces molecules pressées par le mou-

vement syſtaltique des vaiſſeaux, & par l'impulſion du cœur, diviſent les matieres viſcides & arrêtées, débouchent les vaiſſeaux
obſtruez; après qu'elles ont été portées dans
les glandes ſalivaires par le cours de la circulation, elles dilatent les tuyaux par où ſe
décharge la ſalive: ces tuyaux ayant été dilatez, réſiſtent moins qu'auparavant à la force
qui y pouſſe la matiere de la ſalive; cette matiere doit donc y couler en plus grande abondance. Il arrive ici ce que nous voyons arriver à la membrane pituitaire du nez: quand
nous ſouffrons quelque froid à la tête, les
vaiſſeaux extérieurs ſe condenſent; ces vaiſſeaux ainſi condenſez ne permettent plus de
paſſage comme auparavant à la tranſpiration,
alors les matieres qui ne peuvent point ſortir par les organes de la ſueur, ſe jettent ſur
les organes ſecretoires du nez; ces organes
que l'humidité ramollit trop, permettent un
paſſage libre à la matiere qui y eſt pouſſée.
Pour guérir cette incommodité, il faut attendre que la membrane pituitaire du nez ait
repris ſon reſſort, & que la tranſpiration
ſoit parfaitement rétablie; voilà à-peu-près
ce qui arrive dans la ſalivation, qui a fait faire
tant de ſyſtêmes: on voit par-là que l'or, ſi
on pouvoit lui donner la fluidité du mercure, guériroit parfaitement les maux veneriens. Je ne dis rien ici des qualitez de la ſalive des verolez, il y en a qui la regardent

comme un alkali cauſtique, en effet elle
ronge le cuivre, & verdit le ſyrop violat;
cependant comme le mercure qui s'y joint,
& qui y ſéjourne dans les glandes, l'altére
beaucoup, je ne voudrois pas décider là-
deſſus.

On ne voit aujourd'hui que des Charlatans
qui crient contre le mercure; on doit, il eſt
vrai, apprehender quelquefois des mauvais
effets de ce remede: mais quand il eſt entre
les mains d'un habile homme, & que le malade n'eſt point ſcorbutique ou phthiſique,
qu'il ne crache point le ſang, qu'il a des forces, que la verole n'eſt point trop inveterée,
on peut eſperer la guériſon; mais s'il ſe
trouve quelques-uns des inconveniens que
nous venons de marquer, il n'y a que du
danger dans l'uſage de ce remede. Les veroles inveterées réſiſteront toûjours à toutes
les frictions, panacées, & ſuffumigations,
les parties ſolides engourdies depuis long-
temps, ne reprennent plus leur reſſort; ſi
le mercure les dégage un peu des matieres
viſqueuſes qui forment les obſtructions, il
s'y accumule bien-tôt de nouvelles viſco-
ſitez.

Mais, me dira-t-on, le mercure eſt-il un
remede ſpecifique? Je réponds que ſi les
parties ſolides peuvent reprendre leur reſſort, l'argent vif peut guérir parfaitement
la verole, nous le voyons parfaitement par

les guérisons journalieres d'une infinité de
gens, qui ne ressentent plus aucune atteinte
des maux veneriens ; je parle ici en homme
parfaitement desinteressé, je ne fonde aucune
esperance sur le mercure ; je ne veux que desa-
buser le public qui livre si facilement son
argent & sa santé à des Charlatans qui n'ose-
roient soûtenir une demie heure de conver-
sation avec d'habiles Medecins, il faut les
laisser rentrer dans l'obscurité d'où ils sont
sortis ; Vinache commence à être oublié parfaitement, il en sera de même des autres.

Précipité rouge.

PRenez huit onces de mercure revivifié
de cinabre, faites-le dissoudre dans l'esprit de nitre, vous mettrez la dissolution
dans un matras dont le col soit court,
vous le placerez sur le sable, & vous ferez
évaporer l'humidité jusqu'à ce qu'il ne vous
reste qu'une masse blanche, donnez alors un
feu poussé jusqu'au troisiéme degré, vous
l'entretiendrez dans cet état jusqu'à ce que
la masse prenne une couleur rouge, retirez
pour lors du feu votre vaisseau, laissez refroidir la matiere, cassez le matras, & vous aurez
huit à neuf onces de précipité rouge.

REMARQUES.

Le terme de précipité ne signifie proprement qu'une matiere qui étant soûtenuë dans quelque liquide, est contrainte de tomber au fond du vaiffeau : on nomme improprement précipité, la matiere qui refte après qu'on a évaporé le diffolvant qui la fufpendoit, l'opération que nous venons de décrire donne un précipité de cette efpece ; on appelle encore précipité, la réduction du mercure en poudre rouge par le moyen de la digeftion ; ce n'eft que la terre & le fel du mercure : cette terre eft rouge, & fait vomir quand on la donne au deffus de deux grains, autrement elle purge, c'eft-à-dire, à deux grains elle eft émetique à caufe des fels.

Le précipité rouge dont il s'agit, n'eft qu'un mercure dépoüillé de l'acide qui lui étoit incorporé, plus il eft rouge, moins il eft corrofif, c'eft pourquoi il faut qu'il ait un rouge orangé & non pas foncé, car fi la couleur rouge étoit foncée, il ne feroit pas affez corrofif ; le feu fur lequel on fait l'évaporation, enleve l'acidité, & fans doute un peu de mercure avec lui ; fi l'on continuoit long-temps le feu, le mercure fe fublimeroit, parce qu'étant dégagé du fel acide qui le lioit, il pourroit obéir à l'action des parties ignées.

On ne doit pas s'imaginer que l'efprit de nitre donne lui feul la couleur rouge à cette maffe ; s'il y laiffe des foulphres, on peut dire auffi que le mercure a en lui un principe qui peut devenir rouge : le précipité rouge fait sans addition, le prouve démonstrativement; on peut juger par-là du succez de l'opération de ceux qui cohobent plusieurs fois l'esprit de nitre avec la masse blanche qui reste après la premiere évaporation, afin de rendre le précipité plus rouge, l'expérience ne répond pas à leur dessein, & la raison ne l'autorise pas, car le mercure une fois impregné d'acides, n'en prendra guéres plus; d'ailleurs ces acides contribuent à lui donner une couleur blanche, car nous voyons que la masse a de la blancheur, lorsqu'elle est bien soulée d'acides; cela paroît après la premiere évaporation où cette masse pese trois onces de plus que le mercure dont on s'est servi : or on ne peut pas nier que cela ne vienne des acides incorporez avec l'argent vif, le feu qu'on donne ensuite à la masse blanche diminuë le poids en chassant les acides, & alors le mercure devient rouge, on peut donc conclure de-là que la cohobation dont nous avons parlé n'augmentera pas la couleur rouge.

Le précipité rouge retient toûjours des parties acides, il s'ensuit de-là que si on y verse un acide plus puissant comme l'acide vitriolique, l'acide nitreux s'envolera, & ce nouvel acide prendra sa place; il arrivera par conséquent une dissolution, car l'acide vitriolique ne peut pas chasser l'acide nirreux, & prendre sa place, sans ouvrir le mercure & le diviser, cependant il n'arrivera pas d'ébullition, parce que le mercure ayant été dissout & ouvert par l'acide nitreux, il ne trouvera pas tant d'obstacles en s'introduisant dans les molecules mercurielles.

Selon les diverses matieres qu'on mêle avec le précipité rouge, on lui donne diverses couleurs: l'esprit de vitriol donne une dissolution claire, l'esprit de sel rend cette matiere rouge très-blanche, l'esprit volatile de sel ammoniac forme une couleur grise; & si l'on y ajoûte beaucoup d'eau, il se fait un lait qui n'est pas extrêmement blanc, on ne doit pas se mettre en peine d'expliquer ces changemens de couleurs, il suffit de sçavoir que les matieres suivant qu'elles sont disposées, réfléchissent ou éteignent diverses sortes de rayons; ainsi un verre jaune laisse passer des rayons jaunes, & ne laisse point passer des rayons rouges, comme M. Newton l'a démontré; ce grand Réformateur de la Philosophie établit sur les couleurs des principes qui renversent le sentiment de M. Descartes.

1°. Il a fait voir que les couleurs ne dépendent pas des modifications que reçoivent les rayons, car prenez un prisme, recevez les rayons qu'il laisse passer dans une chambre obscure, interceptez-les tous excepté les rouges, faites ensuite tomber sur divers corps ces rayons, faites-leur souffrir diverses refractions, la couleur rouge ne change jamais ; il faut donc dire que les couleurs ne dépendent pas de la modification que les corps donnent aux rayons.

2°. Il a fait voir qu'un corps qui laisse passer certains rayons, ne laisse pas passer les autres, ainsi ces rayons rouges étant reçûs sur un prisme jaune, ne passent point, au lieu que des rayons réfléchis par un corps jaune passeroient parfaitement.

3°. Newton a fait voir que les rayons rouges qui tombent sur un verre à une certaine inclinaison, passent dans ce verre, tandis que d'autres qui tombent avec la même inclinaison sont réfléchis.

4°. Il a fait voir que les rayons qui entrent par le prisme dans une chambre obscure, étant réunis dans un foyer par un verre, forment dans le point de la réunion un blanc parfait, par-là il paroît que le blanc ne consiste que dans le mélange de toute sorte de rayons.

5°. On voit par les expériences de ce Philosophe que ces rayons qui se séparent après s'être croisez, reprennent la couleur qu'ils avoient en sortant du prisme, celui qui étoit rouge reparoît dans cette même couleur, & les autres de même.

6°. Il suit de ces principes qu'un corps paroît rouge, parce qu'il ne réfléchit que des
rayons

rayons rouges, & qu'il éteint les autres; on peut dire la même chose des autres corps diversement colorez : on voit par-là qu'à moins qu'on ne connoisse éxactement la disposition des parties d'un corps, on ne peut pas rendre raison des couleurs.

Le précipité rouge est un bon escarrotique, il mange les chairs baveuses, on s'en sert pour ouvrir les chancres en le mêlant avec de l'alun brûlé & avec d'autres matieres; je ne dis rien de ceux qui s'en servent pour exciter le flux de bouche, cela est reconnu pour dangereux, à moins qu'on n'ait fait brûler dessus de l'esprit de vin deux ou trois fois.

On fait une préparation nommée arcane corallin avec le précipité rouge, on fait brûler de l'esprit de vin bien déphlegmé sur le précipité jusqu'à quatre fois; & ce qui reste dans la terrine dont on se sert pour cela, est l'arcane corallin : l'esprit de vin embarasse les pointes des acides qui pourroient être restées; de plus il rend au mercure l'huile & le soulphre qui lui manque ; la dose est depuis cinq jusqu'à dix grains ; cette préparation donne la salivation, quand on en fait un long usage.

On peut préparer le précipité rouge sans addition, vous n'avez pour cela qu'à prendre un matras qui ait le col fort étroit, mettez-y une petite quantité de mercure bien pur, bouchez le matras avec un papier, afin que les ordures ne puiſſent pas y tomber ; placez le matras dans un fourneau ſur le ſable, environnez de ſable les deux tiers de la hauteurs du matras, donnez par deſſous un feu du ſecond degré durant deux mois, pouſſez-le enſuite peu-à-peu juſqu'au troiſiéme degré de telle maniere que le ſable rougiſſe ; continuez ainſi le feu juſqu'à ce que le mercure ſoit réduit en poudre rouge & luiſante ; après que les vaiſſeaux ſeront refroidis, retirez cette poudre, c'eſt le précipité rouge qui pouſſe par la tranſpiration, qui lâche le ventre, ou fait vomir, la doſe eſt de deux grains juſqu'à ſix.

Cette opération doit durer long-temps; chaque degré de feu, ſuivant les Alkymiſtes, doit être continué durant un mois philoſophique, c'eſt à-dire, durant quarante jours, c'eſt pour cela qu'ils ont appellé ce précipité rouge ou mercure calciné, précipité philoſophique ; l'uſage de cette préparation n'eſt pas fréquent à cauſe du temps qu'elle demande ; la couleur rouge que prend la matiere ne peut venir que de l'action des parties du feu & de l'évaporation de la matiere graſſe & huileuſe, puiſqu'il n'arrive pas d'autre changement au mercure ; c'eſt par la privation de cette huile que l'argent vif devient diaphorétique de même que l'antimoine.

Précipité blanc.

CEtte préparation n'est que le mercure dissout dans le nitre précipité par le sel marin.

Prenez seize onces de mercure dissout dans l'esprit de nitre, versez sur la dissolution dix onces de sel marin que vous aurez fondu dans deux pintes d'eau, mais auparavant passez cette eau salée par un filtre, ajoûtez à tout cela environ une once d'esprit volatile de sel ammoniac, vous aurez un précipité blanc que vous laisserez reposer suffisamment, versez l'eau par inclination, lavez votre précipité diverses fois avec l'eau de fontaine, & le faites secher à l'ombre.

REMARQUES.

Tout ce qui a été dissout par l'esprit de nitre se précipite par le sel marin, voici la méchanique que la nature observe dans cette précipitation : l'acide nitreux joint au mercure a plus d'affinité avec la terre du sel marin qu'avec le mercure, il doit donc quitter le mercure, & s'aller joindre à la terre du sel marin, mais il ne peut pas s'aller joindre à la terre du sel marin qu'il n'en chasse l'acide qui s'y trouve; cet acide du sel marin chassé de sa terre, s'attachera au mercure; ce nouveau composé se trouvant trop pesant, se précipitera au fond du vaisseau.

Si au lieu de faire diſſoudre le mercure dans l'eſprit de nitre, on le faiſoit diſſoudre dans l'eau forte, la précipitation ſe feroit auſſi par le ſel marin ; on peut voir la raiſon par ce que nous venons d'établir ; l'eſprit acide de vitriol précipite auſſi le mercure, il n'eſt pas néceſſaire d'expliquer comment il agit, on peut le voir par nos Principes.

Le ſel ammoniac qu'on ajoûte dans l'opé-ration, ne fait qu'augmenter la précipita-tion, on peut s'en convaincre, ſi après avoir précipité la diſſolution faite avec le ſeul eſ-prit nitreux, on y jette du ſel ammoniac, la raiſon ſe voit encore dans nos Principes.

Il ne faut pas croire que tout le mercure ſe précipite, on peut le voir par ce que nous venons de dire du ſel ammoniac qui fait une ſeconde précipitation ; d'ailleurs le ſel de tartre fait un troiſiéme précipité de couleur de chair, l'eſprit d'urine après tout cela en fait un quatriéme de couleur de roſe, & en-core il reſte toûjours quelque partie mercu-rielle ſuſpenduë dans le diſſolvant.

On pourroit ſublimer le mercure préci-pité, & on auroit un ſublimé corroſif qui ſe-roit fait de l'acide marin & du mercure : pour ce qui regarde l'eau qu'on décante de deſſus le précipité, il s'y trouve un acide nitreux joint à la terre du ſel marin ; ſi vous faites évaporer cette eau, vous aurez un ſalpêtre qui vous reſtera.

M. Lemery a voulu expliquer cette précipitation par des pointes plus ou moins aiguës
des acides, mais il ignoroit la raison des précipitations; il croit fort prouver son sentiment, en faisant voir que les crystaux sont
plus aigus les uns que les autres, suivant la
diversité des acides; ce n'est qu'un fait qui
ne prouve rien pour lui, je ne m'arrête pas
à le refuter, nos Principes font assez voir la
fausseté de son opinion, on n'a qu'à voir les
affinitez des corps; il semble que le contraire
de ce que M. Lemery prétend devroit arriver
par ses Principes, car selon lui l'acide du sel
commun fait des crystaux plus grossiers que
les autres; il est donc évident qu'il s'insinuera
moins dans les parties mercurielles, & par
conséquent il y sera moins attaché que les
autres; or si cela est ainsi, je ne vois pas comment cet acide pourra détacher les acides
nitreux.

Le précipité blanc seroit un purgatif très-
violent, on pourroit en donner deux ou
trois grains, mais il faudroit qu'il fût bien
étendu, on s'en sert extérieurement dans les
pommades pour les galles & les pustules veneriennes; il faut se souvenir dans l'usage
qu'on en fait, qu'il reste toûjours avec le mercure malgré l'édulcoration, quelques por-
tions acides du sel marin, il y a d'autres
compositions mercurielles qui sont préfé-
rables.

Outre le précipité fait de la maniere que nous venons de décrire, on peut en faire un autre avec le sublimé corrosif, le sel ammoniac & l'huile de tartre : on n'a qu'à prendre du sel ammoniac qu'on fera fondre dans quatre fois autant d'eau, on filtrera cette eau, & on y mettra autant de sublimé corrosif que de sel ammoniac, ce sublimé se dissoudra en peu de temps; on versera peu-à-peu sur cette dissolution la liqueur du sel de tartre faite par défaillance, on continuëra à en verser doucement jusqu'à ce qu'il ne se précipite plus rien, alors on ajoûtera beaucoup d'eau dans le vaisseau, on laissera reposer la matiere jusqu'à ce que la liqueur surnageante soit claire, on versera l'eau par inclination, on lavera plusieurs fois le précipité, & on le fera secher à l'ombre, on l'appelle précipité blanc de même que le premier que nous avons décrit, mais cependant il jaunit ordinairement un peu, il a aussi les mêmes vertus, & il se donne à la même dose.

Quand on fait ce précipité, on filtre la dissolution de sel ammoniac pour enlever à ce sel les impuretez qu'il pourroit contenir, on y met ensuite le sublimé corrosif qui s'y dissout dans demie heure à froid, on peut agiter le vaisseau pour hâter la dissolution ; après que le sublimé a été dissout, on y verse l'huile de tartre qui cause une ébullition, parce que l'acide du sublimé entre avec violence dans l'alkali tartareux , le mercure abandonné de son acide se précipite; il ne faut pas croire que le mercure se précipite pur, il y tombe toûjours quelque chose des autres sels; la même chose arrive plus sensiblement, lorsqu'on a jetté de l'urine chaude sur la dissolution dont on s'est servi pour faire le premier précipité avec le sel marin; après qu'on a versé l'urine, il se fait une ébullition , suivant les priucipes que nous avons établis, ensuite il se précipite une espece de coagulum avec le mercure, le poids du mercure seché & bien lavé le prouve par son augmentation, c'est sans doute le reste de ce coagulum qui fait que ce précipité n'est point émetique comme d'autres , & qu'il purge par les selles; il ne faut pas douter non plus que ce coagulum ne vienne en partie du sédiment de l'urine, car quoyqu'on prenne l'urine d'une personne bien saine, & qu'on la dépure autant qu'on le peut de la matiere tartareuse , il y en reste toûjours quelque partie; si on veut se servir de ce précipité, la dose est depuis quatre jusqu'à dix grains , mais revenons au précipité fait par l'huile de tartre.

La quantité d'huile de tartre qu'on verse sur la dissolution du sublimé corrosif par le sel ammoniac, doit être de deux onces ou environ; sur quatre de sublimé on lave la poudre précipitée , afin de la dépurer des parties salines, on la fait secher à l'ombre pour lui conserver la blancheur, car le Soleil la noircit; ce précipité a les mêmes vertus que le précipité fait par le sel marin, & on le donne à la même dose : comme il a été fort adouci par le sel ammoniac & l'huile de tartre, on peut le faire prendre par la bouche; on peut encore, si l'on veut, l'adoucir davantage en le sublimant.

On peut faire beaucoup d'autres précipitez, on n'a qu'à mettre du sublimé corrosif en poudre dans l'eau chaude pendant un quart d'heure, laissez reposer la liqueur, filtrez-la ensuite, & mettez-la en plusieurs vaisseaux, jettez dans un de ces vaisseaux de l'huile de tartre faite par défaillance, vous aurez un précipité rouge, jettez dans un autre quelques gouttes d'esprit volatile de sel ammoniac, il tombera un précipité blanc, si vous versez dans un autre de l'eau de chaux, vous aurez une eau jaune, dont les Chirurgiens se servent pour déterger les ulceres, cette eau reposée donne aussi un précipité jaune : pour bien retirer ces précipitez, il faut verser l'eau claire par inclination, les laver, & les faire secher à l'ombre. La vertu du rouge & du blanc est la même que celle des précipitez de cette couleur que nous avons décrite ailleurs; il faut seulement remarquer que le rouge est moins fort que celui que nous avons donné en premier lieu,

fa dofe eft de quatre grains : pour le précipité jaune il peut être employé dans les pommades pour la gratelle ; on en peut mêler
demie drachme fur chaque once.

Tous ces précipitez ne font que des dégui-
femens du mercure, le fublimé fe diffout en
partie dans l'eau chaude ; & comme le diffolvant n'eft pas fuffifant pour le diffoudre tout-
à-fait, il en refte une portion compacte au
fond du mortier de verre ou de marbre dont
on s'eft fervi ; cette partie reftante étant fechée, peut être mife dans les pommades comme le précipité jaune.

On peut voir dans nos Principes la raifon
pourquoi ces précipitez fe font : le fel de tartre & le fel ammoniac fe joignent à l'acide
qui eft attaché au mercure à caufe de leurs
affinitez avec cet acide ; le précipité jaune
par l'eau de chaux ne vient auffi que des divers rapports des matieres.

Pour ce qui regarde les couleurs je ne m'y
arrêterai point, on peut les varier à l'infini,
fuivant les diverfes matieres qu'on mêle pour
faire les précipitez, ainfi l'efprit de fel ammoniac verfé dans le vaiffeau du précipité
rouge, donne à la liqueur une couleur lai-
teufe, & forme un précipité blanc ; fi vous y
jettez de l'efprit de vitriol ou de l'eau forte à
la place de l'efprit de fel ammoniac, vous verrez une ébullition, & la liqueur deviendra
claire & tranfparante comme l'eau commune.

Turbith minéral.

PRenez du mercure diffout dans l'huile de vitriol, mettez-le dans un vaiſſeau de grès, faites évaporer l'humidité au feu de ſable juſqu'à ce que la matiere ne fume plus, prenez la maſſe blanche qui ſe trouve au fond de la cornuë, pulveriſez-la dans un mortier de verre, verſez-y de l'eau tiede, édulcorez-la par pluſieurs lotions, faites-la ſecher à l'ombre.

REMARQUES.

Les acides vitrioliques diſſolvent le mercure, le feu diſſipe les parties aqueuſes, & laiſſe le mercure empreint de l'acide qui forme avec lui un corps très-corroſif, on verſe enſuite de l'eau tiede ſur ces deux matieres, & il ſe forme d'abord une couleur jaunâtre, on y verſe de nouvelle eau pluſieurs fois pour enlever une partie des acides, on continuë les lotions juſqu'à ce que la matiere paroiſſe inſipide.

Quoyque la poudre ne paroiſſe pas avoir d'âcreté, elle eſt un puiſſant purgatif, ſoit par le vomiſſement, ſoit par les ſelles ; on lui a donné le nom de turbith, à cauſe des effets qui lui ſont communs avec le turbith végétal.

Si on fait boüillir quelque temps le tur-

bith dans l'eau, il agira avec moins de violence. Sidhenam s'en servoit dans la cure de
la verole, & la regardoit comme un excellent
remede; on peut encore rendre moins dangereux ce remede, en faisant brûler dessus de
l'esprit de vin deux ou trois fois. M. Boile fit
prendre par le nez de cette poudre ainsi adoucie à une personne qui avoit une cataracte,
elle causa une dissenterie violente, des sueurs,
des troubles d'esprit, la salivation, un grand
cours d'urine; après que ces bouleversemens
eurent cessé, la vûë du malade commença.
à s'éclaircir.

Si on fait évaporer l'humidité des lotions
de la masse blanche, jusqu'à ce qu'il reste une
matiere en forme de sel, cette masse saline
portée à la cave se résoudra en une liqueur
qu'on appelle huile de mercure, ce n'est autre chose que les parties mercurielles & acides qui se résolvent comme un sel; on peut
tirer un précipité de cette liqueur : on n'a
qu'à prendre un alkali qui ait plus d'affinité
que le mercure avec l'acide vitriolique; il
n'est pas besoin que je fasse remarquer combien cette liqueur doit être corrosive : un
acide très caustique joint aux parties du mercure doit encore avoir une nouvelle force;
on peut lui donner encore plus de causticité,
en versant à plusieurs reprises de l'huile de
vitriol sur la masse blanche dont on fait le
turbith mineral, & en faisant évaporer l'hu-

midité à chaque fois, on a à la fin une huile
qui ne se peut pas bien sécher, elle est un des
plus puissans escarrotiques.

On peut faire une huile de mercure qui
sera moins violente, il faudra prendre du sublimé corrosif, & le laisser tremper à froid
pendant quatre ou cinq heures dans de l'esprit de vin alkoolisé, on décante la liqueur,
on verse de nouvel esprit de vin sur la matiere qui reste, on laisse reposer le tout de
même qu'auparavant ; on décante la liqueur,
& on la mêle avec celle qu'on avoit retirée,
c'est l'huile dulcifiée de mercure ; il faut remarquer ici que moins le mercure est chargé
de sel, moins il se dissout dans l'esprit de
vin.

La dose de turbith mineral est depuis deux
grains jusqu'à six.

Précipité verd.

PRenez quatre parties d'argent vif & une
partie de cuivre, dissolvez-les séparé-
ment dans l'eau forte, faites évaporer les
dissolutions jusqu'à siccité, calcinez la matiere restante durant deux heures, mettez-la
en poudre, jettez-la dans un matras, versez-
y du vinaigre distillé qui surnage de cinq ou
six doigts, agitez la matiere, mettez-la en
digestion sur le sable chaud durant quatorze
ou quinze heures, faites-la boüillir jusqu'à ce

que le vinaigre paroisse bleuâtre ; décantez la liqueur, surversez de nouveau vinaigre, & procedez comme auparavant, faites évaporer vos dissolutions au bain de sable à petit feu jusqu'à consistence de miel, votre matiere se durcira.

REMARQUES.

La premiere chose qu'il faut remarquer dans cette préparation, c'est le nom impropre qu'on lui a donné ; on l'appelle précipité, & ce n'est qu'une dissolution de mercure & de cuivre, où on fait évaporer les liqueurs dont on les a imbibés.

La seconde chose qu'on doit observer c'est le mélange du mercure, du cuivre, de l'acide, du nitre & du vinaigre, tout cela donne un composé qui purge par le haut & par le bas ; on s'en sert pour arrêter les gonorrhées, l'action purgative de ce remede y contribue ; puisque dès qu'un écoulement s'augmente dans une partie, le cours des liqueurs qui s'échappent par d'autres endroits doit diminuer, mais la vertu adstringente du cuivre a part encore à cet effet.

Le vinaigre se charge sur-tout du cuivre, car si on en verse de nouveau sur la masse jaune qui reste, il ne prend plus aucune teinture. L'acide nitreux joint au mercure dans la matiere restante, forme un turbith mineral, car le turbith se fait également avec l'esprit de nitre & avec l'huile de vitriol, mais il est plus violent avec l'esprit nitreux.

Il n'est pas nécessaire de faire remarquer qu'il se fait une effervescence dans la dissolution des métaux qui servent dans cette opération, l'acide nitreux en les pénétrant produit cet effet ; quand on a mêlé le vinaigre avec ces matieres, le soulphre du cuivre, le salpêtre, la matiere grasse du vinaigre, donnent un composé qui s'enflamme aisément, si on pousse le feu durant l'évaporation.

Ce que nous avons dit sur le cuivre doit faire voir s'il est à propos de se servir du précipité verd, la dose est depuis deux grains jusqu'à six, on le donne en pillule ou en bolus dans quelque conserve.

L'Antimoine.

I. L'Antimoine est un mineral ou demi métal qui se fond au feu, qui n'est point ductile, qui se trouve dans la terre en aiguilles ; on le sépare de la gangue par le moyen de la fusion ; étant purifié en régule il ressemble au plomb, & c'est pour cela qu'on le nomme demi métal : on en trouve en Transylvanie, en Hongrie, en France, en Allemagne, les Marchands en vendent quelquefois de mineral, mais celui qu'on trouve ordinairement a été fondu & purifié : il ne faut pas croire que celui qui est rouge soit le meilleur; les Alkymistes l'ont cru, parce qu'ils croyoient qu'en cette couleur il approchoit plus de l'or, il n'est quelquefois rougeâtre que parce qu'il se trouve avoir plus de soulphre rarefié que l'autre, on le peut voir par l'expérience.

II. Les Alkymistes ont nommé ce mineral le lion rouge, le loup, la racine des métaux, le prothée, le plomb sacré des Philosophes, tous ces noms ne viennent que de leurs idées chimeriques ou des phénoménes que l'antimoine présente en diverses opérations, mais laissons ces imaginations, & venons à l'analyse.

III. Les mineraux sont des bitumes cuits jusqu'à un certain degré de fixité, ils sont composez d'un principe sulphureux ou huileux, d'un acide vitriolique, & d'une terre capable de se vitrifier & de se fondre; le mercure, selon les Alkymistes, est la base de tous les métaux, mais il est lui-même composé des mêmes principes, ce qui fait voir que c'est un corps comme eux.

IV. La base des substances métalliques est la terre vitrifcible qui se trouve différente dans les différens métaux, & c'est elle qui les distingue les uns des autres; le sel est vitriolique, il est à-peu-près semblable en tous, l'huile est la même que toutes les huiles, & lie les deux autres principes.

V. L'antimoine est composé de deux substances, l'une métallique, l'autre sulphureuse, le soulphre qu'il contient est un véritable soulphre brûlant, qui n'est point différent de celui des allumettes, on peut les séparer, en mettant l'antimoine dans l'eau régale, car elle ne dissout que la partie réguline ou métallique, sans toucher au soulphre qu'elle laisse indissout, on desseche la dissolution, & l'on sublime le soulphre.

VI. La substance réguline de l'antimoine est composée d'un principe inflammable, & outre cela d'une terre vitrifiable avec un acide vitriolique qui lui aide à se vitrifier, on sent cet acide par l'odeur sulphureuse & vitriolique qui s'y trouve comme dans les pyrites, au lieu que dans l'étain quand on le brûle, on trouve une odeur d'ail, c'est-à-dire, une odeur arsenicale : pour la substance réguline fonduë, elle se vitrifie, & ce verre n'est que la partie terreuse unie au sel & séparée de son principe inflammable, qui rendu à ce verre lui redonne sa forme métallique sur le champ ; & soit que l'huile dont on se sert pour ressusciter ce métal se prenne du végétal, soit qu'on la tire des substances animales, cette rémétallisation réussit également.

VII. Il y en a qui ont prétendu faire du mercure avec le régule d'antimoine, mais il est fort incertain si cela est arrivé par les diverses opérations qu'on a fait là-dessus ; on

peut assûrer avec plus de fondement que le
régule a beaucoup de rapport avec la substance mercurielle, car il se joint promptement à l'acide du sel commun, mais il l'attire un peu plus fortement, parce qu'il a une
plus grande affinité avec cet acide que le mercure : tous les métaux sont liez par les soulphres, mais l'argent vif élude la force de ce
lien, quoyque cependant il s'y joint promptement ; il en est de même de l'antimoine en
régule, il le retient seulement avec un peu
plus de force : le rapport qui se trouve entre
ces deux matieres & l'or auquel elles se joignent étroitement, marquent encore la res-
semblance qu'il y a entre leurs tissus ; on
peut donc assûrer qu'il y a quelque chose de
mercuriel dans le régule, mais cela ne suffit
pas pour dire qu'il y a véritablement du mercure, & qu'on n'a qu'à le séparer.

VIII. On a cru qu'il y avoit du plomb dans
l'antimoine, mais la ductilité qui lui manque fait bien voir qu'il est d'une nature fort
différente, on n'a point fait de plomb d'un
antimoine pur : quoyqu'on puisse dire, si les
sels alkalis caustiques le ramollissent un peu,
ils n'ont jamais rien opéré qui pût donner
quelque esperance de faire étendre ce mineral
sous le marteau.

IX. Pour l'arsenic on pourroit prouver plus
aisément que l'antimoine en contient, en
voici les preuves : le nitre brûlé avec les com-

pofez phlogiftiques qui n'ont pas d'acide manifefte, perd fon odeur pénétrante, fa couleur, fon acrimonie; mais avec l'arfenic fa couleur, fon acrimonie, fa volatilité, fa fœtidité augmentent, la même chofe arrive avec le régule d'antimoine; fi on travaille l'arfenic avec le plomb, le verre prend une couleur qui n'eft pas fort différente de celle du verre d'antimoine, & il fe trouve avoir de l'émeticité, ce qui eft commun à ces deux mineraux, je croi que fur ce fondement on peut reconnoître dans l'antimoine la préfence de quelque fubftance arfenicale.

X. L'antimoine crud eft employé dans les décoctions fudorifiques, lorfqu'on veut chaffer les humeurs par la tranfpiration, mais il faut prendre garde qu'il n'y ait rien d'acide dans la décoction, car il s'ouvriroit & deviendroit émetique; il eft dangereux quand on le prend en fubftance à grande dofe, parce qu'il peut devenir émetique dans l'eftomach.

La Poudre d'Or des Chartreux, ou le Kermès mineral.

PRenez quatre livres d'antimoine de Hongrie, ou à fon défaut, du meilleur que vous trouverez ; broyez-le groffierement, ôtez-en la pouffiere fine qui s'attacheroit au fond du vaiffeau qu'elle feroit caffer fur le feu, il fuffit que l'antimoine

soit en petits morceaux de la grosseur d'une
noisette, mettez cet antimoine réduit en petits morceaux dans une caffetiere vernissée
de quatre ou cinq pintes, versez-y quatre
pintes d'eau de pluye & seize onces de liqueur de nitre fixé, faites boüillir le tout
pendant deux heures, ou jusqu'à ce que la
liqueur ait pris une couleur rouge assez foncée ; plongez une cuillier dans cette liqueur
boüillante & l'en remplissez, cette liqueur
d'abord est claire, mais elle se trouble à mesure qu'elle se refroidit, & dépose à la fin
quelques particules qui sont le soulphre de
l'antimoine ; décantez alors la liqueur sur un
entonnoir garni d'un filtre, ayant soin de
laisser le tiers de la liqueur dans la caffetiere,
reversez de nouveau sur ce tiers douze onces
de liqueur de nitre & quatre pintes d'eau
boüillante, décantez & filtrez la liqueur en
laissant encore un tiers dans la caffetiere
comme la premiere fois, remettez-y huit onces de liqueur de nitre fixe & quatre pintes
d'eau boüillante, à cette derniere fois décantez toute la liqueur sur le filtre ; toutes ces
liqueurs étant ensemble, laissez-les reposer
dix-huit ou vingt heures, versez la liqueur
par inclination, prenez le soulphre précipité & le faites égouter sur le filtre, surversez-y de l'eau chaude pour le dessaler, &
continuez jusqu'à ce qu'il soit insipide, laissez le soulphre dans le filtre, suspendez-le,

& le deſſechez ; cela fait, étendez-le, & le
faites tomber avec une plume dans une terrine verniſſée, ſurverſez-y quatre onces d'eau
de vie, brûlez-la, puis laiſſez deſſecher le
ſoulphre à très-lente chaleur, faites-le brûler
encore dans l'eau de vie juſqu'à trois fois,
& vous aurez le ſoulphre d'antimoine ou
kermès mineral.

REMARQUES.

Ce remede a été mis en uſage par la Li-
gerie Chirurgien dans les Troupes, mais il
n'a fait du bruit qu'entre les mains des Peres
Chartreux ; ce n'eſt pas une compoſition
nouvelle ; Glauber en avoit parlé ; l Abbé
Rouſſeau ne l'ignoroit pas, comme on le
voit dans ſes ſecrets, mais il faut avoüer
que c'eſt M. Lemery à qui l'on doit l'attribuer, on ne peut pas dire qu'il l'ait priſe
dans les Ouvrages de Glauber, ce Chymiſte
n'en a parlé qu'énigmatiquement, & ne ſuit
pas le même procedé ; d'ailleurs M. Lemery
avoit entrepris de travailler l'antimoine avec
toutes ſortes de matieres, ſon deſſein devoit
le conduire néceſſairement à cette préparation, Monſieur ſon fils a donné là-deſſus à
l'Academie Royale un Memoire rempli d'ob-
ſervations curieuſes, il fait voir que ſon pere
a détaillé parfaitement la préparation &
l'uſage de ce remede, mais je ne croi pas
comme lui que l'eſprit de vin y ſoit inutile,

Il est certain que l'antimoine sur lequel on brûle de l'esprit de vin est moins émetique.

L'antimoine est composé d'un soulphre, comme nous avons dit, & d'une substance métallique ; les sels alkalis divisent ce soulphre, & lui donnent la couleur rouge que les parties sulphureuses prennent quand elles sont bien divisées : il y a encore quelques parties de la substance réguline qui se divisent avec leurs soulphres auxquels elles s'unissent ; nous avons donc dans cette opération ces deux substances fort attenuées, & divisées par un sel alkali.

Cette poudre ne paroît pas fort différente du soulphre doré d'antimoine, car ce soulphre doré n'est qu'une portion sulphureuse séparée de l'antimoine régulin, comme nous l'expliquerons ailleurs ; elle n'est pas non plus fort différente de la poudre de Russel, qui se fait ainsi : prenez de l'antimoine, faites-le fondre dans un creuset ; & tandis qu'il est en fusion, jettez-le sur le champ dans l'eau froide, il tombera au fond une poudre grossiere, & il y en aura une qui restera suspenduë dans l'eau ; décantez la liqueur pour avoir la poudre fine qui est sudorifique & très-peu émetique, au lieu que le kermès l'est assez considérablement : le feu fait dans cette poudre de Russel ce que le nitre fixé fait sur le kermès.

Le kermès est émetique lorsqu'il se trouve dans l'estomach des aigreurs qui le développent, autrement il est purgatif; mais s'il n'y a rien dans les intestins qui doive être purgé, il passe dans le sang: le principe phlogistique qu'il contient venant à se rarefier, il excite des sueurs, un grain fait suer quelquefois abondamment; s'il ne fait point suer, il excite une transpiration insensible, on le donne pour purger les premieres voyes; il est bon dans les fiévres intermittentes, dans les maladies de poitrine où le sang tend à la coagulation; il faut cependant prendre des précautions quand on le donne: il a excité une fois une colique affreuse avec des douleurs épouventables aux testicules; je croi qu'un verre d'huile auroit été le remede à cet accident: il arrive encore quelquefois que le kermès gonfle & échauffe le ventre, il faut alors boire beaucoup pour dissoudre & dilayer la bile qui se gonfle, & pour détendre les parties.

L'effet du kermès n'est pas toûjours certain, on en a donné jusqu'à neuf grains dans un jour, sans qu'on ait vû aucun effet, mais le lendemain il y a eû des évacuations copieuses par les selles, avec une simple infusion de séné.

La dose de cette préparation est de deux, trois, quatre, ou cinq grains; après la premiere dose de trois grains ou de quatre on peut donner un grain de trois en trois heures dans de la gelée de groseilles, parce que dans les liqueurs il tombe au fond, & n'est pas aisé à prendre, on le peut aussi donner à un grain dans les cas où les matieres ne sont pas encore cuites, il est bon dans les maladies malignes, car il incise & met les malades en état d'être purgez avec succez.

Calcination de l'Antimoine.

FAites calciner sur un petit feu une livre d'antimoine en poudre dans une terrine qui ne soit pas vernissée, remuez incessamment la matiere avec une espatule de fer jusqu'à ce qu'il ne sorte plus de fumée; si cependant la poudre se grumeloit, comme il arrive souvent, mettez-la dans un mortier & la pulverisez, faites-la derechef calciner, comme nous avons dit; & lorsqu'elle ne fumera plus, & qu'elle prendra une couleur grise, vous aurez une poudre ou une chaux qui est la partie réguline dépoüillée du soulphre brûlant & du principe inflammable, ce qui fait que ce n'est point un régule.

Mettez cette poudre dans un bon creuset que vous couvrirez d'un tuilot, & placez-le dans un fourneau à vent, dans lequel vous ferez un feu de charbon très-violent qui entoure le creuset; une heure après ayant introduit dedans une verge de fer, regardez quand vous l'aurez retirée, si la matiere qui s'y sera attachée est bien diaphane ; si elle l'est, jettez-la sur un marbre bien chauffé, elle se coagulera, & vous aurez un beau verre d'antimoine que vous laisserez refroidir, puis vous le garderez.

REMARQUES.

L'antimoine est composé, comme nous l'avons dit, de plusieurs substances ; dans cette opération la matiere sulphureuse & l'huile qui forment les métaux, s'exhalent ; il reste une cendre ou chaux qui ne se fond pas aisément, on peut la revivifier, suivant les principes que nous avons établis ; si l'on continuë le feu, la poudre grise devient brune, & tire sur le jaune, cette couleur jaunâtre est une marque que le feu a enlevé le soulphre grossier & l'huile : si l'on vient donc à fondre cette chaux, on en formera non pas un métal, mais un verre qui sera rougeâtre, s'il lui reste quelque soulphre, cela se prouve par le mélange de deux parties de chaux d'antimoine & d'une partie de soulphre ; il résulte de ces deux matieres un verre rouge ; mais si la matiere sulphureuse a été bien brûlée, le verre est de couleur d'hyacinthe : quatre parties de borax sur une partie de chaux d'antimoine, donnent un verre crystallin qui tire sur le jaune.

Si l'on a trop calciné l'antimoine, il faut
pour

pour le fondre y jetter un peu d'antimoine crud, ce mélange lui rendra le phlogistique qui est le principe de la fusion: lorsque la matiere est fonduë, on y introduit un stilet, & si elle est bien disposée à la vitrification, elle filera; si l'antimoine n'avoit pas été suffisamment calciné, le stilet se trouveroit couvert d'une espece de régule, alors on jette la matiere sur le marbre, on la broye quand elle est refroidie, on la remet au creuset comme auparavant: un gros de borax sur huit onces d'antimoine qui ne seroit pas bien calciné pourroit encore faire réussir l'opération.

Par les principes que nous avons établis on voit que s'il tombe du charbon dans le creuset, l'antimoine se revivifiera; il n'en seroit pas de même, s'il y tomboit du soulphre commun: ce n'est que la matiere grasse qui donne la forme métallique; il se trouve un peu d'huile dans le soulphre, mais elle est trop liée & trop peu abondante, le charbon forme un régule de la chaux, & ensuite l'addition du soulphre commun redonne l'antimoine crud.

Toutes les especes de verre dont nous avons parlé sont émetiques, mais si on les réduit en poudre impalpable, & qu'on fasse brûler dessus de l'esprit de vin trois ou quatre fois, le verre n'aura plus tant d'émeticité. M. de Bellebat avoit mis en vogue cet émetique, il en donnoit quelquefois jufqu'à demi gros dans les fiévres intermittentes au commencement des accez, ce remede faifoit peu vomir, il étoit diaphorétique : comme l'efprit de vin contient un principe huileux, il peut enfin revivifier la chaux d'antimoine : on peut enlever au verre d'antimoine fa vertu émetique, & le rendre purgatif, il ne faut pour cela que lui donner une enveloppe qui ne fe diffolve que dans l'eftomach, c'eft ce qu'on peut faire en verfant fur le verre d'antimoine une diffolution de maftic faite dans l'efprit de vin, & en faifant évaporer enfuite lentement l'humidité; on peut en donner dix à douze grains.

M. Lemery dit qu'il eft furprenant que le verre d'antimoine, qui eft plus compacte que les autres préparations, faffe vomir avec plus de violence, mais tout cela dépend de la matiere qui eft émetique dans l'antimoine, il faut la connoître avant de dire qu'il eft étonnant que le verre produife un tel effet; cela feroit fondé, s'il falloit qu'il fe fît une diffolution d'un verre femblable au commun, mais il y a d'autres matieres dans le verre d'antimoine, on le donne en fubftance depuis deux grains jufqu'à fix; pour le vin émetique qui fe fait en mettant le verre antimonial en infufion avec le vin; on le donne depuis deux drachmes jufqu'à une once.

Le Saffran des Métaux.

PRenez parties égales d'antimoine crud & de salpêtre, pulverisez-les & les mêlez, mettez ce mélange dans un mortier de fer, couvrez ce mortier d'une terrine percée d'un trou, introduisez par ce trou un charbon allumée, après la détonation frappez sur les côtez avec les pincettes, laissez refroidir le mortier, frappez contre le cul pour faire tomber la matiere, séparez les scories par un coup de marteau, pulverisez la partie ré-guline, édulcorez-la en la lavant plusieurs fois dans l'eau tiede, c'est le saffran des métaux.

REMARQUES.

La matiere grasse s'enflamme avec le sal-pêtre, cette inflammation consume le soulphre de l'antimoine; il doit donc rester un régule qui étant privé de ses soulphres sera une espece de verre; le nitre & la matiere bitumineuse qui reste, se joindront par leur affinité, & prendront la partie supérieure du vaisseau, parce que le régule pese beaucoup plus.

Le *crocus metallorum* sert de base au tar-tre émetique, on le fait encore infuser dans le vin, ou dans des liqueurs qui par leur sel essentiel développent les principes de l'antimoine; on peut donner au faffran des métaux plus ou moins d'émeticité, en y mettant plus ou moins de nitre: nous avons dit que les acides mineraux diminuoient l'émeticité de l'antimoine; le nitre doit produire cet effet dans ce procedé.

On peut faire divers crocus, nous avons déja donné quelque procedé pour cela dans le Traité du Fer, lorfque le régule martial eft en fufion & que les fcories s'incruftent & fe durciffent, il faut y jetter un peu de foulphre ou de flux noir, ce mélange tiendra les fcories en fufion; fi on fe fert du flux noir, il fe mêlera des parties antimoniales aux fcories, ainfi on pourra les revivifier en y joignant du charbon, & il fe formera par cette addition un vrai antimoine crud à caufe du foulphre qu'on a employé; au refte le mars qui eft dans les fcories du régule martial, eft très-ouvert, il peut devenir un bon faffran; quand on l'expofe à l'air, il fe change en une maffe fpongieufe qui fe gonfle; fi on diffout cette matiere dans l'eau, il fe forme un vitriol de Mars.

Le tartre émetique eft plus commode que le faffran des métaux, on le déguife beaucoup plus aifément; la dépenfe que coûte le faffran peut être beaucoup diminuée, fi on le fait avec une once de flux noir fur une livre d'antimoine, ou bien fix gros de falpêtre fur une livre d'antimoine calciné feul & réduit

en poudre très-fine; on peut voir aisément
la raison de tout cela.

Comme les sels mineraux diminuent l'é-
meticité de l'antimoine, on pourroit faire
un saffran qui fît vomir moins violemment
que celui dont nous venons de parler, en
mettant parties égales d'antimoine, de nitre
& de sel marin décrépité; il résulte de ce
mélange une masse de couleur rouge qu'on
a nommée rubine d'antimoine.

On a cru que l'on pouvoit toûjours se
servir du même crocus & du même verre
pour faire le vin émetique, mais l'on s'est
trompé : il est certain qu'après un certain
nombre d'infusions le vin a moins de force,
il faut remarquer aussi que le vin ne se
charge que d'une certaine quantité d'antimoine, ainsi la dose du vin émetique doit
être fixée par la quantité; la dose de ce vin
est depuis demie once jusqu'à trois, & celle
du crocus en substance depuis deux jusqu'à
huit grains.

Antimoine diaphorétique.

PRenez une partie d'antimoine & trois
parties de salpêtre raffiné, pulverisez-les,
& les mélez, jettez-en une cuillerée dans un
creuset rougi entre les charbons ; après la
détonation jettez-y une autre cuillerée jusqu'à ce que votre mélange soit tout employé,

pouffez le feu durant deux ou trois heures, jettez votre matiere dans une terrine remplie d'eau chaude, laiffez-la tremper chaudement dans cette eau durant l'efpace d'un jour, décantez la liqueur, lavez dans l'eau tiede la poudre blanche que vous trouverez au fond, réïterez la lotion jufqu'à ce que la poudre foit infipide, faites fecher ce qui vous reftera, c'eft l'antimoine diaphorétique.

REMARQUES.

L'antimoine diaphorétique n'eft qu'une calcination de l'antimoine crud ou du régule mêlé avec le nitre : fi l'on employe l'antimoine crud, il faut trois parties de nitre fur une partie d'antimoine; & fi l'on fe fert du régule, il faut parties égales de nitre, parce qu'il n'y a pas tant de foulphre à imbiber, la détonation eft alors fort legere.

La poudre blanche eft privée du phlogiftique, de-là vient qu'elle réfifte à la fufion; fi on la mêle avec du foulphre, elle s'en charge promptement, les vapeurs fulphureufes la noirciffent, & le principe inflammable des charbons la remetallifent, c'eft pour cela que dans l'opération il faut prendre garde qu'il ne tombe pas de charbon dans le creufet, autrement au lieu du diaphorétique mineral on auroit un émetique; cette poudre au refte n'eft pas une terre abforbante, elle ne fermente pas avec les acides comme la craye.

Les lotions évaporées donnent un sel nitreux qui brûle ; si l'on a fait l'opération avec l'antimoine crud, ce sel est une espece de sel polycreste, il est composé de la terre du nitre fixe, & des acides vitrioliques du soulphre ; si le nitre étoit trop abondant, on auroit quelques crystaux nitreux, ce nitre est différent du sel polycreste en ce qu'il contient quelques parties antimoniales, car si on verse du vinaigre sur la lessive, il se précipite une poudre blanche qui n'est qu'une portion de l'antimoine diaphorétique.

L'antimoine n'est pas émetique de lui-même, on peut en prendre de crud en substance, sans qu'il produise le vomissement ; mais quand on le dépouille de ses soulphres, il est un puissant vomitif : on dispute encore sur la matiere qui est émetique dans l'antimoine : les uns ont dit que c'étoit le soulphre, mais ils n'ont donné aucune preuve, d'ailleurs l'antimoine crud, suivant cette idée, devroit être plus émetique que l'antimoine calciné ; les autres ont attribué au sel antimonial l'émeticité : mais quel est ce sel ? Est-ce le sel vitriolique dont nous avons parlé ? Il ne paroît pas qu'il puisse être la cause de l'irritation des fibres de l'estomach, les expériences ne soûtiennent pas ce sentiment. Pour le sel qui peut entrer dans la composition de l'antimoine, & qui contribuë apparemment à former le verre, on ne sçauroit dire qu'il est émetique, puisque l'on ne peut pas le développer, ni le faire paroî-tre en forme de sel : suivant toutes ces diffi-cultez il semble qu'il ne reste que la juste pro-portion du sel & du soulphre, cependant par le mélange du soulphre & du sel on ne fait jamais un émetique, il faut donc avoir re-cours à quelqu'autre cause ; s'il y a quelque chose de vrai-semblable, c'est que la matiere arsenicale est la source de l'émeticité de l'anti-moine ; ce que j'ai dit du verre de plomb mêlé avec l'arsenic, confirme cette idée : mais quelle est la matiere qui est émetique dans l'arsenic ? c'est ce qu'on ne peut pas dé-terminer ; on peut dire seulement qu'il faut que ce soit un corps qui s'éleve à l'orifice de l'estomach, & qui en picquotant les nerfs qui l'environnent, fasse entrer en convulsion les muscles de l'abdomen & le diaphragme. Sui-vant l'expérience du célébre M. Chirac, le ventricule n'a aucun mouvement quand on vomit, il ne fait qu'obéir à la pression des muscles entre lesquels il se trouve ; plusieurs Anatomistes célébres ont confirmé à Paris ce que ce grand Medecin a avancé.

Dans cette opération l'antimoine change de nature, puisqu'il devient diaphorétique ; il ne perd pas son émeticité, parce qu'il est dépoüillé de son soulphre, comme on l'a avancé ; ce n'est que le mélange du nitre qui produit cet effet. On auroit beau calciner

l'antimoine pour lui enlever son soulphre,
il feroit toûjours vomir ; pour sa vertu diaphorétique elle est fort legere ; pour qu'elle
s'apperçoive il faut en donner vingt-quatre
grains : cette préparation peut devenir émetique, si on y verse du syrop de limon, ou
quelqu'autre acide végétal ; elle devient encore purgative, si on en réitere les doses de
six en six heures. Le grand fondant de Paracelse n'est que la poudre diaphorétique non
lavée, ce remede est excellent pour enlever
les obstructions, on le donne depuis seize
grains, on vient ensuite de cette dose jusqu'à
soixante grains peu-à-peu.

On peut faire cette préparation avec du
régule martial, mais elle sera moins blanche
à cause du mélange de fer ; la poudre cornachine est une mixtion d'antimoine diaphorétique, de diagrede & de crême de tartre en parties égales, c'est la poudre de Tribus
qui purge fort bien, elle porte encore le nom
de poudre du Comte de Warvick.

Si l'on met le salpêtre rafiné & l'antimoine dans un pot surmonté de trois aludels & d'un petit recipient, on fera sublimer
un antimoine diaphorétique en jettant le
mélange par cuillerée dans le pot rougi, &
en poussant le feu durant un quart d'heure ;
à la fin comme l'acide du soulphre est plus
fort que l'acide nitreux, il se joindra à la
terre du nitre, & l'acide nitreux s'élevera,

ainſi on aura un peu d'eſprit de nitre, on aura encore un ſalpêtre fixé ; puiſqu'il a été calciné avec le ſoulphre, il ſe perd $\frac{4}{20}$ de matiere dans cette opération, elle s'en va en fumée par le trou du pot dont on ſe ſert, mais l'antimoine diaphorétique peſe plus que l'antimoine dont on s'eſt ſervi, cela vient en partie du mélange du nitre & en partie de la calcination qui rapproche les parties ; le feu du miroir ardent qui augmente l'antimoine qu'il calcine, eſt une preuve que les augmentations de poids ne viennent pas entierement d'une nouvelle matiere ajoûtée.

La doſe de l'antimoine diaphorétique eſt depuis ſix grains juſqu'à trente.

Régule d'Antimoine.

LE régule d'antimoine eſt la ſubſtance métallique ſéparée du ſoulphre.

Prenez douze onces d'antimoine, douze onces de tartre crud, & ſix onces de ſalpêtre raffiné, mettez-les en poudre ; mêlez le tout éxactement, faites rougir un grand creuſet entre les charbons, projetez-y une cuillerée de ce mélange, & mettez-y un couvercle, il ſe fera une détonation, après laquelle vous continuërez à mettre des cuillerées de votre matiere dans le creuſet juſqu'à ce que tout ſoit employé, pouſſez alors le feu autour du creuſet ; & quand la matiere ſera en fuſion,

versez-la dans un mortier ou dans un culot
de fer graissé avec du suif & chauffé, frappez les côtez dudit culot ou du mortier,
& le régule se précipitera au fond ; quand
il sera froid vous le séparerez des scories qui
sont dessus ; l'ayant mis en poudre, faites-le
refondre dans un autre creuset, jettez-y
un peu de salpêtre ; il s'élevera quelque
petite flamme, laquelle étant passée renver-
sez votre matiere sur un mortier de fer bien
net & graissé, laissez-la refroidir, vous aurez
quatre onces & demie de régule.

REMARQUES.

L'antimoine, comme nous l'avons dit, est
une matiere métallique, arsénicale, sulphureuse : le soulphre est joint au métal assez foiblement ; la matiere qui tient de l'arsénic, a
plus de liaison avec lui, cependant on ne
peut guéres séparer l'un sans l'autre. Quand
on veut dépurer le métal par le moyen du
feu, le phlogistique même qui donne aux
métaux leur forme, s'envole, & ne laisse au
lieu de la substance métallique que du verre.
Le nitre produit le même effet, par la déflagration il enleve la matiere inflammable ; le
sel alkali fixe qui se charge du soulphre en le
divisant, divise aussi la matiere réguline, le
sel commun ou agit de même que le sel alkali

fixe, ou altére si peu l'antimoine, qu'il né sépare point le soulphre du régule ; on voit par-là qu'il faut avoir recours à quelque autre matiere ou à quelque autre procedé pour faire la séparation du soulphre, sans toucher à la matiere inflammable & métallique : les métaux imparfaits, comme le plomb, l'étain, le cuivre, sont très-propres pour cela ; mais voyons auparavant ce qu'on doit penser des procedez ordinaires.

Dans l'opération commune que j'ai proposée on ne peut guéres tirer qu'un régule qui ne monte qu'à la quatriéme partie de l'antimoine qu'on a employé, cependant il y a pour le moins la moitié de ce mineral qui est métallique ; on trouve beaucoup de scories qui ne sont que les sels dont on s'est servi joints avec ce qui s'est séparé de l'antimoine ; dans cette masse il y a une poudre brune & jaunâtre qui a de l'émeticité ; outre cela il y en a une grande quantité qui après la lessive des scories paroît rouge & noirâtre, & qui prend une consistence grumelée, on l'appelle le soulphre impur de l'antimoine, le reste de la lessive précipité par quelque acide donne le soulphre doré, la premiere poudre n'est autre chose que le régule divisé, car il a la même pesanteur.

Quelques-uns font le régule en calcinant l'antimoine avec le charbon, après quoi ils fondent la maſſe qui ſe met en régule à cauſe que le charbon en ſe brûlant reſournit le principe huileux ou phlogiſtique que nous avons nommé principe d'inflammation ; ſelon M. Schall, ce procedé donne beaucoup plus de peine que de profit.

Zuelfer fait le régule avec la colophone, la réſine, la thérébentine qui fait brûler enſemble cette maniere n'eſt point à mépriſer, mais il en coûte trop.

On prend encore la chaux d'antimoine qui n'eſt que la terre vitriſcible dépoüillée de ſon ſoulphre brûlant, on mêle du charbon avec cette chaux, on y met un peu de ſalpêtre pour commencer à fondre la maſſe, les parties huileuſes raniment la terre, & il s'en forme un régule & non pas un antimoine, parce qu'il lui faut rendre pour cela ſon ſoulphre mineral ; par-là on a plus de régule qu'avec la méthode ordinaire.

Si on prend la terre qui a ſervi à faire le tartre émetique, & qu'on le fonde avec le ſalpêtre, il en reviendra du régule, parce que le ſalpêtre développe les parties huileuſes du ſoulphre reſtées dans cette terre.

Nous avons dit qu'on ne tire qu'un quart de régule par le procedé que nous avons décrit, en voici la raiſon : le tartre & le ſalpêtre joints enſemble forment un ſel alkali qui abſorbe le ſoulphre groſſier de l'antimoine avec lequel il fait une eſpece de

hépar qui emporte avec lui du régule, car il
est composé d'une partie bitumineuse & alkaline ; par la partie bitumineuse il se tient
attaché à la partie réguline, & par sa partie
alkaline il reste uni avec les sels, le régule
qui n'a pû être enlevé reste au fond ; s'il
perd quelque chose de sa partie huileuse, le
sel alkali lui en refournit.

Le sel de tartre fondu avec l'antimoine
ne donne point de régule, parce qu'il agit
sur la partie réguline & sur la partie grasse
dont il le dépoüille, l'antimoine n'a pas
assez de soulphre pour empêcher l'action
du sel de tartre sur le principe d'inflammabilité.

Si on met parties égales de salpêtre avec
l'antimoine, le salpêtre le fond tout à coup,
& en fait l'hépar antimonial, la partie réguline reste fort divisée & étenduë dans la
partie du salpêtre qui s'est alkalisée avec la
partie huileuse & sulphureuse de l'antimoine,
l'acide du nitre & du soulphre s'est échappé ;
si on met trois parties de salpêtre contre
une partie d'antimoine, le salpêtre enleve
& l'huile & le soulphre grossier, il ne laisse
que la chaux d'antimoine qui est fixe à cause
qu'elle est jointe avec une espece de sel polycreste qui occupe si bien tous ses pores ;
qu'on ne peut la fondre que difficilement,
elle ne se vitrifie point sans addition.

Il y a des Artistes qui font détonner le salpêtre

& le tartre ensemble pour en faire un flux noir qu'il projette sur l'antimoine fondu, j'approuve fort cette méthode qui peut empêcher que la déflagration du salpêtre & du tartre conjointement avec l'antimoine, n'enleve quelque chose de la substance métallique.

Nous avons marqué dans notre procedé qu'il falloit mettre parties égales de salpêtre & de tartre, mais il se peut que de cette façon le tartre ne garde pas assez d'huile pour rémétallifer la chaux, je croi qu'il vaudroit mieux mettre une partie de salpêtre contre deux parties de tartre, il y a apparence qu'il en viendra plus de régule.

J'ai renvoyé à parler des métaux après les opérations communes, il est certain qu'il y en a qui ont plus d'affinité avec le soulphre grossier de l'antimoine que la partie réguline elle-même, tels font le fer, le cuivre, le plomb, l'argent; selon que ces métaux peuvent imbiber une petite ou grande quantité de soulphre, on en met plus ou moins : par exemple, le fer peut se charger du double du soulphre que contient l'antimoine en égales parties, c'est pourquoi en faisant le régule avec le fer on se doit regler là-dessus; pour les autres métaux voici la proportion, il faut parties égales d'antimoine & de cuivre, trois parties de plomb sur une d'antimoine, parties égales d'argent & d'antimoine : ces régules faits avec les métaux, se nomment métalliques ; celui que nous avons donné dans notre procedé, s'appelle régule simple.

Il paroît une étoile sur le régule, & les Alkymistes en ont fait grand cas, ils y trouvent des mysteres qui ne renferment rien moins que la toison d'or, ils ont comparé cette étoile à celle des Mages : comme celle-ci annonça à ces hommes heureux l'arrivée du Sauveur du monde, cette étoile antimoniale est pour les Alkymistes un astre qui les conduit au berceau du Roy Philosophique, ils nomment cette matiere régule, c'est-à-dire, Petit-Roy, mais les Chymistes Physiciens ne voyent rien que de très-simple dans cette étoile ; car l'antimoine étant en fusion, toutes ses parties sont en mouvement, ce mouvement est plus grand dans le centre qu'à la circonference : il faut donc que les parties antimoniales soient poussées du centre vers la circonference, d'où les parois doivent encore les repousser vers le centre duquel elles viennent ; il est aisé de concevoir que dans cette sorte de mouvement les parties du régule qui sont de petites aiguilles, doivent s'arranger de telle façon qu'elles aillent du centre à la circonference, c'est-à-dire, que leurs pointes se regardent les unes les autres ; au reste cette étoile n'est pas seulement à la surface, elle se trouve dans toute l'étenduë du régule depuis la base du cône jusqu'à la pointe.

Cette étoile ne paroît pas toûjours, l'opération bien ou mal faite la fait paroître ou la confond; pour y réussir, voici les circonstances qu'il faut observer: la premiere, que le régule soit bien en fonte, afin que les parties se puissent mouvoir librement; la seconde, qu'il y ait assez de scories pour couvrir le régule, & pour empêcher que l'air ne le refroidisse trop promptement; la troisiéme, que ces scories soient en bonne fusion, autrement elles forment des enfoncemens & des inégalitez à la surface du régule, & empêchent le mouvement des parties régulines; la quatriéme, que sur la fin on donne un feu immédiatement au centre du vaisseau où l'on fait le régule; la cinquiéme, qu'on jette un peu de soulphre sur la matiere en fusion, avec ces précautions vous aurez une étoile brillante & parfaitement bien formée; au reste cette étoile n'a d'autre utilité que de marquer que le régule est parfaitement pur.

On fait des balles du régule d'antimoine, & on les appelle les pillules perpétuelles dont on s'est servi quelquefois dans le *miserere*; M. Lemery prétend que le poids de ces pillules en passant par les intestins, diminuë, mais on peut assûrer que cette diminution n'est point sensible; ces pillules au reste ne

font point sures, quand il y a dans les inteftins des parties qui font rentrées les unes
dans les autres, ou qu'il s'y trouve quelque
grand obftacle, elles peuvent y caufer des inflammations.

Le Régule Martial.

LE Régule Martial eft la partie métallique de l'antimoine féparée avec le mars.

Prenez un grand creufet, mettez-y huit
onces de petits clouds, couvrez vôtre creufet
que vous placerez dans un fourneau à grille,
vous lui donnerez deffus & deffous un grand
feu, projettez-y une livre d'antimoine quand
le fer fera bien rougi, remettez le couvercle
fur le creufet, & continuez un feu violent;
l'antimoine étant fondu, jettez dedans peu-
à-peu trois onces de falpêtre, il fe fera une
détonation, & les clouds fe mettront en fufion: quand votre matiere n'étincellera plus,
jettez-la dans un creufet de fer chauffé & enduit de fuif, frappez aux côtez avec les pincettes, afin que le régule fe fépare mieux;
après cela vous féparerez les fcories par un
coup de marteau quand tout fera refroidi,
faites fondre encore ce régule, & mettez
deffus deux onces d'antimoine pulverifé,
mettez-y trois onces de nitre peu-à-peu
quand tout fera en fufion; lorfque le falpêtre fera brûlé, & que vous ne verrez plus

d'étincelles sortir, prenez un cornet de fer chauffé & graissé, renversez-y votre matiere, frappez autour, comme devant, & le tout étant refroidi séparez le régule des scories, comme nous l'avons marqué ; réiterez la fusion du régule deux fois, & jettez-y chaque fois du salpêtre & sur-tout la derniere fois, afin que l'étoile paroisse bien.

REMARQUES.

Il y a deux sortes de régule, le régule simple & le régule métallique : le régule simple est celui où il ne reste aucune partie des métaux qu'on a employez ; le régule métallique est celui qui retient une partie du métal avec lequel on la fait.

Le régule nommé martial est bien fait s'il n'y reste pas de fer, voici comment on le dépure : Après que l'antimoine & le mars ont été mis en fusion la premiere fois, les scories sont épaisses & se séparent assez difficilement : comme le régule doit être fondu encore, on ne doit pas s'en mettre fort en peine, cependant si l'on veut éviter que ces scories ne s'attachent si fort, jettez dans la matiere fonduë quelque portion de sel alkali, de cendres gravelées de nitre fixe, ou de quelque autre matiere semblable ; le tout ayant été refroidi, les scories se sépareront sans peine : après que le régule a été ainsi préparé, il peut retenir encore quelque partie du mars car quand on jette la matiere fonduë dans un creuſet, il y a toûjours quelque partie martiale qui tombant ſur le fond ou ſur les côtez ſe réfléchit d'un côté & d'autre, & la matiere ſe refroidit avant que ces particules puiſſent monter vers les ſcories, de-là vient cette couleur jaunâtre qu'on voit quelquefois dans ce régule; pour le bien députer on n'a qu'à le fondre avec la quatriéme partie d'antimoine crud à un feu lent, vous aurez alors un régule dépuré meilleur qu'auparavant; il y reſte cependant une matiere arſenicale qui le rend friable, & pour ainſi dire, hériſſé; pour en bannir cette matiere, vous n'avez qu'à le fondre, & y jetter une drachme de nitre; dès que la détonation ſera faite, vous y en jetterez autant, vous continuerez ainſi juſqu'à ſix drachmes, les ſcories qui paroiſſent alors ſont ſeches & peu fuſibles, on n'a qu'à les approcher bien du régule en les remuant avec un bâton de fer, & elles ſe mettront parfaitement en fuſion, vous pouvez repeter cela trois fois, & vous aurez un beau régule.

Le fer a beaucoup plus d'affinité avec le ſoulphre de l'antimoine que l'antimoine mê-me, ainſi il ſe charge du ſoulphre antimo-nial; & comme les parties martiales unies avec le ſoulphre forment un tout moins peſant que le régule d'antimoine, elles pren-nent la partie ſupérieure du creuſet tandis que les parties du régule tombent au fond.

Dans le régule fait avec le cuivre, les lames de cuivre étant plus fermes que celles de l'antimoine, elles se refroidissent plûtôt ; ces lames de cuivre se prennent les premieres comme elles se trouvent, tandis que le reste du régule est en fonte ; ce reste de régule venant ensuite à se refroidir, diminuë & s'abbaisse ; les parties du cuivre se trouvant alors plus élevées à la surface, forment une figure plus ou moins réguliere selon le hazard, c'est-là l'explication de ce régule mysterieux parmi les Alkymistes qui l'appellent Retz de Vulcain dans lequel Mars & Venus se trouvent liez ensemble.

Les scories du régule ne font autre chose que le mars & la matiere sulphureuse qui font réunis en une masse cassante & friable ; si ces scories font exposées à l'air, elles se gersent, fleurissent, & donnent enfin un beau vitriol, parce que l'acide du soulphre se rarefiant & se joignant à la terre alkaline du mars, devient vitriol.

Les scories dans cette opération doivent surnager d'un demi travers de doigt, & fluer quelque temps ; quand elles font tout-à-fait blanches, c'est une marque que le régule d'antimoine est éxactement séparé du mars, dont la présence se manifeste encore à l'approche du couteau aymanté, les scories dans ce régule laissent une étoile qui a des aiguilles bien plus fines qu'avec le salpêtre & le tartre, cela vient de ce que le mars par son soulphre subtilise & attenuë la matiere.

On peut prendre une livre de pointes de clouds ou de fer en limaille, faire rougir un creuset, & quand il est bien rouge y mettre les clouds ; quand le fer sera blanc, on n'a qu'à y jetter deux livres & demie d'antimoine, cela épargnera la peine de remettre de nouvel antimoine à la seconde fusion du régule : qu'on éxamine ensuite avec un filet si la matiere est en parfaite fusion ; si elle est parfaitement fonduë, qu'on y jette quatre onces de nitre par demies onces, le régule sera parfaitement étoilé dès la seconde fois.

Ce régule est du même usage que le premier, il a les mêmes vertus ; on se sert plûtôt du régule d'antimoine martial que des autres, pour faire des tasses ou des gobelets : on croit qu'il est moins aigre, parce que l'on y a mêlé du fer ; mais si le régule est dépuré comme il faut, cette raison ne pourra point subsister.

Soulphre doré d'Antimoine.

C'Est la partie sulphureuse des scories précipitée par un acide.

Faites boüillir les scories du premier régule dans l'eau commune durant demie heure, vous coulerez la liqueur, & sur la colature

vous jetterez du vinaigre, vous aurez une
matiere rouge qui se précipitera, vous la
secherez & vous la garderez, c'est ce qu'on
appelle soulphre doré d'antimoine.

REMARQUES.

Les scories qui sortent du régule d'antimoine, sont un soulphre mineral, brûlant,
attenué, subtilisé, mêlé avec des alkalis qui
sont formez par la calcination & par la détonation du salpêtre avec le tartre ; ce sel
alkali fixe boit le soulphre, l'attenuë & le
divise, cela fait un soulphre rouge qui est un
vrai hépar sulphuris ; on peut séparer ce soulphre qui se trouvant rouge & foncé, se nomme soulphre doré.

On peut faire boüillir les scories, comme
nous avons marqué, mais aussi on peut les
laisser résoudre à la cave en liqueur grasse,
rouge, de couleur de saffran foncé, & on
filtre la dissolution ; pour ce qui regarde la
poudre rouge fixe qui se dépose, elle est la
même chose que celle du kermès, car le salpêtre détonné & fixé avec le tartre est la même chose que le nitre fixé par les charbons,
il se résout en huile à la cave, il étend &
rarefie de même le soulphre antimonial.

Pour séparer ensuite le soulphre soûtenu
dans l'eau par le sel alkali, on y verse un
acide ; comme les acides ont plus d'affinité
avec les sels alkalis qu'avec les soulphres, ils

se joignent à ces sels alkalis qui laissent alors échapper les soulphres.

Il y a des parties régulines suspenduës avec les soulphres, car si on prend les scories, on peut revivifier le régule qui y est renfermé; il y en a donc qui se précipitent avec le soulphre doré, sans cela il ne différeroit point du soulphre vulgaire; on peut voir dans ce que nous avons dit ailleurs combien il reste de soulphre dans les scories.

Après le mélange du vinaigre & de la dissolution des scories, il vient une odeur désagréable, & le soulphre qui se précipite frappe aussi l'odorat désagréablement ; on le lave plusieurs fois dans l'eau tiede pour lui enlever sa fœtidité, cependant il conserve toûjours de son odeur, & il est émetique.

L'acide du vin, du vinaigre, des limons, augmente l'émeticité de l'antimoine, au lieu que celui des mineraux arrête la vertu émetique, ainsi si on verse de l'esprit de vitriol étendu dans beaucoup d'eau sur la dissolution du soulphre faite avec l'alkali, du tartre & du nitre, il se précipitera un soulphre qui sera sudorifique, parce que les parties régulines seront fixées.

Si on verse de nouveau vinaigre distillé sur la liqueur qui a déposé le soulphre, il s'en précipitera encore de nouveau qui sera plus subtil & moins émetique, on pourroit retirer aussi du soulphre doré des scories du second

cond régule, il auroit les mêmes vertus, mais il ne faudroit pas tant d'eau, parce qu'il est resté moins de soulphre dans ces dernieres opérations ; ces scories au reste ne forment point comme les autres de coagulum quand on les fait boüillir, cela ne vient que de la quantité de soulphre qui se trouve différente dans ces deux cas.

Il n'y a pas d'apparence que le soulphre doré d'antimoine dont les Anciens nous parlent, soit le même que le nôtre, car ils lui donnoient une vertu diaphorétique, & le nôtre est vomitif ; d'ailleurs on trouve dans leurs écrits que l'antimoine contenoit un soulphre superficiel, grossier, semblable au soulphre commun qui est précisément celui qui nous vient dans cette préparation ; ils ont dit qu'il y en avoit un autre fixe qui étoit le soulphre solaire & orifique auquel ils ont attribué la vertu de faire suer.

On donne le soulphre doré depuis un grain jusqu'à six dans du boüillon ou en pillules ; quand on le donne dans du vin, il reprend la fœtidité qu'on lui avoit ôtée en parties par la lotion.

Teinture d'Antimoine.

CEtte préparation est une extraction de quelques parties des scories de l'anti-moine.

Prenez les fcories du régule fait avec le tartre & le falpêtre, réduifez ces fcories en poudre, jettez-les dans un matras, furverfez-y de l'efprit de vin à l'éminence de trois doigts, mettez la matiere en digeftion, l'efprit de vin fe chargera de la teinture, décantez-le après cela ; & fi vous ne le trouvez pas affez teint, évaporez-le jufqu'aù tiers, c'eft la teinture d'antimoine.

REMARQUES.

On peut tirer une teinture de l'antimoine, du régule, du verre, des fcories, mais les menftruës font différens, pour cela on fe fert du vinaigre, de l'efprit de vinaigre concentré par le cuivre, & qu'on nomme *acetum radicatum*, de l'efprit de vin, de l'efprit de cochlearia, de l'alkaeft de Glauber, du vinaigre de chêne.

Après la premiere fonte du régule le foulphre fe trouve ouvert, éxalté, attenué, propre à être communiqué à quelque liqueur, comme à l'efprit de vin qui fans cela n'agiroit pas fur l'antimoine. Si l'on veut avoir une bonne teinture, il faut que cet efprit de vin ne foit pas bien rectifié, car les fels alkalis font attachez aux foulphres, & fi on veut les en dégager il faut du phlegme qui les diffolve, alors ils tomberont au fond tandis que l'efprit de vin demeurera chargé de la teinture ; de-là il s'enfuit que l'efprit de vin fe trouve éxactement déphlegmé, car le phlegme s'attache au fel alkali, & ne le quitte plus.

M. Homberg prenoit du verre d'antimoine tranfparant, il le broyoit & le mettoit dans un matras y furverfant du vinaigre diftillé, il faifoit feu deffous, en forte que la matiere étoit toûjours brûlante, le vinaigre fe chargeoit d'une teinture orangée, il décantoit ce vinaigre, & en remettoit d'autre qu'il décantoit encore quand il étoit affez coloré ; il réïteroit ainfi jufqu'à ce que le vinaigre ne fe coloroit plus, enfuite il faifoit fondre ce verre qui devenoit moins tranfparant, il le broyoit, & en tiroit de nouveau la teinture par le vinaigre comme auparavant ; il fondoit ce verre pour la troifiéme fois, & le rendoit par-là plus opaque, il en tiroit encore la teinture jufqu'à ce que ce vinaigre ne fe coloroit plus ; il évaporoit tout ce vinaigre teint jufqu'à moitié, & ce qui reftoit étoit fa teinture émetique.

Quand on fait notre opération il faut boucher le matras avec un parchemin que l'on perce avec une épingle, de peur que le vaiffeau ne caffe ; cette teinture fe donne depuis fix jufqu'à vingt gouttes, c'eft un bon diaphorétique qui fait rarement vomir, parce que les parties régulines qui peuvent y être encore font trop attenuées & divifées, ou elles font embaraffées par les foulphres ; & outre cela l'efprit de vin eft trop fubtil pour en foûtenir beaucoup.

Poudre de Bibal.

CEtte préparation est une calcination du régule par le salpêtre & le tartre.

Prenez une livre & demie de régule martial le moins brillant & le plus chargé de fer, fondez-le, & tandis qu'il se fond faites un mélange de trois livres de tartre avec deux livres de salpêtre de la premiere cuite, & deux livres de la seconde cuite ; après cela jettez-en une cuillerée sur le régule fondu, il se fera une détonation, remuez le tout afin que le mélange pénétre le régule & le fonde ; la détonation passée, prenez avec une cuillere la matiere saline écumeuse qui se trouvera sur le régule, jettez cette matiere saline ainsi retirée dans un vaisseau où vous aurez mis de l'eau de vie, couvrez d'abord après ce vaisseau de peur que l'eau de vie ne prenne feu, & détournez le visage ; remettez ensuite une nouvelle cuillerée de sel sur le régule, & après la détonation retirez la matiere qui est sur le régule, & jettez-la, comme devant, dans l'eau de vie ; continuez ainsi jusqu'à ce que tout le régule soit emporté, ou jusqu'à ce que votre sel soit tout employé, laissez digerer le tout dans des terrines couvertes durant quinze jours, afin que la pâte se nourrisse dans l'eau de vie, après cela enfermez votre matiere dans des pots de peur qu'elle ne se desseche.

REMARQUES.

Cette poudre eſt de l'invention d'un Chymiſte nommé Bibal, il a été en grande vogue
par ce remede ; il fit tant de bruit dans les
Provinces, qu'on envoya un exprès de Paris
pour voir ce que c'étoit. Cette préparation
eſt bonne, mais ce qu'elle a de plus que les
autres n'eſt pas ſi extraordinaire, qu'elle mérite le bruit qu'elle a fait ; on le voit par
l'Opération où le tartre & le ſalpêtre forment une eſpece de ſel alkali qui ſe charge
de quelques parties huileuſes & régulines de
l'antimoine ; c'eſt une eſpece de diaphorétique mineral non lavé ; il eſt un peu émetique par les parties antimoniales qu'il contient ; la doſe eſt de douze à quinze grains
pour les perſonnes délicates, & de vingt
pour les autres.

Beurre d'Antimoine.

PRenez parties égales d'antimoine & de
ſublimé corroſif, triturez-les dans un
mortier de verre, rempliſſez-en à demi une
cornuë de verre dont le col ſoit large, placez ce vaiſſeau dans un fourneau ſur le ſable,
ajuſtez-y un recipient, luttez les jointures,
donnez un feu leger au commencement, il
viendra une huile claire, pouſſez enſuite le
feu juſqu'au ſecond degré, le col de la cornuë
ſe chargera d'une huile blanche ; approchez

un charbon allumé de cette huile, afin qu'elle ne s'épaississe pas : continuez jusqu'à ce qu'il vienne une matiere rouge; changez le recipient & luttez les jointures; pouffez le feu durant quatre heures, de telle maniere que la cornuë rougiffe; laiffez refroidir vos matieres, & enfuite caffez la cornuë, vous y trouverez du cinabre fublimé au col.

REMARQUES.

La premiere chofe qu'on obferve dans cette opération c'eft de triturer enfemble les matieres, afin que le mélange fe faffe plus éxactement; on fe fert d'un mortier de verre, car fi on employoit un vaiffeau de métal, il fe formeroit une efpece de beurre par la corrofion que feroit le fublimé : il s'éleve une poudre durant la trituration, elle eft très-nuifible, car elle caufe des vomiffemens, la falivation, des gonflemens & des langueurs qui ne finiffent qu'avec la vie.

La feconde précaution qu'on prend c'eft de fe fervir d'une cornuë dont l'ouverture foit large, fouvent le beurre qui s'éleve impétueufement bouche le paffage, & fait fauter le vaiffeau en éclats, le fublimé corrofif fe répand en même-temps dans l'air, & s'infinuë dans les poulmons où il produit une peripneumonie mortelle ou une mort fubite.

L'acide du fel marin eft joint avec le mercure dans le fublimé, mais comme il a plus

de rapport avec l'antimoine, il s'y attache &
abandonne le mercure : ce composé acquiert
plus de surface que le mercure, ainsi il doit
s'élever plûtôt ; les parties de l'antimoine
n'ayant qu'une certaine attraction, ne doivent se charger que d'une certaine quantité
d'acide, ainsi il seroit inutile de mettre beaucoup de sublimé avec peu d'antimoine.

Le beurre d'antimoine est un caustique violent, nous en avons marqué la raison ailleurs : on voit par cette opération que les
parties antimoniales qui sont fixes, se volatilisent par la jonction de l'acide du sel marin ;
ce composé que ces deux matieres forment,
monte presqu'aussi aisément que l'esprit de
vin dans la retorte, ce n'est pas seulement
l'antimoine qui peut être volatilisé par cette
méthode, l'or qui est si fixe peut devenir volatile de la même maniere.

Le cinabre n'est qu'un mercure joint au
soulphre : dans cette opération le soulphre
antimonial qui est le même que le soulphre
commun, s'attache aux parties mercurielles,
ainsi il doit en résulter un cinabre qu'on peut
décomposer en le mêlant dans une cornuë
avec le double de sel de tartre, alors si on
donne un grand feu, le soulphre s'attache au
sel, & le mercure s'échappe ; si l'on veut
ensuite séparer le sel du soulphre, on n'a
qu'à faire boüillir le tout dans l'eau, & y verser du vinaigre distillé, il se précipitera une

matiere grife qui eſt le ſoulphre de l'antimoine.

Le beurre qui ſort avant le cinabre eſt plus
congeléque celui qu'on fait avec le régule
ſeul, cela vient du mélange de quelques parties ſulphureuſes; ſile ſoulphre s'étoit élevé
avec le beurre en trop grande quantité à
cauſe de la violence du feu, la maſſe ſeroit
brune, il faudroit alors la remettre dans une
retorte, & la diſtiller à petit feu, il reſte au
fond une matiere noire dont on peut retirer
un régule par la fuſion avec le ſalpêtre & le
tartre.

Il y en a qui ont voulu rectifier le cinabre
antimonial en le faiſant ſublimer, mais il ne
change ni de couleur ni de proprietez par la
ſublimation, le beurre peut ſouffrir plus de
changement par la rectification; ſi on l'é-
chauffe, qu'on le faſſe fondre, & qu'on le
diſtille enſuite doucement dans une retorte
au feu de ſable, il ſe volatiliſera davantage,
& produira des effets plus prompts.

On doit bannir le beurre de l'uſage de la
Medecine; quelques-uns l'ont donné dans
un peu de boüillon pour faire vomir, mais
c'eſt un émetique trop dangereux: pour le
cinabre il n'a pas plus de vertus que le cinabre commun, la doſe eſt depuis ſix grains
juſqu'à douze, on le donne en pillule ou en
bolus.

Poudre d'Algaroth ou Mercure de Vie.

PRenez telle quantité que vous voudrez de beurre d'antimoine, faites-le fondre en l'approchant du feu, versez-le dans une grande quantité d'eau tiede, il se précipitera une poudre blanche qui doit être édulcorée par diverses lotions, c'est la poudre d'Algaroth.

REMARQUES.

L'acide marin qui est joint avec l'antimoine, s'en détache & se joint à l'eau, alors les parties antimoniales séparées des corpuscules salins qui les soûtenoient & leur donnoient plus de surface, se précipitent, & forment une poudre fort fixe de volatiles qu'elles étoient auparavant; elles se changent en régule très-pur, si on les met en fusion.

On voit par ce que je viens de dire que l'eau seule suffit quelquefois pour fixer un corps très-volatile, ici elle enleve le sel, & par-là elle devient acide; M. Boile appelle cette eau esprit sec de vitriol, mais je ne sçai pourquoi; elle ne contient rien qui approche du vitriol, ce n'est qu'un véritable esprit de sel qui est un menstruë merveilleux, c'est de-là que lui vient le nom de *menstruum peracutum*; elle a quelque peu de mercure, car elle blanchit l'or; & si on y jette un sel alkali comme le tartre, il se forme un sel marin.

Nous avons dit que l'antimoine perdoit son émeticité par le mélange des acides mi-

neraux ; de-là il s'enfuit que fi on n'édulco-
roit pas la poudre d'Algaroth, elle ne feroit
prefque pas vomir, mais quand elle eft dé-
chargée elle eft un puiffant émetique ; on l'a
regardée comme un fpécifique pour l'épi-
lepfie, mais on doit ne confeiller un remede
fi violent qu'avec de grandes précautions.

On donne cette poudre depuis deux grains
jufqu'à huit dans du boüillon ou dans quelque liqueur appropriée.

Befoard mineral.

PRenez du beurre d'antimoine, verfez-y
de l'efprit de nitre goutte-à-goutte jufqu'à ce que la matiere foit diffoute, faites
évaporer l'humidité au feu de fable dans
une cucurbite de verre jufqu'à ce qu'il refte
une matiere feche ; quand le vaiffeau fera refroidi, jettez fur cette matiere reftante de
nouvel efprit de nitre, faites l'évaporation
comme devant, & continuez ainfi jufqu'à
trois fois, alors mettez votre matiere dans
un creufet, & calcinez-la durant demie heure
à un feu violent, c'eft le befoard mineral de
Bafile Valentin.

REMARQUES.

La poudre d'Algaroth diffoute avec l'efprit de fel & avec l'efprit de nitre, donne un
befoard mineral ; fi on fait évaporer l'hu-

midité, ce qui arrive dans l'Opération que nous venons de décrire, est la même chose ; l'esprit de sel marin est incorporé à l'antimoine, on y ajoûte de l'esprit de nitre, & alors il se fait une eau régale qui met en dissolution les parties régulines, on fait ensuite évaporer l'humidité, & par-là les acides abandonnent en partie l'antimoine ; il restera donc une matiere métallique qu'on calcine, & par là de corrosive qu'elle étoit elle ne sera pas émetique, mais elle approchera de l'antimoine diaphorétique ; car les sels s'alkalisent par l'action du feu; on peut voir l'affinité de ces deux compositions par les opérations: pour ce qui regarde l'émeticité, on voit que l'acide mineral doit l'enlever; on peut faire le besoard mineral, comme nous avons dit, avec la poudre d'Algaroth, car cette poudre est un antimoine séparé de l'acide marin ; on n'a donc qu'à le dissoudre, à faire évaporer l'humidité, & à calciner ce qui restera.

Basile Valentin nous a donné cette composition : Sylvius, sur le témoignage de ce grand Chymiste, l'a introduite dans la Medecine ; il a cru avec d'autres Medecins qu'elle devoit avoir de grandes vertus pour résister au venin, puisqu'ayant fait partie d'un des plus grands poisons, elle n'en avoit rien retenu, c'est de-là que lui est venu le nom de besoard.

La dose est depuis six grains jusqu'à vingt.

X vj

Panacée antimoniale.

PRenez deux parties de cryſtal de tartre
réduit en poudre, ajoûtez-y une partie
d'antimoine, broüillez le tout dans un matras où vous aurez mis quatre ou cinq fois
autant d'eau chaude, bouchez le matras, faites boüillir les matieres durant ſix ou ſept
heures, verſez-y enſuite autant d'huile de
tartre que vous avez mis de cryſtal; après
l'efferveſcence filtrez la liqueur, faites évaporer l'humid. juſqu'à ſiccité, ce qui vous
reſtera eſt la panacée d'antimoine, il faudra
l'expoſer à un air humide pour qu'elle ſe ré-
ſolve en liqueur.

REMARQUES.

Pour comprendre ce qui arrive dans cette
opération, il faut faire attention au beurre
qui eſt compoſé d'antimoine & de l'acide du
ſel marin, au cryſtal de tartre & au ſel alkali
tartareux: on verra ſelon les loix de l'attraction ou de l'affinité que les acides ſe doivent inſinuer dans l'huile de tartre; & après
cette union d'où réſulte une efferveſcence, il
ſe formera un tartre émetique; mais il y a
quelque différence entre la panacée & le tartre émetique, car le beurre a un ſel acide
marin & quelque reſte de mercure qui peut
etre attaché à l'antimoine.

Il se fait une effervescence quand on verse l'huile de tartre sur le beurre & le crystal, l'acide marin doit quitter le beurre & s'aller joindre au sel alkali fixe, l'acide qui est dans le crystal peut s'attacher aussi en partie à l'alkali; mais comme il est embarassé parmi les filamens huileux du tartre, l'acide marin doit avoir plus de force.

Il faut faire quelques observations sur le mélange de l'huile & du tartre, & sur cette effervescence. 1°. L'huile demande qu'on se serve d'eau chaude, autrement elle ne lâcheroit pas les acides. 2°. L'effervescence pourroit faire éclatter le vaisseau, ainsi il faut que les matieres ayent de l'espace pour se rarefier. 3°. Il faut agiter les matieres durant l'évaporation, afin que la substance huileuse ne s'attache pas au fond du vaisseau. 4°. Quand on expose la matiere au lieu humide après l'évaporation, elle ne doit pas se résoudre toute en liqueur, car il y a une portion huileuse & antimoniale qui ne s'humecte pas comme les sels, ainsi elle doit se précipiter en magistere.

La dose est depuis huit jusqu'à vingt gouttes dans quelque liqueur convenable.

Huile d'Antimoine.

PRenez parties égales de sucre candi & d'antimoine, mêlez-les après en avoir formé une poudre, remplissez-en le quart d'une cornuë de verre, placez votre vaisseau au feu de reverbere, ajustez-y un recipient, donnez un feu leger au commencement, poussez-le ensuite jusqu'à ce qu'il ne vienne plus de vapeurs, laissez refroidir les vaisseaux, versez dans un matras ce qui se trouvera dans le recipient, mettez-y de l'esprit de vin tartarisé jusqu'à l'éminence de quatre doigts, laissez le tout en digestion au bain de vapeur durant quatre jours, filtrez la liqueur à froid, mettez-la dans une cucurbite que vous placerez au bain-marie, retirez-en l'esprit de vin, gardez cette huile ou ce beurre dans une phiole.

REMARQUES.

On a donné le nom d'huile à diverses préparations d'antimoine : on prend, par exemple, de l'esprit de sel & de l'huile de vitriol parties égales, on y joint autant d'antimoine pulverisé, on laisse les matieres en digestion durant deux jours sur le sable, on donne ensuite un feu qu'on pousse jusqu'au second degré, & on a une liqueur blanche ; cette préparation est entierement inutile, puisque ce n'est qu'un beurre d'antimoine qui ne différe que par raport à son acide de celui que nous avons décrit.

On voit que la composition que nous venons de donner n'est autre chose que les parties antimoniales jointes à l'acide huileux du sucre & à l'esprit de vin, c'est un excellent remede pour les playes récentes & pour les ulceres : M. le Fevre dit qu'on peut s'en servir avec succez dans la cure des fiévres, on prend pour cela une once d'aloës purifié par le suc de charbon benit & réduit en extrait, deux drachmes d'ambre gris, une drachme de teinture de saffran évaporée jusqu'à consistence de syrop, on mêle le tout avec une once de baume d'antimoine; la dose est depuis quatre grains jusqu'à seize dans quelque conserve.

Les Philosophes hermetiques ont parlé d'une huile philosophique d'antimoine dont ils font grand cas : Popius en a donné la description; mais Jean Agricola dont j'ai parlé, dit qu'on ne sçauroit la faire de la maniere dont cet Auteur la propose, enfin il donne une méthode par laquelle on peut préparer une quintessence d'antimoine qui est d'un prix infini : si ce qu'il rapporte est vrai, elle agit par les sueurs; & bien loin d'affoiblir, comme les sudorifiques ordinaires, elle donne de nouvelles forces; ce Chymiste dit qu'il en a vû des effets miraculeux dans la fiévre quarte, dans les maladies veneriennes & dans d'autres maux : voici le procedé qu'il a suivi.

Prenez du sublimé corrosif & de l'antimoine, de chacun demie livre, broyez-les & les mêlez, laissez-les dans un vaisseau plat de verre durant vingt-quatre heures, mettez-les dans une retorte, donnez un feu doux, il montera un beurre blanc, pouſſez le feu juſqu'à ce qu'il ſoit monté, vous aurez un beau cinabre que vous pulveriſerez & que vous mêlerez avec le beurre, diſtillez le tout, vous aurez une belle huile jaune qu'il faut rectifier pluſieurs fois, mettez de l'eau ſur cette huile, décantez-la, faites-la diſtiller au bain-marie, il reſtera au fond un eſprit jaune qui eſt un excellent menſtruë dont vous vous ſervirez pour l'opération ſuivante.

Prenez deux livres de mine d'antimoine de Hongrie, pulveriſez-la très-ſubtilement, mettez-la dans une cucurbite, verſez-y de l'eſprit jaune dont nous avons donné la préparation juſqu'à l'éminence de trois doigts, faites digerer le tout doucement durant dix ou douze jours, décantez la liqueur, verſez-y de nouvel eſprit juſqu'à ce qu'il ne prenne plus de couleur; diſtillez vos impregnations juſqu'à ce qu'il vous reſte une matiere en conſiſtence de miel, verſez ſur cette maſſe de l'eſprit de vin, laiſſez digerer la matiere juſqu'à ce que l'eſprit ſoit coloré, décantez la liqueur, verſez-y en de nouveau juſqu'à ce qu'il ne vous reſte que des fœces noires, diſtillez au bain vos impregnations juſqu'à ce qu'il vous reſte une belle huile, verſez-y de l'eſprit de vin, laiſſez digerer le tout durant un mois au bain de vapeur, met-

tez-le dans une retorte luttée, & retirez doucement l'esprit par la distillation, adaptez ensuite un autre récipient, pouffez le feu, &
vous aurez une huile rouge comme du fang;
prenez le *caput mortuum* que vous avez retiré par toutes les distillations, mettez-le dans
un pot bien lutté au feu de reverbere jufqu'à ce que la matiere foit d'un rouge brun,
verfez-y du vinaigre distillé: quand il fera
coloré en jaune, décantez-le, & verfez-en de
nouveau jufqu'à ce qu'il ne fe colore plus,
mêlez vos impregnations, & retirez le vinaigre par la distillation au bain, vous trouverez au fond de l'alembic une maffe faline, verfez-y de l'eau de pluye distillée; après
que la maffe fera diffoute, filtrez la liqueur,
faites évaporer l'eau jufqu'à la quatriéme partie; mettez ce qui refte dans un lieu frais, il
fe formera des cryftaux blancs, reverberez-
les doucement, reverfez-y de l'eau de pluye,
les cryftaux en fe diffolvant laifferont des
fœces qui fe précipiteront, filtrez la liqueur
& la cryftallifez, continuez de même jufqu'à
ce que vous ne voyïez plus de fœces, mettez
ces cryftaux dans une phiole, verfez-y l'huile
rouge quand il fe précipitera des fœces, mettez votre matiere dans une retorte & diftillez-la; fi tout ne monte pas, jettez encore fur
ce qui refte ce que la distillation vous donne,
& donnez un feu fort, il faut qu'il ne refte
que quelque peu de fœces fpongieufes; met-

tez votre liqueur dans une phiole, bouchez-
la bien, & coagulez votre matiere par degrez,
vous aurez enfin une poudre rouge qui est la
quinteſſence d'antimoine dont Agricola donnoit une drachme avec divers mélanges.

Voilà un procedé qui eſt un peu long,
l'Auteur même dit qu'il n'eſt pas ſi aiſé qu'il
le paroît d'abord, il demande un Artiſte ex-
périmenté qui ſçache l'art de donner le feu ;
la longueur du travail, ſelon ce Chymiſte, ne
doit pas rebuter, on eſt abondamment ré-
compenſe de ſes peines par le remede merveilleux qu'elles produiſent ; je ne ſçai ſi ce
procedé réuſſit, comme il le marque : tout
ce qu'on peut dire en general c'eſt qu'il eſt
ſincere, mais l'alkimie rend ſouvent viſionnaires les eſprits les plus ſolides, il ne faut
pas ſe laiſſer éblouïr par les promeſſes qui ſe
trouvent dans les livres qui traitent des
tranſmutations & des remedes univerſels.

Fleurs d'Antimoine.

PRenez trois parties d'antimoine & deux
de fleurs de ſel ammoniac, jettez ces matieres dans une cucurbite, placez ce vaiſſeau
dans un fourneau, bouchez l'intervalle qui
ſe trouve entre les parois du fourneau & du
vaiſſeau, adaptez à la cucurbite un chapiteau
avec un petit recipient, luttez les jointures,
donnez un petit feu, il viendra une liqueur,

& il s'attachera des fleurs au chapiteau, continuez le feu jusqu'à ce que les fleurs changent un peu de couleur, retirez le chapiteau, mettez-en un aveugle à la place, luttez les jointures, pouffez un peu le feu, vous aurez des fleurs diverfement colorées qu'il faut édulcorer dans l'eau tiede.

REMARQUES.

L'antimoine fe volatilife avec le fel ammoniac, toutes ces fleurs ont les mêmes proprietez, quoyqu'elles ayent des couleurs différentes, on fe fert de divers procedez pour les faire fublimer, on peut employer le fel ammoniac en fubftance avec l'antimoine, alors les matieres étant échauffées, il doit fe féparer quelque peu d'acide marin qui fe joindra à l'antimoine, tandis que le fel alkali urineux s'élevera. Il y a des Artiftes qui fe fervent de l'antimoine diffout par l'eau régale & feché à un feu lent, alors on trouve des fœces où il y a beaucoup de fel marin, les fleurs préparées avec le triple de nitre de même que le diaphorétique mineral, perdent leur émeticité, & pouffent par les fueurs. Vanhelmont appelle cette préparation les fleurs fixées d'antimoine, il lui donne de grands éloges dans un Traité écrit en Flamand, & dit qu'elle chaffe toutes fortes de maladies par la fueur ; mais d'habiles Medecins qui ont voulu voir fi l'ex-

périence répondoit à toutes ces belles promesses, n'ont pas remarqué de grands effets
de ce remede : cette poudre diaphorétique
dépoüillée du nitre par des lotions, si on la
mêle avec $\frac{1}{2}$ de résine de scammnonée & $\frac{1}{6}$ de
crême de tartre, donne un purgatif qui porte
le nom de *Diaceltatefon*, de Vanhelmont & de
Paracelse; la dose est depuis seize grains jusqu'à trente. Selon l'expérience d'un fameux
Medecin, c'est un excellent remede contre les
fiévres intermittentes; cette préparation ne
différe pas beaucoup de la poudre cornachine,
dans l'une on employe le diaphorétique ordinaire, & dans l'autre le diaphorétique de
Vanhelmont.

On a dans cette opération que nous avons
décrite, 1°. une liqueur qui contient un esprit volatile de sel ammoniac; si on y verse
des acides, il se fait une fermentation, mais
la même chose n'arrive pas au sel qu'on retire par les lotions des fleurs. 2°. Il vient
des fleurs rouges qui doivent leur couleur à
la rarefaction du soulphre. 3°. Il vient des
fleurs diversement colorées, on les met dans
une cucurbite de verre à laquelle on adapte
un chapiteau aveugle, on lutte les jointures,
on place le vaisseau sur le sable, on donne
un feu assez fort qu'on augmente peu-à-peu,
on continuë jusqu'à ce qu'il monte des fleurs
qui ne sont pas jaunes, on laisse refroidir les
vaisseaux, on sépare les fleurs, & on les lave

dans l'eau tiede, elles ont les mêmes proprietez que les premieres.

On fait des fleurs d'antimoine fans addition, on prend un pot qui ait un trou au
milieu du ventre, & qui puiffe réfifter au feu,
on y met deffus trois aludels qu'on furmonte
d'un chapiteau de verre auquel on ajufte un
recipient, on fait rougir le pot, on y jette
par cuillerées de l'antimoine en poudre, on
bouche le trou; & quand il ne monte plus
rien, on remet une autre cuillerée; on continuë de même qu'auparavant, jufqu'à ce
qu'on ait employé tout l'antimoine qu'on
veut réduire en fleurs, on laiffe refroidir les
vaiffeaux, & on ramaffe les fleurs, elles font
un émetique violent.

Au lieu de jetter l'antimoine feul dans le
pot, on peut fe fervir d'un mélange de trois
parties de falpêtre pulverifé & deffeché, on
y met une partie d'antimoine crud qu'on
pulverife fubtilement, on jette ces matieres
par cuillerées dans le pot, il fe fait une détonation, on remet de nouveau mélange, &
enfin on trouve des fleurs blanches qu'il faut
édulcorer dans l'eau tiede, elles font émetiques.

On voit par ce que nous venons de dire
que les fleurs faites avec le falpêtre font blanches, que celles qui ont été fublimées avec
le fel ammoniac font rouges, & qu'enfin
celles qui n'ont aucun mélange font de di-

verſes couleurs ; celles qui ſont dans l'aludel ſupérieur ſont blanches quelquefois, dans l'aludel ſuivant il y en a de jaunes, dans l'inférieur elles ſont rouges, tout cela dépend des degrez de feu.

Suivant M. le Fevre, ſi on fait fluer dans un creuſet les fleurs d'antimoine pur avec le double de ſalpêtre, & qu'on les édulcore, on peut en former un excellent diaphorétique en les laiſſant digerer dans l'eſprit de vin durant quinze jours, & en mettant enſuite le feu à la matiere ; la doſe eſt depuis quatre grains juſqu'à dix. Ce même Chymiſte propoſe une correction des fleurs antimoniales ; voici le procedé : Prenez une once de fleurs blanches d'antimoine & demie once de ſel de tartre de ſennert, faites fondre le tout dans un creuſet, mettez en poudre dans un mortier chaud la maſſe rouge qui ſe formera, ajoûtez-y une drachme & demie de magiſtere, de perles diſſolubles, & autant de magiſtere de corail, mettez le tout dans un matras, verſez-y de l'eſprit de vin aromatiſé juſqu'à l'éminence de quatre doigts, faites un vaiſſeau de rencontre, laiſſez vos matieres en digeſtion ſur les cendres durant trois jours, mettez-les dans une cucurbite, faites diſtiller l'eſprit de vin juſqu'à ſiccité au bain-marie, mettez ce qui vous reſte dans une bouteille bien bouchée, c'eſt un remede très-bon qui produit les mêmes effets que le kermès mineral de Lemery, on le donne depuis quatre grains jusqu'à seize, on pourroit au reste se dispenser d'y mettre le magistere de perles, je n'ai pas remarqué qu'elles y produisent aucun effet.

La dose des fleurs ammoniacales est depuis trois grains jusqu'à douze, elles purgent par le haut & par le bas, & elles excitent la sueur.

Le Vitriol.

I. LE vitriol a été pour les Chymistes une source de longs travaux; son origine, ses principes, les changemens qu'il souffre, son usage dans la Medecine, offrent un objet capable de picquer la curiosité. Les Philosophes hermetiques l'ont placé parmi les matieres d'où peuver sortir des métaux parfaits; je ne parlerai pas icy de leurs vaines idées.

II. Les matieres vitrioliques sont un sel mineral qu'on tire d'une espece de marcassite, elles sont de plusieurs especes, on en trouve de de blanches, de rouges, de vertes, de bleuâtres.

III. Il y a deux parties dans le vitriol, l'acide, & la matrice qui reçoit le sel; la nature de cet acide est la même que dans le soulphre & l'alun: dans le soulphre l'acide est joint à des matieres bitumineuses; dans l'alun à une terre absorbante; dans le vitriol à des parties métalliques.

IV. La couleur du vitriol varie suivant la matiere qui reçoit l'acide : dans le vitriol bleu ce sel est uni avec le cuivre ; dans le verd avec le fer ; dans le blanc avec la pierre calaminaire, ou avec quelque terre ferrugineuse mêlée de plomb ou d'étain.

V. Le vitriol rouge tire sa couleur de la calcination faite par l'art ou par les feux soûterrains, on le nomme *colcothar*.

VI. Dans l'usage de la Medecine il faut toûjours se servir du vitriol qui est formé par le fer ; celui que donne le cuivre peut être nuisible, on peut en juger par ce que nous avons dit sur les métaux en general.

VII. Le vitriol verd est renfermé dans des marcassites sulphureuses dont on retire du soulphre brûlant, il nous vient de Liége ou d'Angleterre, on le nomme ordinairement couperose verte.

VIII. Après qu'on a calciné les marcassites sulphureuses, on les expose à l'air qui les ouvre & les réduit en poussiere, l'eau de pluye qui survient lave cette poudre, & l'entraîne dans des cîternes préparées pour cela, on la fait boüillir avec des morceaux de fer qui y causent une effervescence ; après que le fer a été dissout, on évapore la dissolution, & on la laisse crystalliser, il se forme des crystaux verdâtres, & il reste une liqueur épaisse que le froid ne congele pas, mais que le feu épaissit & desseche.

IX.

IX. Les sels fossilles, l'alun, le salpêtre, le sel marin, donnent une semblable liqueur en se crystallisant, on a cru qu'elle étoit formée par des sels alkalis qui ne sont pas soulez d'acides, parce qu'ils sont en trop grande quantité, mais les sels crystallisez produisent toûjours cette liqueur quand on réïtere les crystallisations; or on ne peut pas dire qu'il y ait dans ce cas des alkalis de reste.

X. Si on dissout dans l'eau les crystaux vitrioliques qu'on a fait calciner au Soleil, qu'on laisse le tout en digestion durant quelques jours, il arrivera qu'en faisant évaporer l'humidité, on trouvera de nouveaux crystaux avec une liqueur jaunâtre; on n'a qu'à réïterer la dissolution, la digestion & l'évaporation, comme devant, sur ces nouveaux crystaux, presque tout le vitriol se réduira peu-à-peu en liqueur huileuse, & en une terre jaune qui reste sur le filtre.

XI. Cette liqueur huileuse du vitriol se desseche au Soleil, & forme un beau colkothar quand on la calcine au feu, mais l'humidité la résout ensuite très-promptement, peut-être que si on vouloit se donner la peine de réïterer long-temps les crystallisations des sels mineraux, on pourroit les réduire en cette liqueur onctueuse de même que le vitriol.

XII. Dans la décomposition qui arrive au vitriol par des crystallisations réïterées, 1°. l'aci-

Y

de qui n'eſt attaché que legerement à la matiere ferrugineuſe, s'en ſépare. 2°. La matiere bitumineuſe quitte la terre groſliere.
3°. Cette ſubſtance bitumineuſe ſe rarefie de
même que la pâte ſaline avec laquelle elle
s'unit. 4°. Il ſe forme un ſel alkali, parce
que les acides s'uniſſent à la terre, c'eſt
l'action du feu du Soleil qui venant à rarefier la partie bitumineuſe & la matiere ſaline,
produit tous ces changemens qui ſont accom-
pagnez de diverſes couleurs & de la précipitation d'une terre.

XIII. On voit par ce que je viens de dire la
décompoſition & la compoſition du vitriol,
mais comme il eſt certain que toutes ces vertus qu'on lui a attribuées dans les poudres
ſympathiques ne ſont que des chimeres, je dirai ſeulement qu'il eſt ſtyptique; on ne doit
jamais caracteriſer les remedes que par leurs
vertus generales, rien ne contribue plus à
ruiner la Medecine que les éloges qu'ont
donné les Medecins à certains remedes pour
diverſes maladies.

Calcination du Vitriol.

PRenez du vitriol verd, faites-le fondre
en eau dans un pot ſur le feu, faites évaporer l'humidité juſqu'à ce que vous ayez une
maſſe blanche, c'eſt le vitriol calciné en blancheur; ſi vous pouſſez la calcination à grand

feu, vous aurez un vitriol rouge, & c'est le colkothar.

REMARQUES.

Le vitriol, comme nous avons dit, est composé d'une terre métallique & d'un acide; dans la calcination cet acide s'envole, & laisse la substance métallique qui est un adstringent; il ne faut pas croire cependant que la calcination en blancheur enlève les acides, il faut pour cela une calcination plus forte: on peut dire la même chose de la calcination qui se fait au Soleil, le temps le plus chaud ne peut que faire évaporer l'humidité, l'acide est uni trop étroitement à la terre martiale pour ceder à un mouvement si leger; mais quand on expose le vitriol blanc à une calcination violente, alors la matiere acide s'éleve, l'odeur sulphureuse que donnent les vapeurs, en est une preuve.

Les vitriols d'Angleterre, de Rome, de France, blanchissent plus aisément que les autres, cela vient des mélanges qui composent leur tissu : le cuivre, par exemple, est un obstacle à la blancheur dans le vitriol d'Allemagne, on trouve quelquefois du vitriol blanc naturel sur-tout après l'évaporation de plusieurs eaux minerales, mais il est rare de trouver du colkothar naturel, on en voit cependant en Suede, mais en très-petite quantité.

Les Alkymistes ont regardé le vitriol com-

me la source des remedes, il est vrai qu'on en
forme des compositions qui peuvent être d'u-
ne grande utilité, mais on n'y trouve pas
tout ce qu'ont dit ces esprits apparemment
préoccupez ; il regne encore parmi bien des
gens une erreur que des Philosophes ont confirmée ou établie : plusieurs prétendent que le
vitriol blanc seché au Soleil durant le mois
de Juillet, ou mêlé avec lusnée humaine, est
un remede qui agit dans les lieux éloignez,
mais les faits qu'on a ramassez pour confirmer l'action de cette poudre sympathique, ne
sont pas assez avérez, ils sont même contre-
dits tous les jours par l'expérience : on ne
peut admettre dans le vitriol d'autre agent
que des corpuscules qui s'échappent ; ces
émanations peuvent agir à une certaine distance, mais à quatre ou cinq lieuës, il est
impossible que leur action se fasse sentir : si
cela étoit, il faudroit nécessairement établir
des loix qui ne dépendroient pas de l'impulsion ; avant d'en venir là, il faut avoir des
faits qui ne puissent pas être contestez.

Distillation du Vitriol.

Remplissez de vitriol verd calciné en
blancheur la moitié d'une cornuë de
verre luttée, mettez ce vaisseau au fourneau
de reverbere clos, adaptez-y un grand balon,
faites distiller le phlegme à petit feu, jettez

le phlegme lorſqu'il n'en viendra plus, remettez le balon, & luttez les jointures,
pouſſez le feu peu-à-peu, il ſortira des nuages
blancs, continuez alors le feu dans le même
degré ; quand le balon s'éclaircira & ſe refroidira, donnez un feu de flamme très-violent durant trois ou quatre jours, déluttez
les vaiſſeaux refroidis, verſez la liqueur dans
une cucurbite de verre, placez-la ſur le
ſable, luttez les jointures, faites diſtiller à
un feu lent environ $\frac{1}{6}$ ou $\frac{1}{8}$ de l'humidité,
c'eſt ce qu'on appelle l'eſprit ſulphureux
de vitriol ; changez de recipient, pouſſez
le feu, faites diſtiller l'humidité à moitié, c'eſt l'eſprit acide de vitriol, ce qui
reſte eſt l'huile : ſi vous voulez avoir l'huile
congelée de vitriol, il faut changer le recipient, après avoir donné le feu trois ou quatre jours pour faire ſortir les eſprits ; on continuë encore le feu durant trois ou quatre
jours, & il ſort une liqueur qui ſe condenſe,
c'eſt l'huile glaciale de vitriol.

REMARQUES.

Le vitriol contient beaucoup d'humidité,
ainſi le feu doit l'élever la premiere, puiſqu'elle eſt plus legere que les autres vapeurs
qui ſont un mélange d'autres matieres plus
peſantes.

On appelle eſprit ſulphureux ce qui vient
à la premiere diſtillation qu'on fait dans la

cucurbite , mais pour avoir un véritable esprit sulphureux il faut se servir d'une cornuë fêlée ; le principe inflammable des charbons s'insinuë par l'ouverture, & se joint à l'acide vitriolique. M. Sthall est le premier qui a fait cette opération, elle lui donna occasion de faire divers raisonnemens là-dessus; ses conjectures l'éloignerent d'abord de la vérité : mais comme ce grand homme ne se contente pas facilement, il découvrit bientôt la cause qui produisoit cet esprit sulphureux : il a donné encore là-dessus un procedé très-curieux ; il a fait voir que l'acide du soulphre joint au principe phlogistique donne le même esprit que le vitriol distillé dans une retorte fêlée.

Si on retire ensuite un esprit acide , ce n'est autre chose que le sel acide étendu dans le phlegme : si on veut rendre cet esprit plus acide, on n'a qu'à faire évaporer l'humidité, les acides se rapprocheront alors & agiront avec plus de force, puisqu'ils seront plus concentrez ; cette concentration leur a fait donner le nom d'huile.

Nous avons dit que si on pousse encore la matiere dont on a tiré l'esprit sulphureux & acide, on aura une huile congelée, cela dépend du principe que nous venons d'établir : quand on pousse le vitriol déphlegmé par un feu de trois ou quatre jours, on a des nuages blancs qui remplissent le balon; ces nuages contiennent presque toute l'humidité qui reſtoit dans le vitriol : ſi l'on pouſſe encore le feu durant trois jours, il ne viendra que des parties ſalines qui n'auront preſque pas de véhicule aqueux ; elles formeront donc une maſſe épaiſſe très-cauſtique : d'ailleurs il y a des acides moins rarefiez les uns que les autres dans le vitriol ; ainſi les uns ſeront plus fixes que les autres, & formeront une matiere qui s'épaiſſira aiſément.

Les huiles de vitriol ne ſont pas inflammables, au contraire elles éteignent le feu, ſi on les approche de la flamme, ou ſi on les jette ſur les charbons ; cependant quand on les mêle avec de bon eſprit de vin, il s'excite une chaleur brûlante : il faut regarder la partie graſſe ou inflammable comme un alkali, elle ſépare ſouvent des acides de leur matrice, & s'y unit enſuite ; ſuivant les divers degrez d'attraction qui ſe trouveront entre la ſubſtance graſſe & l'acide, le mouvement ſera plus ou moins violent, il y aura par conſéquent plus ou moins de parties ignées qui s'échapperont : ſi le mouvement eſt extrêmement violent, il arrivera que les parties de feu s'éleveront en ſi grande quantité, qu'il s'excitera une flamme, c'eſt ce qu'on voit arriver dans le mélange d'huile de girofles avec l'eſprit de nitre de Glauber. Il n'eſt pas ſi aiſé d'expliquer pourquoi l'huile de vitriol s'échauffe avec l'eau ; comme je n'ai trouvé rien de plaufible là-deffus, je n'en parlerai pas : je ferai feulement remarquer que fi cette huile boüillonne avec le phlegme ou l'efprit acide de vitriol, cela ne vient que de l'eau.

On peut dulcifier l'huile de vitriol par un mélange d'efprit de vin : on mêle une partie d'huile avec deux parties d'efprit de vin, on met le tout dans un vaiffeau de rencontre, on laiffe digerer à froid les matieres durant quinze heures, on les broüille de temps en temps, on les met fur un feu de fable durant deux jours, & on a une liqueur d'une odeur agréable, c'eft un acide très-moderé.

Dans cette dulcification il s'excite une chaleur qui eft plus ou moins confidérable felon la qualité du vitriol ; fi l'on fe fert du vitriol d'Allemagne, la chaleur eft plus violente qu'avec celui d'Angleterre ; de-là il s'enfuit qu'il ne faut verfer l'efprit de vin que peu-à-peu fur l'huile de vitriol, le vaiffeau pourroit caffer par une effervefcence trop violente.

Voilà l'efprit & l'huile de vitriol ; les Alkymiftes ont parlé d'une autre préparation qu'ils nomment rofée : on prend du vitriol Romain purifié, comme nous dirons dans la fuite ; on le met dans une cucurbite de verre couverte de fa chappe à bec, on lutte les jointures, on met le vaiffeau au bain-marie ou au bain de vapeur, on laiffe diftiller le phlegme jufqu'à ce qu'il commence à avoir quelque goût, alors on lutte un recipient au bec de la cornuë, on continuë le même degré de feu jusqu'à ce qu'il ne distille plus rien, on a une liqueur acide à laquelle on a donné le nom de rosée de vitriol : on a donné de grands éloges à cette préparation, mais elle n'opére pas mieux que l'esprit que nous avons décrit ; cependant M. Deidier assûre qu'elle lui a bien réussi dans les ophtalmies, lorsqu'il a été question d'humecter les yeux & de temperer l'acrimonie des larmes.

Il reste après l'opération une matiere rouge nommée colkothar, c'est la partie terrestre & métallique du vitriol, elle est fort adstringente, & cette proprieté vient du fer, on en forme diverses préparations qu'on a appellé pierres médicamenteuses ; en voici une : pulverisez cette matiere rouge qui est restée après la distillation, mêlez-la avec quatre parties de lytharge, quatre parties d'alun, & autant de bol ; faites digerer le tout avec de bon vinaigre dans un pot vernissé, deux jours après jettez-y huit parties de nitre, & deux de sel ammoniac, faites consumer l'humidité, & calcinez à grand feu la masse restante durant une heure & demie, c'est un bon styptique, comme on peut le juger par les matieres qui y entrent, & par la calcination qu'on y donne sur la fin pour enlever les acides & pour fixer la matiere.

Crollius a donné une pierre médicamenteuſe dont voici la compoſition : Prenez neuf onces d’alun, ſix onces de vitriol verd, & autant de vitriol blanc, une once & demie de natron, autant de ſel commun, de ſel de tartre, d’armoiſe, de chicorée, d’abſynthe, de perſicaria, de plantain, de chacun deux drachmes, mettez le tout dans un pot ver-niſſé, ſurverſez-y du vinaigre roſat, donnez à la matiere un feu médiocre, broüillez-la avec une eſpatule fort ſouvent ; quand elle ſe condenſera, jettez-y deux onces de bol & autant de ceruſe, mêlez ces matieres avec les autres, faites évaporer l’humidité juſqu’à conſiſtence de pierre, vous aurez une maſſe qui prend aiſément l’humidité de l’air, ainſi il faut la garder dans une bouteille fermée éxactement ; on peut juger de la vertu de cette pierre par le vitriol qui eſt adſtringent, par le natron qui eſt un alkali fixe, par le vinaigre roſat qui eſt adſtringent, par ce que nous avons dit ailleurs de la ceruſe & du bol.

Je ne parlerai pas de pluſieurs autres eſpe-ces de pierre, elles ont toutes pour baſe le vitriol : dans les unes on met du camphre & de l’encens ; dans les autres du ſel ammoniac, du ſalpêtre, du camphre, de la ſaumure d’olive : on a donné différens noms à ces pierres ſuivant les diverſes qualitez qu’on leur a attribuées.

L’eſprit ſulphureux ſe donne depuis quatre

goûtes jufqu'à fix dans quelque liqueur convenable ; l'efprit acide fe mêle dans les juleps
jufqu'à une agréable acidité, on peut faire le
même ufage de l'huile.

Sel fédatif de M. Homberg.

PRenez trois livres de colkothar, faites-
les boüillir dans dix ou douze livres d'eau,
la leffive deviendra rouffe, filtrez-la ; faites
fondre deux onces de borax dans une fuffifante quantité d'eau boüillante, verfez cette
diffolution fur la liqueur filtrée, agitez les
matieres & les laiffez repofer ; filtrez ce mélange, évaporez-le fur le feu de fable jufqu'à
ficcité, mettez cette matiere feche dans une
cucurbite furmontée de fon chapiteau ; pouffez le feu, il s'élevera une matiere faline qui
s'attachera au chapiteau : retirez ce fel, faites-
le digerer avec trois ou quatre onces d'eau que
vous ferez enfuite évaporer, il s'élevera encore quelque peu de fel, vous pouvez continuer ainfi jufqu'à ce qu'il ne refte qu'un peu
de terre.

REMARQUES.

On peut faire encore le fel de trois façons.
1º. On retire le fel de colkothar par la leffive qu'on filtre & qu'on fait évaporer ; on
prend deux onces de ce fel calciné, on le fait
réfoudre dans une pinte d'eau, on diffout de
même deux onces de borax dans trois pintes

d'eau, on mêle les diffolutions, on les filtre ; après qu'elles fe font repofées quelque temps on les fait évaporer & on les fublime, comme nous avons dit. 2°. On prend une once d'huile de vitriol & deux onces de borax qu'on diffout dans l'eau, on filtre le mélange, on le fait évaporer, & on le fublime, comme auparavant. 3°. On verfe de l'eau boüillante fur quatre onces de borax, on filtre la liqueur, on verfe fur cette diffolution deux onces d'huile de vitriol, on met le mélange dans une cucurbite de grès à laquelle on adapte un chapiteau, on plonge ce vaiffeau dans le fable environ quatre doigts, on fait diftiller le phlegme, on pouffe enfuite le feu, & le fel fe fublime.

Le colkothar eft la partie la plus fixe du vitriol, on le diffout dans l'eau, & il laiffe fur le filtre une terre ferrugineufe ; la diffolution dépurée contient l'acide vitriolique avec une terre martiale, car chaque fois qu'on verfe de l'eau fur ce qui refte après la fublimation, il dépofe une poudre jaune : l'acide fe joint au borax avec lequel il a plus d'affinité, & ce qui le retenoit auparavant fe précipite ; fi cet acide étoit purifié de fa terre, il ne tomberoit au fond du vaiffeau qu'une matiere blanche nitreufe, ou une craye.

Ce fel n'eft qu'une efpece de tartre vitriolé, l'acide vitriolique s'unit à l'alkali du borax, & forme un compofé en partie fixe & en partie volatile, car il en reste dans la cucurbite; l'eau qu'on verse sur la matiere restante écarte les sels, & leur donne plus de facilité à s'élever.

Ce sel calme les effervescences du sang, on s'en sert dans les délires & les fiévres continuës; M. Homberg qui en est l'inventeur, l'a mis en usage avec beaucoup de succez, il en donnoit depuis trois jusqu'à cinq ou six grains; six heures après il ordonnoit un purgatif, comme le diagrede, le séné, le tartre émetique. Plusieurs Praticiens remarquent de bons effets de ce sel; dans les convulsions ils en donnent deux ou trois grains en réïterant la dose deux ou trois fois par jour, ils en mettent douze grains dans une pinte d'eau de scorsonnerre qu'ils font boire par verrées dans les affections hypochondriaques & hysteriques : si les malades ont une poitrine délicate, ce sel les fait tousser, ainsi on ne doit pas le prescrire aux phthysiques; pour ce qui regarde les fiévres continuës, on peut d'abord en donner une dose, & ensuite le faire prendre en boisson pour prévenir les redoublemens.

Eau de Rabel.

CEtte eau n'est que les esprits acides de vitriol dulcifiez par l'esprit de vin, afin qu'ils ne rongent pas les fibres de l'estomach;

un Chymiste nommé Rabel, en est l'inventeur.

Prenez une partie d'huile de vitriol, & deux ou trois parties d'esprit de vin, mettez-les dans un matras assez large, versez l'esprit de vin peu-à-peu, il se fera une effervescence ; tenez le tout en digestion durant quelque temps dans un vaisseau de rencontre premierement sans le mettre au sable, parce que les matieres fermentent toutes seules, ensuite vous leur donnerez un feu de sable fort doux ; l'huile de vitriol étant assez adoucie pour s'en servir intérieurement, on peut circuler & puis distiller la matiere à feu doux, & on aura un esprit acide dulcifié nommé eau styptique de Rabel.

REMARQUES.

Rabel ne se servoit pas d'huile de vitriol ordinaire, il prenoit des marcassites vitrioliques, comme celles de Passy ; il tiroit le vitriol de ces marcassites qu'il exposoit à l'air où elles se réduisoient en poudre, il séparoit l'acide de ce vitriol qu'il cohoboit sur le sel de vitriol, après quoi il y ajoûtoit l'esprit de vin, mais ce vitriol ne différe en rien de l'ordinaire.

Dans les hémorragies ou crachemens de sang on fait prendre l'eau de Rabel en gouttes, on la mêle dans l'eau de plantain jusqu'à une agréable acidité, ou bien dans quelque autre liqueur appropriée ; cette eau donne

du corps au sang, en calme les effervelcen-
ces, pousse par les urines, elle opére parfaitement dans les fiévres ardentes; si on la
mêle dans les ptisannes, on la prend dans l'eau
de petite centaurée, de veronique, de chardon-benit pour les fiévres intermittentes du
printemps, il faut en donner alors une cuillerée avant l'accez, elle produit sur-tout des
effets merveilleux quand il y a des vomissemens & des fumées; les chaudepisses s'arrêtent de même par les ptisannes renduës aigre-
lettes par cette eau.

Sel de Colkothar.

PUlverisez grossierement telle quantité de
colkothar que vous jugerez à propos,
faites-le infuser pendant un jour sur les cendres chaudes dans une suffisante quantité
d'eau, donnez-lui deux ou trois boüillons,
agitez la matiere avec un bâton, laissez-la
reposer, versez la liqueur dans un vaisseau,
faites-la évaporer jusqu'à pellicule, portez le
vaisseau dans un lieu frais, il se formera des
crystaux; si vous faites évaporer la liqueur
jusqu'à siccité, au lieu de la faire crystallifer,
vous aurez un sel qui restera au fond du
vaisseau.

REMARQUES.

Le colkothar n'a pas été dépoüillé de tout
son sel, par la distillation ou la calcination

les acides les plus fixes y sont restez, il se
fait une crystallisation de ces sels dans l'opération que nous venons de décrire; quand
on fait évaporer la liqueur jusqu'à siccité, on
a un sel que quelques Chymistes ont cru
alkali; mais si on le mêle avec des acides, il
n'excite pas de fermentation: il ne donne
pas une couleur verte à la teinture de fleurs
de mauve, de violette, au syrop violat: il
n'est pas non plus un acide pur; si cela étoit,
il fermenteroit avec des alkalis; il donne
cependant une couleur rouge à la teinture
de fleurs de mauve; c'est un véritable vitriol,
on peut le prouver par la substance métallique & par son acide: l'esprit alkali de sel
ammoniac le noircit, l'huile de tartre le rend
jaune, la couleur rouge qu'il donne à la teinture de fleurs de mauve, se change en noir;
la même chose arrive lorsqu'on se sert du
vitriol verd dont on a formé le colkothar.

Si l'on prend le colkothar, qu'on l'expose
à l'air durant six semaines dans un lieu couvert, qu'on le mette dans une cucurbite,
qu'on le fasse digerer sur le sable en l'agitant
souvent, qu'on filtre la liqueur & qu'on l'é-
vapore jusqu'à pellicule, on pourra en retirer des crystaux qui seront disposez en aiguilles, & qui auront une couleur rougeâtre; il y a des Chymistes qui ont cru que l'air
portoit de nouvel acide dans le colkothar,
mais il ne se fait qu'un développement de ce

fel par l'action de l'air & des matieres dont il est chargé.

Le fel de colkothar est émetique, on ne s'en sert guéres depuis que l'antimoine est en vogue; cependant comme les effets des émetiques présentent beaucoup de varietez, il faut remarquer que lorfque les préparations antimoniales ne provoquent pas le vomiffement, les autres émetiques réuffiffent fouvent, ainfi on pourroit fe fervir du fel de colkothar dans ces occafions, il est fort doux, & purge quelquefois par le bas.

Nous avons dit que le fel de colkothar étoit un véritable vitriol, ainfi il doit avoir des effets communs avec le *gilla vitrioli* qu'on compofe de la maniere fuivante: on prend du vitriol blanc, on le fait diffoudre dans l'eau commune, on expofe la diffolution fur le feu, on lui fait prendre deux ou trois boüillons, on filtre la diffolution, on fait évaporer les deux tiers de l'humidité, on porte le reste dans un lieu frais, on laiffe cryftallifer la matiere durant deux ou trois jours, on fépare les cryftaux, on fait encore évaporer le tiers de l'humidité, on reporte le vaiffeau dans un lieu frais pour réïterer la cryftallifation, on continuë ainfi jufqu'à ce que la liqueur ne donne plus rien; ces cryftaux font nommez *gilla vitrioli*.

Le *gilla vitrioli* est un émetique affez doux, le principe qui lui donne cette vertu, est, dit-on, l'acide joint à la matiere métallique, mais l'esprit de soulphre ou de vitriol lui enleve l'émeticité; on peut s'en servir, comme du sel de colkothar, quand les vomitifs antimoniaux ne réuffiffent pas: dans l'ufage qu'on en fait il arrive quelquefois que les matieres qu'on rend par le bas, font teintes en noir; on fçait qu'avec le vitriol on peut produire une couleur noire, en le verfant fur diverfes matieres; s'il paffe dans les inteftins, il peut y produire les mêmes effets: on donne le *gilla vitrioli* depuis douze grains jufqu'à une drachme.

Il y a beaucoup d'autres préparations de vitriol; M. le Fevre parle de l'extraction du foulphre vitriolique & de fa teinture, mais je ne m'y arrêterai pas: fi l'on veut avoir ce foulphre, on n'a qu'à prendre la liqueur jaune dont j'ai parlé au commencement du Traité fur le vitriol; je ne vois pas au refte pourquoi on s'empreffreroit d'avoir le foulphre vitriolique, il approche d'autant plus du commun qu'une partie du vitriol, je veux dire, l'acide forme le foulphre ordinaire; je ne dirai rien non plus de la fublimation du vitriol avec le fel ammoniac, on voit ce qui doit en réfulter.

La dofe du fel de colkothar eft depuis un fcrupule jufqu'à demie drachme.

L'Alun.

I. NOus avons remarqué que l'acide qui fe trouve dans le vitriol, forme divers composez suivant les matieres qu'il rencontre : avec les matieres bitumineuses il fait le soulphre, avec cetaines terres il fait le bol ; avec la craye, ou avec d'autres terres absorbantes il forme l'alun : de même qu'il y a plusieurs especes de vitriol, on trouve des concrétions alumineuses qui ont beaucoup de varietez, nous ne descendrons pas dans le détail ; il suffit de sçavoir en general la composition de l'alun : comme il y a ses eaux minerales qui sont remplies d'une terre alkaline & d'un esprit vitriolique, on peut en retirer de l'alun par l'évaporation. Il y a des pierres qui contiennent une terre absorbante & un acide sulphureux, il ne faut donc pas être surpris si l'on en retire de l'alun quand on les dissout ; on trouve cependant de l'alun dans des mines : on ne doit pas être embarassé sur les proprietez de l'alun ; on peut voir par sa composition qu'il est détersif & adstringent.

II. L'esprit acide ou le sel primitif est répandu dans la terre, par la chaleur des feux soûterrains il s'éleve & se porte de tous côtez, suivant la direction des pores ou des canaux de la terre il se jette sur un endroit en plus grande quantité que sur l'autre ; s'il rencontre des matieres métalliques qui l'attirent, il y forme divers composez suivant la nature de ces substances : dans des terres alumineuses il compose diverses especes d'alun, suivant

que ces matrices diffèrent ; de-là vient qu'il
y a de l'alun qui se dissout dans l'eau , &
qu'il y en a d'autre qui ne s'y dissout pas : le
premier se nomme alun de roche ; & le second alun de plume.

III. On purifie l'alun en le faisant dissoudre
dans l'eau de pluye , on filtre ensuite la dissolution , on la fait évaporer , & on la porte
dans un lieu frais pour la faire crystalliser,
on a par cette opération un sel dont on peut
se servir préférablement à l'alun ordinaire :
on peut encore calciner l'alun ; il n'y a qu'à
le mettre dans un vaisseau de fer , & lui donner le feu nécessaire pour faire évaporer le
phlegme & l'esprit, il reste une masse legere,
opaque, spongieuse, blanche.

IV. Ce qu'on fait par la calcination sur un
vaisseau ouvert, on peut le faire par la distillation : on prend de l'alun de roche, on le
met en morceaux , on le jette dans une retorte dont on ne remplit que le tiers, on
place ce vaisseau sur le sable, on y adapte un
grand recipient , on donne un feu gradué
pour faire distiller le phlegme ; quand les vapeurs blanches sortiront , changez de recipient & poussez le feu violemment , continuez ainsi jusqu'à ce que tout l'esprit soit
sorti ; le premier phlegme est bon pour les
squinancies,& pour nettoyer les playes : pour
l'esprit il faut le rectifier trois ou quatre fois,
il deviendra par-là doux & agréable , il est

très-bon pour nettoyer les ulceres de la bouche; la dose est depuis quatre gouttes jusqu'à
dix dans quelque liqueur : il reste au fond de
la cornuë une masse blanche fort rarefiée ;
on s'en sert pour ronger les excroissances des
chairs, c'est l'alun brûlé.

V. Si l'on veut avoir un sel plus actif que
l'alun brûlé, il faut prendre cette masse restée
après la dissolution, & la mettre dans une
cucurbite, y verser de l'eau de pluye jusqu'à
l'éminence de six doigts, faire digerer le tout
à une chaleur médiocre, augmenter le feu
peu-à-peu jusqu'à ce que la liqueur vienne à boüillir, agiter la matiere de temps
en temps, filtrer la liqueur, l'évaporer jusqu'à pellicule, la laisser crystalliser dans un
lieu frais.

VI. On fait avec l'alun une préparation nommée sucre : on prend trois livres d'alun qu'on
met dans une retorte, on place ce vaisseau
sur le sable, on fait distiller le phlegme, on
reverse ce phlegme sur ce qui est resté, on
laisse digerer le tout au bain de vapeur durant vingt-quatre heures, on remet la cornuë sur le sable, on retire le phlegme, on
continuë la cohobation, la digestion, l'extraction jusqu'à sept fois ; il faut porter dans
un lieu frais ce qui reste au fond, on le laisse
résoudre en liqueur, on le fait digerer sur les
cendres dans un vaisseau de rencontre durant
douze jours, on fait évaporer l'humidité

jusqu'à siccité, il reste une matiere qui est le sucre d'alun, c'est un bon remede pour la douleur des dents.

L'Arsenic.

I. IL y a diverses especes d'arsenic qui sont distinguées par leurs couleurs, on en trouve de blanc, de jaune & de rouge; il ne paroît pas que les Anciens ayent connu le blanc: il se tire du cobalt qui est un demi métal qu'on rencontre dans les mines d'or & d'argent; cette matiere métallique est si âcre, que les vapeurs qui s'en élevent sur le feu, rongent les mains. Ceux qui travaillent aux mines où elles viennent, ont des ulceres aux pieds & aux mains: on en peut tirer des poisons affreux, on en peut juger par l'arsenic qui n'est que la fumée de ce mineral; dans les fourneaux où l'on le travaille il y a des tuyaux fort longs posez horisontalement: les vapeurs qui sortent du cobalt quand on les calcine, s'attachent aux parois de ces canaux; la matiere qui reste est une espece de chaux métallique nommée *saff*, & les fumées sont l'arsenic blanc.

II. Le réalgal des boutiques est un arsenic préparé, mais pour le sandarach des Grecs on ne sçait pas de quoi il est composé; on soupçonne que celui de la Chine n'est qu'un orpiment fondu: pour ce qui regarde l'orpiment, c'est une substance bitumineuse qui se fond dans l'huile, son odeur approche de celle de l'ail ; il est jaune ou doré, rouge ou verdâtre en le sublimant avec parties égales de sel commun on peut en faire un arsenic blanc crystallin.

III. Toutes ces especes d'arsenic sont des poisons mortels, ils excitent des convulsions, des sueurs froides, des palpitations de cœur, des syncopes, des vomissemens, une soif extraordinaire, une chaleur brûlante ; il y a apparence qu'il agit par le même principe que le sublimé corrosif, & que son acide est extrêmement actif à cause du principe du feu qui lui est incorporé avec des matieres métalliques ; ce qui paroît prouver ce sentiment, c'est que le soulphre précipité de l'arsenic est beaucoup plus actif que l'arsenic même.

IV. On a distingué les poisons en coagulans & en corrosifs. Il y a eû des Medecins qui ont voulu soûtenir que les poisons ne coaguloient pas, & qu ils n'agissoient que sur les solides ; ils ont cru qu'ils s'écarteroient de loix méchaniques que la nature suit dans les mouvemens du corps humain, s'ils admettoient une coagulation faite par l'action des venins : Mais est-ce qu'il n'y a pas une action méchanique dans les coagulations ? Il est vrai qu'il faut déduire la plûpart des maladies de l'action augmentée ou diminuée dans les solides, mais on ne sçauroit s'empêcher de reconnoître une coagulation dans le mélange de certains poisons avec les liqueurs qui animent nos corps ; car que peuvent-ils faire sur les solides ? Ils ne sçauroient que les ronger ou les engourdir ; s'ils les rongent seulement, il n'arrivera d'autres symptômes que ceux qu'on remarque dans les incisions ou les scarifications : si les poisons engourdissent les parties qu'ils attaquent, ils formeront des tumeurs qui ne produiront pas d'autres accidens que les effets des tumeurs ordinaires ; cependant sont-ce-là les seuls symptômes que produisent les venins ? Il ne reste qu'un seul cas où cette opinion se pourroit soûtenir, c'est si les poisons s'introduisoient dans les vaisseaux sanguins, & que par leurs parties actives ils allassent heurter de tous côtez, alors il est évident que les parois des arteres agiroient par des vibrations plus fréquentes, & dérangeroient l'économie animale : cette action pourroit se porter de cette maniere à toutes les parties du corps depuis l'endroit affligé. Mais quand on fait des injections dans les veines de quelque animal, on y cause des véritables coagulations ; ne peut-il pas se faire qu'il y ait des poisons qui agissent de cette maniere ? & n'y en a-t-il pas qui étant mêlez avec le sang y causent de véritables épaississemens ? ces raisons prouvent qu'il faut établir plusieurs especes de venins. 1º. Il y en a qui agissent uniquement en corrodant, tels sont le sublimé corrosif & l'arsenic. 2º. Il y en a qui s'insinuent

dans

dans les vaiſſeaux ſanguins, & qui par le mouvement qu'ils y excitent empêchent la circulation du ſang, telles ſont peut-être les liqueurs qui ſortent des animaux venimeux ; il y a apparence que c'eſt des ſels alkaliſez comme ceux du ſang pourri, qui en font toute la force : les chiens & les renards qui ſont ſujets à la rage, ſemblent en être une preuve ; car il ſort de leur corps une odeur urineuſe. 3°. Il y a des poiſons qui agiſſent par la rarefaction ; l'opium, par exemple, donné en grande quantité, rarefie le ſang extraordinairement ; par cette rarefaction il étend les vaiſſeaux : ces vaiſſeaux gonflez dans le cerveau compriment les nerfs ; par conſéquent l'action doit ceſſer dans les cor... 4°. Il y en a qui coagulent : on peut trouver une infinité de matieres qui produiſent ces effets ; il eſt aiſé de juger par ce que je viens de dire des remedes qu'il faut appliquer à tous ces poiſons.

V. On peut former un régule d'arſenic : on n'a qu'à le mettre en fuſion avec des alkalis qui imbiberont les ſoulphres, & qui les éleveront en ſcories à la ſurface ; on jette la matiere fonduë dans un mortier graiſſé avec du ſuif ; & quand elle eſt refroidie, on ſépare les ſcories qui laiſſent un régule moins âcre que l'arſenic, on peut ſe ſervir pour cette opération du ſavon & des cendres gravelées ; ſi on fait boüillir les ſcories, & qu'on en ſépare le ſel alkali par quelque acide qui ait

Z

plus d'affinité avec cet alkali qu'avec le soulphre, il se précipitera une matiere sulphureuse plus âcre que l'arsenic même.

VI. On peut sublimer l'arsenic: pour cela on le met en poudre dans un matras, on place le matras sur le fable, on donne au commencement un petit feu qu'on augmente peu-à-peu, jusqu'à ce qu'il soit assez violent pour faire monter l'arsenic; on le continuë jusqu'à ce qu'il ne vienne plus rien, on laisse refroidir le vaisseau, & on le casse pour retirer la matiere sublimée. il y a des Medecins qui ont fait des préparations avec cette matiere pour les donner intérieurement, mais il y a beaucoup de témérité en cela; M. Sthall a fait voir qu'on ne peut pas donner l'arsenic, tout ce qui en vient est très-suspect: il y a des Chymistes qui croyent que le febrifuge de Riviere étoit quelque préparation arsenicale; l'excuse qu'il porte pour se dispenser de divulger son remede, pourroit confirmer ce soupçon; il apprehende, dit-il, les jugemens que porteront là-dessus des esprits médisans; si son spécifique n'étoit tiré que d'une matiere qui n'avoit rien de nuisible, qu'avoit-il à craindre ?

VII. Les préparations dont nous venons de parler peuvent avoir quelque utilité, elles font de l'arsenic un scarrotique moins violent; on peut faire sur ce mineral d'autres opérations qu'il est inutile de détailler : on peut, par exemple, le rendre plus cauſtique en le faiſant brûler avec égales parties de ſalpêtre & $\frac{1}{3}$ de ſoulphre; après cette opération la matiere reſtante étant calcinée ſe réduit en liqueur, ſi on l'expoſe à l'air ; on peut encore faire un beurre d'arſenic de la même maniere qu'on fait le beurre d'antimoine, mais tout cela eſt inutile.

Les Pierres.

I. LEs pierres ſont des corps terreux, durs, friables, elles n'ont pas eû toûjours la dureté qu'elles préſentent, on en voit tous les jours qui renferment des corps étrangers; ſi elles n'avoient pas été fluides, il eût été impoſſible aux autres matieres de s'y introduire : d'ailleurs il y a des pierres figurées qui ont pris leur forme dans des moules où on les trouve; il faut que leur ſubſtance ait été fluide, ſans cela elles n'auroient pû s'accommoder aux diverſes dimenſions de leurs matrices.

II. Mais quelle eſt cette matiere molle ? eſt-ce un ſoulphre ou un ſel ? eſt-ce un mélange de tous les deux avec de la terre ? Il n'eſt pas néceſſaire d'avoir recours à tous ces principes. Il y a des cailloux qui donnent une odeur ſulphureuſe, quand on les frotte l'un contre l'autre : il y en a qui ſont colorez par le mélange de quelque ſubſtance métallique ; mais on en trouve qui n'ont des foulphres ni des fels, telles font les pierres communes des carrieres & les cailloux tranfparans.

III. Le cryftal de roche eft la véritable origine des pierres, c'eft une terre blanche homogene qui fe durcit dès qu'elle eft abandonnée de la matiere fluide, l'eau eft fon véhicule; on le voit par les tuyaux qui s'incruftent de couches pierreufes, quand l'eau a coulé quelque temps dans leur cavité : on trouve auffi des concrétions pierreufes où les eaux ont croupi long-temps; les vaiffeaux où l'on fait boüillir de l'eau durant plufieurs années fans les laver, s'incruftent de pierre très-dure. Nous avons dit dans nos Elemens que l'eau dépofoit une terre qu'on nomme adamique, cette matiere eft très-propre à former des concrétions dures; plufieurs expériences rapportées par divers Auteurs en font une preuve.

IV. Le fuc cryftallin eft inégalement répandu dans l'étenduë de la terre, il n'y aura donc que certains lieux où on pourra le trouver; dans ces endroits même où il coulera il préfentera beaucoup de varietez: les matieres qui l'accompagneront, les terres où il s'arrêtera feront différentes; dans les unes il fe diftribuera inégalement, dans les autres il fera répandu en grande quantité. Selon ces diverfes proportions les pierres auront différentes couleurs, une confiftence plus ou moins dure, plus ou moins de facilité à se fondre ou à se calciner : celles dont le suc cryſtallin ſera abondant ou peu lié avec la terre, pourront ſe mettre en fuſion ; les autres ne couleront pas ſur le feu. On demandera ſans doute quelle eſt la nature de ce ſuc cryſtallin, on dira que c'eſt ne rien expliquer, qu'on ne fait que tranſporter les difficultez ; mais telles ſont les bornes de notre eſprit, tous nos efforts ne peuvent que nous approcher des premieres cauſes, mais ils nous laiſſent toûjours à une grande diſtance. Je ne dirai pas ici que c'eſt des parties viſqueuſes qui s'attachent les unes aux autres, quand elles ne ſont pas détrempées par une matiere fluide, c'eſt dire ce que tout le monde ſçait, & ce qui contente très-peu l'eſprit.

V. Comme l'eau eſt le véhicule & le diſſolvant du ſuc cryſtallin, il s'enſuit que ſi on pulveriſe les pierres, & qu'on dilaye cette poudre dans l'eau, il ſe formera enſuite une maſſe pierreuſe comme celle qu'on a détruit, c'eſt-là auſſi ce que l'expérience confirme : On n'a qu'à polir éxactement des pierres de taille, à verſer de l'eau commune ſur la poudre qui s'en eſt ſéparée, mettre cette poudre dilayée ſur la ſurface polie, les pierres appliquées à cette matiere ſe coleront, voilà ſans doute l'origine des pierres d'une groſſeur prodigieuſe qui ſont dans les bâtimens

des Anciens ; c'est une chose generalement
connuë que les cailloux brisez & arrosez
d'eau, forment des masses très-dures ; il y a
des aqueducs qu'on a bâtis de cette maniere.

VI. La pierre qui se forme dans les reins,
doit son origine à une matiere visqueuse qui
se dépose dans le bassinet & dans la vessie ; il
ne faut pas avoir recours à des mélanges chymiques pour expliquer comment elle se forme. Le fameux Fernel a remarqué que dans
les calculs humains il y avoit un noyeau autour duquel se rangeoit par couches la matiere visqueuse, cela seul suffit pour expliquer
la formation de la pierre ; il est vrai que dès
qu'il y aura de petits grains dans les conduits
des reins, la matiere visqueuse s'y attachera,
cela répond à l'expérience de Nuk & de
plusieurs autres Anatomistes ; ils ont introduit dans la vessie de plusieurs animaux des
matieres étrangeres, comme des morceaux
d'étoffe ; quelque temps après ils ont trouvé
qu'il s'étoit formé des couches pierreuses autour de ces corps.

VII. Des Auteurs célébres ont cru que les
pierres végétoient, mais pour connoître si cela
est fondé, voyons si les pierres ont du rapport
avec les végétaux. Les plantes sont des corps
organisés, composés de tuyaux qui distribuent,
qui filtrent, qui rapportent le suc nourricier ;
trouve-t-on la même structure dans les matie-

res pierreuses ? quelques concrétions qui se forment à la surface des pierres, en sont-elles une preuve ? Cela prouveroit seulement que le suc qui forme les pierres, peut être poussé dans leurs pores, & se condenser quand il est venu à la surface : les nouvelles masses de pierre qu'on trouve dans les carrieres qui avoient été épuisées, ne prouvent pas la prétenduë végétation ; le suc coule dans ces cavites, & s'y joint avec la terre ; l'humidité qui le détrempoit s'évapore, les parties du crystal pressées par le fluide qui les environne s'unissent étroitement.

VIII. Ce que je viens de dire sur la végétation des pierres ne doit pas s'étendre sur le corail & sur d'autres concrétions pierreuses qui se forment dans la mer, il est certain que c'est de véritables plantes, leurs fleurs, leur analyse le prouvent évidemment, mais ce qui peut s'appliquer à une chose ne convient pas à toutes ; d'ailleurs on ne trouve pas dans les pierres ordinaires les mêmes marques de végétation : on peut faire diverses préparations avec les pierres ; mais comme elles sont peu utiles dans la Medecine, je ne m'y arrêterai pas long-temps.

Calcination du Crystal.

EXposez le crystal au feu jusqu'à ce qu'il soit rougi, jettez-le dans l'eau froide, continuez à le faire rougir & à le jetter dans l'eau,

jufqu'à ce qu'il devienne friable , & qu'on
puiffe le réduire en poudre très-fine.

REMARQUES.

Le cryftal quand on le fait rougir fe remplit
de corpufcules de feu, mais ces corpufcules
trouvant moins de réfiftance dans l'air qui eft
autour que dans les pores du cryftal, s'évaporent après qu'ils y font entrez; de-là il
s'enfuit que les parties cryftallines étant unies
étroitement , ne feront pas féparées par
l'action du feu, à moins qu'on ne la pouffe
extraordinairement; mais quand on vient à
jetter le cryftal rougi dans l'eau qu'arrive-
t-il ? Sa furface qui étoit rarefiée fe refler-
rera, les parties du feu feront donc renfermées dans fon tiffu; ces parties agiffant de
tous côtez du centre à la circonference & de
la circonference au centre, diviferont néceffairement les parties du cryftal, & les ré-
duiront en poudre.

Il y a des Artiftes qui font éteindre dix à
douze fois le cryftal dans l'eau de perfil, d'or-
tie, d'ononis, ils aiguifent cette eau avec l'efprit de vitriol, ils filtrent la liqueur, ils y
ajoûtent deux onces de fucre candi pour chaque livre; on a attribué diverfes proprietez
à cette préparation , on l'a mife en ufage
pour ceux qui font fujets à la gravelle: on
la donne aux malades depuis demie once jufqu'à trois onces dans la décoction de racines

d'ononis ou de *virga aurea* faite dans des parties égales de vin blanc & d'eau ; on observe que le malade soit dans le demi bain. J'ai connu un Medecin qui a éprouvé ce remede avec succez.

Le Sel de Cryſtal.

PRenez quatre parties de cendres gravelées & une partie de cryſtal, faites fluer le tout dans un creuſet pendant cinq ou ſix heures, votre matiere deviendra tranſparante; alors jettez-la dans un vaiſſeau bien ſec, elle ſe durcira d'abord : mais avant qu'elle ſoit bien durcie, mettez-la en poudre, jettez-y de l'eſprit de vin à l'éminence de quatre doigts, mettez le tout en digeſtion durant trois jours ſur le ſable à une chaleur lente dans un vaiſſeau de rencontre, verſez l'eſprit de vin, & mettez-en de nouveau que vous laiſſerez digerer comme auparavant ; diſtillez vos impregnations, il vous reſtera un ſel dont la doſe eſt depuis quatre grains juſqu'à ſeize, c'eſt un bon aperitif.

REMARQUES.

On peut faire évaporer d'eſprit de vin juſqu'à ce qu'il ne reſte qu'un tiers ; & cette liqueur qui reſte ſera la teinture de cryſtal qui a les mêmes vertus que le ſel : la doſe eſt depuis dix juſqu'à trente gouttes.

Le cryſtal calciné avec les cendres grave-

Z v

lées se réduit en liqueur quand on l'expose
dans un lieu frais, cela arrive par la même
raison que nous dirons en parlant de l'huile
de tartre ; cette liqueur est un menstruë dont
les Alkymistes se sont servis pour tirer les
soulphres de plusieurs mineraux ; étant mêlée
avec des acides elle forme une espece de concrétion pierreuse. Ce que nous avons dit du
crystal, on peut le dire des cailloux & d'autres
pierres.

La Chaux.

I. LA chaux n'est que la calcination d'une
pierre compacte & grise qu'on nomme
lapis calcarius. On ramasse une grande quantité de cette espece de pierres, on les range
dans un fourneau, on donne dessous un feu
de flamme jusqu'à ce que la pierre soit entierement calcinée ; les parties de feu bannis-
sent l'humidité, rarefient les pores, & s'y
arrêtent enfin : de-là vient que la chaux est
corrosive, & qu'elle s'enflamme dans l'eau ;
les corpuscules ignées renfermez dans les
pores de la matiere calcinée, s'échappent par
l'action de l'eau qui s'introduit dans les petites cellules qu'ils occupent ; en se mettant
en liberté ils se dilatent impétueusement, &
forment la flamme : toutes sortes de fluides
ne seront pas propres à faire cette séparation,
il faut que les parties qui font une dissolution soit proportionnée aux corps qu'elles
doivent pénétrer, de-là vient que l'esprit de

vin ni les huiles ne boüillonnent pas avec
la chaux.

II. Il ne faut pas regarder la chaux comme
une terre abſorbante, elle n'a de commun
avec ces terres que ſa fermentation avec les
acides, il faut plûtôt la regarder comme une
terre alkaliſée, ſemblable aux cendres gravelées &'au ſel de tartre. 1°. La chaux a un goût
âcre & cauſtique qu'on ne ſçauroit ſuppoſer
dans une terre poreuſe & inſipide par elle-
même. 2°. Le ſoulphre ſe diſſout par l'action
de la chaux : l'eau dans laquelle ſe fait cette
diſſolution, prend une teinture rouge ; cette
liqueur filtrée laiſſe précipiter un alkali, ſi
on y jette des acides. 3°. La chaux facilite la
fuſion des cailloux & du cryſtal ; elle verdit
le ſyrop violat, elle précipite en jaune la diſſolution du ſublimé corroſif ; elle abſorbe
l'acide du ſel marin, quand on s'en ſert pour
retirer l'eſprit volatile du ſel ammoniac.

Les terres abſorbantes, la craye, les yeux
d'écreviſſes, n'ont pas les proprietez que nous
venons de marquer dans la chaux, il ne faut
donc pas les confondre. Si on ne peut pas
retirer le ſel de la chaux, ce n'eſt pas une
preuve qu'il n'y en ait point ; les ſels alkalis
fondus avec le ſable dans le verre ne peuvent
pas en être ſéparez : mais d'où vient, dira-
t-on, cet alkali ? Il eſt formé par l'acide alumineux qui ſe trouve dans la pierre & par
l'acide du bois qui s'y introduit par l'action

de la flamme; nous ferons voir ailleurs ces changemens. D'ailleurs le feu ne peut-il pas alkaliser une terre? Dès que l'on fera réflé-xion que le tissu des corps dépend de l'arran-gement, on ne trouvera pas beaucoup de difficulté là-dessus. Ce que nous venons de dire de la chaux, on peut le dire de la roüil-lure du fer, de la chaux, du plomb, d'étain, d'antimoine, du minium. Il se forme dans la calcination de ces métaux une substance qui a quelques proprietez du sel alkali fixe; car elle sépare l'acide marin de l'alkali am-moniacal.

Eau de Chaux.

Mettez de la chaux dans un vase, ver-sez-y pour l'éteindre sept à huit fois autant pesant d'eau chaude, six heures après versez l'eau par inclination, c'est l'eau de chaux. On met sur une livre de cette eau vingt grains de sublimé corrosif pulverisé; broüillez le tout dans un vaisseau de verre durant un temps assez long. Il n'est pas né-cessaire de faire des remarques sur cette eau: on voit qu'un caustique ajoûté à un causti-que, doit encore acquerir plus de causticité. L'acide qui est dans le mercure se joint à l'alkali de la chaux, & lui donne plus d'acti-vité. On s'en sert pour emporter les excroif-fances de chair: on l'employe dans les gan-grenes; on y mêle quelquefois l'esprit de vin, ou l'huile, ou l'efprit de vin : pour l'eau de chaux on l'employe pour deſſecher, on la donne auſſi intérieurement ; on la mêle, par éxemple, avec le lait , pour qu'il ne ſe faſſe pas de coagulation dans l'eſtomach.

De même que les acides rendent la chaux plus cauſtique dans l'opération précédente , les ſels des plantes calcinées lui donneront encore de la cauſticité , puiſqu'ils ſont très-actifs ; nous en parlerons dans le Traité des Sels fixes tirez des végétaux.

Le Corail.

I. LE corail eſt une plante qui vient dans la mer , & qui prend la conſiſtence de pierre. M. le Comte de Marſigli a fait des recherches curieuſes ſur les matieres qu'elle donne par l'analyſe. Ayant mis le corail frais dans l'eau de la mer durant douze jours, il y découvrit des fleurs qui paſſoient par divers changemens, de même que les fleurs des plantes ordinaires ; l'écorce ſe ramollit enſuite, ſe ſépara en piéces, & ſe précipita au fond du vaſe. Les parties précipitées s'unirent en forme de bouë ; la maſſe qu'elles formoient reſſembloit au bol rouge : à meſure que l'écorce ſe ſéparoit , le ſuc laiteux qui nourrit la plante couloit dans l'eau , & la rendoit puante ; dans l'eſpace d'un mois ce lait monta à la ſurface de l'eau, elle y forma une toile glutineuse blanche qui étoit alkaline, l'eau revint à sa couleur & à son goût ordinaire.

II. M. le Comte de Marsigli après avoir fait plusieurs expériences sur le corail, conclut que c'étoit une plante; les Anciens avoient été dans cette idée. Ovide (s'il est permis dans un Traité de Chymie de citer un Poëte qui n'a travaillé qu'à des Vers amoureux) en parle comme d'une herbe qui se durcit; mais nous ne sçavons pas sur quel fondement. M. de Marsigli nous a donné des preuves convaincantes; quand il eut mis dans l'eau des branches de corail, il remarqua que les tubercules rouges de l'écorce s'épanoüissoient, qu'ils se développoient en fleurs branches comme une étoile à huit pointes; que ces fleurs étoient soûtenuës par un calice divisé en huit parties; qu'elles se refermoient si on tiroit le corail de l'eau, mais qu'elles s'épanoüissoient encore quand on les y replongeoit.

III. Après toutes ces expériences M. de Marsigli ne desespera pas d'en retirer les principes qu'on trouve dans les autres plantes: il tenta l'analyse du corail & de plusieurs concrétions pierreuses; le succez répondit parfaitement à ses idées. Le fameux M. Geoffroy a voulu examiner après lui les principes du corail: cette matiere étant distillée par la cornuë a donné un esprit volatile urineux de couleur rousseâtre, & une huile fétide; la matiere restée dans la cornuë a donné par la calcination un sel fixe, & la tête-morte étoit une espece de chaux. L'esprit volatile urineux ne paroît pas différent de celui de corne de cerf; il verdit le syrop violat, & fait un coagulum blanc avec la solution de sublimé corrosif : sel fixe tiré de la tête-morte produit le même effet.

IV. M. de Marsigli éxamina le suc laiteux exprimé de l'écorce : ce suc mis dans l'eau de la mer s'est précipité au fond; il donne une teinture jaune & livide à l'esprit de vin, il fermente avec l'esprit de sel & de nitre; il ne change pas quand on y jette du sel ammoniac ou de l'huile de tartre; si on fait évaporer le mélange de ce suc & de l'esprit de vin, ce qui reste a un goût de poisson gâté : par toutes ces expériences on peut juger si l'on doit regarder le corail comme une matiere simplement absorbante.

V. On a fait diverses épreuves sur le corail, la cire blanche fonduë le rend blanc jusqu'au fond de la substance; cette cire devient noire si on y met de nouveau corail deux ou trois fois : on peut enlever cette teinture à la cire par l'eau de vie empreinte de sel de tartre. L'esprit de cire rectifié prend du corail un rouge foncé, mais il n'apporte aucun changement dans l'intérieur. Le suc trouble du citron en extrait une teinture grasse bitumineuse qui s'évapore aisément, & laisse au suc de citron sa premiere couleur ; le suc de citron ainsi coloré ne fait plus de mouvement avec l'huile de tartre, ni avec l'esprit de vitriol : l'esprit de miel rectifié tire encore la teinture de corail, & y perd son goût acide.

VI. Le lait de vache frais sur un feu très-lent tire par degrez une belle teinture rouge de corail, soit qu'il ait son écorce, soit qu'il ne l'ait pas. C'est cette couleur rouge semblable à celle du sang qui avoit persuadé aux Anciens que le corail étoit merveilleux pour purifier les humeurs ; ils le regardoient comme un puissant cordial dans les maladies malignes : je ne sçai sur quel bisarre fondement ils en avoient fait un amulette pour les hémorragies ; l'analyse fait voir ce qu'on doit penser de toutes ces idées.

Dissolution de Corail.

PRenez du corail rouge pulverisé, mettez-le dans un matras, versez-y du vinaigre distillé à la hauteur de trois doigts, faites digerer la matiere sur le sable pendant deux jours, agitez le vaisseau de temps en temps, versez la liqueur par inclination, jettez-y de nouveau vinaigre ; continuez, comme devant, jusqu'à ce que tout le corail soit dissout ; mêlez vos dissolutions, faites évaporer l'humidité jusqu'à pellicule.

REMARQUES.

L'acide du vinaigre s'introduit avec force dans le corail, l'attraction ou la pesanteur de l'admosphere de l'air sont les agents qui unissent ces matieres, l'ébullition est assez violente, cependant on n'y remarque aucune chaleur, cela n'est pas surprenant : dans la machine du vuide beaucoup de matieres boüillonnent sans s'échauffer ; cette agitation ne vient que du mouvement des parties de l'air qui s'échappe avec violence : si l'on plonge dans l'eau un vaisseau percé de plusieurs trous, l'eau en s'y introduisant éleve des parties d'air qui forment de petites bulles ; voilà l'image de ce qui se passe dans les dissolutions : il arrive aussi que les acides entrant avec impétuosité dans les alkalis ou les terres absorbantes, en écartent tout-à-coup les parois des pores ; cet écartement subit peut causer un boüillonnement dans l'eau, car ces petites parties qui s'éloignent produisent le même effet que les matieres qui se rarefient tout-à-coup dans l'air avec quelque bruit.

Les acides du vinaigre s'insinuent dans le corail, il faut donc qu'ils quittent le phlegme & la matiere grasse à laquelle ils étoient unis ; aussi retire-t-on en distillant les dissolutions un phlegme insipide & un peu d'esprit de vin : l'esprit de Venus ou le vinaigre qu'on retire du cuivre dissout, est plus propre à diſſoudre le corail que le vinaigre ordinaire.

L'alkali fixe a plus de rapport que le corail avec l'acide du vinaigre, par conſéquent ſi l'on y verſe de l'huile de tartre, elle ſe joindra avec cet acide, & le corail ſe précipitera; ce précipité eſt blanc, on le nomme magiſtere de corail : on peut faire cette précipitation par l'acide du bol ou du vitriol ; ces acides ont plus de rapport avec le corail que les acides du vinaigre, ainſi ils s'attacheront aux parties du corail, & ſe précipiteront avec elles, parce qu'ils ſont plus peſans que l'acide du vinaigre. On attribuë de grandes vertus au magiſtere de corail ; mais l'expérience diminuë beaucoup le nombre des proprietez que lui donnent les livres : on le donne depuis dix juſqu'à trente grains dans quelque liqueur convenable ; on s'en ſert pour la diſſenterie & les diarrhées.

Si l'on prend la diſſolution de corail, & qu'on faſſe évaporer l'humidité juſqu'à ce qu'il reſte une maſſe ſeche, on aura une matiere qu'on nomme ſel de corail, ce n'eſt autre choſe que l'acide du vinaigre incorporé avec les molecules de corail ; on pourroit ſéparer cet acide en faiſant diſſoudre le ſel de corail dans l'eau, & y verſant de l'huile de tartre : les acides au reſte ſouffrent des changemens dans le corail ; car 1°. quand on fait le magiſtere avec l'huile de tartre, il ne ſe fait pas d'efferveſcence : 2°. on retire du ſel de corail par la distillation une liqueur qui n'est pas acide.

On ne se sert guéres du magistere, ni du sel de corail, mais on employe le corail même réduit en poudre impalpable sur le porphyre ; c'est un très-bon remede pour empêcher que le lait ne devienne aigre dans l'estomach.

La dose de la dissolution de corail est depuis dix jusqu'à vingt gouttes.

Le Soulphre.

1. NOus avons défini ailleurs ce que c'étoit que le soulphre, nous venons à ses préparations. Il se trouve dans la terre tel qu'il est, ou il demande quelque préparation. Il s'en sublime au haut du puits de Cesar à Aix-la-Chapelle ; l'eau chaude sulphureuse en fait monter les fleurs qu'on ramasse deux fois par an. Quand on le tire de la terre il est transparant & de couleur jaune, tel est celui que l'on trouve en Suisse, au Perou, au Mogol, il se trouve plus ou moins chargé de parties sulphureuses ; on en voit encore de gris cendré & enfermé dans des marcassites : en Italie à Solfatara où sont des feux soûterrains, il s'en sublime en quantité qu'on apporte en pains ; ce soulphre a été préparé, comme le suivant se prepare. Vers Liege il se trouve une marcassite de couleur de plomb,

qui donne du foulphre & du vitriol, on la
met dans des cornuës de grès, on la fait fondre dans ces vaiffeaux que l'on tient incli-
nez, & elle tombe dans des auges pleines
d'eau, & c'eft-là le foulphre; la terre reftée
au fond des cornuës donne un vrai fel vitriolique verd. Le foulphre en canon vient de
Provence, ou de Liege, il eft de deux fortes:
l'un eft jaune, & l'on s'en fert intérieurement mieux que de l'autre; le fecond eft
verd, il contient beaucoup d'acide vitriolique, c'eft le meilleur quand on veut avoir
l'efprit du foulphre.

2. Le foulphre eft pectoral par fa partie bitumineufe & fa partie acide, à ce qu'on prétend; mais je penfe que dans les maladies de
la poitrine il eft fufpect, c'eft le fentiment de
M. Baglivi: pour la qualité abforbante qu'on
lui donne, quand on dit qu'il peut imbiber
par-là l'alkali cauftique qui ruine la poitrine,
ce n'eft qu'une hypothèfe toute pure; je ne
fçai fi dans ces maladies pectorales il n'a pas
fait du bien quelquefois par ce que je vais
dire.

3. Le foulphre pris intérieurement fait tranf-
pirer, il incife les matieres de la gale, il excite un leger mouvement au fang, & il le
dépure par-là : ceux qui continuent l'ufage intérieur du foulphre durant un certain
temps, l'exhalent de tous côtez; l'argent même qu'ils portent fur eux fe noircit, cela

vient de ce que les parties du soulphre se divisent extrêmement & s'échappent par la transpiration.

4. Pour les maladies externes il vaut mieux le prendre intérieurement qu'extérieurement, il purge si on en prend beaucoup, il provoque même les regles, mais il faut bien se garder d'en donner aux femmes grosses de peur de l'avortement.

5. Il y en a qui en prennent jusqu'à une once en deux prises, & ils en sont purgez; pour s'en servir on le prépare diversement: on le dépoüille de sa partie terreuse en le sublimant en fleurs, & c'est-là la meilleure maniere; quelques-uns fondent de la cire avec le soulphre, & ensuite ils les jettent dans l'eau, la cire reste dessus, & le soulphre va au fond avec quelques parties bitumineuses de cire, l'on trouve alors qu'il n'est plus si inflammable à cause des parties résineuses de la cire, mais il n'en vaut pas mieux. Il y en a qui prennent les fleurs de soulphre, & les tiennent dans un chaudron plein d'eau pendant douze ou quatorze heures, il se sépare quelque partie d'acide, mais il se perd aussi de la matiere inflammable, & il reste une grande quantité de parties terreuses; toutes ces préparations ne valent pas celle de l'esprit de soulphre que je vais donner.

Esprit de Soulphre.

L'Esprit de soulphre est la partie acide séparée de la matiere bitumineuse & des autres principes qui s'y trouvent mêlez.

Ayez une grande terrine de grès dans laquelle vous mettrez une petite écuelle renversée faite de la même terre, mettez-en une autre dessus; remplissez-la de soulphre fondu ; renfermez ces deux écuelles dans un grand entonoir de verre que vous aurez fait faire exprès avec un col aussi long que celui d'un matras de la largeur d'un pouce, mettez le feu au soulphre, ne bouchez point le trou de l'entonnoir, afin qu'il ait toûjours de l'air pour brûler, car autrement il s'éteindroit : lorsque votre soulphre sera consommé, mettez-y-en d'autre, & continuez ainsi jusqu'à ce que vous trouviez sous l'écuelle renversée autant d'esprit qu'il vous en faut, gardez-le dans une phiole.

Il y a une autre maniere de tirer l'esprit de soulphre, c'est par la campane de verre que cela se fait : on fait brûler dessous cette machine le soulphre, & les esprits qui en sortent se coagulant contre les parois, distillent dans une terrine de grès qu'on a mise dessous, de la même maniere que nous l'avons dit dans l'autre opération : on laisse un espace entre la campane & la terrine, pour que le soulphre en brûlant ait assez d'air ; mais malgré cette précaution il s'éteint à tous momens, & on retire très-peu d'esprit, quoy-qu'on choisisse un temps humide, comme les Artistes le recommandent.

On a trouvé encore d'autres manieres de séparer l'acide sulphureux : On prend un pot fort grand qui soit de grès, on y verse deux ou trois livres d'eau de fontaine, on met au milieu un pot de grès dont la moitié ou le tiers de la hauteur soit élevé sur l'eau, ensuite on fait un mélange de quatre livres de soulphre en poudre & de quatre onces de salpêtre, on remplit de ce mélange une écuelle de grès, on la pose sur le pot renversé dans l'eau, on met sur le soulphre un fer à cheval qu'on a rougi au feu ; alors la matiere s'enflammant, on couvre le pot ; aussi-tôt la vapeur ne trouvant point d'issuë, tombe & se condense dans l'eau : quand on trouve que le couvercle se refroidit, c'est une marque que le fer ne touche plus au soulphre ; on découvre le pot, on remplit l'écuelle du même mélange, & on pose dessus un autre fer à cheval & rougi : on couvre le pot, & on continuë ainsi jusqu'à ce qu'on a employé tout le mélange ; les pots étant refroidis, on retire l'écuelle & le pot renversé, on filtre la liqueur, on fait consumer l'humidité jusqu'à ce qu'on ait une liqueur très-acide & brune ; on la garde dans une bouteille.

REMARQUES.

Si l'on met le soulphre dans des vaisseaux fermes sur le feu, il se fond, il bout, il s'en va en fumée que l'on ramasse en poudre fine qui est un soulphre tout comme auparavant, cela fait voir que le soulphre n'a pas été décomposé ; mais si les vaisseaux sont ouverts, le feu brûle & enflamme la partie subtile inflammable, & l'acide s'éleve sous la cloche ou sous le couvercle de l'instrument dont on se sert.

Si on prend un sel chargé d'acide vitriolique ou alumineux, tel qu'est le sel polycreste, & qu'on le fonde en y jettant en même-temps une matiere inflammable, telle que l'esprit ou l'huile de thérébentine, il se formera d'abord une flamme ordinaire, puis une bleuë qui sent le soulphre ; on retire après cela la matiere du feu, on la verse, & on y trouve une substance qui contient beaucoup de soulphre : on voit par-là une maniere de recomposer un corps sulphureux.

Par la premiere maniere d'opérer on retire une quantité d'esprit assez raisonnable, & on n'est pas dans la nécessité de rallumer le soulphre à chaque moment, comme sous la campane où il se dissipe beaucoup d'esprit ; le soulphre donne $\frac{1}{3}$ d'acide, $\frac{1}{3}$ de bitume, $\frac{1}{3}$ de partie terreuse.

Dans le troisiéme procedé, dès que le pot

est bouché, le feu s'éteindroit s'il n'y avoit du salpêtre : je ne crois pas qu'on doive se servir de l'acide que donne ce mélange, parce que l'on a de l'acide nitreux plûtôt que de l'acide sulphureux , puisque l'acide sulphureux doit se joindre à la terre du nitre : sans doute qu'il y a aussi de l'acide vitriolique, mais on ne pourra jamais nier qu'il n'y ait un mélange. Il est vrai que l'acide du nitre peut se prendre ; on en voit de très-bons effets, mais ce n'est pas ce qu'on cherche ; de-là il paroît que ceux qui mettent encore plus de salpêtre que nous n'avons marqué, ont un esprit moins pur.

Il faut que dans ce dernier procedé le pot soit bien clos pour qu'il s'évapore moins d'esprit : on peut remplir l'écuelle de sable jusqu'à moitié, & mettre le mélange dessus, parce que le fer à cheval ne brûle que la moitié de la matiere; il est vrai qu'en ayant des fers d'une autre figure, on peut s'épargner cette peine, on en peut faire qui suivent le soulphre jusqu'au fond de l'écuelle ; on voit assez pourquoi il en faut avoir deux , c'est afin que l'un étant refroidi l'autre se trouve chaud.

On filtre la liqueur, parce qu'il s'y trouve toûjours quelque impureté : on fait consumer à-peu-près l'eau qu'on a mis dans le pot, & l'on trouve plus d'esprit de soulphre qu'on n'en retire par les autres opérations ;

A a

on appelle souvent ces esprits huiles de soulphre.

On met de l'esprit de soulphre dans les juleps jusqu'à une agréable acidité pour temperer l'ardeur des fiévres continuës; dix ou
quinze gouttes dans une ptisane au commencement d'un accez de la fiévre tierce la
guérissent souvent.

Baume de Soulphre de M. Homberg.

PRenez quatre onces de fleurs de soulphre, versez dessus une livre de bonne huile de thérébentine ; faites - les digerer à feu assez vif, le soulphre se dissout,
& l'huile se colore : retirez le vaisseau, & le
laissez refroidir , le soulphre se précipite :
décantez l'huile, elle se trouvera chargée
d'une once de soulphre : remettez de nouvelle huile de thérébentine sur les trois onces de soulphre restées, elle se colorera de
nouveau, laissez refroidir, décantez, & sur
le soulphre resté versez de nouvelle huile de
thérébentine, continuez jusqu'à ce que tout
le soulphre soit passé dans l'huile, ensuite
prenez cette huile & la distillez, jusqu'à ce
que vous voyez passer des gouttes rouges;
changez alors le recipient, & poussez à grand
feu pour faire passer toute la liqueur rouge
par la cornuë, sur laquelle versez de l'esprit
de vin, & en faites l'abstraction : réiterez jus-

qu'à ce que l'esprit de vin ne se charge plus
de teinture, il restera au fond une matiere
bitumineuse qui ne se dissout plus dans i'esprit de vin ; prenez ensuite cet esprit chargé
de la teinture rouge, & le distillez jusqu'à ce
qu'il soit réduit en consistence de miel, c'est
le baume de soulphre de M. Homberg.

Baume de Soulphre ordinaire.

DAns cette opération on veut séparer
les parties terreuses du soulphre, &
dissoudre l'acide & la partie bitumineuse.

Prenez dans un petit matras une once &
demie de fleurs de soulphre, versez dessus
huit onces d'huile de thérébentine, placez
votre matras sur le sable, donnez-y un feu de
digestion pendant une heure, augmentez-le
ensuite un peu lentement encore environ
une heure, l'huile prendra une couleur rouge ; laissez refroidir le vaisseau, puis séparez
le baume clair d'avec le soulphre qui n'aura
pû se dissoudre.

REMARQUES.

Le soulphre est composé d'un acide vitriolique & d'une partie bitumineuse qui y est en
très-petite quantité : cette partie bitumineuse
& inflammable est éxaltée dans le baume de
soulphre ; c'est pourquoi il ne convient point
dans la disposition inflammatoire & fiévreuse

du fang, ni dans une difpofition éréfypela-
teufe du poulmon.

On peut préparer ce baume avec d'autres
matieres ; l'huile tirée de la femence d'anis,
l'huile de fuccin, l'huile de lin, fourniront un
baume qui aura diverfes qualitez felon les
proprietez de ces matieres : toutes les huiles
au refte font propres à extraire le baume de
foulphre ; mais l'huile de thérébentine eft la
plus convenable.

Il y a d'autres manieres de préparer ce baume : On peut prendre le fel de tartre & le
mêler avec des fleurs de foulphre, il faut mettre ce mélange fur le feu jufqu'à ce que la
matiere commence à fondre, il fe fait un
hépar fulphuris dont on fait l'extraction par
l'efprit de vin, parce que le foulphre a été
ouvert par le fel alkali ; fi vous le voulez
d'une autre façon, prenez une once de fleurs
de foulphre, joignez-y huit onces d'huile de
thérébentine diftillée dans un matras que
vous boucherez bien avec de la veffie, faites
boüillir le tout pendant deux ou trois heures, & tenez-le toûjours boüillant ; la liqueur
étant rouge foncée, retirez-la du feu, & laiffez-la refroidir, il fe dépofe quelque chofe
au fond, décantez le refte qui eft le baume.

Dans toutes ces préparations il ne fe fait
aucune décompofition du foulphre, on lie
feulement & on embaraffe les acides ; on peut
réduire le baume en confiftence d'onguent,

on n'a qu'à faire évaporer fur le feu une partie de l'humidité, on s'en fert pour nettoyer
les playes & les ulceres : on tireroit encore
un baume de ce qui refte dans le matras, mais
il feroit très-foible ; ainfi il feroit inutile de
proceder à une nouvelle digeftion avec de
l'huile de thérébentine.

Le baume de foulphre eft dégoûtant par
fon goût & par fon odeur, outre cela on l'a-
vale très-difficilement, parce qu'il s'attache
au palais ; il faut le mêler, pour éviter cela,
avec du fucre candi, ce fera un eleofaccha-
rum qui fe diffoudra dans quelque liqueur
que ce foit ; on peut encore l'incorporer
dans quelque conferve de rofe ou de buglofe
pour l'avaler en bolus.

On veut quelquefois épaiffir beaucoup de
baume, pour cela on peut le mettre dans une
cornuë, & en tirer par la diftillation au feu
de fable une matiere liquide, jufqu'à ce qu'il
ait une confiftence requife.

Ce remede en general eft bechique, il eft
bon pour les ulceres des reins & de la veffie,
la dofe eft depuis huit jufqu'à trente gouttes
dans une liqueur appropriée, avec des con-
ferves ou des poudres, pour les reins on y
joint l'huile de géniévre, & pour la poitrine
celle de thérébentine : comme le foulphre
paffe dans la maffe du fang, ainfi que nous
l'avons prouvé, & qu'il circule & fort par

les voyes de la transpiration, on peut donner ce baume pour les maladies de la peau.

Baume vulneraire.

LES baumes qu'on fait avec les matieres
huileuses tirées des végétaux, sont excellens ; en voici un vulneraire qui peut être
de grand usage : Prenez quatre onces de baume de Copaü, de baume de Tolut, de baume
du Perou, de myrrhe, d'aloës succotrin d'Oli-
ban, de racines d'angelique, de saffran, de
chacun demie once, de feüilles de dictamne de
Crete une poignée, de summitez & de fleurs
d'hypericon une once, de styrax & de benjoin, de baume de soulphre, de chacun trois
onces, d'esprit de vin deux livres & demie ;
faites digerer ces matieres au Soleil ou à la
chaleur de fiente de cheval pendant neuf
jours, gardez la colasure.

REMARQUES.

On infuse les racines d'angelique, les
feüilles de dictamne & les summitez d'hypericon dans l'esprit de vin, puis on exprime
la liqueur, on y joint le benjoin, la myrrhe,
& les substances ruineuses seches que l'on infuse dans l'esprit de vin, ensuite on y ajoûte
le baume du Perou & de Tolut.

On donne ce baume intérieurement dans

les ulceres internes & dans les fiévres malignes, s'il s'agit de pousser le venin par les
sueurs ; on s'en sert aussi dans les suppressions
des regles, d'urine, dans les chûtes.

Ce baume ne paroîtra pas ici à sa place ;
mais comme les matieres gommeuses & résineuses ne sont que des especes de soulphre,
j'ai cru que je pouvois le mettre après le
baume de soulphre qui y entre.

Si l'on met trois parties d'huile tirée par
expression avec une partie de soulphre dans
un vaisseau de terre vernissé, & qu'on fasse
boüillir le mélange jusqu'à ce que le soulphre
soit dissout, on aura le baume de Vanhelmont ; par cette opération il paroît que le
soulphre s'unit aux huiles grossieres, & qu'on
peut se servir de ces huiles pour dépurer les
métaux des matieres sulphureuses, on peut
l'éprouver avec l'antimoine & avec l'huile
d'olives. On dit que ce baume échauffe extérieurement, & qu'il guérit les ulceres pulmonaires : je ne voudrois pas garentir ces
vertus, mais il laisse sur la langue un goût
desagréable qui ne peut presque pas s'effacer ;
selon un grand Medecin, ce baume augmente la fiévre.

On peut former avec le baume dont nous
venons de parler, des savons sulphureux,
mais ils sont d'une odeur très-desagréable ;
Vanhelmont en a donné le premier la composition, & Starkey les recommande comme

des remedes univerfels, mais il eft difficile de s'en fervir à caufe de leur puanteur.

Par ce que nous venons de dire fur les baumes, on peut voir que plus les huiles font groffieres, mieux elles diffolvent le foulphre, & que celles qui font fubtiles ne le pénétrent que difficilement ; de-là vient que l'efprit de vin ne touche pas au foulphre feul, je dis au foulphre feul, car quand il a été diffout avec des huiles ; il donne ingrez à l'efprit de vin, comme nous l'avons vû dans la premiere préparation ; ainfi on peut mettre le baume de foulphre fait avec l'huile de thérébentine dans l'efprit de vin : après que les matieres auront été en digeftion quelque temps, le foulphre fe diffoudra, & l'huile de thérébentine fe précipitera ; c'eft un remede très-efficace pour deffecher les ulceres, & pour donner de la force aux parties affoiblies.

Si le foulphre ne fe diffout pas dans l'efprit de vin, la même chofe n'arrive pas dans d'autres procedez : On prend du fel de tartre, on le fait fluer dans un creufet, on y jette égales parties de foulphre, on couvre le creufet, le foulphre fe diffout, & forme une maffe friable avec le fel de tartre, & cette maffe fe diffout aifément dans l'eau, c'eft là-deffus qu'eft fondée la dépuration des métaux par les fels.

Si on prend quelque efprit alkalin tiré des

animaux, & qu'on le verſe ſur les ſoulphres, on aura une teinture dorée après que les matieres auront reſté durant un aſſez long temps dans un vaiſſeau fermé ; on voit par-là l'effet des matieres ſulphureuſes ſur le corps humain : elles s'ouvrent ſi elles y rencontrent des ſels volatiles, & elles s'y attachent de même que dans cette opération : de-là vient que le ſoulphre eſt un remede pour la peſte ; mais dans les maladies où les liqueurs tendent à l'acidité, il ſeroit inutile.

Si l'on jette de l'eſprit de vin ſur la diſſolution de ſoulphre faite par le ſel de tartre, on aura une teinture dorée ; on voit par-là ce qu'on doit juger des teintures dont parlent les Charlatans, ce n'eſt que de véritables teintures de ſoulphre.

Willis a mis autrefois en vogue un remede tiré du ſoulphre diſſout par le ſel de tartre, il le mettoit dans de l'eau de mer, & filtroit la liqueur, il y mêloit quatre fois autant de ſucre, il réduiſoit le tout ſur le feu en conſiſtence de ſyrop ; cette préparation eſt déſiccative, mais elle ne mérite pas le bruit qu'elle a fait du temps de Willis qui s'en ſervoit pour la toux & les catharres.

Fleurs de Soulphre.

CEtte opération eſt une eſpece de diſtillation ſeche qui éleve les parties du ſoul-

phre, & ces parties ainſi élevées ſe nomment
fleurs, elles ne ſont qu'un ſoulphre purifié &
ſubtilifé.

Mettez environ demie livre de ſoulphre
groſſierement pulverifé dans une cucurbite
de terre, placez-la ſur un peu de feu à nud,
mettez deſſus un pot ou une autre cucurbite renverſée qui ne ſoit point vernie, en
ſorte que le cou de l'une entre dans l'autre;
lévez de demie heure en demie heure la cucurbite ſupérieure, & en adaptez une autre
en ſa place, ajoûtez auſſi de nouveau ſoulphre, ramaſſez vos fleurs que vous trouverez
attachées dans la cucurbite, & continuez
ainſi tant que vous aurez beſoin de fleurs, il
ne reſte au fond qu'un peu de terre legere.

REMARQUES.

L'acide vitriolique & la partie bitumineuſe ne ſe ſéparent pas, à moins qu'on ne
les expoſe à l'air qui les rarefie & les écarte:
lorſqu'on tient donc le ſoulphre renfermé en
fuſion, il s'en éleve une fumée qui eſt un
ſoulphre ſubtil dégagé des parties terreſtres
groſſieres, & quelquefois dans ces parties
craſſes on trouve des matieres métalliques;
on ſe ſert du ſoulphre jaune qui contient plus
de bitume.

On pourroit, ſelon M. Lemery, ſe ſervir
d'un chapiteau de verre, & l'adapter à la cucurbite, mais les fleurs ne s'y attachent pas ſi

aisément qu'à une matiere terreuse, parce qu'elles ne trouvent pas assez d'inégalitez qui les soûtiennent.

On peut faire des fleurs blanches en mettant une partie de sel polycreste avec deux parties de soulphre, cette blancheur ne vient que du mélange & de l'action du feu ; au reste je dirai à l'occasion de cette blancheur que je ne me mettrai pas en peine d'expliquer les changemens de couleur qui ne dépendent que de la diverse attraction des matieres & des rayons; nous ne connoissons pas pour cela assez bien le tissu des corps.

Le soulphre lavé n'est qu'une opération inutile qui enleve le soulphre, & ne le purifie pas ; l'Abbé Beaumont en faisoit prendre jusqu'à six gros par dose qu'il réïteroit deux fois chaque jour, ainsi on prenoit une once & demie de soulphre par jour.

La dose des fleurs de soulphre est depuis dix jusqu'à trente grains dans des tablettes ou des opiates, on s'en sert aussi dans les onguens pour la gale.

Le Succin.

1. L'Ambre jaune ou succin est une substance fossille bitumineuse qui d'abord a été liquide ou molle, & s'est dessechée dans la suite ; sa couleur est citrine, quelquefois blanchâtre, selon que les sels y do-

minent : on y trouve des feüilles, des infe-
ctes renfermez, & cela démontre évidemment fon origine molle; il eft compofé d'un
acide vitriolique, d'une huile fubtile & d'une
autre plus groffiere. Cette huile eft l'huile de
la terre qui eft une efpece de petrole, cela fe
confirme par l'expérience qui fait voir que
l'acide vitriolique joint à l'huile de petrole
forme une efpece de fuccin; d'ailleurs fi on
le réduit en poudre, il a un goût acide qui
fe communique à l'eau à laquelle on le mêle, & par la diftillation on en retire une huile
de petrole ou fort approchante.

II. Le fuccin dans l'analyfe donne d'abord
une huile tenuë, agréable, jaune, bitumineufe, il vient enfuite un phlegme legerement acide ou un efprit chargé d'un fel qui
donne des marques d'acidité, mais ce fel eft
toûjours chargé de parties huileufes qui l'a-
douciffent, il ne fe cryftallife pas, il fe ramaffe feulement en globules, de même que
l'huile congelée; on dilaye ces globules dans
l'eau que l'on évapore, & ils fe réduifent en
aiguilles qui fe ramaffent en houpes : après
le phlegme ou efprit blanchâtre il paffe quelques grains de fel qui fe grumelent autour du
recipient, puis une huile groffiere empyreumatique; il refte enfin un charbon noir &
terreux qui fe réduit en une terre inutile qui
ne donne rien du tout.

III. Ce bitume fe trouve fur des ruiffeaux

proche la mer Baltique dans la Pruſſe Ducale, on ne ſçait pas qu'il en vienne ailleurs. Il porte divers noms, on l'appelle *Carabé, Electrum, Ambra citrina*; on en trouve de blanc, de jaune, & de noir. Le blanc eſt opaque, odorant quand il eſt frotté contre quelque choſe, plus abondant en ſel volatile que les autres: le jaune eſt tranſparant, plus agréable à la vûë, on s'en ſert pour faire des colliers, on en retire beaucoup d'huile; le noir eſt celui qui a le moins de vertus.

IV. On apporte des Iſles Antilles une gomme de peuplier nommée *copal* qui a été entraînée par des torrens d'eau dans des rivieres dont on le retire; il eſt ſi ſemblable au carabé, qu'on pourroit s'y tromper aiſément, auſſi l'appelle-t-on *faux carabé*.

V. Le ſuccin ſe fond tout-à-fait dans la cornuë, mais à feu plus fort; ſi on n'obſerve pas bien les degrez de feu, l'ambre monte tout entier: le mélange qu'on a fait quelquefois avec le ſable eſt ſujet à faire caſſer les cornuës; s'il faut un intermede, c'eſt le ſel marin qu'il faut prendre, mais en ce cas l'eſprit volatile acide du ſuccin ſera adulteré par le ſel, c'eſt pourquoi il vaut beaucoup mieux diſtiller doucement tout ſeul.

VI. La poudre de ſuccin réduite en alkool eſt utile dans les hémorragies & les pertes de ſang à raiſon de ſon ſel vitriolique auſſi-bien que dans les ulceres des reins, dans les fleurs blanches, dans les gonorrhées; la dose est depuis vingt-quatre grains jusqu'à demie drachme, elle déterge, consolide à raison de ses parties huileuses & balsamiques.

Teinture de Succin.

CEtte teinture est une dissolution du succin dans l'esprit de vin.

Pulverisez exactement cinq ou six onces d'ambre jaune, & les mettez dans un vaisseau de rencontre, versez dessus de l'esprit de vin jusqu'à la hauteur de quatre doigts, luttez les jointures avec de la vessie moüillée, posez-le en digestion sur les cendres chaudes, & l'y laissez pendant cinq ou six jours, ou jusqu'à ce que l'esprit de vin soit bien chargé d'une couleur qui soit bien jaune semblable à celle de l'or ou du succin; versez cette teinture par inclination, surversez d'autre esprit de vin sur la matiere, laissez digerer le tout comme auparavant; separez ensuite l'impregnation, mêlez-la avec l'autre, filtrez-les, & en retirez par la distillation dans un alembic à petit feu environ la moitié de l'esprit de vin qui vous servira comme devant, gardez la teinture que vous trouverez au fond de l'alembic dans une phiole bien bouchée.

REMARQUES.

Le succin étant bitumineux doit être dis-

fout dans l'esprit de vin, mais l'esprit de vin
est trop tenu pour le pénétrer, il ne le diffout
pas tout-à-fait, car il ne touche qu'à l'huile
subtile; les huiles essentielles le divisent presque tout-à-fait : si on le fait boüillir avec
l'huile de lin, il s'y amollit, & il ne reste que
les parties les plus grossieres.

On voit par-là qu'il manque quelque chose
à l'opération que nous avons décrite; il ne
se trouve dans cette teinture que ce que le
succin a de plus subtil : pour en avoir une
bonne dissolution, il faut se servir de l'esprit
de vin tartarisé; voici comment on peut proceder.

Prenez égales parties de succin en poudre
& de nitre fixé, ou de l'huile de tartre; arrosez la poudre avec cette liqueur dans une terrine placée sur le feu, les parties alkalines se
trouveront agitées par la chaleur, & la masse
fumera, vous jetterez alors ce composé tout
chaud dans un mortier, & vous y verserez
sur le champ l'esprit de vin qui le diffout
presque entierement, & se teint sur le
champ, on laisse le tout quelque temps en
digestion.

Il y a des Artistes qui prennent quatre onces de succin, une once de sel de tartre; quand
la matiere commence à fumer, & qu'elle est
à demi fonduë, ils la tirent, & la laissent refroidir, puis ils la pulverisent, & y surver-
sent de l'esprit de vin à la quantité de douze

onces; ils laiſſent digerer les matieres, puis ils les font boüillir enſemble.

On met le ſuccin en poudre dans ces opérations, afin que le menſtruë le pénétre plus facilement; dans le premier procedé on retire la moitié de l'eſprit de vin, afin que la teinture ſoit plus chargée & par conſéquent plus forte.

Si vous verſez quelques gouttes de teinture de ſuccin dans un verre d'eau, il ſe fera un lait; mais à meſure que la précipitation ſe fait, la blancheur diſparoît, & l'eau devient claire. Le mélange de cette même teinture avec l'eſprit volatile de ſel ammoniac ou parties égales, fait un coagulum blanchâtre plus fort que celui qui ſe fait par le mélange d'eſprit de vin, & de ſel ammoniac.

Selon M. Lemery, ſi l'on fait diſtiller la teinture de ſuccin, & qu'on la cohobe pluſieurs fois ſur le marc reſté, on aura une liqueur claire, fort propre pour fortifier les yeux qui pleurent.

La teinture de ſuccin eſt très-utile pour les affections convulſives, pour les ulceres des poulmons, pour les gonorrhées; on y joint l'eſprit de corne de cerf, & c'eſt ce que pluſieurs Medecins appellent *ſpiritus cornu cervi ſuccinatus*: la doſe de cette teinture eſt depuis dix gouttes juſqu'à une drachme dans une liqueur appropriée.

Je ne m'arrêterai pas ici à expliquer les

affections hystériques, comme M. Lemery ; je me contenterai de dire qu'il s'est trompé, en attribuant, comme le commun des Medecins, cette maladie à l'*uterus*. Il n'y a presque en tout cela qu'une convulsion qui arrive aux hommes comme aux femmes. Il est vrai que la matrice peut y donner occasion en ce que les évacuations qui se font par cette organe sont troublées, mais cela ne fera jamais qu'elle monte & qu'elle descende, comme on le dit ; il suffit qu'il y ait des engorgemens, ou que le sang privé de son mouvement ordinaire & de sa filtration s'y épaississe, cela pourra produire des convulsions, comme la suppression des hémorroïdes en produit dans les hommes. Pour ce qui regarde les effets des remedes antihysteriques, on n'a qu'à considerer que cette maladie est la même que l'affection hypochondriaque : or dans les hypochondriaques on trouve toûjours les vaisseaux mesenteriques, pleins d'un sang épais noirâtre, & disposez à la siccité, ou souvent même fort dessechez ; là-dessus on n'a qu'à voir quels remedes il faut pour l'une & l'autre maladie, cependant l'expérience doit conduire dans l'administration des remedes plûtôt que le raisonnement, c'est pourquoi je n'en dirai pas davantage là-dessus.

Sel marin.

I. LE sel commun est un sel salé qui se trouve dans des mines, ou qu'on tire des eaux salées par art; il est de trois sortes : le sel gemme; le sel des fontaines, & le sel marin. Le premier qui est un sel fossille, tire son nom de sa surface luisante & polie, comme une pierre précieuse; on le trouve en Pologne, & en plusieurs autres endroits. Le second se tire des eaux de fontaine quand on les évapore. Le troisiéme se tire de l'eau de la mer ou par crystallisation, ou par évaporation; ces sels sont à-peu-près de la même nature. Le sel gemme est plus pénétrant, cela vient de ce qu'il n'a pas été dissout dans l'eau.

II. On prépare du sel en Normandie par l'évaporation de l'eau de la mer sur le feu; ce procedé affoiblit le sel, puisque le feu en enleve toûjours beaucoup quelque foible qu'il soit, comme on le voit par la distillation de l'eau marine.

III. Le sel qu'on prépare à la Rochelle par la crystallisation, n'a pas les mêmes inconveniens. On le fait dans des marais plus bas que la mer couverts de terre argilleuse, pour qu'ils puissent retenir l'eau salée qu'on y conduit. Vers le mois de May on épuise l'eau qui avoit été mise l'Hyver dans les marais pour les conserver, ensuite on y laisse passer autant d'eau falée qu'on veut, on la conduit par divers canaux où elle fe purifie & s'échauffe, on l'introduit enfuite dans les aires qui font des lieux plats, polis, & propres à faire crêmer le fel, la chaleur du Soleil évapore une partie de l'eau, un petit vent qui vient après la grande chaleur aux environs de la mer, condenfe & cryftallife par fa fraîcheur le fel qui flottoit dans l'eau, il n'y a que la pluye qui puiffe alors le broüiller, deux heures feulement de pluye reculeroit l'ouvrage de quinze jours; ils faudroit nettoyer les marais, en ôter l'eau, & y en introduire de nouvelle : s'il pleuvoit une fois dans quinze jours, jamais on ne feroit de fel.

IV. Pour purifier le fel on le fond dans l'eau, on filtre la diffolution, on évapore l'humidité, & il refte un fel fort blanc; il fe trouvera encore plus pur, fi on laiffe faire la cryftallifation, au lieu d'enlever ce qu'il y a d'humide jufqu'à ficcité : quand le fel ne fe cryftallifera plus, il faudra faire évaporer toute l'eau, parce qu'il y a une terre bitumineufe qui retient le refte du fel, apparemment que cette graiffe vient de la terre, au refte on procede à cette cryftallifation, comme à l'ordinaire, c'eft-à-dire, par des évaporations réiterées.

V. On ne voit pas d'ebullition ni de trouble quand on mêle le premier fel cryftallifé

avec l'huile de tartre, ou dans une autre liqueur de sel alkali résout; le sel acide enfermé dans la terre du sel marin ne sçauroit
agir, on n'a qu'à voir nos Principes: mais le
dernier sel desseché sur le feu étant mêlé
avec quelque alkali, comme l'huile de tartre,
il se fait une coagulation & une précipitation d'une matiere qui paroît graisseuse &
saline; il en arrive de même à des sels acides
bitumineux qu'on retire en évaporant certaines eaux minerales, comme celles de Baleruc
en Languedoc. Les acides vitrioliques mêlez dans la substance sulphureuse & la mixtion des sels marins & de tartre, qui s'em-
barassent facilement dans la matiere grasse,
causent l'épaississement: ce coagulum ne peut
point se dissoudre dans l'eau, la matiere sulphureuse y est un obstacle; mais les acides le
dissolvent avec effervescence en pénétrant le
sel de tartre.

VI. Le sel marin est d'un goût salé sans
âcreté, en quoi il différe du salpêtre qui est
âcre, il se crystallise en cube, décrépite sur
le charbon, & se fond au feu; il faut remarquer que dans les sels salez on ne doit sentir
aucun acide, mais plûtôt un goût amer qui
dure assez long-temps.

Esprit de Sel.

L'Esprit de sel est une liqueur acide qu'on
retire du sel marin.

Prenez une partie de sel marin décrépité & trois parties d'argille, donnez un feu très-doux, tout l'esprit du sel marin montera. Je ferai quelques réfléxions sur cette méthode qui est fort courte; mais auparavant voici celle de M. Lemery.

Faites dessecher du sel sur un petit feu, ou au Soleil, réduisez-en deux livres en poudre subtile, mêlez-les éxactement avec six livres d'argille, ou de bol en poudre; faites de ce mélange une pâte dure avec ce qu'il faudra d'eau de pluye, formez-en de petites boules de la grosseur d'une noisette, exposez-les long-temps au Soleil; quand elles seront parfaitement seches, mettez-les dans une grande cornuë de grès ou de verre luttée, laissez-en un tiers vuide, placez cette cornuë dans un fourneau de reverbere clos, adaptez-y un grand balon ou recipient sans lutter les jointures, donnez un feu très-lent au commencement pour échauffer la cornuë, & pour faire sortir goutte-à-goutte une eau insipide lorsqu'il viendra des vapeurs blanchâtres: jettez ce qui sera dans le recipient; l'ayant radapté luttez éxactement les jointures, augmentez peu-à-peu le feu jusqu'à la derniere violence, continuez-le quatorze ou quinze heures, le balon cependant sera échauffé & rempli de nuages blancs; lorsqu'il se refroidira, & que les nuages disparoîtront, l'opération sera achevée; déluttez les jointures, vous trouverez une livre & demie d'esprit de sel dans le recipient, gardez-le dans une bouteille de grès éxactement bouchée.

REMARQUES.

M. Lemery remarque que l'esprit de sel vient plus facilement après avoir mis le sel en cette forme : il veut qu'on laisse un vuide dans la cornuë, & qu'on adapte un grand recipient pour donner à l'esprit la liberté de circuler avant qu'il se résolve, autrement il creveroit tout ; le feu doit s'augmenter peuà-peu, parce que les premiers esprits s'élancent avec grande impétuosité quand ils sont trop poussez : voici nos réfléxions sur l'esprit de sel & sur notre opération.

Le sel marin est composé d'un acide particulier & d'une terre qu'il ne quitte qu'avec peine, car si on le met au feu il s'y fond, & s'en va en fumée, laquelle ramassée & mise dans l'eau s'y crystallise en cubes comme auparavant ; il n'y a donc pas eû de décomposition : pour en venir à bout il faut un intermede. La terre du sel marin paroît la même que celle du salpêtre ; mais l'acide nitreux a plus d'affinité avec cette terre que l'acide du sel marin : l'acide du vitriol en a encore davantage ; c'est pourquoi on peut chasser l'acide du sel marin de sa terre par le moyen de l'acide du salpêtre, & chasser ensuite celui du salpêtre par celui de vitriol.

Jettez du sel marin dans l'esprit de nitre, & donnez un feu doux, l'acide nitreux s'unira avec la terre du sel marin, & en chassera l'acide; cette terre étant semblable à celle du salpêtre, & l'esprit du salpêtre s'incorporant avec elle, il en doit résulter du salpêtre: l'expérience aussi le confirme; car ce nouveau composé se dissout dans l'eau, s'y crystallise en aiguilles, & fuse comme le salpêtre; versez sur cette matiere saline qui reste de l'huile de vitriol, & la distillez sur le feu, l'acide vitriolique chassera l'acide nitreux, s'unira avec la terre, & vous aurez dans la matiere qui s'éleve un véritable esprit de nitre.

Le sel marin a beaucoup de terre, de-là vient qu'il faut beaucoup d'argille pour fouler cette terre d'acides vitrioliques; si on se sert du salpêtre, il n'en faudra pas tant: pour l'huile de vitriol il en faut deux parties sur une de sel marin; mais il faut se souvenir qu'avant de travailler le sel avec quelque intermede, il faut le décrépiter, autrement les vaisseaux casseroient.

Il reste au fond une matiere qu'il faut dissoudre dans l'eau bouillante, on la filtre ensuite, & on la crystallise, on a par-là le sel admirable de Glauber composé de l'acide du vitriol & de l'alkali du sel marin; les crystaux qui se forment dans l'eau sont plats en quoi ils tiennent du vitriol, ils sont à six pans, & ont deux surfaces plates fort larges, &

deux autres fort étroites fur les côtez.

Par cette méthode on fait deux chofes à la fois, fçavoir, l'efprit du fel marin, & le fel admirable de Glauber. Si vous ne voulez faire que le fel admirable, mettez le fel marin dans un creufet, verfez deffus l'huile de vitriol, & laiffez évaporer tout l'efprit de fel fous la cheminée, puis calcinez la matiere, elle fe cryftallifera.

On peut fe fervir d'une cucurbite de grès qui s'éleve plus haut que la cornuë où la matiere fe bourfouflant jufqu'au bec fait fortir fouvent toutes chofes en confufion ; cela n'arrivera point ici : à l'égard des proportions il y a des Artiftes qui mettent feulement deux parties d'argille contre une de fel marin ; s'ils fe fervent d'huile de vitriol, ils le mettent en parties égales.

Les acides vitrioliques peuvent auffi monter, ainfi il faut quitter quand les fumées ceffent ; au refte la maffe reftée dans la cornuë doit fe calciner dans un creufet à grand feu, on la diffoudra enfuite dans l'eau boüillante.

Quand on fe fert de l huile de vitriol, il ne faut pas décrépiter le fel auparavant, cela n'eft pas néceffaire, parce que toute l'eau s'évapore dès que l'huile de vitriol agit.

On peut déphlegmer en quelque façon l'efprit de fel, car fi on le met dans une cucurbite, & qu'on faffe diftiller par un feu de fable médiocre environ le tiers de la liqueur, on on aura un efprit foible & agréable au goût ; celui qui reftera au fond de la cornuë fera plus fort, prendra une couleur jaunâtre, fera plus pefant qu'il n'étoit : ces deux efprits ont les mêmes vertus, il n'y a que la force qui diffère ; ainfi les dofes en font différentes.

M. Lemery prétend qu'on ne peut pas priver entierement le fel marin de fon acide, parce que la terre le tient étroitement lié ; au lieu que, felon lui, le falpêtre donne tout ce qu'il a d'acidité, parce qu'il eft demi volatile. Je fuis perfuadé qu'il en refte toûjours quelque chofe dans la terre de l'une & de l'autre ; mais fans entrer dans cette difcuffion on peut affûrer que l'acide vitriolique en fuffifante quantité dégage fort bien la terre marine de fon acide, parce qu'il eft infiniment plus puiffant que les autres acides & fur-tout que celui du fel marin.

On ne fçait pas encore la maniere de retirer l'efprit de fel fans addition ; M. Seignete cependant a diftillé ainfi un fel marin ; & après avoir expofé le fel refté à l'air, il le trouva rempreint d'efprits, il le diftilla avec la même facilité, & il retira la moitié d'efprit de fel qu'il avoit retiré auparavant. Je ne croi pas, comme Lemery, que cet efprit ait été porté par l'air, il s'eft feulement développé par l'action des parties aëriennes. Ce Chymifte affûre que cet efprit de fel étoit entierement femblable à celui du sel commun. Quelques personnes lui ayant objecté que le sel commun donneroit un esprit comme celui qu'il retiroit de ce sel, si on le décrépitoit, & qu'on le tînt long-temps sur le feu, & qu'après cela on l'exposât à l'air durant plusieurs jours ; il répond que l'expérience renverse cette objection, & qu'on ne peut retirer qu'un esprit qui mérite le nom de phlegme.

Lemery ayant remarqué de la différence entre les acides tirez par un feu violent, & ceux qui se font naturellement, comme les aigres de biere, de vin, de cidre, de citron, & que l'esprit de sel entr'autres avoit une différence particuliere, puisqu'il précipitoit ce qui étoit dissout par l'eau forte, a recours à des suppositions imaginaires dont on voit le peu de fondement par nos Principes. Les parties acides n'agissent pas sur l'eau forte, comme il dit, par des pointes & par le simple choq de leur pesanteur ; l'affinité des matieres est la seule raison.

L'esprit de sel est aperitif, l'on en met dans les juleps jusqu'à une agréable acidité ; on s'en sert pour nettoyer les dents, quand on l'a temperé avec un peu d'eau, & pour manger la carie des os.

Pour le sel admirable de Glauber dont nous avons parlé, c'est un merveilleux fondant qui ne cause point d'irritation, on l'appelle *sal catharticum amarum*, on s'en sert

pour les affections mélancholiques & hystériques, la dose est depuis six gros jusqu'à deux
onces; si dans une pinte ou trois chopines
d'eau on met deux onces de ce sel, cela leve
les obstructions commençantes. Une once
dans de l'eau de chicorée soulagea merveilleusement une femme hystérique; il se joint
fort bien avec les amers: il lâche peu-à-peu,
& dispose à la purgation; c'est la même chose
que le sel d'*Epson* qui vient d'Angleterre d'où
on l'apporte naturel ou factice. Le naturel
vient d'une fontaine; le factice se tire d'une
terre vitriolique mêlée avec du sel marin.
Il y a une montagne en France qui donne par
des lotions une terre d'où l'on tire un sel
comme celui d'Epson.

Il faut remarquer que la masse saline d'où
on tire le sel de Glauber imbibe considerable-
ment l'eau dans laquelle on la dissout; car de
deux livres de masse on retire trois livres de sel
dont les crystaux sont larges en Losange ou
en Rhomboïde. Le sel admirable exposé à
l'air s'y calcine, parce que les parties d'eau
s'évaporent; & les parties d'eau n'en étant
plus soûtenuës, elles tombent en poussiere
ou chaux fixe qui produit des effets bien
différens de ceux que donne le sel admirable: si l'on verse de l'eau sur cette chaux dans
un verre, le tout se crystallise.

Dulcification de l'Esprit de Sel.

PRenez parties égales de sel & d'esprit de vin, mettez-les digerer pendant trois ou quatre jours dans un vaisseau de rencontre à un feu de sable assez lent, il se formera une troisiéme liqueur agréable au goût & aromatique; c'est l'esprit de sel dulcifié.

REMARQUES.

Le sel marin ou élementaire est un sel composé d'un esprit acide & d'une terre absorbante, comme la craye ; le sel gemme n'est point mêlé, & vaudroit mieux si on en avoit aisément. Le sel marin renferme du bitume, des matieres végétales ou animales qui se trouvent dans la mer aussi-bien qu'un sel alkali qui ne se crystallise qu'avec peine; car le sel gris lavé laisse après la crystallisation une terre & de l'eau amere : l'acide du sel marin se sépare difficilement de sa terre alkaline; si on le met dans un creuset sur un bon feu après avoir été crystallisé, il décrépite ; si on pousse le feu, le sel rougit, fluë, & se dissipe en fumées qui ne sont que des parties de sel divisées, mais non décomposées : elles forment une poussiere ou suye que l'on nomme fleurs; si on les prend & qu'on les fonde dans l'eau, elles s'y crystallisent comme auparavant en cube.

On a vû cy-devant la méthode de féparer l'acide du fel marin d'avec la terre ; cet acide porte le nom d'efprit de fel marin. Nous avons dit au même lieu comment fe fait le fel admirable de Glauber, & d'autres préparations ; voici ce que nous avons à remarquer fur la dulcification de cet efprit de fel.

Plufieurs Artiftes fuivent diverfes proportions dans le mélange ; quelques-uns prennent une partie d'efprit de fel contre deux d'efprit de vin : en general on peut établir que fi l'efprit de vin n'eft pas bien rectifié, il en faut trois parties fur une d'efprit de fel.

Il arrive une fermentation dans ce procedé, c'eft les acides qui fermentent avec les parties huileufes auffi-bien qu'avec l'alkali : ici l'efprit de vin ne fermente qu'en qualité de corps fulphureux ; ainfi on ne peut pas conclure qu'il foit alkalin : la fermentation avec l'efprit de fel n'eft pas fi violente qu'avec l'efprit de nitre, parce que l'acide du fel marin eft plus ferré & plus fixe.

Le mélange doit fe faire goutte-à-goutte, parce que fi on mettoit toute la quantité à la fois, l'effervefcence pourroit crever les vaiffeaux ; on laiffe ces liqueurs en digeftion, afin que les parties fulphureufes fe joignent à l'acide ; elles lui enlevent la vertu corrofive : cette liqueur donne une odeur de faffran, ce qui le diftingue des autres fels dulcifiez.

B b iij

L'esprit de sel dulcifié résiste à la malignité des humeurs, & fixe, si l'on en croit certains Medecins, les soulphres de la bile ; il pousse diverses matieres par les urines & les sueurs, il desseche les parties, remedie au relâchement quand on le joint avec le vin blanc pour ceux qui ont une hernie : la dose est depuis quatre jusqu'à douze gouttes.

Il faut observer en general que la Medecine trouve de très-grands remedes dans les sels, il faut seulement prendre certaines précautions, par exemple : quand on employe le sel admirable de Glauber, ou *arcanum duplicatum*, on ne doit prendre que les crystaux qui se forment les premiers ; si on n'y trouve pas l'amertume ordinaire, mais une âcreté ou un goût aigrelet, il faut garder ces sels pour être crystallisez de nouveau quand on fera d'autre sel de Glauber : ces sels aussi-bien que le sel polycreste doivent laisser sur la langue un sentiment de fraîcheur comme la glace, & ensuite une petite amertume. Avant de retirer l'*arcanum duplicatum* du *caput mortuum* de l'eau forte, il le faut dissoudre de nouveau, l'évaporer & le calciner s'il a un œil verdâtre ; car il est alors émetique : ces réfléxions ne sont pas à leur place, mais elles sont si importantes, qu'on me pardonnera bien de les avoir mises ici plûtôt que de les avoir oubliées.

Le Nitre.

I. LE salpêtre ou nitre dont nous nous servons aujourd'hui, est connu depuis peu de temps, il est fort différent du natrum des Grecs à qui notre nitre paroît avoir été inconnu ; car le natrum étoit alkalin, il fermentoit avec les acides, comme le vinaigre ; il se fondoit avec la cendre dont on faisoit le verre, au rapport d'un ancien Auteur ; il servoit aux lessives & aux bains, de même que le natrum d'Egypte parmi les Orientaux, lequel fermente aussi avec le vinaigre.

II. On voit par-là que notre nitre est fort différent, & que le natrum des Orientaux est le même ; ce natrum vient du Nil, & fait voir, contre le sentiment de quelques modernes, qu'il y a des alkalis naturels.

III. Le salpêtre est la base de la poudre à canon trouvée vers 1350. C'est un sel fossille salé, composé d'un sel acide & d'une terre absorbante. Il est amer & frais sur la langue. Il se crystallise en colonnes à six pans terminez aussi par une pyramide à six faces. Il fuse sur le charbon. Il ne fermente ni avec les acides, ni avec les alkalis. Il ne caille point le lait. Il ne rougit point la solution de tournesol : on peut dire qu'il y a une partie de ce sel qui est comme le sel marin, car l'urine évaporée donne un sel peu différent du marin ; & si on le joint avec des terres absorbantes , il forme du salpêtre.

IV. Avant de donner l'origine du salpêtre il faut l'examiner tel qu'on le vend, & la maniere dont on le prépare. En France il se tire des platras, des vieilles masures, des écuries, des latrines, des décombres, de vieux bâtimens. On prend les platrats, par exemple, on en remplit des cuviers dans lesquels on met des cendres de bois neuf jusqu'au quart, on bat ces platrats, on acheve d'en remplir ces cuviers sur lesquels on verse une lessive qu'on passe dix à douze fois jusqu'à ce qu'elle soit assez chargée, & qu'elle soûtienne un œuf ou un morceau de cire.

V. Alors on la verse dans de petits cuviers, où en se refroidissant elle forme de petits crystaux grisâtres mêlez de sel marin ; on les redissout dans une lessive dans laquelle le sel marin, ainsi que nous l'avons observé, se crystallise de nouveau le premier, & donne ainsi la facilité de le séparer d'avec le salpêtre.

VI. On dissout & on crystallise plusieurs fois le salpêtre écumant à chaque fois la lessive, par-là on a le salpêtre que l'on nomme salpêtre en glace; de la premiere, ou seconde, ou troisiéme eau ce dernier est le meilleur & le plus pur : on le jette dans une marmite de fer jusqu'à ce qu'il soit dans une fonte tranquille ; alors on le verſe dans des tonneaux, & l'on en fait le ſalpêtre de roche qui eſt ſans eau.

VII. Les terres ayant été leſſivées, on les expoſe de nouveau à l'air ſous un hangar, elles redonnent encore un peu de ſalpêtre ; après la ſeconde leſſive on les abandonne, parce qu'on n'en retire plus aſſez pour gagner les frais : ce ſecond ſalpêtre n'eſt pas un ſalpêtre régénéré, comme on le dit ; ce n'eſt que le ſalpêtre dont les parties étoient reſtées dans de petites maſſes de plâtre ; ces particules ſe développent par l'action de l'air & de la leſſive.

VIII. Le nitre ainſi préparé eſt un excellent remede pour calmer les efferveſcences du ſang, pour arrêter les colliquations, pour empêcher l'inflammation des reins. M. Riviere aſſûre qu'il eſt diaphorétique, mais Sthall eſt celui qui a découvert le mieux l'uſage de ce ſel : il le propoſe même dans les flux qui viennent de la colliquation du ſang, comme dans les petites veroles ; c'eſt une conjecture dont il ne marque pas qu'il ait fait l'expérience.

IX. Le natrum des Anciens étoit âcre, cela rendoit ſon uſage ſuſpect ; quelques modernes ont apprehendé la même choſe du ſalpêtre. Ils ſe fondent ſur ſon acide corroſif que le feu développe, mais c'eſt une terreur panique qui ne peut venir que dans l'esprit de ceux qui ignorent la Chymie; il faudroit craindre par la même raison le soulphre dont l'acide est le même que celui du vitriol; il faudroit apprehender l'effet du sel 'Epson qui contient un acide vitriolique: de sel de Glauber qui se fait avec le caustique le plus âcre qui est l'huile de vitriol, devroit encore être soupçonné; cependant avec quelle douceur ces remedes n'agissent-ils pas?

X. Le nitre doit se donner en petite dose que l'on réitere souvent; de cette maniere il est très-bon, parce qu'il passe avec le sang: on l'employe dans les pertes de sang des femmes & les vuidanges qui pour l'ordinaire viennent d'inflammation; on en donne trois ou quatre grains jusqu'à demie drachme avec d'autres remedes.

XI. Il y avoit un Augustin qui faisoit beaucoup de bruit à Paris par un remede contre l'hydropisie, c'étoit quatre grains de crocus de Mars aperitif avec douze grains de salpêtre pur par dose: il y joignoit une ptisane avec une drachme de salpêtre & du même crocus; ce Moine en donnoit quatre prises par jour & quatre grains à chaque prise, il réussissoit assez souvent.

XII. Si vous voulez donner le salpêtre crud, voici comme il faut s'y prendre : Mettez le alpêtre dans autant d'eau qu'il en faudra pour le fondre, laissez-le refroidir, prenez les aiguilles qui seront très-pures, évaporez l'eau jusqu'à une certaine quantité, il se formera de nouvelles aiguilles plus grossieres; la dose est depuis quatre grains jusqu'à douze: l'usage qu'on en fera rendra la langue vermeille, parce que le salpêtre épanoüit le sang, il cause quelquefois une petite toux qui cesse aussi-tôt qu'on en interrompt l'usage; on peut voir par-là qu'il ne convient pas dans la phthysie.

XIII. On a soûtenu divers sentimens sur l'origine du nitre, mais le plus general & le moins éxaminé, c'est l'opinion de ceux qui ont cru que le nitre étoit répandu dans l'air; selon cette idée, le nitre se dépose en diverses terres avec lesquelles il s'allie: de-là vient qu'on en trouve en certains lieux plûtôt que dans d'autres; rien de plus commode que ce systême; on trouve dans l'air en même temps le principe de la rougeur du sang, la cause de la fertilité, l'origine du salpêtre. On ne sçauroit nier qu'il n'y ait souvent dans l'air des vapeurs nitreuses: les matieres qui renferment du salpêtre passent par divers degrez de chaleur, il doit donc en sortir de temps en temps des écoulemens qui se répandent dans l'air, mais on doit avoüer qu'on peut dire la même chose de tous les autres sels. Le R. P. C. a déja enlevé à l'air le nitre fertilisant. M. Sthall a fait voir que le salpêtre avoit un cause différente du nitre aërien.

M. Lemery le fils a donné des observations là-dessus, il a fait voir que le salpêtre n'est produit que par des matieres végétales ou animales. Sans entrer dans une discussion plus longue, comment s'imaginer que l'air puisse déposer tant de nitre ? pourquoi une terre deviendra-t-elle nitreuse parmi des matieres animales ou végétales, tandis qu'à deux pas de ces matieres elle ne montrera aucun vestige de salpêtre ? On trouve un véritable salpêtre dans les animaux & les végétaux, on tire ce sel des lieux où ces substances ont été déposées, pourquoi chercher son origine dans d'autres corps? Mais, dira-t-on, la terre qui renfermoit le salpêtre s'empreint de nouveau nitre si on l'expose à l'air, cela est vrai; mais a-t-on prouvé que le nitre qu'on trouve dans cette terre ne s'est pas développé par l'action de l'air. Ce développemens est très-vraisemblable : car après qu'on a exposé plusieurs fois à l'air la terre matrice du salpêtre, on n'en retire plus rien ; disons donc que l'acide nitreux contenu dans les animaux & dans les végétaux se joint avec une terre alkaline dans les lieux où vient le salpêtre, ou en trouvera par conséquent dans des caves qui font fous des écuries, dans de vieilles masures, sur des murailles où l'on aura fait pourrir des plantes, dans des lieux enfin où les eaux auront entraîné des matieres sorties des végétaux ou des animaux.

XIV. Avant d'entrer dans les opérations sur le nitre, je vais en donner une idée generale, par-là on connoîtra mieux la nature & les effets de ce sel. 1°. On peut faire du nitre de diverses manieres ; M. Lemery en a fait avec des substances animales & végétales. Ludovic a remarqué il y a long-temps que le sel essentiel de certaines plantes joint au sel fixe donne un véritable nitre. Si on veut du salpêtre artificiel, on n'a qu'à prendre de l'huile de tartre par défaillance, le verser sur l'esprit de nitre dans un vaisseau de verre, faire évaporer la liqueur jusqu'à pellicule, la laisser crystalliser, on aura un véritable nitre. Si au lieu de l'huile de tartre on se servoit d'esprit volatile de sel ammoniac, on formeroit encore un sel nitreux qui seroit demi volatile. On voit par-là qu'on peut faire du nitre avec divers alkalis ; que c'est des alkalis que dépend la fixité ou la volatilité d'un sel ; que le seul nitre volatile que nous connoissons est le nitre ammoniacal. Ce sel pourroit peut-être se produire dans des lieux où croupissent des matieres animales ; mais je ne sçai si on en a trouvé. 2°. Après avoir vû l'origine du nitre ordinaire, il faut voir comme on le dépure, nous en avons déja parlé dans l'histoire de ce sel : on le fait crystalliser ; & si l'on doute qu'il y ait un mélange de sels étrangers, on fait boüillir avec la lessive un peu de sel alkali fixe, on leve l'écume, on filtré la liqueur, & on la laisse crystalliser. Ce sel s'attache à l'huile & aux acides superflus; le nitre ainsi dépuré fluë sur le feu, & sans autre préparation est un excellent remede. 3°. Après qu'on a dépuré le nitre, on le fait passer par divers changemens, on le fait brûler avec le tartre dans un vaisseau de fer rougi, par cette calcination il se change en alkali; on voit par-là qu'il a de l'affinité avec les sels végétaux, il devient alkalin comme eux par l'action du feu. Si on met le feu avec des charbons au salpêtre fondu, on a le nitre fixé par le principe inflammable des végétaux; c'est de cette préparation qu'on a prétendu tirer une medecine universelle, elle est fort pénétrante, mais elle ne différe pas beaucoup de l'huile de tartre par défaillance. Si on jette un peu de fleurs de soulphre sur le salpêtre fondu, comme deux drachmes sur chaque livre de nitre, & qu'on verse la matiere d'abord après l'inflammation, on aura le sel prunelle ou le crystal mineral; ce sel ne change pas la couleur de la teinture de violette, de mauve, de tournesol, il ne fermente ni avec les acides, ni avec les alkalis, mais il coagule le lait, & laisse sur la langue un sentiment d'acidité. 4°. On sépare l'esprit acide du nitre en y joignant un acide plus fort qui s'insinuë dans la terre du salpêtre; tel est l'acide du soulphre, du bol, & du vitriol.

Esprit de Nitre.

MEttez en poudre deux parties de salpêtre de houssage, & six parties d'argille sechée ; mêlez ces matieres, mettez le mélange dans une cornuë de grès ou de verre luttée, placez ce vaisseau au fourneau de reverbere clos, ajustez-y un balon qui soit grand, donnez dessous un très-petit feu pendant six heures, afin de faire sortir tout le phlegme qui distillera goutte-à-goutte ; lorsqu'il ne sortira plus rien, jettez tout ce qui se trouvera dans le recipient, radaptez-le, luttez les jointures, augmentez le feu peu-à-peu jusqu'à ce qu'il sorte des esprits qui rempliront le recipient de nuages blancs, continuez le feu pendant deux heures dans la même violence, puis l'augmentez jusqu'à ce que les vapeurs sortent rouges, poussez le feu jusqu'à ce qu'il n'en sorte plus, l'opération sera faite en quatorze heures ; les vaisseaux étant refroidis, déluttez les jointures, gardez votre esprit de nitre dans une bouteille de grès laquelle vous boucherez avec de la cire.

REMARQUES.

Pour séparer l'acide du salpêtre il est besoin d'un intermede, on en trouve plusieurs comme l'argille, le bol, l'esprit & l'huile de vitriol, l'esprit de soulphre ; on a fait des essais avec la craye, le verre broyé, mais il

ne s'eſt fait aucune décompoſition du ſalpêtre.

Comme l'acide du nitre s'envole, il faut
que la terre dont on ſe ſert ait quelque choſe
qui ait plus de rapport avec la terre du ſalpêtre que ſon acide : or l'argille contient un
acide vitriolique plus puiſſant que tous les
autres par la ſeptiéme Propoſition des Elemens, c'eſt pourquoi il doit s'attacher à la
terre du ſalpêtre, & en chaſſer l'acide qui par
le mouvement du feu s'éleve en vapeur jaune
qui ſe réduit en eſprit de nitre.

Lorſqu'on employe l'argille, on en prend
trois parties contre une partie de ſalpêtre &
d'une livre de ſalpêtre ainſi mêlé, on retirera
juſqu'à quatorze onces de vapeur acide, cet
intermede qui aura ſervi une fois ne pourra
plus être employé, parce qu'il a perdu ſon
agent ; il faut ſe ſouvenir qu'il doit être ſec
quand on s'en ſert.

Si on ſe ſert du ſalpêtre de houſſage, on
retirera une plus grande quantité d'eſprit,
mais il ſera un peu regaliſé à cauſe du ſel marin qui eſt dans le ſalpêtre de houſſage, &
dont l'acide ſera joint avec celui du nitre,
cette quantité va à $\frac{1}{6}$.

Le ſalpêtre eſt compoſé d'un ſel acide &
d'une terre alkaline qui lui donne le corps ;
ce ſel & cette terre ſont tellement unis, que
le feu le plus violent ne peut les ſéparer, il
s'évapore à la fin en fumée ; ſi on en reçoit

la vapeur par des aludels, elle est saline ; si on la met dans l'eau, elle s'y crystallise en salpêtre comme auparavant, ce qui fait voir qu'il n'y a pas eû de décomposition. Il faut cependant que j'avoüe que cela n'arrive pas à un esprit de nitre qu'un Chymiste étranger a tiré sans addition d'aucune matiere, il n'employe pour cette operation que le feu seul.

Les vapeurs rouges qui sortent du salpêtre sont plus fixes que les blanches, on appelle cet esprit fixe sang de Salamandre ; de tous les sels il n'y a que le nitre qui donne des vapeurs rouges. Quand on se sert du salpêtre de houssage, ces vapeurs ne laissent que de la terre dans la cornuë ; & quoyque l'on fasse boüillir cette tête-morte, qu'on la filtre, & qu'on l'évapore, on ne trouve point de sel au fond.

On se sert de l'esprit de nitre pour la dissolution des métaux, c'est la meilleure de toutes les eaux fortes, & la vertu corrosive des autres eaux de cette nature vient du nitre qui est entré dans leur composition.

Sel Polycreste.

PUlverisez égales parties de salpêtre & de soulphre commun, mettez une cuillerée de ce mélange dans un creuset que vous aurez fait rougir auparavant au feu, continuez ainsi

jufqu'à ce que votre mélange foit employé ;
entretenez le feu pendant quatre ou cinq
heures, en forte que le creufet foit toûjours
rouge ; la matiere étant refroidie pulverifez-
la, diffolvez-la dans une quantité fuffifante
d'eau , filtrez la diffolution, faites-la évaporer dans un vaiffeau de grès ou dans un vaiffeau de verre au feu de fable jufqu'à ficcité.

REMARQUES.

Ce compofé brûle dans le creufet rougi ,
parce que le foulphre fe changeant en charbon eft reverberé des parois du vaiffeau ,
car le falpêtre ne brûle point s'il n'eft touché
par du charbon ou quelque chofe qui foit
propre à en faire, encore faut-il que cette
matiere foit actuellement charbon ; la flamme ne fuffit point pour cela dans cette opération : une partie du compofé s'en va en
flamme ; l'autre en fumée. Il refte une maffe
faline au fond, on y donne un feu fort pour
chaffer les acides volatiles. Les cryftaux que
forme cette matiere font femblables à ceux
du tartre vitriolé, car ils font compofez d'u-
ne colonne à fix pans terminée par une pyramide éxagone.

Dans cette opération l'acide vitriolique
contenu dans le foulphre fe joint à la terre alkaline du falpêtre dont l'efprit s'en va.

On a donné à ce fel le nom de fel digeftif,

on le met dans les boüillons alterans & purgatifs ; si on en met demie once dans une
pinte d'eau , il purge fort bien. Le tartre vitriolé , le sel polycreste , le sel de *duobus* servent à digerer ; au reste l'*arcanum* de *duobus*
& le sel de *duobus* sont la même chose.

Selon quelques Chymistes , il faut mettre
deux parties de salpêtre contre une partie de
soulphre ; ils assûrent que c'est sa dose au
juste , & que par-là on évite l'émeticité qui
arrive quelquefois dans l'usage de ce sel.

Il arrive quelquefois que le sel ne se trouve
pas tout-à-fait blanc, cela ne vient que du
soulphte ; il faut le calciner à grand feu dans
un creuset , en l'agitant avec une espatule
pendant trois ou quatre heures, ou jusqu'à ce
qu'il soit bien blanc ; réiterez la dissolution
dans l'eau , la filtration & l'évaporation, vous
aurez un sel très-pur & tel qu'on doit l'employer, car s'il n'est pas purifié il cause des
vertiges & des soulevemens d'estomach aussi-
bien que des stupeurs.

Si vous avez employé seize onces de salpêtre raffiné & autant de soulphre, vous ne retirerez que trois onces & demie de sel polycreste
bien purifié ; mais si vous vous êtes servi du
salpêtre commun , vous en aurez cinq onces ;
le salpêtre commun contient plus de sel fixe
que le salpêtre raffiné , aussi le feu en enleve
moins.

M. Seignete Apoticaire de la Rochelle a fait

un sel dont M. Lemery fait mystere, il est composé à-peu-près comme celui-ci, on ne fait que mettre parties égales de soulphre de tartre & de nitre fixé; ce sel purge sans tranchées, au lieu que le sel polycreste en excite souvent.

La dose du sel polycreste est depuis demie drachme jusqu'à six; comme l'eau est le menstruë du senné qui purge par son mucilage gommeux, on peut y ajoûter le sel polycreste pour aider le menstruë, selon la pratique d'un fameux Medecin.

Nitre fixé par le charbon.

REmplissez à demi de salpêtre un creuset qui soit grand, placez ce creuset entre les charbons ardens; quand le salpêtre sera fondu, jettez-y une cuillerée de charbon pulverisé grossierement, il s'elevera une grande flamme accompagnée de détonation; lorsqu'elle sera finie, remettez autant de charbon, continuez jusqu'à ce que la matiere ne s'enflamme plus, versez-la alors un mortier bien chaud; quand elle sera refroidie mettez-la en poudre, faites-la dissoudre dans une suffisante quantité d'eau; filtrez la dissolution par le papier gris, faites évaporer toute l'humidité dans un vaisseau de verre au feu de sable, il vous restera un sel qu'il faut garder dans une phiole bien bouchée.

REMARQUES.

La premiere chose qu'il faut remarquer ici c'est que le salpêtre n'est point inflammable de lui-même, le creuset est rouge, cependant ce sel attend qu'on y jette du charbon pour donner une flamme qui finit dès que ce charbon est brûlé.

La seconde remarque qu'il faut faire c'est que le sel alkali qui se forme par cette opération n'étoit point dans le salpêtre, de telle maniere que le feu n'ait fait que le développer ; cet alkali est une nouvelle production, car une livre de salpêtre donne jusqu'à douze onces de sel acide & même quatorze quelquefois, & cette même livre en donne douze de sel alkali ; il faut donc nécessairement que le feu ait converti pour le moins six onces de sel acide en sel alkali, en joignant une terre absorbante avec des acides.

Il ne faut pas croire que ce sel alkali vienne des charbons dont on se sert ; il est vrai qu'ils donnent un alkali terreux qui absorbe l'acide du nitre, mais on y en met si peu, que l'on ne doit point y avoir égard, car une once de charbon suffit pour une livre de salpêtre.

Dans cette fixation les acides se sont incorporez avec la terre du salpêtre, du soulphre & du charbon, car les sels alkalis fixez sont composez d'un sel acide, d'une matiere terreuse assez abondante & d'un soulphre grossier ; ainsi quand nous avons dit qu'il falloit purifier le sel polycrefte de son soulphre, nous n'avons pas prétendu qu'on pût l'en délivrer entierement, ce n'eft que de la partie fulphureufe qui n'étoit pas bien incorporée que nous avons voulu le dégager, il arrive au nitre fixé qu'il n'eft pas blanc, mais d'une couleur bleuâtre, cela ne vient que du foulphre qui n'eft pas bien mêlé avec la terre alkaline ; on le lave & il devient blanc, ou, fuivant M. Lemery, il faut le calciner à grand feu de même que le fel polycrefte, enfuite le faire fondre dans l'eau, filtrer la diffolution, & faire confumer l'humidité fur le feu, on aura un fel très-pur & dépoüillé des couleurs qui obfcurciffoient fa blancheur.

Si on met ce fel alkali à la cave, il fe réfout en une liqueur femblable à l'huile de tartre, on l'appelle huile par défaillance, huile déliquiée, liqueur de nitre fixe. Glauber le nommoit alkaeft, c'eft-à-dire, diffolvant univerfel. Les effets qu'il s'en étoit promis là-deffus ne répondent point à ce qu'il en a dit ; cependant c'eft un bon diffolvant alkalin fixe qui tire les huiles des végétaux, qui prend les teintures des mineraux, qui extrait les parties réfineufes.

La liqueur de nitre fixe qui a été tirée du falpêtre commun perd beaucoup de fon action fi on le garde une année, car il ne fait plus guéres d'effervefcence avec les acides ; mais cela n'arrive point, fi on fe fert du falpêtre raffiné. La feule différence qu'il y a dans la manipulation c'eft qu'on employe plus de charbon pour fixer le dernier ; peut-être que la matiere terreufe & bitumineufe qu'on lui donne par-là en plus grande quantité qu'au falpêtre commun, conferve davantage la nature alkaline du fel.

Lorfqu'on a fait calciner trente-deux onces de falpêtre à grand feu fans addition, il ne refte que deux onces qui cependant brûlent fur le charbon, & tiennent de la nature de l'alkali ; cela vient de l'acide du charbon incorporé avec fa terre & la terre du nitre : ce fel réfout à la cave donne auffi une liqueur de nitre fixe qui eft meilleure que l'autre pour décraffer le vifage.

Pour ce qu'on retire de l'opération il faut remarquer que du falpêtre commun où l'on employe la moitié moins de charbon que pour le falpêtre raffiné, on retire quatre fois autant de fel purifié que du nitre raffiné. M. Lemery dit que cela vient de ce que le falpêtre raffiné contenant plus de parties volatiles que l'autre, il faut plus de charbon pour les enlever, & qu'il refte bien moins de fel fixe par la même raifon.

Il y a des Artiftes qui ne fe fervent point d'un creufet pour faire l'opération , parce

qu'il est sujet à se casser ; un mortier de fer
sur lequel la matiere n'agit point, peut mieux
servir pour cela.

Le nitre fixé est un bon diuretique, c'est
un bon fondant, mais il faut l'étendre dans
beaucoup d'eau, parce qu'il est caustique ; cela demande beaucoup de précaution dans
l'usage & dans la dose : on peut s'en servir
pour tirer la teinture de séné, on peut aussi
en tirer une teinture rouge avec l'esprit de
vin comme du sel de tartre. Il ouvre les obstructions, pousse par les urines, quelquefois
par les selles ; la dose est depuis seize jusqu'à
trente grains.

Extraction de l'Eau forte.

L'Eau forte est l'acide du nitre séparé de sa
terre par quelque intermede.

Mêlez éxactement ensemble du salpêtre de
houssage, du vitriol d'Allemagne calciné
en blancheur, & de la terre grasse ou argille
sechée, de chacun trente-deux onces, mettez
ce mélange pulverisé dans une cornuë de
verre luttée, dont la moitié demeure vuide ;
placez votre cornuë dans le fourneau de reverbere clos, y ayant adapté un balon, luttez
les jointures éxactement, échauffez doucement la cornuë, & augmentez le feu peu-à-
peu ; quand il viendra des nuages rouges dans
le recipient, continuez-le pendant 8 ou 9
heures

heures dans le même degré; lorſque le recipient commencera à ſe refroidir, pouſſez
le feu avec violence juſqu'à ce qu'il paroiſſe des vapeurs blanches à la place des rouges; laiſſez alors refroidir les vaiſſeaux & les
deluttez, vous trouverez dans le recipient
l'eau forte qu'il faut garder dans une bouteille
de grès bien bouchée.

REMARQUES.

La maniere ordinaire de faire l'eau forte
eſt de mêler parties égales de ſalpêtre & de
vitriol. M. Lemery a jugé à propos de réformer cette opération, parce que, dit-il, on ne
tire par-là qu'une eau forte foible; le vitriol
qui contient la moitié de ſon poids de phlegme, abreuve l'eſprit acide qui fait la force de
l'eau foｒｃe, & énerve ſon action.

Nous avons ſéparé l'acide du nitre par
l'acide de la terre graſſe; le feu ne ſuffit pas
pour cette opération : nous avons fait voir
que l'acide vitriolique ayant plus d'affinité
avec la terre du nitre que l'acide du nitre
n'en a avec cette terre, il s'enſuivoit que l'acide vitriolique étoit un fort bon intermede
pour détacher l'acide nitreux, & le faire ſortir de la terre : cet acide vitriolique ſe trouve
dans l'argille, l'alun, le ſoulphre & le bol,
ainſi on peut employer également ces matieres; le bol eſt chargé d'un acide alumineux,
mais plus compacte & plus ſerré.

C c

L'acide de l'intermede qu'on employe doit chaſſer l'acide du nitre, & prendre ſa place: ſi l'intermede qu'on employe eſt l'argille ou le bol, on appelle cet acide diſtillé Eſprit de nitre; ſi on ſe ſert de l'alun ou du vitriol, on le nomme ordinairement Eau forte; il retient quelque odeur ſulphureuſe.

Le vitriol a différentes couleurs, mais c'eſt toûjours un acide incorporé avec une terre métallique: s'il eſt bleu, cette terre eſt une terre du cuivre; s'il eſt verd, elle eſt du fer. Le vitriol blanc a pour baſe une terre de la nature du zinch ou une terre en partie ſaturnine, en partie ferrugineuſe comme la pierre calaminaire; il ſe cryſtalliſe en houpes ſalines: comme le plomb: les cryſtaux du vitriol verd ou bleu ſont en loſanges ou en rhomboïde, cet acide eſt bien moins uni avec ſa terre minerale que l'acide du ſel avec ſa terre abſorbante.

On calcine le vitriol verd ſur le feu juſqu'à blancheur; ſi on continuë, il devient jaune, puis jaune orangé, & enfin de couleur de pourpre: lorſque les acides ont été enlevez par l'action du feu, ce qui ſeroit un vrai colkothar, les parties ferrugineuſes reſtent dans leur couleur naturelle.

La raiſon pour laquelle on calcine le vitriol eſt afin d'emporter toute l'aquoſité autant qu'il ſera poſſible, autrement l'opération ſeroit longue; on remarque que dix livres de vitriol se réduisent par la calcination à cinq ou six livres.

Dans cette opération l'acide vitriolique quitte sa terre absorbante, ou martiale, ou cuivreuse qui a servi de base au vitriol ; parce que cet acide vitriolique a plus d'affinité avec la terre absorbante du salpêtre qu'avec la sienne propre, l'acide nitreux banni de sa terre s'éleve ; mais s'il y avoit plus d'acide vitriolique qu'il ne faut pour remplir la terre du nitre, il s'éleveroit des fumées blanches qui ne sont autre chose que l'acide vitriolique. Il y a encore une autre remarque à faire là-dessus, c'est que dans cette quantité trop grande de vitriol, si l'on vient à pousser le feu, l'acide vitriolique monte, ce qui fait voir encore que cet acide a moins d'affinité avec sa terre que l'acide nitreux avec la sienne, car le feu l'en sépare, tandis qu'il ne peut pas séparer l'acide du salpêtre. De même par la méchanique de cette opération on voit qu'il peut arriver que l'eau forte se trouve mêlée d'acide vitriolique dès que le feu sera violent : si l'on met deux parties de vitriol sur quatre parties de salpêtre, on évitera cet inconvenient ; si l'on doute qu'il y ait de cet acide dans l'eau forte, il n'y a qu'à y jetter du mercure, car s'il y a de l'acide vitriolique, vous verrez une précipitation d'une matiere blanchâtre ; si on se sert aussi de cette eau forte vitriolique pour dissoudre l'argent, l'esprit de salpêtre fera cette dissolution, mais l'acide vitriolique précipitera l'argent en poudre blanche, parce que cet acide a plus d'affinité avec les métaux qu'avec l'esprit de nitre. Pour dépurer cette eau mêlée avec de l'argent on la distille, l'acide vitriolique reste uni avec ce métal, & on a une eau forte exactement dépoüillée de l'acide vitriolique.

La masse qu'on trouve après la distillation du nitre avec le vitriol, n'est qu'un mélange de l'acide vitriolique, de la terre du nitre qui lui donne du corps, & de la terre du vitriol ; c'est de-là qu'on le nomme sel de colkothar qui ressemble au tartre vitriolé : on lui a donné divers autres noms, on le nomme *arcanum duplicatum*, *sal de duobus* ; c'est un bon fondant, très-utile dans les maladies chroniques : si ce sel de colkothar paroît jaunâtre ou verdâtre, cela vient des terres métalliques qui y seront restées. Pour le dépurer il faut le calciner de nouveau & le crystalliser, autrement il seroit pernicieux & émetique : le point où il faut toûjours prendre les sels, c'est leur crystallisation ; si vous les desséchez il y aura un acide ou âcre prédominant : l'*arcanum duplicatum*, dont nous venons de parler, est plus agréable que le sel polycreste, parce que celui-ci retient quelque petite portion de la partie bitumineuse du soulphre, & cela le rend âcre.

Nous avons remarqué qu'au lieu du vitriol on pouvoit se servir de l'alun pour faire l'eau forte : l'alun est un sel salé composé d'une terre gypseuse & d'un acide vitriolique ; cette terre ressemble à la craye, elle a pourtant quelque chose de saturnin, sa douceur sucrée en est une preuve : le vitriol contient moitié phlegme, mais l'alun crystallisé en contient encore davantage, on peut le voir par la distillation.

On calcine l'alun, il se boursouffle, & il est long-temps à se dessecher, c'est pourquoi on met des morceaux d'alun dans des fourneaux sur des charbons, de là vient l'alun brûlé qui n'a perdu que très-peu d'acide : cet acide est plus fixe que celui du vitriol à cause que sa terre est plus absorbante, un feu très-violent ne fait jamais partir tout l'acide, car la matiere se crystallise toûjours de même ; mais quand on joint l'alun au salpêtre, l'acide de cet alun brûlé quittera sa terre pour s'aller joindre à celle du nitre, l'affinité en est la raison : l'esprit de nitre qui est chassé par l'acide alumineux est moins actif, moins volatile & moins pénétrant que celui qu'on tire de l'eau forte. M. Sthall pour rendre raison de ce phénomne, dit que l'alun a moins de phlogistique que le vitriol martial ou cuivreux dont le principe inflammable se joint avec l'acide du nitre : c'est sur ce principe qu'on ajoûte à l'alun quelque peu

de limaille de fer ; car le fer fournit une matiere ignée qui rend l'esprit nitreux, actif,
volatile & pénétrant.

L'eau forte faite avec l'huile de vitriol est
très-forte ; celle qui se fait avec l'esprit est
foible : on doit se souvenir toûjours qu'il faut
que le nitre soit pur : si le salpêtre n'étoit pas
dépoüillé entierement de sel marin, l'acide qui
feroit sortir l'esprit de nitre enleveroit l'acide
de sel marin le premier, ainsi on auroit un esprit de nitre joint avec un acide de sel marin ;
l'esprit de nitre par-là seroit régalisé, & ne
feroit plus propre pour les essayeurs, parce
que l'argent dissout par l'eau forte se précipiteroit sur le champ par l'esprit de sel qu'elle
contiendroit, il faut donc toûjours prendre
un salpêtre raffiné.

L'eau forte & l'esprit de nitre bien dé-
phlegmez fument toûjours, mais l'eau forte
jette ordinairement plus de fumée, ce qui
ne vient que du principe phlogistique plus
ou moins abondant.

Il reste dans la cornuë une matiere rouge
de laquelle on pourroit se servir comme
d'un adstringent, on retire cette matiere sans
rompre la cornuë, on ne pourroit pas en faire
de même de la masse qui reste après la distillation faite autrement que ne le dit Lemery :
cette matiere donnera de même que l'autre
un sel après qu'on l'aura dissoute dans l'eau,
qu'on aura filtré la dissolution, & qu'on aura

évaporé l'humidité ; la terre grasse ajoûtée par M. Lemery ne causera aucune altération au sel, ainsi il sera de même *arcanum duplicatum, sal de duobus.*

Les Végétaux.

I. LEs végétaux ou les plantes sont des corps organisez, attachez à la terre, composez de vaisseaux & de fluides qui y coulent, les parties qui ont de la solidité sont les racines, le corps de la plante, les feüilles, les fleurs, les fruits, les semence. Je ne m'arrêterai pas à décrire toutes les particularitez qu'on y remarque ; on peut voir là-dessus les essais de Botanique du sçavant M. Blair * : ce Botaniste a décrit avec éxactitude tout ce qui regarde la structure des plantes, leur accroissement, leur nourriture; je ferai seulement quelques remarques sur les vaisseaux & les sucs qui y sont renfermez.

II. La circulation des liqueurs, la séparation de divers sucs se trouve dans les plantes comme dans les animaux. Il y a des vaisseaux qui pompent le suc que la terre fournit, ce suc monte & se distribuë à toutes les parties de la plante; pour cela il faut qu'il y ait une force qui le fasse entrer dans la racine, & qui le pousse en haut. La force qui fait entrer les liqueurs dans les tuyaux de la racine, ne peut être que l'air : l'admosphere pese

* Essais de Botanique imprimez à Londres chez Innis.

fur la racine, elle doit preſſer de toutes parts
les liqueurs qui ſe trouvent autour des plantes ; par la même raiſon que l'eau entre dans
une corde ſeche, les ſucs nourriciers doivent
s'inſinuer dans les végétaux, mais il faut
que les tuyaux qui reçoivent ces ſucs ſoient
vuides d'air, ou qu'ils n'en contiennent que
fort peu ; s'ils en étoient remplis, cet air ré-
ſiſteroit à l'entrée des liqueurs, auſſi eſt-il
évident qu'il ne doit entrer que peu d'air dans
les vaiſſeaux des plantes, les ſucs nourriciers
en entraînent toûjours un peu qu'ils dépoſent en divers endroits.

III. L'air peut ſuffire pour pouſſer les fluides
dans les racines, mais il ne ſçauroit le porter dans toutes les parties ; car la peſanteur
de l'air ne pouſſe l'eau qu'à trente-deux
pieds. Il y a beaucoup d'arbres dont la longueur monte plus haut, cependant ils ne reçoivent pas moins de ſuc nourricier que les
autres dans leur partie ſupérieure. La ſeule
cauſe qui fait monter les liqueurs dans les
vaiſſeaux des plantes, c'eſt l'air qui eſt dépoſé
en diverſes cellules autour de ces vaiſſeaux ;
la chaleur venant à rarefier cet air, les tuyaux
ſe trouvent comprimez : les liqueurs doivent
donc ſe porter vers l'extrémité de la plante,
car la chaleur ſe fait ſentir vers la racine plus
qu'à l'extrémité, donc l'air eſt plus rarefié
dans le bas que dans le haut, il a par conſéquent plus de force que celui qui eſt à l'ex-

trémité des tuyaux de la plante, & par-là il doit déterminer le suc de ce côté. C'est par cette raison que l'humidité du bois qu'on brûle sort par la partie la plus éloignée du feu. Durant la nuit l'air que le Soleil avoit raréfié se condense, ainsi les liqueurs peuvent mieux entrer par la racine : quand la chaleur du Soleil recommence le lendemain, elles montent par l'action de l'air, & portent la nourriture aux parties de la plante.

I V. Les liqueurs qui s'insinuent dans les plantes montent non-seulement, mais encore elles descendent vers l'endroit d'où elles viennent par une circulation continuelle. Quand la racine d'un arbre forme deux corps séparez, on n'a qu'à faire un grand creux sous une de ces racines, & à l'arracher de la terre, on verra qu'elle se nourrira de même qu'auparavant, il faut donc que ce suc nourricier lui vienne d'en-haut, par conséquent il y a dans cette racine des tuyaux qui permettent aux liqueurs de monter, & d'autres qui leur permettent de descendre ; cela se prouve par l'expérience qu'a fait un sçavant Physicien. Il a remarqué qu'une extrémité d'une branche donnoit passage à l'esprit de vin & non pas à l'eau, & qu'au contraire l'eau pénétroit par l'autre, sans que l'esprit de vin pût s'y insinuer ; on peut ajoûter à cela que quand on fait des ligatures dans certaines plantes, la partie supérieure se gonfle.

Cc v

V. Les liqueurs qui circulent dans les conduits des végétaux, passent par divers couloirs comme dans les corps animez ; c'est dans ses filtres qu'elles laissent des fluides qui different selon les couloirs. Dans l'écorce & dans les semences on trouve une huile grossiere ; dans les fleurs un esprit subtil qui fait les odeurs ; dans le corps de la plante du phlegme ; dans le centre on voit souvent une substance moëleuse : les mêmes plantes donnent quelquefois un suc très-amer dans une partie, & une liqueur fort douce dans une autre ; cela fait voir que les feüilles, la tige & les fleurs peuvent avoir des vertus bien différentes.

VI. Les plantes se nourrissent par le suc qui se dépose en divers endroits à la place de celui qui s'exhale par les canaux qui servent à la transpiration ; ces conduits ne doivent pas paroître extraordinaires : les liqueurs qui suintent des plantes en prouvent l'éxistence ; d'ailleurs M. Blair remarque qu'une personne qui s'applique à l'agriculture, trouva un jour un arbre moüillé tandis que les autres ne présentoient aucune humidité : cet arbre se trouva mort le lendemain, l'humidité ne pouvoit venir que de la transpiration. Pour revenir à la nourriture des plantes, on peut demander si c'est de l'écorce que vient la nourriture dans le corps de la plante ; un fait certain c'est que les plantes vivent assez long-temps sans écorce.

VII. Après avoir parlé de la circulation du suc dans la plante, il faut éxaminer ce suc dans tout son cours. 1°. Si on coupe des arbres au printemps, il en coule des liqueurs acides & austeres qui fermentent facilement, on leur attribuë diverses proprietez; voyez là-dessus Boile & Vanhelmont. 2°. Il sort des feüilles un suc plus huileux; il y en a deux remarquables, la cire que ramassent les abeilles, & la manne qu'on trouve sur les feüilles du frêne : la chaleur du jour rarefie les feüilles qui par-là donnent une entrée plus libre à ce suc ; la fraîcheur de la nuit resserre les feüilles , & en exprime la manne qu'on cueille le matin. 3°. On trouve dans les fleurs diverses sortes de fluides : le premier est cet esprit qui fait l'odeur de la plante : le second est une liqueur insipide semblable à celle qui coule par le tronc; le troisiéme est cette rosée mielleuse qui transude du fond des fleurs , & dont les abeilles se chargent. 4°. Le suc des semences est de deux especes : celui qui est dans l'embryon est sans odeur & insipide ; mais celui qui se trouve dans les membranes qui l'enveloppent, est savoureux & odoriferant. On trouve l'huile essentielle de la plante & l'esprit volatile de la fleur ; ces liqueurs conservent l'embryon en le défendant des injures du froid. 5°. Les écorces sont par rapport aux arbres comme la peau à l'égard des corps animez ; il y aboutit des tuyaux qui viennent du centre; les liqueurs qu'elles contiennent font un fuc femblable à celui qui circule dans la plante, & une huile qui eft épaiſſe en Hyver, plus fluide & plus acide en Eté; l'eſprit qu'on retire des fleurs & des femences fe trouve mêlé dans cette huile. Le troiſiéme fuc qui vient des écorces eft le baume; ce n'eft qu'une huile qui a perdu fes parties les plus fubtiles & les plus fluides en coulant des arbres; c'eft par-là qu'il a acquis une confiftence un peu épaiſſe. Le quatriéme fuc qu'on rencontre dans les écorces eft la poix; c'eft le fuc huileux privé des parties fubtiles mêlé avec les parties fibreufes de la plante plus épaiſſi, plus gluant & plus noir que le baume; c'eft fa confiftence qui le diftingue des fucs dont nous venons de parler. Il y a un cinquiéme fuc qui eft la réſine, ce n'eft que la poix réduite en un corps dur, friable, diſſoluble dans l'huile. Suivant ce que je viens de dire, on voit que les plantes donneront de l'huile en Hyver, du baume en Eté, de la réſine en Automne; la réſine bien durſie & devenuë brillante comme du verre, fe nomme colophone. Il coule des écorces un fixiéme fuc qu'on trouve auſſi avec les femences de quelques plantes umbelliferes; c'eft la gomme qui eft un fuc faponaire qui fe diſſout dans l'eau, qui fe durcit par la chaleur, qui s'enflamme, qui ne devient pas friable : la gomme se trouve souvent mêlée avec la résine ; ce composé demande alors deux dissolvans, un qui convienne à la gomme, & l'autre qui dissolve la résine.

VIII. Les sucs qui circulent dans les plantes présentent beaucoup de varietez dans leurs couleurs. & dans leurs effets. Il y en a de blancs, de rouges, de jaunes. Il y en a qui animent, qui engourdissent, qui font couler les liqueurs dans nos corps : ceux qui sont chargez du principe inflammable, excitent la sueur par leur rarefaction ; ceux qui sont composez du principe inflammable joint à un sel volatile, animent les vaisseaux & les nerfs : les parties salines attachées au principe actif heurtent de tous côtez, & causent des vibrations plus fréquentes dans les vaisseaux & les nerfs ; ceux qui sont remplis d'un sel subtil, comme le nitre dilayé dans l'eau, agitent les liqueurs, les divisent, & les font couler vers les filtres grossiers comme les reins : si ces sels divisoient davantage les humeurs, ils les feroient sortir aussi par les conduits de la sueur ; de-là vient qu'il y a beaucoup d'affinité entre les remedes sudorifiques & diuretiques : pour les sucs des plantes qui sont remplis de sels âcres, ils agiront suivant l'âcreté de ces sels.

IX. On conçoit aisément comment les plantes peuvent rarefier le sang quand elles contiennent le principe inflammable ; mais les

autres sucs qui sont salins comment agissent-
ils ? Le mouvement systaltique des vaisseaux
qui poussent ces liqueurs d'un côté & d'autre,
ne suffit point. Il est vrai qu'on peut dire que
les parties roides des sels étant poussées par
les vaisseaux mêmes contre leurs parois, doivent y laisser quelque impression ; mais dans
les vaisseaux larges & dans les intestins comment appliquer cette méchanique ? Il faut
donc avoir recours ou à l'action de l'air, ou
au magnétisme. L'air agit dans notre corps
comme l'air externe sur la surface ; il doit
donc pousser les parties salines dans les parois
des vaisseaux, & y causer diverses agitations ;
ces différens mouvemens qu'il donnera
aux vaisseaux subtiliseront les liqueurs, &
agiteront toute la machine animale. Il ne
faut pas douter encore que les sucs des plantes n'agissent par leurs affinitez : dans la
Chymie on démontre cette action dans le
mélange des liqueurs ; pourquoi cela ne se
trouveroit-il pas dans le corps humain ? Suivant que les parties huileuses & salines auront
plus ou moins de rapport, elles se joindront
& formeront divers composez plus ou moins
subtils ; les coagulations en sont une preuve,
il ne faut pas cependant donner trop d'étenduë à cette action magnétique, il faut revenir autant qu'on le peut aux loix les plus
simples : les engourdissemens, par exemple,
les tumeurs qui viennent de l'attouchement

de certaines plantes, se peuvent expliquer indépendamment de ce magnétisme ; nous sçavons que les nerfs n'agissent plus dès qu'ils sont comprimez, la même chose arrivera s'il se trouve des sucs assez subtiles pour entrer & pour s'engager dans leurs pores en grande quantité. Les nerfs chargez de ces matieres étrangeres n'auront plus la même liberté qu'auparavant ; si les sucs étoient extrêmement froids, la diminution de la chaleur qui arriveroit dans les vaisseaux arrêteroit l'action des liqueurs, de-là s'ensuivroit une impuissance d'agir : de cette inaction des vaisseaux & des nerfs doivent suivre les tumeurs, car les fibres engourdies ne font plus en équilibre avec celles qui y poussent des liqueurs ; elles doivent donc ceder & se gonfler, de-là vient que le froid gonfle les mains.

X. La Chymie retire des plantes diverses matieres : 1°. une eau élementaire ou une eau qui ne différe pas de l'eau commune : 2°. une huile subtile qui s'enflamme & qui est appellée esprit : 3°. un sel acide ou un sel alkali : 4°. une huile crasse & une matiere dont on peut former des phosphores : 5°. des matieres noirâtres qui doivent leur couleur à l'huile qui leur reste : 6°. des sels alkalis fixes & brûlans.

XI. Toutes ces matieres ne sont pas dans les plantes telles que le feu les en retire : le sel acide, par exemple, sera joint avec des

matieres dont le feu le sépare ; il en est de
même des autres : le feu les altére, & leur
enleve des matieres dont le mélange faisoit
la vertu ; on ne doit donc pas être surpris si
du chou & de l'aconit on retire les mêmes
principes : c'est le mélange & les proportions
différentes de leurs matieres qui les distin-
guoient, ces proportions ont été détruites
par le feu ; il ne restera donc que les principes qui sont les mêmes dans tous les végétaux, ou qui ne différent que par le plus ou
le moins de mélange. Voilà en general ce
qui regarde les plantes ; nous allons donner
leur analyse en commençant par les opérations les plus simples. Je ne m'attacherai
pas à donner les analyses de beaucoup de
plantes en particulier ; on peut consulter là-
dessus les Pharmacopées : il ne s'agit ici que
de faire voir les principes qui composent les
vegetaux.

L'Esprit des Plantes aromatiques.

PRenez des plantes aromatiques moüillées encore de la rosée du matin, mettez-les sans les piller dans une cucurbite de
cuivre étamée, adaptez-y un chapiteau étamé
avec un recipient, faites distiller l'esprit ou
l'eau odorante à un feu très-lent, vous aurez
l'esprit aromatique contenu dans sa plante,
gardez-là dans des vaisseaux bien bouchez.

REMARQUES.

On doit prendre des plantes en Eté, c'est

alors qu'elles font le plus odorantes; il y en a qui n'ont pas d'odeur avant que les fleurs foient bien épanoüies : mais les rofes, par éxemple, font fort odorantes avant qu'elles foient bien développées; on prend feulement les parties des plantes qui ont de l'odeur.

Il ne faut point piller les plantes; on perd quelquefois par-là l'efprit aromatique. Il y a des fleurs qui perdent leur odeur, ou qui en prennent une mauvaife quand on les écrufe : c'eft le matin qu'on doit cueillir les plantes; alors la rofée répanduë fur leur furface bouche leurs pores, & empêche que l'efprit ramaffé durant la nuit ne s'exhale. Le feu du Soleil qui diffipe la rofée, rarefie l'efprit odorant & le répand dans l'air; le feu artificiel produit ici le même effet.

L'efprit odorant des plantes eft en très-petite quantité dans celles mêmes qui ont le plus d'odeur : l'eau-rofe expofée à l'air perd fon odeur, mais on ne s'apperçoit pas de diminution dans le poids; on ne fçauroit dire fi cet efprit eft un fel ou une huile, peut-être n'eft-ce ni l'un ni l'autre.

Par les corpufcules odorans qui fe détachent des plantés on peut expliquer l'action des végétaux fur les corps qui les environnent : toutes les plantes tranfpirent; les corpufcules qui en fortent doivent agir diverfement fuivant les principes qui les compofent. Suivant ces idées on ne fera pas furpris

de ce que difent quelques Auteurs qui rapportent que certains arbres caufent des accidens fâcheux fi l'on s'arrête quelque temps
fous leur feüillage.

Le Suc tiré des Plantes par la coction.

PRenez des plantes qui ne foient pas
cueillies depuis long-temps, mettez-les
dans un vaiffeau, jettez-y de l'eau de pluye
qui foit chaude, mais non pas boüillante ;
laiffez digerer le tout durant demie heure,
faites enfuite boüillir ces matieres durant un
peu de temps, & féparez ce qui eft liquide :
les décoctions varient fuivant les matieres ;
on peut en voir des éxemples dans les Pharmacopées.

REMARQUES.

Cette opération fe fait fur les matieres
reftantes de la premiere, ou fur des plantes
qui ont perdu leur eau, ou fur des plantes
cueillies depuis peu ; il ne faut pas que ces
plantes foient fort deffechées, elles perdent
par-là une partie de leurs vertus.

Il faut que l'eau ne foit pas boüillante, car
par la grande chaleur les matieres huileufes fe
dégagent d'abord, & empêchent enfuite que
l'eau ne diffolve les matieres falines ; d'ailleurs l'eau trop chaude forme une croûte à la
furface des plantes, & les brûle.

Au commencement de la décoction toute
la liqueur qu'on retire des plantes par la pre-

miere opération, s'exhale ; on peut la recevoir dans quelque vaisseau fait exprês : les décoctions faites de cette maniere sont celles qui sont les meilleures.

Si sur le reste de cette décoction on verse de nouvelle eau de la même maniere, la derniere liqueur qu'on en retire est insipide ; ainsi on a par cette opération ce que les plantes ont de dissoluble dans l'eau.

Si l'on fait cuire ce qui reste, il en vient une matiere en forme d'huile qui monte à la surface de l'eau ; cette matiere grasse s'enflamme : M. Homberg a fait voir que les plantes fort huileuses pouvoient se convertir presque toutes en huile.

La digestion & l'ébullition doivent être proportionnées à la densité & au poids de la matiere ; ainsi les Italiens laissent sur le feu le gayac, jusqu'à ce qu'il paroisse une matiere huileuse à la surface.

Plus une plante est seche, plus elle demande du temps dans la décoction : dans une plante récente les principes n'ont pas été séparez, mais dans celles qui sont seches il n'y a presque que de l'huile ; & s'il y a du sel, il n'y a qu'une longue coction qui puisse l'en retirer. Les Indiens retirent plus de sel du gayac dans demie heure que nous dans vingt-quatre heures de digestion & six heures d'ébullition ; de-là vient peut-être que cette plante guérit chez eux la verole, & qu'elle ne le fait pas ici.

Ces décoctions se mêlent au sang quand elles ne contiennent pas des matieres huileuses qui ne peuvent pas pénétrer dans les vaisseaux lactées; la raison qui prouve qu'elles entrent dans le sang, c'est que quand on a pris du suc de casse, l'urine a une une couleur verte: la rhubarbe donne une vertu purgative au lait, & paroît aussi dans les urines de même que le saffran.

Ces décoctions agissent par le moyen de l'eau chaude, par leur vertu saponaire qui dépend de la diversité des matieres salines, & par les parties ignées qui peuvent être dans ces sels.

Les feüilles & les fleurs ne perdent pas leur figure par la coction, on peut l'éprouver par les fleurs de lys.

Le Suc précédent épaissi.

DEpurez une décoction, ou en la laissant reposer pour que les matieres grossieres tombent au fond du vaisseau, ou en la filtrant afin qu'il ne passe que ce qu'il y aura de plus attenué; après cela remettez la décoction sur le feu, mêlez-y un jaune d'œuf battu avec un peu de décoction froide, ce qu'il y aura de plus visqueux & de plus crasse s'attachera à la matiere de l'œuf qui restera sur le filtre; après que tout sera dépuré, mettez votre décoction sur le feu, & la laissez évaporer jusqu'à consistence de miel.

REMARQUES.

Les décoctions plus ou moins épaissies prennent divers noms quand elles ont une telle consistence qu'en tombant sur l'étain froid, elles forment une espece de coagulum ; on les appelle gelées. Je ne parle pas des autres noms qu'on leur a donnés.

Les plantes qui ont de l'acide donnent des décoctions qui rongent le cuivre, ainsi il faut que les vaisseaux dont on se sert soient de terre ; autrement on risqueroit de causer des vomissemens.

Les décoctions épaissies jusqu'à consistence de miel se nomment extraits ; on conserve parfaitement les vertus des végétaux par ces préparations : on peut leur rendre dans l'usage l'eau qu'on lenr a enlevée.

Le restant des Opérations précédentes réduit en cendres insipides.

PRenez ce qui reste des Opérations précédentes, mettez-le dans un vaisseau de fer rougi, la matiere s'enflammera, jettera des étincelles, & laissera enfin des cendres blanches.

REMARQUES.

Ce qui est resté étoit mêlé d'huile, c'est pour cela que la matiere s'enflamme , & qu'elle est noirâtre ; après que l'huile s'est évaporée, la flamme n'y prend plus, & la blancheur succede à la noirceur : on voit par-là la nature du charbon & de la suye.

Les cendres sont insipides; on n'a qu'à les mettre dans l'eau, elles ne lui donneront ni goût ni odeur: l'eau a emporté les sels, & le feu a enlevé l'huile.

La terre qui forme ces cendres est fort tenuë, on s'en peut servir pour frotter les dents; par les proprietez qu'a cette terre avant d'être brûlée, il paroît qu'une plante privée de ce qui est dissoluble dans l'eau retient deux choses: 1°. une matiere inflammable qui lui donne une couleur noirâtre : 2°. une terre parfaitement blanche.

Cette terre n'est d'aucun usage dans la Medecine, on peut dire qu'elle est très-pure; car il faut qu'elle ait passé par les filtres des plantes: l'eau ne la dissout point; le feu du miroir ardent n'y porte aucune altération.

Il s'ensuit de ces trois opérations, 1°. que les vertus des plantes consistent dans ce que l'eau y dissout & dans ce que le feu enleve; or ces matieres ne sont que des sels & des huiles: 2°. que moins les plantes sont seches, plus elles sont actives; de-là vient que les plantes qui sont tenuës à l'air n'ont pas de force, & que celles qui sont des poisons très-présens ne sont plus nuisibles quelquefois quand elles sont seches.

Cette terre est la cause de la solidité des plantes, c'est par-là qu'elles résistent à la chaleur, à la pluye, au froid; elle défend les par ties ignées & salines qu'elle contient.

On peut conclure de-là qu'on ne doit pas placer les sels & les huiles parmi les parties solides des plantes, non plus que dans celles des animaux ; c'est en vain qu'on cherche des sels & des huiles dans des os calcinez qui sont ce qu'il y a de solide dans le corps humain.

Les Extraits réduits en cendres salées.

PRenez un Extrait épaissi suivant la méthode que nous avons donnée, faites-le sécher à un feu lent, mettez-le ensuite sur le feu dans un vaisseau de fer rougi, il s'enflammera, & donnera une odeur desagréable, enfin il se réduira en cendres blanches.

REMARQUES.

Ces cendres lavées, filtrées & sechées donnent du sel, de quelques plantes qu'elles viennent ; mais plus les plantes ont d'odeur & de saveur, plus elles contiennent de sel volatile.

Si l'on brûle une plante cueillie depuis peu, on en retirera des cendres qui auront un sel semblable à celui qu'on retire de l'extrait.

Les huiles & les sels ont quelque union dans les plantes, autrement les huiles ne pourroient pas se dissoudre par l'eau : les sels ne se séparent jamais entierement de l'huile ; il y en a toûjours quelque partie.

Le Sel essentiel tiré du Suc des Plantes.

PRenez une plante & la pilez, exprimez-en le suc, dilayez-le avec de l'eau chaude, filtrez-le pour le dépurer, mettez-le ensuite sur le feu pour le faire évaporer jusqu'à consistence de miel ; mettez-le ensuite dans un vaisseau de terre, jettez dessus de l'huile pour couvrir cette matiere , mettez votre vaisseau à la cave pendant six mois, il se formera une croûte à côté du vaisseau sans aucun mélange d'huile ; c'est un mucilage qui est la matiere dont se forme le sel.

REMARQUES.

On tire de deux manieres le sel des plantes ou des sucs qui déposent une matiere saline, comme le vin dépose le tartre, ou des charbons que laissent les plantes quand on les a brûlées.

Il faut séparer le sel du suc qui l'environne, le faire sécher un peu, ensuite y jetter de l'eau pour le dépurer entierement des matieres crasses auxquelles il est mêlé ; on aura par-là un sel tel qu'il étoit dans la plante, car on n'a fait autre chose que de lui donner le temps de se séparer.

Ce sel est différent suivant les plantes, d'un goût acide ou austere : les fruits qui ne sont pas mûrs donnent un sel qui approché de celui du tartre ; celles qui ont beaucoup de suc & qui sont presque aqueuses, donnent un fel nitreux: les plantes huileufes ne donnent du fel qu'après que la fermentation a féparé l'huile.

Les fucs des fruits mûrs qui ont fermenté donnent un fel qu'on appelle tartre, il eft abondant à proportion de l'acide qui fe trouve dans les matieres; il en vient très-peu des corps qui font fort gras.

On peut avoir le fel effentiel d'une autre maniere: Prenez le fuc d'une plante, purifiez-le, mettez-le dans un vaiffeau ou en un lieu frais durant quelques jours, le fel fe cryftallifera autour du vaiffeau.

. Il ne faut pas croire que les fels qu'on retire des plantes par le moyen du feu foient les fels véritables qui fe trouvent dans les végétaux, le feu les altére, & leur donne des vertus toutes différentes; le fel même qu'on retire par la cryftallifation & de la premiere maniere, eft différent, car il fe fépare du refte du fuc, & prend une confiftence qu'il n'avoit pas.

Le Sel végétal tiré d'une Plante qu'on a brûlée.

PRenez une plante avant qu'elle ait perdu fes fleurs, mettez-la dans un vaiffeau de fer rougi, elle fumera, & donnera une flamme accompagnée de pétillement; enfin elle fe réduira en des cendres noirâtres qu'il faut agiter jufqu'à ce qu'elles ceffent d'étinceller, & qu'elles deviennent blanches ; faites une leſſive de ces cendres avec de l'eau , filtrez-la , faites évaporer l'humidité au feu de ſable , il vous reſtera un ſel.

REMARQUES.

Il faut prendre pour cette opération des plantes qui ayent du ſuc, & qui n'ayent pas perdu leurs fleurs, autrement on n'auroit pas la troiſiéme partie du ſel qu'on en retire quand elles ſont fleuries ; c'eſt pour cela qu'en Automne on tire des plantes très-peu de ſel.

Ces cendres ſont ſans odeur, mais elles ont un goût pénétrant ; quand on les met dans l'eau chaude, qu'on les filtre & qu'on les fait évaporer juſqu'à ſiccité il reſte un ſel fixe âcre.

Tandis que les plantes ſont noirâtres & qu'elles étincellent, c'eſt en vain qu'on veut en retirer le ſel, l'huile embaraſſe les matieres ſalines ; & de-là vient que pluſieurs ont travaillé inutilement à tirer le ſel des charbons.

Il y a long-temps que M. Kunkel a prouvé que les ſels des plantes ne différoient en rien ; avec tous ces ſels on peut prendre également la poudre fulminante , fondre les métaux, préparer le régule d'antimoine : il faut avoüer cependant qu'il s'y rencontre quelque petite différence ; ils précipitent diverſement le vitriol & le mercure ſublimé. D'ailleurs le ſel de la petite centaurée petille comme le ni-

ere, & les sels fixes des autres végétaux font
un plus grand bruit. Selon Boile, le sel fixe
de Nicotiane a la figure du nitre, ce qui ne
se trouve pas dans tous les autres; il faut remarquer que les sels essentiels nitreux com-
binez avec leur alkali, forment un nitre parfait.

Tachenius met les plantes dans un vaisseau
de fer, il met un couvercle sur ce vaisseau
afin d'étouffer la flamme; quand les plantes
ont été réduites en charbons noirs, alors il
retire le couvercle, & la matiere commence
à étinceller, il le remuë avec une baguette de
fer jusqu'à ce qu. .out soit réduit en cendres
blanches, l'huile se consume alors, & se sépare
des sels.

Les cendres des plantes brûlées, selon la
méthode de Tachenius, sont rougeâtres, cela
vient de ce que l'huile qui ne peut s'évaporer,
s'y attache, s'y mêle beaucoup mieux que dans
l'autre opération; de-là vient que les sels qui
en viennent peuvent se fondre aisément au
lieu que les autres demandent un feu très-
violent.

Les cendres qui restent doivent être mises
dans un vaisseau avec de l'eau qu'on fera
boüillir, il faut ensuite filtrer cette eau, la
faire évaporer dans un vaisseau de fer, & la
remuer continuellement avec une baguette;
il restera au fond un sel rougeâtre, moins ce
sel sera blanc, moins il sera acre.

D d ij

Ce sel se fond sur le feu comme le nitre; pour le fondre on le met dans un creuset de fer: quand ce sel est en fusion on n'a qu'à le jetter sur une lame de cuivre, on aura un sel plus pur que l'autre; la couleur de ces sels varie beaucoup, la fumée y apporte bien des changemens.

On peut rendre ces sels plus purs en les dissolvant dans l'eau, en les faisant passer par le filtre, & en les crystallisant, mais il ne faut pas se donner tous ses soins; on peut les employer dans la Medecine comme on les a retirez des plantes par l'opération que nous venons de donner.

Il n'y a pas beaucoup d'âcreté dans ces sels, ils n'absorbent que peu d'acide, ils se ramollissent étant exposez à l'air, ils se dissolvent dans l'eau, ils se mêlent à toutes les liqueurs, sans excepter l'huile même; ils sont aperitifs, ils aident les secretions; c'est pour cela que Sydhenam les ordonne dans l'hydropisie.

On doit donner ces sels à jeun; ils purgent alors, pourvû qu'on ait pris la nuit précédente une pillule d'aloës, autrement ils pousseroient par les urines ou les sueurs, si ce n'est peut-être que quelque disposition particuliere ne les détermine à agir dans les intestins. Si on veut les rendre diuretiques, on n'a qu'à prendre quelque liqueur tiede, comme du caffé, ou du petit lait: si on veut les faire agir par la sueur, il faudra que celui qui en ufe fe tienne au lit, & qu'il prenne du thé, ou une décoction de faffafras, mais il faut que ces liqueurs foient fort chaudes; ces fels font encore d'un grand ufage dans les fiévres tierces, on les donne après l'accez, mais il faut prendre garde qu'il n'y ait pas de difpofition à la phthyfie dans le malade.

Le Sel fixe brûlant des Plantes.

PRenez telle plante que vous voudrez, réduifez-la en cendres, calcinez ces cendres durant quelques heures, filtrez-les, faites évaporer l'humidité, pouffez le feu jufqu'à ce que vous ayez une maffe feche & blanche; mettez votre maffe dans un creufet, pouffez le feu durant deux ou trois heures pour qu'elle fe mette bien en fufion, retirez-la alors du feu, & jettez-la dans un vaiffeau de métal, vous aurez un fel alkali fixe.

REMARQUES.

On préparoit autrefois ce fel en Egypte, on le tiroit d'une herbe qui vient en des lieux fabloneux; elle fe nomme kali: ce fel peut fe préparer avec quelque plante que ce foit.

Quand on calcine les cendres il faut prendre garde qu'elles ne fe mettent pas en fufion, parce qu'elles fe vitrifieroient; le verre ne fe fait que de ces cendres qui contiennent une partie terreufe & une partie faline: le fel diffout en quelque maniere la terre; ces deux matieres s'uniffent, enfuite elles forment un composé assez opaque qui devient plus transparant par une forte calcination.

Quand on a mis la masse blanche en fusion dans un creuset, il faut prendre garde que le vaisseau dans lequel on la verse soit sec; car s'il y avoit quelque goutte d'eau, le sel se dissiperoit d'un côté & d'autre avec bruit: il faut encore réduire ce sel en poudre d'abord qu'il est sorti du creuset, autrement il se durciroit; ce sel doit être conservé dans une phiole bien bouchée.

Ce sel se fond aisément à l'air, on ne peut pas même empêcher qu'il ne se fonde dans les vaisseaux où on le conserve, quelque précaution qu'on prenne; plus il a été en fusion, plus il est âcre & brûlant: avant qu'il soit entierement préparé, il passe par diverses couleurs; il paroît gris, blanc, bleuâtre, verd, brun, rougeâtre.

Si on veut donner plus d'âcreté à ce sel, on n'a qu'à le préparer avec la chaux; alors il sera si caustique, qu'il pénétreroit jusqu'aux os si on en jettoit sur la main.

On peut tirer ce sel des sucs des plantes & du sel essentiel, mais les matieres qui viennent de diverses plantes ne prennent pas le même degré d'âcreté; la soude donne un sel plus âcre que lec autres plantes.

Les proprietez de ce sel sont d'être caustiques, de faire ébullition avec toute sorte d'acide, de dissoudre les matieres résineuses &

gommeuſes, de ſe vitrifier avec la terre, de ſe liquefier à l'air, de réſiſter au feu aſſez long-temps, de teindre en verd le ſyrop violat, de réduire la bile en forme d'eau.

Quoyque ce ſel paroiſſe fort fixe, cependant ſi on le mêle avec trois fois autant de grès, il devient volatile, & s'éleve dans l'air. Tachenius a cru que ce ſel n'étoit pas le même dans toutes les plantes, mais les différences qu'il y remarque ne viennent que de la calcination plus ou moins pouſſée.

Ce ſel détruit les acides, mêle les huiles avec les matieres aqueuſes, pouſſe par les ſueurs & par les urines ; il eſt un bon eſcarrotique, mais il eſt un poiſon dans les fiévres peſtilentielles, malignes, ardentes : il y a des Medecins qui aſſûrent qu'il peut être de grande utilité dans la goutte.

On dit que ces ſels dépurez, c'eſt-à-dire, parfaitement alkaliſez, ne pouvoient pas ſe cryſtalliſer davantage, mais cela n'eſt pas vrai ; filtrez la diſſolution qui s'en fait par l'humidité de l'air, vous verrez la liqueur ſe troubler, & vous trouverez au fond un ſel qui formera une eſpece de cryſtaux qui ſeront moins âcres que le ſel d'où ils ſortent.

On peut former divers corps ſalins avec ce ſel, par le moyen du vinaigre on le change en ſel de tartre ; avec l'eſprit de ſel marin vous aurez un ſel marin ; avec le vitriol vous formerez une maſſe vitriolique, à la-

D d iiij

quelle il ne manque que la partie métallique.

Pour rendre ce sel plus âcre on peut y joindre le triple de craye avant de le mettre en fusion, alors on pousse le feu de la même maniere; & les parties ignées qui sont retenuës par la matiere ajoûtée, donnent un composé plus brûlant : les os calcinez produisent le même effet.

Si l'on porte ce sel à la cave, il se liquefiera, & formera une huile par défaillance qu'il faut filtrer ; le sel qui reste au fond & qui n'est pas encore dissout, se dissoudra de même que le premier étant exposé à l'air, il laissera au fond des fœces noirâtres qu'on séparera, on n'a pas de méthode qui dépure mieux ce sel : si on veut crystalliser cette liqueur dépurée, on n'a qu'à la laisser reposer long-temps.

Le Sel alkalin brûlant préparé avec la Chaux.

PRenez une partie de chaux vive, deux parties de cendres gravelées que vous mettrez dans un vase de fer sur la chaux, exposez le tout à l'air jusqu'à ce que la chaux soit réduite en poudre, alors jettez-y huit parties d'eau chaude, faites boüillir le tout quelques heures, filtrez votre matiere, & la faites évaporer jusqu'à siccité dans un vaisseau de fer, jettez-la ensuite dans un creuset, donnez-lui un feu leger; & quand elle sera en fusion, jettez-la dans un vaisseau de cuivre; après qu'elle sera refroidie, coupez-la en tranches, & conservez-la dans un vaisseau de verre que vous boucherez éxactement.

REMARQUES.

Quand on filtre la lessive, on ne doit pas se servir de papier; il n'y a qu'un linge qui convienne dans cette opération.. J'ai dit qu'il falloit donner un feu leger pour mettre la matiere en fusion : ce sel n'est pas comme les autres qui demandent un feu violent.

Paracelse, Isaacus, Hollandus & d'autres se sont appliquez à chercher la maniere de dissoudre les sels à un feu leger, de telle maniere qu'ils coulassent comme de la cire. On trouve dans cette opération ce que cherchoient ces Chymistes : mais quand on veut couper la matiere en tranches, il faut prendre garde qu'elle ne soit pas entierement refroidie ; alors on ne pourroit plus la couper à cause de sa dureté.

Après que ce sel a été mis en fusion, il prend une couleur verte qui devient ensuite brune ; on connoît à ce changement de couleur que le sel est parvenu à une grande causticité : quand on l'expose à l'air il se résout, & paroît rougeâtre.

Il n'y a pas de sel plus violent ; il ne faut pas douter que si on en prenoit seulement trois grains, le ventricule ne se trouvât, pour ainsi dire, fondu. Tachenius rapporte qu'un homme étant tombé dans une chaudiere où l'on préparoit ce sel, fut consumé à l'inftant.

Si la chaux étoit éteinte, ce sel n'auroit pas cette caufticité ; il faut de la chaux vive, afin que le feu qu'elle contient puiffe paffer dans le sel tandis qu'elle se charge de l'humidité.

Le sel fixe des végétaux eft la production du feu, on ne le trouve pas dans les plantes avant qu'elles ayent été brûlées; plus elles font calcinées, plus elles donnent de sel fixe. D'ailleurs fi vous prenez, par éxemple, la plante qu'on nomme *acetofa*, vous y trouverez un sel acide, de quelque maniere que vous l'éxaminiez, pourvû cependant que vous ne la détruifiez pas ; mais fi vous la brûlez, elle vous donnera un sel qui ne sera nullement acide, & qui par conféquent a été formé par le feu. M. Homberg a été d'ans un sentiment oppofé ; mais voici une preuve qui démontre qu'il s'eft trompé : Les herbes sechées & confervées durant plufieurs années, perdent leur odeur & leur goût ; de quelque maniere que vous la travailliez, vous n'en retirerez jamais de sel. Vous pouvez en faire l'épreuve dans le lys : Expofez-le à l'air ; après l'avoir coupé en petites piéces durant quelque temps brûlez-le enfuite, il n'y aura dans ce que vous en retirerez aucun veftige de sel ; il faut donc néceffairement que la matiere qui forme le sel fixe foit volatile puifqu'elle s'évapore : de-là il s'enfuit que le sel effentiel ou naturel passe par diverses formes avant de devenir alkali fixe, c'est-à-dire, le feu produit divers sels qui tiennent le milieu entre le sel primitif des plantes & le sel alkali brûlant.

La varieté de ces sels moyens dépend de trois causes, de l'huile, du mélange des principes huileux & salins, & du feu qui s'unit au sel fixe. 1°. Plus il se trouve d'huile dans un sel, moins il approche du sel alkalin : Prenez du tartre, & exposez-le au feu, il vous restera un charbon noir ; mais le sel que ce charbon contiendra ne sera pas âcre : poussez le feu, & vous verrez que plus la noirceur du charbon diminuera, plus le sel aura d'âcreté ; enfin si vous ajoûtez de l'huile à cette matiere âcre, vous aurez un composé qui ne sera point du tout caustique. 2°. Le mélange des principes salins & sulphureux donne de la varieté aux sels moyens : prenez une livre de tartre que vous brûlerez à découvert, & brûlez-en une autre dans un vaisseau couvert, vous trouverez qu'il y aura beaucoup de différence entre les sels que vous en retirerez ; plus sa matiere aura été brûlée, plus elle sera âcre. 3°. Le feu change les sels moyens. Nous avons dit dans le Traité des Elemens qu'on pouvoit concentrer le feu, & le fixer dans un corps durant plusieurs années ; si après qu'il se sera écoulé un temps fort long on dissout ce corps, le feu se mettra en liberté : on n'a qu'à prendre la pierre

dont on fait la chaux ; quand elle a été calcinée, on peut la conserver durant un long
espace de temps ; si on la jette ensuite dans
l'eau, le feu s'évapore. La même chose arrive
au sel, le feu y entre & s'y conserve long-
temps. M. Homberg a avancé que le sel
primitif est acide, & qu'il ne prend diverses formes que par les divers mélanges de
terre : mais y a-t-il apparence que le sel acide joint avec quelque terre prenne une si
grande causticité ? C'est le feu sans doute qui
fait la diversité de la plûpart des sels.

Ce que nous venons de dire nous conduit
à l'origine des sels dans le corps animé : on
a dit qu'il y avoit une faculté qui les formoit
dans les animaux qui vivent des végétaux ;
il ne se fait qu'un changement : les sels qui
sont dans les matieres végétales se joignent
dans notre corps à l'huile, au feu, & à la
terre ; il doit donc prendre une autre forme ; nous en parlerons dans le Traité qui
regarde les animaux.

Nous venons de voir ce qui reste des plantes qu'on brûle & qu'on fait cuire, il faut
à-présent éxaminer les matieres qui s'évaporent, c'est-à-dire, l'eau & l'huile ; c'est
par-là que nous connoîtrons tout ce que
les plantes renferment. Je ne m'arrêterai
pas à leur terre, elle n'a rien de particulier ;
elle est comme les autres remplie de cellules,
comme nous l'avons dit, & sert à conserver
les principes actifs.

L'Eau qu'on tire des Plantes par la distillation.

PRenez une plante fraîche que vous pilerez dans un mortier, jettez-la dans un alembic dont le tiers soit rempli d'eau ou de suc tiré de la même plante ; couvrez l'alembic de son chapiteau ou refrigerant étamé, adaptez-y un recipient , luttez les jointures avec de la veffie moüillée, donnez un feu qui faffe boüillonner les matieres, mais ne les pouffez pas trop , de peur que la matiere groffiere ne monte ; laiffez diftiller l'eau jufqu'à ce qu'elle foit infipide ou acide , laiffez refroidir les vaiffeaux & les déluttez , tirez l'eau du recipient , & la confervez dans une bouteille.

REMARQUES.

Les plantes qu'on diftille font odorantes ; les eaux qu'on retire des autres n'ont pas de grandes vertus : elles ne peuvent contenir que du phlegme, & quelque portion de la matiere faline qui fe trouve dans la plante.

La premiere eau qui diftille eft trouble, blanche, épaiffe ; elle a de l'odeur & du goût, elle contient l'hüile de la plante : celle qui commence à être claire a un goût acide qui corromperoit la matiere huileufe, & la feroit rancir ; c'eft pour cela qu'il faut arrêter la diftillation dès qu'elle commence à couler. Si on continuoit long-temps l'opération, elle deviendroit toûjours plus acide, & rongeroit le cuivre du chapiteau ; par-là elle seroit émetique. M. Rhedi rapporte que la chicorée donne par la distillation une eau qui fait mourir les insectes ; mais cette proprieté ne lui vient que des parties qu'elle a enlevées de l'alembic. J'avois donné à un enfant un remede dans une eau spiritueuse qui le fit vomir avec de grands efforts ; surpris de cet accident j'éxaminai l'eau dont on s'étoit servi, & je trouvai qu'elle avoit une couleur verdâtre qui ne venoit sans doute que du cuivre.

Par la distillation de la plante nous connoissons 1°. qu'il y a dans les plantes aromatiques du phlegme : 2°. une huile qui sort avec le phlegme : 3°. une matiere grossiere, avec un sel acide, un sel fixe qui restent au fond du vaisseau ; que les liqueurs qui sortent d'une plante en divers temps sont différentes : au commencement on tire de certaines herbes une eau qui échauffe beaucoup ; & celle qui vient après est très-rafraîchissante.

Les eaux qu'on vient de distiller ont peu d'odeur, il faut les exposer cinq ou six jours aux rayons du Soleil, afin que la chaleur étende l'huile & la mêle avec les sels ; le feu du Soleil unit le principe inflammable avec les matieres salines, comme nous l'avons prouvé ailleurs. Plus il y a de matiere ignée dans une liqueur, plus cette liqueur est forte : mais si la matiere inflammable se détache des sels &

s'évapore, le goût picquant des sels se fait sentir; l'eau de mélisse qu'on conserve long-temps devient acide, parce que l'huile s'évapore ou se sépare du sel essentiel.

Les eaux distillées peuvent se conserver fort long-temps, celles qui sont plus spiritueuses & qui ont des principes bien mêlez, durent plus que les autres; on pourroit augmenter la partie inflammable d'une liqueur qu'on tire des plantes, en arrosant la plante pilée avec du vin blanc ou de l'eau de vie: mais comme il y auroit peu d'humidité dans ce mélange, il faudroit que la distillation se fît au bain-marie ou au bain de vapeur, alors on n'auroit pas besoin du secours du Soleil pour éxalter la matiere inflammable.

Ce que nous venons de dire prouve qu'il y a des sels dans les eaux des plantes odorantes, mais la corruption qui survient à ces liqueurs gardées trop long-temps, le prouve encore mieux: une matiere qui se corrompt fermente; or la fermentation ne sçauroit se faire sans le secours des sels.

On joint de l'eau aux plantes qu'on distille, afin que l'eau ne sente pas l'empyreume; car l'humidité empêche que les plantes ne se brûlent: si les matieres dont on veut faire la distillation étoient fort humides, il faudroit seulement les arroser de leur suc. Il faut se souvenir que le feu ne doit être ni trop leger, ni trop fort: quand il est trop violent, l'eau fent l'empyreume ; & quand il ne l'eft pas affez, il ne vient que du phlegme.

L'Eau cohobée des Plantes.

PRenez l'eau fpiritueufe que vous avez retirée par l'opération précédente, mêlez-la avec le fuc refté dans l'alembic, jettez une quantité proportionnée de la même plante après l'avoir pilée dans un mortier ; laiffez le tout en digeftion durant deux jours, diftillez enfuite votre matiere comme dans l'opération précédente.

REMARQUES.

L'eau qui vient de cette opération eft blanche comme du lait, c'eft la partie huileufe qui lui donne cette couleur ; les cohobations réiterées la joignent à l'huile, de telle maniere qu'elle femble une émulfion : quand on conferve long-temps cette eau, la partie fpiritueufe s'y attache, & fe fépare de la matiere graffe qui devient une efpece de mucilage.

L'eau qu'on retire par l'opération précédente contient de l'huile, mais celle-ci en a davantage ; celle qui fort la premiere dans la cohobation a auffi plus de matiere huileufe que celle qui vient la derniere.

Si les plantes aromatiques opérent par leur huile volatile, on peut la concentrer parfaitement par cette opération ; mais fi elles n'agiffent pas par leur huile, il eft plus difficile de retirer leur vertu par la cohobation. La plante, par exemple, qu'on nomme Tanaisie, contient une matiere visqueuse dans laquelle est renfermée toute sa force; après qu'on a retiré l'huile & l'eau de cette herbe par la distillati~, la partie glutineuse reste au fond de l alembic: il faut remarquer cependant que ces plantes dont le principe actif n'est pas si volatile, sont d'un grand usage.

Ces eaux cohobées sont de grands remedes. L'eau de menthe agit merveilleusement dans les vomissemens, dans les affections hysteriques, dans les coliques, dans les attaques de goutte qui se jettent sur les visceres. L'eau de mélisse soulage dans les langueurs, dans les palpitations de cœur, dans les foiblesses d'estomach. L'eau d'absynthe dissipe les ventositez, appaise la colique, tuë les vers, fortifie l'estomach. L'eau de sabine est un remede specifique dans la suppression des mois, mais il faut faire préceder les bains, autrement elle n'agiroit pas comme emmenagogue.

Quand on distille des plantes qui ont beaucoup d'odeur, il faut les tenir à l'ombre durant quelque temps, & les faire digerer ensuite dans l'eau durant deux jours. Si l'on veut distiller des écorces, des semences, ou des bois, il faut les macerer dans l'eau animée par des sels: la maceration doit durer plus ou moins, suivant que les matieres font plus ou moins compactes ; on anime l'eau par les sels, afin qu'elle ait plus de force, & que les plantes ne se pourriffent pas.

La matiere qui reftreint, lâche, adoucit, rafraîchit, ne doit pas se chercher dans les eaux diftillées ; elle refte dans les extraits & dans les décoctions. Les eaux ne font compofées que de phlegme & d'huile. On voit par-là le ridicule des Medecins qui ordonnent l'eau de tormentille pour arrêter le fang ; cette plante doit uniquement fa vertu adftringente à fa terre, & non pas à fon phlegme.

Il y a des plantes aromatiques dont le principe actif eft volatile & fixe, alors il faut joindre l'eau diftillée avec ce qui refte ; ces plantes font l'abfynte, l'aurone, l'armoife, la camomille, la tanaifie, & d'autres femblables. Les fleurs du fureau & les bayes de genevrier font encore de ce nombre ; fi on fait fermenter ces herbes, les eaux font meilleures, & les extraits n'ont aucune force.

Les eaux diftillées n'ont pas ordinairement le goût acide, auftere, doux, amer qui eft dans les plantes d'où elles font tirées ; cependant par une cohobation réiterée l'abfynte donne une eau très-amere : il s'enfuit de-là qu'il y a une infinité de plantes qu'on ne doit pas diftiller ; je n'en fais pas l'énumeration, il fuffit de fçavoir cette regle gene-

L'Eau d'une Plante qui a fermenté.

PRenez une plante que vous hacherez & que vous écraferez, rempliffez-en la moitié d'une cruche de grès, jettez-y une telle quantité d'eau qu'elle furnage un peu; prenez de la levûre de biere qui foit la huitiéme partie de l'eau, broüillez le tout, & fermez le vaiffeau, expofez-le au Soleil ou à la chaleur du fumier deux ou trois jours, ou jufqu'à ce que la matiere de la plante foit précipitée au fond du vaiffeau; alors renverfez le tout dans une cucurbite de cuivre, faites la diftillation au bain de vapeur; donnez un feu moderé, afin que ce qu'il y a de plus fpiritueux monte; continuez la diftillation, jufqu'à ce qu'il ne vienne qu'une eau infipide.

REMARQUES.

Si la fermentation a été fort longue, & qu'on ait mêlé avec la matiere qu'on diftille beaucoup de miel ou de levûre de biere, on retire un efprit clair qui a de l'odeur, il n'y paroît aucun veftige d'huile; mais fi l'on n'a pas employé trop de miel ou de levûre de biere, & que fa fermentation n'ait pas été trop longue, il vient une eau blanche très-pénétrante avec un peu d'huile qui furnage.

Quand la fermentation a été continuée long-temps, on a un véritable efprit qui ne retient pas les vertus de la plante : cet esprit s'enflamme, & ne paroît avoir aucun mélange d'huile, parce que la matiere grasse a été atténuée & mêlée intimement avec le phlegme.

L'extrait qu'on peut faire de la matiere qui reste dans cette opération, n'a aucune force ; plus la matiere a fermenté, plus la force de la plante passe dans le phlegme.

Quand on veut distiller des plantes antiscorbutiques, il faut éviter très-soigneusement la fermentation, les matieres qui donnent la force s'évaporeroient.

Il y a une autre maniere de distiller les plantes, on l'appelle distillation *per descensum :* On prend un pot, on le couvre d'un linge qu'on attache au rebord, de telle maniere cependant que ce linge soit enfoncé dans le pot ; on y met dessus les matieres végétales qu'on veut distiller, on les couvre d'une terrine de grès, on met de la braise sur cette terrine, on couvre cette braise de cendres chaudes, il sort des matieres qu'on a mises sur la toile des vapeurs qui se précipitent au fond du pot : cette maniere de distiller n'est guéres en usage, on ne s'en sert que pour distiller des fleurs, & pour tirer l'huile de certains corps.

De ce qui reste dans ces opérations on peut tirer des cendres salées, de même que si on avoit brûlé la plante, comme nous l'avons

marqué ; de-là il s'enfuit que dans la diftillation il monte un phlegme, une huile, & un
fel acide fubtil : il refte une huile craffe &
un fel fixe.

Les Huiles tirées des Plantes.

ON peut avoir l'huile des plantes, ou
par la tranfudation, comme l'huile de
thérébentine qui découles des pins où l'on a
fait des incifions, ou par l'expreffion, comme
l'huile qui fort des femences ou d'autres matieres qu'on met à la preffe, ou par la coction,
comme l'huile qu'on retire des matieres qu'-
on a preffées après qu'elles ont boüilli dans
l'eau ; il s'éleve alors à la fuperficie une matiere graffe, & qui donne beaucoup d'huile :
enfin la diftillation fépare l'huile des matieres
végétales, nous en parlerons dans la fuite.

REMARQUES.

L'huile fe trouve dans l'écorce des plantes
& dans les femences ; fi elle eft mêlée à d'autres
matieres, ce n'eft qu'en petite quantité : elle
eft formée par la circulation dans les parties
internes des végétaux, enfuite elle fe filtre &
fe dépofe dans les femences & les écorces ;
de-là vient qu'elle s'échappe par les incifions
qu'on fait aux écorces, & par les pores des
femences que l'on comprime.

Ce n'eft que des vieilles plantes & des adul-
tes qu'on retire beaucoup d'huile, les jeunes
ne contiennent prefque qu'un fuc aqueux ;

l'huile se trouve quelquefois en si grande quantité dans les vieux sapins, qu'ils périssent, parce que la circulation n'est pas libre : on voit là une image de ce qui arrive aux vieillards qui sont suffoquez par leur phlegme.

On ne retire pas des plantes la même quantité d'huile dans toutes les saisons : en Hyver les pores se retrécissent & concentrent la matiere grasse qui se ramasse par-là en grande quantité, défend les arbres contre les impressions du froid ; en Eté les pores s'ouvrent, la circulation devient plus libre, mais comme les plantes croissent, poussent des feüilles, des fleurs & des fruits, la matiere grasse se consomme pour former la substance de ces nouveaux composez que les plantes produisent : d'ailleurs il s'en évapore beaucoup par la transpiration qui est fort abondante en Eté, mais dans l'Automne quand les feüilles tombent avec les fruits, l'huile se ramasse en grande quantité, c'est alors qu'il faut faire les incisions dans les pins, & qu'il faut cueillir les plantes dont on veut retirer l'huile ; si elles ne peuvent se conserver jusqu'à cette saison, il faut toûjours attendre qu'elles n'ayent ni fleurs ni fruits.

L'huile vient en plus grande quantité quand les plantes ont perdu leur sel en partie, cela arrive en Automne, puisque les sarmens qu'on brûle au mois d'Avril en donnent un tiers plus qu'au mois d'Octobre.

Les huiles contiennent le goût & l'odeur de la plante ; quand on l'a retirée de la canelle, par exemple, il ne reste qu'une matiere insipide & sans odeur : celles qu'on tire par expression sont douces, elles relâchent ce qui est trop tendu, elles enveloppent les matieres âcres; la moutarde qui est si picquante donne une huile très-douce quand on la met en presse, au contraire elle en donne une qui est fort âcre lorsqu'on la distille.

Les huiles les plus douces quand on les conserve long-temps, deviennent rances & fort âcres ; l'huile d'amandes douces qui est un remede contre les tensions & les inflammations, peut devenir si âcre, qu'elle sera plus brûlante que l'euphorbe.

Si au lieu de presser les semences on les pile dans l'eau, elles donnent une espece de lait qu'on nomme émulsion ; dans cette liqueur qui ne peut se retirer que des semences se trouve toute l'huile, car ce qui reste n'en donne plus de quelque maniere qu'on le comprime : ces huiles s'attenuent tellement par la trituration, qu'elles se mêlent avec l'eau.

L'émulsion ressemble au lait ; si on la laisse reposer long-temps, elle forme une espece de crême, & elle donne une eau très-acide : de-là vient que les matieres farineuses sont très-propres à faire venir le lait.

La trituration qui produit les émulsions,

nous donne une idée de ce qui se passe dans notre corps ; l'estomach brise les matieres qu'il reçoit, & en forme un lait avec la salive qui est l'eau que la nature lui fournit pour cela, & non pas pour servir de dissolvant universel, comme le soûtiennent plusieurs Philosophes.

On voit par-là l'origine de l'huile dans notre corps: on est surpris de voir dans les animaux une si grande quantité d'huile, mais on ne fait pas réfléxion que tout ce qui est propre à nous nourrir contient beaucoup de matiere grasse ; on peut voir encore par l'action qui fait l'émulsion l'origine du lait & du chyle. Ces matieres ne sont que l'huile & le phlegme des alimens : la trituration qui les a mêlez dans l'estomach leur a donné la forme qu'ils ont ; l'acidité à laquelle ils sont sujets fait voir le rapport qu'il y a entre les matieres exprimées des végétaux par la trituration, & entre le lait & le chyle.

Après avoir exprimé l'huile des matieres végétales, prenez ce qui reste, & faites-le cuire dans l'eau, il se formera une écume à la superficie, vous la retirerez avec une cuillere à proportion qu'elle paroîtra, elle vous donnera beaucoup d'huile.

Les huiles qu'on retire des plantes n'ont pas toutes les proprietez des matieres dont elles sortent ; les principes actifs des plantes se dissipent par leur volatilité, ou s'attachent

dans

dans ce qui reste après que l'huile a été exprimée.

La matiere restée après l'expression ayant été cuite, contient beaucoup de sel qui se sépare de l'huile; il y a cependant quelque portion de la matiere saline qui s'attache à la matiere huileuse.

L'Huile distillée des Fleurs & des Feüilles vertes & seches.

PRenez telle quantité que vous voudrez de feüilles ou de fleurs, faites-les secher à l'ombre durant quelque temps, ou jusqu'à ce que vous n'y apperceviez plus d'humidité; hachez-les, & en remplissez la moitié d'une cruche, jettez-y de l'eau en telle quantité que les matieres soient bien humectées; laissez le tout en digestion durant trois, six, neuf jours, plus ou moins suivant les matieres végétales; faites ensuite distiller vos matieres à un feu assez fort, vous aurez avec le phlegme une huile qui surnagera, finissez la distillation avant que l'eau acide monte.

REMARQUES.

Il faut plus ou moins de temps pour la digestion, suivant les matieres qu'on travaille; il faut un mois entier aux roses damascenes: pour en tirer l'huile on doit même y verser un peu d'huile de vitriol quand on les met en digestion. Homberg qui a cru qu'on ne pouvoit en faire distiller l'huile, ne leur avoit

donné qu'une digestion peu longue ; les lys
blancs demandent encore qu'on les fasse digerer long-temps : pour l'huile de vitriol
qu'on ajoûte aux matieres dont l'huile ne
vient que difficilement, la quantité doit être
telle, qu'elle leur donne une agréable acidité.

Les cellules qui renferment l'huile sont
rompuës par la maceration, l'eau s'y mêle
dans le temps que les matieres se digerent,
elle éleve ensuite les parties huileuses quand
le feu l'a rarefiée ; les huiles tirées des plantes,
suivant cette méthode, retiennent l'odeur &
le goût des matieres dont elles sortent.

Ces huiles sont âcres, elles échauffent &
animent, elles divisent les matieres visqueuses ; c'est pour cela qu'elles conviennent aux
temperamens froids, pituiteux, hypochondriaques, mais elles sont pernicieuses dans
les maladies où il y a à craindre des inflammations.

On a attribué à ces huiles diverses proprietez selon qu'elles viennent de plantes
différentes, souvent elles ne varient que par
le plus ou le moins de force, si ce n'est peut-
être qu'il s'y mêle quelques parties de la
plante qui peuvent les différencier ; de-là
vient apparemment que l'huile de camomille
a une vertu febrifuge qui ne se rencontre
pas dans les autres : cette huile est visqueuse
& bleuâtre, au lieu que les autres sont jau-

nes, ou tirent fur le brun ; l'huile d'abfynte eft encore de couleur bleuâtre.

Ces huiles rectifiées & diftillées plufieurs fois avec de l'eau deviennent plus pures, elles dépofent toûjours de la terre au fond du vaiffeau, elles donnent leur goût & leur odeur à l'eau avec quelque portion de fel, car elle précipite la diffolution de mercure fublimé ; par-là on voit qu'il faut que l'huile diminuë beaucoup, elle fe réduit enfin en eau, en fel & en terre, la terre eft extrêmement fixe & infipide, elle eft en grande quantité quand on fait la diftillation par la retorte plufieurs fois.

Si on diftille fouvent l'huile de canelle, l'eau prend une couleur de lait ; & plus elle devient blancheâtre, plus l'huile diminuë : quand dans la diftillation on mêle de la craye ou de la chaux, il fe trouve quelque augmentation dans l'huile ; cela ne peut venir que de la craye & de la chaux.

Si on met les huiles en digeftion avec de l'efprit de vin rectifié, ce qu'il y a de plus fubtil fe joint à l'alkool, & il ne refte qu'une réfine ; les anciens Chymiftes avoient raifon quand ils difoient qu'il falloit féparer l'ame des mixtes par des menftruës homogenes.

Si on expofe à l'air l'huile de canelle, tout ce qu'il y a d'aromatique fe perdra ; on pourroit déterminer par-là la quantité de la fubftance aromatique qui fe trouve dans les

huiles. 1°. Cet esprit aromatique est uniquement dans l'huile, car après qu'on a distillé
l'huile de canelle, il n'y reste qu'une masse
qui n'a ni le goût ni l'odeur de la canelle,
on n'y sent qu'une matiere acide & auftere.
2°. D'une livre de canelle on ne retire que
deux drachmes d'huile. 3°. Quand cette huile
perd son esprit aromatique, elle ne se trouve
diminuée que de $\frac{1}{40}$: pour la quantité d'huile
qui s'attache à l'eau elle est très-petite, car
avec quelques gouttes qu'on broüille avec
l'eau on fait une matiere laiteuse aussi chargée d'huile que celle qu'on retire dans la
distillation de l'huile.

On voit par ce que je viens de dire combien peu d'esprit aromatique il faut pour
qu'une grande quantité de matiere s'en trouve impregnée; une seule goutte d'huile de
canelle dont l'esprit n'est que $\frac{1}{40}$ de sa masse,
rend aromatique une grande quantité de
vin.

Il y a quelques huiles qui se changent en
une masse saline, ou en une espece de savon
quand on les a conservé long-tems; cela arrive à l'huile de canelle, & à celles qui font
fort aromatiques.

Par tout ce que je viens de dire on peut
connoître 1°. que le goût & l'odeur dépendent de l'huile, ou plûtôt de l'esprit renfermé dans l'huile: 2°. que l'eau distillée des
plantes doit son goût & son odeur à l'huile;

3°. qu'il y a deux fortes d'huile : une épaiffe, qui forme la réfine ; & l'autre fort volatile, qui eft renfermée dans celle qui eft groffiere.

L'Huile diftillée des Semences.

PRenez des femences aromatiques parvenuës à leur maturité, jettez-les dans une quantité d'eau chaude qui pefe trois fois autant que les femences, laiffez le tout en digeftion durant deux jours dans un vaiffeau de terre que vous boucherez bien , mettez votre matiere dans un alembic de cuivre, adaptez-lui un recipient & luttez les jointures avec de la veffie moüillée, donnez-y un feu qui foit moderé, diftillez trois ou quatre parties de la liqueur , déluttez l'alembic , & féparez votre huile de l'eau , comme nous dirons ci-après ; mettez-la dans une phiole que vous boucherez bien, prenez la liqueur féparée de l'huile , rejettez-la dans l'alembic ; diftillez-la , comme devant ; réïterez cette cohobation jufqu'à ce qu'il ne vienne plus d'huile.

REMARQUES.

Les femences donnent beaucoup d'huile, on voit par-là pourquoi le corps des plantes en donne moins quand il eft chargé de fes femences , de fes fleurs ou de fes feüilles.

Comme les plantes font huileufes on peut les conferver dans un lieu fec ; de même que l'huile défend les plantes des injures du temps en Hyver, elle empêche que les semences ne s'altérent.

On peut ajoûter à l'infusion ou de l'esprit de sel, ou de l'esprit de vitriol. M. Lemery prétend que les acides altérent les huiles en fixant leur volatilité; mais on peut voir ce que nous avons dit là-dessus.

Les Huiles distillées des Bois.

PRenez du bois que vous raperez ou que vous scierez en petits morceaux, remplissez-en les deux tiers d'une cornuë, placez dans un fourneau de reverbere votre vaisseau, adaptez-y un balon qui soit grand, donnez un feu du premier degré, continuez-le jusqu'à ce que le phlegme ne vienne plus en gouttes, jettez alors ce qui sera dans le balon, adaptez encore le balon à la cornuë, luttez les jointures, augmentez le feu par degrez, continuez-le jusqu'à ce que vous ne voyïez rien sortir, laissez refroidir vos vaisseaux, déluttez-les, mettez ensuite un entonnoir garni de papier gris dans une bouteille; versez-y la liqueur distillée, l'esprit passera, & laissera l'huile noire, épaisse & fœtide dans l'entonnoir, conservez-la dans une phiole.

REMARQUES.

L'esprit & l'huile sortent en nuages blancs l'huile est empyreumatique, ainsi il faut se servir d'une autre opération dont nous parlerons dans ces Remarques: pour l'esprit il est aigrelet, cela vient du sel essentiel étendu dans le phlegme : quand il est joint à la craye, il boüillonne ; & si on le distille, il donne une eau insipide qui est fort claire, cela vient de ce que le sel & l'huile restent dans la craye qui devient rouge, parce que la matiere huileuse s'attache à sa surface ; par-là on voit que l'esprit dont nous parlons est composé d'un sel volatile, huileux, acide, qui est fort pénétrant : de-là vient que Boile le conseille quand il s'agit d'émouvoir, il pousse par la transpiration & par les urines.

Dans cette opération on tire beaucoup de phlegme des végétaux ; de quatre livres de gayac, par exemple, on retire trente-neuf onces d'esprit & de phlegme, & cinq onces d'huile, c'est la matiere huileuse qui retient l'eau dans les bois, car si le bois n'a pas beaucoup d'huile, il ne donne plus d'esprit acide quand on l'a conservé quelques années : la nature a donné l'huile aux plantes, afin qu'elle servît, pour ainsi-dire, de frein à l'eau & au sel qui sans elle s'exhaleroient aisément.

Il reste dans la cornuë une espece de charbon noir qui brûle aisément, & se réduit en cendres blanches dont on peut retirer un sel en les calcinant, & en faisant une lessive qu'on filtre & qu'on fait évaporer dans un vaisseau de verre ou de grès au feu de sable. Vanhelmont a dit que ce sel qui se consume si aisément ne seroit point du-tout altéré, quelque degré de feu qu'on lui donnât, s'il n'avoit pas un commerce libre avec l'air : plusieurs ont douté de cela ; mais il n'y a rien que de vrai.

Si l'on pousse le feu à la fin de l'opération, on a une huile crasse, pesante, caustique ; cette causticité lui vient des sels âcres qui s'y joignent, elle peut s'adoucir si on la fait passer par plusieurs rectifications ; on voit par-là qu'il s'éleve deux sortes de sel dans cette opération, un sel acide qui se joint à l'esprit, & un sel âcre qui s'attache à cette huile grossiere.

L'huile donne aux bois leur poids, ceux qui ont peu de matiere huileuse sont legers, & ne sont pas propres à brûler, leur dureté leur vient aussi de la matiere grasse, car ceux qui son: aqueux sont fort spongieux ; enfin c'est l'huile qui leur donne leur forme, ils se varient & se réduisent en poudre : nous le voyons dans les bois quarrez qui sont luisans durant la nuit ; d'ailleurs on sçait qu'il n'y a pas de bois qui se carie plus aisément que celui qui n'a pas de substance onctueuse.

Les bois conservez long-temps en coupes au Printemps ne donnent pas beaucoup d'huile, ou n'en donnent pas autant que ceux qu'on a cueillis depuis peu, ou en Hyver ; de-là vient que le bois dont on se chauffe est meilleur dans les pays froids que dans les pays chauds.

Les plantes contiennent du feu les unes
plus, les autres moins; de-là vient que les
huiles qu'on en retire sont plus ou moins
piquantes, de-là vient que l'huile de girofles
a quelque causticité qui diminuë par le mélange de l'eau.

Les vieux arbres ont toûjours plus d'huile,
pourvû qu'on les coupe entre l'Automne &
l'Hyver; mais la matiere huileuse se trouve
en plus grande quantité dans l'écorce que
dans le bois, elle a même plus d'odeur & se
fait mieux sentir à la langue.

Distillation des Bois par l'alembic.

PRenez telle quantité de bois qu'il vous
plaira, rapez-le & faites-le digerer durant un mois dans de l'eau commune animée par les sels, versez ensuite le tout dans
l'alembic & le distillez comme les semences.

REMARQUES.

Pour avoir l'huile des bois il faut les macerer dans l'eau animée par des sels qui séparent les parties aqueuses des parties huileuses;
plus la maceration sera longue, plus vous retirerez d'huile: les écorces qui sont fort aromatiques & qui ont un tissu sonqueux, n'ont
pas besoin de digestion quand elles sont cueillies depuis peu de temps.

Les Huiles distillées per descensum.

PRenez des verres ou un pot de terre de grès, couvrez-le d'une toile que vous lierez aux rebords, enfoncez un peu cette toile dans la cavité du vaisseau, mettez dans cet enfoncement les matieres aromatiques que vous mettrez auparavant en poudre, mettez sur ces matieres une terrine qui s'applique bien sur les bords du vaisseau, remplissez-la de cendres chaudes, les matieres aromatiques donneront premierement un peu d'esprit, & ensuite une huile qui tombera au fond de votre vaisseau ; vous continuerez le feu jusqu'à ce qu'il ne distille plus rien, vous séparerez l'huile par un entonnoir garni de papier gris, & vous conserverez l'huile dans une phiole bien bouchée.

REMARQUES.

Suivant cette méthode on peut préparer des huiles sans beaucoup de dépense, mais il s'en faut de beaucoup qu'on y trouve dans des huiles distillées de cette maniere les mêmes qualitez que les autres ont ; il est vrai qu'elles approchent des huiles essentielles, mais si vous ne donnez à la matiere qu'on distille qu'un feu leger, vous n'aurez point d'huile ; & si vous poussez le feu, l'huile sent l'empyreume : on ne doit se servir de cette méthode que dans des occasions pressantes qui ne permettent pas d'avoir recours à une autre opération.

On voit par toutes les opérations que nous avons données pour extraire les huiles ce que le feu produit par l'art, & ce qu'il doit faire selon les loix de la nature; de même que le feu artificiel donne aux huiles une certaine forme, & les fait élever en vapeurs, le feu naturel produit le même effet.

Les plantes aromatiques, comme il paroît par ce que nous venons de dire, ont cela de commun que les corpuscules d'où dépend la vertu aromatique sont reçûs dans une matiere huileuse : pour la nature de ces corps il y a apparence qu'elle n'est qu'un feu joint à quelques parties de sel extrêmement subtiles ; de-là vient qu'un fameux Chymiste a dit, *filius salis habitat in sulphure.*

Les Huiles des Matieres végétales qui sont âcres.

PRenez des semences, ou des racines, ou des feüilles de plantes qui échauffent beaucoup, broyez-les un peu, mettez-les dans une cornuë de verre garnie d'un grand balon, placez-la au feu de sable, augmentez toûjours le feu par degrez, il viendra 1° une eau qui n'est pas acide, mais qui a une odeur très-desagréable : 2°. un esprit & une huile qui surnagera : 3°. des fumées blanches qui s'attacheront aux parois du recipient en forme de sel ; 4°. enfin une huile grossiere qui se précipitera au fond. 5°. Il restera dans la retorte un charbon dont on ne pourra retirer presque point de sel fixe.

REMARQUES.

Si on distille l'esprit de nouveau à un feu leger, il donnera beaucoup de sel volatile alkalin urineux comme celui des animaux; on voit par-là la différence qu'il y a entre ces plantes & les autres qui donnent un sel acide, & qui laissent un sel fixe dans ce qui reste après la distillation.

Les Chymistes ont écrit que dans les végétaux il y avoit un sel fixe qui pouvoit se volatiliser par la putrefaction. Wedelius est le premier qui a dit qu'on pouvoit retirer un sel de cette espece après la putrefaction; mais Boile est celui qui a découvert qu'on pouvoit le séparer des végétaux âcres sans cette putrefaction; ce sel alkalin est naturellement dans ces plantes qui frappent l'odorat, ou qui incommodent les yeux quand on les pile.

Toutes les plantes peuvent se réduire à deux classes, à celles qui donnent un acide volatile, & à celles dont il sort un alkali volatile; c'est par-là qu'on peut connoître les vertus spécifiques des plantes, & les cas dans lesquels elles conviennent: quand la bile est trop âcre, quand le sang est dissout, dans la disposition à la putrefaction, les plantes dont le sel est alkali sont fort nuisibles; au contraire celles qui donnent un sel acide, sont

d'un grand usage. La verole se guérit par des
matieres qui renferment ce sel , comme le
gayac , le saslafras ; les matieres alkalines ne
font que l'irriter. Un célébre Medecin a remarqué que dans les maux veneriens on étoit
souvent obligé d'avoir recours au vinaigre
& à l'esprit de vitriol pour arrêter la pourriture.

La réduction des Huiles & des Teintures en résine.

PRenez l'huile qu'il vous plaira , mettez-
la long-temps en digestion à une chaleur
moderée , ou bien, distillez-la, & conservez-la
long-temps , elle se réduira en résine.

Si vous avez une teinture de quelque matiere huileuse, faites-la distiller à un feu leger
jusqu'à ce qu'il n'en reste au fond du vaisseau
que la quatriéme partie ; jettez ce qui reste
dans un vase où vous aurez mis de l'eau de
pluye ou de fontaine, la matiere restée s'épais-
sira, & formera une espece de lait que vous
laisserez reposer durant un jour ; versez l'eau
par inclination , & vous trouverez la résine
au fond du vaisseau, lavez plusieurs fois cette
résine avec de l'eau , & exposez-la à la chaleur
du Soleil pour la faire secher & pour qu'elle
se durcisse, mettez-la en poudre subtile quand
elle sera durcie, & gardez-la dans une phiole.

REMARQUES.

L'évaporation de la matiere spiritueuse &

fluide forme les réfines, ce qu'il y a de groffier refte, & n'ayant plus de mouvement s'é-
paiffit; dans la digeftion cette partie liquide
& fpiritueufe s'envole; les huiles confervées
dans les vaiffeaux les mieux fermez perdent
auffi leur efprit: l'huile de thérébentine diftillée s'épaiffit fi on la garde long-temps, &
devient entierement femblable au compofé
dont elle eft fortie.

Les teintures de jalap, de fcammonée, de
benjoin, de turbith, peuvent fe réduire en réfine par la feconde méthode que nous venons
de donner; cette réfine eft formée par l'évaporation du menftruë & d'une partie de
l'efprit, de même que celle qu'on fait des
huiles: on la lave dans l'eau pour affoiblir
les corps fpiritueux qui la tiennent en diffolution.

Les réfines font friables, fe diffolvent
dans des menftruës huileux, s'enflamment
quand on les expofe au feu. Les Anciens ont
appellé le foulphre réfine de la terre. Il eft
certain que ces deux matieres ont beaucoup
de rapport; elles différent en ce que le foulphre ne fe diffout pas fi aifément dans l'efprit
de vin: mais fi on veut en faire la diffolution
promptement, on n'a qu'à animer l'efprit de
vin par quelque alkali.

Les réfines purgent ordinairement, le bois
de gayac qui eft fudorifique donne une réfine
purgative, mais les réfines ont cela d'incom-

mode qu'elles s'attachent aux intestins & causent des accidens fâcheux ; les acides les affoiblissent, car si on les mêle avec le vinaigre ou avec quelque esprit acide, elles ne purgent pas avec tant de force : l'eau diminuë encore leur action, en les empêchant de se diviser, & en les concentrant, pour ainsi dire ; de-là vient que dans les estomachs où il y a beaucoup de phlegme elles sont inutiles : pour la bile elle les dilaye, & par-là les met en état d'agir.

L'esprit de vin dissout dans les plantes les matieres huileuses & s'en charge, mais il s'en sépare quand il est joint à l'eau ; la partie saline qui forme l'esprit de vin est dissoute ou enlevée par les parties aqueuses qui ont beaucoup d'affinité avec elles, il faudra donc que les matieres résineuses s'en détachent & se précipitent : par tout ce que nous venons de dire on voit que la vertu purgative de beaucoup de matieres est contenuë dans la résine. La scammonée, l'euphorbe, le jalap, l'élaterium, la coloquinte, mises dans l'esprit de vin ne conservent qu'une matiere qui n'a presque plus de vertu purgative, ce qui purge passe dans l'esprit de vin avec la résine.

L'Huile distillée des Baumes.

PRenez la quantité de baume que vous jugerez à propos, jettez-la dans une cornuë de verre luttée dont la moitié demeure vuide, mettez-y des étoupes afin de retenir la partie grossiere du baume dans la distillation ; placez cette cornuë dans un fourneau pour faire la distillation à feu nud, adaptez-y un recipient, luttez éxactement les jointures, échauffez-la par un feu leger, vous aurez alors un esprit acide, augmentez le feu par degrez, il viendra une huile claire, ensuite une huile jaune, enfin une huile rouge.

REMARQUES.

J'ai distillé beaucoup de baume, mais je n'en ai jamais rétiré d'esprit alkalin ; ils m'ont toûjours donné un esprit qui boüillonne avec les alkalis, & qui n'a rien d'inflammable : il rafraîchit, il est diuretique, c'est un souverain remede dans les douleurs nephretiques ; si on le donne en trop grande quantité, il relâche tellement les vaisseaux spermatiques, qu'ils laissent couler la semence. Il est de la même naure que celui qu'on retire du gayac, car le gayac est une plante balsamique, & il n'y a que ces sortes de plantes qui donnent un tel esprit.

L'huile qui vient après est pénétrante, subtile, legere ; si on la mêle avec l'esprit, en les agitant ensemble, il se forme une liqueur blanche, mais enfin l'huile se sépare peu-à-peu & surnage ; on voit par-là que les liqueurs qui sont unies étroitement dans la plante se séparent quand elles en sont sorties.

Cette huile est diuretique ; & si l'on en prend une goutte, l'urine en prend l'odeur dans très-peu de temps : on en voit un exemple dans la thérébentine qui lui donne une odeur de violette. 1°. Cette huile échauffe ; si on s'en frotte les pieds en Hyver, on ne ressent pas de froid : il n'y a pas de meilleur remede pour les parties qui tombent en mortification par la violence du froid, ou qui ont beaucoup souffert. 2°. Elle relâche les tendons des muscles qui se sont retirez par quelque accident. 3°. Elle est anodyne, car elle donne bien-tôt du soulagement quand on en jette quelque goutte sur des parties où l'on ressent des douleurs. 4°. Elle est styptique ; si on l'applique chaudement dans des étoupes sur quelque partie qui ait besoin d'être resserrée, elle réussit mieux que tous les autres adstringens. 5°. Elle est balsamique ; si l'on y met des herbes ou des animaux, jamais il n'y survient de corruption, mais elle est incommode par son odeur desagréable.

On fait boüillir dans l'eau la thérébentine durant demie heure, ou jusqu'à ce qu'elle prenne une consistence solide, & c'est ce qu'on appelle colophone. Il reste après la distillation une masse mêlée avec des étoupes, on la fait fondre, & on la coule pour l'en séparer ; on l'appelle fausse colophone. Boile est le premier qui a mis en usage cette matiere pour conserver les insectes autour desquels elle forme une espece de verre qui les conserveront durant des siécles entiers. Elle est un excellent remede dans les cicatrices, mais elle ne produit jamais de plus grands effets que dans les contusions, dans les blessûres où le perioste est attaqué.

L'huile ætherée qu'on retire de la thérébentine, comme nous l'avons déja dit, forme avec le temps un composé qui est une véritable thérébentine, mais elle n'a plus d'esprit acide comme auparavant; par-là,& par ce que nous avons dit ailleurs, on voit qu'il y a un sel acide dans les baumes qui peut s'échapper de la matiere huileuse; que les baumes prennent la forme d'huile quand ils perdent la résine grossiere & le phlgme; qu'ils forment une résine quand ils sont sans acide & sans une huile subtile; que moins ils sont exposez à la chaleur, plus ils sont abondans, parce qu'ils sont concentrez; de-là vient qu'en Hyver on les trouve en plus grande quantité dans les plantes où ils sont formez.

L'Huile des Baumes secs ramassez par les animaux.

PRenez par éxemple de la cire, faites-la fondre dans un vaisseau de terre, mêlez-y trois ou quatre fois autant d'argille en poudre, faites-en une pâte dont vous formerez de petites boules, mettez votre ma-

tiere dans une cornuë de grès ou de verre luttée, laissez le tiers de la cornuë vuide, placez-la au fourneau de reverbere, adaptez-y
un recipient, luttez les jointures, donnez un
feu leger au commencement, il viendra un
phlegme & ensuite un esprit acide; poussez
le feu, il sortira une liqueur comme du
beurre, continuez le feu jusqu'à ce qu'il ne
vous vienne plus rien, déluttez vos vaisseaux,
& séparez le beurre de l'esprit & du phlegme.

REMARQUES.

L'esprit n'est qu'un phlegme animé d'un
acide volatile; il vient après le phlegme,
parce qu'il est plus pesant à cause de la matiere saline qu'il contient; c'est un bon aperitif.

Le beurre qui vient après l'esprit n'est qu'u-
ne huile condensée, on peut la réduire en
huile claire & fort fluide en la distillant encore; on prend de même que dans la premiere opération l'argille qu'on mêle avec
cette huile pour en former des boules, on
les met dans la cornuë qui a servi à la premiere distillation, on donne un feu du premier degré pour échauffer le vaisseau & on
l'augmente jusqu'au second degré, & il vient
une huile claire après qu'il est sorti un peu de
phlegme; on pousse ensuite toûjours le feu
jusqu'à ce qu'il ne sorte plus rien, on trouve
dans le recipient l'huile claire avec un peu
d'eau.

Les matieres balſamiques dont on tire les huiles, donnent des fœces qu’on trouve après la diſtillation, mais le beurre de cire ſe convertit entierement en huile; il ſe trouve dans cette huile un reſte d’eſprit acide qui lui donne une odeur deſagréable, c’eſt pourquoi on la mêle avec de l’eau chaude dans laquelle l’acide reſte.

Cette huile eſt pénétrante & diuretique, elle eſt excellente pour les gerſures des mains & du ſein, pour les douleurs & pour d’autres maux ſemblables.

La cire n’eſt autre choſe qu’une matiere huileuſe que le Soleil a exprimée des feüilles & des fleurs: le roſmarin eſt enduit en Eté d’une matiere viſqueuſe; ſi on l’éxamine avec le microſcope, on découvre une infinité de globules jaunes qui ne ſont autre choſe que de la cire, ces petits globules s’attachent aux pattes des abeilles.

La cire ſe ſépare du miel par expreſſion, on met les rayons dans des ſacs qu’on met enſuite à la preſſe, le miel ſort, & la cire demeure dans les ſacs, il en paſſe cependant un peu avec le miel, car on en trouve dans la diſtillation.

Le miel n’eſt autre choſe qu’un ſuc qui découle des fleurs, on en trouve dans pluſieurs plantes des gouttes qui ont un goût ſucré; les abeilles dépoſent ce ſuc dans des cellules de cire où il ſe condenſe un peu. Le

miel eſt de deux ſortes, il y en a de blanc &
de jaune ; on retire le blanc ſans le ſecours
du feu, on met les rayons remplis de miel
nouvellement fait ſur des napes attachées
par les quatre coins à quatre piliers, on met
deſſous des vaiſſeaux où il tombe un miel
blanc qui ſe congele ; on pourroit exprimer
ce miel par des rayons, mais il ne ſeroit pas ſi
beau : le miel jaune tire des rayons faits depuis long-temps, on les briſe, on les fait
chauffer dans l'eau, on les met dans des ſacs
qu'on met à la preſſe pour en exprimer le
miel.

On peut diſtiller le miel, & en retirer une
eau & une huile ; on met le miel dans une
grande cucurbite de grès, on fait diſtiller le
phlegme à un feu de ſable moderé ; quand il
tombe des gouttes acides il faut ceſſer la diſtillation, & mettre l'eau diſtillée dans une
bouteille. Si on veut retirer l'huile du miel,
on prend la matiere reſtée dans le vaiſſeau,
on la met dans une cornuë de grès ou de
verre luttée ; on laiſſe les deux tiers vuides ; on met la cornuë au fourneau de reverbere, on y adapte un balon, on lutte les
jointures, on échauffe la cornuë par un petit
feu durant deux heures, on augmente le feu
peu-à-peu, il viendra des eſprits avec une
huile noire, on pouſſe le feu juſqu'à ce qu'il
ne vienne plus rien, on délutte les vaiſſeaux,
on ſépare l'huile de l'eſprit par l'entonnoir
garni de papier gris.

La distillation du miel ne donne pas d'esprit ardent, & on voit par-là que les sucs les plus parfaits que la nature nous donne n'en contiennent pas, il faut qu'ils passent par la fermentation qui volatile les huiles & les attache aux sels acides, cela paroît dans la préparation de l'hydromel, on met le miel dans quatre fois autant d'eau, on fait boüillir le mélange, & on l'écume jusqu'à ce qu'il puisse soûtenir un œuf, on le verse dans un petit tonneau dont le tiers demeure vuide & qu'on bouche foiblement ; on expose ce tonneau dans un lieu chaud jusqu'à ce qu'on ne voye plus de fermentation dans la matiere, alors on a une liqueur qui ressemble au vin d'Espagne & qui peut donner un esprit inflammable; il donnera encore une liqueur aigre qu'on nomme vinaigre philosophique, si dans ce qui reste après la distillation on met de la graine de roquette concassée, & qu'on lui donne le temps de fermenter.

L'eau qu'on tire du miel est très-bonne pour relâcher les vaisseaux dans les inflammations, on la mêle dans les juleps jusqu'à une agréable acidité, elle peut être rectifiée par la distillation, il faut pour cela la mettre dans une cucurbite de verre au feu de sable, & retenir l'esprit qui distille le dernier, il est plus fort que le reste, & on peut s'en servir pour nettoyer les ulceres : pour l'huile il y en a qui l'employent dans les caries des os ; ce qui reste dans la cornuë n'est qu'une matiere noirâtre qui s'enflamme dont on ne peut rien tirer.

La déphlegmation & la concentration du Vin.

LE Vin, comme on le peut voir dans le Traité de la Fermentation, est une liqueur saline, huileuse, étenduë dans le phlegme, mêlée avec quelques parties de terre ; ces matieres sont tellement unies, que si on sépare l'esprit par la distillation, & qu'on le mêle encore avec ce qui est resté, il forme un composé tout différent du premier, il faut donc qu'il y ait une liaison que le seul mélange ne peut pas former.

Une chaleur assez legere sépare les parties spiritueuses du vin, & lui enleve sa couleur, sa transparance, son goût, mais un froid violent ne l'altére point, pourvû qu'il ne soit pas exposé à l'air ; il en est de même du vinaigre, il peut être conservé long-temps, si on le tient dans un vaisseau bien fermé sans l'exposer à la chaleur : le froid ne change rien dans son acidité & sa consistence ; mais si on l'expose à l'air, ses parties spiritueuses s'exhalent.

La partie aqueuse qui est l'instrument de la fermentation, affoiblit la force du vin, & empêche qu'il ne dure long-temps ; il faudroit donc chercher le moyen d'en séparer l’eau sans altérer la partie qui forme le vin : voyons comment on peut y réussir.

Comme le vin & le vinaigre contiennent une partie saline qui est acide, austere, il arrive que quand dans le vin cuit, par éxemple, les parties spiritueuses se sont exhalées, le goût austere se fait plus sentir; cela est conforme à une autre expérience qui nous fait voir que les acides s’adoucissent par le mélange de la partie huileuse & spiritueuse du vin.

De même que la partie spiritueuse en s’exhalant laisse les sels plus développez, la partie aqueuse qui se sépare du vin donne lieu à la matiere tartareuse de s’épaissir, parce qu’il faut au tartre beaucoup d’humidité pour se soûtenir en forme fluide.

L’union de la matiere huileuse avec le sel & la terre font l’essence du vin, comme nous l’avons déja dit; il s’ensuit qu’il faut chercher un moyen qui sépare l’eau sans altérer l’union de ces matieres : par-là on voit que la distillation ne peut être d’aucune utilité pour cela, puisque la liaison de la partie spiritueuse & des autres matieres ne subsiste plus après que le feu a élevé le phlegme & l’esprit dans l’alembic.

Il est certain que les parties qui composent le vin sont moins attenuées que celles qui forment l’eau; il se pourroit donc que tandis que l’eau passe par un filtre, la partie vineuse ne

ne paſſât point, cependant on ne réuſſit pas
à ſéparer ces deux liqueurs par ce moyen. Les
parties ſubtiles du vin paſſeront toûjours
avec l'eau; & s'il reſte quelque choſe ſur le
filtre, c'eſt la matiere la plus groſſiere du vin,
il faut donc avoir recours à une autre méthode.

Nous avons vû que le vin étoit altéré par
la chaleur, voyons les effets que le froid peut
y produire : On voit d'abord que la partie
aqueuſe doit plûtôt perdre ſa fluidité que ſa
partie qui forme l'eſprit. Pour celles qui ſont
ſalines on ſçait qu'il y a des ſels qui empêchent que l'eau ne ſe gele : le ſel commun
réſiſte long-temps au froid ; l'eſprit de ſel, de
vitriol, de nitre, demandent une gelée violente pour ſe condenſer. Des diſſolutions de
cuivre, faites par le nitre ou par le ſel commun, conſervent leur fluidité durant un
hyver entier, tandis que l'eau ſe congele. Les
huiles diſtillées ne ſe condenſent que difficilement, quand on les mêle avec certains ſels ;
les leſſives d'alkali fixe réſiſtent à un froid
fort violent ; l'urine enfin qui a un ſel approchant du ſel commun, ne perd que difficilement ſa liquidité.

De tout cela il s'enſuit que les parties dont
ſe forme le vin ſe gelent plûtard que l'eau,
ainſi on n'aura qu'à ſéparer la glace, & on
trouvera un vin concentré qui ſe conſer-
vera parfaitement, comme l'expérience le

fait voir. Il paroît d'abord que le vin ainsi concentré devroit devenir plus austere, puisque les sels ne sont plus émoussez par l'eau; mais de même que les vins qu'on conserve long-temps deviennent plus doux, parce qu'ils déposent toûjours quelque portion de tartre, les vins concentrez s'adoucissent & prennent une odeur plus agréable.

Distillation du Vin.

P Renez du vin, mettez-le dans une cucurbite de cuivre, dont la moitié demeure vuide, adaptez-y un chapiteau ou réfrigerant; joignez-y un recipient, luttez éxactement les jointures avec de la vessie moüillée; donnez un petit feu, retirez-la, jusqu'à ce que la liqueur qui distillera ne s'enflamme point quand on la présentera au feu; la liqueur distillée se nomme Eau de vie.

REMARQUES.

L'eau de vie n'est que la partie saline acide enlevée avec la partie phlogistique; tous les vins n'en donnent pas en égale quantité: si l'on fait réfléxion aux principes que nous avons établis au sujet de la fermentation, on en verra aisément la raison.

Le principe phlogistique est capable d'une grande expansion, il doit donc s'élever tandis que l'eau restera au fond du vase, car les corps qui s'étendent plus ont moins de pesanteur; il est vrai qu'il s'élevera des parties aqueuses, mais elles sont entraînées par les sels acides auxquels elles sont jointes.

Ce seroit ici le lieu d'expliquer les effets du vin; je m'arrêterai à l'yvresse, elle ne vient pas, comme on dit, des acides qui épaississent le sang: le principe phlogistique est capable d'une expansion immense; dès qu'il sera dans le sang, la chaleur naturelle le raresiera, ainsi les vaisseaux le trouveront gonflez; le sang ne circulant plus si aisément engorgera les vaisseaux qui battront par-là plus fréquemment & plus fortement; s'il se trouve des nerfs auprès d'eux, ils en seront ébranlez: de-là il s'ensuit que le nerf optique qui est accompagné d'un cordon de vaisseaux souffrira plusieurs secousses, ces secousses produiront diverses sensations, & les yeux à cause de cette agitation ne pouvant plus diriger les axes vers les mêmes points, représenteront tous les objets doubles. La foiblesse doit suivre l'yvresse, parce qu'elle vient de la difficulté de la circulation; on tombera en partie à cause de cet affoiblissement, & en partie parce que l'ame agitée par tant de diverses secousses qui ébranlent le cerveau, ne peut plus donner aucune attention au corps pour lui faire tenir la ligne de direction, comme il arrive dans le vertige: si l'on crache beaucoup, cela vient de ce que les vaisseaux étant gonflez expriment la partie sireuse qui est attenuée par le phlogistique.

Esprit de Vin.

PRenez de l'eau de vie, remplissez-en à demi un grand matras, adaptez-y un chapiteau & un recipient, luttez éxactement les jointures, faites distiller à un feu moderé au bain de vapeur l'esprit qui se séparera de son phlegme & qui montera pur, continuez ce degré de feu jusqu'à ce qu'il ne distille plus rien, vous aurez un esprit bien déphlegmé à la premiere distillation.

REMARQUES.

L'esprit de vin est la partie acide & phlogistique plus dépurée de phlegme & subtilisée davantage par le feu ; il ne faut pas croire cependant qu'il n'y reste beaucoup d'eau : On a brûlé huit onces d'esprit de vin sous des cloches, & l'on a ramassé quatre ou cinq onces de phlegme sans compter celui qui s'est évaporé, de sorte que dans les quatre onces restantes il n'y en a peut-être pas une d'huile.

Il est surprenant que l'huile puisse se joindre à l'eau, puisque ces deux matieres se rejettent, mais les huiles se joignent facilement avec les acides, comme l'experience le démontre; or les acides se joignent à l'eau, ainsi par leur moyen les huiles aussi s'y attacheront.

La fermentation incorpore l'huile avec l'eau, & la change en efprit ; car fi fur l'eau qui fermente avec le miel on met quelques gouttes d'huile d'olives, ces gouttes difparoiffent, & l'eau donne enfuite plus d'efprit.

Pour ce qui regarde les effets de l'efprit de vin je remarquerai feulement qu'il ne rougit pas le papier bleu, à moins que le vin dont on l'a fait ne fût pouffé, ce qui vient de la grande quantité d'acide que le phlogiftique a enlevé ; cet efprit étant noyé dans l'eau, puis rectifié, devient bon, parce que l'eau refte imprégnée de cet acide furabondant & du mauvais goût de l'eau de vie.

La diftillation de la maniere dont je la propofe eft très-aifée, cependant quoiqu'en dife Lemery, le ferpentin eft encore plus commode, en une feule fois l'efprit s'y rectifie autant qu'il peut être rectifié ; on juge que l'efprit de vin eft affez rectifié, lorfqu'en le brûlant il peut allumer la poudre à canon.

On peut décompofer l'efprit de vin, c'eft-à-dire, féparer la portion huileufe du phlegme, on n'a pour cela qu'à le mettre avec quatre ou cinq pintes d'eau dans un matras à long col, ouvert, & dans un lieu froid, le principe du feu fe diffipe, & les parties huileufes de l'efprit fe dégagent du phlegme & nagent fur l'eau ; l'efprit de vin n'eft donc, comme nous l'avons dit, qu'une huile mêlée avec l'eau, le phlogiſtique & l'acide : au reſte le principe du feu enleve du phlegme en s'é-vaporant.

L'uſage de l'eſprit de vin eſt aſſez connu, je dirai ſeulement que ſa vapeur arrête tout-à-coup les hémorragies, c'eſt un bon réſo-lutif ; & ſelon un des plus grands Medecins, il ne devroit être d'uſage que dans la Chirurgie.

Si dans des douleurs aiguës on s'enyvroit d'eſprit de vin, la douleur ne ſe feroit plus ſentir ; de même ſi on en jette ſur quelque partie qui ſouffre beaucoup, on ſent d'abord du ſoulagement.

L'eſprit de vin fortifie, les hydropiques qui doivent ſouvent leur maladie à l'uſage immoderé de l'eſprit de vin, y trouvent ce-pendant un remede qui les fortifie ; je ne parle pas de ſa vertu balſamique : tout le monde ſçait qu'il conſerve les corps qu'il environne, on en trouvera la raiſon dans nos Principes.

Eſprit de Vin rectifié par des alkalis.

PRenez de l'eſprit de vin bien rectifié, jettez-y un tiers de ſel alkali fixe, laiſſez-les en digeſtion durant quelque temps, ver-ſez par inclination la liqueur, & diſtillez-la encore à un feu très-leger, vous aurez un eſprit très-rectifié.

REMARQUES.

On peut connoître ſi un eſprit de vin eſt

bien rectifié, en le brûlant, en le mettant avec la poudre, ou avec le sel alkali fixe ; s'il brûle entierement, si la poudre détonne, si le sel alkali fixe n'a pas d'humidité, on peut dire que l'esprit de vin est bien alkalisé.

Le sel alkali imbibe l'eau & l'acide, ainsi l'eau & l'acide de l'esprit de vin s'y attacheront, & se précipiteront tandis que ce qu'il y aura de plus spiritueux prendra le dessus.

On trouve sur le sel fixe une huile desagréable. Les Chymistes ont fort disputé sur ce qui le produisoit : le sel alkali fixe n'en contient pas ; l'esprit de vin ne paroît pas pouvoir en donner. Mais nous avons déja fait voir que dans l'esprit acide de gayac il y a une huile qui ne paroît pas d'abord, mais qui se développe dans la suite par la couleur qu'elle donne à l'esprit ; l'acide qui est dans lesprit de vin contient une huile semblable qui doit s'attacher avec l'acide au sel alkali fixe.

L'esprit de vin rectifié par la distillation conserve toûjours quelque acide qui n'est pas uni avec la partie spiritueuse ; si on le rectifie suivant la méthode dont nous parlons, il prend un peu de sel alkali, & on ne voit pas comment on pourroit obvier à cela.

Les Esprits aigres.

NOus avons fait voir ailleurs comment le vin se formoit ; les raisins fermentez déposent une matiere grossiere, & donnent une liqueur claire qui pique agréablement ; cette liqueur renfermée dans un tonneau se décharge d'un sel qui forme souvent une espece de croûte autour du vaisseau : si on agite cette matiere, & qu'on la mêle encore avec le vin, il s'excite une nouvelle fermentation qui réduit le vin en une liqueur aigre.

Le vin peut s'aigrir de deux manieres, ou en fermentant, ou en s'exhalant ; quand le le vin s'évapore, il perd la partie huileuse qui étoit jointe avec ses acides qui se mettent en liberté : une nouvelle fermentation lui enleve de même cette matiere qui par le mouvement intestin se sépare de l'acide, s'exhale, ou se joint au tartre.

Si le vin se détruit, le vinaigre perd aussi ses principes par de nouvelles fermentations, ou par la chaleur ; nous en avons fait voir la cause dans le Traité de la Fermentation, il n'est pas nécessaire que nous le répétions ici.

Comme le meilleur vin est celui qui a le plus d'esprits, il s'ensuit qu'on peut en retirer un vinaigre plus spiritueux que celui qui n'est pas bon ; cela est confirmé par l'expérience. Les vins foibles ne donnent qu'un vinaigre très-foible.

Le vinaigre contient une matiere graffe, cela fe prouve par fa corruption, comme nous l'avons dit ; d'ailleurs il ne vient pas en gouttes dans la diftillation, mais il fort comme une matiere tenace.

On trouve dans le vinaigre un remede à l'yvreffe ; deux cuillerées de vinaigre chaud réveillent du plus profond fommeil que caufe le vin : on remarque encore que plus un vin donne de vinaigre, moins il enyvre.

Le vinaigre a beaucoup de proprietez utiles dans la Medecine ; il arrête les hémorragies, il divife les matieres épaiffies ; quand on le fait cuire avec du miel & qu'on le dilaye dans l'eau, il pouffe par les fueurs. Hypocrate s'eft fervi du vinaigre dans les maladies aiguës ; Théophrafte & Diofcoride le recommandent dans les fiévres ardentes, dans les inflammations, dans les défaillanees, dans la rage.

Si on diftille le vin, il donne des efprits ardens ; mais fi on le convertit en vinaigre, il n'en donne plus : il femble par-là que ces efprits s'évaporent entierement quand on fait du vinaigre, mais il faut remarquer que les vins qui n'ont plus leur efprit ardent ne peuvent pas fe changer en vinaigre ; l'évaporation enleve les matieres fpiritueufes du vin, mais non pas entierement, car on peut retirer du vinaigre un esprit qui s'enflamme.

Quand le vinaigre se forme, il ne se décharge pas du tartre, mais l'huile se sépare du vin ; on peut le voir dans les vins d'Espagne & les vins de Canarie qui déposent une grande quantité de matiere huileuse quand on les change en vinaigre.

L'Esprit de Vinaigre.

MEttez du vinaigre dans un alembic de verre ou de grès, faites la distillation aü feu de sable assez fort jusqu'à ce qu'il ne vous reste qu'une substance mielleuse au fond, gardez ce vinaigre dans un vaisseau bien fermé, c'est ce que l'on appelle esprit de vinaigre.

REMARQUES.

On distille le vinaigre autrement : On sépare la premiere liqueur qui monte, parce qu'elle est moins acide. M. Lemery prétend qu'il n'y a pas grande différence, mais il se trompe; la seconde liqueur qui monte dissout beaucoup mieux le plomb.

Après cela on cesse de distiller quand on a tiré la seconde liqueur qu'on distingue de la premiere par le goût, & l'on connoît qu'il faut cesser quand il vient une liqueur jaune, alors on trouve une substance mielleuse qui se crystallise, c'est un acide fixe ou crême de tartre qui est cependant plus vif.

Si on continuë à pousser la substance miel-

leufe en prenant un autre recipient, on aura
un vinaigre jaune que quelques-uns nomment *acetum radicatum*; lorfqu'on le met fur
le plomb il donne un fel brun, ainfi il n'eft
pas propre pour les métaux.

La matiere du feu ayant attenué & vola-
tilifé les principes du vin, les parties fulphureufes font celles qui s'exhalent principale-
ment avec les parties du feu auxquelles elles
fervent de matrice. Les acides laiffez en grande
quantité font une liqueur piquante ; ces parties acides s'évaporent encore à la longue auffi-
bien que le phlegme, ainfi les parties groffieres fulphureufes fe rapprochent, & la partie terreufe abandonnée par ce qu'il y a de
volatile, fait comme une peau qui produit
le moifi : on voit par-là que le vinaigre contient des acides avec du phlegme.

L'efprit de vinaigre qui n'eft qu'un vinaigre dépuré de fa partie terreufe & de fa partie huileufe groffiere, contient encore une
partie des principes qui étoient dans le vin,
mais en petite quantité ; par éxemple, il contient de l'huile groffiere, rougeâtre & empyreumatique, du phlegme, de l'efprit volatile
urineux, de l'efprit acide inflammable ; ce qui
fe prouve par la diftillation de la lytharge diffoute avec le vinaigre qui donne tout cela,
on a prétendu que cette huile rougeâtre venoit du foulphre du plomb, mais on s'eft
trompé.

On a trouvé par expérience qu'une once de vinaigre diſtillé ne contient que 18 grains d'acide, car le ſel de tartre jetté dans le vinaigre diſtillé ſe trouve après l'avoir retiré augmenté d'environ dix-huit grains par chaque once de vinaigre dont l'acide s'eſt joint avec le ſel de tartre.

Dans la diſtillation de l'eſprit de vin le phlegme ne vient qu'après l'eſprit, mais ici le phlegme monte le premier ; la raiſon eſt que dans l'eſprit de vin la partie ſulphureuſe domine l'acide : au contraire l'acide domine le ſoulphre dans le vinaigre ; or l'acide eſt fort peſant.

On fait ſecher & calciner la matiere mielleuſe, & on en ſépare par la diſſolution, la filtration & l'évaporation, un ſel, comme nous l'avons dit. Il y a des Artiſtes qui cohobent l'eſprit de vinaigre avec le ſel, mais cette préparation ne le rend pas plus fort ; on en verra bien-tôt la raiſon quand on verra que ce ſel reſte opiniâtrement au fond de la cornuë.

On a prôné les vertus du vinaigre pour la peſte, on a fait une infinité de ſyſtêmes là-deſſus ; mais pour connoître ce qu'il fait, il faudroit ſçavoir la cauſe de la peſte : pour la communication (ſi tant il eſt vrai que la peſte ſe communique, ce qui eſt fort problématique) il n'arrête l'action des corpuſcules que par ſa vertu fixante, mais laiſſons cela à ceux qui ont le temps de bâtir des chimeres ; pour les scorbutiques, mélancholiques, hypochondriaques, il est certain qu'il leur est nuisible.

Le principal usage de l'esprit de vinaigre est de précipiter les corps, on en mêle quelquefois dans les potions cardiaques, mais je ne sçai pourquoi ; on dit que c'est pour résister à la putrefaction, c'est-à-dire, qu'on veut animer le sang & l'arrêter en même-temps : quand on s'en sert pour cela on en mêle demie cuillerée. Je ne parle point ici de la corruption qui arrive au vinaigre, on peut en juger par nos principes sur la fermentation.

Quand on distille le vinaigre il ne faut pas se servir de vaisseaux de cuivre, mais de grès, ou de verre, parce que le vinaigre corroderoit le cuivre, & emporteroit quelques parties avec lui.

Rectification de l'Esprit de Vinaigre.

PRenez de l'esprit de vinaigre, distillez-le jusqu'à ce qu'il soit réduit à la moitié, ce qui restera sera un esprit de vinaigre rectifié.

REMARQUES.

On voit par cette opération la différence qui se trouve entre la rectification du vinaigre & celle de l'esprit de vin ; dans l'un la partie rectifiée monte la premiere, & dans l'autre elle ne vient qu'après : d'ailleurs si l'on fait cuire le vin, il perd son esprit, mais le vinaigre cuit devient plus acide. Il est vrai que le vinaigre cuit avec de la viande ou du poisson devient plus doux, mais cela vient de la partie huileuse de ces matieres.

Rectification de l'Esprit de Vinaigre par les Métaux.

Mettez telle quantité de verdet qu'il vous plaira dans un matras, versez-y du vinaigre à la hauteur de quatre doigts, faites digerer ces matieres sur le sable durant vingt-quatre heures, agitez le vaisseau de temps-en-temps, versez par inclination la liqueur, versez de nouveau vinaigre sur le verdet qui reste, laissez digerer la matiere comme auparavant, versez ensuite la liqueur, continuez de même jusqu'à ce qu'il ne vous reste qu'une terre qui ne se dissoudra pas ; filtrez vos dissolutions, mettez-les dans un vaisseau de verre, faites évaporer l'humidité jusqu'à pellicule, portez votre vaisseau dans un lieu frais, laissez-l'y trois ou quatre jours, séparez les crystaux qui se feront formez ; faites encore évaporer le tiers de l'humidité, rapportez votre vaisseau dans un lieu frais, continuez comme devant jusqu'à ce que vous ayez retiré tous les crystaux que vous ferez secher, mettez les ensuite dans une cornuë de verre, laissez le tiers de la cornuë vuide, mettez-la sur le fable, adaptez-lui un recipient, luttez les jointures ; donnez un feu leger, il viendra un phlegme, enfuite un efprit volatile, pouffez le feu jufqu'à ce qu'il ne forte plus de nuages blancs, retirez la liqueur contenuë dans le recipient, diftillez-là dans un alembic de verre jufqu'à ce qu'il ne forte qu'une matiere feche, vous aurez un efprit de vinaigre rectifié.

REMARQUES.

Bafile Valentin a décrit ce procedé, il a cru que c'étoit un alkaeft ; Zuelpher a cru la même chofe, mais Tachenius dans fon Hypocrate Chymifte l'a réfuté parfaitement.

Les Teintures.

PRenez des matieres dont l'efprit de vin foit le diffolvant, pulverifez-les, mettez-les dans un matras, verfez-y de l'efprit de vin à la hauteur de quatre ou cinq doigts, faites digerer le tout fur le fable chaud durant quatre ou cinq jours, ou jufqu'à ce que l'efprit de vin foit chargé de la teinture ; verfez alors la liqueur par inclination, & confervez-la dans une phiole.

REMARQUES.

Les matieres fe diffolvent dans des menftruës qui font de leur nature, ici il faut prendre des corps huileux ; mais comme les uns font plus ou moins difficiles à diffoudre,

la méthode que nous venons de propo-
ser est souvent insuffisante. Quand il se
trouve donc des résines qui cedent difficilement à leur menstruë, il faut les pulverifer,
les arrofer d'huile de tartre par défaillance,
les mettre dans un vaiffeau de terre, faire
évaporer l'eau jufqu'à ficcité, les expofer encore à l'air, & les fecher enfuite; alors mettez-les dans un matras, verfez-y de l'efprit
de vin rectifié par les alkalis à la hauteur de
quatre doigts; faites digerer ces matieres à
une chaleur affez grande durant vingt-quatre
heures, laiffez-les refroidir, verfez la liqueur
par inclination, vous aurez une teinture
toûjours liquide.

Les matieres qui diffolvent l'efprit de vin
& s'y attachent, peuvent s'enflammer; cela
fait voir que les menftruës s'infinuent dans
des corps de leur nature, & n'en diffolvent
pas d'autres.

Les vertus des teintures dépendent des
matieres d'où elles fortent, mais elles font
toûjours plus grandes que dans un pareil
volume du corps qui les contenoit; cela
n'eft pas furprenant, puifqu'elles ne font pas
mêlées avec des corps heterogenes. Il y en a
de purgatives, d'aperitives, de vulneraires.
La teinture de fuccin eft un excellent remede
dans les affections hyfteriques & hypochondriaques: la teinture de myrrhe fe donne avec
fuccès dans les fleurs blanches, dans les ulceres

des reins & des poulmons ; s'il y a quelque remede dans le scorbut qui attaque la bouche, c'est la teinture de gomme lacque.

Il y a des matieres auxquelles il ne faut pas joindre des sels, parce qu'ils y porteroient de trop grands changemens ; telles sont les racines purgatives & d'autres substances résineuses, le jalap, la scammonée, le turbith. On les met seulement en digestion sur le feu durant le temps qu'il faut, pour que l'esprit de vin se charge de leurs parties.

Les teintures qu'on tire de diverses matieres qui différent en couleur, sont rougeâtres, mais elles deviennent blanches si on y jette de l'eau chaude ; on peut en voir la raison par ce que nous avons dit de la couleur des émulsions. Il y a cependant certaines teintures dont la couleur ne change pas par le mélange de l'eau : la teinture de saffran, par éxemple, loin de changer de couleur teint l'eau en rouge, apparemment que son huile est beaucoup plus subtile ; ce qu'on peut assûrer c'est que ses effets sont souvent funestes. On en a vû qui sont devenus fous, & qui sont tombez en apopléxie après en avoir usé.

Il y a des matieres dont la vertu purgative est renfermée dans la résine, mais il y en a aussi qui purgent & par leur résine & par leur sel , & alors il faut se servir d'un esprit de vin qui contienne du phlegme , l'huile dissoudra la résine , & l'eau dissoudra le sel.

On tire des teintures des plantes aroma‑
tiques en les faisant dissoudre avec l'esprit
de vin rectifié : on décante la liqueur char‑
gée de la teinture, on verse sur le reste de
nouvel esprit de vin, & on continuë ainsi
jusqu'à ce que la matiere restante n'ait plus
d'odeur ni de goût ; ensuite on distille tou‑
tes les impregnations à une chaleur très‑
douce jusqu'à ce que la teinture se réduise
en consistence d'huile, & alors on les nom‑
me extraits. Les matieres aromatiques ont
beaucoup plus de force après cette réduction,
on a fait diverses expériences là‑dessus, & on
a observé que trois grains d'extrait d'opium
avoient beaucoup plus de force que trois
grains d'opium ordinaire. Une goutte d'ex‑
trait de saffran donne au vin une odeur très‑
douce & une belle couleur ; trois goûtes
d'extrait de cantharides causent dans peu de
temps une difficulté d'uriner avec d'autres
symptômes fâcheux.

Si par une chaleur lente on épaissit ces
extraits, & qu'on leur enleve leur humidité
pour les réduire en poudre, on aura des pou‑
dres qui renfermeront les vertus des aroma‑
tes. Un Chymiste s'est rendu fameux par‑là,
& a gagné beaucoup de bien ; il enveloppoit
avec du sucre ces extraits ainsi épaissis, & il
leur donnoit ensuite une couleur d'or.

Les huiles essentielles peuvent se dissoudre
dans l'esprit de vin, de même que les résines.

Il y a eû un Chymiste célébre qui a cru qu'il n'y avoit que l'esprit de vin alkalisé qui pût produire cet effet : mais nous voyons que l'esprit de vin ordinaire réduit les huiles de canelle en une liqueur homogene ; il faut prendre garde qu'il n'y ait pas d'eau dans le vaisseau dont on se sert, car la liqueur deviendroit blanche : par-là on peut connoître si les huiles sont falsifiées. Comme l'esprit de vin leur donne plus d'odeur & de goût, souvent on y en mêle ; pour le connoître on n'a qu'à y jetter de l'eau, il viendra une couleur blanche s'il y a de l'esprit de vin.

Si on fait digerer l'huile de canelle avec l'esprit de vin, & qu'on distille plusieurs fois ces matieres, on aura une liqueur qui pourra se mêler avec l'eau.

On peut avoir des teintures en distillant des aromates avec l'esprit de vin, & en réiterant plusieurs fois la distillation ; l'esprit huileux qu'on retire blanchit aussi quand on y jette de l'eau.

Les Elyxirs.

LE nom d'élyxir se donne aux teintures des matieres spiritueuses. Paracelse nous en a donné une liqueur qu'il appelle elyxir de proprieté ; il dit qu'elle contient une vertu balsamique qui peut prolonger la vie jusqu'à l'âge de Mathusalem. La vie peu longue de ce Chymiste montre la solidité de ses promeſſes. Vanhelmont qui eſt entré dans cette idée, conduit par l'imagination plûtôt que par l'expérience, a recherché ce qui étoit né‑ceſſaire pour étendre la vie de l'homme. Il faut, dit-il, pour conſerver la vigueur au corps, évacuer les matieres craſſes qui ſont les fœces, prévenir la pourriture, & exciter les eſprits vitaux. L'aloës, ſelon lui, purifie le corps, la myrrhe eſt un préſervatif con‑tre la corruption ; car ſelon le rapport de Dioſcoride, les Egyptiens s'en ſervoient pour conſerver les cadavres : il ne nous manque, dit Vanhelmont, que de pouvoir la mêler parfaitement avec nos liqueurs pour nous rendre immortels. Le ſaffran, ajoûte-t-il, réveille les eſprits, donne de la joye ; c'eſt ſur ces idées qu'il forme de ces matieres une teinture qui porte le nom d'élyxir qui ſigni‑fie en Arabe *un grand ſecours*. Il eſt vrai que cet élyxir eſt un bon remede, mais les effets n'en ſont pas ſi heureux, qu'il ait mérité ce nom ; voici comment on le compoſe.

Elyxir de Proprieté.

L'Elyxir de proprieté eſt une teinture de myrrhe, d'aloës & de ſaffran faite dans l'eſprit de vin.

Prenez deux parties égales de myrrhe pul‑veriſée & d'aloës, & une partie de ſaffran, mettez-les dans un matras, verſez-y de l'eſ‑prit de vin juſqu'à la hauteur de quatre ou cinq doigts ; laiſſez la matiere en digeſtion durant quatre jours à une chaleur moderée, décantez la liqueur, & la coulez pour la garder dans une phiole bien bouchée.

Il y a des Artiſtes qui après avoir fait digerer durant deux jours les matieres dans l'eſprit de vin qu'ils ont verſé juſqu'à la hauteur d'un doigt, débouchent le vaiſſeau, y verſent de l'eſprit de ſoulphre juſqu'à ce qu'il ſurpaſſe la matiere de quatre doigts ; ils mettent le tout en digeſtion dans un vaiſſeau de rencontre dans le fumier durant quatre jours : nous verrons dans les Remarques ſur l'Opération qui ſuit ce qu'on doit penſer de cette méthode.

REMARQUES.

Le phlegme de l'eau de vie diſſout les parties ſalines & gommeuſes, mais la ſubſtance ſulphureuſe diſſout les parties réſineuſes. Il paroît que Paracelſe n'y joignoit pas inutilement ſon petit circulé qui eſt, à ce qu'on croit, l'eſprit de ſel ou de nitre dulcifié. Quelques-uns mêlent cet eſprit avec la diſſolution faite par l'eau de vie ; d'autres y veulent plûtôt l'eſprit de ſoulphre.

L'élyxir ſe fait avec des acides tels que ceux qu'on vient de marquer, ou avec des alkalis tels que l'eſprit de vin tartariſé, ou l'alkaeſt de Glauber qui diſſout preſque toute la ſubſtance. D'autres Artiſtes prennent l'eau de vie ou l'eſprit de vin, & joignent l'eſprit volatile huileux aromatique avec l'esprit de vin.

Si on diftille cet élyxir, on en retire l'élyxir blanc de proprieté & l'extrait d'élyxir de proprieté : l'élyxir blanc eft l'efprit de vin chargé de parties volatiles des fubftances ; la dofe eft une cuillerée dans du vin, dans l'eau de fleurs d'orange, ou d'abfynthe.

Au fond de l'alembic il refte une maffe de confiftence mielleufe que l'on deffeche au bain-marie en confiftence d'extrait folide ; on le donne comme les pillules de Ruffus. C'eft un fubftitut de l'élyxir des proprietez ; on en prend des pillules très-petites avant le repas dans une cuillerée de foupe. Quelques-uns les rendent plus purgatives en y joignant parties égales de feüilles de féné, & en faifant l'extrait avec l'eau de vie : un gros de camphre fur fix onces d'élyxir forme un remede antipeftilentiel, felon Salmon qui a commenté Bate ; pour être bon il doit être chargé de teinture & d'un rouge très-foncé & brun.

Si les fuppreffions des mois viennent d'inflammation, il ne faut pas donner l'élyxir de proprieté ; le nitre en ce cas convient beaucoup mieux : l'élyxir excite les hémorroïdes, ainfi il faut s'en fervir avec précaution.

L'extrait d'aloës préparé avec l'eau feule peut être donné fort utilement, parce qu'il eft fans partie réfineufe ; on peut y joindre utilement quelque portion de nitre : au contraire si l'on faisoit cet extrait avec l'esprit de vin, on auroit la partie résineuse. La résine de jalap & de scammonée purge moins que le jalap & la scammonée, mais elle échauffe beaucoup plus.

Si on veut préparer l'élyxir avec l'alkali, on peut le donner de cette sorte : Prenez des parties d'aloës, de myrrhe, de saffran concassez, arrosez-les d'un peu de liqueur de nitre fixe, ou alkaest de Glauber ; macerez-les durant quelque temps, puis y surversez de l'esprit de vin ou de l'eau de vie à l'émi-nence de trois ou quatre doigts, digerez la matiere dans un matras sur le sable, décan-tez la liqueur teinte, & réïterez, & vous avez là l'élyxir de proprieté alkalisé : le pré-cédent est simple, on en fait aussi un acide ; on les trouve dans les Boutiques.

Pour ce qui regarde le nom d'élyxir, il a été donné à beaucoup d'autres faites avec des menstruës spiritueux ; on a voulu ex-primer par ce mot une liqueur précieuse. Paracelse nous a donné le premier cette opé-ration ; si quelques-uns y ont porté quel-que changement, tout revient au même but qui est de tirer la teinture des matieres que nous avons marquées.

On n'a mis qu'une once de saffran, parce que cette fleur tient un grand volume ; d'ail-leurs le menstrüé n'en prendroit pas davan-tage. M. Lemery laisse tremper les drogues

deux jours, afin que la partie fulphureufe fur-
tout fe détache ; l'acide qu'il y met enfuite
adouci par les parties rameufes de cet efprit,
ne peut fe charger que de quelque teinture :
le mélange de foulphre & d'efprit de vin
donnent une odeur fort agréable à la teinture. M. Lemery ne confeilleroit pas à caufe
de cela & de quelque chofe de cordial qui en
vient felon lui, de changer ce menftruë, comme quelques-uns qui mettent à fa place de la
corne de cerf.

Si on veut mettre des mêmes diffolutions
fur ce qui eft refté dans le matras, on en retirera encore une teinture, mais elle ne fera
pas fi forte ni fi bonne que la premiere, parce
que les parties les plus volatiles auront déja
été diffoutes.

L'élyxir de proprieté eft un bon ftomachi-
que, il incife les matieres gluantes, les chaffe
par les fueurs, il eft bon pour les regles fup-
primées, pour les fiévres malignes ; on le
donne depuis trois ou quatre gouttes jufqu'à
douze : fi on veut purger on en donne un
gros, & on va même jufqu'à deux.

L'Elyxir de Proprieté fait avec des Acides.

PRenez deux parties égales de myrrhe &
d'aloës, pulverifez-les, mêlez-les avec
une partie de faffran, mettez-les dans un matras, verfez-y dix fois autant d'efprit de vinaigre,

naigre ; faites boüillir la matiere durant vingt-quatre heures , laïſſez refroidir le vaiſſeau , décantez la liqueur & la coulez , gardez-là dans une bouteille bien bouchée.

REMARQUES.

Crollius remarque qu'on ne peut pas préparer l'élyxir de proprieté de la maniere dont Paracelſe l'a propoſé , il croit qu'il faut y ajoûter de l'eſprit de ſoulphre , mais cet eſprit eſt un obſtacle à l'extraction des parties ſpiritueuſes du vin. Vanhelmont veut qu'on laiſſe digerer les matieres ſeules juſqu'à ce qu'elles ſoient réduites en une eſpece d'huile , enſuite il dit qu'il faut y verſer de l'eſprit de vin alkooliſé avec de l'huile de canelle , mais l'évenement ne répond pas aux promeſſes de ce Chymiſte.

Cet élyxir peut être d'une grande utilité dans les maladies cauſées par une bile épaiſſie , & dans le ſcorbut ; il lâche le ventre , il pouſſe par les ſueurs , il excite l'appetit.

On prépare auſſi l'élyxir de proprieté en faiſant digerer l'aloës , le ſaffran , & la myrthe avec de l'huile de tartre faite par défaillance durant 24 heures ; on y verſe de l'eau de menthe ou d'autre eau aromatique à l'éminence de quatre doigts , on fait boüillir le tout durant vingt-quatre heures , on laiſſe refroidir le vaiſſeau , on décante la liqueur qui eſt un élyxir qui convient parfaitement pur pouſſer par les ſueurs & par les urines.

On peut varier les élyxirs par des esprits diversement rectifiez, par des eaux distillées, par diverses préparations de tartre ; après avoir mis en digestion, par exemple, la myrrhe & l'aloës avec l'huile de tartre durant vingt-quatre heures, on peut faire évaporer l'humidité jusqu'à siccité, on expose la matiere à l'air où elle se liquefie, on la fait digèrer derechef & on la seche, on la met dans un matras, on y joint le saffran, & on y verse de l'esprit de vin rectifié jusqu'à la hauteur de quatre ou cinq doigts, on fait boüillir le tout durant vingt-quatre heures, & on a un élyxir très-pénétrant.

Le Tartre.

I. LE tartre est cette matiere grossiere ou terrestre qui s'étant séparée de quelque liqueur que ce soit par la fermentation, s'attache aux parois du vaisseau ; mais le tartre dont nous parlons ici est le tartre du vin, il se trouve adhérant aux tonneaux en pierre fort dure, tantôt blanc, tantôt rouge suivant la couleur du vin.

II. Le tartre blanc contient moins de terre, il est par-là préférable au rouge ; les païs chauds donnent l'un & l'autre en plus grande quantité, mais l'Allemagne nous donne le plus beau, il est pesant, blanc, crystallin : selon M. Lemery il a les mêmes vertus que le crystal de tartre.

III. L'on trouve au fond des tonneaux une matiere précipitée qu'on appelle *lie*, elle est liquide, parce que les parties phlegmatiques & visqueuses du vin s'y trouvent mêlées ; sa disposition à fermenter plus grande que dans le tartre n'est pas difficile à expliquer suivant nos Principes. On sépare de cette matiere la partie la plus liquide du vin, & on s'en sert pour faire du vinaigre. On seche le marc de cette lie, puis on le brûle & on le calcine dans de grands creux faits en terre, & c'est ce qu'on appelle cendres gravelées. Cette matiere est en petits morceaux blancs verdâtres ressemblant beaucoup au tartre calciné, elle est remplie comme lui d'un sel très-âcre, mais il s'y trouve plus de terre ; on doit garder cette matiere dans un lieu bien sec, parce qu'elle s'humecte aisément à cause du sel qu'elle contient ; elle est détersive, aperitive, escarrotique, les Dégraisseurs s'en servent.

IV. Le tartre n'est qu'un sel qui renferme les principes du vin sous une forme plus compacte ; c'est le sel essentiel du vin qui contient la partie acide, la partie sulphureuse grossiere, la matiere inflammable en petite quantité avec la terre qui sert de corps à tous ces principes. Dans la fermentation la partie terrestre & les principes les plus grossiers se séparent du moût : dans le progrèz de la fermentation ces parties sont poussées lentement vers les côtez des vaisseaux, c'est pourquoi elles s'y mettent en cryſtaux tandis que la lie tombe au fond : pour ſéparer les parties terreſtres groſſieres on leſſive le tartre, & on le paſſe par le drap ; il n'y a que le ſel qui paſſe : il faut remarquer que chaque année il ſe dépoſe une couche de tartre dans les futailles.

V. Le tartre ne ſe diſſout point dans l'eau froide, parce qu'il y a des parties ſulphureuſes qui enveloppent les ſels acides, & empêchent l'eau froide d'aller juſqu'à ces ſels, il faut donc le faire boüillir dans l'eau ; alors par la chaleur les ſoulphres ſe ramolliſſant, l'eau gagne juſqu'aux ſels qu'elle diſſout, mais dès que l'eau ſe refroidit les ſels ſe rapprochent & ſe cryſtalliſent.

VI. On fait la crême de tartre en faiſant boüillir le tartre dans l'eau ; & en y jettant de la chaux pour entraîner les ſoulphres, les parties ſalines ſe cryſtalliſent, & l'on donne à ces cryſtaux le nom de crême de tartre qui eſt le ſel acide eſſentiel du vin : je donnerai ailleurs la maniere de le faire.

Tartre ſoluble.

LE tartre ſoluble eſt l'acide tartareux joint avec l'alkali du tartre.

Pulveriſez & mêlez enſemble huit onces de cryſtal de tartre, & quatre onces de ſel de tartre fixe ; mettez ce mélange dans un pot de terre verniſſé, verſez deſſus environ trois livres d'eau commune, faites boüillir la matiere doucement pendant demie heure, laiſſez-la refroidir, filtrez-la, & la faites évaporer juſqu'à ſiccité, il vous reſtera une once ſix drachmes de ſel blanc, il faut le garder dans une bouteille.

REMARQUES.

Le tartre ſoluble eſt la crême de tartre ſoluble des Anciens Chymiſtes, on le nomme encore *Balſamus Samech Paracelſi*, ce remede a été peu en uſage tant qu'il n'y a eû que des Chymiſtes qui l'ont donné, mais il a été fort en vogue depuis l'uſage qu'en a fait le Frere Ange Capucin. Ce Moine donnoit une pinte d'eau végétale qui purgeoit & levoit quelquefois les obſtructions quand elles étoient legeres, elle diviſoit bien auſſi les glaires de l'eſtomach & des inteſtins, cela donna une réputation extraordinaire à ce Frere. Sa drogue avoit un ſi grand débit, qu'enfin il fut obligé de confier à d'autres la matiere dont il ſe ſervoit pour faire cette eau ; on reconnut bien-tôt que ce n'étoit que la crême de tartre, & ce remede n'a pas eû dans la ſuite plus de ſuccèz que d'autres, comme il arrive à toutes les productions des Charlatans.

Le Frere Ange cependant n'eſt pas le ſeul qui ait fait du fracas avec ce ſel : M. Fagon ayant permis à un certain Abbé Roſſignol de débiter un remede qui fait beaucoup de bruit pour les rhumatifmes, découvrit après la mort de ce Charlatan que ce n'étoit que le tartre fouble ; il en eft de même d'une infinité d'autres remedes qui courent dans le monde : le public aveugle & livré à des empyriques qui ignorent & leur remede même & les maladies, leur donne du cours durant un certain temps ; le temps découvre que ce n'eft rien que de fort commun, & les Charlatans rentrent dans l'obfcurité dont ils font fortis, mais ils tiennent toûjours l'argent du public : revenons à notre fujet.

Il y a des Artiftes qui fondent la crême de tartre dans l'eau, ils y jettent du fel de tartre, & il fe fait une effervefcence ; ils continuent à jetter du même fel jufqu'à ce que l'alkali foit foulé. D'autres ayant pris deux parties de crême de tartre & une partie de fel, verfent de l'eau chaude fur ce mélange, & l'effervefcence vient auffi ; lorfque ces fels font fondus dans l'eau, ils évaporent la liqueur après l'avoir filtrée. Après cette évaporation qui doit fe faire jufqu'à pellicule, ils portent le vaiffeau dans un lieu frais, il s'y forme de petits cryftaux tendres, la liqueur graffe qui refte s'évapore comme devant jufqu'à pellicule, mais les cryftaux qui en viennent font jaunâtres, c'eft les parties huileufes qui y font reftées qui leur donnent cette couleur ; enfin il refte une eau graffe, ou une eau mere, c'eft-à-dire, des parties falines alkalines non corporifiées : le fel qui provient de cette opération n'a plus le picquant du fel de tartre, ni l'acrimonie de l'alkali ; le mélange de l'acide & de l'alkali lui donne d'autres qualitez. Si je fuivois l'idée de certains Philofophes, je dirois que les acides s'engainent dans les alkalis , & qu'ils forment des maffes difficiles à mouvoir par l'agent qui les met en action : mais ne cherchons que des faits.

La crême de tartre eft renduë foluble par l'alkali du fel de tartre, car elle eft environnée de parties huileufes & fulphureufes qui s'oppofent à l'action naturelle à fa fubtilité : or les diffolvans des foulphres & des huiles font des fels alkalis ; c'eft pourquoi dans la jonction de ces deux fels l'alkali de tartre divife les foulphres, & rend la crême de tartre foluble. Il ne faut pas croire cependant que ces foulphres quittent entierement le tartre foluble, car fi on le brûle il rend une odeur empyreumatique ; il faut donc qu'il contienne avec l'acide & l'alkali une portion huileufe, mais groffiere, qui eft un refte du vin : à raifon de cette huile reftante le fel végétal eft un fel favoneux, & c'eft peut-être pour cela que Paracelfe l'appelle *Balfamus Samech*. L'eau mere de ce fel eft encore une efpece de favon compofé de foulphre & d'huile , peut-être qu'on pourroit dépurer encore mieux ce fel de la partie fulphureufe

G g iiij

en filtrant la liqueur toute chaude, car les soulphres plus étendus par la rarefaction ne paroiffent pas pouvoir fi bien paffer; d'ailleurs ils ne font pas fi fortement attachez au fel, qui par-là ne les entraîne pas fi aifément.

On voit qu'en fondant enfemble la crême de tartre & le fel de tartre il fe fait une effervefcence, & cela eft conforme à ce qu'on dit ordinairement que les acides fermentent avec les alkalis, mais il y a des mélanges d'acide & d'alkali fans fermentation: quand les alkalis font foulez de parties huileufes, les acides ne les pénétrent point, furtout s'ils font tenus & fubtils; on en trouve un éxemple dans le vinaigre & l'efprit volatile de corne de cerf; néanmoins fi on jette dans l'eau cet efprit bien rectifié pour l'y diffoudre, il fe dépoüille de fes foulphres, & alors le vinaigre y excite de l'effervefcence. Sans aller plus loin on en trouve un éxemple dans la crême de tartre & le fel de tartre qui n'entrent point en effervefcence: fi on les mêle à froid dans l'eau, les acides ne peuvent point fe développer pour s'aller joindre à l'alkali qui les attire; il faut que le feu les dégage de leur huile.

Non-feulement il y a des acides qui ne fermentent point avec les alkalis, il s'en trouve encore qui fermentent à froid; tels font les acides qu'on joint avec les fels vo-

latiles des animaux : quand on joint l'huile
de vitriol avec le fel ammoniac, la liqueur
boüillonne & fume violemment ; cependant
le vaiſſeau ſe refroidit, & fait baiſſer la liqueur du thermometre. Nos Principes méchaniques expliquent ce fait mieux que les
livres chimeriques des Phyſiciens ; on n'a
qu'à les appliquer.

A l'occaſion de ce ſel qui eſt compoſé d'alkali, il faut remarquer que le ſel alkali ne ſe
cryſtalliſe pas auſſi régulierement que le ſel
ſalé ; néanmoins ſi on fait évaporer doucement l'eau dans une cornuë, les parties ſalines ſe rangent les unes ſur les autres, & forment un ſel tranſparant qui ſe leve par feüilles comme le talc, & ce ſel ſe réſout très-aiſé-
ment en eau.

Pour ce qui regarde l'évaporation on pourroit ſe ſervir d'un plat de terre verniſſé qui
réſiſte au feu, mais la terre étant poreuſe le
ſel pénétreroit au travers, & il s'en perdroit
beaucoup ; les vaiſſeaux de métal ne conviennent pas non plus, ils donneroient une impreſſion au ſel qui perdroit par-là ſa blancheur, on pourroit employer un vaiſſeau de
verre. Il faut ſe ſouvenir que ſur la fin de
l'évaporation le feu ne doit pas être trop
fort, car la matiere s'attache aiſément au
vaiſſeau & elle ſe brûle ; pour éviter cet inconvenient il faut la remuer avec une eſpatule juſqu'à ce qu'elle ſoit ſeche.

G g v

Le tartre foluble eſt de grand uſage, on le donne dans des potions purgatives, dans les boüillons altérans pour inciſer les glaires, pour pouſſer par les urines, pour nettoyer les reins; trois, quatre ou ſix gros purgent aſſez bien. Le Frere Ange en donnoit ſix drachmes dans une pinte d'eau qu'il faiſoit prendre dans l'eſpace de ſix heures; on peut auſſi s'en ſervir dans la cachexie : les Allemands ne donnent les yeux d'écreviſſe que ſoules d'acide de citron, ce qui fait une eſpece de ſel ſalé.

Quoyque le tartre foluble ait tant de vertus, cependant le ſel de Glauber, le ſel d'Epſon, & l'*arcanum duplicatum* prennent le deſſus & avec raiſon, car ils ſont beaucoup plus puiſſans; on ne donne guéres le tartre foluble que dans les purgatifs.

Diſtillation du Tartre.

C'Eſt la ſéparation du phlegme, de l'eſprit acide, de l'huile, que l'on cherche dans cette opération.

Rempliſſez les deux tiers d'une cornuë, de tartre groſſierement pulveriſé, placez votre cornuë dans un fourneau de reverbere, adaptez-y un grand balon ou recipient, commencez la diſtillation par un très-petit feu pendant trois heures pour échauffer la cornuë, & faire ſortir le phlegme goutte-à-goutte; jettez cette eau inſipide comme inutile, radaptez le balon, luttez-en les jointures: il faut augmenter le feu peu-à-peu, & vous verrez sortir des esprits qui rempliront le balon de nuages, continuez ce feu afin que l'huile sorte aussi; quand il ne viendra plus rien, laissez refroidir les vaisseaux & les déluttez, versez ce qui est dans le recipient, dans un entonnoir garni de papier gris, afin que l'esprit se filtre & se sépare de l'huile crasse & noire qui restera dans le papier; gardez cette huile dans une phiole.

REMARQUES.

Le tartre & la lie du vin donnent à-peu-près les mêmes principes, il y a pourtant quelque différence, car le tartre a plus de sel & la lie plus de terre: l'esprit du tartre est acide, & celui de la lie alkalin volatile; la lie en general donne une plus grande quantité d'esprits volatiles.

Dans la distillation du tartre on retire en premier lieu du phlegme en assez grande quantité; le phlegme est absolument insipide, & devient enfin un peu acide.

En second lieu la distillation donne un esprit blanchâtre, trouble, qui est un bon diuretique & sudorifique, il est acide & alkali en même-temps. Il est acide au goût; il rend bleuë la solution de tournesol; il rougit le papier bleu & le syrop violat; il fermente avec les acides & avec le sel volatile d'urine, il est un alkali. La partie huileuse qui environne le sel alkali dans cet esprit de tartre, empêche l'acide d'agir sur lui ; par conséquent il n'y a point de fermentation entre-eux, & il ne se forme point un sel salé.

En troisiéme lieu la distillation donne une huile rougeâtre, noire, grossiere, c'est l'huile fœtide, épaisse, inflammable du tartre ; on la sépare par le filtre d'avec l'esprit : cette huile est bonne pour les rhumatismes, mais sa pesanteur empêche qu'on ne s'en serve ; on pourroit la distiller avec la chaux, & elle seroit meilleure. On la nomme *oleum Democriti* ; on pourroit encore la distiller avec le sel de tartre calciné : on en fait des boules avec la chaux éteinte que l'on distille plusieurs fois jusqu'à ce qu'elle soit belle & sans fœtidité ; pour cela on prend de l'esprit de vin, du sel de tartre, & de l'huile fœtide.

Il reste une espece de charbon qu'on tire en cassant la cornuë, c'est un sel fixe grossier resté avec une huile grossiere & fixe, on calcine ce charbon à feu ouvert, les parties sulphureuses concentrées s'en vont, la cendre blanche du tartre reste, elle contient beaucoup de sel qu'on fait fondre dans l'eau, on le filtre & on évapore l'eau doucement, le sel reste blanc ; & s'il étoit roux, ce seroit une marque qu'il y seroit resté de l'huile : en ce cas il faudroit recommencer à lessiver, filtrer, évaporer ; c'est un très-bon alkali.

Si on calcine ce sel dans un pot sur le feu,

ſi devient bleu , ou de couleur de chair, ou rouge, cela vient des parties de ſoulphre qu'il retient ; ſi on l'expoſe à l'air il imbibe l'humidité , s'amollit, & ſe réſout en liqueur qu'on nomme huile par défaillance : cette huile n'eſt point inflammable, ce n'eſt qu'un ſel alkali réſout par l'humidité.

Il y a des Auteurs qui ont écrit que l'on pouvoit retirer du tartre un eſprit très-volatile, & un autre fixe & acide ; c'eſt pourquoi ayant laiſſé mêler confuſément toute l'humidité du recipient, ils ſéparoient l'huile , & jettoient ſur ce qui reſtoit quelque matiere alkaline comme du corail, des yeux d'écreviſſes ; ils renverſoient le tout dans un alembic ; ils faiſoient diſtiller environ la moitié de la liqueur qu'ils prétendoient être cet eſprit volatile. M. Lemery s'oppoſe avec raiſon à ce ſentiment ; l'acide s'incorpore par-là à l'alkali, & ce qui s'éleve n'eſt que du phlegme. Nos principes ſur le ſel volatile font voir parfaitement ce qu'on doit attendre à cet égard de cette opération. Il y en a qui ſe ſervent de pain biſcuité en poudre pour rectifier l'eſprit de tartre, mais il retient beaucoup d'acide & autant même que le corail.

Si vous avez employé trois livres de tartre de ſeize onces chacune dans l'opération, vous retirerez quatre onces de phlegme, huit onces d'eſprit, trois onces d'huile ; la maſſe noire reſtée dans la cornuë peſera deux livres ou trente-deux onces, on en retirera deux onces de ſel.

Pour l'évaporation dont j'ai parlé dans l'opération précédente, j'ai dit que les vaiſ-ſeaux de métal ne convenoient point, mais on a éprouvé que dans un vaiſſeau de fer elle ſe faiſoit parfaitement, je l'ai ten-té, & cela m'a réuſſi parfaitement; le ſel eſt très-blanc, ſans aucune odeur empy-reumatique, & on a cette commodité que l'opération eſt bien plus courte.

Ce ſel eſt un bon diuretique, & comme alkali il diviſe la lymphe épaiſſe qui ſapiſſe l'eſtomach; la doſe eſt depuis une drachme juſqu'à trois.

Tartre vitriolé.

CE compoſé eſt un ſel factice qui réſulte de l'acide vitriolique joint à l'alkali du tartre.

Mettez dans une cucurbite de verre la quantité qu'il vous plaira d'huile de tartre faite par défaillance, verſez deſſus peu-à-peu de l'eſprit de vitriol rectifié, il ſe fera une grande efferveſcence; continuez à en mettre toûjours juſqu'à ce qu'il ne ſe faſſe plus d'é-bullition: placez alors vôtre cucurbite ſur le ſable, & faites évaporer à petit feu toute l'humidité, il vous reſtera un ſel très-blanc que vous garderez dans une phiole bien bou-chée.

REMARQUES.

De cette opération il résulte un sel salé qui sera aigre si l'acide domine, & qui sera amer si la proportion est juste, & c'est ce goût-là qu'il doit avoir quand il est bon : pour le faire on peut proceder de diverses manieres dont je ne parlerai qu'en passant ; on peut aussi diversifier les matieres. L'huile, l'esprit de vitriol, le sel, l'huile de tartre, le vitriol verd dissout dans une suffisante quantité d'eau peuvent s'employer : On prend le sel de tartre, & on y surverse l'huile de vitriol à diverses reprises jusqu'à ce qu'il ne se fasse plus de fermentation ; sur le vitriol verd dissout on jette de l'huile de tartre peu-à-peu jusqu'à ce que la liqueur soit claire, c'est-à-dire, jusqu'à ce que l'acide soit soulé de la terre alkaline.

Lorsqu'on fait l'opération avec l'huile de vitriol & le sel de tartre, le sel du fond de la lessive se crystallise en aiguilles ; si on y jette beaucoup d'eau tout se dissout excepté quelque terre : pour faciliter la crystallisation du tartre vitriolé on filtre le mélange, pour en séparer quelques terresteitez & des parties huileuses qui restent opiniâtrement attachées aux sels alkalis ; ce sel forme des crystaux taillez en diamans, c'est-à-dire, en pyramides à six faces, ce sont des crystaux éxagones à six pans pointus par les deux bouts.

A l'occasion du tartre vitriolé je ferai quelques réfléxions sur certaines préparations qui en approchent ou qui n'en différent presque par le nom. Les hommes ont été dupez de tout temps; il ne faut que des noms pour les satisfaire. Dans toutes les Professions il y a eû des esprits éclairez qui s'appercevant de ce foible en ont profité; & selon Montagne, ils n'ont pas mal fait. Les Chymistes sur-tout pour se donner du crédit ont donné à leurs productions des noms mysterieux ou specieux ; l'*arcanum duplicatum* en est un exemple : On mêle l'huile de vitriol avec le salpêtre ; l'acide vitriolique chasse l'acide nitreux qui s'éleve dans le vaisseau dont on se sert, on lave ce qui reste avec de l'eau chaude, & le sel qu'on en retire est l'*arcanum duplicatum* ; on en sépare par la calcination la substance métallique qui le rendroit émetique, si bien qu'il ne reste qu'un acide vitriolique joint avec l'alkali du sel nitreux, comme on peut le voir dans nos Remarques sur l'eau forte : par-là on voit que ce composé n'est autre chose que le tartre vitriolé, car il a le même goût, il se crystallise de la même maniere. Le poids de l'un & de l'autre n'est pas différent ; ils servent également à faire le soulphre artificiel. M. Sthall a étendu davantage ce raisonnement ; je n'en rapporte que l'essentiel : d'ailleurs suivant nos Principes la terre alkaline du tartre & le salpêtre fixe ne différent point ; l'esprit de soulphre, de vitriol, d'alun, sont la même chose: ces esprits sont les plus puissans, c'est-à-dire, qu'ils se logent toûjours dans les receptacles des autres acides; de ces principes il s'ensuit évidemment que le sel polycreste étant formé par l'union de l'acide sulphureux avec l'alkali fixe du nitre, que l'*arcanum duplicatum* composé de l'acide vitriolique uni à la terre alkaline du salpêtre, il est évident, dis-je, que ces sels ne différent point du tartre vitriolé. Si les crystaux de l'*arcanum* sont verdâtres quelquefois, cela ne vient que de ce qu'il y a eû trop de vitriol, il faut pour lors les calciner; la même chose arriveroit si l'eau forte n'avoit pas été assez poussée, ce qui se connoît au goût styptique: on met alors les crystaux au feu pendant quatre ou cinq heures, puis on les fond, & il se précipite une bouë jaune qui faisoit la différence; en quoi il faut observer que quand le vitriol domine, le sel se fond difficilement: la proportion la plus juste dans l'opération c'est de mettre deux parties de vitriol contre quatre parties de nitre.

Le tartre vitriolé purge en grande dose, c'est un sel digestif propre à inciser les viscosites, à provoquer les urines, on en donne un gros dans les boüillons aperitifs pour disposer à l'usage de mars, il entre dans les opiates, trois gros jusqu'à six purgent. Avant de finir il faut observer que M. Sthall pour fondre le tartre vitriolé, met égales parties de sel de tartre & de tartre vitriolé dans un creuset, & tout se fond ; il remet plusieurs fois la même dose de tartre vitriolé, & la fusion arrive comme auparavant.

Le Tartre régénéré.

PRenez du sel alkali fixe qui soit très âcre & sec, mettez-le dans un vaisseau de verre, jettez-y de l'esprit de vinaigre, agitez la matiere pour que l'ébullition se fasse plus aisément ; après que cette ébullition sera finie, jettez-y de nouveau vinaigre, & continuez ainsi jusqu'à ce que le vinaigre n'y cause plus de boüillonnement, filtrez alors la liqueur & la distillez jusqu'à siccité, prenez la matiere qui vous reste, jettez-y de nouveau vinaigre distillé ; & quand l'effervescence sera passée, versez-y-en d'autre : continuez de même jusqu'à ce que l'esprit de vinaigre ne produise plus d'effervescence, versez la liqueur par inclination, filtrez-la & la distillez, il vous restera une matiere grasse & rougeâtre ; jettez-y encore de l'esprit de vinaigre, laissez en impregne la matiere, versez-le par inclination, jettez-y-en de nouveau jusqu'à ce qu'il ne perde rien de sa force ; alors décantez la liqueur, faites secher la matiere à un feu très-leger, il vous restera un sel très-pénétrant.

REMARQUES.

Si on pousse à grand feu ce sel dans une

retorte, la plus grande partie se réduit en huile inflammable, cela paroît d'abord assez surprenant, puisque le sel fixe n'est pas huileux, & que l'esprit de vinaigre ne semble pas devoir renfermer beaucoup de matiere grasse : mais il faut se souvenir que les acides du vinaigre contiennent beaucoup d'huile; car le sucre de Saturne en donne une grande quantité qui ne peut venir que du vinaigre : l'huile peut être dans une matiere sans qu'elle s'y fasse sentir; l'esprit de gayac en est une preuve, puisque si on le conserve deux ans on y trouve une huile qui ne paroissoit pas auparavant.

Il arrive quelques phénoménes fort remarquables dans cette opération. 1°. L'effervescence augmente le froid dans ces matieres, comme on le peut voir par le thermometre. 2°. La seconde fois qu'on verse du vinaigre sur le sel, l'effervescence est plus violente; il semble que le contraire devroit arriver. 3°. Si on distille cette matiere, il en sort une eau insipide en grande quantité.

Ce sel est un excellent menstruë, c'est l'*acetum radicatum* des Anciens qui lui ont attribué beaucoup de proprietez. Zwelpher se mocque d'eux sur ce qu'ils ont dit qu'il falloit éteindre le vinaigre dans le tartre : ils n'ont pas prétendu par-là que le vinaigre devînt meilleur, mais ils ont dit qu'il forme avec le tartre un bon menstruë, & cela est vrai ; il y a beaucoup de matieres qui ne peuvent bien se dissoudre que par ce dissolvant.

La couleur change à proportion que l'opération avance ; la liqueur est claire la premiere fois que l'on jette du vinaigre sur le tartre, mais ensuite elle change par le développement de l'huile qui étoit joint aux acides.

Les sels alkalis demandent un feu assez violent pour se fondre, mais celui-ci coule d'abord sur le feu : si on le dissout & si on le fait cryftallifer pour le blanchir, il se dissipe & ne souffre point la calcination.

Ce sel a été appellé par quelques-uns *terra foliata Philosophorum*, c'est un excellent remede contre les obstructions ; les schirres même, les duretez du foye & d'autres maux semblables, cedent à ce sel, suivant l'observation d'un fameux Medecin.

Si on fait digerer ce sel avec de l'esprit de vin rectifié, il se dissout & forme une liqueur rouge & grasse, elle est fluide, spiritueuse, saponaire ; c'est un bon remede pour les inflammations, pour les glandes obstruées.

Le Tartre émetique.

PUlverifez & mêlez deux parties de crême de tartre, une partie de *crocus metallorum*, & une partie de verre d'antimoine, mettez ce mélange dans un pot de terre ou dans une marmite de fer, versez-y quatre ou cinq fois autant d'eau commune & cinq ou six

livres, par exemple, sur une livre de tartre &
d'antimoine : couvrez le vaisseau, faites boüillir la matière durant sept ou huit heures, remuez-la de temps-en-temps avec une espatule de bois : versez-y de nouvelle eau boüillante à proportion que la premiere s'évaporera : filtrez d'abord la liqueur par une chausse
de drap, faites évaporer la moitié de l'humidité, laissez refroidir la matiere, vous trouverez des crystaux qu'il faut séparer : faites
encore séparer les deux tiers de l'humidité, il
se formera de nouveaux crystaux : continuez
les évaporations & les crystallisations, jusqu'à
ce que vous ayez retiré tout le tartre émetique ; faites secher les crystaux & les gardez.

REMARQUES.

Il y a divers émetiques qu'on tire de l'antimoine ; on s'est servi autrefois du vin qu'on
faisoit infuser avec diverses préparations, comme le *crocus* ou *terra sancta Rullandi*, cela faisoit une liqueur qui étoit déguisée sous le
nom d'*aqua benedicta*. La panacée antimoniale inventée par la Brune est émetique &
sudorifique, mais on ne s'en sert plus ; c'est
le tartre émetique qui est en usage.

Les sels essentiels du regne végétal boüillis
avec l'antimoine lui enlevent son émeticité
& s'en chargent ; tel est le sel de tartre qui
est composé d'un sel acide qui s'attache aux
parties régulines. La crême de tartre ne se
fond que dans l'eau boüillante ; c'est pour

cela que quelques Artistes proposent d'y joindre quelque alkali pour la rendre soluble.

On fait un tartre émetique dissoluble en
prenant de la crême de tartre, & en y versant de l'esprit d'urine qui surnage de deux
doigts ; quand la dissolution est achevée, on
y joint un tiers de foye d'antimoine, on fait
boüillir le tout durant sept ou huit heures
dans une quantité suffisante d'eau, on remuë
la matiere, & on y verse de nouvelle eau
chaude comme dans l'opération précédente ;
on la filtre & on la fait crystalliser de même,
ou bien on fait évaporer d'abord toute l'humidité à un feu lent, on a alors une masse
grisâtre dont la dose est depuis quatre jusqu'à
quinze grains : ce tartre émetique n'est pas si
bon que l'autre.

Pour ce qui regarde l'opération, 1°. On
pulverise les matieres pour qu'elles se mêlent
plus aisément. 2°. On coule la liqueur boüillante, parce qu'autrement l'eau seule passe-
roit par le filtre. 3°. On pourroit ne pas faire
crystalliser le tartre en faisant évaporer toute
l'humidité, on auroit une poudre plus émetique encore que les crystaux. 4°. On pourroit faire un tartre émetique plus fort avec
une partie de fleurs blanches d'antimoine faites sans addition, il seroit alors plus violent.

Les sels appesantissent les soulphres de l'antimoine, ainsi quand on le calcine seul il est

plus propre pour cette préparation; ce qui reste d'antimoine dans cette opération peut se revivifier par le nitre & le charbon : on peut même faire la réduction du verre d'antimoine qui a servi au tartre émetique, en le mettant dans un creuset & en le calcinant; il se forme alors un très-beau régule.

Quand on donne le tartre émetique il produit quelquefois des effets trop violens, on peut alors arrêter le vomissement sur le champ avec quelques gouttes d'esprit de nitre ou d'eau styptique de Rabel dans une suffisante quantité d'eau commune; l'esprit de vitriol ou de soulphre mêlez avec l'eau jusqu'à une agréable acidité produisent le même effet. Quand on donne un émetique antimonial il faut éviter les boüillons gras & le vin, les acides végétaux augmentent la force des vomitifs, il vaut mieux se servir d'eau chaude; la dose du tartre émetique est depuis trois grains jusqu'à douze.

Teinture de Sel de Tartre.

PRenez du sel de tartre alkali fixe, mettez-le dans un creuset sur un grand feu de roüe, couvrez le creuset, poussez le feu jusqu'à ce que la matiere devienne rouge, versez-la dans un mortier de bronze chauffé, pulverisez-la promptement, jettez-la dans un matras chaud, versez-y de l'esprit de vin tartarisé qui surnage de quatre doigts, adap-

tez un matras à celui où vous avez mis vôtre matiere, luttez les jointures avec de la
veſſie moüillée, poſez vos vaiſſeaux ſur le ſable, faites boüillir l'eſprit de vin durant ſept
ou huit heures, déluttez les vaiſſeaux, verſez
par inclination la liqueur ſurnageante, gardez-la dans une phiole bien bouchée.

REMARQUES.

La teinture de tartre eſt rouge, on a fort
diſputé ſur l'origine de cette couleur; voici
des expériences qui pourront donner quelque jour à cela. 1°. Si l'on fait digerer long-
temps l'eſprit de vin avec le tartre ordinaire,
il ne changera pas de couleur. 2°. Si on fait
diſtiller toute la liqueur qu'on a jettée ſur le
tartre dans cette opération, il ſortira un eſprit de vin qui aura ſa couleur naturelle.
3°. Quand on verſe l'eſprit de vin digeré
avec le tartre, ſuivant la méthode que nous
venons de donner, la matiere reſtante eſt
preſque inſipide, elle ne fermente avec aucun
acide, elle ne s'enflamme pas ſur les charbons. 4°. Si on fait digerer de l'eſprit de
vin avec du tartre ordinaire & avec le ſoulphre commun, il en réſulte une teinture
rouge. 5°. Le ſel de tartre calciné devient
rougeâtre & s'enflamme après qu'il a été
long-temps en fuſion dans le creuſet quand
on le jette ſur le charbon allumé. 6°. La teinture de tartre perd ſa couleur quand on la
conſerve long-temps. 7°. Si on calcine le

tartre

tartre pendant deux heures, ou jusqu'à ce qu'il ait pris une couleur bleuâtre, l'esprit de vin prend une couleur de feüille morte.
8°. Si l'esprit de vin n'est pas bien dépuré de son phlegme, il ne prend pas une couleur rouge, l'eau empêche l'union du sel & de la matiere huileuse, comme on le peut voir par le mélange de l'esprit de vin & de l'huile de tartre par défaillance.

Il paroît par toutes ces expériences que la teinture de sel de tartre est un sel alkali fixe, subtilisé, & joint à l'huile de l'esprit de vin ; ce composé forme par conséquent un corps saponaire de même que le sel qui reste au fond après la digestion, comme Boile l'a observé. C'est encore un excellent menstruë pour des matieres résineuses ; nous en avons parlé dans le Traité des Corps huileux : on voit par-là les vertus de cette teinture & les maladies dans lesquelles il faut la donner. La dose est depuis dix gouttes jusqu'à trente dans une liqueur convenable. Harvée se servoit du tartre réduit en alkali fixe, par la calcination il y versoit de l'esprit de vin rectifié une fois seulement, il laissoit digerer la matiere à une chaleur legere durant trente-six heures, il se servoit heureusement de cette teinture dans l'hydropisie commençante & dans la phthysie.

Le Sel volatile de Tartre.

PRenez de la lie de vin, deſſéchez-la à petit feu, mettez-la dans une cornuë de grès dont le tiers demeure vuide, mettez ce vaiſſeau au fourneau de reverbere, adaptez-y un grand recipient, faites diſtiller le phlegme par un feu moderé; quand vous verrez des vapeurs retirez le recipient & jettez le phlegme, radaptez le recipient, luttez les jointures, augmentez le feu par degrez juſqu'à ce que le balon ſoit rempli de nuages blancs; quand le recipient ſe refroidira pouſſez le feu violemment, laiſſez refroidir les vaiſſeaux; lorſqu'il ne ſortira plus de vapeurs, déluttez le recipient, agitez-le un peu, verſez ce qu'il contient dans un matras à long col, mettez ſur ce matras un chapiteau avec un recipient, luttez les jointures, mettez-le ſur le ſable, donnez-y un feu leger, le ſel volatile montera & s'attachera au chapiteau, retirez ce chapiteau; quand vous verrez que le ſel s'y ſera ramaſſé, adaptez-en un autre ſur le matras, ramaſſez votre ſel & l'enfermez d'abord, continuez le feu, & retirez votre ſel à proportion qu'il montera.

REMARQUES.

Nous avons déja parlé de l'origine du ſel volatile, on a vû que ce n'étoit autre choſe que le ſel joint au principe inflammable, il n'y a qu'à appliquer cela au ſel volatile de tartre : dans la lie il y a une matiere huileuse & un sel ; cette huile se joint au sel qui par cette addition se trouve volatilisé : on voit par cette opération la maniere de préparer le sel volatile des semences après qu'elles ont fermenté. Les effets du sel volatile de tartre & celui qui est tiré des autres matieres végétales, sont à-peu-près les mêmes ; on doit juger que cela se trouve ainsi par les principes que nous avons établis là-dessus. Le sel que donne la suye doit avoir la même origine & la même action ; il est vrai qu'il vient d'un mélange de matieres animales & végétales, mais cela prouve seulement qu'il doit contenir plus de substance inflammable, c'est-à-dire, qu'il doit être plus volatile ; aussi remarque-t-on que la suye des cheminées où l'on a fait cuire des viandes renferme plus de sel volatile que celle qui se forme seulement des fumées du bois.

Pour avoir ce sel sec, il faut que le vaisseau dans lequel se fait la sublimation soit long, afin que le phlegme ne puisse pas monter, si ce n'est peut-être qu'on veüille le retirer en esprit ; ce sel au reste s'humecte aisément. Quelques Artistes pour rectifier ce sel le mêlent quand il est liquefié avec une suffisante quantité d'os calcinez pour en former une pâte, & le subliment encore comme la premiere fois ; s'il restoit dans les os calcinez quelque portion de matiere grasse, le sel pourroit s'en charger encore, mais le feu en emporte le principe inflammable durant la calcination.

On peut juger par les principes que nous avons établis des longs raisonnemens de Lemery sur le changement que souffre le sel de tartre quand on le volatilise. Il s'étend fort pour prouver que le sel de la lie est acide, & qu'on ne peut pas dire qu'il se développe ; s'il avoit sçû que la volatilité dépend de la jonction du sel & de la matiere huileuse, comme l'a prouvé le célébre M. Sthall, il se seroit épargné la peine de réfuter par beaucoup de raisons assez foibles ceux qui ont soûtenu que la lie contenoit peu de sel acide.

Le sel de tartre, comme les autres sels volatiles, pousse par les sueurs ; on le donne depuis six grains jusqu'à quinze dans une liqueur convenable : pour l'esprit volatile qui n'est autre chose que le sel étendu dans le phlegme, il a les mêmes vertus : on le donne depuis huit gouttes jusqu'à quinze ou vingt.

Nous avons vû ce qui résulte du mélange des esprits & des huiles, il faut rechercher les composez qui doivent se former quand on joint les sels fixes avec les matieres huileuses.

Le Savon.

Prenez du sel alkali fixe préparé avec la chaux vive, faites-en une lessive assez

épaiſſe pour ſoûtenir un œuf, & une autre
qui le laiſſe tomber au fond : prenez enſuite
parties égales d'huile tirée des animaux ou
des végétaux, & de la leſſive la moins chargée, faites-les boüillir juſqu'à ce qu'il ſe forme une maſſe épaiſſe ; mettez trois parties de
la leſſive forte ſur une partie d'huile, faites
cuire le tout juſqu'à ce que vous ayez une
maſſe qui étant refroidie ait une conſiſtence
épaiſſe comme le fromage.

REMARQUES.

Les huiles ſont ou exprimées ou diſtillées ;
celles qu'on exprime contiennent plus de
ſel acide que celles qu'on diſtille : de-là vient
qu'elles ſe joignent plus facilement que les autres avec le ſel fixe. On n'a qu'à mêler de l'huile d'olives avec des ſels alkaliſez, ces deux matieres s'uniront d'abord : pour les huiles diſtillées ſi on les verſe ſur un ſel fixe bien chaud,
elles forment un ſavon très-pénétrant.

L'alkali s'unit à l'huile dans le ſavon, &
forme un compoſé qui ſe diſſout dans l'eau,
qui inciſe, lâche, réſout, ouvre les canaux
obſtruez, réſiſte à l'acide, pouſſe par les
ſueurs & par les urines : les obſtructions ne
viennent que des matieres épaiſſes qui bouchent les vaiſſeaux ; ce n'eſt pas les ſels qui
forment cet épaiſſiſſement, puiſqu'ils nagent
dans une matiere fluide qui peut les diſſoudre ; ce n'eſt pas non plus la terre avec le
ſel, car avec ces deux matieres on ne peut

pas faire une liqueur qui s’épaississe : c’est donc des substances huileuses qui ne pourront se dissoudre que par des corps saponaires ; mais lorsqu’il se formera dans le corps une pourriture occasionnée par des substances qui tendent à s’alkaliser, les savons seront pernicieux. Diamerbroek remarque que durant la peste ceux qui prenoient des chemises blanchies avec du savon mouroient plûtôt que les autres, & qu’il n’y avoit personne parmi ceux qui travailloient au savon qui eût échappé à la contagion.

Savon fait avec des Huiles distillées.

PRenez du sel alkali fort âcre & bien dépuré de la terre, mettez-le dans un creuset de fer, donnez-lui un feu violent ; quand il sera en fusion jettez-le dans un mortier de fer bien chauffé : quand la matiere commencera à s’épaissir agitez-la, & broyez-la bien avec un pilon de fer jusqu’à ce qu’elle soit réduite en poudre : jettez cette poudre encore chaude dans un vaisseau de verre qui ait un fond large, & qui soit fort chaud ; versez-y de l’huile de thérébentine à l’éminence d’un doigt, mettez le vaisseau dans une cave : quand vous verrez que l’huile est absorbée, versez-y-en de nouvelle, & continuez ainsi jusqu’à ce qu’une partie de sel ait imbibé trois parties d’huile, vous aurez par-là *le savon des sages.*

REMARQUES.

Il faut bien prendre garde de n'omettre aucune circonstance du procedé. 1°. Il faut jetter la matiere fonduë dans un mortier bien sec, car s'il y avoit une seule goutte d'eau, le sel se dissiperoit d'abord. 2°. Le sel quand on le verse dans le vaisseau de verre il doit être encore fort chaud, car s'il s'étoit refroidi & qu'il eût imbibé l'humidité de l'air, l'opération ne réussiroit pas, parce qu'il ne pourroit point se mêler avec l'huile. 3°. Il faut mettre la matiere à la cave durant cinq ou six mois.

Si on distille ce savon il donne un sel volatile, aussi quand on veut volatiliser le tartre on peut le réduire en savon ; ce savon est plus fort que le précédent, mais il est sujet à de grands inconveniens quand on en donne trop.

Ce savon préparé, comme nous venons de le dire, & un peu desseché, sert à faire la composition de l'*élyxir des Philosophes* ; on le fait digerer pour cela avec le triple d'esprit de vin alkoolisé. *Isaacus Hollandus, Raymond Lulle, & Riplée Chanoine de Brilingthon* ont donné à cette préparation le nom de *petit élyxir* pour le distinguer du grand élyxir qui se tire des métaux.

Les vertus de cet élyxir sont très-efficaces, tous les principes actifs des végétaux s'y trouvent rassemblez.

H h iiij

Savon tartareux selon la méthode de Starkey.

LE savon tartareux n'est autre chose que le savon précédent fait selon la méthode de Starkey qui s'en est servi pour des pillules qui portent son nom.

Prenez du sel de tartre, desséchez-le bien, & sur une partie de ce sel chaud jettez deux parties d'huile de thérébentine dans un mortier de verre, broyez la matiere long-temps, puis la laissez reposer & recommencez, cette réïteration dure quelquefois jusqu'à trois mois, & il ne faut pas moins de temps que cela pour que l'union se fasse ; au bout de ce temps l'huile disparoît & se mêle avec le sel, pour lors il faut reverser de nouvelle huile de thérébentine comme devant, & l'on réïtere jusqu'à trois fois : le tout étant en consistence de savon gras on l'appelle savon tartareux ; c'est un dissolvant merveilleux pour les matieres résineuses telles que l'ellebore qui entre dans les pillules de Starkey.

REMARQUES.

Quand le mélange est éxact mettez-en une goutte sur la langue, vous sentirez de l'âcreté de l'huile essentielle, mais vous appercevrez ensuite une fraîcheur comme si vous aviez du camphre à la bouche.

Le sel de tartre paroît à demi volatilisé dans cette opération, en effet il n'y a que les huiles essentielles qui peuvent volatiliser les alkalis fixes.

Le savon tartareux s'employe extérieurement dans les rhumatismes , deux gros de
camphre sur une once en font un très-bon
remede résolutif pour les humeurs; quelques-
uns donnent intérieurement ce savon pour
la pierre , la goutte , les ulceres des reins & de
la vessie.

On peut abreger cette opération en pro-
cedant de la maniere suivante: Prenez du nitre fixe par les charbons , mettez-le avec parties égales de chaux vive , faites boüillir ce
mélange dans l'eau pendant un quart d'heure
dans une chaudiere , retirez votre chaudiere,
& laissez refroidir la matiere , les parties terreuses tomberont au fond : filtrez la liqueur ,
& l'évaporez à feu lent jusqu'à siccité ;
mettez cette matiere dans une marmite de
fer , & faites-la fondre comme de l'huile jusqu'à ce que la fonte soit paisible : pour se
mieux assûrer on y trempe un morceau de
bois, s'il s'allume c'est assez ; prenez une partie de ce sel fondu, & le versez sur trois ou
quatre parties d'huile de thérébentine ; si
l'huile s'allume étouffez la flamme , cette
huile se colorera & deviendra rouge : faites
digerer & triturez tous les jours la matiere ,
afin que l'huile de thérébentine la pénétre ,
cela dure trois semaines ou un mois, au lieu
que l'opération précédente dure six mois ; ce
savon fond dans l'eau.

Hh v

Distillation du Savon ordinaire.

PRenez deux parties de savon ordinaire, échauffez-le un peu pour le ramollir, mettez-le avec une partie d'argille, remplissez-en les deux tiers d'une cornuë, mettez cette cornuë au fourneau de reverbere, adaptez-y un recipient, luttez les jointures, échauffez doucement la cornuë, poussez le feu par degrez jusqu'à ce qu'il ne vienne plus rien ; filtrez la liqueur qui est dans le recipient, vous aurez un esprit jaunâtre.

REMARQUES.

Dans le savon il y a du phlegme, de l'huile & du sel alkali, il faut donc que dans la distillation il vienne un phlegme & une huile qui contiennent un sel alkali ; la matiere grasse ne pouvant pas passer par le filtre, le phlegme seul sortira avec quelque portion de sel : cet esprit blanchit la dissolution de sublimé corrosif, & fait un précipité blanc, mais il ne change pas la couleur de la teinture de tournesol ; l'huile de savon est âcre, parce qu'elle est jointe aux parties du sel alkali fixe, ou par la même cause qui donne de l'âcreté aux huiles qu'on conserve quelque temps : la dose de l'esprit de savon est depuis demie drachme jusqu'à deux.

La putréfaction des Matieres végétales.

PRenez telle quantité qu'il vous plaira de plantes cueillies depuis peu, ramassez-les en un monceau dans un lieu chaud exposé à l'air, placez des ais sur ce monceau, mettez des poids sur ces ais afin que les plantes soient pressées, il s'y excitera une chaleur qui s'augmentera tous les jours, & enfin la matiere se pourrira.

REMARQUES.

Il y a des plantes qui sont d'excellens remedes contre la putréfaction, cependant elles se pourrissent toutes, prennent l'odeur des matieres animales corrompuës, & se réduisent en une liqueur épaisse, laquelle étant distillée, donne un esprit & un sel volatile semblable à celui qu'on retire des animaux & des plantes âcres qui ne sont pas pourries; les fœces ne donnent pas de sel alkali fixe.

La putréfaction se forme par le mouvement qui s'excite dans les plantes & qui détruit leur tissu; voici quelques remarques sur ce sujet: 1°. La putréfaction produit à-peu-près dans ce procedé les mêmes effets que nous remarquons dans les excrémens formez des matieres végétales qui nourrissent les animaux. 2°. On peut remarquer ici plusieurs différences qui se trouvent entre la putréfaction & la fermentation. 1°. Les animaux & les végétaux se pourrissent, mais les animaux ne fermentent pas. 2°. La fermentation demande que les matieres soient humectées d'une certaine quantité d'eau, & la pourriture arrive aux corps qui ont peu d'hu-

midité, on peut le voir dans cette opération,
& dans les raisins dont on a exprimé le suc.

3°. La fermentation produit des fœces & du
sel fixe, & la putréfaction donne un composé homogene, desunit entierement les principes des corps, & donne des sels volatiles.

4°. La fermentation trop poussée produit la
putréfaction.

Nous venons de parcourir toutes les parties des végétaux & d'en donner une analyse
éxacte, il reste à donner quelques opérations
sur des matieres particulieres.

L'Opium.

I. L'Opium est un suc compact, en partie
résineux, & en partie gommeux, il se
tire par incision des têtes de pavôt, sur-tout du
pavôt blanc, il a une odeur vireuse & assoupissante : le suc tiré des têtes de pavôts par incision se nomme *opium*. Nous ne distinguons
point aujourd'hui celui qui est en larme : celui
qui est tiré par expression de toute la plante se
nommoit *meconium* : on piloit la plante,
l'on évaporoit le suc jusqu'à consistence d'extrait ; mais nous ne distinguons point cela, &
nous ne connoissons d'autre opium que celui
qu'on nous apporte de Constantinople &
d'Egypte.

II. L'opium qui se tire par incision des têtes
de pavôts parvenus à leur grosseur naturelle,
se prépare ainsi : Avant que ces têtes soient

vënuës à leur maturité, les gens du païs incifent un côté des têtes avec un canif à cinq lames: ils laiſſent diſtiller ou ſuinter le ſuc pendant vingt-quatre heures. Ce premier ſuc eſt jaunâtre & ſe ſeche en forme de larme attachée au pavot. Le lendemain ils font une pareille inciſion à l'autre côté du pavôt, & il en ſort un ſuc comme l'autre, mais il doit être plus âcre; on peut lire Kempferus là-deſſus.

III. Au bout de quatre ou cinq jours il y a une eſpece de régain noirâtre & deſagréable au goût qui ne ſert que pour les pauvres & les païſans: l'opium dont nous avons parlé doit donc être l'opium en larmes qui devient noirâtre quand il eſt long-temps manié. M. Lemery croit que l'on ne nous envoye que le ſuc des têtes de pavôt tiré par expreſſion, épaiſſi & enveloppé dans des feüilles.

IV. L'opium qui vient dans les païs étrangers vient chez nous, mais il eſt beaucoup plus foible; on le fait de la même maniere avec des têtes de pavôt qui croiſſent en Italie, en Provence, & en Languedoc. Le meilleur opium, ſelon Lemery, eſt celui qui vient de Thebes & du Caire; il faut le choiſir noir, inflammable, amer au goût, un peu âcre: ſon odeur doit être deſagréable & aſſoupiſſante.

V. L'uſage de l'opium avoit été enſeveli dans l'oubli depuis le temps de Galien juſqu'au commencement du dernier siécle; Platerus le ramena dans la pratique de la Medecine vers l'an 1600 : Sylvius Deleboë en fit ensuite un remede presque universel; il l'employoit si souvent, qu'on l'a nommé le *Docteur opiatique*.

VI. Les Turcs mâchent l'opium aussi habituellement que nous mâchons le tabac, ils n'en employent pas plus d'un gros par jour; ils en font des pillules, soit simplement, soit avec le miel, soit avec des aromates, comme la noix muscate. Quelques Marchands le préparent avec des drogues particulieres, & en font des pillules auxquelles ils donnent le nom de *divinatoires*, parce que, dit-on, elles font voir en songe ce que l'on veut.

VII. L'opium assoupit à un tiers & même à un quart de grain, on en donne jusqu'à deux grains; il y en a qui y sont tellement accoûtumez qu'il leur en faut une dose considerable. Les plus grands preneurs d'opium parmi les Turcs ne passent pas deux scrupules; il assoupit non-seulement pris par la bouche, mais encore en lavemens : extérieurement il calme, mais il cause des engourdissemens. Il faut éviter de l'appliquer sur les yeux, aux oreilles, à la tête. On rapporte à ce sujet l'histoire d'un athlette qui tomba apoplectique, parce que son adversaire avoit mis par supercherie de l'opium dans la doublure de son bonet.

VIII. L'opium calme les dévoyemens, les flux diſſenteriques, les pertes, quand il eſt pris modérément. Quelques Medecins le donnent après de grands purgatifs pour calmer ; d'autres apprehendent de le donner : mais l'éxemple du grand Sydhenam le plus éclairé & le plus prudent de tous les Medecins doit enhardir les eſprits timides là-deſſus ; il a produit par-là de grands effets dont les malades ne ſe ſont jamais trouvez que fort bien.

IX. Les Anciens croyoient l'opium froid au dernier degré, ils le joignoient pour cela avec des drogues chaudes, comme nous l'avons dit ailleurs, mais l'expérience fait voir qu'ils ſe trompoient, puiſqu'il rarefie la maſſe du ſang ; car premierement on remarque que le ſang des Turcs tuez dans des batailles eſt très-fluide, & coule durant trois ou quatre jours, ce qui ne peut venir que de l'opium dont ils font grand uſage : ſecondement les preneurs d'opium ont le poux grand & élevé, ſans dureté, ni fréquence ; troiſiémement après en avoir pris on ſent de la chaleur, & enfin il fait rougir la peau.

X. Le ſang étant donc rarefié, comme il paroît par ces preuves, les vaiſſeaux occuperont plus de place dans le cerveau ; or ils ne peuvent pas occuper plus de place, qu'ils ne compriment la ſubſtance medullaire & les nerfs : cette compreſſion cauſera néceſſairement l'engourdiſſement des ſens & l'aſſou-

piſſement, de même que les nerfs étant comprimez quelque part, la partie qui les reçoit
ſe trouve engourdie.

XI. La même compreſſion arrivera dans le
foye, dans les reins, dans les inteſtins, par
conſéquent les vaiſſeaux excretoires preſſez
ne pourront plus laiſſer paſſer la matiere des
ſecretions, & c'eſt auſſi ce qui arrive, l'urine,
l'excretion inteſtinale s'arrête.

XII. Mais les vaiſſeaux cutancez excretoires
qui ſont éloignez du centre, du mouvement,
& des gros vaiſſeaux, ne pourront poinɡ être
comprimez comme ces vaiſſeaux qui filtrent
quelque liqueur dans un lieu où le ſang ſe
raſſemble en abondance; ils laiſſeront donc
paſſer la matiere qui ſortira des vaiſſeaux, il
y aura donc une ſueur qui ſuivra la priſe de
l'opium.

XIII. De-là il s'enſuit que ſi les vaiſſeaux
étoient déja pleins de ſang condenſé & d'un
tiſſu ſerré, l'opium ſurvenant gonflera les vaiſſeaux & les fera crever, il s'enſuivra donc
une hémorragie ou une apopléxie; le remede
le plus prompt dans ce cas eſt la ſaignée :
l'acide de ſoulphre, de vitriol, de limons, le
ſuc d'oranges, de citron de Berberis, le ſang
rarefié par l'opium ſe condenſera par les acides; on peut employer les ventouſes, les ſca-
rifications, les lavemens violens, tout cela
ſecouë le genre nerveux de même que les frictions aux bras & aux jambes.

XIV. On voit par-là qu'il est à propos de désemplir les vaisseaux avant de donner l'opium, mais on doit éviter de le donner dans le cours des regles & des vuidanges, dans le flux hémorroïdal, danr le flux critique du ventre; l'opium qui arrête les évacuations troubleroit la nature qui se décharge par ces conduits : on doit encore s'abstenir de l'opium quand l'estomach est plein d'alimens, parce qu'il cause des indigestions : c'est loin des repas qu'on doit le donner ; & lorsqu'il s'arrête dans les parois du ventricule, comme je l'ai vû arriver à un homme qui avoit voulu en prenant ce somnifere attenter à sa vie, il faut avoir recours à l'émetique pour en procurer la sortie.

XV. Ceux qui prennent beaucoup d'opium sont sujets à des hoquets, à des dégoûts, à des nausées, à des vomissemens, il faut alors suspendre l'opium qui rend l'estomach paralytique en quelque maniere.

XVI. Il y a des Auteurs qui ont mis quelque différence entre la vertu calmante de l'opium & sa vertu assoupissante, ils ont voulu conserver la premiere & détruire la derniere, pour cela ils ont torrefié l'opium, mais cette torrefaction est inutile, & ne fait que mettre du charbon avec la substance de ce remede : pour la correction qu'on prétend faire avec l'esprit de vinaigre, M. le Mort rapporte que par cette préparation il a vû arriver des suppresfions d'urine; le fuc de coins ne le corrige pas mieux, il ne fait que fixer l'opium au lieu de l'altérer, ainfi pour diminuer fa vertu on n'a qu'à le donner en moindre dofe: l'efprit de vin dont on fe fert encore pour le corriger ne convient pas, il porte à la tête, il caufe des veilles même au lieu d'affoupir, dans l'eau il convient mieux que dans quelque liqueur que ce foit.

XVII. M. Pidcarne ce grand Méchanifte qui a fi bien travaillé fur les fonctions animales, s'eft trompé quand il a avancé que l'opium agit par fon fel volatile, cela ne fe peut point, parce qu'il eft en très-petite quantité; s'il agiffoit, par-là il produiroit la même agitation que produit le fel volatile de corne de cerf auquel il le compare: l'opium n'agit que par le principe phlogiftique qui en fe rarefiant diftend les vaiffeaux; de-là vient que les vaiffeaux huileux font narcotiques, comme nous l'avons dit ailleurs, & qu'ils caufent des ftupeurs & des engourdiffemens.

XVIII. L'opium diftillé donne une huile empyreumetique, il refte un charbon lequel fi on le brûle pendant douze ou quinze heures, laiffe peu de cendres, cela fait voir que l'opium abonde en foulphre, il donne encore un fel volatile urineux à qui l'on doit donner la même origine que nous avons marquée dans notre Traité de la Fermentation au fujet du mélange des principes.

XIX. La meilleure maniere de donner l'opium
est de le donner tout pur & en petite dose
allant par degrez depuis un quart de grain
jusqu'à demi grain & ensuite jusqu'à un, on
évitera par-là ce que j'ai vû arriver à un
homme qui tomba en délire après en avoir
pris une dose qui étoit cependant assez peu
considerable. Plusieurs Medecins m'ont assûré
avoir vû arriver la même chose. Charras n'apprehendoit pas ces effets, puisqu'il rapporte
que pour prouver que l'opium n'étoit que
calmant & non pas assoupissant, il en avoit
pris une assez grande dose sans avoir éprouvé
aucun assoupissement, mais il ne faut pas
compter là-dessus ; un fait particulier ne
prouve rien contre une expérience jour-
naliere.

Extrait d'Opium.

C'Est une séparation des parties les plus
efficaces de l'opium que l'on veut retirer
dans cette opération.

Coupez par tranches quatre onces de bon
opium & le mettez dans un matras, versez
dessus une pinte d'eau de pluye bien filtrée,
bouchez votre matras, & l'ayant posé sur le
sable, donnez un petit feu dessous, augmentez-le par degrez pour faire boüillir la liqueur pendant deux heures, coulez-la chaudement & mettez-la dans une boutcille.

Prenez l'opium qui sera demeuré indissoluble dans l'eau de pluye, faites-le deſſecher dans une terrine ſur un petit feu, & l'ayant mis dans un matras verſez deſſus de l'eſprit de vin juſqu'à la hauteur de quatre doigts, bouchez le matras, & faites digerer la matiere pendant douze heures ſur les cendres chaudes ; coulez enſuite la liqueur, il ne vous reſtera qu'une terre glutineuſe qu'il faut rejetter comme inutile.

Faites évaporer ſéparément ces diſſolutions d'opium dans des vaiſſeaux de grès ou de verre au feu de ſable juſqu'en conſiſtence de miel, mêlez-les enſemble, & achevez de faire ſecher ce mélange par une chaleur très-lente pour lui donner une conſiſtence de pillules ou d'extrait ſolide, vous en aurez trois onces & demie.

REMARQUES.

L'opium étant une ſubſtance gommeuſe & réſineuſe peut être diſſout par l'eſprit de vin, la partie ſulphureuſe diſſoudra la réſine, & la partie phlegmatique diſſoudra la gomme & le ſel ; cependant ſi l'on mêloit d'abord de l'eau avec de l'opium, elle diſſoudroit le ſel, & chargée de ce ſel elle pourroit diſſoudre aſſez éxactement la réſine : on voit par-là qu'avec l'eau ſeule on peut avoir une teinture réſineuſe gommeuſe. La diſſolution qu'on fait avec l'eſprit de vin ſeul n'eſt pas ſi éxacte, parce qu'il ne peut diſſoudre la partie mucilagineuſe : Je conſeillerois donc qu'on ſe servît de l'eau seulement, on évite par-là de grands inconveniens. Un phrénetique ayant pris une teinture d'opium avec de l'esprit, en souffrit terriblement; la dissolution faite avec l'eau le calma, on voulut s'assûrer si cela venoit de l'esprit de vin, & la seconde fois qu'il en prit les mouvemens violens dont il avoit été agitez recommencerent.

De peur de brûler l'extrait en le sechant, je crois qu'on doit mettre le vaisseau au bain-marie; dès qu'il sera réduit en pâte maniable on en pourra faire des boules qu'on desseche jusqu'à ce qu'elles soient pulverisables; au reste on fait dessecher l'opium resté au fond après la premiere dissolution, afin que l'humidité aqueuse qu'il pourroit retenir n'arrête pas l'action de l'esprit de vin.

La dose ordinaire doit être d'un quart de grain jusqu'à un grain.

Laudanum liquide de Sydhenam.

PRenez deux onces d'opium coupé en roüilles, une once de saffran, une drachme de canelle, une drachme de girofle; le tout étant incisé & mis dans un matras, surversez-y seize onces de vin d'Espagne; mettez la matiere au bain-marie pendant deux ou trois jours, la matiere se colorera: décantez-le & le filtrez, c'est le laudanum liquide.

REMARQUES.

Sydhenam croit qu'on doit se servir du laudanum en cette forme plûtôt que de l'autre préparation que nous avons donnée ; il a raison, parce que l'on est beaucoup mieux assûré de la dose. Ce grand homme croit que la Medecine ne peut pas se passer de l'opium, il en a fait des cures merveilleuses, mais il faut ajoûter que sans une grande précaution on court bien des risques ; par exemple, ce Medecin a donné le laudanum dans les vuidanges supprimées. Un empyrique qui lira cela (si cependant un empyrique lit de tels ouvrages) ne manquera pas d'appliquer d'abord ce remede : mais si le mal ne vient pas d'inflammation, comme dans le cas de Sydhenam , les vuidanges se supprimeront encore davantage, cela fait voir combien on risque de se mettre entre les mains des Charlatans qui se vantent d'avoir des remedes infaillibles ; ces ingnorans ne connoissent ni les remedes, ni les maladies.

Il y a des Medecins qui donnent le laudanum dans les fiévres aiguës , mais je n'approuve point cette conduite ; ce somnifere voile la maladie, & en impose au Medecin qui ne peut juger alors si le calme vient de l'opium ou non ; d'ailleurs ce remede suspend les crises.

Les Animaux.

ON ne voit dans l'univers qu'une circulation de matiere , la même sub-

ftance qui forme les plantes paſſe dans les
animaux pour rentrer enſuite dans les végétaux; la nature répare ſes pertes par ſes pertes même; les corps doivent leur origine les
uns à la deſtruction des autres; le mouvement détruit les parties ſolides, change &
diſſipe les parties fluides, donne aux corps
diverſes formes ſuivant leurs mélanges,
leur denſité, leur conſiſtence.

Les matieres végétales & animales nour-
riſſent les corps animez, pour cela il faut
qu'elles paſſent par divers changemens; la
chaleur naturelle, ſuivant les anciens Medecins, diviſe les matieres dans l'eſtomach, &
les prépare pour nourrir les parties. Vanhelmont a cru que cette chaleur ne ſuffiroit pas;
il avoit remarqué, dans les opérations de
Chymie qu'il y a des diſſolvans qui décom-
poſent les corps ſans chaleur: il a cru qu'il y
avoit dans l'eſtomach un menſtruë univerſel
qui diſſolvoit les matieres que nous man-
geons; d'autres qui l'ont ſuivi ont plus inſiſté
ſur la fermentation.

Le menſtruë univerſel n'eſt qu'une chimere; la ſalive qui n'eſt qu'une liqueur aqueuſe mêlée de quelque partie huileuſe, la liqueur qui ſe filtre dans l'eſtomach & qui
reſſemble à la ſalive, ne ſçauroient diſſoudre
tous les corps; d'ailleurs comment ce menſtruë peut-il diſſoudre toutes les matieres,
& ne pas diſſoudre l'eſtomach; pour la fer-

mentation on n'a pas des preuves qu'elle foit la caufe de la digeftion. Nous avons prouvé que les corps qui fermentoient étoient compofez de fel acide, de matiere huileufe, de terre, d'eau, qu'il falloit que ces principes fuffent dans une certaine proportion, & qu'ils demandoient une certaine confiftence: mais tout cela fe trouve-t-il dans les matieres dont nous ufons? d'ailleurs les matieres fermentées donnent certains principes qu'on ne trouve pas dans le chyle.

La liqueur qui fe trouve dans les veines lactées eft entierement femblable aux émulfions; nous l'avons prouvé ailleurs: or la fermentation ne forme pas des liqueurs femblables aux émulfions.

Pour la digeftion il eft feulement néceffaire que les fucs des matieres dont nous ufons foient exprimez, cela arrivera, 1° par la maftication, 2° par l'action de la liqueur aqueufe de l'eftomach & de la chaleur qui ramolliffent les matieres, 3° par le mouvement du ventricule & par la preffion des mufcles de l'abdomen; ces forces fuffifent pour expliquer tous les phénoménes de la digeftion: fuivant que ces trois conditions fe trouveront ou ne fe trouveront pas dans l'eftomach, la digeftion fe fera ou ne fe fera pas. Mais, dira-t-on, il y a des animaux qui digerent des matieres très-dures; je réponds à cela

à cela qu'il ne se détache de ces matieres dures
que des parties molles qui se dissolvent par
le phlegme & par la chaleur de l'estomach.

Pour le sang on ne sçauroit prouver qu'il
soit sujet à la fermentation ; quelque matiere qu'on y mêle quand il coule des veines,
il ne fermente jamais: d'ailleurs il ne contient qu'un sel salé embarassé dans l'huile ; il
ne paroît pas qu'un tel assemblage puisse fermenter.

Les animaux différens contiennent aussi
des liqueurs différentes; il s'exhale des can-
tarides des vapeurs extrêmement âcres, on
en retire par la distillation une liqueur qui
rougit la teinture de tournesol, & qui cause
une grande effervescence quand elle est mêlée avec l'esprit de sel, cela ne vient que d'un
sel qui s'alkalise par la chaleur de ces insectes:
si la chaleur étoit poussée jusqu'à un certain
point dans le corps humain, les sels s'alkali-
seroient de même, on en verra la raison dans
la suite.

Plusieurs Medecins ont avancé que les maladies du corps humain ne venoient que des
acides, mais les matieres qui composent le
sang ne sont pas acides; il est vrai qu'il y entre
des matieres qui ont de l'acidité, mais le sel
ammoniac renferme un acide, cependant
est-il acide? l'alkali même ne contient-il pas
un acide ? peut-on néanmoins le regarder
comme acide ? Il y a un célébre Medecin

qui a éxaminé les tumeurs qui proviennent des maladies veneriennes, il n'a trouvé aucune marque d'acide dans les matieres qui en fortent, au contraire elles approchent de l'alkali, mais il ne faut pas croire pour cela que les maladies viennent de l'alkali, il n'y en a pas dans le corps humain, comme on le verra dans les opérations fuivantes.

Le Lait.

PRenez du lait, jettez-y des acides, il n'y arrivera aucune effervefcence, le mélange de fyrop violat n'y produit pas les couleurs que donnent les matieres qui ont de l'acidité ; l'acide jetté fur le lait qui eft fur le feu le fépare en une partie épaiffe qui furnage, & en une partie liquide plus pefante.

De ce que nous venons de dire il s'enfuit que le lait n'eft ni acide, ni alkali ; s'il étoit alkali, il boüillonneroit avec des acides ; s'il étoit acide, il donneroit au fyrop violat une couleur rouge : mais, dira-t-on, le lait s'aigrit quand on le met dans un vaiffeau de verre, & qu'on lui donne une chaleur legere : ces deux matieres d'abord font douces, mais enfin elles deviennent aigres, tout cela eft vrai, cependant cela ne prouve autre chofe fi ce n'eft que le lait contient une matiere qui peut devenir acide. Le fel fedatif de M. Homberg, l'efprit de fel ammoniac, enfin les fels volatiles huileux contiennent un acide qui eft

leur bafe, cependant font-ils regardez comme des acides ? ne produifent-ils pas des
effets tout oppofez ? on peut dire la même
chofe du lait, par l'évaporation la partie huileufe fe détache de la matiere qui forme l'a-
cide, alors cette matiere produit les effets de
l'acide.

Si le lait vient d'un animal qui a la fiévre,
il ne s'aigrit pas, mais il fe pourrit ; il en eft
de même de celui qu'on tire des animaux
qui ont jeûné long-temps, ou qui fe nour-
riffent feulement de chair ; il fe pourrit,
& la putrefaction commence quand il a un
goût falé.

Le lait a beaucoup de rapport avec les émulfions, toute la différence qui s'y trouve c'eft
que les émulfions ne donnent pas une matiere dont on puiffe faire du fromage, cela
vient de ce qu'elles n'ont pas paffé par les
mêmes degrez de chaleur que le lait.

Prenez du lait récent, faites-le boüillir,
jettez-y du fel alkalin fixe, il fe formera un
coagulum rouge ; continuez à faire boüillir
votre matiere, elle deviendra premierement
jaune, enfuite rouge, & enfin noirâtre.

On voit par cette opération que le lait eft
difpofé à devenir rouge, le fang ne contient
pas d'acide, il contient plûtôt un fel qui approche de l'alkali ; dès que les nourrices ont
la fiévre, leur lait devient jaune : fi la fiévre
continuë trop long-temps, il fe forme fou-

vent des abſcez aux mammelles. Les Medecins ont cru que cela venoit de l'acidité des
matieres qui forment le lait ; on peut juger
par ce que nous venons de dire ſi leur ſentiment eſt bien fondé.

Ce que nous venons de dire ſe trouve
vrai dans le lait qui vient des animaux ſains
& nourris de végétaux, les maladies ou l'uſage de la viande y portent des phénoménes
fort différens: on a vû des maladies conta-
gieuſes qui rendoient le lait des animaux
comme une boüillie jaunâtre, il ne falloit
ſouvent que douze heures pour un tel changement ; on l'a remarqué dans des animaux
qui donnoient le ſoir un lait très-blanc &
très-pur, & qui le matin en donnoient un
qui étoit très-jaune.

Le lait des nourrices qui n'uſent que de
viande ou de poiſſon, eſt diſpoſé à la putréfaction ; dès qu'il eſt gâté il a une odeur d'u-
rine: ce lait donne la fiévre aux enfans, comme on le peut voir dans les maiſons riches
où les nourrices ſont ordinairement trop
gênées ; les matieres végétales produiſent de
bon lait: les païſannes qui n'uſent pas de
viandes, donnent à leurs enfans une nourriture plus ſaine que les autres, il faut avoüer
cependant que les acides cauſent ſouvent aux
enfans beaucoup d'incommoditez, ainſi il
faut prendre des précautions pour que le
lait ne s'aigriſſe pas dans leur eſtomach: ſi

cela arrive, l'usage de la viande convient aux
nourrices ; mais si les enfans ont la fiévre, il
faut qu'elles viennent à l'usage des matieres
acides.

Prenez du lait, mettez-le dans une cucurbite de verre, faites-le distiller à un feu lent,
vous aurez une liqueur aqueuse ; poussez le
feu, il sortira quelque peu d'esprit acide : enfin mettez ce qui restera au fond de la cucurbite au feu de reverbere, vous aurez une
huile crasse & noire avec un esprit qui contiendra la partie la plus subtile de l'huile.

Le lait n'est que le suc exprimé des élemens conduit dans la masse du sang, & tri-
turé par les vaisseaux ; comme il n'a pas fait
un long séjour avec les liqueurs qui circulent dans le corps, il retient encore quelque
chose du composé dont il est sorti, de-là
vient qu'on n'en retire pas les mêmes principes que du sang ; la matiere noire, par éxemple qui reste dans la retorte donne du sel fixe,
au lieu que le sang humain n'en produit pas.

Verheïen rapporte qu'ayant pris du lait de
vache, & l'ayant fait évaporer il réduisit en
poudre ce qui resta ; il versa de l'eau sur cette
poudre, il fit digerer le tout, & l'eau se
trouva impregnée de l'odeur & du goût du
lait : enfin ayant fait évaporer l'humidité il
trouva une masse épaisse qui étant mêlée avec
un alkali excitoit une effervescence. Tout ce
que je viens de dire n'offre rien qui soit con-

traire à ce que j'ai établi sur les principes du
lait ; on n'a qu'à voir le mélange qui se fait
du sel essentiel avec l'huile dans les animaux,
& on verra la raison de tous les phénoménes
que je rapporte ici.

L'Urine.

L'Urine est un fluide composé d'une liqueur aqueuse & d'une matiere grasse
jaunâtre ; Bellini ayant fait évaporer l'urine,
il versa de l'eau sur la substance huileuse qui
lui restoit, & il forma par-là une liqueur qui
avoit toutes les proprietez du premier composé qu'il avoit fait évaporer ; plus il versoit
de l'eau, plus la couleur s'éclaircissoit, par-là
on voit que l'urine sera plus ou moins colo-
rée suivant qu'il y aura plus ou moins d'eau
ou de matiere grasse ; pour ce qui regarde la
nature de cette substance huileuse, on a cru
que c'étoit une matiere bilieuse, mais elle ne
devient pas amere : il est vrai que ce n'est
pas une raison convaincante, un Auteur
rapporte que le sang des icteriques n'a pas
d'amertume.

L'urine n'est pas renfermée dans le sang
telle qu'elle sort de ses vaisseaux, toutes les
liqueurs qui se séparent changent dans leurs
couleurs par la trituration, par la séparation
des matieres qui les accompagnoient, par le
séjour qu'elles font dans leurs réservoirs ;
leurs effets le prouvent démonstrativement :

la matiere seminale après qu'elle a été filtrée
dans les testicules, & qu'elle est rentrée dans
la masse du sang, elle donne de la vigueur
aux parties du corps; mais si on enleve les
organes secretoires, la liqueur dont elle se
forme ne produira pas ces effets: on en trouve une preuve dans les eunuques.

La distillation de l'Urine.

PRenez de l'urine récente de jeunes gens
qui se portent bien, mettez-la dans une
cucurbite de grès ou de verre, placez la cucurbite au feu de sable, ajustez-y un chapiteau avec son recipient, luttez les jointures,
donnez un petit feu pour faire distiller le
phlegme; cessez avant qu'il vienne des nuages, vous aurez l'eau de l'urine.

REMARQUES.

L'eau de l'urine est claire, mais elle a une
odeur fœtide; le blanc d'œuf, la salive, la
serosité du sang, & les autres liqueurs donnent une eau qui est desagréable à l'odorat,
mais elle n'est pas comme celle dont nous
parlons: l'urine même des animaux qui se
nourrissent de matieres végétales, n'a pas
une eau fœtide; il faut remarquer cependant
que plus un homme est sain & robuste, plus
l'eau de son urine est puante.

Quelque mélange qu'on fasse, on ne découvre aucun vestige d'acide dans l'eau d'urine, on n'y remarque pas non plus des effets

du fel alkali ; pour l'efprit inflammable cette
eau n'en contient pas : on n'a qu'à diftiller
l'urine de ceux qui viennent de boire beaucoup de vin ou de liqueurs fpiritueufes, on
n'en tirera pas plus d'efprit inflammable que
de l'urine des autres ; on voit par-là que
l'efprit de vin ne paffe pas avec l'eau dans les
conduits urinaires, de-là vient que le cerveau eft d'abord attaqué ; car la matiere fpiritueufe demeurant dans les vaiffeaux fan-
guins, les gonfle & les preffe ; c'eft cette compreffion qui eft la caufe de l'yvreffe & de
l'apopléxie qui, felon Hypocrate, furvient à
ceux qui boivent avec excès.

La matiere graffe qui refte paffe par diverfes couleurs ; tandis que l'eau s'évapore, elle
devient jaune, rouge, brune, noirâtre, elle
n'a pas de fel alkali, & de-là il s'enfuit que
cette efpece de fel n'éxifte pas dans le corps
humain ; s'il y en avoit, il fe trouveroit joint
à l'urine ; puifqu'il s'attache à l'eau plûtôt
qu'à d'autres matieres, il paroîtroit dans l'eau
de l'urine.

Quoyque je dife qu'il n'y a pas de fel alkali dans le corps humain, cependant dans
les fiévres ardentes la chaleur forme un fel
approchant de l'alkali ; fi ces fels & ces huiles
que le dérangement du corps a trop éxaltez,
fe déterminent vers les canaux urinaires, alors
le malade eft foulagé, & peut efperer de guérir, & c'eft là puanteur de l'urine qui eft une

marque que les parties se déchargent de la matiere qui les surchargeoit & les dérangeoit.

La distillation de l'Urine mêlée avec du sable.

PRenez la matiere grasse qui est restée dans l'opération précédente, mêlez-la avec une quantité de sable suffisante pour former une pâte plus épaisse, mettez-la dans une cucurbite de grès ou de verre au feu de sable, adaptez-y un chapiteau avec son recipient, luttez les jointures, donnez un petit feu pour faire sortir le phlegme qui reste, retirez ce phlegme, remettez le recipient ; augmentez le feu peu-à-peu, il viendra une liqueur qui boüillonne avec des acides, enfin il viendra des nuages avec un peu d'huile & de sel volatile qui sera alkalin.

REMARQUES.

On voit par cette opération l'effet de la chaleur sur les sels qui sont contenus dans les liqueurs du corps humain, les éxercices violens, les fiévres les transforment en alkalis : la puanteur de l'urine est, comme nous l'avons dit, le signe de ce changement; il faut remarquer cependant que les sels ne s'alkalisent jamais entierement dans notre corps, la mort survient avant qu'ils puissent prendre la forme alkaline.

On peut prendre de l'urine récente, & au

lieu d'y mêler du fable y joindre un alkali fixe
en même quantité, alors la diftillation faite
à un feu leger donnera un efprit alkalin âcre
qui boüillonnera avec les acides ; on voit par-
là que les fels fixes peuvent changer les fels
de notre corps en fels âcres & les alkalifer,
alors ils produiront les mêmes effets qui arriveroient par l'injection d'un fel alkalin volatile dans notre corps : on peut juger par-là
de l'effet que doivent produire les fels alkalis
dans des maladies où la chaleur eft violente,
ou qui éxalte les matieres falines de nos liqueurs.

L'Urine diftillée avec la Chaux vive.

PRenez la matiere épaiffe reftée de l'urine
après la diftillation du phlegme, ajoûtez-y égales parties de chaux, mettez le tout
dans une cucurbite de verre, adaptez-y un
chapiteau & un recipient ; luttez les jointures avec de la veffie moüillée, il diftillera un
efprit dans le recipient.

REMARQUES.

L'efprit qu'on retire par cette opération
eft très-pénétrant ; il n'eft pas alkalin, puifqu'il ne boüillonne pas avec des acides : il eft
compofé de fels qui contiennent le feu de la
chaux, de-là vient que dans les maladies où
les fels font trop éxaltez il ne peut être que
nuifible, mais dans celles qui viennent de la
vifcofité des liqueurs c'eft un remede fou-

vérain; on voit par-là l'effet que peut produire fur le corps humain la leffive de la
chaux, elle fera toûjours nuifible lorfque les
fels qui font dans nos liqueurs feront trop
éxaltez, mais elle fera un remede très-prompt
dans les maladies caufées par des matieres vifqueufes.

Il y a eû d'habiles Medecins qui ont été
furpris des effets différens que produit l'eau
de chaux en divers climats, parmi les Peuples
Septentrionaux on la donne avec fuccès,
mais en France, en Italie & en Efpagne elle
ne réuffit pas de même ; la chaleur qui eft
fort vive dans les Païs Méridionaux , & qui
ne fe fait fentir que très-peu vers le Nord
après des hyvers très-froids , caufe cette
différence dans l'opération de ce remede;
les Peuples Septentrionaux font pefans , &
fujets au fcorbut, au lieu que vers le Midi les
liqueurs fluides circulent facilement, & rendent les corps agiles.

Sel de l'Urine.

PRenez de l'urine récente qui vienne d'un
corps fain , faites évaporer l'humidité
jufqu'à ce qu'il vous refte une matiere en confiftence de fyrop ; mettez cette matiere dans
un vaiffeau de verre que vous porterez à la
cave, il fe formera une croûte au fond, verfez la liqueur qui furnage, diffolvez dans l'eau
la matiere épaiffie, faites évaporer jufqu'à

pellicule la diffolution ; portez le vaiffeau à
la cave, il fe formera des cryftaux qui approcheront du fel ammoniac.

REMARQUES.

Prenez la matiere épaiffie par l'évaporation jufqu'à la confiftence de miel, mettez-la
dans une cucurbite, adaptez-y un chapiteau
avec un recipient, luttez les jointures, faites diftiller à petit feu le refte du phlegme,
pouffez-le enfuite peu-à-peu jufqu'à ce qu'il
ne vienne plus rien, déluttez les vaiffeaux,
féparez un fel volatile attaché au chapiteau,
mettez-le dans un vaiffeau de verre, adaptez-y un chapiteau, pofez-le fur le fable; faites fublimer le fel par un petit feu, il s'attachera au chapiteau, détachez-le & le gardez
dans une phiole bien bouchée.

Laiffez l'urine dans un vaiffeau fermé durant cinq ou fix femaines, elle deviendra
rouge, elle aura une odeur fœtide, elle dé-
pofera un calcul aux côtez du vaiffeau, enfin
elle fera alkaline, car elle boüillonne avec
les acides, & eft en ufage dans la teinture; comme une leffive très-âcre, la laine
a une matiere graffe qui empêche les couleurs de la pénétrer & de s'y attacher, il faut
une leffive de chaux vive ou de fel alkali pour
enlever cette matiere. Les Teinturiers fe fervent de l'urine corrompuë, parce qu'elle ne
eur coûte pas de dépenfe; fi on met l'urine
dans un vaiffeau de verre, & qu'on l'expofe à

une chaleur lente durant quatre ou cinq
jours, les mêmes changemens y surviendront
que lorsqu'on la conserve long-temps : par-
là on voit ce qui doit arriver à l'urine qui
est retenuë long-temps dans la vessie, elle
deviendra alkaline de même que les autres
liqueurs du corps humain qui croupissent
quelque part ; quand l'hydropisie commence
à paroître, le malade est sans soif & sans fiévre : mais après que les eaux ont séjourné
dans la cavité de l'abdomen, la soif, la fiévre,
la chaleur se font sentir, cela vient en partie
de l'âcreté que contractent les liqueurs.

Prenez l'urine corrompuë, distillez à un
feu lent l'humidité, vous aurez une liqueur
impregnée de sel alkali volatile, mêlez avec
la masse qui reste le double de sable ou de
bol, mettez ce mélange dans une cornuë
de verre luttée, ajustez-y un grand balon,
luttez les jointures ; poussez le feu par degrez,
il viendra un sel volatile & une huile puante :
quand il ne sortira plus de cette huile, déluttez les vaisseaux, adaptez à la cornuë un
balon à demi rempli d'eau : luttez les jointures, poussez le feu violemment jusqu'à ce
qu'il ne sorte plus de nuages, il se précipitera une matiere qui formera un phosphore ;
il restera au fond de la cornuë une terre qui
par la lessive donnera un sel qui aura l'odeur,
le goût, & les autres proprietez du sel marin :
toute la différence qui se rencontre entre ces

deux fels, c'eft que celui qui vient de l'u-
rine ne fe cryftallife pas fi aifément que
l'autre, cela vient de l'huile qui s'y eft attachée.

On voit par-là que le fel marin ne fouffre
pas de changement dans le corps humain, tandis que les autres fels y font entierement changez ; qu'on nourriffe des animaux avec des
matieres acides , qu'on mêle dans ce qu'ils
mangent des fels alkalis fixes, on ne trouvera
jamais ces fels dans leurs fubftances ni dans
leurs excrémens: il y a un célébre Auteur qui
a fait là-deffus des expériences qui ne permettent pas d'en douter.

Prenez de l'urine récente d'une perfonne
faine , jettez-y deux parties de fel marin &
une partie de fuye, réduifez-les fur le feu à
une confiftence feche, pulverifez la matiere
& la faites fublimer, vous aurez un véritable fel ammoniac; il ne feroit pas néceffaire
d'y mêler la fuye, il fuffit d'y ajoûter l'acide
de fel marin qui s'ira joindre à la matiere
alkaline volatile de l'urine, & formera un
fel falé: la fuye fournit une plus grande quantité de fel volatile qui doit être regardé comme la bafe de l'acide marin ; fi on mêle ce
fel urineux avec du fable pour le fublimer, il
formera un fel ammoniac plus pur & plus
fubtil; il eft fudorifique & diuretique, on
peut s'en fervir avec plus de fûreté que des
fels foffilles, parce qu'il a de l'affinité avec les

liqueurs qui circulent dans le corps humain :
quand on le mêle avec l'eau, il la refroidit
de même que la glace.

Le Sel ammoniac.

I. CE sel porte ce nom, parce qu'on le
trouvoit autrefois près du Temple
d'Ammon dans la Lybie ; on l'appelle encore armeniac à cause du voisinage de l'Ar-
menie : d'autres, quoyque mal-à-propos, tirent l'origine de ce mot d'ἄμμ⊙, sable. Il
semble d'abord que cette étymologie est assez
juste, quand on considere qu'on a aussi nommé ce sel un sel sabloneux à cause des lieux
d'où on le tiroit, mais ce nom ne vient sûrement que de ce que nous avons marqué en
premier lieu.

II. Notre sel ammoniac n'a de commun que
le nom avec celui des Anciens, lequel étoit un
vrai sel gemmé. Je ne sçai d'où tant d'Ecrivains
ont tiré qu'il se fait de l'urine des chameaux,
laquelle étant dessechée par l'ardeur du Soleil
laissoit un sel sublimé sur les sables : on peut
dire au contraire que le sel marin se subli-
moit sur les rochers sur lesquels l'humidité
chargée de salure étoit portée par l'air, ainsi
on avoit par-là de vrayes fleurs de sel. Les
Anciens coupoient par feüilles le sel ammoniac, comme on peut couper le sel gemme ;
on en trouve de semblable encore proche
de Naples.

III. Le sel ammoniac qu'on trouve aujourd'hui dans nos Boutiques n'est qu'un sel factice, on le reçoit du Levant par Marseille, il se fait en Egypte sur le bord de la mer ; on a fort disputé sur la matiere dont on le retiroit. Les Révérends Peres Jesuîtes nous ont appris dans leurs Lettres édifiantes la maniere dont les gens du païs préparent ce sel : on ramasse les excrémens des chameaux qu'on brûle, comme nous brûlons ici les mottes. La fumée de ces excrémens forme une suye qui donne un sel alkali volatile urineux. Les Egyptiens ramassent cette suye qu'ils mettent dans des matras à col court d'un pied & demi de diametre, ils en prennent quinze ou vingt à la fois, ils les placent sur un fourneau ayant soin qu'ils ne soient pleins qu'au tiers, ils les environnent de cendres jusqu'au col ; ils y donnent un feu durant quelques jours, le feu détache le sel ammoniac des matieres grossieres & le fait monter : on a douté s'il pouvoit se sublimer de la maniere que nous marquons ; mais l'expérience qu'on en a faite à Paris fait évanoüir tout soupçon de fausseté.

IV. Le sel ammoniac a un goût de sel marin, il se crystallise en maniere de plume, ou comme des branches de fougere ; il se trouve dans sa composition environ un tiers d'acide de sel marin, c'est peut-être là-dessus que quelques-uns se sont persuadez que les Habitans jettent un peu d'eau marine sur la suye : les deux autres tiers qui composent ce sel sont un sel alkali volatile urineux avec un peu d'huile , cette composition se confirme en general par l'expérience , car si l'on verse dans l'esprit d'urine de l'esprit de sel goutte-à-goutte jusqu'à ce qu'on ne voye plus d'effervescence, on aura un vrai sel ammoniac après l'évaporation & la sublimation.

V. Le feu n'est point capable tout seul de séparer les substances qui composent le sel ammoniac ; si on le met dans des vaisseaux fermez, il se sublime sans se décomposer ; si on le jette dans le feu , sa fumée est de même un sel qui n'a reçû aucune altération dans sa mixtion essentielle : pour en venir à bout il faut employer un intermede qui doit être différent selon la matiere que vous avez dessein de séparer : si on veut avoir un alkali volatile, il faut prendre une substance qui se lie avec l'acide du sel ammoniac ; & si on veut un acide , il faut avoir recours à un agent qui se lie avec le sel volatile urineux.

VI. Le sel de tartre , le salpêtre fixé , les cendres gravelées ne sont que des sels alkalis fixes ; si donc on en joint quelqu'un avec le sel ammoniac, on dégagera le volatile urineux de ce sel, car les alkalis fixes ont plus d'affinité avec les acides que le sel alkali volatile urineux ; c'est aussi ce qui arrive, comme on peut le juger par l'odeur. Si on fait cette opération dans un vaisseau convenable, les sels volatiles urineux se subliment, & dans le fond du vaisseau il reste un sel salé qui se crystallise en cube comme le sel marin, cela prouve deux choses que nous avons avancées, c'est-à-dire, que le sel ammoniac contient un sel urineux volatile & l'acide de sel marin.

VII. Pour l'acide de sel marin on peut le retirer par l'argille, le bol, l'huile de vitriol, car l'acide vitriolique ayant plus de rapport avec l'alkali que l'acide du sel marin, il le chassera & prendra sa place : cet acide du sel marin poussé par le feu & élevé par sa legereté, sortira dans la distillation ; par la jonction de l'alkali & de l'acide vitriolique il restera au fond un sel ammoniac particulier dont Glauber faisoit un grand mystere.

VIII. Les alkalis mêlez avec des huiles ne s'en séparent jamais parfaitement : on a vû par nos Principes sur le sel vitriolique volatile que l'huile est de l'essence du sel volatile, car le vitriol n'est volatile que parce que la matiere huileuse du charbon se joint à lui.

IX. Le sel ammoniac se purifie par la lessive, ou bien encore on le sublime ; il n'y a que les parties salines qui s'élevent dans la sublimation, laquelle étant réiterée sur la résidence, on ne tire guéres de fleurs sur la fin, mais le sel resté devient très-fusible.

X. Le sel ammoniac est un bon diuretique & diaphoretique, on en donne dans les pleure-

fies 15, 20, 24 grains avec des potions ano-
dynes ; il eſt un grand febrifuge , ſelon le
Docteur Muys qui a fait un long Traité fort
curieux ſur cette matiere , mais dans ce païs on
n'éprouve pas qu'il produiſe les mêmes effets:
on le donne au reſte avant l'accès avec des yeux
d'écreviſſe ; ce qui eſt ſurprenant c'eſt qu'il redonne la fiévre ſupprimée par le kin-kina.

Eſprit volatile urineux de Sel ammoniac.

L'Eſprit volatile urineux de ſel ammoniac
eſt l'alkali de ce ſel ſéparé de ſon acide.

Prenez huit onces de ſel ammoniac que
vous pulveriſerez, & vingt-quatre onces de
chaux éteinte à l'air & réduite en farine par
elle-même : mêlez ces matieres dans un mortier , mettez promptement le mélange dans
une cornuë dont la moitié demeure vuide ,
broüillez le tout enſemble en agitant la cornuë , placez-la dans un fourneau ſur le ſable ,
& adaptez-y auſſi-tôt un gros balon ou recipient : luttez éxactement les jointures, les
premiers eſprits diſtilleront ſans feu pendant
un quart d'heure ; mettez ſous la cornuë quelques charbons allumez, pouſſez le feu juſqu'au
ſecond degré , donnez le même degré de feu
juſqu'à ce que vous ne voyïez plus rien ſortir;
laiſſez refroidir les vaiſſeaux & les déluttez ,
retirez votre recipient, & verſez promptement l'eſprit qui y ſera contenu dans une

phiole, détournant la tête afin d'éviter la vapeur très-subtile qui s'éleve continuellement :
il faut boucher éxactement la bouteille avec
de la cire pour garder cet esprit, vous en aurez cinq onces six drachmes.

REMARQUES.

Après que dans la distillation l'alkali ammoniac s'est séparé de son acide, on retire
la cornuë, & on trouve au fond une masse
saline terreuse composée de la terre & de l'alkali de la chaux jointe à l'acide du sel marin
qui s'y est concentré.

On pourroit ici nous objecter que suivant
nos Principes sur les Attractions, les terres
absorbantes ont moins d'affinité avec les acides que les alkalis volatiles : or la chaux est
une terre absorbante, elle ne devroit donc
point avoir tant d'affinité avec les acides du
sel marin contenu dans le sel ammoniac que
l'alkali de ce même sel ; par conséquent elle
ne devroit pas s'unir avec l'acide marin, &
chasser le sel alkali ; voici comme on peut
répondre à cette difficulté : La chaux teint en
verd le syrop violat, elle précipite en jaune,
pâle, ou couleur de citron, le sublimé corrosif ; or ce sont les proprietez d'un alkali fixe :
ajoûtez qu'elle ronge, qu'elle corrode, qu'elle
brûle, qu'elle dissout les substances sulphureuses, qu'elle tire des teintures des métaux,
ainsi il n'y a pas de doute sur son alkalicité
fixe.

Mais on peut demander, pourquoi cela
étant ainſi, la chaux ne ſe diſſout point dans
l’eau, & pourquoi elle y laiſſe une terre de la
nature de la chaux & non pas un ſel alkali
par évaporation ? je réponds à cela que l’alkali eſt trop lié à la terre de la chaux qui ſans
lui n’auroit pas de goût : on n’a qu’à paſſer la
chaux par trois ou quatre lotions & l’expoſer
enſuite à l’air, elle s’y humecte & moüille le
papier ſur lequel on la met ; il y a donc un
alkali fixe intimement mêlé avec la terre :
d’ailleurs le verre eſt compoſé d’un ſel alkali,
comme ſa compoſition le montre ; cependant
il n’en donne pas tant de marques que la
chaux.

Nous diſons donc que la chaux eſt une terre
chargée de ſel, comme ſon goût âcre & brûlant le fait voir, puiſqu’il eſt joint à un goût
ſalé : ce ſel eſt de la nature du ſel alkali fixe
de tartre ; la premiere leſſive donne une maſſe
terreuſe & ſaline, la ſeconde donne une maſſe
pareille mais moindre & plus âcre, à la fin
elle s’humecte aiſément à l’air, ce qui fait voir
qu’elle tient du ſel alkali ; elle diſſout outre
cela les ſoulphres, comme le ſel de tartre :
elle agit donc comme un ſel alkali fixe, mais
ce ſel n’y eſt pas en grande quantité, trois
parties de chaux n’ont pas une partie de ſel
alkali.

La matiere reſtée dans la cornuë quand le
feu a été pouſſé, ſe trouve fonduë ; ce liqua-

men à la cave se résout en huile qui mise avec l'huile de tartre fait effervescence : ces matieres s'épaississent & se durcissent encore; ce même liquamen durci jette des étincelles quand on le frappe à l'obscurité; & si on le bat & qu'on le mette en poudre dans un mortier avec un pilon, le fond du mortier paroît plein de parties lumineuses.

Une derniere preuve que la chaux n'agit pas comme la terre, c'est que si on se sert pour cette opération de la craye ou de la terre à pipe, on ne réussira pas; d'ailleurs la chaux d'antimoine, de minium, du plomb en même proportion que la chaux ordinaire, fait le même effet : or ces chaux ne sont pas simplement métalliques, elles sont terreuses & mêlées avec des sels rendus caustiques par la calcination.

Il y a un Chymiste qui a raisonné fort mal là-dessus : le principe phlogistique, dit-il, a une grande affinité avec les acides, il s'y attache avec force, comme on peut s'en convaincre par les preuves ou plûtôt les démonstrations de M. Sthall ; il se peut donc que cette matiere se joint avec l'acide, qu'elle l'enleve, & en forme un sel volatile : ainsi quand on separe l'esprit acide du tartre vitriolé, on n'a qu'à y ajoûter des charbons; le phlogistique mis en liberté par l'action du feu se joint à l'acide vitriolique, il faut donc nécessairement que ce principe ait une grande affinité

avec l'acide : or il se peut que dans cette opération la matiere inflammable se joigne à l'acide
pour en faire un sel volatile. L'exemple que
nous avons porté de la chaux des métaux confirme cette pensée, car elle contient de la
matiere inflammable, puisque les métaux lui
doivent leur forme métallique : je laisse à
examiner si dans cette opération les deux
causes dont nous venons de parler agissent
ensemble, ou s'il n'y en a qu'une.

Il y en a qui pour cette opération employent la chaux vive non éteinte, ils la mettent en poudre, & versent dessus goutte-à-
goutte le sel ammoniac dissout dans l'eau,
dans une cornuë tubulée, mais cette méthode ne vaut pas la nôtre ; une livre de sel ammoniac nous donne douze & quatorze onces
d'esprit, au lieu que de l'autre maniere on en
retire moins, & d'ailleurs il se trouve plus
foible.

M. Lemery ajoûte au mélange quatre onces d'eau commune, afin de liquefier ces sels
volatiles, & que la cornuë ne creve point :
mais si la chaux a été bien imbibée de l'humidité de l'air, cela ne sera pas fort nécessaire, néanmoins si on apprehendoit on pourroit en mettre un peu ; il faut se souvenir
d'adapter promptement le recipient & de
bien lutter les jointures, parce que le mélange
rend aussi-tôt une odeur très-fœtide qui s'é-
vapore.

Cet esprit est un excellent précipitant, il détruit fort bien les acides comme les autres alkalis volatiles, on s'en sert pour précipiter l'or; c'est un bon sudorifique, & quelquefois somnifere par ses parties phlogistiques: il vaut mieux, selon Lemery, donner les esprits volatiles dans des eaux sudorifiques que dans des boüillons, parce que la chaleur du boüillon dissipe ces sels; la dose est depuis six gouttes jusqu'à vingt.

La masse qui reste dans la cornuë après notre opération va jusqu'à vingt-huit onces; j'ai dit qu'on en retiroit un sel, & il faut se souvenir qu'il est aussi brûlant que les pierres à cautere: après la filtration & l'évaporation notre opération en donne sept onces, on peut l'employer pour faire des escarres sur la chair.

Esprit volatile ammoniac en forme seche.

CEt esprit est le sel alkali ammoniac élevé en forme de farine.

Pulverisez & mêlez éxactement huit onces de sel ammoniac & autant de sel de tartre, mettez promptement ce mélange dans une cucurbite de verre & l'humectez avec cinq onces d'eau commune, adaptez-y un chapiteau & un recipient, luttez éxactement les jointures avec de la vessie moüillée, placez votre vaisseau sur le sable avec un petit feu

au

au commencement pour échauffer la cucurbite peu-à-peu , & pour faire diftiller l'efprit
goutte-à-goutte ; lorfque vous verrez qu'il ne
diftillera plus rien , retirez le recipient & le
bouchez éxactement : augmentez le feu jufqu'au troifiéme degré , & continuez-le environ deux heures , il s'y fublimera des fleurs
blanches de fel ammoniac qui s'attacheront
au bas du chapiteau en forme de farine ; ra-
maffez-les avec une plume , vous en aurez fix
drachmes & demie.

REMARQUES.

Pour avoir le fel urineux il faut un intermede qui fe charge de l'acide , de même que
pour avoir fon acide il faudroit un intermede qui fe chargeât du fel urineux : la chaux
eft un intermede falin terreux , qui peut ab-
forber l'acide marin , elle ne peut pas fervir
cependant pour avoir le fel volatile en forme feche , parce que les parties ignées qu'elle
contient rarefient le fel , & le tiennent réfout
en efprits ; il faut donc employer un fel alkali fixe qui abforbe l'acide , fans communi-
quer à l'alkali la fubtilité que la chaux lui
donne.

Pour cela on employe le fel de tartre dont
l'alkali fixe fe joint à l'acide du fel marin : ce
fel urineux détaché s'éleve au haut du vaiffeau diftillatoire , & il refte au fond un compofé de l'acide fixe du fel marin & de l'alkali
fixe du tartre , cela fait un fel marin régénéré

qui donne veritablement des marques du sel marin, car il se crystallise en cube.

Il y a des Artistes qui prennent une partie de sel ammoniac avec deux parties de cendres gravelées ; sur deux livres de ce sel & quatre livres de cendres ils mettent quatre onces d'esprit de vin, l'esprit de vin passe le premier par le bec de la cornuë, & le sel passe ensuite dans le recipient.

Si on mêle parties égales d'esprit volatile de sel ammoniac & d'esprit de vin, il se forme un coagulum dès qu'on les agite un peu ensemble ; la même chose arrive quand dans un mortier on agite de l'huile & une liqueur salée : ces coagulations n'ont rien de difficile à expliquer après les principes que nous avons établis, mais l'esprit volatile fait avec la chaux ne produit pas le même effet, les parties ignées en sont cause.

Ce sel spiritueux est sudorifique & febrifuge : Sylvius Medecin de Paris l'a employé jusqu'à deux drachmes à chaque dose, ce qui est très-fort ; nous n'en donnons que dix-huit à trente grains dans quelque liqueur convenable.

Lemery détermine par cette opération que huit onces de sel ammoniac qu'on a employé contiennent quatre onces & demie de sel volatile, mais comme tout ce qu'on retire de ce sel est mêlé un peu avec quelque partie tartareuse, on ne peut pas dire au juste que

le sel ammoniac contient tant de sel volatile ;
on ne peut qu'aſſûrer que de tant de tartre
& de sel ammoniac il sort tant de sel volatile :
si on diſſout huit grains de sel ammoniac &
autant de tartre ſéparément, & qu'on faſſe
prendre cela à un malade, l'effet eſt beaucoup plus conſiderable que si on donnoit le
sel volatile ; Lemery l'aſſûre, & dit que cela
vient de l'action du tartre ſur le sel ammoniac.

Si l'on veut ſçavoir comment il faut faire
l'opération avec les cendres ; le voici : Faites
diſſoudre ou liquefier huit onces de sel ammoniac dans neuf onces d'eau commune,
mêlez-y vingt-quatre onces de cendres de
bois neuf tamiſées pour faire une pâte qui
rendra une odeur urineuſe ; mettez-la promptement dans une cucurbite de verre ou de
grès, couvrez-la de ſon chapiteau, adaptez-y
un recipient, luttez éxactement les jointures avec de la veſſie moüillée, laiſſez la matiere en digeſtion à froid pendant vingt-quatre heures, puis ayant placé la cucurbite ſur
le ſable faites-la diſtiller par un feu gradué, il
s'élevera dans le commencement au chapiteau un peu de sel volatile concret qui ſera
bien-tôt diſſout & entraîné par la liqueur
qui diſtillera goutte-à-goutte ; continuez un
feu de charbon aſſez fort juſqu'à ce qu'il ne
ſorte plus rien, alors ſéparezt le recipient du
chapiteau, & l'ayant bien bouché augmen-

tez le feu sous la cucurbite aussi fort que vous pourrez, il se sublimera au chapiteau un sel volatile ; quand il ne montera plus rien laissez éteindre le feu, l'opération finit dans neuf heures.

Vous trouverez dans le recipient treize onces & demie d'esprit volatile très-bon, mais qui sera encore meilleur après qu'il aura été enfermé trois ou quatre jours dans une bouteille bien bouchée ; dans le chapiteau vous trouverez neuf drachmes d'un véritable sel volatile, sec & blanc ; il a les mêmes qualitez que l'esprit : il restera au fond de la cucurbite une matiere en masse grise difficile à détacher pesant vingt-six onces trois drachmes : si vous faites infuser & boüillir la masse grise dans l'eau, & qu'après avoir filtré la liqueur vous en fassiez évaporer l'humidité, il vous restera dix onces de sel fixe lixivieux d'un goût âcre ; si par curiosité vous faites secher les cendres dont vous avez tiré le sel, & que vous les pesiez, vous en trouverez seize onces & trois drachmes.

La dose de ce sel est depuis quatre jusqu'à douze grains.

Fleurs de Sel ammoniac.

PRenez du sel ammoniac, pulverisez-le, remplissez-en le tiers d'une cucurbite de grès, placez votre vaisseau sur le sable, ajustez-y un chapiteau aveugle, échauffez d'abord la matiere par un feu lent que vous pousserez par degrez ; continuez jusqu'à ce qu'il ne monte plus rien, vous aurez un sel ammoniac qui se trouvera en flocons dans le chapiteau.

REMARQUES.

On peut sublimer le sel ammoniac en le mêlant avec d'autres matieres, mais je ne vois pas sur quel principe on le mêle dans cette opération avec le sel marin, car la terre du sel marin n'est pas privée de son acide, ainsi l'acide marin qui est contenu dans la partie alkaline du sel ammoniac n'y trouvera pas de place ; il pourroit s'en détacher cependant quelque partie : mais si l'on avoit en vûë cette séparation, on y réussiroit mieux par l'opération précédente.

Schroder employe un mélange de fer de même que le sel marin ; le fer sert d'alkali, & s'attache à l'acide du sel marin : il résulte de cela des fleurs ammoniacales jointes à des parties ferrugineuses & dégagées d'une partie d'acide.

On fait encore sublimer le sel ammoniac de cette maniere : On prend du vitriol de Hongrie, on le réduit en colkothar, on le jette alors dans l'eau chaude, on l'y laisse deux ou trois heures, on le lave encore avec de nouvelle eau chaude plusieurs fois, on le joint à une partie égale de sel ammoniac, on remplit de ce mélange la troisiéme partie d'une cucurbite de grès à laquelle on adapte un chapiteau aveugle, on lutte les jointures, on place le vaiſſeau ſur le feu de ſable , on donne un feu fort qu'on continuë durant ſix ou ſept heures ; on trouve au chapiteau des fleurs qu'on détache.

Dans cette opération qui ſe fait avec le vitriol il faut avoir égard à la calcination & à la lotion qui emportent beaucoup d'aci-de vitriolique , à l'acide du ſel marin qui a plus d'affinité avec les alkalis fixes qu'a-vec des alkalis volatiles ; on déterminera par-là les changemens qui doivent arriver : il paroît par la couleur jaune que prend le ſel ammoniac qu'il ſe ſublime une matiere vitriolique ; c'eſt pour cela que ces fleurs ont été nommées *ens Veneris*.

On connoît par ces ſublimations la diffé-rence qu'il y a entre les autres ſels & le ſel ammoniac : tous les ſels deviennent alkalins par la calcination, mais celui-ci ne s'alkaliſe jamais ; les Chymiſtes l'ont appellé *aquila alba*, parce qu'il s'éleve & entraîne avec lui les matieres les plus peſantes.

Si on mêloit un ſel alkali fixe avec le ſel ammoniac, on auroit auſſi des fleurs, car il s'attacheroit au chapiteau un ſel alkalin vola-tile qui s'éleveroit quand on pouſſeroit le feu, & qui auroit de la cauſticité ; on pour-roit enſuite retirer l'acide ammoniacal qui ſe feroit détaché du ſel volatile pour ſe joindre

à l'alkali fixe : pour cela on mêle le fel febrifuge avec trois fois autant de bol, on met
ce mélange dans une cornuë dont la moitié
demeure vuide, on la place au fourneau de
reverbere, on y adapte un balon, on lutte
les jointures, & on procede de la même maniere que quand on fait l'efprit de fel ; on
trouve dans le recipient un efprit acide qui
n'eft autre chofe que l'acide ammoniacal, car
le fel alkali fixe n'en contient pas.

Avant de finir il faut faire quelques remarques fur le fel ammoniac. Le Docteur Muys
dans fon Traité qu'il a dédié à l'Académie
Royale de Londres rapporte une infinité
d'obfervations qui font voir qu'on trouve
dans ce fel un excellent remede pour les
fiévres intermittentes : plufieurs Medecins
avant lui avoient reconnu cette proprieté,
mais il y a apparence qu'ils n'avoient fait
que l'entrevoir, car tandis qu'ils attribuent
mille effets merveilleux à des remedes qui.
n'ont fouvent rien d'extraordinaire que le
nom, ils ne parlent qu'en paffant de la vertu
febrifuge du fel ammoniac, on le peut voir
dans Schroder, Willis, Ettmuller, Koning,
Marggraef, Rolfink, Mynficht. M. Muys ayant
éxaminé ce fel s'en eft fervi heureufement, il
rapporte des obfervations qui font voir qu'il
y avoit peu de fiévres qui réfiftaffent à ce
remede ; il en mettoit une drachme dans
une once d'eau diftillée qu'il faifoit prendre

demie heure avant l'accès, il ordonnoit d'abord après une tasse de thé ou de caffé, souvent la fiévre disparoissoit à la premiere prise ; mais si l'accès revenoit, il continuoit de la même maniere, & le cours de la fiévre n'étoit jamais fort long.

Nous avons éxaminé le lait qui est presque la premiere liqueur qui se forme dans l'animal après la digestion ; nous avons vû l'urine dont le sang se décharge par des circulations réïterées : il faut éxaminer une matiere dont les parties des animaux se nourrissent, nous la trouvons dans le blanc de l'œuf, car il y a apparence que c'est d'une matiere semblable que se forme le tissu des os, des membranes, des cartilages & des ligamens.

Le blanc d'Œuf.

I. LE blanc d'œuf n'est ni alkali, ni acide ; l'huile de vitriol, ni l'huile de tartre n'y produisent d'effervescence, & n'en changent pas la couleur.

II. Si l'on expose au feu le blanc d'œuf, il s'épaissit, & forme une masse blanche ; on ne peut pas dire que les parties fluides venant à s'exhaler, celles qui sont plus grossieres s'unissent, car cela arrive lorsque le blanc est encore renfermé dans la coque : on voit par là que le feu produit des effets fort différens, tantôt il divise, tantôt il épaissit : ce qui arrive au blanc d'œuf peut arriver aux liqueurs de notre corps; une chaleur moderée les fera couler, mais un feu violent les arrêtera en les épaississant : de-là vient que des fomentations dans lesquelles on a employé des matieres fort chaudes, ont souvent produit des sclirres.

III. Si l'ou mêle de l'esprit de vin rectifié avec un blanc d'œuf qui soit récent, il se fait un coagulum de même que si l'œuf étoit exposé au feu; plus l'esprit de vin est rectifié, plus il est coagulant : si on l'infuse dans les veines de quelque animal, il arrêtera les liqueurs, & causera une mort presque soudaine.

IV. Quand on distille le bland d'œuf, on en retire une eau qui n'est ni acide, ni alkaline; si on le fait cuire, & qu'on le distille jusqu'à siccité, on aura une quantité surprenante de phlegme, mais on n'y trouve aucune trace d'alkali, ni d'acide; ce qui reste étant distillé à feu plus fort, donne un esprit jaunâtre, un sel alkali volatile, une huile épaisse & fœtide qui laisse une terre blanche & insipide.

V. L'air cause de grands changemens dans le blanc d'œuf qu'on a fait cuire, la matiere blanchâtre qui a une consistence assez ferme se liquefie, diminuë extraordinairement, & laisse une pellicule fort mince : on voit par tout ce que nous venons de dire à combien d'altérations sont sujettes les liqueurs qui

circulent dans le corps humain , & quel degré de feu il faut pour que les sels se volatilisent.

VI. Si on met dans un matras un blanc d'œuf,
& qu'on l'expose durant plusieurs jours à une
chaleur douce, la matiere se divisera, deviendra fœtide, & s'alkalisera, car elle boüillonne
avec des acides de même que l'urine corrompuë.

VII. Après avoir parlé de la matiere dont se
forment les parties animales, il faut venir à
cet assemblage de liqueurs qu'on nomme
sang, & qui se forme dans nos vaisseaux tous
les jours des matieres dont nous usons pour
notre nourriture; nous prendrons d'abord la
partie sereuse, ensuite nous viendrons au reste.

La serosité du Sang.

I. L Es expériences qu'on fait pour découvrir si une liqueur est acide ou alkaline,
ne donnent aucune lumiere dans l'examen de
la serosité; les acides, ni les alkalis n'y produisent qu'une coagulation ou une division,
ils n'y causent aucune effervescence : pour
éluder la preuve qu'on tire de cette expérience, il y en a qui ont soûtenu qu'il ne paroissoit pas d'ébullition dans un sang froid
mêlé avec ces sels , mais on n'a qu'à jetter un
alkali ou un acide dans le sang qui sort des
veines, on n'y remarquera aucun boüillonnement.

II. Si on fait digerer la serosité du sang dans un matras, elle deviendra fœtide, se pourrira, & se changera en une liqueur alkaline qui boüillonne avec des acides; si on la distille, on en retirera un sel alkali volatile semblable à celui que donne le blanc d'œuf: tandi que le sang est renfermé dans ses vaisseaux, il n'est qu'une liqueur douce qui arrose & nourrit les parties solides; mais quand il est hors de ses réservoirs, & qu'il est privé du mouvement de circulation, il se coagule d'abord, ensuite il se résout, il se pourrit, devient alkalin, & cause par-là une infinité de maux.

III. La serosité du sang exposée à une chaleur forte se coagule, & forme une masse membraneuse & jaunâtre; la même chose arrive si on y verse de l'eau boüillante: mais quand le sang est pourri, la chaleur ne peut pas le coaguler; de tout cela il s'ensuit que la serosité du sang a un grand rapport avec le blanc d'œuf, & que dans les morsures des serpens ou des animaux enragez il n'y a pas de meilleur remede que de brûler la partie affectée, car le feu coagule les humeurs, & empêche qu'elles ne se mêlent avec les autres, ainsi le venin ne pourra pas se porter dans la masse du sang.

IV. Si on jette de l'esprit de vin sur la serosité du sang, on aura une masse blanche & membraneuse qui peut se conserver des années entieres fans fe corrompre. On croit ordinairement que l'efprit de vin divife les liqueurs, mais on voit par cette expérience s'il peut produire cet effet; il eft vrai qu'il contient un principe actif qui doit d'abord agir fur les parties folides, & y caufer des vibrations plus fréquentes ; mais étant mêlé avec le fang & la lymphe, il les coagule : auffi voyons-nous que ceux qui ufent de ces liqueurs fpiritueufes font fujets à des concretions polypeufes qui fe forment dans le cœur, il empêche encore les parties folides de s'étendre, on en frotte la peau des animaux qu'on veut empêcher de croître; ne feroit-ce pas par ce principe coagulant qu'il eft un remede à la gangrene ? Il eft rapporté dans les Journaux d'Allemagne que dans une femme on avoit arrêté avec l'efprit de vin le progrès de la gangrene qui avoit gagné depuis le pied jufqu'à la cuiffe, que les parties gangrenées étoient devenuës feches comme la mumie, & que cette femme avoit encore vêcu deux ans.

V. Quand on diftille à un feu lent la ferofité du fang humain, il en fort une grande quantité d'eau claire qui n'eft ni acide, ni alkaline : pour faire cette diftillation on met la matiere dans une cucurbite de verre, on y adapte un chapiteau & un recipient, on lutte les jointures, enfin on fait diftiller l'humidité au bain de vapeur ; on voit par-là qu'il n'y a dans le sang humain ni sel volatile, ni esprit ardent, car ils s'éleveroient avant l'eau.

VI. Si vous voulez avoir l'esprit & le sel volatile de sang humain, prenez ce qui est resté après la distillation du phlegme, mettez-le dans une cornuë luttée, placez-la au feu de reverbere, ajustez-y un balon, luttez les jointures; poussez le feu peu-à-peu, vous aurez un esprit jaunâtre, un sel volatile, & une huile noirâtre : continuez le feu jusqu'à ce qu'il ne sorte plus rien, vous trouverez au fond une masse comme celle qui reste du blanc d'œuf. M. Vieussens ayant distillé cette matiere restante en y mêlant du bol, en retira un esprit acide, de-là il conclus que le sang humain est acide, mais il ne faisoit pas réfléxion que le sel marin qui se trouvoit dans le sang se chargeoit de l'acide du bol, & se séparoit de celui qui lui étoit naturel; c'étoit-là cet esprit acide que M. Vieussens retira: Pidcarne a déja fait voir que cet Anatomiste se trompoit dans les conséquences qu'il en tiroit.

VII. Si on pousse le feu avec violence après qu'on a retiré le sel & l'huile du sang, la matiere qui reste se change en une espece de bitume qui monte au col de la retorte laquelle par la violence de la rarefaction saute en éclats; la matiere qui est poussée de tous côtez par la même force s'enflamme de telle maniere que la chambre paroît toute en feu, il seroit dangereux de s'y trouver quand cela arrive.

Les parties solides des Animaux.

APrès avoir éxaminé les principes des parties fluides, il faut venir aux parties solides, nous aurons par-là une connoissance éxacte du regne animal ; je vais donner l'esprit, l'huile, & le sel volatile de corne de cerf.

Les os, les cheveux, les ongles donnent les mêmes principes, & peuvent être préparez de la même maniere.

Prenez telle quantité qu'il vous plaira de corne de cerf rapée, mettez-la dans une cornuë de verre luttée dont le tiers demeure vuide, placez-la au fourneau de reverbere clos, ajustez-y un balon, donnez un petit feu au commencement ; poussez-le par degrez, il viendra un phlegme qu'on peut rejetter comme inutile, l'esprit vient ensuite en nuages blancs, ensuite sort l'huile & le sel volatile qui s'attachera aux parois du balon ; quand il ne montera plus rien, déluttez les vaisseaux, agitez bien toutes les matieres distillées , versez-les dans une cucurbite à long col surmontée de son chapiteau aveugle ; placez-la au bain de sable, le sel volatile se sublimera & s'attachera au haut du vaisseau ; cessez avant que l'eau monte, & retirez votre sel.

REMARQUES.

La premiere chofe qui fort dans cette opération c'eft le phlegme qui eft en affez grande quantité ; on ne doit pas être furpris que
la corne contienne beaucoup d'humidité,
puifque les briques qui ont été expofées à un
feu très-violent font remplies d'eau : l'efprit
n'eft qu'une partie de phlegme mêlée avec
un peu de fel & d'huile ; l'eau fort avant les
corps qui font plus legers, parce que les fels
volatiles ne fe forment que par l'action du
feu ; dans l'intervalle qu'il faut aux parties
ignées pour volatilifer les matieres, l'eau eft
pouffée dans le balon : nous avons dit ailleurs que le tiffu qui renferme les fels pouvoit
encore être un obftacle qui les retenoit dans
leurs cellules plus long-temps que l'eau.

Le fel volatile eft très-pénétrant ; fi on le
met dans une phiole bouchée avec de la veffie,
il s'évapore : pour le bien conferver il faut y
verfer de l'huile, la matiere graffe l'empêche
de s'exhaler. Les Chymiftes ont fort vanté
les fels volatiles : les uns ont préféré le fel de
vipere ; les autres celui de crane humain ; mais
ce n'eft que des imaginations qui les ont conduits dans ces préférences : les fels volatiles
des animaux ne différent prefque point, &
l'huile qui vient avec le fel eft encore fort
pénétrante ; c'eft les mêmes principes qui l'a-
niment : il n'eft pas néceffaire que je m'étende là-deffus.

Il reſte au fond du vaiſſeau une maſſe noire qui ſert à la peinture, & qui eſt un excellent remede contre les vers; ſi on la fait brûler, le feu emporte l'huile, & il reſte une matiere poreuſe, blanche, legere, dont on ſe ſert pour faire les coupelles: on doit la regarder comme une terre abſorbante.

On a préparé la corne de cerf de beaucoup de manieres; il y en a qui l'ont ſtratifiée avec des briques, & l'ont fait calciner, mais par-là on a enlevé l'huile & le ſel volatile: d'autres ont attaché des morceaux de corne au haut des alembics où ils faiſoient diſtiller des plantes aromatiques; tout cela n'ajoûte pas de grandes vertus à la corne de cerf.

Nous avons vû que par la diſtillation on retire trois matieres, l'eau, le ſel volatile, & l'huile; on peut avoir ces trois ſubſtances en faiſant boüillir la corne de cerf dans l'eau, les parties dures ſe ramolliſſent, & donnent un compoſé glutineux qu'on appelle *gelée*.

Il s'enſuit de tout ce que nous avons dit que les ſels du corps humain qui ne ſont ni acides, ni alkalis, peuvent s'alkaliſer par le mélange des alkalis fixes & de la chaux vive, par la chaleur & par la putrefaction.

Les matieres qui viennent dans cette opération ont beſoin d'être dépurées, je ne parle pas de l'eau qui eſt inutile, cependant ſi on vouloit la purifier on n'auroit qu'à la faire paſſer par pluſieurs diſtillations; pour l'eſprit volatile on peut le réduire en sel, & en eau, & en huile.

L'huile mêlée avec de l'eau tiede perd beaucoup de son acrimonie en laissant une partie de son sel dans l'eau ; si on la distille après l'avoir ainsi dépurée, elle laisse toûjours des fœces terreuses, quoyqu'un grand Chymiste dise le contraire : l'huile qui sort par la distillation est toûjours plus pure ; & si l'on continuë les distillations, elle se réduira presque toute en terre : la derniere huile qui monte est fort pesante ; mais si on la purifie, comme nous venons de dire, elle deviendra plus subtile.

Il y a plusieurs manieres de purifier le sel volatile des animaux, on le met dans un matras à long col avec l'esprit distillé, on y adapte un chapiteau & un petit recipient, on lutte les jointures, on place le vaisseau sur le sable, on donne un petit feu, & le sel se sublime : mais comme il retient toûjours quelque portion d'huile, il faut y verser de l'esprit de vin bien rectifié ; l'huile s'attachera à l'esprit de vin, & laissera le sel très-blanc.

M. le Febvre Chymiste du Roy d'Angleterre dit qu'on peut mêler avec le sel volatile la râpure de corne de cerf, & qu'alors le sel laisse en se sublimant l'huile auquel il s'étoit attaché ; mais on réussira mieux, si l'on prend de la corne brûlée jusqu'à ce qu'elle soit devenuë blanche : on met le mélange.

dans une cucurbite de verre ou de grès, on y adapte un chapiteau aveugle , on pose le vaisseau sur le sable dans un fourneau , & on fait sublimer le sel qui laisse son huile dans la terre absorbante.

Cette purification qui se fait avec la corne de cerf brûlée a du rapport avec celle qu'on fait avec la craye qui absorbe l'huile de même que les os calcinez; mais après qu'on a purifié le sel volatile par la craye, on peut y verser de l'esprit de sel, il se formera alors un sel ammoniac qui se détachera de son huile : on fait secher la matiere, & on y jette ensuite du sel de tartre auquel l'acide marin s'unit en laissant échapper le sel volatile qui est fort pur; cette méthode nous est venuë de deux fameux Chymistes dont les Ouvrages se trouvent dans les Mémoires de l'Academie Royale de Londres.

Ce sel ainsi purifié est entierement le même de quelque animal, ou de quelque partie qu'on le tire on ne sçauroit distinguer le sel des ongles ou des os, non plus que les sels fixes des végétaux quand ils ont été bien dépurez de leur huile.

On peut réduire les proprietez de ce sel à ce qui suit: 1°. Avec des acides il forme un sel moyen, ainsi s'il ne se trouvoit pas d'acide dans le corps humain, il seroit toûjours alkalin , & disposeroit les liqueurs à la putrefaction ; mais quand il est joint à des acides, il demeure ammoniacal, il pousse par les sueurs & par les voyes de l'urine. 2°. Il est fort volatile, car si on le met sur une lame de fer un peu chaude, il se dissipe d'abord ; le même effet doit arriver à-peu-près dans l'estomach, ou les intestins : le sel appliqué à leurs parois échauffez doit se réfléchir vers le centre, ainsi il n'entreroit pas aisément dans les veines lactées s'il étoit seul ; il faut encore remarquer que quand on le fait digerer avec l'esprit de vin rectifié, il monte le premier. 3°. Il est caustique, car si on l'applique sur la peau, & qu'on le couvre pour qu'il ne s'exhale pas, il la corrode d'abord. 4°. Les huiles doivent leur force à ce sel, car quand on les en sépare elles sont moins actives.

Si dans un lieu fort froid on verse sur le sels volatile bien purifié de l'esprit de vin alkoolisé, & qu'on agite la matiere, il se formera une masse blanche & solide qui se résout à une chaleur très-petite ; cette expérience a été décrite par Raymond Lulle : Vanhelmont qui l'a renouvellée, a été soupçonné de peu de sincerité par des Chymistes qui l'ont tentée inutilement, mais ce n'est pas la faute de ce grand homme : si on avoit bien suivi les circonstances que j'ai marquées, on auroit vû qu'en cela il n'a avancé rien qui ne fût vrai ; on ne peut pas dire la même chose de ce qu'il a dit là-dessus au sujet du calcul : il a cru que la pierre se formoit dans les reins par un sel volatile, & par un esprit semblable à celui du vin; pour réfuter ce sentiment on n'a qu'à dire que l'eau dissout cette masse, & qu'elle ne touche pas au calcul.

Sel volatile de Vipere.

Prenez des viperes, coupez-leur la tête, ôtez-leur la peau & les entrailles, faites-les secher à l'ombre, mettez-les dans une cornuë de grès ou de verre luttée, placez votre cornuë au fourneau de reverbere, ajustez-y un balon, luttez les jointures, faites distiller le phlegme par un petit feu; après qu'il ne sortira plus des gouttes, poussez le feu, il viendra des nuages blancs, & enfin une huile noire avec un sel volatile qui s'attachera aux parois du recipient; continuez jusqu'à ce qu'il ne sorte plus rien, & faites sublimer ensuite dans un matras le sel volatile, comme nous avons dit qu'il falloit sublimer le sel de corne de cerf.

REMARQUES.

Le sel de vipere n'a rien de particulier; c'est Tachenius qui nous en a appris la préparation; toutes les prérogatives qu'il lui donne nous marquent seulement qu'il n'avoit examiné ni les effets des autres, ni leur analogie avec celui-ci: les Chymistes qui ont éxalté les vertus du sel, de l'esprit, de l'huile de crâne humain, n'ont pas eû plus de raison.

On prépare une eau fudorifique en mettant des viperes vivantes dans une cucurbite, on y adapte un chapiteau avec fon recipient, on lutte les jointures, & on fait diftiller l'eau qui tire fa vertu des fels volatiles.

Si on vouloit avoir l'eau du crâne & du cerveau humain, il faudroit prendre la tête d'un jeune homme mort en vigueur & en fanté d'une mort violente; on fcie le crâne, on le met avec le cerveau dans une cornuë de grès luttée, on la met au feu de reverbere, on y adapte un balon, on lutte les jointures, on donne un petit feu pour diftiller le phleg-me; on pouffe enfuite le feu par degrez, il vient des nuagees blancs, une huile noire, & un fel volatile; on continuë le feu en le pouffant jufqu'à ce qu'il ne vienne plus rien : on fépare le fel, quand les vaiffeaux font re-froidis; il n'eft pas néceffaire que je repéte que ce fel n'a rien de particulier.

Les Gouttes d'Angleterre.

PRenez de la foye cruë, rempliffez-en une cornuë luttée; donnez-y un feu doux, il en fortira un phlegme, un fel volatile, & une huile qui fe fige comme du beurre: pre-nez quatre onces de ce fel volatile, une drach-me d'huile de lavande, & huit onces d'efprit de vin, mettez le tout dans une petite cor-nuë de verre, adaptez-y un recipient, luttez les jointures; placez-la fur le feu de fable, le sel passera d'abord en forme seche, ensuite vient l'esprit étheré de lavande & de vin impregné du sel volatile, c'est les gouttes d'Angleterre.

REMARQUES.

Ce remede est de l'invention du Docteur Goddar qui reçut pour l'avoir trouvé une grande récompense du Roy d'Angleterre; les Chymistes tâcherent de l'imiter par plusieurs procedez: ayant connu que ce n'étoit qu'un esprit impregné de sel volatile, ils prirent le sel de sang & de crane humain, le sel de la suye, l'opium, l'espritde vin, ils firent distiller ces matieres, & donnerent une liqueur peu différente des gouttes : mais on ignora la véritable composition jusqu'à ce que le Roy d'Angleterre eut acheté le secret de l'Auteur ; Milord Portland le découvrit à M. de Tournefort.

On voit par cette préparation comment il faut faire les sels volatiles huileux; au lieu du sel de la soye on peut se servir du sel ammoniac & du tartre en parties égales : on met le mélange dans une cucurbite de verre ou de grès, on y verse de bon esprit de vin jusqu'à ce qu'il surpasse la matiere de quatre doigts, on broüille les matieres, on ajuste un chapiteau & un recipient à la cucurbite, on lutte les jointures, on pose le vaisseau sur le sable, on lui donne un feu leger durant deux ou trois heures, il vient un sel & un esprit; lors-

qu'il ne fort plus rien, on délutte les vaiſſeaux,
on met le ſel volatile dans une cucurbite,
ſur une once on verſe deux drachmes de
quelque eſſence aromatique, on remuë la
matiere, on adapte un chapiteau à la cucurbite avec un recipient, on lutte les jointures,
on poſe cette cucurbite ſur le ſable, on lui
donne un petit feu, il s'élevera un ſel volatile, & alors vous laiſſerez refroidir les vaiſſeaux pour le retirer.

On pourroit mettre l'huile aromatique,
l'eſprit de vin & l'eſprit de ſel ammoniac
dans une cornuë, & en diſtillant deux ou
trois fois la matiere, on auroit un ſel huileux
aromatique; on peut former des ſels qui auront des vertus plus ou moins grandes ſuivant les huiles qu'on y aura mêlées : au lieu
de ces huiles on peut ſe ſervir de diverſes herbes qui varieront auſſi les vertus des ſels.

On a attribué de grandes vertus à tous ces
ſels huileux ; Baſile Valentin eſt le premier
qui en a parlé : après lui Vanhelmont en a
dit quelque choſe, mais obſcurément ; Sylvius
de le Boë enfin les a mis en vogue comme
un remede univerſel. Ce Medecin croyoit
que le ſel acide étoit la cauſe de toutes les
maladies; prévenu de cette opinion que l'expérience n'a jamais confirmée, il a cru qu'il
avoit trouvé dans ce ſel une matiere qu'il
pouvoit oppoſer au principe coagulant de
l'acide. La plûpart des Medecins qui ſuivent

plûtôt l'autorité que l'expérience, donnerent dans le sentiment de Sylvius : mais un sçavant Anglois a fait voir que ce n'étoit qu'un faux préjugé qui avoit produit un tel sentiment ; il a éxaminé le sang humain, la salive de ceux qui sont attaquez de maladies veneriennes, les ulceres qui paroissent sur leur corps, il n'y a trouvé aucune marque d'acide : je n'entre pas ici dans le détail des expériences qu'il a faites là-dessus, parce que l'on a donné l'extrait de son Livre dans quelque Journal.

Depuis que les gouttes d'Angleterre ont fait du bruit, il y a eû des Medecins qui en ont fait des éloges qui peuvent tromper des gens qui ne connoissent pas ce remede : j'ai vû tant de prévention dans de certains esprits, que cette composition leur paroissoit aussi précieuse que l'or potable ; il n'y avoit pas de maladie, selon eux, qui pût y résister : mais ils ne consideroient pas que si les gouttes font un excellent remede dans certaines maladies, elles font un poison dans plusieurs autres.

FIN.

TABLE
DES MATIERES.

LB